重口味心理学
大全

张卉妍 / 编著

中国华侨出版社

北 京

图书在版编目（CIP）数据

重口味心理学大全 / 张卉妍编著 . — 北京 : 中国
华侨出版社 , 2017.12
ISBN 978-7-5113-7248-2

Ⅰ . ①重… Ⅱ . ①张… Ⅲ . ①心理学—通俗读物
Ⅳ . ① B84-49

中国版本图书馆 CIP 数据核字（2017）第 297389 号

重口味心理学大全

编　　著：张卉妍
出 版 人：刘凤珍
责任编辑：冰　馨
封面设计：李艾红
版式设计：王明贵
文字编辑：孟英武
美术编辑：杨玉萍
经　　销：新华书店
开　　本：889mm×1194mm　1/32　印张：20　字数：500 千字
印　　刷：北京华平博彩色印刷有限公司
版　　次：2018 年 1 月第 1 版　2018 年 1 月第 1 次印刷
书　　号：ISBN 978-7-5113-7248-2
定　　价：39.80 元

中国华侨出版社　北京市朝阳区静安里 26 号通成达大厦 3 层　邮编：100028
法律顾问：陈鹰律师事务所
发 行 部：（010）58815874　　　传真：（010）58815857
网　　址：www.oveaschin.com
E - m a i l：oveaschin@sina.com

如果发现印装质量问题，影响阅读，请与印刷厂联系调换。

前言

你的身边是否有些人看起来思维另类、行为怪异、不能理解，你甚至曾在心里嘀咕着那个人是不是神经异常？你有没有遇到过某些人某些时候会突然性情大变，几乎变成了另一个人？你知不知道有些人会将一些稀奇古怪的东西当作自己的最爱，甚至忠贞不渝？你身边是否有人长期遭受着情绪低落的痛苦，甚至会出现轻生的念头？是否有人会不停地吃东西，即使已经吃得很饱也依然如此？是否有人害怕与人交往，甚至不敢去公共场合⋯⋯

其实，这些重口味的怪异行为背后都有着深层的心理因素。19 世纪俄国批判现实主义作家屠格涅夫曾说："人的心灵是一片幽暗的森林。"确实，人心包罗万象，让人无法探清其真相。然而，每个人的思想、态度、愿望、情绪、性格等个性特征，都会不自觉地反映于外界事物或他人，这是一种心理投射作用。反过来讲，人的心理活动，会通过对外界事物或他人的态度和情绪不自觉地表现出来，因此，我们探究人的某些行为背后的心理就变得有迹可循。

心理世界是个极其复杂的神秘地带，而重口味心理学则是心理学的最后一块隐秘之地。重口味心理学让我们看到了某些人怪异行为背后的那些心理隐秘，为我们打开了通往另一个心灵世界的大门。这扇大门之后的世界简直可以颠覆我们的以往认知，那感觉就像在看惊悚片，明明心脏颤抖得在紧缩，可是大脑里的猎奇意识却疯狂地在扩张，恐惧，厌恶，但又忍不住想一探究竟。

学习重口味心理学，会让你读懂人性、看清人心，更好地认识自己。看到重口味心理学的内容，或许你会惊讶：世上竟然还有这种人？他们怎么会有这样的想法？嗤之以鼻之后，你是否想过，内心深处，你所不敢面对的，不也有某种异样的情绪在蠢蠢欲动吗？当我们不了解时，我们就意识不到，当我们了解后，才发觉原来真相是这么的可怕。只有深刻地认识到内心深处某些心理产生的根源，并参照其他人的行为反观自身，我们才能深思并揣摩自己的内心，从而对人性有更深刻的洞察，发现潜藏在内心深处的自己，并且学会自我调节和改正，从而行走在平静、幸福的路上！

学习重口味心理学，会让我们更清楚地看清他人，从而更客观地理解和对待他人。学会这方面的知识，你才会注意到我们常常用来贬损他人的"人格分裂"会严重到多个灵魂并存在一个身体里那么高深的程度；你才会去注意有些人看起来怪怪的时候，并不是因为他性格怪癖，或者是喝醉酒，那是因为他有精神异常的病；你才会注意到某些时候不受意识控制地涌出来的一些想法、意念和冲动是多么危险的信号，有那么多人曾经走到了一个"患者"和"正常人"的边界线。你才会了解很多精神异常的案例，这些都是人类生命的辛酸和忧郁、灵魂的孤独和幽暗、心路的曲折和执拗的写照。

本书采用现实案例加科学分析的方式，对现代社会中容易出现的各种重口味心理，如人格障碍、社交恐惧、心理逆反等做了全面细致、科学通俗的解析，全面论述了各种心理异常的演变情况，阐释了具体心理障碍及其形成的原因。通过阅读本书，你能够挖掘出那些重口味心理背后所隐藏的秘密，从而更好地掌控自己的人生，更理性地对待他人。

目录

重口味心理学大全

重口味心理学大全

第一章
一个肉体能装下几个"灵魂"
——多重人格障碍

轮流值班的"灵魂"

朋友 S 很不喜欢她的 BOSS，用她的话说是：每天早上起床，想到要去上班，再想到要面对那个上司，她就觉得人生很绝望。

可是为了生计，她还必须得乖乖去上班，为了保住这份工作，她还必须得对 BOSS 毕恭毕敬。而实际上，心里面的另一个声音早已把上司骂得体无完肤了。

她最近经常说到的一句话就是，"再这样下去，我真的是要人格分裂了"。

"至于吗，还人格分裂，有那么严重吗？呃，不过，话说回来，人格分裂到底是怎么回事呢？"

通常我们说自己要人格分裂，一般的理解也是基于感觉自己的行为心理呈现了多面性，感觉这不是一个人，而是多个人。所以，当我们看到身边的人时而温柔、时而冷峻、时而开朗、时而又沉默的时候，我们还会冒出一句："你还真是多重人格哎！"

其实，我们理解的人格分裂或是多重人格，在心理学上都有一个专有名字，叫作分离性身份识别障碍。分离性身份识别障碍以往被称为多重人格障碍，在某些出版物中也称之为解离性人格疾患，是心理疾病的一种。简单来理解，就是病人身体内由于存在多个人格，而且多个人格之间不能感知互相间的存在，无法正常地识别自己的身份。

这个名词乍一听很专业、很学术、很高深，实际上就字面意思都很好理解，就是当你被分裂成多个后，连自己也不认识自己了。

如果我们的身体真的像房子一样，里面住着我们的"灵魂"，那么多重人格障碍就是说，在这一幢房子里，不只住了一个"灵魂"，而是多个"灵魂"，他们轮流成为这个房子的主人，有时候他们还会彼此遇见，为了争夺房子发生争执。有心理学专家甚至提出，临床表明一个多重人格障碍患者平均可以有13~15个不同的人格。

看过变脸的人可能非常惊讶表演者可以瞬间变换面目，这种转变比起多重人格障碍的患者来说，简直就是小巫见大巫，他们可以在一瞬间突然转换成另一个人格，当然也有些人是慢慢变化的。每一个人格都有可能出现遗忘现象，当一个人格主宰身体时，其他的人格就会忘记自己这段时间在做什么，也许说他们那个时候根本就不存在了。

肉体，是"灵魂"的房子，是你存在于这个世界上的实实在在的模样。而里面的"灵魂"，指的就是你独有的行为模式、语音语调、习惯性姿势等，还包括你的性格、你的思考、你为人处世的方式，等等。

身体只能有一个，可是行为方式、思想等却可以有很多种。因此，才会有多重人格的出现。

那多重人格到底是怎样的症状表现呢？这里有一个"三个A"的例子：

主人公名字为A，是个27岁的年轻人，他患有很严重的头疼病，每天头疼，且次数频繁。更为关键的一点是，每次当他的头疼发作后，他总是记不起头疼的时候自己做过些什么。

那么，在A错过的那段记忆中，也就是说在他头疼的时候，他到底做过些什么？以下是旁观者给出的答案：

跑到外面和人打了一架，期间试图用刀子刺死对方，但被警察发现，逃跑过程中左腿被射中一枪。

拿着菜刀追着自己的妻子和只有三岁大的女儿到处跑。

试图把一名男子淹死在河中，但是扭打过程中他自己却先掉了进去，结果逆流游了400米回家了，第二天早上醒来时发现自己全身湿透，却搞不清楚这是为什么。

听到这些，A惊出一身冷汗。他意识到他需要医生的帮助了，于是他选择去医院住院治疗，这对于他来说真是再明智不过了，因为在接下来的"病症"发作期间他的行为都是在医务人员的掌控范围内的，而这更利于帮助A解开疑惑：我到底是怎么了？那个人是我么？

而医务人员在观察过程中惊讶地发现，A在头疼期间会以不同的名号自称，举止也发生改变，完全跟换了一个人一样！

也就是说，在A头疼期间出现了多个A，而每个A都各不相同，甚至那也不是本来的A。简单地说，A的身体里除了原来的A，又出现了分身。经过医务人员认真仔细地分析辨认，得出结论，A的分身分别是：小A、中A和大A。

小A的特征是，看起来非常儒雅，冷静又理智，能很好地控制自己。

中A的特征是，像只多情的蜜蜂。

大A的特征是，心狠手辣的暴徒，与小A和中A都反差极大。

最可怜的是，A对他这另外三个"兄弟"的存在一无所知。现在，四个灵魂挤在他那狭小的躯体里你争我夺，都想把A的肉体独占。

心理学家们当然好奇另外三个灵魂从哪里来，当然，这就是他们的工作。他们对A进行了深入全面的分析，最后抓住了三个灵魂的原型：

小A的原型是在A 6岁的时候第一次出现的，因为那时A目睹了他母亲刺伤了他的父亲。

中 A 的原型是源于 A 的母亲有时非常喜欢把他打扮成一个女孩，所以有一次在这种场合下，中 A 悄然登场。

大 A 的原型则是源于在 A 10 岁那年，他被一群青年野蛮地殴打，就在这个时候，大 A 出现了，宣称他存在的全部原因都是为了保护 A。

讲到这里，我们大概又有些迷茫了，一个人在不同时期、不同情境下竟然会埋下隐性性格的种子么？身体里那些轮流值班的"灵魂"竟然是某日某时某景下的自己么？

核心人格和非核心人格

我们如何来区分一个人，或者说我们如何来辨认一个"灵魂"、一个分身？

心理学家是如何辨认出小 A、中 A、大 A 的？如何就能归类 A 在头疼时的哪些行为属于哪一"灵魂"的支配？比如，跑到外面跟人打架、拿着菜刀追着妻子女儿跑的一定是大 A，而见到美女就走不动步的就是中 A，等等。

所以我们要了解一下核心人格与非核心人格的含义。

美国著名的精神病学家、精神分析社会文化学派的主要代表之一沙利文指出："人格是重复人际情景的相对持久的模式，重复的人际情景是一个人生活的特性……有多少种典型的人际关系就有多少人格。"

也就是说每个人的人格都不是单一的，而是多个的，且是可以拆分的，整体的人格是由多个人格有机组合的结果。但是在这众多的人格当中有核心特质和非核心特质。比如，我们认为林黛玉是一个什么性格的人物呢？大多数人的印象是清高、聪明、孤僻、抑郁、敏感等，这些都是她的核心特质。

中心特质

也称核心特质，是构成个体独特性的几个重要特质，在每个人身上大约有 5~10 个中心特质。核心特质是最能说明一个人人格的特质。一个人的人格由几个彼此相联系的核心特质组成，核心特质是行为的决定因素。

核心人格是指与生俱来的原始人格，而非核心人格则可能是因为外力环境的刺激而产生的应击性人格。

所以，我们就能够理解前面说到的 A 的案例。A 的核心人格是 A 日常表现出来的本身，而后来在 A 的人生过程中 A 受到各种刺激引发出的人格则为非核心人格。

一般来说，核心人格是消极的、空虚的、焦虑的，才会给非核心人格以可乘之机。所以，大 A 强悍，而 A 则可能是外表强悍但内心懦弱的男人。因为当他变身为大 A 后竟然主动出去挑衅打架，可见他应该是具备这种身体条件的，否则无法释放这种强悍型的人格，应该是个肌肉型的猛男。但是，为什么变身成大 A 才这样强悍，这说明也许原来的 A 是个性格懦弱，虽然有着强悍的外表，但可能遇事往往委曲求全，甚至要躲起来哭一场，这样的反差才会让另一个人格在某种特定情境下跳出来。

而非核心的人格则大多是有攻击性的、强势的，甚至更强悍的非核心人格会挤掉其他人格而独占肉体并控制整个局面，它会随机的把时间分配给每个人格，并且在不舒服的情况下出现其他人格。

所以，大家觉得"A 氏四兄弟"中谁能掌控局面呢？在这里面表现最强悍的大 A 吗？但不是，掌控局面的还是 A。

为什么是 A？因为掌控局面必然就要掌控时间及出场安排。如果我们再回头仔细观察一下就会发现，大 A、中 A、小 A 的出现，其时间和情境都是由 A 本人做出选择的。比如当 A 感觉头疼的时候，就让这三个分身从身体里蹦出来，"我很烦，你们就来替我宣泄吧。"所以，看出来了吧，A 就是最大的幕后黑手。

这时你才真正认识到 A 是一个什么样的男人了吧？他外表看似强悍而内心脆弱，幻想狂妄可现实窝囊憋屈的、一个矛盾的可憎又有点可爱的男人。

如果说 A 是真正的幕后黑手，A 在安排着这一切，那就是说 A 应该知道大 A、中 A、小 A 三个"兄弟"的存在才是，可是为什么 A 从来都说他不记得自己头疼之后做过什么，也就是说他从来不知道另外"三兄弟"的存在。那么"三兄弟"是不是也不知道 A 老大的存在呢？答案是不一定。这里就出现了核心人格和非核心人格并存的关系问题。

核心人格和非核心人格并存于一个主体内，核心人格在大多数情况下都无法感知到非核心人格的存在。事实上，上面的案例比较像一部美国电影《三面夏娃》的情节，这是第一部以多重人格为题材拍的电影。该影片故事也是源自一个真实的案例。女主角"夏娃"的原型后来还将自己的多重人格病症经历写成一本书叫《我是夏娃》。

《三面夏娃》讲述了一名叫 Eve White 的少妇患有多重人格的故事。Eve 在其核心人格的支配下，是一个典型的居家主妇，做事谨慎，胆子小又害羞，不仅对丈夫惟命是从，也是一位贤妻良母。然而，到了夜晚或者某些特定的时间，她的其他人格就会跳出来，使得她完全变成另外一个人，对那个叫 Eve White 的自己的想法和表现感到鄙视和不屑。她浓妆艳抹，装扮大胆，轻佻放荡的举止和谈吐，充满色情引诱的意味。她还做出一个与那个贤妻良母完全不相符的行为，出入于酒吧、歌厅等娱乐场所，并且用她在娘家时候的名字称呼新的自己——Eve Black。而对于这些事情，事后的 Eve 浑然不知，有一次，她甚至在另一重人格出现时，差点勒死自己的亲生女儿。丈夫终于意识到了她的病态，送她就医。

Eve 却在催眠疗法中又无意中生出了第三个人格——Jane，她不仅能够掌控 Eve 的身体，还知道另外两个人格的存在，甚至对她们的性格甚至她们干了什么都了如指掌。三个"灵魂"好比三支军队，相互抵制，谁势力强谁就抑制另外两个"灵魂"、控制肉体，当这个人格变弱，则由另外强势的人格显现，那么肉体便会呈现出它的性格特点。

从 Eve 的案例中我们就会发现，非核心人格可能能够感知到核心人格的存在，并且能对它有清醒的分析和认识，知道什么时候可以攻击它。正可谓，敌在暗，我在明。

所以，核心人格和非核心人格就以这样你争我夺、伺机而动的状态存在于一个人的躯体里，比如 A，痛苦而悲惨地成为人格之争的战场。

多重人格和精神分裂

在日常生活中，大多数人都有这样的误区，认为多重人格障碍是一种精神分裂。甚至有人将人格分裂与精神分裂混为一谈。多重人格障碍与精神分裂症之间的确有很多共同点，但它们其实是完全不同的两种心理障碍。

精神分裂症

精神分裂症是一种极为严重的精神疾病，其病因尚不明确，其症状主要表现为思维、情感、意志障碍。即病人会出现思维中断、扩散，对人冷漠，情绪变化剧烈，主动性减退、行为退缩、生活懒散等。妄想和幻觉则是精神分裂的重要症状之一，另外还有些病人会出现木僵或兴奋躁动等行为表现。

曾获得奥斯卡金像奖、改编于美国著名数学家约翰·福布斯·纳什的真实事迹的美国电影《美丽心灵》，是一部极富人性的电影，生动地刻画了一个典型的精神分裂症的患者的患病过程和战胜病魔的心理历程。

故事的主人翁纳什是一位非常优异的天才数学家，但由于没有上预备班的经历，也没有遗产或者富足亲戚的资助，因此未能进入"常青藤盟校"，遭受了重大的打击。为了证明自己，他整天沉迷于一件事：寻找一个真正有创意的理论。

一晚在酒吧，他观察竞争对手——一个热情的金发碧眼女人的反应引发了他的灵感，常常在他脑海里酝酿的想法突然变得清晰起来，并浮现在眼前。随之撰写出了关于博弈论的论文——"竞争中的数学"，他大胆地对现代经济之父亚当·斯密的理论做出了不同的解释。

然而，他苦于这项成果在现实生活发挥不了优势，强烈渴望能得到更好的机会施展自己的才能。

于是，他给自己虚构了一项任务，他受到美国国防部的邀请，参加一个绝密的任务，破解敌人的密码。对待这项任务，他如同对待自己的学术研究一样，十分认真与专注地帮助美国国防部破译着密码，并被这项工作深深地迷住了，迷失在这些无法抵御的错觉中，无法分辨挚友查尔斯、查尔斯可爱的小侄女和威廉·帕彻等他虚构出来的人物并非真实存在！

后来，纳什被诊断为妄想型精神分裂症！无论国防部绝密的任务还是那些他虚构的人物，只存在他自己虚构的世界里，存在于他的意识里、他的幻想里，除了他本人以外，谁也无法看得到！

妄想型精神分裂症

妄想型精神分裂症是精神分裂症中最常见的一种。大约有半数的精神分裂症患者被诊断为妄想型。妄想是一种在病理基础上产生的偏执与歪曲的观念，毫无现实根据，是凭空出现的推理与判断，多伴有幻想。

由前述，我们知道多重人格障碍患者听到的声音来源于内部，

重口味心理学大全

来源于自己头脑里，是自己跟自己的对话；而精神分裂症患者则会认为那些来自于自己头脑里的声音是天外之音，是别人发出来的。

多重人格障碍患者能认识到所有这些只是种幻觉，往往会自己压制住这种声音；而精神分裂症患者则认为那些声音都是真实的，尽管实际上它们并不存在。因此，精神分裂患者的思维是与现实脱节的，他们虽然智能正常，但社会功能严重受损，无法正常地融入生活。而多重人格者并没有与现实脱离，而是以不同的人格生活，他们可能更善于利用现实来实现自己的目的。

说到这里，要和大家强调一点。在现代社会中，人们经历的高压力生活、高压力学习和高压力工作及世界集体化、合作化、知识爆炸化导致越来越降低个人的作用，有不少人都有轻微的人格分裂表现，如突然的大喜、大怒，经常性地感到无聊、郁闷。有些人为了实现自己的目的，表面出两面甚至多面性，并非就一定是多重人格障碍患者。比如，主持人 Lee 就是善用不同"面"生活的高手，他在台上十分活泼，善于言语，而私下里他却很安静，不喜欢讲话，就像变了一个人。有朋友就会开玩笑地说他们是多重人格，这个说法是错误的。Lee 只是在不同的情景中表现出不同的性格，无论是在台上还是私下生活里，他都能够清楚地意识到自己的行为，他的核心人格并没有与非核心人格产生斗争！

精神分裂症患者，是其思维、情感、行为产生了分裂，由于妄想、幻想等导致其精神活动与外界环境产生了不协调，而且多数是由于精神分裂患者伴有幻觉。

幻觉分为"听幻觉""视幻觉""触幻觉"。其中听幻觉是最普通的幻觉，人们会听到控诉他们不道德的行为或威胁他们的声音，这些声音也可能唆使他们去伤害自己。而精神分裂患者还可能会回答这些声音，甚至会与这些不存在的声音对话。《美丽心灵》的主人公就和自己幻想出来的人物保持着友好的对话。视幻觉也是精神分裂症常出现的症状，常伴着听幻觉一起出现。电影《妄想》

里的梁咏娜，看见自己家的墙发生变形，甚至看到怪兽，这就是视觉出现了幻觉。

由于精神分裂患者活在自己的幻觉与妄想里，所表现的行为与反应都是根据其幻觉里的事物产生的，这样他们的行为在现实中就会显得异常。电影《救我》中的心理系研究生姜妍为想尽办法争取唯一的出国名额，甚至怀疑同学用不正当的方法夺取这唯一的名额。于是自己也冒出了这想法，但又挣脱不了道德束缚，便将这种想法投射到现实生活中，活在自己构想的情境中：被老师强奸，并被丈夫发现，与丈夫发生争执，误杀了丈夫等。而这一切并非真实，她的丈夫依旧活着，所以她经常感到丈夫的存在，甚至看到了丈夫，以为自己见到了鬼而恐惧，导致其做出更加反常的行为！

此外，许多精神分裂患者还会患有"行为混乱和紧张症行为"。例如他们会突然毫无理由的破口大骂，学别人的动作或者说话，行走时忽快忽慢、自言自语；还有一些患者衣着不整或者不合时宜，夏天穿棉袄，冬天穿裙子，等等。

紧张症

紧张症是一组精神运动和意志的紊乱，包括刻板、自动服从症、僵硬、模仿动作、缄默症、自动和冲动行为等。

精神分裂症的病因是脑神经元功能的特性异常，通俗地讲就是大脑信息传递出现了错误。所以精神分裂症不仅是一种精神行为障碍，也是一种实质性的病变。

而多重人格患者则是自我意识出现了障碍，是自我内部的不协调，它的产生是一种心理的自我保护机制。他们的幻觉形式只是存在于自己的脑海里的声音，并不会形成虚拟的外界环境，不会虚构出除自己以外的人来，只是在自己的意识里出现了多个"我"，无论哪一个"我"，都生活在真实的世界。虽然多重人格患者也会有异常的行为，但这种异常行为的产生与精神分裂者不同，它们是由于每一个"我"所做的事情并不会被其他的"我"所感知而造成的，与外界环境无关。

事实上，包括多重人格患者在内的许多心理疾病，多数是潜意识发生了问题。比如，在儿时记下许多被自身认为绝对不正当的记忆，或者十分排斥回忆起曾经的挫折、遭遇等，有些人就会开启自我保护的开关，把这些让人不开心的回忆藏到看不到的地方去——潜意识！

潜意识指潜藏在我们一般意识底下的一股神秘力量，是相对于"意识"的一种思想，又称"右脑意识""宇宙意识"。潜意识，是人类原本具备却在正常情况下不能被感知的能力，这种能力我们称为"潜力"，也就是存在但却未被开发与利用的能力。

说到潜意识，就不能不提起心理学之父、奥地利心理学家西格蒙德·弗洛伊德。之所以将弗洛伊德称之为潜意识的第二个父亲，是因为宇宙创造了它却把它藏了起来，而弗洛伊德发现了它，这个发现对心理学的发展具有重要的意义。

那么弗洛伊德是怎么发现潜意思的呢？那就不得不提起另外一位在心理学史上非常重要的人物了。她是精神分析的第一位病人，她的案例对心理学而言有着里程碑式的意义，她就是安娜！

被催眠的安娜

安娜出身维也纳一个显赫的犹太家族，21 岁时开始接受心理治疗。但是，安娜并非是精神分析学派创始人弗洛伊德的病人，他们甚至从未谋面。真正接受安娜案子的是弗洛伊德早期的导师与合作者——Josef Breuer，下文中简称为 J。

在讲述安娜的故事之前，我们先了解一下潜意识。

弗洛伊德将人的心理分为两个层次，即意识和潜意识。弗洛伊德用一个非常形象的比喻巧妙地阐明了它们之间的关系。大师将人的心理比喻成大海里的锥形的巨大冰山，露出海面的可以看到的那一小部分就是我们的意识，而海面下真正的庞然大物部分就好比潜意识，我们永远不知道它到底有多大！

现在把心灵的冰山放入我们的脑中。潜意识在我们的脑中，一直被禁闭在一个黑暗的空间里，我们看不到它，它却在影响着我们，因为它的能量可以影响我们的意识。它就像一个淘气的孩子，偶尔会出来执行我们意识不到的想法，但是它可没有分别好坏的能力，因此，我们的脑就把它关起来，并且放一个小人儿把守。

接下来，再介绍一下安娜。安娜第一次造访 J 时，开始只抱怨说自己长期咳嗽。经验老道的 J 一听，就知道安娜没有说实话，不过第一次来咨询的人都不会立刻敞开心扉，J 觉得必须采用别的办法，走进安娜的内心，看看她到底出了什么问题。于是，他决定对安娜实施神奇的催眠术。

即使是科技非常发达的今天，催眠术对大家来说依旧充满了神秘的色彩。其实催眠术在心理学的应用并非是为了操控别人，而是为了让看守潜意识的小人儿昏昏欲睡，这样潜意识才可以肆无忌惮地闯入意识的领地去闹它一闹，才使得患者自己意识到先前那些潜伏在暗处的让他（她）道不清又弄不明的东西，心理医生才能了解它。

J 用催眠术成功地使安娜回忆起那些她所不愿想起进而排斥到潜意识里去的记忆，重构了那些导致她前来就诊的事件：远到童年的经历，近到她正在照顾身染重病的父亲，备感身心疲惫。

催眠结束后，J 对安娜讲述了她前来就医的真正缘由，安娜顿时两眼饱含热泪，像觅寻到知音一样，彻底对 J 敞开心扉，毫无保留地、痛快地将自己的其余症状都说了出来："其实我还觉得我的眼睛和耳朵有点不好使了，颈椎也难受，头疼，右臂和右腿发麻……"从安娜的讲述中，J凭借经验觉得她应该还有其他问题，这些只是表现，真正的病因并非如此。于是把她登记在册，打算以后对其进行密切随访。

J的判断果然没错，就在安娜造访的两周后，她突然出现了短暂失语的状况，紧接着，体内开始出现两种不同的人格，来回转换，没有任何预兆。

在安娜的身体中有了两个"灵魂"，为了叙述方便，我们将新出现的人格称之为安小娜。安娜原有人格即核心人格，胆小抑郁，比较消极。而安小娜则恰恰相反，她行为古怪叛逆，而且脾气暴躁，谁若招惹便发狂发怒。之前我们说过，核心人格通常是消极的、抑郁的，而非核心人格一般都与核心人格相背、敌对、控制，甚至有反社会的特点。

有时候，外界因素，尤其是情感上的刺激，会对人格分裂产生巨大的影响。本已病情好转的安娜，因为父亲的离世，受到严重的打击，病情急转直下。她人格转换的频率越来越快，安小娜的势力越来越强，经常出现，而且停留的时间也越来越久，当安小娜出现时，除了J外，其他人她都不认识了，也只有J喂她吃东西她才肯吃，而且安娜原本会说英语、法语、德语和意大利语，安小娜却只会说英语。再后来，她的情况越来越糟，有时候神志不清，开始有自杀倾向，最后安娜被转移到特殊的地方监护起来。

虽然J一直不懈地努力，想尽各种办法，但对安娜的病情恶化都无济于事，毫无效果。直到安娜突然出现了回避喝水的症状，J见事情不妙，再这样下去，安娜就要有性命危险。心急如焚的J又一次对她进行了催眠。通过催眠J得知安娜是因为看到一条狗在水杯里喝水，顿时觉得非常恶心，于是拒绝喝水。J顺势诱导她表达出了内心真实的感受。当安娜从催眠中醒来时，她的恐水症竟奇迹般的好了。

这一次，J终于找到治愈安娜身上的各种奇怪病状的办法！他领悟到了这种后来成为精神分析技术主要治疗方法的东西，那就是：宣泄！J迅速把这种方法运用于安娜其他症状的治疗，而这些症状也奇迹般的消失了。J的发现为弗洛伊德创建精神分析法与梦解析奠定了重要的基础，弗洛伊德将这种宣泄一切因为"压抑"而产生的心理痛苦的心理治疗方法形成了系统的理论，并成功地运用于实际的治疗当中，取得了巨大的治疗成果！

那么，催眠是怎样在多重人格的治疗中起作用的呢？首先我们要知道，催眠是由各种不同技术引发的一种意识的替代状态。一般情况下在这种状态下的人会完全放松，就像进入睡眠一样，但是他的意识是清醒的，只是操控在催眠师的手中，并且对催眠师的暗示有着极高的反应性，并在知觉、记忆和控制中做出相应的反应，也就是在催眠状态下的人更加勇于面对真实的自己，敢于说出自己的问题。还记得安娜第一次来就诊吗？开始时只是说一下表面的症状，后来正是在催眠的作用下，安娜打开了心扉！因此，催眠疗法常用于心理疾病治疗。

对于多重人格，也是借助催眠疗法，来挖掘那些引发个案多重人格或反常行为出现的，被个案记忆与意识排挤却依旧耿耿于怀的经历，这样就可以找到诱因。此外，通过在催眠治疗过程中的暗示、引导等方法，让个案可以就那些经历进行深层的自我表达多种意念和情绪反应，宣泄自己内心压抑着的不满或者反感等不好的情绪。同时，让个案自己去了解不好的行为习惯的形成原因，在催眠师的辅助下找到改善的方法，进而个案心甘情愿地去改变自己的行为，并愿意持续将新的习惯转成正向的行为。简单的讲就是，利用催眠帮助个案由内心解脱自己原有的心理束缚！

尽管安娜的许多病状都已被清除，但她多重人格的身份却未发生改变。幸运的是多重人格的身份并没有妨碍安娜后来成为一个杰出而成功的人。安娜的朋友谈起安娜时是这样说的：她就像是过着"双重的生活"，一方面，她是个柔弱的维也纳19世纪末的文化精英；另一方面，她又是一个强硬的女权主义者和改革家。1954 年，前西德政府特地发行了一套纪念邮票来纪念她。

"灵魂"从哪里来

一个人多个"灵魂"，虽然听起来很有趣，但是这终究是一种病态，多数人无法战胜它而终身被困惑。那么究竟是什么导致了这种心理障碍的产生呢？

还记得本书第一个出场的人物"A 氏四兄弟"吗？看一下小 A、中 A、大 A 出现的时机：小 A，是在 A6 岁的时候第一次出现的，因为那时 A 目睹了他母亲刺伤了他的父亲；中 A，A 的母亲有时非常喜欢把他打扮成一个女孩，所以有一次在这种场合下，中 A 悄然登场；大 A，在 A10 岁那年，某次，一群青年野蛮地殴打他，就在这个时候，大 A 出现了，并且宣称他存在的全部原因都是为了保护 A。

再来看一下在不同时期出现的他们又有怎样不同的性格：小 A，看起来非常儒雅，冷静又理智，能很好地控制自己；中 A，就像是只多情的蜜蜂；大 A，这个角色可不得了，是个心狠手辣的暴徒。

大家对应着出现时期与表现的性格，是否恍然大悟？原来这当中有着不可忽视的关联！A 在目睹了母亲的冲动暴行后，心灵备受冲击，为了逃避这种痛苦，于是干脆自己摇身一变，变成了理智又冷静，能很好控制自己的小 A。因为母亲有时非常喜欢把 A 打扮成一个女孩，A 内心充满抵抗不满，渴望自己能像个爷们儿一样，因此花心浪情的中 A 出场了。A 被一群青年野蛮地殴打，备受羞辱，他幻想自己能是超人，于是暴力凶残的大 A 现身了。也就是说，每个人分裂出来的人格的特征与性格是受其诱因的影响而形成的。

当然，不是所有的精神创伤都是虐待等遭遇所引起的，比如战争或自然灾害等都有可能给人们带来心理不适而产生精神上的创伤！曾经有心理学者描述，在战火纷飞的地区，一个小女孩亲眼目睹了双亲被地雷炸死，在极度悲哀的情况下，她试图一点一点把他们的尸体拼凑在一起……还有一些人，是潜意识里为了逃避目前生活的困境，才会增生出多重人格，比如逃避打官司，逃避生活和工作中承受的严重压力，逃避生离死别等。

还有一种就是与人的时间段有关：在不同的时间段你的那个年龄就死亡，比如说：童年、少年、青年、老年等随时间的流逝，然后就会有新的时间来代替你，年龄段的死亡就会使你忘记过去，也就是我们常说的失忆，忘记一些东西，其实是我们过度的哀伤造成的。然后就会改变（就是另一种人格的表现），这就是经过不同的事物以后我们的改变就有了不同的人格，人一般都有多重人格，只是不同的人有不同的症状。

此外，先天的遗传因素也会多多少少参与其中。

我们可以看出多重人格的障碍通常是在经历了严重的躯体或精神创伤后引起的。那么创伤后应激障碍也是由严重的躯体或精神创伤造成的吗？

我们也可以这样看，有些人很容易受到心理暗示，有些人很不容易受到心理暗示，他们就在枣核两端。而大多数人对心理暗示的反应是适中的，是心理暗示的"中产阶级"，居于枣核的中间。

很容易受暗示的那部分人更能轻易把自己从严重的创伤中分离出来，人格上一人变多人，就成多重人格了。而对于很不容易受到心理暗示的人来说，他们没那个"本事"，所以只能乖乖地承受应激障碍。不是所有受了大创伤的人就一定要变成多重人格或者应激障碍。除去童年时受到伤害的人可能难以幸免以外，成年后再遇到激烈的事，成败与否就看你自己了。

有研究表明：只有在生物学和心理上对焦虑情感比较脆弱的人，才有患上这些障碍的风险。而有些人，即使承受了最严重的精神创伤，也是不为所动的。

依据早期精神分析的观点，多重人格的形成是受到精神创伤的受害者用了一种叫分裂过程的防御机制。在分裂过程中，个体把关于受创伤经历的记忆从意识中分裂出去，并且这种分裂是不知不觉地发生，还是发生在意识之外。关于创伤事件的记忆被分裂出来形成单独的人格，这些不能记起受虐的事情，并在主人格之下独立地活动。

抛开多重人格的危险性，就个体本身来说，我们依稀地看到多重人格是有其适应性意义的。多重人格的形成是环境刺激的产物，每一个亚人格就是针对某种特殊环境下的特殊防御，至于由哪种人格来支配，则是遵循"哪种人格最适应当时的环境和需要，就启动和出现哪种人格"的原则。这样不难发现，多重人格在本质上就是一种通过频繁地变换人格来适应环境的心理现象，是一种适应环境的心理努力。

可是，在每一个人格背后总藏着强烈的自尊和脆弱，而且每一个亚人格都有一个非常厚重的面具，带面具的人不堪重负，忙于奔命，忙于换"面具"，哪里还有闲暇真正享受人生呢？这是多重人格的人无尽的徒刑和悲剧。

关于催眠用于多重人格的治疗，至今仍存在着争议，因为治疗的同时也可引发多重人格，来访者在治疗过程中很容易受到其他暗示，为了逃避一定痛苦而自己衍生出多个"我"。所以，有不少人质疑那些多出来的"人格"是被心理咨询师"问"出来的。因为尽管心理咨询师本守着保持中立的原则，但是在实际治疗过程中，难免受到个人主观的影响。作为一名心理咨询师，对多重人格障碍的存在深信不疑，当发现自己的病人开始讲一些像电影一般的故事情节，或者发现有点苗头像是"多重人格"的症状，那么在问问题的时候就难免会带有一定的诱导性，或者诊断时发现有些模糊的症状，更愿意把它归于多重人格的这个"头衔"。

催眠的确是个危险的治疗方法，无论是对病人还是对咨询师本身。

电影《致命ID》中除了胖子、心理专家及那些司法人员，片子里剩下的所有人，包括妓女、中年夫妻俩、青年夫妻俩、小男孩、旅店老板、警察、罪犯，都是那胖子一个人的分身，所以他们都有着同一个出生日期。后来，死掉的人的尸体诡异而不留痕迹地不见了，那就是作为分身来说，它被胖子整合了，收了。所以所有发生在旅馆内的腥风血雨，人物一个一个被干掉，其实都不是真实存在的，而是胖子自己在大脑中整合这些多出来的人格的过程！

现实中的治疗是，治疗师通过催眠患者来引出每一个分身，进行录像和录音，然后分析这些分身的前世今生、前因后果、来龙去脉，然后再分别约出每一个分身进行谈判，制订治疗的计划，最终说服每一个分身：通过整合成为一个完整的人，你（分身）也是可以从中受益的。

就像影片结束部分那样，心理专家劝导胖子放弃警察的分身，警察便就在随后的打斗中死去了。但是最后唯独落下那个凶残的小男孩没有整合，待这个孩子把妓女这个分身干掉后，重新用邪恶的力量占领了胖子的身体。于是在汽车内，胖子突然启动，勒死了百密一疏的心理专家。

多重人格与表演者

据了解，在1979年以前，多重人格高发病地区北美能够查到的记录也不超过200个案例，可以说多重人格是一个极小众的病患。就算是现在，很多人也未曾见过身边认识的人中冒出一两个多重人格障碍的人来，他们貌似只存在于文学小说或者影视作品当中。

在很多人连听都没有听说过多重人格障碍这种精神障碍疾病的时候，一本叫《女巫》的小说，将它带入了大众的视野。1973年，Flora Rhea Schreiberie 将一位被诊断为多重人格的女患者的真实事件改编成小说《女巫》。小说描述了这位患者的诊断过程及对她的16重人格的展现。在当时，如此具有话题又让很多人耳目一新的题材，毫无疑问必然会成为大热的畅销书。《女巫》还两度被搬上大荧幕。

随着《女巫》这个富有传奇性的作品的走红，更多人开始知道、关注这种罕见的精神障碍。文学界和影视界也越来越多地将它融入作品当中，尤其是暴力与悬疑等题材的电影喜欢上演人格分裂的桥段。的确，如果一个身经百战、破案无数的神探，突然遇到一个棘手的案件，嫌疑人可能是个老实的上班族，可能是心地善良的小姑娘，或者是人见人爱的性感女神，让这些人变成杀人犯，最合理也最有看点的莫过于给他们的纯净灵魂里加入一个邪恶的灵魂，这可真是再刺激不过了。代表的角色日本电视剧《Mr. Brain》的第六集中，仲间由纪惠这个像天使般无邪的女生摇身一变成了复仇机器。当然还有前面提到过的《致命ID》里的胖子，最邪恶的灵魂竟然是胖子身体里那个小孩的人格，真是让人出乎意料，这样的结局怎能不叫观众大呼过瘾。

然而，这些生动真实而又深入人心的角色，并非真正的多重人格障碍患者本人演出，都是由演员们用精湛的演技塑造出来的。一个优秀的演员，在诠释一个角色时，多会倾情投入，甚至会培养出角色需要的那个人格来，而无法直拨，占据了自己内心的一部分，即使演出结束了，仍然会出现剧中角色的性格特点或者举止、语气等，也就是人们常说的入戏太深。这种现象是短暂的，只要稍作调整就可以完全恢复。

然而，在现实中生活，究竟有没有会装成是多重人格障碍患者？答案是有。

1977年，俄亥俄州发生了一起非常有名的案件，一个比利密雷根的罪犯因多起强奸而被警方逮捕。然而拼命把比利找回来的警察们从来没有想过这个证据确凿的案子竟然会以无罪释放的结果结案。那时候他们甚至对什么是多重人格都不是很清楚，或者对多重人格的印象只停留在电影里塑造的某个人物而已，认为现实中根本不会存在。狡诈的比利一开始就一脸无知的样子，一直否认自己做过这些事。后来经过多位精神科医生和心理学家的会诊后，确诊他是一位有着24重人格的多重人格障碍患者，最后无罪释放。丹尼尔凯斯根据这个真人真事用夸张的手法改编成著名的多重人格障碍类小说《24个比利》，书中比利的24个人格都是一个完整个体，可以独立运作，在性格、智商、国籍、性别上各不相同，大致可以归类为7种类型。

恐惧的"丹尼"：十分容易受到惊吓，尤其惧怕男人。这也是跟比利的童年有绝对的关联，比利将他对一切事物的恐惧的感受交由这个人格来承担。

反抗、报复的"里根"和"爱浦芳"：这两个人格是比利受到继父施虐时内心产生的复仇心理与憎恨不满所导致的人格。当比利身处危险的情况时，由里根负责保护、管理所有人格，是一个具暴力倾向的人格；爱浦芳则是处心积虑地计划报复比利的继父。

背叛的"汤姆"：由于受到最亲密的家人的虐待，以至于比利对人从此充满了不信任感，产生了具背叛性格的人格，并且对人怀有相当的警觉性。

逃避的"戴维""杰森""萧恩"：比利为了逃避所有的责难与伤害，所产生的三个人格，分别替比利承受记忆、责骂与身体伤害。戴维是个充满痛苦的人格，无论是哪一个人格只要是受到伤害都是由戴维出面承受的。杰森则是承受所有负面的记忆，可以让其他人格遗忘一切的不愉快。当比利受到责备时，则由萧恩出现承受，因为萧恩是个聋子。

有信仰的"赛缪斯"：是所有人格中唯一有宗教信仰的人格，比利小时受到生父影响，一心信仰宗教，当受到压力时，自然而然会寄托于宗教，故产生了这唯一信仰宗教的人格。

自我意识的"史蒂夫"：属于一个极端自我的人格，唯一不接受多重人格诊断结果的人格，认为自己才是真正的人格。在比利分裂成多重人格的同时，他的潜意识中仍然保有强烈的自我，因此产生了这个非常极端的人格。

剩下的人格属于敏感、天真、浪漫、害羞、女性等特质。

一个多重人格障碍患者，其核心人格和非核心人格的很多特征是不相同的，甚至是千差万别，有可能有着不同的爱好、不同的性格、不同的声音，甚至是不同的性别和性取向。那么如果一个多重人格障碍患者转换出来的人杀了人，到底该不该承担法律责任呢，这个人到底是不是"我"杀的呢！这是一个非常有争议性的问题。

对于人格障碍的诊断主要有 DSM-IV 分离性障碍的结构性临床访谈和分离性障碍访谈表两种判定方法。DSM-IV 分离性障碍的结构性临床访谈共有 277 个题目，来评定遗忘、人格解体、现实感丧失、身份认同混乱和身份交替 5 种分离的症状，而且还需要了解当事人过去的个人经历、有没有遇到什么大事情等。分离性障碍访谈表共有 132 个是非题目。

分离性障碍又称癔症性精神障碍，是癔症较常见的表现形式，表现形式有身份识别、记忆或遗失破坏或分离等。

可见多重人格的判定有多么复杂。也正是因为如此，有人便开始在生活中假装成是有多重人格障碍。这种假扮的人，精神科医生或临创心理医生能识别出来吗？住在洛杉矶的山区的 Kenneth Bianchi，因残暴地强奸并杀害了 10 个女性后被铺，人称"山坡绞杀者"。然而，当初案件并非一帆风顺，虽然证据确凿无疑，然而这个狡猾的家伙却在接受催眠时蹦出了第二个人格，一个叫史蒂夫的残暴的杀人犯，而且承认是自己杀害那些女性。难道又出现一个"比利"？

其实，他并非真正的多重人格障碍，而是早有准备，一直在潜心研读心理学的书籍。虽然他既不是专业的演员也不是专业的心理学家，然而他精湛的演技骗过了一些精神科医生。然而山外有山人外有人，后来一位更专业的精神科专家 Martin Orne 通过诊断后断定他并没有第二个人格，撕开了他的假面。

第二章
妄想症与偏执狂
——受伤的"理智"

你永远也理解不了的"一根筋"

到底什么样的人算是一根筋呢？一般来说，这是人们对某些人的性格偏执或固执，死板不开窍，做事一条路走到黑的形容，有时候这种执着会达成目标，这个时候就是好的，有的时候，这种执着使一个人不听别人的话，只相信自己、认死理，这样常常就会耽误事儿，并且带来人际关系紧张等问题。

在这方面比较出名的人物要属谢尔顿了——众所周知的《生活大爆炸》里的那个有点神经质的天才科学家。

谢尔顿是加州理工学院物理系的科学家，研究方向是弦理论。他拥有一个硕士学位、两个博士学位。他智商高达187，出生于美国得克萨斯州东部，11岁上大学，15岁去德国某学院做客座教授。他最著名的台词是："我估计能超过我的人要等我死后200年才会出现，另外在他名字旁边还会有个星号，因为他是个生化改造人。"因为他非常自负，并且拒绝相信这个世界上还有比他聪明的人。

他迷恋漫画和机器人甚至到了狂热的地步。

事实上，因为家庭原因，他的情商方面发育比较不完全。

他的心理年龄实际很小，常常需要大人哄，并且因为童年的心理阴影，他非常害怕看到别人吵架。

在生活习惯方面，他其实很奇怪，比如说他特别爱吃陈皮鸡柳，但他又总觉得自己从没有吃到过真正的陈皮鸡柳，并为此而学习中文。他特别喜欢用叠衣板叠衣服，长期爱背着一个土黄色的斜挎包，他还喜欢在一件长袖 T 恤外面套一件短袖 T 恤，那些 T 恤上的图案通常会是科幻电影或者卡通中的形象。

事实上这就是我们平时所说的一根筋，听不进别人的劝，一意孤行，而且像这种人大多有点自恋，有点自命清高，他们认为自己总是对的，他们很多时候是活在自己的世界里，比如上文说的谢尔顿，他总是听不出别人的讽刺，总是觉得别人都是在夸他，但是这种人通常又比较率真，有什么说什么，总让人觉得有种憨憨的可爱，但是有时候又因为很直而显得尖刻，比如说谢尔顿有一段经典台词是这样的：

谢尔顿："你干吗哭呢？"

佩妮："因为我太傻了。"

谢尔顿："这可不是个好理由，大家都是因为伤心才哭嘛。比如我吧，我总为别人太傻而哭，因为愚蠢搞得我很伤心。"

像这种一根筋的人一般来说都是很受争议的，因为有些人会很喜欢他们，觉得他们很率真可爱；有些人觉得他们尖刻并且固执，活在自己的世界中，进而觉得这种一根筋的人一无是处。

这种不理解造成的结果就是，喜欢他的人对他非常非常喜欢，甚至到了崇拜的地步，不喜欢的人对他非常非常的讨厌，甚至觉得他一无是处。这个可以从两个角度来解释，一是因为他们这种一根筋的性格本身就是极端的，所以别人无法对他们做出特别中肯的评价，二是再加上在人的本性里，人们往往都喜欢把好的往特别特别好说，把他们认为不好的往最坏了说，所以这种人的评价一定是什么样的都有，充满了争议。

但是无论是在现实生活中还是在虚拟的网络，"一根筋"的人还是不少的，而且他们总是让人无法理解，又爱又恨，有时候觉得可爱，有时候觉得可恨，也是正因为其具有多面性，才让我们觉得真实。尽管，这是我们永远无法理解的"一根筋"。

受伤的"理智"

这里我们要讨论的是"偏执狂"与"妄想症"的病因。其实"妄想症"以前叫作"偏执狂"，但是在现代精神病学中，此词的用法发生了极小的变化。

"妄想症"，又称妄想性障碍，这是一种精神病学诊断，指的是"抱有一个或多个非怪诞性的妄想，同时不存在任何其他精神病症状"。

这种人一般没有精神分裂的病史，但是他们会产生触觉和嗅觉性幻觉。这个就有很多临床表现了。比如说在关系妄想症里，他会把和他没有关系的东西认为是和他有关。他会认为路上的人们是在谈论他嘲笑他，因此拒绝出门。他们还会有被害妄想症，总觉得别人要害他。还有罪恶妄想症，罪恶妄想又称自罪妄想，指的是患者拒食或者要求劳动改造以此赎罪，因为他们毫无根据地认为自己犯了严重错误和罪行，甚至自己是罪大恶极、死有余辜，应该受到惩罚。

"妄想症"的类型非常多，除了以上所说的，还有"被爱妄想症""暗示妄想症""忌妒妄想症"。

有这样一部电影，名字叫《纠缠》，这是一部美国的电影。讲的是一个叫作德瑞克的小职员新官上任，而温柔贤惠的莎朗也成为了他的贤内助，他成为了办公室里男男女女羡慕的对象，因为他有着幸福美满的家庭，因为一切看起来是那么的无可挑剔。但是这美好的一切因为电梯的一次偶遇而发生了改变。

一个很正常的早上，德瑞克的公司突然来了一位金发碧眼的美女，他们公司是个男人堆，这个美女就显得尤其扎眼，瞬间吸引了很多异性的眼球。

之后该美女用尽各种手段勾引德瑞克，最后甚至用到了自杀这种方法。这一切的一切都导致了矛盾的产生，最后德瑞克的老婆奋起反抗，终于保护好了她的家庭。故事的结尾，那个女的死了，德瑞克一家人终于还是在一起了。

在医学上来说，这个女人患的就是"被爱妄想症"，是"妄想症"的一种。事实证明，这类患者大部分在18~25岁阶段，且在女性中较为常见，但也可在男性身上发生。钟情妄想症的前提是患者首先认定自己被钟情，一口咬定是对方先爱上自己。这就是理智受损的表现。

对于妄想症真实的病因，到目前为止，医学界仍未掌握足够资料。一般来说，可能有两方面原因：就生理因素而言，遗传是一点，这是因为同一家族的人出现多疑、隐秘或忌妒等性格特点的机会较高。另一点就是器质性病变，头部受伤、酗酒甚至艾滋病都会导致妄想症的出现。有人猜测是颞叶或边缘区受损，或多巴胺能神经过分活跃之过。

除了以上生理上的因素会导致理智受损，另一方面就是心理因素了。

很多精神分析学者强调同性恋、自恋及投射之说。弗洛伊德也是这么认为的，他觉得，妄想是从同性恋期退化并固定在原始自恋期的结果。对同性的爱遭到禁止，继而投射成多疑及反叛。

但是无论是生理因素，还是心理因素，这些都会影响一个人的理智。在此基础上，"妄想症"似乎有据可循。

我们经常听到这样的故事，说一个母亲死了孩子以后就发疯，经常出现幻觉，经常自言自语。这种故事不止出现在书上，还出现在现实生活中。事实上，这种就属于理智受伤，按照理论来说，是大脑某部分受了刺激或者是心理刺激，导致"理智"受伤。像这种因为受过刺激而产生的"妄想症"又叫作"继发性妄想"。

它指的是在已有的心理障碍基础上发展起来的妄想，这种妄想是以错觉、幻觉或者情感因素例如感动、恐惧、情感低落、情感高涨等，或某种愿望为基础而产生的。一旦这种心理因素消失，他们的症状就随之消失了。所以不难理解为什么很多上述故事中的主人公后来又好了。因为他们已经突破了自己的心理障碍，失去了这种基础，便不再有这种症状。

与"继发性妄想症"相对应的是"原发性妄想症"。原发性妄想多见于精神分裂症，而且对精神分裂症有诊断意义，因而备受重视。这种病是一种突然产生的、内容与当时处境和思路无法联系的、十分明显而坚定不移的妄想体验。

目前来说，还没有找到对付妄想症的方法，但是相信理智是其中很重要的一点，不管怎样，通过不断的研究和探索，找到解决妄想症的办法指日可待。

总怀疑对方出轨的"忌妒妄想症"

我们先来看一则新闻：

台湾新竹市陈姓男子看见电视连续剧演出男主角出轨戏码，竟将枕边人当成男主角的外遇对象，每当妻子出门回来，动辄质问："你是不是出去和电视里面的男主角外遇？"还不时打骂。

该男主角表现主要有这些：

有一次妻子回家后，该男直接将其拖到浴室，企图将她的头压进马桶，还拿啤酒洒在头上，质问："难道电视上的男主角比我帅吗？为什么你要跟他好！"

妻子从外买菜回来，先生劈头就问："是不是和剧中男主角搞外遇？从实招来！"尽管否认到底，但是妻子百口莫辩，因为先生依然不信。

有一次妻子刚回住处，先生又诬指她与电视男主角偷情完才返家，妻子回嘴："那是电视，你不要无理取闹好不好！"结果没想到先生竟趁她洗澡时，剪碎她最喜欢的衣服，并且说："让你不能再穿漂亮衣服，出去和男主角幽会！"

类似此种行为，频频发生。

后有专家指出，此男是患有"忌妒妄想症"，患这种病的人只要看到自己的配偶打扮得漂漂亮亮的出门就觉得对方有外遇，连买菜回来都可能误解成幽会归来。

患有忌妒妄想症的这种人，对关心对象的一举一动都会做出无事实根据甚至不合理的推论。

那么，到底什么叫作"忌妒妄想症"呢？

忌妒妄想症又称奥赛罗症候群，是一种病态型思想，他们认为自己的配偶或爱人不忠。大部分情况下，这些指控完全是虚构的，但有时伴侣曾经有过不忠个案通常会质疑其配偶或爱人，并且试图阻止他们想象中的不忠事件发生。

病人并不会先采取一些方法来取得不忠的证据，而是收集一些琐细的佐证，就错误推论并且证实妄想为真。

患有这种病的人喜欢跟踪和监视其爱人的活动，主要是指认为配偶或性伴侣不贞的妄想，往往会伴随着激动情绪，甚至攻击行为。

临床上以男性较多，经常出现在 40 岁左右、过去没有精神疾病的人。症状的发生往往没有先兆，常常是丈夫突然怀疑太太不贞然后寻找身边许多蛛丝马迹，这些蛛丝马迹往往又增强丈夫的妄想程度。

例如有一位男人每日下班回家后，会立即检查房间衣橱内衣服的次序，若衣服放置的位置有任何改变，就会认为有人趁他不在家，在家里与他太太发生奸情。

病人会竭尽所能地测试太太的一举一动，不断地检查、再检查。大部分情况下，这些指控完全是虚构的。

如果没有适当的治疗，妄想可终生存在；但有时候，当受指控的一方已经不在时，妄想也就随之而消失。

这类人群一般人格发展不健全，情感发展水平偏低，他们对别人的爱是一种完全占有式的爱。当对方地位发生升迁，获得更多自由度时，他们的潜意识中就会产生强烈的不安全感。他们怀疑、诘问、跟踪对方的行为，是想控制对方的一种极端表现。用我们普通人的话来说，就是爱情低能的表现，他们不懂得如何去表达爱，内心缺乏安全感，同时又极度渴望被爱，极度需要占有对方，所以就会提出各种极端的指控来证明对方背叛了自己，只是为了让对方永远属于自己。这种人一般占有欲很强，而且行为很像小孩，不让人来抢他心爱的玩具，牢牢地握在手里，哪怕把那个玩具捏碎，只要还是在自己手里，他们就会有一种成就感。

从某种程度上来说，这种人比较没有安全感，他们特别缺爱，这种人可能小的时候家庭环境不好或者是遭遇过什么精神创伤、感情创伤，所以他们想牢牢抓住任何一件他们想要拥有的东西。一般人其实也会有那种控制欲，一个人如果真的喜欢另一个人，不可能不嫉妒。所以一般程度上，每个人对爱都是有点自私的，但是爱还是基础，这自私也是爱的延伸，不是过分的那种。因为爱，他们也会给对方自由，这是最重要的，他们会给对方一定的空间，而不是试图控制他的思想、他的行为、他的一切。

有这样一部电影，该电影的名字叫作《恋恋书中人》，讲的是一个宅男是个写作天才，他写的每本小说都广受好评，然后他在最近的一本书里面写了一个女人，这个女人就是他心目中的女神，结果有一天他醒来的时候忽然发现他睡的地方多了一个女人，而这个女人，居然和他书本里构造的那个人一模一样。他吓坏了，以为是自己出现幻觉了，所以没有理那个女人，一直做出各种行为，无视那个女人的存在，结果在他和另一个女人吃饭的时候被那个书里面出来的女人看见了，她很不开心。这个时候又出来一个该作家的朋友，这个朋友也看见了那个书里面出来的人，然后作家知道这个女人是真的。他一直道歉，终于取得了女生的原谅，于是他们一直很开心地过着自己的小日子。

直到后来，女生开始自主学习有自己的生活圈子，她开始变得独立，不再依赖那个男生，男生觉得受不了，便再开始续写，让女主角变再依赖他。这个女生就是这个男生创造出来的，所以说只要这个男生将这个女生形容成什么样，这个女生就会变成什么样，后来女生就极度依赖他，甚至连过马路都不敢一个人过。男生觉得这样对她不好，最后又写到让女生恢复正常。可是正常后的女生开始决定离开他，就在这个时候，不知道怎么办的男生开始愤怒，并且告诉女生，她是离不开他的。女生很潇洒地收拾衣服，不顾他的说辞，就在这个时候，男生又开始写稿子。结果是，女生真的就走不出去，每当女生想要走出去，就好像被一堵无形的墙挡着一样，她大喊为什么，男生说，因为你是我创造的。女生不信，男生开始疯狂地打字。

男生让女生跳舞，女生就跳舞；男生让女生狂笑，女生就狂笑，即使明明很想哭……男生疯狂地打字，疯狂地设计着女生的行为，他看着她又跳又叫，像个猴子，他听着她一遍一遍又一遍地说着我爱你，心潮澎湃。

故事的最后男主角没有再去控制女主角，然后他们又开始重新相遇，最后的场景也很美很小清新。也只有到这个时候，男主角才领悟到了爱的真谛不是占有一个人的一切，而是给那个人足够的自由，让那个人是本身的那个人而已。

只有一个人真正懂得了爱的含义，只有一个人的世界足够宽广，才不会让忌妒蔓延自己生活的每个角落，甚至患上忌妒妄想症。

总想与明星谈恋爱的"被爱妄想症"

1981 年 3 月 30 日，里根前往华盛顿的希尔顿饭店。他是应美国劳联—产联建筑工会的邀请，前去对数千名公会代表发表讲话的。讲演完毕，里根走出饭店，他笑容满面，向马路对面的人群频频挥手，就在这个时候，一位美联社记者想叫住他对他提问，白宫新闻秘书布雷迪走过来，要帮助总统回答记者的问题。这时，忽然一个金发青年拔出左轮手枪，向里根总统射击了6发爆炸性子弹，枪声响后，白宫特工人员迅速扑向凶手，用自己的身体挡住总统，从而使最后几枪都打偏了，受伤的总统被送去医院抢救。由这个案件引出的凶手欣克利开始变得家喻户晓，这个人以精神病而著名，患有被爱妄想症。

约翰·欣克利在行刺之前就患有这种被爱妄想症，他出生在俄克拉荷马州的阿德莫尔，在得克萨斯州长大。他从高中开始便再无心向学，整天一付吊儿郎当的样子。1976年，他变卖家人送的小汽车，飞往洛杉矶，希望以作曲在好莱坞成名，但此希望显然落空了。在此期间，欣克利的家书谎言连篇，诉说自己如何如何不幸，千方百计向家中要钱，甚至虚构了一个叫作林恩·柯林斯的女明星，说自己正与她拍拖，又谎称自己和影视公司洽谈音乐合同，急需用钱。他父母听到儿子事业发展如此顺利，便不断寄钱满足他的要求。

那为什么约翰·欣克利会刺杀总统呢？事后人们知道，他的动机只是为了赢得女演员朱迪·福斯特的芳心。朱迪·福斯特因为在电影《出租汽车司机》里面扮演一个妓女而名声大振，这部影片描写的是一个孤独的出租汽车司机为了表达对那个妓女的爱情，而去刺杀一位总统候选人的故事。欣克利自此特别崇拜、喜欢福斯特，给她写信、打电话百般纠缠，但福斯特一次也没有见他。可他认为福斯特是对他有感情的，只是不敢表达而已，所以他必须要做一件有历史意义的事情让朱迪·福斯特公布对他的爱，因此就出现了他刺杀总统的一幕。欣克利的这种表现就是患上了被爱妄想症。

心理学上认为被爱妄想症是一种罕见的心理疾病，患者会陷入另一个人（通常有较高的社会地位）和他谈恋爱的妄想之中。

这种症状还有一个别名，叫作克雷宏波症候群。

此症状的主要特征在于，患者会有和另一个人秘密地谈恋爱的错觉。患者总是觉得对方在秘密地对自己传达爱意，通过各种可有可无的东西，例如媒体，例如动作。

真正患有这种心理疾病的人，他们的行为是怪异的，而且总喜欢跟踪别人。很多明星诸如玛丹娜、史蒂芬·史匹柏、芭芭拉·曼瑞儿和琳达·朗丝黛都反复被患有被爱妄想症的人做为跟踪的对象。

那么被爱妄想症的病因又是什么呢？

毫无疑问，缺爱肯定是一点，因为缺爱所以需要被爱，需要活在自己的世界里，活在自己的臆想里，感受着自己营造的世界的虚拟温度。幻想有时候比现实美好，比现实容易，比现实亲近，比现实更让人有安全感，让人觉得温暖，有存在感。所以他便一直幻想，直到分不清真实和虚拟。

著名作家果戈理所著的《狂人日记》中描写了一位患有被爱妄想症的主角。他想象的世界中自己和狗在说话，想象的世界中，自己是个有着大好前途的人，部长是重视自己的，小姐是喜欢自己的，科长之所以说那些刻薄的话完全是忌妒自己的。

主人公他就这样一直怡然自得地过着自己的日子。事实上这很像是一种自我安慰，但是我们可以看出来，这种人眼里的世界其实是非常狭隘的，他们不敢正视自己，不敢正视周围人的评价，不敢接受挑战，不敢面对真实的生活，因为真实的生活总是有很多意外，而不真实的生活却可以任由自己摆布。

不难发现，这种人大多内向、自闭、缺爱，并且将所有对爱的渴望寄托在完美对象上。他们为什么会选择明星呢？就是因为在普通人的视角里，明星是完美的，是可以百分百给他们爱及保护的，他们需要安全感，却不能从现实中得到，只好求助于自己的幻想。大脑在分析综合形成潜意识以后，就不自觉地开始这样做，会有跟踪，会有和明星们交流的情况。在某种意义上来说，这是一种自卑型人格在作祟。

人可以不现实，但是人不能永远不现实。偶尔的不现实可以被理解为天真浪漫，一直的不现实就是逃避和不负责任。人们总会长大，幻想总会破灭，美梦总会醒来。那些阴影，总该让它们烟消云散，去过一种真实的人生。

坚信一直有人在伤害自己的"被害妄想症"

斯皮尔伯格可以说是美国甚至全世界著名的导演，他拍摄的电影票房总收入直到今天也没有人能够超越，但是即使是这样一位声名鹊起的大导演，坊间也有传闻说他患有"被害妄想症"。

据了解，斯皮尔伯格有专备逃生车，他要求对地震、恐怖袭击等意外灾难都要有应对预案。梦工厂的员工都发有包括防毒面具在内的逃生套装，而且一辆全新的摩托车就在斯皮尔伯格办公室楼下随时待命，以便于他随时逃生。另外，斯皮尔伯格办公室里的所有文件，包括剧本企划书甚至一张便条都有加密，为了使斯皮尔伯格在说话时声音不至于传得太远、谈话保密，他的办公桌上方甚至悬挂有一块半月形树脂玻璃。

这种被害妄想症在所有的妄想症类型中属于最常见的类型。发生妄想症的人，他们往往有着特殊的性格缺陷，如敏感、多疑、主观，自尊心强、自我中心、好幻想等。这常与病人童年时期受过某些刺激、缺乏母爱、缺乏与人建立良好的人际关系等有关。

这类患者总是感觉被人议论、诬陷、遭人暗算、财产被劫、被人强奸等，精神上总是处于一种恐惧的状态。并且他们往往有自杀企图，必须得早点发现并且早点诊断，否则容易酿成大祸。

这种病症很多时候都不是因为先天原因，而是由于精神紧张等导致。

有部电影叫作《跟踪孔令学》，这是一部由范伟等主演的悬疑喜剧，讲的是范伟扮演的语文老师孔令学，因为一次在课堂上没收了一个女生的手机，而引发了女生男友的跟踪。在这之后孔令学就开始疑神疑鬼，整日害怕女生的男友会加害他，最终导致心理出现问题这样一个故事。

其实跟踪孔令学的阿祥对他没有什么歹意，只是想要吓吓他而已，然而孔令学却固执地认为认为阿祥要加害自己。

该片导演说："很多人都会有类似的症状出现，我们希望通过范伟这种轻松的表演方式引起人们对心理问题的关注。"他表示，城市的人们生活节奏非常快，和周围人的沟通越来越少，戒心越来越大，所以在遇到事情的时候就会疑神疑鬼，这是典型的城市忧郁症的表现之一。

这里的孔令学就是这样一个患有城市忧郁症、有点轻微的被害妄想的典型代表。很多人都或多或少地患有被害妄想症，只不过是程度不同而已。最突出的表现，大概就是老觉得身边的人都想要害自己，搞得自己神经衰弱，甚至有可能发展成精神病。

想起来很久以前看过的一则故事，讲的是一个很著名的表演小丑的演员让那个小城里的人们非常开心，他也因为这种喜剧角色声名大噪，大家都觉得他应该是这个小城里最开心的人，可是我们的主人公却发现原来他经常去心理医生那里，诉说他有多不开心多不快乐。这个故事除了告诉我们那些看起来很快乐的人不一定很快乐这个道理以外，还告诉我们这个世界上的很多人其实都相当程度的有着各自的心理问题。

还有一部电影，叫作《刺杀希特勒》。

这部电影就是根据发生在第二次世界大战时期的一个真实事件改编而成，它讲述了德国军官施陶芬贝格，在公文包中安放炸弹，企图刺杀希特勒而失败的故事。故事悲壮同时具有很强的感染力。

在电影里面，他们决定暗杀希特勒的时候，任务显得十分的艰难，因为行踪神秘的希特勒总在最后一刻更改计划。而且在希特勒的身边总有很多保镖，他的行动一直飘忽不定。也是因为希特勒有被害妄想症，他总觉得自己这辈子肯定会遭遇一次刺杀，所以过去所有的刺杀行动不是中途放弃就是失败。

如果希特勒没有被害妄想症，可能他就不会这么谨慎，这么小心翼翼，也就很容易被刺杀。但是结果是这一次他们的刺杀行动又失败了。

影片中的结果是尽管他们设计好的炸弹如期爆炸，但希特勒本人只是受了点轻伤，侥幸捡了条命。

这个故事说明了，有时候一定的被害妄想症是可以有的，必要的时候可能是件好事，但是这个或许只适用于大人物或者是某个年代。在今天这个年代，我们能做的就是学会减轻自身的压力，学会明智理智地生活。

"幻肢症""虚构症""错构症"

1.幻肢症

在美国南北战争以后，很多士兵们因为战争而负伤的大多避免不了被截肢的命运，（因为当时还没有抗生素），然后这些士兵们带着幻肢症返乡，后来医学界开始关注起幻肢症这样一种症状。

那么，到底什么叫幻肢症呢？

幻肢症一般来说存在于被截肢或残废的患者，他们否认自己有任何残缺或者认为自己无肢体残缺，他们甚至能够感受到自己身体上该肢体的存在，比如发现自己存在第三只手、第三条腿，这样一种症状被我们称为幻肢症。

出现幻肢症的原因有以下几种：

（1）丘脑顶叶损害。

一般来说，这种患者会出现幻想的第三只胳膊或者第三条腿。

（2）脑器质性精神病。

一般出现于乳腺、鼻子、阴茎被切除后，患者感觉它们仍然存在，他们感觉那些地方是原有的形状或是变了形的、缩小了的形状。这种类型的精神病是不以意志为转移的，过一段时间后此种幻肢存在的感觉可自行消失。

关于幻肢现象，有这么一个发现。下面是一个例子。

××是一个医生，有一天他拿了一个再平常不过的棉花棒，开始轻触一个有幻肢症的病人，这个病人失去过一只手臂。他通过触摸患者身上的不同部位来进行这项研究。

××把棉花棒放在到他的上唇上问道："感觉如何？"

他回答道："你在触摸我的食指和上唇。"

××："是吗？你确定吗？"

他回答道："是的，我能感觉到你触摸的这两个地方，这感觉是如此明显和清楚。"

医生轻触他的下巴，然后问道："那么你觉得这里是哪里？"

他回答道："哦，这是我的小指。"医生感觉很惊讶，开始刺激他的脸颊。

医生问道："你感觉我在触碰你的哪里呢？"

他说："哦，你在触摸我的脸颊，我能感觉得到。"

张问道："仅此而已吗？"

他回答道："哦，你在触摸我失去的大拇指，这种感觉很奇怪。"

于是该医生就找到了这个人在脸上的幻形图。这项观察表明，脑图是可以被改变的，而且改变得相当快速。它的重大意义在于打破神经医学中被广泛接受的信条"成人脑的回路是不变的"的理论。

目前幻肢症的产生原因还不清楚，但是科学家们也一直在努力研究。

2. 虚构症

虚构症又称作记忆性虚构症，是指某些脑器质性疾病患者由

重口味心理学大全

于记忆力的减退，而以想象的、无事实根据的一些经历或事迹填补记忆缺失。

患者会以一段虚构的事实来填补他所遗忘的那一片断的经过，他们会在回忆中将过去事实上从未发生的事或体验说成是确有其事。

如果患者有记忆力减退、记忆降低及有编造的情况时，一般我们会认为是记忆性虚构症，它有两种表现形式，睡梦性虚构症和幻想性虚构症，前者临床症状一般是内容荒诞、变幻不定、丰富多样化，后者带有幻想的性质在里面。

"虚构症"这个词第一次出现于19世纪80年代末的某医学文献中。当时是在俄国，有一个精神科医生名叫赛琪·柯萨可夫，他的手下有很多病人都无法记住近期发生的事情，不止如此，他们还会自己虚构离奇的故事，这种病是记忆缺陷，病人们都有个共同特征，就是酗酒。我们可以再举一些和虚构症有关的事例。

历史上，有人做过这样的测试，测试内容是让被测试者试看一段录像，内容是一对夫妇的日常交流。然后测试人员告诉被测试者女主角是图书管理员，然后叫他们进行回忆。结果回忆的内容是其中的女主角拥有一头棕色头发，听着古典音乐，喝着葡萄酒。另一组被告知的信息是女主角是个餐厅服务员，于是在他们的回忆中，她就拥有一头金发，听着摇滚乐，同时喝着啤酒。

有研究者认为，人们用这种方式来弥补记忆的空白，这种现象在心理学上有个术语，叫作"脑补"。

还有很多新闻报道中也有类似题材。

比如1992年，在阿姆斯特丹，有一栋大楼被一架波音747飞机撞上了。当时，这个重大的灾难被进行了非常详细的报道，但是没有人拍摄到撞击后一小时内的画面。而在10个月后的一次调查中，有一半以上的公众报告自己在电视上看到了撞击的画面，而且他们生动形象地描绘了撞击的全过程。

这是在心理学家汉斯·克劳姆巴格做的一次调查中发现的，后来他的两位同事又做了一次调查，结果也是超过一半以上的人说自己看到了撞击的画面。

1996年，某美国航天飞机从800米空中坠入大海。在事后记者采访的时候，有目击者称他们看见飞机被导弹击中了。一石激起千层浪，尤其是媒体，他们报道了大量的相关新闻，所以一时间大家都认为这是导弹引起的飞机失事。但是出乎所有人意料的事情又来了，最后调查发现，当时其实并没有导弹，飞机失事其实另有原因。那么我们不禁怀疑为什么会有那么多目击者称他们看到了导弹并且言之凿凿呢？如果真的是这样，可以肯定的是要么其中有人刻意撒谎，要么有人就是无意识地撒谎，即他们患有虚构症，他们会用当时没有的情况来弥补那一段时间的记忆。

所以我们不难理解为什么经常有报道称有人看见外星人或者是宇宙飞船之类的天外来客，并且他们还言之凿凿地想要劝服其他人相信他们说的话，强调他们看到的都是真的。同时我们不难理解为什么会有那么多人类未解之谜，说不定其中很多的当事者目击者都是所谓的虚构症患者。

3. 错构症

错构症这种病常见于老年性精神病或脑动脉硬化性精神病患者。他们会对记忆进行歪曲和篡改，把真正的事实与幻想混淆在一起。

病人会把那些并没有在那个时候发生的事件错误地作为当时的事情来谈论，并强调它是真的，还给予相应情感反应。但是事实上在他们的过去的经历中是有过那些事情的，只是不是那时候发生的而已。

所以它们的具体区别在哪里呢？虚构症是一种记忆错误，患者在回忆中将过去事实上从未发生过的事和体验说成是确有其事，患者就以这样一种虚构的事实来填补他所遗忘的那一段事实的经过。但是错构症是对过去实际经历过的事物，在其发生的时间、地点、情节上有回忆的错误。所以它们的区别就在于过去到底是有还是没有。

这两种病也有相同点，就是病因和机理。长期酗酒导致营养不良，硫胺缺乏可以引起，脑萎缩、脑变性以及脑缺氧也可以导致。

我们为什么将这三种症状结合在一起讲呢？这是因为这些妄想症的病因都和身体有关，幻肢症是因为身体缺少了一部分继而幻想它的存在，而虚构症和错构症大多出现于老年人中。以上我们所介绍的脑萎缩脑变性之类都是身体的不健康表现，这三种病和我们之前所介绍的被爱妄想症、被害妄想症不同，被爱妄想症、被害妄想症等的病因大多是心理因素居多，自身身体没有任何问题，这里却是因为身体原因导致心理原因才会表现出症状。

所以说如果要得到彻底的解决，还要从病因入手。随着科技的进步，也许这些由于身体不健康导致的症状可以由身体好转来得到解决。当然，这只是猜测，其中奥妙我们仍未可知，但是不可否认的是，即使身体好转，如果这种身体上的好转带不来精神上和心理上的改变，那么这种症状依旧是无药可治。

"自毁容貌"和"身体畸形恐惧症"

据英国媒体报道，31岁的瓦格斯塔夫患上"身体畸形恐惧症"，她总觉得自己"丑到没法见人"。患病令她像暴食症一样，总对外貌不满意。

为变成心目中的"美女"，她不惜整容8次，为支付数目庞大的手术费，更在家中种植大麻，结果被判入狱两年半。

据了解，在警方的突击搜查中，有123棵大麻盆栽被检获，价值约5.1万英镑（约合人民币50.9万元），另搜出2380英镑（约合人民币2.4万元）现金。

即使是在事后，她仍表示自己很丑，必须整容才能见人，口气还相当绝望。

法官看过鉴定报告后认为她患有严重的心理障碍，再三斟酌后，决定判瓦格斯塔夫两年半有期徒刑。

那么到底什么叫作身体畸形恐惧症呢？

身体畸形恐惧症

又被称为丑形幻想症、美丽强迫症等。患者个体在客观上躯体外表并不存在缺陷，或者只是有极其轻微的缺陷，但其主观想象认为自己奇特丑陋，并因此而产生一种极其痛苦的情绪。简称BBD，患上这种病的人强烈认为自己身体某部分不好看。

他们对于身体任何一部分都有可能产生不满，并夸大这些缺陷。他们倾向于过度强调"美丑的吸引力"及夸大"自身的缺点"。

他们无法接受整形手术，因为即使是整形往往也无法使他们对自己满意，他们甚至会"自己动手"来整形。

得这种病的人不止有普通的大众，甚至还有某些明星。众所周知的著名的好莱坞女星乌玛瑟曼。她天生丽质，身高182厘米，身材纤细，一向是不少影迷心目中的标准美女。但私下里她却长年受"身体畸形恐惧症"的折磨，她总认为自己又胖又丑，还拼命要饿死自己。她还曾在《复仇者》中穿超小号紧身衣，可是她仍无法摆脱心理阴影，她说："在我的眼里，我是很肥的。"在参加一个贪食症患者慈善募捐会的时候她还主动透露自己身患上述疾病的痛苦经历。

事实上这种病女生发病率比男生多这点不难解释，因为相对于男生而言，女生更在乎容貌，这一方面是由性别本身的特点决定的，另一方面还有社会价值观上的东西在作祟。自古以来，在人们看女生的各种标准中，容貌都是很重要的甚至是首屈一指的，很多女生为了取悦他人，变得开始过度注重容貌，整容，隆鼻，隆胸，等等。但是过度在乎的话，就会出现这种心理问题，并且不管自己的真实身材、真实脸蛋是怎样，他或她都会觉得自己不够好看，很丑、很肥。

患畸形恐惧症这种病的病因不是太清楚，但是大部分人都有过抑郁症的历史。不少患者会化很浓的妆或穿很多衣服来掩盖缺陷，同时他们还会不断地照镜子，以防缺陷被人发现。也是因此，才有这方面的研究人员想到要研究照镜子对于人的心理上的影响。

英国伦敦精神病学研究所研究人员是这样做测试的：他们招募了25名身体畸形恐惧症患者和25名健康人士，并且让其中男女各一半，让他们接受两次测试。

研究人员先前猜测，照镜子会让身体畸形恐惧症患者感觉焦虑，即使只照25秒也是如此。测试结果证实了这一想法。不过，研究人员没想到的是，健康志愿者照镜子超过10分钟后，也开始出现焦虑和压力症状。

他们是这样测试的：在第一次测试时，研究人员让测试者照镜子25秒，第二次照超过10分钟。并且在两次测试前后，志愿者都要填写问卷，让研究人员评估他们对自己外貌的满意程度。

最后研究人员说，每个人都喜欢时不时照一下镜子，不过，大多数心理健康的人不会照那么长时间照镜子分析自己的容貌。

在这之后，利兹大学医学院的某专家分析认为，不经常照镜子的心理健康人士会把注意力集中在自己喜欢的身体部位上，但那些有心理问题的人会把注意力集中在不喜欢的部位。如果照镜子时间太长，健康人士也会把关注点转移到不满的部位，一般来说10分钟会让正常人产生不满情绪。

所以说，很有可能畸形恐惧症患者是由于照镜子时间过长导致，同时又因为是畸形恐惧症患者，所以更爱照镜子，两者相互促进，从而使自身的问题到了不可救药的地步。

在照镜子这方面还有两个相反的个案。

美国有个女子叫柯基丝汀·格鲁伊斯，是社会学博士，住在旧金山。她坚持一年不照镜子，即使是在婚礼当天也不例外。她这么做是为帮助自己恢复自信，同时鼓励他人不要过分关注外在的完美。因为这和她的过去有关。

她在中学时候为了保持身材，严格控制饮食，导致患上厌食症、肾结石等疾病。她说："当时我所有的注意力都集中在体重上。"经过治疗，格鲁伊斯摆脱厌食症，开始在旧金山一家帮助女性摆脱体形困扰的机构"关于面孔"做志愿者。然后她开始进行无镜体验。

格鲁伊斯使用各种方法避免看到自己的形象，例如使用视频聊天工具时关闭能看到自己影像的窗口，买衣服时相信朋友而不借助镜子，开车时侧、后视镜仅用于协助驾驶，用窗帘遮住浴室镜子，训练自己避免看到玻璃中的倒影。

2012年3月，无镜体验结束，格鲁伊斯在家人和朋友陪伴下看到镜中的自己。她说："我有一点矛盾，但对我所看到的感到高兴。"

随后她在面对媒体的时候呼吁："我们应该更加关注内心，而不是外表。"

另一个完全相反的个案是来自于2012年新华网的一篇报道，讲的是一个20岁的宅男。两年前他在读高三时，因为忍受不了学习压力自动辍学。在家待了两年，父母发现他越来越内向，不爱出门，却是"窝里横"，时常与家人闹，不顺心就打砸东西泄愤。后来，他就开始一天到晚在家照镜子，整理发型、梳洗打扮，要不然就是对着镜子喃喃自语。家人发觉不对劲，询问他，他说自己胸疼，上网查了查相关信息，认为是"绝症"，活不久了。父母慌忙把他带到医院检查，结果出人意料，他身体健康，但患有心理障碍，即情感性精神障碍。该院精神卫生科主治医师说，他思维混乱，虽然无明显幻听及幻视，记忆力及智力初步检测也无异常，但存在疑病妄想及情感性不适，注意力不能集中，情绪不稳，易激怒、失眠。

情绪波动、性格孤僻、生活习惯突变等，我们要引起足够重视，特别是受过重大刺激、精神压力大、以往有精神疾患病史或家族遗传史等人群。这些人很有可能患上各种心理疾病。

事实上，每个人或多或少都会有点对自己容貌的不满意和担心，但是我们正常人不会太关注这方面的事情，只有在该照镜子的时候才会照镜子。这也不难理解为什么有点自闭的人会开始关注自己的容貌，爱照镜子，那是因为他们的生活面很狭窄，他们的关注点仅仅集中在了容貌这一方面。但凡是心灵世界丰富的人，都不会过度看重某一样东西，都不会把自己的全部关注力放在某一样东西上，因为他们看见了世界的广阔，他们知道这个世界上还有很多东西值得去追求，而不仅仅是虚浮的容貌之类的东西。也是因为如此，心灵丰富、气场强大的人不容易患上各种心理疾病，更不会傻到折磨自己或者自毁容貌只是为了赢得别人的赞赏，或者获得某种程度上自身心理的平衡。

在很大程度上，只有这些人的心胸开阔了，世界宽广了，他们才会摆脱这种对于容貌的恐惧、这种过度担忧外在的梦魇。

第三章
我一定是病了
——疑病症

我一定是得了很多"重病"

疑病症又称疑病性神经症，指的是病人总是觉得自己患有严重躯体疾病的持久的强迫观念，他们会反复就医。尽管经反复医学检查结果为阴性，但医生的解释和没有相应疾病的证据也不能打消病人的顾虑，这种疾病常常伴有焦虑或抑郁。

病人根据自身感觉或征象做出患有不切实际的病态解释，致使整个心身被由此产生的疑虑、烦恼和恐惧所占据。

很多人总是分不清疑病症和抑郁症的区别，他们总是觉得这两个就是一回事儿。其实，疑病症和抑郁症还是不同的。

抑郁症其实是一种常见的心理障碍，患者会有显著而持久的心境低落，并且心境低落与其处境不相称。比如说他其实处境很好但是他就是不开心，而且一直很不开心，严重者可出现自杀念头和行为。

据世界卫生组织统计，抑郁症已成为世界第四大疾患，预计到 2020 年，可能成为仅次于冠心病的第二大疾病。

这种病甚至还会产生妄想症，患者容易产生疑病观念，因此发展为疑病或者罪恶妄想。

但是抑郁症和疑病症是不一样的，疑病症是怀疑并且坚信自己有病，但是实际上他们是没有病的；而抑郁症是真的有病，会因为抑郁症引发各种问题。

对于女性患者来说，甚至还会出现月经的紊乱。很多患者在没有节食时都会有食欲下降或者亢进、体重减轻或者增加的情况，几乎每天都会失眠或睡眠过多。但是一般来说，很轻微的，可能就是出现一些消化道上的问题，比如食欲不振，伴随有头痛、胸闷等症状。但内科检查却发现没有大的问题，相应的治疗效果也不明显。

它们比较相似的一点是，一般来说患有疑心病的人会有抑郁的症状，但是抑郁不一定就是抑郁症。我们很多人常常说自己抑郁了，其实不是真正意义上的抑郁症。抑郁症的定义里面有一条是这样说的，心情低落与其处境不相称。也就是说，对于这种人来说，抑郁是一种生活常态，不管他们过得好还是不好，他们都是不开心的，但是对于我们正常人来说，通常我们说自己郁闷都是因为遇到不好的事情了，处于一种糟糕的环境，或者是受到排挤，或者是心里面压抑，这些都会导致我们产生某一段时间不开心。一般来说，过完那段日子，又或者遇到其他好的事情，或者脱离了那种困苦的境地，我们的心情就又好起来了。所以说，一般说的抑郁不是抑郁症。

而疑病症会有抑郁的症状，但是疑病症具体又是怎样表现的呢？

我们可以看下面一些案例。

某公司文员患有疑病症，总是觉得自己命不久矣，上班的时候自己咳嗽了一声都觉得自己快要死了。他有次腹部疼痛，就跑去医院检查。医生说："你身体很好，没什么问题，可能是受了什么风寒、少穿了衣服之类的，因为我们都给你做了很多项检查了，发现你各项指标都是正常的，所以你不用吃什么药，可以回家了。"

他心里嘀咕："你们在糊弄我吧，现在这都什么医生。我好歹也是大学毕业，我连这点判断能力都没有吗？我怎么可能没有病，你们作为医生怎么可以这样不负责任，万一我这个到了后期什么的，到时候就晚啦！"

他想来想去还是觉得医院不靠谱，就回家自己研究，家里人问他干吗，他说，他怀疑自己患有什么什么病了。家里人开始也没注意，但是他天天晚上睡不着，总是梦见自己躺在冰凉的手术台上，旁边是拿着刀的主治医生，他们互相看着对方，脸上显露出绝望而冰冷的表情，不说一句话，只是摇摇头，深深地叹了一口气，然后就放下了手术刀，而他躺在那里一动不动。然后他的妻子、父亲、母亲还有孩子全都冲进来，冲着他就嚎啕大哭起来。

他总是做这样的梦，然后他感觉自己特别想站起来，却感觉好像有人掐住他的脖子，他在梦里想要呐喊，却喊不出来，他就吓醒了，大叫一声，每晚如此。

妻子吓坏了，就跑去和他的父母亲一起商量，"这不行啊，这是病，得治啊，这还让不让睡觉了，怎么得了。"

然后担心的父母还有媳妇就带着他去医院了，他本来是极度不愿意去的，因为他觉得医院在忽悠自己。但是在父母急切的恳求下，他还是答应了。

不过这次检查，他确实是被检查出了一点问题，就是他的肝功能不是很好。他没听到其他，就知道自己肝功能不是很好，然后他想，"果然应验了，我就知道，我就是有病的，你们还不信"！

后来的事情可想而知了，他就继续捣鼓自己的那些东西，天天看那种和肝功能有关的杂志、健康杂志之类的，今天换一个花样明天换一个花样。

最后家人的确是被他的神经兮兮折磨得很惨。

其实，很多人都是这样，本来没有病，疑着疑着就不知不觉有病了，其实很多病都是心病。

患有疑病症的人总是这么绝对，他们的典型症状就是不相信别人说的话，总是觉得自己说的是对的，总是觉得自己确实是有病的。如果咳嗽了，就觉得自己一定是呼吸道出了什么问题，如果眼睛疼他们觉得自己的眼睛可能就不能要了，他们是如此笃定和坚决，没人能够劝动他们。

据估计，20个看医生的美国人中就有一个是"疑病症"患者。令人沮丧的不确定：一个人可能终身患疑病症，自己却不知道这一点；另一方面，一个人也可以被判定为疑病症，而事实上身体真有病。

专门研究焦虑症的丹佛心理学家盖尔马兹·尼尔森说："一般人都没心思倾听别人的焦虑，比如'我害怕我有艾滋病、我害怕我得了癌症、我害怕我有淋巴瘤'。"人们听到后，往往一笑而过。但得了疑病症确实可以瘫痪一个人的身心，这可不是开玩笑。

所以疑病症真的不是那么简单，也不是好敷衍的，因为你不知道什么时候这样的人就真的因为疑心太久真的得了那种病。根源不是病，根源是他们的心，他们的思想生病了，所以他们会真的病了。

疑病症的经典案例

曾经有一个这样的笑话是和疑病症有关的。

有个男人总是怀疑自己得了病，浑身感到不舒服，但是每次去医院检查的结果都是一样的，都说他的身体没有任何问题，这个男人对此感到非常苦恼，茶饭不思。他就开始看各种和医学有关的书。

他逐一对照，觉得每一种都和自己一样，然后高兴地对妻子说："我说我得病了吧，你还不信。"妻子问："什么病？"他拿过书给她看，上面赫然立着三个字：妇科病。

这当然是个笑话，说的就是疑病症这样的人，他们有的其实是心病。

王同学在高考毕业前夕体检时候刚好感冒发烧，医生在听他的心脏的时候，自言自语说："心尖区有点风吹样杂音……"王同学想到"生理卫生课"上老师曾经说过心脏病是有杂音的，就紧张地问医生是不是心脏病，严重不严重。医生回答他，这是生理性杂音，不要紧的。他觉得医生是在安慰自己，就放心不下，坚信自己患上了心脏病，从此以后四处求医。

他甚至离开所居住的城市，到很多大城市四处求医。那些医生都说他是自己瞎猜疑。他很生气地说："难道我还希望自己生病不成？我自己的身体我自己清楚！"父母觉得他可能是心理上出了什么问题，就把他带到心理医生那儿，医生说："你们儿子得的这是疑病症。"

还有一个怀疑自己得心脏病的例子：

小马今年刚毕业参加工作，他偶然在杂志上看到关于心脏病症状的介绍，他对号入座，觉得自己得了心脏病。

从那以后，他不敢看恐怖片、不敢坐飞机、不敢洗澡，生怕这些会刺激到自己，使自己的心脏病发作。也因此，他变得十分自卑，不敢向朋友或同事倾诉，生怕这些被别人传出去给自己带来负面影响。尽管无数次到医院证实都没有任何问题，他还是感到心脏好像被刀戳般难受。他每天晚上都梦见自己心脏病突然发作导致猝死，经常睡不好，白天提不起精神，其工作业绩也因此一落千丈。

怀疑自己得口腔癌：

小林是个 12 岁的中学生，他的父母最近总是吵架，家里每天都是鸡飞狗跳的，他很痛苦，觉得自己应该做些什么。于是有一天，他就告诉父母自己牙疼得要命，可能得了口腔癌。父母赶紧带着他去了医院，可是检查结果却是什么病都没有。父母没有因为他"生病"而转移注意力，最终因为感情无法修复，他们离婚了。可是从那以后，小中竟真的感到牙疼得厉害，尽管检查结果依然没病，但他确信自己得了口腔癌。

怀疑自己得胃癌：

老李人到中年，看到身边的一位同事患胃癌死去后便怀疑自己的胃也出了问题，她觉得自己胃部蠕动缓慢、食物似乎很难通过胃肠道，经常还有隐痛感、饱胀感。她查阅了许多医学书刊，对照自己的症状，认为自己是患了胃癌，于是吃不下饭、睡不着觉，她到不同的医院进行检查，诊断结果都没有问题。但她还是整日惶惶不可终日，始终觉得自己有病，觉得家人全在瞒着自己，并怀疑医生可能是怜悯她而不告诉她事实。

以上三种情况都非常相似，都是受外界刺激，这种刺激可能是看了什么书，可能是身边的人去世了，可能是某种症状和自己很像，可能是其他。因为这些刺激，主人公开始不相信医生，并且忧虑，最后心理防线崩溃才知道原来自己是得了疑病症。

下面还有一个案例就比较复杂了。

有一个乡村年轻教师，他认为自己身体不正常有三年多时间。

有一次他在回家的途中不小心被自行车撞了一下，碰破了头皮，左手腕关节也肿了，然后他就跑去乡卫生院，搽了点红药水、配了点消炎药便回家了。到家后，他便一直觉得头痛、头昏、头颅骨凹了一块，甚至感到身上血液流动得特别快，认为自己的大脑被摔坏了。一周后，他去县医院内科门诊，一位年轻的医生说，他可能是轻微脑震荡，并开了些内服药。

可是，回家服药后病情并没有好转的迹象，从此他就认为自己脑子坏了。接着他又出现腹部不适，便认为自己一定是得了癌症，所以终日惶恐不安。他觉得自己活不了多久了，便向家人交待后事，并且写了遗书。

在此期间他先后去了七八家市内医院的内科、神经科、脑科看过病，做过 B 超、脑电图、脑 CT 以及其他多项化验。经常是看一两次就换个医院，认为医生开的药都没有用，很少按医嘱坚持服药。另外，他还经常买些医学书籍和杂志，对号入座，钻牛角尖，别人向他解释也不管用。后来，他经人介绍去进行心理咨询。

其实这个例子比上面的复杂的一点在于上面只是一个原因，而我们这里的这个老师身上几乎具备了患疑病症所需具备的各种原因。

在寻找该年轻教师疑病症的症结时，特别是在搜寻其以往遭受的生活挫折和心理创伤时发现，他小时家境贫穷，从小就很懂事，帮助父母干活、照看弟妹。可是他 9 岁时他的母亲就离开了他们，这给了他沉重的打击。但他仍然努力学习，成绩在学校里一直拔尖，课余时间还必须帮助父亲打草砍柴、照看弟妹。后来在他参加中学师资培训班学习临毕业前夕，他父亲因操劳过度猝然去世，他当时悲痛欲绝，两天两夜没有合眼、吃饭。就在被自行车撞倒之前，他的学校晋升工资，他被淘汰了，接着就出现了撞车事件。

可以看出来，他小时候的经历包括到今天都是一直比较坎坷的，特别是母亲的早逝和父亲的猝死所带来的痛苦和艰辛，使得他内心产生了不安全感、无助感和孤独感，缺少温暖、关怀和爱。

从个性测试结果看，他比较忧虑敏感，生性多疑，说明他遇事容易想太多。并且，他具有较高的文化程度，这就使他有能力自查许多医学书籍或者杂志等来验证核实医生的诊断和治疗。这点又恰恰把他诱入误区，使他一知半解，他会把为丰富医生学识与交流学术经验而写的典型个案照搬照抄，机械地对号入座，从而产生了不良的自我暗示。

那他为什么对头部和腹部病症夸大呢？从某种程度上来说，这样就可以使他有充分并且正当的理由来继续扮演病人的角色，心安理得地享受病人的待遇和权利，比如病休在家养病、爱人的关心照顾、单位领导和同志们的看望和同情，暂时逃避了作为一个健康人所应承担的各种义务。

其实这是一种缺爱的表现，这个和小时候的经历不无关系。

所以说，此患者综合了引发疑病症的几乎所有条件。小时候的心灵创伤、性格原因、生活中的刺激等，他都具备了。并且，在某种程度上他是为了逃避责任还有现实，这个应该是属于他的内心深处的潜意识范畴的想法。

老年疑病症

之前我们讲的很多疑病症的案例都是和中年白领或者其他生活压力大的人有关，但是实际上，在患有疑病症的人中，很大一部分是老年人。这些人由于很闲很孤单，所以容易胡思乱想。

下面我们来看这样一个案例。

陈老先生，今年65岁，他退休在家，中年时候就丧偶了，从那以后就一个人生活，儿女都在外地，他经常的消遣活动就是在家看看书、晒晒太阳什么的。家里有保姆，不过他不太愿意老麻烦别人，经常自己也动手清理一下屋子。

近期来，他的大便开始不规律起来，经常腹泻、便秘什么的，他觉得很奇怪，就跑去医院检查，但是检查来检查去都没检查出什么。他怀疑自己是得了重病，实在是很不放心，就自己看书研究，整天捣鼓一些草药什么的。

后来有一次他在点眼药膏的时候不小心用错了药，当时就感觉很疼痛。保姆立即做了清洁处理，但陈老一直感觉眼睛不舒服，怀疑眼睛会失明或者有异物在眼内。又数次到著名医院看眼科，医生再三检查未发现任何异常。从此，他对医生失望，不再求医。

他天天躲在家里，看那些医药的书，越看越觉得可怕，觉得自己心、肝、脾、肺、肾都有问题，然后就忧心忡忡，老是睡不好，经常不开心，有时候还爱摔茶杯什么的。保姆觉得这不对劲，就打电话通知他的儿女过来，儿女闻讯赶来，准备照顾老父亲。

老父亲不愿意听他们的话去医院就医，他说："我还不知道那些医院，就每天拿钱不干事儿，去那儿简直就是送钱，打死我也不去，我要得绝症了，你们不要理我，我就快要死了。"儿女们对固执的老头实在是感到无可奈何。

事实上，陈老先生是患上了一种叫作疑病症的病。

患上这种病的老年人一般要经历这样一个步骤，开始是在心理上有抵触情绪，害怕自己患上某种病，于是反复就诊，即使没有结果但是他们仍然不放心，因为这种焦虑和担心情绪上就会反复无常，无法正常工作和生活。一般情况下，这种症状持续3~6个月就是老年疑病症了。

案例中的陈老非常具有典型性。首先为什么老年人会患疑病症，因为他们身体不好，因为他们不忙，有更多的时间胡思乱想。其次他们生活圈子很狭窄。这里的陈老就是，圈子很窄，社交范围很小，爱躲在家里看书、晒太阳，不怎么运动，这就很容易引起对于病症的恐惧，而且儿女不在身边，一个人很孤单，这个也是一点。

可以看出来，内向、多疑、敏感性格的人容易患上这种病，我们故事里的主人公就是这样，不相信医生的评判，甚至在某种程度上有点自恋，相信自己。

还有，从本质上来说，患疑病症的老年人往往接触过这种疾病的环境。比如在童年时家人对患者漠不关心，家庭中有人患过病，或者亲密的家庭成员在患者成长的关键时期去世，或者这些早期的不幸经历对患者造成心理创伤，这些都有可能引发疑病。在我们这个案例中，陈老的妻子在他中年的时候就去世了，这点也非常符合。

除此以外，患这种症状的多少都是有点文化的老年人，就是因为他们有文化，他们才不会轻易相信那些医生说的话，他们更愿意相信自己。他们会通过研究一些医学书籍观察自己的症状是不是符合要求。也正是因为这样，他们总是一知半解、胡思乱想，最后导致精神有点不在状态，怀疑自己有病等。

这个病例还有一个典型性在于，一般来说，患有这种症状的老年人都是受过外界的不良刺激的。在这里，他是受过医生的不良刺激，因为医生一直没能解决他的问题和困扰，所以他觉得医生没有用，他也容易产生这种病症。

在某心理咨询中心，有很多这样的老年人。王女士是其中一个患者的女儿，她说："我们姐妹三个得轮流去陪母亲睡觉，要不母亲就茶饭不思、失眠。"母亲总担心自己会有突发病，大半年下来姐妹几个真有点熬不住了。其实在这里，像这样的老年人并不是个例，隔三差五就有老年人到咨询中心哭诉，怀疑自己得了重病。

有的老年人受到外界一点点刺激就怀疑自己有病，比如他身上长了红点，他不知道那是怎么回事，刚好看到电视上播放着红斑狼疮的广告，就对号入座，觉得自己一定是得了这个病。

那要怎么样做才能使老人们摆脱这种症状呢？

一方面，要从心理下手。建议老人们多做点别的事情，比如使自己专注于某一样不是身体健康方面的事情，培养自己广泛的兴趣爱好，或者多交一些朋友，难受的时候互相倾诉，开心的时候互相分享，就不会胡思乱想了。

无论是医生还是患者，他们都应该要相信彼此。对于老年人来说，他们可以增强心理暗示："医生确定我没有病，我确实是健康的。"对于医生来说，他们应该帮助患者寻找疾病根源，解除或减轻患者的精神负担，同时尽可能避免医疗过程中不利影响的发生。这样两者之间的信任确实会对病症的减轻起到一定的积极作用。

另一方面就是物理治疗了，即药物治疗。一般来说，抗焦虑与抗抑郁药可消除患者的焦虑、抑郁情绪。

老年人这个群体是非常值得我们去关注的，他们都是我们的父母长辈，他们也曾经年轻过。作为我们人类来讲，谁都会害怕孤单、害怕衰老、害怕死亡，尤其是当他真的老了的时候，他需要我们的陪伴，需要我们的理解，需要我们在身边给予鼓励。他们之所以会得疑病症，也是和这些离不开的。我们能做的，就是要好好照顾他们，莫要"树欲静而风不止，子欲养而亲不待"。

大学生疑病症

除了老年人，大学生这个群体也是我们比较关注的群体。因为他们属于从应试教育升上来还没有进入社会但是又差不多要进入社会的这样一个过渡性的群体，并且大学生普遍素质比较高。所以说，关于大学生疑病症，还是值得一写。

这里有一个大学生疑病症的案例。

李×，男，19岁，上海某高职学校二年级学生。他个子高大，手大脚大，往那儿一站像座小山，但脸色苍白，显得乏力、憔悴。

"老师，我有病，可是又怎么也查不出来。"李×犯愁地打开了话匣子。李×家在山东农村，祖辈务农，只有一个叔叔拿工资。从小，宠爱他的叔叔就把他当作自己的儿子来关心照顾，因为李家就他一个孙子。

虽然高考不理想，李×只考上了高职，可在他家里人看来已经不错了，毕竟以后可以彻底摆脱农村。但李×不这么想。"我其实有实力。将来路还长，社会对人的要求也更高，我读完高职后一定还得再提升。"他这时略微提高了点声音。为了打好基础，李×拼命地学着，他给自己定位是现在"班级第一"，日后"续本科"。

除了学业，李×还有其他目标。

自打拿着木头手枪玩游戏起，他就老是当小司令；小学阶段，手臂上始终三道杠；中学里就更不用说，共青团、学生会，他都有不凡的表现。不知怎的，进了高职，李×竟没有被老师指定为干部。气恼之余，他憋着劲拼命表现，果然在后来的选举中如了愿。

李×使出浑身解数——志愿者活动、理论学习、文艺表演、体育竞赛、宿舍评比、社会实践……如此长的"战线"他都想带领大家争第一，可是，这一切不会那么容易，他觉得很累！就在他为自己心有余力不足的状况担忧不已的时候，一场高热将他击倒。

虽然去医院做了多项检查，证实仅仅是上呼吸道感染，但抗不住连续几天的折腾，热度退去，他瘦了一圈，脸色有些苍白。为了少误课，仍有些虚弱的他夹着书本进了教室。可不知怎么，头有些晕，打不起精神来。"糟糕，这可怎么学习？已经拖了10天的功课，够急人了，要是再得点别的病，就更完了。"李×暗暗着急，越着急，头越晕；越头晕，越着急。最后，他趴在了桌子上。

随后的几个月里，李×都是无精打采的。

每一个见到他的同学都关切地询问："为什么脸色那样苍白？"他肯定自己患了什么说不上来的病。于是，他开始频频跑医院。他在凡是可能相关的各科都做了检查，结果一切正常，可是他不相信。渐渐地，他觉得自己脑子被锈住了，眼珠转得不灵活了，上课精神集中不了，学习远远达不到应有的效率，更不用说履行自己学生干部的职责了。最后他还被老师撤了职，这件事让他心情更郁闷了。

这是一个非常典型的关于大学生的例子。

李同学主观好强，同时又是个完美主义者，但是社会竞争非常激烈，种种原因导致他自身压力加大，再加上本身对自己有很高的要求，一时达不到就长期使自己高度处于一种紧张的状态。

而且他不会放松自己，只知道死命地学，死命地干，事实上，这是不科学的，他不去调节自己的心情，就会使自己重复在一种恶性循环中挣扎。

虽然李某本人对自己的心理矛盾有察觉，但是他无力自拔，自身精神上便会痛苦。虽然因精神活动能力降低而使学习效率明显下降，但他的生活自理能力和社会适应力基本没有缺损，并且这种症状会持续很长一段时间。

心理学方面的专家认为，每个社会的个体在其社会化过程中，都会与环境及自我发生冲突，因为他们想要变得更好，但是也是因为这些冲突，他们可能会产生各种心理问题，产生近病态的心理障碍。

在大学生中，疑病症并不少见。它们的基本特征是以没有脑的器质性的病变为基础，也没有足以造成脑功能障碍。

大学生虽然说摆脱了高考的压力，但是走进大学，他们接触得更多，就像很多人说的那样，大学就是个小社会。在这个小社会中，他们要同时学习很多方面的知识，又要搞好人际关系。在大学，城乡差距、财富差距、能力差距、人际关系差距等，都会对这些学生产生很大的压力。

在校期间，很多大学生为了摆脱这些压力，就终日宅在宿舍，不去面对真实的生活和世界。其实是一部分是懒，一部分是信仰的缺失。我们都知道，在高中的时候，大家都只有一个目标，那就是高考，我们拼命地买书做题学习，只有一个信念，很充实。但是到了大学呢？很多同学在残酷的现实面前觉得压力大，同时又找不到生活的目标、生活的理由，就把自己沉浸在虚拟的世界里，终日无所事事。

大学生在大三大四的时候还会面临选择问题，是考研还是工作、还是出国，等等。这些都是使大学生成为压力大的一个群体的重要原因。

除了这些因素外，情感因素也是一点，相对于高中而言，大学更加自由。也是因为在高中很多人压抑太久，然后以为来到了大学就是来到了天堂，然后他们就迅速地开始了一段恋爱。但是迅速开始一段恋爱的结果是很多人分开得很快。最后，有些人心理素质比较差的，又会抑郁，严重的甚至自杀。

所以说，大学生其实也是高压人群，他们与社会上的人不一样的是：首先，他们相对来说素质比较高，其次，他们其实比社会上的人更迷茫，因为他们没有接触社会，处在象牙塔里，但是他们身处的环境又像是半个社会。他们处于一个尴尬的不上不下的境地，如果没有能够得到很好的指引和帮助，在被发现了心理问题或者疾病的时候没有人来帮忙，给予关怀，可能他们就会想不开。

在某种程度上来说，对于大学生的培养就是对国家未来综合实力的培养，大学生的疑病症或者其他类似的精神疾病，都应该得到关注。可以请一些心理方面的专家学者到学校经常性地去做一些讲座，都会是很不错的方法。

完美主义和固执心理

经过很多临床观察，医生发现患上疑病症的人大多都是那种很固执的做事且追求完美的人，他们的性格里都有小心翼翼的成分，同时，大多数人小时候都有过不同的经历使他们追求事事完美。比如说，某人小时候总是考试第一名，他后来就凡事都想要争第一名，也是因为这样，他就更容易以自我为中心，不太在乎别人的感受。因为从小大家都因为他成绩好而捧他，在家里他是小王子，在学校老师宠着他、同学崇拜他，因为这样，他对自己的东西格外关注，很少去关心别人，总是对自己的疼痛显得尤其敏感。其实这个不难解释的，我们常常会发现在一个班最不在乎自己成绩的反而是那些成绩很差的人，这是因为他们有着一种破罐子破摔的心理，但是那些成绩好的人却总是对成绩耿耿于怀，哪怕有一次没有考好，他们都会显得异常焦虑，很难受，情绪很紧张等。这个就是因为环境，他们所处的环境一开始是对他们有利的，大家都捧着他们，这个时候他们在今后的人生中就会养成一种不自觉的以自我为中心的习惯和性格，他们会过度关注自己的感受，比如考试没有考好这件事情，他们会担心很多，但是对于其他本来成绩不好的同学，他们会觉得习以为常，并不觉得那有什么不妥。

从某种程度上来说，追求完美不一定是坏事，但是任何事情过度都是不好的，所谓物极必反，如果一味地追求完美，到最后可能就陷入了某种思想上的囹圄，一种思维障碍。

这种过度追求完美的人，他们除了习惯以自我为中心以外，其实很多时候他们是没有自己独立思考的能力的。就是他们的价值观等参照的标准都是大众标准，别人觉得好，或者怎样，他们就会得到一种因为心理认同感而得到的快乐和满足，所以他们不可遏制地需要靠一些东西去证明自己，迎合大众的观点。他们总希望把自己优秀的一面展示出来，做不到就会感觉自卑自责。

这种对自己的苛责还算是好的，更过分的是很多时候这种人还会对自己身边的人有很多要求，苛求他人在他们的标准和判断里是完美的、无可挑剔的。这个算是比较极端而且自私的想法了，此等追求完美可谓达到了极致，不仅仅伤害了自己，同时也伤害了自己身边的人。

为什么过度追求完美会导致他们这种人患上疑病症呢？是这样的，这种人在各个方面都想要做到尽善尽美，那么当他们的注意力集中到了身体健康这一块的时候，他们就会表现得很极端，刻意追求身体健康上的完美。比如说医生认为他们只是身体上有小的瑕疵，只是偶感风寒之类，他们就小事化大，各种焦虑不安，总是觉得自己的问题是很严重的，即使通过多次检查，他们也不愿意相信医生的结果，因为完美，才是他们所追求的真正意义上的健康。

但是完美的健康和健康其实是两码事，不可能有人完完全全是健健康康的，是人都会有小病小灾，他们这种追求本身就是不合理的，最后会导致自己心理各方面的崩溃也就不足为奇了。

还有专家认为，这种病除了和完美主义有关，还和一个人的固执心理有关。

固执指的是人们在认知过程中无法将客观与主观、现实与假设很好地区分开来。

如果他们将自己这种已有的经验再驾驭到现实之上，并过分固化，更会执迷不悟。在日常工作中表现为缺乏民主作风，只相信自己，不相信别人。

这种人常常敏感多疑，自我评价过高，容易冲动，缺乏幽默感。他们并不愚钝，但是却容易陷入某一个绝对没有好处的事情中不能自拔，不管身边的人怎么劝说，他们仍然坚持自己的观点，很难悔悟。

这是一种偏执型人格障碍，和我们在前面所说的妄想症有关。

美国有一个学者叫作莱昂·费斯汀格，他在解释人的固执心理的时候认为这是由认知失调导致的。他说，人都会遇到信念与现实发生冲突的情况，这种情况就会导致认知平衡失调，所以这个时候，人们就会感觉难受，从而想办法来恢复心理平衡。

而疑病症患者易受暗示并且会联想，他们爱把各种疾病信息往自己身上套，内心也因此变得恐惧起来，在他们眼里，各种五花八门、离奇的病症都有可能出现。这个说到底就是他们的固执心理在作怪。

比如有的患者患病以后，就恐惧可能还有其他的疾病。患上两种疾病恐惧症的，其实在疾病的功能上有一定的相关性，它们可以并存，也可以相互转换。此外，疑病症病人常有高度的死亡恐惧，死亡恐惧的程度比真正有躯体疾病的病人更为明显。

专家认为，克服自身的固执心理是对付这个症状的最基本的一条。此外还要学会转移自身的注意力，克服完美主义，比如多做一些锻炼，多进行一些阅读，多出去走走，多看看外面的世界、别人的生活，多看看新闻杂志等。可以尝试不同的生活方式，可以学着去扩大自己的生活半径。一个人要丰富自己，而后他会明白价值判断是多元的，大众审美不一定就是好的，别人的评价其实不影响自己生活的主调。事实上，这个社会很缺少这样的人，因为特立独行的基础是你的思想已经是很丰富和坚固的，你不会轻易受到动摇，这里指的是好的那种思想，并不是上文我们提到的固执心理。固执心理是因为看到的太少，特立独行是因为看到的太多，这个是本质上的区别。

疑病症之所以会存在，其实就是这些完美主义、固执心理的东西在作怪。

森田和森田疗法

在疑病症这块，我们不得不提到一个很著名的疗法，叫作森田疗法。

森田，全名叫作森田正马，他是森田疗法的创始人。森田疗法是他在 1920 年创立的适用于神经质症的特殊疗法。森田疗法在心理患者中的地位颇高，已经达到了和精神分析疗法、行为疗法相提并论的地位。

我们先来讲一下这位教授的生平，讲完之后我们就会理解为什么他会创造出这样一套疗法，又是为什么这样一套疗法会在广大患者中广受推崇。

森田小时候就是一个患者，俗话说得好，"久病成医"。这样他在诊断别人时的可信性就很强，别人也愿意听他说的话。

幼小的他对于死亡也有恐惧感，这也是有原因的。在他 7 岁的时候祖母去世了，第二年祖父也去世了，与此同时，他又看到了一些很可怕的和死有关的壁画，类似上刀山下油锅这种，然后他就产生了一种对于死亡的恐惧心理。除此之外，他对学习也有恐惧症，他的父亲对其很苛刻，5岁就把森田送进小学，后来还强迫其记这记那，导致他对学习产生了一种不可名状的恐惧感。

所有这些小时候的经历都在他弱小的心灵中留下了不可磨灭的印记，也是因为这些经历他才会一度患有神经质症状。

在他上高中和大学的时候，他经常神经衰弱，东京大学内科诊断他为神经衰弱和脚气病，经常服药治疗。

在大学一年级的时候，他的父母因为忙着家里的收割之类的事情，不小心忘记了给森田寄生活费。这件事在他看来是父母不支持他上学，他发誓要干出个样子给家人看看，于是他就豁出去拼命地学习，经常熬夜到很晚很晚。

在这个时期他什么药也不吃了，也没有心思顾得上治疗的事情，只知道拼命地学习。结果在他考完试后，取得了令人咋舌的好成绩，最出乎意料的是，他的脚气病和神经衰弱等症状也不知道怎么的就不知不觉地消失了。

于是在他的理论里面就认为神经质者本能上都有着很强的生存欲望，他们是努力主义者。

很多人因为小时候的经历选择了后来自己的道路，森田也是这样一个人。他因为小时候经常有神经质的倾向，于是下决心要研究这个方面的东西，他在1904年便进入了东京大学医学院专攻精神疗法，在经历过各种失败的实验以后，最后他终于创造出独属于自己的并且为广大医学界人士所认同的一套疗法，也就是我们这里所说的森田疗法。

森田疗法的主要对象是神经质。那么，什么是神经质呢？

神经质是在神经质性格基础上产生的一种心理疾病。这种人一般都会比较敏感多疑。例如见到邻居被窃，自己就会变得格外小心，再比如听到有人谈论艾滋病、癌症就感到非常可怕，甚至会捂住自己的耳朵。

一般人偶尔也会这样，但是患这种病的人不然，他们发作是经常性的。

森田疗法的主要指导思想是顺其自然，要按照一种朴素的愿望去活动，不要刻意安排，不要努力去适应痛苦的感觉，不要设法去取消这种痛苦，要承认事实，听之任之。

这种疗法认为，不仅用脑筋去理解，而重要的是通过实践行动去理解。只是思考什么也不会产生，要行动，要不断做出成绩，要通过亲身体验去理解。

不要受情绪影响，要有一种注重于实现自己目的的生活态度。神经质患者总是有一种看重情绪的生活态度。森田疗法要求患者对于不受意志支配的情绪不必予以理睬，让我们重视符合自己心愿的行动。当患者认为自己有病，并对症状觉得有精神负担求助于医生的时候，医生就应该告诉患者："这不是症状，只是一种情绪，能体现你的价值的是行动和达到的效果。"

举个例子，比如你去买苹果，心情好不好不是很重要的，只要你把苹果买回来了，你就达到目的了，就成功了，如果没有买回来，那么不管你的心情是好还是不好，你都是失败的。

森田努力让人们用另一种方式去生活，不要过度看重自己的情绪，要拥有一种朴素的价值观，一种朴素的愿望，要摆脱舒服感，例如理论的舒服。像这种患者倾向于偏向理论，很多事情他们喜欢去用理论的规律的一种固有的模式去思考，不知变通，但是森田指出，要想解决问题，不能依赖理论、哲学之类的东西，而要重视实践，实际的情况往往比想象的要简单得多，而且还能超越最难的理论。

森田疗法认为，我们应该做一个坦诚的人，你是什么样就是什么样的，越是坦诚的人治疗得就越快，他认为，为值得烦恼的事而烦恼，不值得去烦恼的事烦恼也没有用。对于不安应该是来者不惧顺其自然，继续做自己该做的事。

有的人觉得这个疗法非常的麻烦，但是其实总结起来还是比较简单的，就是不要让自己太闲，不要胡思乱想，顺其自然。有人说其实就是有病装没病，勇往直前地往前走，其实这种想法是消极并且不对的，真正意义上来说，森田疗法是一种很自然的方式，叫一个人摆脱烦恼，不用过力地思考，任何东西过力都不好。

有一个疑病症的人后来用了这个办法以后就渐渐康复了，他说了这样一句话：只有心死，才有新生。你只要过好每一天就可以了，你不要太关注情绪之类的东西，你不要总想着做这件事自己会不快乐就不去做，很多时候我们不得不去做一些自己不喜欢的事，做完以后也发现其实没有什么啊，所以我们不要过度关注自己的心理感受。

人只要活在这个世界上，每一分，每一秒，其实也就够了。

森田还有很多比较著名的思考，这里就简略地挑选一些和大家来分享。

森田认为，所谓地位，是心身修养方面最可贵的东西。所谓财产，是能够满足衣食住行及其他需要和欲望的有形或无形的材料和手段。所谓名誉，是未曾做过有愧良心的事。他说，以上是人生中的三个条件。

他还认为，越迷惑越好，越怀疑越好。这种矛盾心理越厉害，领悟就越大。

他还有个尽性的理论，要尽己性，就是要真正明确自己的状态，怀着生的欲望去过积极的生活，为实现自我从现在做起，奋发努力。要尽人性，就是要肯定别人应有的价值。还要尽物性，也就是说要看准每件事物的存在价值。

有这方面倾向的人或者对森田有兴趣的人可以看看森田正马写的书，《自觉与领悟之路》《神经衰弱与强迫观念的根治法》《神经质的本质与治疗》等。

患上疑病症，应该怎么办

在所有的同龄人中，张小姐算得上是很幸运的一个了：长得貌美，身材又好，她还毕业于某名牌大学，后又被著名企业看上，并且在公司一步一步升迁，最后还当上了副经理，并且在公司当总经理助手的时候刚好和总经理日久生情，俩人最近筹划着结婚的事情呢，可以说，她的人生，简直就是完美无比。

可事实上，她并没有大家想象中过的那么好。她常常需要为了一个企划案熬夜到很晚，经常要考虑一些公司里面各种关系的事儿，家庭那边也是，她的父母准备从老家搬过来，这可又是件浩大的工程，至少怎么安置两位老年人是要提前安排好的。她还担心公司里面美女太多，她的未婚夫会跟别人跑掉。比如上次吧，那个小张和他在办公室嘀嘀咕咕半天也不知道说些什么，两个人看起来还有说有笑的呢。

想找个人说说，只是翻遍了通讯录都找不到，她就百无聊赖地开始刷微博之类，然后开始晒最近的照片，和他一起去干什么干什么了，底下有时候会莫名其妙有一些其实不太熟的办公室同事的回复：哇哦！姐你好幸福哦！我要是像你一样就好了，不知道什么时候才可以摆脱单身的状态呢？她想想觉得好笑，别人都觉得她过得特别好，以至她都觉得自己好像真的过得特别好。是啊，在那些人眼里，她穿着漂亮的衣服，提着名牌包包，每天可以做不一样的头发，情人节的时候不用一个人，还可以干很多貌似很有意义的事情。只是她为什么不觉得开心呢？

她晚上总是熬夜熬到很晚，然后常常就睡不着了，最近她老觉得自己的胸口很闷，然后就想是不是自己病了，就跑去医生那里看，医生说没什么事儿。她还不放心，就把自己的身体通通都检查了一遍，结果发现好像确实没有什么有问题的地方。

但是即使是这样，她还是觉得自己是哪里出问题了，具体哪里她又说不清，因为没有任何检查结果。但是还是要上班，她的工作效率极低，时常感到不安、担忧和紧张，情绪很差，对什么都没兴趣，就连自己平时最喜欢的唱歌跳舞都很少去了。

　　其实这就是我们所说的疑病症，又称疑病性神经症。患这种病的人表现症状常为心慌、心跳加速、头痛、失眠、多梦、疲乏无力等，并且这种症状有时间性，用脑后症状加重，休息后症状会减轻。

　　这种病症，是一种反应方式，一种综合征。具体主要表现为，对心脏、胃、肠道、脑、脊髓等方面的担忧，他们会很焦虑地去观察身体的自律功能。通过这些非自然的观察注意和焦虑的态度，这些心理活动会不自觉地影响他们的身体健康，就是那些使自主神经分布的器官系统会受到功能性损害。

　　这里有一个反作用，就是因为这种心理活动会导致生理上的器官系统的功能性损害，同时这种损害会导致这个人对于疾病的担忧。

　　这种病人对于器官及其功能的焦虑程度有时可接近恐怖症，一味地纠缠，固执地认为自己有病这一点又类似强迫症。

　　我们可以从很多案例中看出来，患这种病的人一般都过分地关注自己的身体健康，一般都具有渴求完美人格特征，从他们对医院的态度上可以看出来他们身上都具有谨慎的特质，也是因为这些特质导致他们会怀疑自己得病并且深信不疑。

　　事实上，我们都知道病因是什么，那么解决办法就应该从这里下手。这个疑病症也是如此。这种情况下，建议患者多看看书，或者出去旅游一下，可能眼界广了就不会想太多。

　　当然，这不是重点，其实还是需要心理医生的辅导，不得不承认，很多心理医生的帮忙还是很有用的。

　　对于这种患者医生应以支持性心理治疗为主，要耐心细致地听取患者的诉述，让他们出示各种检查结果，持同情关心的态度，不要挑动患者的症状，要顺着他们，第一步就是与患者建立良好的关系。这样才有继续沟通的可能。

可以通过转移环境，改变生活方式，转移患者的注意力或者引导患者做另外一些他们感兴趣觉得有趣的事情，来改善他们的症状。

同时可以找他们的亲戚朋友来帮忙，在患者信赖医生的基础上，引导他们认识疾病的本质，告诉他们这是一种心理障碍，需要用心理的办法去治疗。如果患者接受暗示性的程度很高，可以做一种暗示疗法，可获得戏剧性的效果。

事实上，一定的药物也是可以起到很好的作用的，比如说抗焦虑和抗抑郁药，它们可以消除患者焦虑等负面情绪。这个都是要慢慢来摸索的。

上面是医生要做的，那么患者应该怎么做呢？

可以通过自我暗示法加以调节。比如："过去自己感觉到这儿痛那儿痛、这儿不舒适那儿不舒适，都是自己太敏感的缘故。其实任何一个正常人都会有这样的现象，这不是病，是一种正常人的'不正常'现象，会很快过去的。我的身体其实还行，这已被所有检查过的和化验过的结果所证实，医生也都说自己没有任何疾病的，现在自己应该坚信这点了。我今后不去想它了，不舒适的感觉就会消失了。现在我已经感觉到舒适多了，也不再为此而烦恼了，现在我对自己的健康充满信心。"类似这种。

自我暗示语要根据自己疑病的情况编写，要毫不犹豫、直截了当，使自己接受"不必怀疑"的观念。

如果每天自我暗示一次，效果较佳。

主要就是要正确认识自己的病情。它不是身体上有病，而是心理上有病。要在"无器质性疾病"的前提下努力放下思想包袱和心理负担，要从个人"疾病"的小圈圈中跳出来，轻装前进。

要树立正确的人生观，不要整天围着自己转，视野要宽广些，度量要大些，平时要多为周围人考虑。可以转移注意力，培养一些别的方面的兴趣爱好，比如唱歌、画画，当你的关注点不再放在自己的身体上的时候，可能事情也就过去了，我们常常焦虑就是因为我们不肯转移注意力。

最后一点，就是要好好和医生合作，不要不相信医生，要正确看待医生间的诊断不一致的情况，要如实客观地陈述病情，不要夸大和做出不切实际的解释，积极主动地配合医生的诊断，不要把自己的感觉强加于医生。

第四章

失控的身体

——强迫症

那些我们熟悉的强迫症患者

强迫症属于神经症的一种，其发生有一定的生物学基础，与遗传有关。另外与心理因素、社会因素、个性特征也有一定的联系。强迫症的基本症状是强迫观念、强迫意向、强迫情绪和强迫动作。

很多强迫症患者既有强迫观念也有强迫行为。

强迫观念是以刻板形式反复进入病人意识领域的思想、表象或意向。这些思想、表象或意向对病人来说是没有任何现实意义的，属于不必要的或多余的。病人意识到这些都是他自己的思想，很想摆脱，但又无能为力，因而感到十分苦恼。

强迫动作是反复出现的刻板行为或仪式动作，是病人屈从于强迫观念力求减轻内心焦虑的结果。

强迫情绪是指出现某些难以控制的必要的担心，如担心自己丧失自制会违法，会做出不道德行为或精神失常等。

强迫意向是感到内心有某种强烈的内在驱使力或立即行动的冲动感，但从不表现为行为，却使患者深感紧张、担心和痛苦。

电影《火柴人》里面的主角罗伊，他就是一个患有强迫症的典型例子。

他每次开门关门的时候，动作总是要连续三遍，并且不能容忍地毯上有一丝的灰尘，脚上的皮鞋总是铮铮发亮，洗手后必须反复擦拭等一系列的强迫性行为已成为他的例行公事，明显表现出他的焦虑和痛苦。

影片主人公罗伊长期以行骗为生，他高明的骗术屡屡得逞。与其搭档合作无间，常常骗得上当的买主花10倍以上的金钱购买他们的廉价物品。

并且，罗伊在骗人时脸不红心不跳，说出的谎言斩钉截铁，能够巧舌如簧，沉着应付。而罗伊却从不认为这是欺骗，而把自己的行为称作是一种本领，认为自己既没偷也没抢，是别人自愿把钱拿来给他的。他常常用这些牵强附会的所谓理由来掩饰自己心中的罪恶感。

因为始终在谎言中戴着假面具生活，罗伊常常会使自己处在神经质的紧张状态，失去或降低了正确感知真实世界的能力，无法建立起正常的人际关系。

他会常常担心自己赤身裸体地暴露于众人面前等。这种"并不好受"的心情只能迫使患者经常窝在黑暗的家里，只能加剧他的强迫与恐惧。当然，如同所有的神经症患者一样，罗伊的发病也是有其一定的病态心理基础的。之所以使原来本性善良的罗伊成为"火柴人"，其根源是他第一次感情的失败，是那无法真正忘却的感情挫败的伤痕在其潜意识里折磨着他。

于是，心理医生克莱向罗伊开出了"灵丹妙药"。他在治疗的关键时刻向罗伊指出："你根本不需要服药……你的神经症问题事小，良心问题可就大了！"

是啊，只有找准良心的位置，解除压抑，放松意识，各种症状即可解除。

后来，罗伊在经过心理治疗，特别是自我的内心搏斗后，终于找到良心，感受到"看世界的眼光与过去大不相同了"。癫狂梦醒，改邪归正，不仅担任了快乐的推销员工作，而且还和中意的女人共筑起自己的爱巢，在真诚和善良的影响下开始了新的人生。

虽然影片的结局是他被设计了，但是其实这不是我们今天要讲的重点，我们今天的重点是强迫症，也就是说，其实强迫症的症状是可以得到很好的改善的。

2010年，达伦·阿伦诺夫斯基执导了一部美国电影，名叫《黑天鹅》，广受好评。

故事里的主人公其实在相当程度上也是一个强迫症患者。Nina是一名纽约的芭蕾演员，和她具有支配欲的母亲住在一起。

她的母亲也曾是芭蕾舞者，对她施加着令人窒息的控制。在新一季的《天鹅湖》公演前，艺术总监决定换下首席舞者Beth。他有两个候选人：Nina和Lily。这出剧要求一个能够表现白天鹅的天真无邪与黑天鹅的狡诈放荡的女演员。

Nina适合白天鹅，而Lily简直是黑天鹅的化身。在选拔中，她的白天鹅表演得无可挑剔，但是黑天鹅不及Lily。她感到身心俱疲，回家还发现了背部的红斑与脚伤。

于是，她后来一个人找到总监，希望可以争取一下。总监趁机亲吻她，却被她强硬拒绝。结果奇怪的是总监居然选了她。队友怀疑她靠色相上位。在酒会上，Beth甚至当众发泄。

这种压力外加伤病，一直影响着她的发挥。总监启发她要释放激情，表现出黑天鹅的诱惑。在强大的心理暗示中，她似乎也滑向了黑天鹅的角色。

豆瓣上有关于这个电影的评论的一篇文章。

这篇文章中指出Nina其实是"性压抑"，上面说到"由于怀上私生女Nina而不得不终止舞蹈生涯的Nina母亲，无法原谅由于性冲动所带来的后果而成为了一个禁欲主义的象征，Nina于是便从此活在了暗无天日的'性压抑'的生活之中。自我和超我严格地控制着她，一切有关'性'的蛛丝马迹都不能出现在她的生活中，于是我们能看到一个二十多岁的女孩房间中依旧保持着少女时期的模样，永远只穿粉红色和白色的外衣这些外在的表征，当男人直接地向她表达种种性暗示，Nina 惊异、意外、羞怯、躲避、言辞闪烁、不知所措……俨然一副'性压抑'的典型形象"。

这篇文章中随后又提到弗洛伊德："弗洛伊德所指出的'转换症'，是指当事人内心产生的一些本能冲动因不为现实情境所接受，而被个体压抑到无意识领域，但它们并没有消失，并在寻找各种机会以某种方式表现出来。从而身体表现出来的各种问题行为就是这种被压抑力量的变相表达。如果说尼金斯基的转换症是将命运中的苦痛向外转化，变成艺术激情，而 Nina 是将来自外界的心理创伤向内转化，变成了精神自残。投射了母亲愿望的超我严酷地鞭笞着本我，为了不违抗母亲，她只好在镜像中自我惩罚。背上抓伤的伤口、断裂的指甲片、幻觉中的黑色羽毛要刺破皮肤冲出身体……这些都是精神伤口。"

个人觉得这样的评论是不无道理的，而黑天鹅中女主角的寄托于艺术的精神分裂、强迫症等，其实都是情有可原的，都可以从其经历中找到原因。

黑天鹅让我们想到了尼金斯基，这个佳吉列夫舞团中影响世界舞坛最杰出的一位芭蕾演员。1909 年，当时只有 19 岁的他参加佳吉列夫组织的"俄罗斯演出季"，在福金新编的舞剧《狂欢节》《达夫尼斯和赫洛亚》中担任主角，凭借出色的舞姿在一夜之间征服了巴黎城，成为贵族沙龙和街谈巷议的中心话题。

但是在他 30 岁的时候，他因患精神分裂症，被监禁于疗养院，弗洛伊德和荣格等著名的精神病专家曾对他进行过治疗。但是他因此永远告别了芭蕾舞台。

从精神分析学的角度来看，尼金斯基有着一个极为破碎动荡的童年，父亲因情妇怀孕离开家庭，母亲为了三个孩子而放弃舞蹈生涯，他的哥哥进入精神病院，自己因天赋异禀受同学欺负等，这些都使他在舞台上如此疯狂表达自己的宣泄形式，习惯把所有灵魂中的痛苦与焦灼化为了外在动作。

这些，都是我们所熟知的强迫症患者。我们在佩服他们高超舞技或者是过人才智的同时，也深深地为他们感到惋惜。

很多强迫症患者既有强迫观念也有强迫行为。

目前对于强迫症的治疗分为心理治疗和药物治疗，以及精神外科治疗。心理治疗主要是支持性心理治疗和行为疗法。精神外科治疗应用较少，一般是在药物治疗和心理治疗失败后采取手术。

千奇百怪的强迫症

其实我们每个人或多或少都会有点强迫症，尤其在生活压力大、对自己要求高、追求完美的人身上，这种症状显得更加明显。

曾经有一个网络上的链接，据说强迫症的人是不能打开的。事情是这样的，如果你的鼠标动一下，那些方块就会变成更小的方块，而在你没有用鼠标移动的区域，就不会改变方块的大小，这样子的话，患有强迫症的人就会很受不了，他们必须要使所有的方块都看起来一样，这样他们就会在上面纠结很久。

强迫症不是一种病，但比疾病更可怕，因为疾病毕竟可以痊愈，而罹患强迫症的人就只能自己默默地吞吃苦果，别人永远也无法理解你为什么会做这种奇怪的动作还宣称自己无法控制。

在网上打开一个人的新浪博客，看到他所描述的关于强迫症的很有意思的表现。

"我的强迫症很风雅，这是一种叫作'电影角色强迫记忆症'的东西。简单来说，就是如果我看到电影里一个角色很眼熟的话，就会拼命强迫自己回想这个人我是在哪部影片里曾经见过。想不出来的话，我几天内都会痛苦不堪，在床上滚来滚去，总觉得有什么事未完成。

"如果这个角色是主角或者主要配角的话，还尚有线索可找，如果是一个戏份不过几秒钟的跑龙套的人的话，那根本查无可查，唯一能做的，只能在痛苦中期待自己灵光一现回想起来。这种事别人根本帮不了，自己看过什么电影，只有自己清楚。

"比如最近爆发的一次强迫症是在看《变形金刚》的时候。首先电影院放了《哈利·波特5》的预告片，里面出现了那个接替邓不利多校长职位的女反派，很抱歉我忘了她的名字，她看起来非常熟悉，但当时无论如何都想不到是谁，结果导致我几乎没看好接下来的正片。回家以后，我把这预告片下载下来，反覆研读，也没有结果。你知道，就是那种似曾相识、触手可及，可伸手过去却什么都抓不到的痛苦感。一直到第三天我洗澡的时候，脑子里才突然电光火石般闪过一个念头：这女人以前在《Citizen X》（译为'守法公民'或'异教徒告解室'）里演主角的老婆，一个出场不过3分钟的龙套！

"再往前追溯，我曾经看过一部B级恐怖片《Eight Legs Freak》，里面有一个中年女性角色，她是个好人，为人和善，她有个孩子在大学里打四分卫，但是她死了。我忽然觉得这人似曾相识，于是强迫症爆发，动用了各种搜索手段拼命调查，最后终于查出来她在《异形2》里惊鸿一瞥，整部戏里只有一个镜头，只说了一句话'杀了我'然后就死了。"

很有意思是吧。事实上在我们身边也有很多这样的例子。

有些人有一个特别的习惯性动作——爱咬指甲，有时候甚至会把自己的指甲咬破，但是就是习惯性地不咬难受。

有时候，强迫症就类似于我们平常爱说的纠结。比如说吧，前几天，我一直在想《金粉世家》里面某个场景到底是怎么回事，像这种问题一般来说只有自己记得，可关键是我都不记得了，可我就是忘不掉这个问题，总是想要知道，最后还是在和别人聊天的时候知道了大致情况。

有些人还特别爱撕东西，一个人的时候就不自觉地老爱撕身边的纸什么的，非得把它们撕得一片一片的才感觉安心，有时候或者是无聊，或者是注意力在别的地方，就爱撕东西。

还有这么一个人，她的强迫症很有文化，可以被称作"完美阅读强迫症"。就是她只要拿到一张报纸，就必须要全部看完，一个新闻都不能落，否则就会觉得心神不宁；或者是看一篇杂志，看到一半就会耿耿于怀，觉得很痛苦。必须得再找到那个杂志把它看完，或者是重新买一本一模一样的。

她最怕的就是在公共汽车上偶尔看到即将下车的乘客手里拿着报纸，惊鸿一瞥往往只扫到半个标题，她就会想，那么另外半个标题是什么呢？人家已经下车了，她很难受，往往会在下一站跑下车，找一个报摊搞清楚那半个标题，然后才会如释重负。

有一种强迫症名称叫作信息强迫症，这种强迫症一般出现在上班族身上。

他们不但爱浏览、收集信息，还喜欢发布、交流信息，觉得没有了信息生活就变得乏味。一般还将收集的信息有意识地记下来，日后作为消遣的谈资，而且最害怕的就是电脑网络出现故障、手机欠费停机。一旦如此就会焦虑不安、心情浮躁，总担心因为漏掉重要的信息而给工作和生活带来负面影响。

信息强迫症主要有哪些症状呢？

主要症状：不断刷新网页、邮箱。

去洗手间、开会或者哪怕泡茶离开一小会儿，回来的第一件事就是检查手机、查看 MSN 或者邮箱。

上班第一件事就是开电脑、检查电话录音。

无论何时都会开手机。

每周 7 天总要买固定的报纸，每半个月买不同的杂志。

每半个月固定逛书店，并且每次购买的书目都较杂。

遇到以下这些问题，将会惊慌失措：手机忘带、网络故障、电脑死机、名片夹丢失等。

专家认为，人们获取信息是为了更好地改善自己的生活，让自己生活得更愉快。但是，现在很多人却在信息面前迷失了自己，让自己的内心起了冲突。而上班族的这种强迫症虽然是对于目前一些年轻人为职场竞争和追求时尚生活而采取的行为，但久而久之也会形成无法自控的焦虑不安，严重影响到正常的生活，有此倾向者必须及时调节。

为什么上班族会容易得这种信息强迫症呢？除了有娱乐的因素以外，还和工作不无关系。在激烈的竞争环境下，一个最新的信息可能就是一个升职加薪的机会，信息在职场中的利用价值越高，对上班族形成的压迫性也就越大。另外，现代人生活追求档次和品位，如何休闲、怎样生活才叫时尚，应该看什么书、做什么运动、吃什么美食等，这些都是一个个信息资源堆出来的集合体。

收集更多信息可以使他们在人际交往或者工作中获得更多的优越感和主动权，而且大家在交流信息的同时也是不断刺探着对方的现状，随之就会出现强迫自己收集更多信息并且将这些信息付诸实践来超越对方。

综合以上各种原因，这些上班的人士就变得不掌握信息就焦虑，患上了信息强迫症。

在豆瓣里面有这样一个小组，叫作"焦虑症"小组，在这个小组里面，有人害怕家里有虫子，怕到失眠；有人仅仅因为不知如何给工作任务排序才是最优方案，竟能心情焦灼地在电脑前枯坐一下午；还有人焦虑、肌肉紧张，睡着都绷着肩膀、咬着牙，导致醒来时肩膀疼、下巴酸。

这里还有一个具体的关于信息强迫症的例子。

在一家美资企业担任行政工作的高小姐说自己是"邮件焦虑症"患者。

她的工作邮箱每天都要收到几十封邮件，每当看到刷屏的"未读邮件"，除了涌起瞬间把它们消灭掉的冲动。高小姐还有更深的忧虑，她不但检查收件箱，连订阅邮件、垃圾邮件、广告邮件都会时不时查收一番。"就怕丢邮件，万一重要邮件被邮箱自动归类到垃圾邮件或广告邮件就不好啦！"

而她之所以会有这种忧虑，主要是因为以前在求职过程中因为没有注意查收一封邮件而导致自己失去了一个很好的机会。自那以后，她就患上了邮件焦虑症，这也算是信息强迫症的一种。

专家告诉我们，一定要学会转移注意力，平时加强体育锻炼，阅读一些自己喜爱的书籍或者和好朋友聊聊天散散心都可以。如果真的患上强迫症，其实都是会对生活造成很大的影响的，而且内心的快乐感和幸福指数也会降低，我们应该学会做自己情绪的主人。

强迫性意向

什么叫作强迫性意向呢？是这样的，在某种场合下，某些人会出现一种明知与当时情况相违背的念头，这些人明明不情愿却不能控制。如母亲抱着孩子走到河边时，突然产生将小孩扔到河里的想法，虽未发生，但却造成十分紧张、恐惧的心理。

又或者，病人明知无污染，在与人握手或碰到他们的衣服时，非立即洗手不可，这是洗手癖的心理驱动力。

强迫性意向，又称强迫性冲动，带有伤害性强迫性冲动亦属本类症状，患者常会出现想打自己亲人、跳楼、跳过飞驶的汽车等，或者做出十分不合理的行为，例如当众脱下自己裤子。虽然患者从不会真正去做这些事情，但其内心有一定强迫性冲动的意向。

我们来看一个案例，这个案例的主人公患上的症状是余光强迫症。

李某，女，27岁，父母均为著名学府大学教授，也都很疼爱她，但同时又对她要求很严格。因为家庭教育缘故，她自小也对自己要求很严格，因此她在小学学习成绩就出类拔萃，是父母的骄傲。

后来上初中，她的学习压力开始变大，父母又常在她的身边唠叨，叫她一定要考取重点高中，她变得开始有点不喜欢学习。

每每学习的时候，她都要求自己集中注意力，但却发现越要求自己集中注意力，越集中不了注意力。从初一下学期开始，她发现自己的学习效率变得越来越差。初三的时候问题更加严重了，甚至还出现余光强迫症，在看书学习的时候，她眼睛的余光总是被周围的物体吸引，比如一本书或者一支笔，每次她想把目光拉回来，却难以做到，学习效率相当的低。

她非常渴望能够战胜余光，学习效率能够恢复到过去的情形，但是实现不了，她的内心很煎熬，也因为学习受到影响而更加的焦虑、不安、失落。中考结束后，一下子放松下来，不用再天天学习，她的余光强迫有所缓解。

结果在她读高二的时候，又不小心喜欢上一个男生，无意之间老觉得那个男生的余光在看自己，然后紧张，害怕他看自己，从而把自己的视线局限在一个有限的空间。

但有时候她又忍不住想去看他是否在看自己，所以常常不敢直接看他，只敢用余光去看，后来严重到只要旁边坐位有人，她都会产生余光强迫，总觉得有人盯着自己看，上课不能集中精神，也不能与人正常地交流，为了不让自己的余光看到别人，和别人说话的时候她都低着头，否则内心就会特别恐惧，说话没有条理，吞吞吐吐。

后来她甚至还有其他的强迫症了，比如口水强迫。

什么叫作口水强迫症呢？

口水强迫症患者会控制不住地对唾液吞咽过程进行各种想象，并害怕被别人听到吞咽唾液的声音。

他们认为在别人面前吞咽唾液是一种非常不好的行为，非常害怕因此而影响到别人对自己的评价，进而又开始想象问题得不到解决而可能出现的局面，在重要场合或者重要人物面前紧张，害怕自己会不停地吞咽唾液而引起别人的注意，于是意识被动地集中在口腔并促使唾液大量分泌。

而且他们主观上会认为自己的行为已经严重影响别人对自己的评价，甚至开始刻意地逃避某些场合和某些人，害怕影响到自己的社交和发展前途，也因此加重了病情的发生，由此进入了一个恶性循环。

还会有呼吸强迫症。

患有呼吸强迫症的人会对自己的呼吸很敏感，时常有意识地去控制自己的呼吸，又很担心在不注意的时候呼吸会忽然停止。

由于特别害怕自己的某些不经意的举动会给他人造成不好的影响，或者在他人心中留下不好的影响，这种人在人际交往中谨小慎微、恐惧不安，害怕人际交往、回避人际交往。

比如坐公交车，他们的余光就老注意并排坐的人，不敢看陌生人。虽然余光看到别人也是在盯着前方看，没有看他们自己，但是他们就是会觉得很压抑，把自己束缚在有限的视线范围内，怕别人觉得自己在看他们。

这会让他们觉得很拘束，就知道看前面，老想放松、随意转头，但是却不敢。

像这种病的诱发因素很多。

在我们的案例中，主人公主要是学习和生活压力大，一直要求自己要考上最好的高中，学习要名列前茅。害怕自己恋爱，对自己的要求变得苛刻而不合理，认为余光的存在是不合理的，是自己学习没能完全集中注意力的表现，因此努力消除余光，而余光又是客观必然存在的，越努力消除越消除不了，因为内心的对抗，消耗了大量的精力，进而更加影响学习效率，反过来认为是余光的存在导致，而陷入一种恶性循环。

当然我们的主人公之所以这么追求完美，也和家庭教育有关系。

父母一方面过分宠爱她，另一方面又对她严格要求。这导致她对自己要求很高，爱追求完美。

由于对自己的要求过于苛刻，虽然她在他人眼中已经很优秀，但因为总是达不到自己内在的要求，主人公就不断地否定自己，认为自己做得还不够好。

在她的生活中，她对自我缺乏认可，也很少能感受得到自己存在的价值和意义，她对自己的认可度远远低于自己在现实生活中的表现，这就导致她陷入了某种极端——某种渴求完美的极端。

出现这种情况和她自身的性格也是很有关系的。她是一个内心自卑、胆小敏感、严重缺乏安全感的人。自信的人和自卑的人对于成功的理解是不同的。自卑的人会倾向于把失败归结于自己，成功是他人的帮助或者是运气，而自信的人则相反。我们文中的主人公更是如此，这点在学习上表现得尤为明显。甚至连她在青春期萌发的正常的对于异性的好感，她都会想太多，导致最后余光强迫症越来越厉害。

医生认为，一方面，父母要及时开导她，不要给孩子灌输过多的压力和错误的思想；另一方面，主人公本身需要克服自己把学习当作一切的这样一种思想，她应该学会丰富自己的生活，应该要更好地适应社会和学会自我调整。

儿童强迫症

儿童强迫症是一种以强迫行为和强迫观念为主要表现的一种儿童期情绪障碍，简称 OCD。儿童强迫症发病平均年龄在 9 ~ 12 岁，10% 起病于 7 岁以前。

男孩发病比女孩平均早两年。早期发病的病例更多见于男孩、有家族史和伴有抽动障碍的患儿。低龄患儿男女之比为 3.2 ：1，青春期后性别差异缩小。2/3 的患儿被诊断后 2~14 年仍持续有这种障碍。

在行为上，儿童强迫症患者会有以下表现：

（1）强迫性仪式动作。

他们会做一系列的动作，并且将这些动作与"好""坏"或"某些特殊意义的事物"联系在一起，在系列动作做完之前被打断则要重新来做，直到认为满意了才停止。

（2）强迫检查。严重时会影响到学习效率、饮食、患儿睡眠、社会交往等多个方面。

比如他们会反复检查门窗是否上锁、自行车是否锁上、是否带好要学的书、口袋中钱是否还在等。强迫症状的出现往往伴有焦虑、烦躁等情绪反应。

（3）强迫计数。他们会反复数路边的树、楼房上的窗口、路过的车辆和行人。

（4）强迫洗涤。他们会反复洗手、洗衣服、洗脸、洗袜子、刷牙等。

在强迫观念上，主要有以下几种：

（1）强迫回忆。他们会因为怕人打扰自己的回忆而情绪烦燥。

他们会反复回忆自己听过的音乐、说过的话、看过的场面、经历过的事件等，在回忆时如果被外界因素打断，就必须从头开始回忆。

（2）强迫性穷思竭虑。他们会沉溺于比如"为什么把人称人，而不把狗称人"这样的问题中。思维会反复纠缠在一些缺乏实际意义的问题上，不能摆脱。

（3）强迫怀疑。他们会怀疑被传染上了某种疾病、说了粗话、因为自己说坏话而被人误会、已经做过的事情没有做好等问题。

（4）强迫对立观念。他们会反复思考两种对立的观念，如"美"与"丑""好"与"坏"。

这里有一个真实的故事。

小强，今年初三，在他上小学六年级时，总是被一个高年级的同学欺负，那个同学每次见到他的时候会用手拍打他的头部，他当时感到气愤，但一直未表达，压抑在心中，内心不愉快。

他在学校学习努力，但是每次回家后都心情不好，老爱和父母发脾气，老是觉得自己的身体不干净，反复洗手反复洗头，这样才能让自己的内心觉得舒服些。

他的学习成绩优异，后来年级名次变成了第一名。但是他平时不怎么和同学交往，只顾着埋头学习。近半年来，他越发爱清洗洁身，每天洗2~3小时，父母都觉得很奇怪。

他的内心感到不安痛苦。最近两周来未去上学，洗澡次数有减少，现在压力仍然很大。

后来医生采取了以心理辅导为主，药物辅导为辅的治疗方案，最后终于治好了小强的强迫症。

这里还有一个这样的例子：

在小玲三岁半的时候，她的父母因为感情不和而离婚，从那以后，她就一直和妈妈住在一起。在她四岁的时候，她被送进幼儿园，刚到幼儿园的时候，她经历了一场几近灾难的混乱，她不想让妈妈离开，害怕从学校回到家的时候妈妈不在家，妈妈必须一遍一遍地做一种向她允诺她一定会在家的仪式。比如双手合十放在心口，把同一个保证不断重复。

于是小玲被带到一家心理诊所进行心理治疗，心理治疗进行了一年，她才完全康复。

现在她已经10岁了，很乖很听话，非常招人喜欢，大家都很喜欢她。可是在一个星期以前，她突然非常害怕自己会变成聋子，害怕会得小儿麻痹症和白喉。因为怕死，她连呼吸都不敢了，而且走在大街上的时候她会忍不住去数走过的楼梯或路过的其他物体。平常她还会表现得非常粗鲁，要求妈妈不断地向她保证妈妈是爱她的。如果妈妈责备她，她就嘲笑妈妈。

她还一遍又一遍地问妈妈她会不会得病、会不会死去，并且要求妈妈理解和同情她的遭遇。在最近的 5 天里，她又开始害怕食物里有毒，每一种食品都要妈妈尝过了，她才有可能吃。她开始流口水，因为她担心口水里有细菌，不敢把它们咽下去。总之，她时刻害怕会发生什么灾难。她身上还存在着其他一些精神强迫症状。

甚至有一天她还用刀子指着妈妈，叫她承认她很爱她。更过分的是，还有一次妈妈和爸爸在一起的时候，她居然用一个球狠狠地砸向他们。也是因此，她的爸爸妈妈总是很小心地避免在她面前有任何亲密的动作。

但是特别奇怪的是，在学校，她的表现异常的好，甚至超出了她的年龄，她很受小朋友的喜爱，他们都喜欢和她一起玩耍。

医生分析，这是因为小玲遭受了父母离异这件事情，在潜意识里她会害怕失去妈妈，所以有强迫症，总是想要妈妈证明她爱自己，不想离开自己。

并且她的妈妈给她的压力也很大，导致她总是想要表现很好，让她身边的人不要离开她。本质原因是缺爱，需要人疼还有理解。她做出那么多出人意料的举动无非是想要周围的人投注更多关注力在她身上。

她觉得父母离婚可能是因为对她无所谓、不在乎她，所以她想要证明自己的存在，于是就做了很多很多故意气他们的事儿。

精神分析理论认为，儿童强迫症状源于性心理发展固着在肛门期。强迫症状就是此期内心冲突的外在表现。

这一时期正是儿童进行大小便训练的时期，家长要求儿童顺从，而这与儿童坚持不受约束的观点形成了矛盾和冲突，以至于儿童会产生敌意情绪。这就会使性心理的发展固着或部分固着在这一阶段。

一般来说，儿童强迫症都和家庭有关系。

大多数强迫症儿童都生活在父母过分十全十美的家庭中，或者是家庭遭遇了什么变故，总之不是太正常那种家庭。父母一般具有追求完美、不善改变、循规蹈矩、按步就班等性格特征。

在心理治疗方面，家庭治疗是治疗强迫症的重要方法。尤其是对于那些存在有家庭不和、父母婚姻有问题、家庭成员存在特殊问题、家庭成员之间角色混乱的患儿，更适合做家庭治疗。这种方法就是对家庭中的父母进行咨询指导，告诉他们什么才是正确的教育方法，告诉他们应该怎么教育孩子，应该给孩子提供一个什么样的家庭环境等。

在心理治疗方面，除了家庭治疗以外，还有一些比较机械的训练，比如反应阻止、焦虑处理训练等，也就是对于一些严重重复的、类似于抽动症状的仪式动作可以采用习惯反转训练，这样长期坚持就可以见到疗效。

无论如何，儿童的心理问题是非常值得我们注意的，因为一个人小时候的经历会影响他的后来乃至一生，因此我们要对孩子的表现格外关注，发现其有了强迫症表现时，要及早进行治疗。

记忆强迫症

患有记忆强迫症的患者一般无法控制自己的思想，在他们的大脑中会不断地浮现出已经过去许久的事情，虽然他们自己明明知道回忆是没有用的，但是却无法控制。

强迫症者不由自主地在意识中反复呈现某种经历过的事件，并且无法从事件中挣脱，从而感到非常的痛苦。强迫回忆的事件多数是过去发生的不愉快、令人痛苦的事件。

我们一般人都经常会回忆，在一定时间或场景下，这些回忆可以在个人意愿的支配下浮现眼前。但是强迫症患者发生强迫回忆时，与这种正常状态下的回忆是有差别的。

怎么说呢？就是对于记忆强迫症患者而言，回忆往事的行为是不受意志和思维所控制的。但是正常人的回忆则不然。

这里有个案例：

有一个即将从高二升到高三的孩子，他最近耳朵里总是出现电影里的对白，他没有办法控制自己不去想那些对白，严重的时候里面的人物甚至会吵架。他克制不了自己不去回忆那些，而且他常常会思考里面的人物是谁演的，如果碰巧没有想出来，他的内心就会非常纠结，非常痛苦。甚至还要去找那部电影，重新看一遍，看到那个镜头、找出那个演员才肯罢休。

这症状是两个多月前开始的，那段时间正好是期中考试，他没怎么休息好，压力也大，考试考完了以后就开始有问题的，起初是上课注意力有点无法集中，后来慢慢地就有了这个症状。

他很迷茫，去看心理医生，医生告诉他要顺其自然，不要想，想的时候就把那个当成一件很自然的事情，可以带着那个声音去学习。渐渐地他好了很多，但是还是没有办法得到根治。后来，一个医生告诉他说，这是记忆强迫症，他才知道原来这么严重。

还有一个患者在求诊的时候是这么说的：

"以前我是一个有洁癖的人，非常害怕虫子，还怕一些怪东西，对于生活上很多东西，我都扔掉了、不要了，但有些还保留着。不过最近我这些症状没有了，可是又出现了回忆强迫症。怎么办啊？我老是强迫自己去回忆之前那些东西为什么不要，然而想不起来好难受！比如刚刚已经做的事情。我洗碗用了一遍洗洁精，后面不知道什么原因又用了一遍洗洁精。我想了好久都想不起来为什么要用第二遍洗洁精。难道我摸了什么？强迫自己去想为什么要洗第二遍，除非想起其中的细节我才舒服，要不我会心里一直很难受。睡觉也想，吃饭也想，受尽折磨。请医生教教我怎么克服自己这种没用的想法。谢谢了！我真的很累。"

有些记忆强迫症患者是因为小时候形成的某种心理创伤，虽然没有造成较为严重的影响，但患者本身却会因为这种心理创伤而逼自己回忆，最后这种回忆就会持续地影响着自己正常的生活、工作、学习。甚至是长大成人后依旧会因为这种强迫性回忆而影响生活，尽管极力控制不去回忆，回忆却不受控制地不断涌现。

或者是小时候没有心理阴影，最近一段时间受了什么刺激，压力过大，也有可能会得这种病。

两者无疑是有一个共同点，就是某些事情给他们造成了心理和行为方面的问题，他们的防御意识过强。这类人有一个共同特点，就是患上此病以后记忆力明显降低。专家认为这类人把大脑的很多空间都留给了回忆，所以才会造成这种现象。

因为他们会经常处于一种焦虑不安、恐慌的状态中，这种记忆强迫还会对他们的生活学习等方面都带来影响。

在这里，我们不得不提出另一个名词"自传体记忆"。那么，什么叫自传体记忆呢?

自传体记忆，一般可以轻松回忆起差不多10岁之后生活中的每个细节，但在常规记忆力测试或是死记硬背时，他们却不能做到很好。后来美国一个专家发现，这种人可能是患有强迫症。

经过专家研究发现，有自传体记忆的这类人的大脑在结构上与普通人最少有9处不同，包括连接大脑中部和前部的"白质"会更为健壮。而且这些不同，大部分都发生在已知的、跟自传体记忆有关的脑区。

记忆本来就是很奇妙的东西，这里我们又不得不说另一个实验。

一个科学家做了一个实验，在屋里有一个转盘，在转盘上放了一只老鼠。透过塑料罩，老鼠可以看到转盘所在房间墙壁上的标记，从而判断自己的位置。当转盘转至某个特定位置，突然电击老鼠足部，老鼠会立即转身，朝相反方向跑去，害怕再跑到那个位置，在之后它会回避那个地方，因为在它的意识里，那是很痛苦的记忆。

所以，这就是我们所说的记忆这个词了。

那些曾在战场上受过伤，然后患上创伤后应激障碍的人，他们会表现出一系列不太明确但又真实存在的症状。对于这些人来说，特定的环境或刺激，比如开放的空间、人群、突然的巨响，都与某种伤痛相关联。也是因为这个原因，他们会尽量避开这些环境或刺激。他们就像转盘上的老鼠一样像个"瞎子"：某些场景出现时，即使是安全的，他们也无法使自己恢复平静。

那么，对于此类患者，怎样才能够使他们的病情得到好转呢？

在心理上面，需要用一种叫"难得糊涂"的方法。

在患者每次觉得焦虑的时候，就要学会不要想那么多，还要让自己的大脑清醒，让自己的思维纯粹，只把注意力放在眼前。要学会不停地提醒自己，告诉自己"过去的毫无意义，只有现在才重要"。要学会做自己情绪的主人，要学会情绪转移。

另外，行为治疗对于强迫症也有极大的功效，这个时候需要我们采用意念的松弛训练、肌肉松弛技术结合系统脱敏，或用操作条件法治疗，以减轻焦虑或单一的症状。

记忆有的时候真的是很玄妙的东西，它使你快乐，使你悲伤，它是我们生活上无法消失的一个元素，也丰润了我们偶尔寂寞无聊时候的单薄日子。但是当它成为一种病的时候，一切看起来就没有那么好了。对于患有记忆强迫症的人们来说，这就是一种煎熬。但愿他们能够摆脱心灵的枷锁，变得自由，不做记忆的奴隶。

唠叨强迫症

唠叨看上去是一件很平常的事，很多上了年纪的人非常爱唠叨，一般来说，女性较男性唠叨得更多。其实在某种程度上，唠叨是一件好事，它能够增进家人之间的感情，避免我们少走弯路。

但是你可能不知道，如果一个人过度唠叨，就可能患上了唠叨强迫症。

而唠叨强迫症绝不是一个好东西，它不仅会影响患者自身的工作和生活，严重的还会对他人造成不必要的困扰，所以及时的治疗是非常必要的。

患有唠叨强迫症的人一般做事犹豫不决，思虑甚多而且苛求完美，注意细节而忽视全局。

他们通常缺乏幽默感，在性格上过于严肃、认真、谨慎、循规蹈矩，缺少创新与冒险精神，非常爱坚持己见，要求别人按他的意愿办，并且由于责任感特别强，对人对己都感到不满，因而容易招致怨恨。

白小姐和陈先生是夫妻，两人还有一个可爱的刚刚上初中的小男孩，在外人眼里他们是非常幸福的一家，但是事实上，一切并不像表面看起来那样好。

这些日子以来，陈先生都没有那么愉快，因为白小姐是一个做事非常严谨的人，有条不紊，客厅、书房、卧室的东西都摆放得整整齐齐。而陈先生则比较随性，回家东西乱放，白小姐一看到他这样就会对他这些举动大呼小叫。可是陈先生却认为没有必要那么认真，如果心情不好，就常常会因为这些小事和妻子争吵起来，觉得她太烦了。

但是妻子不会改变，反而变本加厉，一旦惹毛了她，她甚至会翻出一些陈芝麻烂谷子的事情，唠叨个没完没了。主要表现就是看这里不顺眼，看那里也别扭，挑剔来挑剔去，搞得家里鸡飞狗跳，好像永无宁日的感觉。

陈先生实在是受不了了，头都大了，也不知道该怎么办才好。

不只是陈先生觉得很受不了，还有孩子也很受不了，经常和妈妈吵架。因为妈妈经常会特别关注小孩的心理状况，甚至经常偷偷翻看他的日记，就是特别担心孩子会早恋啊什么的影响学习。不仅如此，她还经常和小孩的班主任交涉，只要是觉得小孩成绩突然下降了或者什么的，就又要开始唠叨个不停了，说："你怎么这么笨啊，全班这么多学生，你才十几名，你觉得你对得起我和你爸爸的教导吗？"

又或者是小孩考到班里第二名，她就又开始唠叨，说有什么值得高兴的，又不是第一名。

小孩因为她的这些话，常常心里产生一种自卑感和压抑感，非常苦闷，不想和人交流，经常在学校里就自己伏在桌子上静静的看书写字，别的同学喊他一起出去玩，他就直摇头，对于他来说生活一点意思都没有，他很难受。

这一切他的爸爸都看在眼里，疼在心里，他也常常和妻子交流，认为妻子不应该一直这么唠叨，但是妻子总会说："只有我这么管孩子的学习，你呢，你跟个没事儿人一样，孩子跟不是你生的似的，你不管还不准我管啊！"

陈先生觉得妻子非常不可理喻，觉得应该带她去看看心理医生，结果好说歹说总算是把她劝到医生那里去了，医生说他的妻子是患上了一种叫唠叨强迫症的病。

陈先生觉得很奇怪，怎么唠叨也可以算是一种强迫症。

从心理学上讲，唠叨是一种发泄的方式，是一个人的一种比较极端的性格会导致的一个情况，这是一种人格障碍。

所以既然发现了，就得治。

首先，患者应该净化自己的心灵，保持一个良好的心态，让自己的心灵不再怀有恐惧、担心和焦虑，而是勇气、力量和坚强。

当患者怀有这些积极心态，并一步一步加强这个积极想象的时候，当他一点一点战胜心灵垃圾的时候，当他一点一点学得不怕失去、不怕失败、不怕恐惧的时候，症状就会变轻。

其次，患者还要学会培养自己的幽默感，不要总是过分拘谨，常常因为芝麻小事而不高兴的人，精神迟早会崩溃。幽默感会使我们的生活越来越滋润，感受幸福的能力也越来越强。

要有改正的决心，并乐意让身边的人帮助自己、督促自己，当患者无法控制自己的时候，很快就要发怒的时候，当患者又开始针对某一问题的细节喋喋不休时，身边的人一定要做好准备，好好地耐心地劝他们。

患者要学着不重复讲话。要懂得利用更巧妙的办法去解决问题，而不是抱怨和指责。比如，如果你已经提醒丈夫，说他答应过会儿去洗澡，六七次以后他仍然没有反应，那就说明他不想去洗，你又何必浪费口舌呢？唠叨的结果只会让他下定决心绝不屈服，要学会用温和的方式达到目的，要学会用赞美和鼓励的方式去达到自己的目的，会更容易实现你的愿望。

其实让别人信服你的方式永远不是大呼小叫，而是温和地去激励。

患者要学会冷静地对待不愉快的事件。发生了不愉快的事情，尽量不要立即发表意见，将它们记在纸条上。等到你和对方都冷静下来，再把它们拿出来讨论。如果是微不足道的小事，你一定不好意思再提。你可以经常去这样尝试做，只要有决心，一定会改掉的，很多事情不是做不到，只是你在潜意识里面不想做到，又或者你觉得这个东西是一个保护伞，有了这个保护伞你就可以"为所欲为"，但是事实上，你只是取得了暂时的胜利，成为表面上的赢家。

所以，不管是对患者还是正常人来说，其实好脾气都是很重要的，一方面对自己的身体有好处，另一方面可以使自己和周围人相处更好。这就是一个润滑剂，使我们变得更加游刃有余，同时，又因为我们和身边的人关系处好了，我们的心情变好了，做事情更加顺手了，我们也就不那么容易发脾气继续唠叨了，在某种程度上来说，这也是一种相互促进。

失眠强迫症

在豆瓣上有这样一个小组，叫作强迫症候群小组，里面有一个小组话题，叫作失眠强迫症。发起人是这么说的："失眠也可以变成一种习惯性的强迫症，或者说失眠是由某些强迫症导致的，大家来晒晒失眠时候都喜欢重复哪些事情。比如，不停地看微博，从一个跳到另一个。"底下的人纷纷表示同意，都说自己是习惯性失眠，一到晚上就睡不着。

现代社会压力这么大，晚上失眠的人越来越多。"我又失眠了""昨天晚上一晚上没睡着觉"，在日常生活中我们经常能听到这些话。

短暂的失眠尚且痛苦，那么长期失眠岂不是更难受。遇到了不高兴的事情失眠，遇到高兴的事情也失眠，长期的情绪抑郁和兴奋，就会导致神经功能失调，那么得失眠强迫症就在所难免了。

所以说，失眠久了会有强迫症，同时也是因为有强迫症所以失眠。

这里有个案例。

主人公认为，失眠对于他来说主要就是一种对于失眠的恐惧，总是害怕因为失眠而把生活弄糟，结果迎来的却是一次又一次的失眠。失眠在他小学的时候其实就有了，但是当时没有那么严重，到现在却越来越可怕了。

他总是在即将睡着的时候突然在意识中出现对于失眠的恐惧感，又把自己唤醒。他很痛苦地表示，只要现在能够每天睡上 7 个小时左右，他就满足了。

这个要求在我们常人看起来是那么的微不足道，但是对于患有失眠强迫症的人来说，每天都不能睡好觉真的是一件很痛苦的事，白天工作、学习都会受到影响。

不只是晚上睡不着，白天中午的时候想要睡觉，他更睡不着，在高中的时候每天中午都会有午休，别的同学都睡得好好的，只有他翻来覆去怎么都睡不着，总是在那倒腾来倒腾去，下午又集中不了精力去听课。

有一次老师叫他回答问题，他偏偏就是集中不了精力，不知道老师问了什么，就一言不发，又被老师骂了很久。后来他的失眠情况加重的时候，他的成绩也开始直线下滑。家长老师看着都着急，还以为他早恋了，都把他拉去谈话，问他是不是喜欢上哪个女生了，他是有苦难言。

他觉得自己真的受够了失眠的苦，现在提到这个词就头痛。

上大学以后，他又常常玩游戏玩到深夜，越玩越兴奋，就更睡不着了。有时候玩累了想睡却又因为失眠强迫症，然后就继续去玩游戏了，虽然说在大学考试什么的会轻松很多，但是真的还是很影响状态，缺少幸福感，总是浑浑噩噩的。

拿他比较擅长的篮球来说，因为失眠晚上睡不好，白天就没有精力去和队友一起比赛，经常在比赛中会开小差，有时候球队输了球他也会很难受、很自责。

这个还算好的，还有谈恋爱，更是煎熬。常常和女朋友一起逛街都是一副无精打采的样子，害得女朋友常常以为他根本不在意她，为这些小事他们之间不知道吵了多少回架。

一般来说，失眠的原因可能是因为生活中压力很大，想的事情很多，在生理上来讲，主要就是脏腑功能紊乱，尤其是心的温阳功能与肾的滋阴功能不能协调、气血亏虚、阴阳失调等。避免失眠应少喝妨碍睡眠的咖啡和茶，少喝酒，减少压力，及时调整。

一方面，要培养良好的生活习惯。平时还要坚持体育锻炼，一定要有规律的休息时间。

坚持体育锻炼能增强大脑兴奋与抑制的调剂功能，促进睡眠。清晨慢跑、做操、打拳、练气功，以及睡前按摩、自我催眠，是防治失眠行之有效的措施。

即使长期失眠，也要坚持晚上按时上床，不要早睡；早上按时起床，不要晚起；白天不要打盹，因为白天打盹会削减你晚上睡眠的时间。

同时，午间只适合小睡，千万不要用午睡代替夜间正常睡眠。否则，这会干扰你的"生物钟"，夜间更难入睡，加重失眠。另外，工作和学习也要有规律，不要开夜车，以免身心疲乏。

另一方面，就是要学会创造有利的睡眠环境。

比如说晚餐不宜过饱、保持良好睡眠环境、保持心情平静等。

晚餐不宜吃得过饱，以免腹胀影响睡眠。也不宜喝酒，饮浓茶、咖啡、可可等刺激性的饮料，因为这些饮料会使人兴奋而难以入睡。如果上床前喝上一杯热奶，会对一个人的入睡大有裨益。

还要使卧室的温度和湿度适中，空气新鲜，环境幽静，光线暗淡，被褥清洁舒适，这些环境上的东西会对大脑形成良好刺激，使一个人容易入睡。

在这些外在条件都满足以后，就得开始关注一下自己的心情了。

只有在精神放松、心情平静的情况下，一个人才能很快入睡。

在睡前不要看刺激的影视节目和书刊，不要牵挂工作和学习，不要想白天发生的不愉快的事情，不要做剧烈的体育运动，不要跳舞，尽力排除心理干扰。然后晚上上床以后，切莫躺在床上重温今天的失误，也不要计划明天的活动。因为这样做，会使一个人变得更加焦虑或兴奋，不利于进入睡眠状态。

重点是需要解除精神负担，如果你为失眠而苦恼、焦虑，一到晚上睡觉时就精神紧张，结果往往是越着急越难入睡，造成恶性循环。因此应付失眠，一定要顺其自然。这也是森田疗法中所强调的，无为而作，顺其自然。

同时，在晚上上床以前，我们要做些使自己放松的事情，比如散散步、洗洗澡、看看小说、听听柔和的轻音乐等，忘掉白天的紧张和烦恼，保持愉快的心情，只有这样，我们才能克服失眠，摆脱失眠。

我们不要刻意去强化失眠这个东西，因为如果刻意强化了它我们就会注意它，就更容易失眠；相反，我们不把它当一回事，心理暗示自己这是很正常的一件事情，同时我们需要安定自己的心情，放松自己。

短期失眠不是病，但是长期失眠折磨自己，这个失眠就真的是病了，可以去看看医生，开点安神的药物，或者找心理医生聊聊天，抒发一下情绪，不要让自己总是陷入一个特别紧张的状态。

强迫症小结

其实在我们前面的介绍中，大家应该都知道强迫症是一个什么状况了。强迫症有 3 种表现：强迫意向、强迫行为、强迫恐惧。在前面我们详细介绍了强迫意向，然后按照种类来分的话，又有儿童强迫症、记忆强迫症、唠叨强迫症、失眠强迫症等，前面也有介绍。

一首老歌在脑子里面挥之不去是强迫症，出门的时候总是觉得没有带手机是强迫症，强迫症已经渗透到我们生活的方方面面。

一般来说，患有强迫症的人男性要比女性多，根据临床实践，估计国内的强迫症大约有 500~1000 万，患病率约为 5‰~10‰，80% 的强迫症在 25 岁以前发病。

那么，为什么会产生强迫症呢？

一方面，是精神因素，在上海某调查资料中显示有 35% 的患者病前有精神因素。凡能造成长期思想紧张、焦虑不安的社会心理因素或者带来沉重精神打击的意外事故均是强迫症的诱发因素。

当躯体健康不佳或长期心身疲劳时，均可促进具有强迫性格者出现强迫症。

另一方面，是性格的原因，一般来说三分之一的强迫症患者病前具有一定程度的强迫人格，其同胞、父母及子女也多有强迫性人格特点。性格上的特征有拘谨、犹豫、节俭、谨慎细心、过分注意细节、好思索、要求十全十美，但又过于刻板和缺乏灵活性等。

还有就是遗传因素，患者近亲中的同病患率高于一般居民。双生子调查结果也支持强迫症与遗传有关。

在研究强迫症原因方面，心理动力学派认为强迫症状来源于被压抑的攻击性冲动。巴甫洛夫学派认为在强烈情感体验影响下，大脑皮质兴奋或抑制过程过度紧张或相互冲突形成孤立的病理惰性兴奋灶，是强迫观念的病理生理基础。

下面就是强迫症会带来的后果。

强迫症一方面其实是有好的后果的，比如说一个人有强迫症的时候明显工作效率要比其他人高，在外人看来是个工作狂。在这方面有个例子，有"洁癖"的佐藤桑和他近乎强迫症式的工作方式，他会经常清理电脑文案，他把工作台和个人生活都整理得井井有条，甚至可以说到了"洁癖"的地步，但正是这种"洁癖"，使得他可以排除那些纷繁的细节，而直击生活和工作最关键的部位。

所以，其实很多时候患有强迫症的人都很优秀。生活中有些事、有些决定，我们要去做的时候通常总是会犹豫不决，一件事，说好明天要做，就拖到后天，再下个礼拜，要不就要旁人一直唠叨你说，要去做了，你才会去做。而患有强迫症的人则不会这么麻烦，他们会逼自己去做这些事情，只要他想到了，他就不会去想很多其他因素，而是很有效率地在很短的时间内完成任务。因为其果断，在工作上常常是非常有执行力的，速度甚至令人咋舌。

但是强迫症更多时候带来的是不好的地方，因为一个人工作需要更多的不是执行力，有些工作需要沟通，即使工作不需要沟通，生活上和家人、同事、朋友都需要沟通，正是因此，如果有强迫症就会很怪异。在和别人交流的时候喜欢据理力争，在学习的时候非得要搞定一切，这样把自己当成机器人，会弄得自己压力很大，因为压力很大而造成生活、健康、关系等各个方面的不协调，最后出现各种问题。

这还算是轻的，重点是强迫症的症状严重到一定程度的时候，患者会产生自杀倾向。

据调查显示：有很多久治不愈的强迫症患者都会产生自杀倾向，而且，有很多案例也证实了强迫症足以导致自杀。在日常的心理咨询中，也常常会有很多强迫症患者表达因为自己的疾病久治不愈，会产生厌世的想法。

如果一个人怀疑自己得了强迫症的时候一定要及时去找医生治疗，不要不把这个当一回事，因为事实证明，这个真的是很可怕的一件事情，后果很严重。

对于强迫症，首先是心理治疗，这方面有很多大师给了我们很多理论。比如我们之前详细介绍过的森田的理论，即"森田疗法"，这个疗法告诉我们不要把什么都当一回事，顺其自然，不要太在乎自己心灵的感受，不要过分强化自己心灵的感受，不要总是想太多，要学会放空自己。还有就是要多看书，多涉及一些别的方面的东西，再比如旅游等，扩大生活圈子，学会分享和交流，要多对自己进行心理暗示，告诉自己那些东西并没有什么，那其实很正常。不要刻意去控制自己某些思想，要引导、暗示自己放松。一些负面的事物不要太在意，可以通过其他事情来转移分散注意力，从而引导、宣泄强迫症所产生的焦虑、烦躁情绪。不过此种方法只适合病情较轻的患者，而且治疗不彻底，容易复发。

还有就是药物治疗了。服用一些抗焦虑药可以减轻焦虑，有助于心理治疗与行为治疗的进行，但是对于强迫症的精神病理现象却没有多么大的治疗效果。另外，长期服用药物，不但对药物会产生依赖，而且还会对肝脏产生副作用。

当然还有其他疗法，比如说电抽搐治疗。但是这种疗法只适用于那些强迫观念非常强烈并伴有浓厚消极情绪的患者，这类人通常表现都是症状顽固，久治无效，并且极端痛苦。一般来说还会对人的身体产生不好的影响，所以其实也不太建议用这种疗法。

有一种叫作神经免疫分型的疗法。这种疗法是将传统中医中药、针灸按摩和低频电波磁疗相结合，通过内外调理，辨证施治，调理身心。

其实就是应用针灸、气功、推拿、拔罐等传统的中医疗法配合现代物理医学低频电波磁疗，恢复人体微循环系统，提高人体内神经功能，增强免疫力。专业心理医生采用自我松弛训练法、催眠疗法，从心理层面解决患者强迫症、失眠抑郁的问题。

这种疗法会激活人体内的疲惫神经。通过对 γ-氨基丁酸（GABA）、5-羟色胺（5-HT）、去甲肾上腺素、多巴胺、β-内啡肽等大脑神经递质浓度的双向调节，使之恢复动态平衡，抑制大脑皮层细胞的兴奋，恢复神经递质分泌，通过补充人体有益能量，调节整体生理机能，调节自主神经和内分泌神经功能。

这种办法因为疗效快、无副作用、治愈不复发，已经使得数千例患者解除了关于强迫症的困扰。

所以说，其实还是有很多办法去治疗强迫症的，而且只要强迫症患者想要使强迫症得到根治，就一定可以的。剩下的只是决心和毅力的问题。

第五章
没来由的害怕
——特定对象恐惧症

恐惧的渊源

恐惧是因为周围有不可预料、不可确定的因素而导致的无所适从的心理或生理的一种强烈反应，是只有高级生物才有的一种特有现象。

早在一百多年前，著名生物进化论学家达尔文就曾发现，哺乳动物恐惧时的表情与人类几乎一模一样。他将这种表现描述为："眉梢上扬、瞳孔扩大、眼光发直、嘴张大、无意识地惊声尖叫或呼吸暂停、憋气、脸色苍白、表情呆若木鸡。"

人在感到恐惧后的反应一般是：肾上腺素开始释放，机体进入应急状态，心跳此时加快、血压上升、呼吸加重；肌肉供血量增大；瞳孔扩大、眼睛大张，以接收更多光线；大脑释放多巴胺类物质，精神高度集中。人类以及一些动物感到恐惧时常会发出尖叫声，这一方面是对自己心理的宣泄，另一方面也是对周围同类的警戒。

根据反应的不同，恐惧的程度也会不同，程度强烈的恐惧会伴有肌肉的紧张发硬、不由自主震颤、毛发竖立、全身皮肤起鸡皮疙瘩、毛孔张开、冷汗直流，甚至有的人内脏器官功能也开始亢进、思维变慢或停滞，这种情况就是我们所俗称的"吓傻了"。

体弱的人还可能出现短暂晕厥，其心理机制是对恐怖情景的一种快速逃避反应，什么都不知道了。有的人事后还会出现选择性失忆，对恐惧体验的一种无意识压抑，只有在催眠状态下才能唤起回忆。有趣的是，在动物界也存在这种假死状况，旨在回避危险与恐惧，看来恐惧不仅仅是只有人才特有的生命现象。

恐惧，是一种人类及生物心理普遍所具有的活动状态。在中国的文化中早已认为人有七情六欲，恐惧早已是人们所正视的一种意识与感觉要素，甚至人们对经历恐惧之后的快乐有更为深入的认识。在经历过恐惧之后，人们会有一种解脱的快感，全身的肌肉、骨骼乃至精神、情绪会松弛、放松，呼吸也会变得缓和而均匀，内心洋溢着一种绵绵不断的舒适、平和与惬意，对自我处境的安全感、幸福感、满足感接踵而来。甚至有学者认为，这种惊吓过后的舒服、失落后的重获是人类共有的最深层的内心感觉模式和最原始的文化与精神的模型。

根据恐惧产生原因的不同可以将恐惧进行不同分类，如社交恐惧症、场合恐惧症、特定恐惧症。特定恐惧症是指一个人对某一特定的物体、对象、动物有一种不合乎常理的恐惧。这种恐惧常常源于童年时期的遭遇，比如恐惧某种小动物。这种现象在儿童当中更为普遍，但这种恐惧大多随着年龄增长而会逐渐消失。不祥物恐惧，比如对棺材、坟堆、血污等感到恐惧，这种情况在成年人中不为鲜见，不同的只是没有其他恐惧症患者那种典型的回避行为及强烈的情绪和自主神经反应。特定恐惧症的症状恒定，多只针对于某一特殊对象，如昆虫、老鼠或刀剪等。但在部分病人中，在消除了对某一物体的恐惧之后，他又会出现一个新的恐惧对象。

恐惧并不完全都是坏事。心理学家认为每个人潜意识中都或多或少地存在对未知事物的恐惧，比如对衰老和死亡的恐惧、对危险的恐惧、对失控或错乱的恐惧、对暴露自我的恐惧、对失去或改变的恐惧等。这种恐惧的感觉，会形成一种很强大的心理动机，从而对可能会遭遇的情形做出必要的准备和应对。

有些人不仅不会害怕恐惧，还会主动寻求恐惧体验的刺激，看恐怖片就是一种最典型的经历。有人曾经讲到：我很爱看恐怖片，但每次看完后都要害怕好几天，可还是控制不住地想看。其实看恐怖片可以帮助我们体验到内心潜藏着的恐惧意识，并尽可能地释放它，由此获得内心的补偿与平衡。生活在安全感中的人，恐惧感和恐惧的表达被压抑，需要找一些恐怖的情景来感觉它和释放它。就如生活富足的人喜好看悲剧片，在为男女主角流一把同情泪的时候，也在让自己畅心舒怀，顺肠通气；生活贫困的人们喜欢喜剧片大团圆，以此来满足他们对成功与幸运的联想。

没来由的害怕

在生活中，总有一些人对一些特定的事物会产生一种莫名其妙的恐惧，而他们的这些恐惧常常会让我们觉得不可思议，因为在别人眼中是很普通的事物，在他们的眼中却会成为恐惧的代称。一个女孩见到蜘蛛后可能会惊声尖叫，而蜘蛛却会成为男孩观察和玩耍的对象；有些人听到特别的声音就会变得发狂；有的人会对一种疾病产生恐惧，过多担忧，甚至做出一些不必要的行为；有的人则会对尖锐的事物产生恐惧，他们不能接触这些事物，甚至都不愿看到这些事物。但是这些看似千奇百怪的事物，却都有它们背后产生的原因，也就是说这些恐惧的产生并不是没有来由的，在对它们进行更为全面而深入地了解之后，我们也许就可以有更大的信心去克服这些没有来由的"害怕"。

小花正在家中收拾衣服，突然一只蟑螂小强耀武扬威地奔到了她的面前，看到一个长相如此丑陋的家伙，大叫一声之后，小花立刻唤来自己的男友小峰，看到男友走过来之后，小花立刻倒在了男友的怀里，说道："人家可吓得不行了……"

小强见状之后得意地走了，而小花的男友则在其身后进行各种高难度动作的追赶与捕杀。

又过了一天，小花又在家里收拾东西，这只蟑螂又碰巧路过，想到上次的经历，它又想给小花一点惊喜，但不同的是，今天男友小峰不在。

看到小强再次出现在自己面前，小花二话没说，上去一个扫堂腿就把小强踢了一个空中 360 度旋转，动作干净利落："叫你又出来烦我！"脸面之上再也没有上一次的恐惧之色。

小强滚落地上之后开始纳闷起来，坐在那里琢磨："哎呀，这姑娘原来是一多重人格啊！"可惜在它的心里一点都不明白原来小花的恐惧是可以有选择的。

这是一个笑话，不过反映的却是生活中的事情。有很多人害怕蟑螂，尤其是女孩子，怕蟑螂怕到听说"蟑螂"这两个字都会毛骨悚然，可是你要问她为什么怕，她又说不上来。看过这个笑话之后，也许就会明白，原来笑话的恐惧原因不在于蟑螂小强，而是因为她需要依赖身边的男友，小强仅仅是一个导火索而已。认识了对小强的恐惧之后，也许就会明白这些害怕背后产生的原因。

日本有一部非常经典的恐怖漫画，名为《旋涡》。在这个故事中，爸爸突然开始疯狂迷恋旋涡状图案，最后到了无可救药的地步：他甚至把家里所有的东西都换成带旋涡图案的，床单、壁纸、家具的颜色等，普通人进入这种旋涡的世界，望过去是一阵眩晕，但是这位父亲却会一动不动盯着这些旋涡看，并且一盯就是一天。慢慢地，他的身体也发生了一些奇妙的变化，比如他的两只眼睛可以顺时针或者逆时针方向旋转，他走路的时候总是习惯转圈前进。这位陷入旋涡不能自拔的爸爸，最终干脆为自己订制了一个大木盆，把自己整个身体卷成旋涡的形状塞在里面，就这样死去了。

故事发展到这里并没有结束，家人发现了父亲的尸体后，非常悲伤，特别是母亲，作为内心脆弱的女性，妈妈显然承受不了这个打击，随后开始产生对一切旋涡状东西的恐惧，比如在饭汤里搅拌起的旋涡、蜗牛背上的壳、还有指纹，这些都会让母亲产生极度恐惧。她干脆用剪刀把自己手指肚上的皮肤一块一块剪掉，最终这位母亲也被家人送进了医院。

但是在医院里，这位母亲还是没有逃脱旋涡的刺激，她说点滴瓶中液体下降会产生旋涡，她还看到女护士头上盘成旋涡状的发髻等。母亲在出院前的最后一次会诊时，无意中发现医务室墙上耳部解剖图中耳蜗的形状就是一个旋涡！于是，在几天后一个绝望的夜晚，被恐惧折磨得痛苦不堪的母亲，用一把长剪刀从自己的耳朵中穿了进去……

在这个故事中，我们在一开始就明白这位母亲对旋涡产生恐惧的原因，因为父亲的死让她不能忘怀，所以每次看到旋涡都会牵扯起她最伤痛的回忆，最终促成了她这些极端的行为。其实很多人的恐惧都是有原因的，源于自己的一段经历或是记忆，如果一个人能够走出这种记忆，那他就能克服自己的恐惧；如果一个人总是不能忘记自己的历史，那么他最终的命运有可能就会像故事中的这位母亲一样。

其实早在许多年前，有心理学家就开始对恐惧的原因进行研究，他们通过特定实验，希望寻找出让人产生恐惧的原因，并寻找可以解脱这种恐惧的方法。在这些探索当中，最为著名的一例无疑就是华生所进行的实验。

1917年的时候，华生获得一笔100美元的资助，他由此开始进行一项关于焦虑引发的实验，目的是研究婴儿的反射和本能。

在这个实验中，他把一个9个月大的婴儿暴露在各种刺激中，观察他的反应。婴儿刚开始很勇猛，老鼠、兔子都不害怕，可是当华生用一个锤子敲打钢条发出噪音时，孩子的情绪却显得很不安起来。

此后，他们又等待了两个月，婴儿长到 11 个月大时，又被抱了过来。这时，只要他和小白鼠玩耍，华生就会在身后制造噪音。噪音和小白鼠同时出现多次后，婴儿即使不听到噪音看到小白鼠时也会感到害怕。

看到这里，大家也许就会明白，为什么看到一些事物的时候，我们都会感到恐惧，也许在每一个"小白鼠"的背后，都隐藏着一个让我们感受紧张的"噪音"记忆。这是华生最为主要的医学贡献，而这个实验却可以为我们认识自己的恐惧提供一条线索。

恐惧是我们普遍所经历的一种情绪，生活中我们渐渐也能习以为常，回避掉这些事物恐怕是我们最常使用的方法。比如一个恐高症患者可以避免进入高层建筑，一个害怕听到打雷声音的人，则会把自己的头蒙在被子里。但是有一些恐惧情形却会非常严重，最后甚至到了不得不去求助医生的地步，对于这种情形，也有专门的诊断与治疗措施。

根据美国 DSM- Ⅳ -TR 标准，对特定对象恐惧症的诊断标准是：

（1）由于特定事物或情境出现或想象出现过度的或不合理的、显著而持续的恐惧。

（2）暴露于恐惧性刺激环境中立刻会引起焦虑反应，表现出一种仅限于此情境或由此情境所诱发的恐慌发作形式。

（3）患者认识到这种恐惧是不合理的，但却无能为力，希望能摆脱这种状况，但却无法逃脱自己的这种认知模式。

（4）这种因恐怖所产生的痛苦烦恼，会显著影响个人日常生活、工作学习、社交活动与人际关系，恐惧带给患者的烦恼痛苦不堪，严重影响自己的工作与学习。

（5）这种与特定事物或情境相关的焦虑、恐慌发作或对恐惧的回避，不可归于其他精神障碍，并没有明确的病因，只是一种认识障碍与情绪反应。

特定对象恐惧症，又称为单一恐惧症，是指对某一特定环境或特定物体的恐惧，如怕接近某种场合或动物等。单一恐惧症多由某些不良刺激引起，一般比较容易治愈，但有部分患者在消除了对某一物体的恐惧后，又出现新的恐惧对象。单一恐惧症具有如下特点：

（1）对某些客体或处境有强烈恐惧，恐惧的程度与实际危险不相称。

（2）有反复或持续的回避行为。

（3）发作时有焦虑和自主神经症状。

（4）知道恐惧过分或不必要，但无法控制。

对于特定对象恐惧症产生的原因也有相对科学的标准。很久以来，学界一致认为绝大多数恐惧症是由于过去一件非同寻常的创伤性事件所造成的。例如，一个人如果有过去被狗咬过的经历，那么他就会产生对狗的恐惧。但这只是导致恐惧症产生的一个原因，此外专家还罗列出了其他三种可能产生的原因：对在某种特定情况下的虚假警戒的反应经历；看到别人极度恐慌的经历的一种情感共鸣；被别人告知的恐惧经历。另外，要产生恐惧症，我们还要有产生焦虑情绪的易感性，为这些共同性事件可能再次发生而感到焦虑。此外还有学者从文化的角度对恐惧产生的原因进行了解读，社会和文化因素对于一个人最终是否发展成为特定对象恐惧症来说也具有非常重要的决定因素。在一项研究中，一个更男性化的女孩子比一个女性化的女孩恐惧心理产生要少得多，这就体现出了社会的性别角色作用。

尽管恐惧症的发生过程非常复杂，并且让人产生恐惧的事物也是多种多样，但是它的治疗的主要方式却非常单一。就是让患者有节奏地去慢慢接触让自己感到恐惧的事物，通过增加经历的次数，让自己逐渐熟悉这种事物，从而消除对这种事物的恐惧。几乎所有人都同意应该接受持续的、有层次的暴露训练，但是对很多患者来说，逐步将自己暴露在所恐惧的事物环境中的暴露治疗方法，必须是在治疗者的严密监控下进行。因为想一个人单独进行暴露治疗的患者，治疗过程往往进展得太快太强，最后不得不逃之夭夭，结果反而更增加了恐惧症的严重性。

声音恐惧症

声音恐惧症，顾名思义，就是会对某种特定声音产生心理恐惧，每当听到这种特定的声音，就会产生不安的情绪，甚至会因此产生极端的行为。对于这些声音，并没有明确的唯一性。生活中最为常见的恐怕就是人们听到雷声感到恐惧，甚至有人会为此吓破了胆，有的人会对金属刮擦玻璃的声音产生反应，有些人则会对鞋子踩雪地的声音非常反感。总之当有这样的声音传入到自己耳朵中的时候，就会有不安的情绪笼罩在他们的心头。

关于声音恐惧症产生的缘由，有些人分析是因为自己听觉太过敏锐，每当听到细微的声音的时候都会引起自己强烈的变化，当突然听到一个很大的声音的时候，就会超过自己的情绪承受，因此产生恐惧的心理。也有人认为一种特定的声音是和一个人特殊的经历联系在一起的，这种声音伴随他一段特殊的经历，每当听到这种声音，就会在潜意识中唤起当初的记忆，最终让曾经的恐惧情绪完全笼罩住今天的自己。对于前一种情形，解决的办法就是让自己更多经历这些声音，让自己对声音变得不再敏锐；对于第二种情形，解决的办法就是让当事人认识两种声音的差别，认识到这种声音的产生并不与曾经的遭遇一致，当他越来越熟悉这种声音的时候，也就渐渐能摆脱这种对声音的恐惧。对于这种情况的经历和处理，则有很多相关文字的记载。

一对夫妇在洞房花烛夜的时候，一个闹洞房的恶作剧使新娘从此落下惊恐的病根。"无论哪里，只要一响，就见她，扑通一下

重口味心理学大全

就躺那儿，完全人事不知了。"

从医学的角度看，新娘对这种大一点的响声感到异常恐惧，并伴有昏倒症状，可以诊断为"声音恐惧症"，简称为"恐音症"。相似的情形在古代的文献中早有记载，并且清晰地记载了治疗这种疾病的方法。在古籍《儒门事亲》中曾记述了这样一个病案："卫德新妻，旅中宿于楼下，夜遇盗劫人烧舍，惊堕于床下。自此后每闻有响，则惊倒不知人事。家人皆蹑足而行，莫敢冒触有声，经岁余不痊。诸医作心病治之，人参珍珠及定志丸，皆无效。戴人见而断之曰：'惊为阳，从外入；恐为阴，从内出。惊者，为自不知故也；恐者，自知也。足少阳胆经属肝木，胆者，敢也，惊怕则胆伤矣'。乃命二女执其两手，按高椅上，面前置一小几。戴人曰：'娘子当视此物。'一木猛击之，妇大惊。戴人曰：'我以木击几，何以惊乎？'伺少定击之，惊则缓。又斯须，连击三、五。又换以杖击门，遣人划背后之窗。徐徐惊定而笑曰：'是何治法？'戴人曰：《内经》云：惊者平之，平者常也。平常见之必无惊。是夜使人击其门窗，自夕达曙。夫惊者，神上越也。从下击几，使之下视，所以收神也。一、二日，闻雷亦不惊也。'"

故事中所描述的内容与刚开始的那位新婚妻子有着异曲同工的相似，同样是故事的女主人公，同样是因为一段经历，同样是最终不能摆脱的恐惧情绪。看来，这些女人最害怕的不是听到这些声音，而是害怕这些声音所唤起的曾经经历。这种"习以平之"的治疗方法其实与西方心理学中"系统脱敏疗法"有着不谋而合的相似。系统脱敏法利用的是交互抑制原理和消退原理来达到治疗目的，也就是说我们可以通过引出机体的一种反应而抑制另一种反应的出现，例如通过肌肉放松状态去抵抗由恐惧引起的心率和呼吸增加。

系统脱敏疗法，又称交互抑制法，是由美国学者沃尔帕创立和发展的。该方法主要是诱导求治者缓慢地暴露出导致神经症焦虑、恐惧的情境，并通过心理放松状态来对抗这种焦虑，从而达到消除焦虑或恐惧的目的。如果一个刺激所引起的焦虑或恐怖状态在求治者所能忍受的范围之内，经过多次反复的呈现，他便不再会对该刺激感到焦虑和恐怖，治疗目标也就达到了。这就是系统脱敏疗法的治疗原理。

前面的故事中，医生让两个人拉着患者的手，又让当事人"下视收神，以安神志"，然后用木棒敲击面前的小木凳，当患者惊恐不安时，医生就告诉她："我是用木棒敲小木凳，你怕什么呢？"当事人的情绪慢慢地安静下来后，又再敲木凳，这样让声音的刺激与继后的放松状态多次结合。

治疗时一般从能引起个体较低程度的恐惧的刺激物开始，一旦某一刺激不会再引起患者恐惧的反应时，治疗者便可向患者呈现另一个比前一刺激略强一点的刺激。连续呈现，患者便不再会对该刺激感到恐惧了。在本病案中首先从木棒轻微地敲击小木凳开始，连续敲打了三五次，患者可以接受了，接着让人用木棒击门，最后叫人在夜里不断地敲打门窗，直到患者对此不再产生反应，可以安然入睡。明白这种道理之后，对于刚开始那位新婚妻子，我们也可以采取相似的方法去治疗她对声音的恐惧。让她更多去经历这种声音，并让她明白这种声音和当初的经历无关，寻找出两者之间的区别之后，这样才能渐渐从这种声音的恐惧中逃脱出来。

其实在我们的生活中，都曾有过相似的经历，在每个人小的时候，都会对打雷产生害怕，但是当我们长大后对这种声音渐渐就会不再具有这种恐惧的感觉。对待声音恐惧症的治疗遵循的也是同样的原理，让自己更多去经历这种声音，并认知到声音产生的原理与差异，这样才能消除对它的恐惧，直到最终自己完全能够对它熟视无睹。

恐高症

恐高症又称畏高症。据调查，现代都市人中有91%的人出现过恐高症状。其中大约有10%的人属于临床性恐高，这些人每时每刻都想方设法避免恐高症的发生，他们不敢乘电梯，不敢站在阳台上，甚至连4楼的高度也受不了，这就更不用说让他们去坐飞机了。

在深圳飞往南昌的航班上曾经发生过一起因旅客恐高而拖延飞机航班的事件。这次航班上上来3名青年男子，坐在了后排座位上，其中一名男子神情看上去非常紧张，面色苍白，两手不停颤抖。乘务员发现这一情况后，急忙过来问候。这时他旁边的青年解释说他有恐高症，害怕坐飞机。该乘务员了解情况后，让他坐在靠走廊位置，并告诉他不要看窗外，放松心情，系好安全带即可。劝说之后，该男子终于平静下来。

所有旅客都上飞机之后，飞机舱门关闭，滑上跑道准备起飞，就在这时该男子突然情绪失控，嘴里惊慌地嚷着："不行了，不行了，我头痛，我害怕，我要下飞机……"空警到来后赶忙制止，此时他的同伴也来拉他坐回原位。但他已无法自制，强烈要求立刻下飞机。乘务长得知情况后也赶来劝该男子保持冷静，并鼓励他战胜自己的恐惧。但该旅客情绪已经崩溃，带着哭腔说他实在不敢坐飞机，一定要下飞机。乘务长告诉对方，一旦中途下飞机，按照民航规定，为排除其遗留危险物品在航班上的可能，全部旅客都要重新下飞机再次接受检查，整个航班将延误近一个小时。该男子听后非常自责，说他也不想因此影响了大家乘机，但他实在对飞上天感到恐惧。乘务长把情况报告给机长后，机长经过慎重考虑，同意该男子下机，他的同伴也一起陪他下了飞机。

随后，飞机上剩下的百余名旅客重新下飞机过安检，同时飞机货舱中的100多件货物与行李也都被卸下重新进行安全检查，航班被迫延误45分钟。乘务长事后表示，本来这起事件是可以避免的，这名男子的状况不适合乘机，但两名同伴热心过度，非得要拉他"练胆"，结果"练胆"不成，反而诱发了他恐高症的加重，以致最终情绪失控。希望其他旅客吸取教训，类似的情况不再重演。

这位乘客就属于典型的恐高症患者，害怕自己处在高空的感觉，虽然他同意与自己的朋友进行这样的"练胆"，但最终就在飞机起飞的一刹那，他的情绪完全崩溃，最终依然没能跨越恐高这道门槛。正如我们上面所说到的"脱敏疗法"或"暴露疗法"，把他放在最极限的高度，让他能摆脱这种对高度的恐惧。不过他们的不足之处就是在于行动采取的速度，他们"瞬间"就让朋友完全暴露在了最危险的状态之中，完全忽略了朋友内心的承受，也遗忘了应该让他有一个过度阶段，最终克服恐高症的初衷没有达成，还给周围的乘客带来更多不便。

对于恐高症产生的原因，专家已有全面而深入的分析。他们指出，恐高症患者在高空产生的眩晕首先与视觉信息缺乏有关。当一个人身处高处，往下看时往往会一片模糊，景象大幅度缩小，变得遥不可及，跟平日的视像大相径庭，这时他的视觉信息就会大大减少，就会失去平衡。再加上人站在高处的时候，眼睛无法在水平位置找到实物作为水平运动参照，因此人体平衡系统会崩溃，继而出现类似晕车晕浪那样的眩晕。还有科学家指出，"视觉流场"也是恐高症产生的一个重要因素。当人们站在一条笔直公路上，公路是看不到头的，但这时人不大会害怕，因为人与这个视觉流场成直角。但当人站在大厦边缘时，尽管也是一望无际，但人跟视觉流场并非成直角，感觉自己被地心吸力吸进去了，所以会产生恐惧的感受。

还有学者的研究表明，现代人的恐高症状与当今社会发展形态有密切关系。现代生活方式的转变，使人们定向障碍越来越严重，眩晕因此也变得更普遍。大型购物中心、超级市场和摩天大楼随处可见。因为眼前事物应接不暇的变化，最终使人们的不舒适感逐渐增强，而恐高的基本症状就是眩晕、恶心、食欲不振。城市中高楼越来越多，无论白昼都强烈反光的建筑物玻璃幕墙，在现代化都市氛围越来越浓的背后，随之而来的是恐高症患者越来越多。

恐高症是恐惧症之中的单纯恐惧症。如果对人工作和生活影响不大，一般也不需要治疗。如果一定要治疗的话，有4种方法可以选择。

1. 系统脱敏疗法

让患者自己学会系统脱敏法进行自我治疗。目的在于消除恐惧刺激物和恐惧反应的条件联系，并对抗回避反应。主要使用的方法就是默想，默想引起恐惧的事物或情境，以此代替引起恐惧的实际事物或情境的呈现或展示。具体过程为：首先将引起恐惧的事物或情境根据强烈程度分级。然后，舒适的沙发上，微闭双眼，想象其中的最弱刺激，同时放松全身，直到恐惧感接近消失。最后，由低到高逐级想象引起较强、更恐怖的较严重、更严重刺激，同时配合肌肉放松，以逐渐增强对恐惧刺激的耐受性，直至恐惧反应完全消失为止。

2. 暴露疗法

暴露疗法又称满灌疗法。它鼓励求治者直接接触引致恐惧焦虑的情景，坚持到紧张感觉消失的一种快速行为治疗。行为治疗专家马克斯对这种满灌疗法进行了更进一步的解释："冲击越突然，时间越长，患者情绪反应越强烈，这才能被称之为满灌。迅速向患者呈现让他害怕的刺激，并坚持到他对此刺激习以为常，是不同形式的满灌技术的共同特征。"治疗一开始要想方设法让求治者进入最使他恐惧的情境中，一般可采用想象，或者心理医生在旁边反复描述场景细节，或者使用录像、幻灯片放映以加深印象为手段。在反复的恐惧刺激下，求治者出现心跳加快、呼吸困难、四肢发冷等神经反应，但此时却明确告诉求治者最担心的灾难并没有发生，此时反应也就相应消退。或者把求治者直接带入真实情境，经过实际体验，使其觉得没有导致什么了不起的后果，恐惧症状自然也就慢慢消除。"习能镇惊"是满灌疗法治疗的要诀。有报道称，即使病程超过20年的恐惧症，经过3~15次满灌治疗，也有治愈的希望。

3. 催眠疗法

催眠疗法，是指用催眠的方法使求治者的意识范围变得极度狭窄，借助暗示性语言，以消除病理心理和躯体障碍的一种心理治疗方法。通过催眠方法，将人诱导进入一种特殊的意识状态，将医生的言语或动作整合入患者的思维和情感，从而产生治疗效果。催眠可以很好地推动人潜在的能力，现在一些心理治疗的方法是使用催眠来治疗人的一些心理疾病，如强迫症、忧郁症、坏习惯、情绪问题等。

曾有催眠师通过催眠消除恐高症的成功案例，使用的方法是让患者进入催眠状态，让他感受到身处高空的感觉，同时进行积极的心理暗示，最终让患者成功克服自己对高空的恐惧。

4. 多运动，保持健康的体魄，令平衡系统高效率工作

成长期的儿童可以通过走独木桥、翻筋斗、跳跃、转圈等训练身体定向能力。成人也不应放弃这类活动，通过避免定向障碍，达到克服恐高症的目的。我们终日坐着不动，眼睛只盯着电脑，人体的平衡功能就会逐渐衰退。但如果触发眩晕的刺激性活动不断重复，大脑就会开始调整适应，定向障碍便会渐渐改善。如果一个人发现自己有轻微后天恐高症状，不妨多挑战一下自己，通过攀高俯视等行为，让自己的状况有所改善。此外，最简便的解决办法是闭上一只眼睛，让身体依靠肌肉保持平衡，但不要闭上

双眼，因为眼前一片漆黑，内心会更胆怯、更恐惧。

总而言之，恐高是很多人都曾经历的一种情形。它是一种人体本能和自我保护的反应，完全没有必要因为恐高而产生自卑的意识。如果因为恐高而严重影响自己生活与工作的话，那么可以进行适当的物理练习或者治疗来摆脱这种内心的恐惧。

疾病恐惧症

疾病恐惧症是神经质症中患病率较高的一种。疾病恐惧患者，总认为自己患有某种疾病，反复地就医检查，最终却没有任何结果，但患者却顽固地认为自己患了某种疾病，坚决要求接受治疗。还有的患者已知道自己现在没有病，却坚信将来一定会得这种病，因此使得日常生活负担极重。一般自认为所患的疾病有结核、精神病、麻风、癌、性病、胃肠病、急性传染病、高血压、心脏病等。

一般对于疾病恐惧症患者实施的是支持性心理疗法：向患者提供必要知识、鼓励，以提高患者的自信心，给患者以指导，提供如何对待疾病以及处理好各种关系和改善社会生活环境的方法。治疗必须在病人详细倾诉后，在对躯体进行详细检查与一定的实验室检查之后进行。一方面可使治疗者自己心中有数，另一方面也可以示慎重，可以博取病人更多的信任。再次，在对病人进行解释时，必须要有科学性，有事实根据，从而使病人理解和信服，才能产生最好的治疗效果。总之，疾病恐惧症大多是由心理因素引起的，因此在治疗的时候，医生一般会以心理治疗为主，对患者进行心理辅导，帮助患者正确认识疾病，摆脱恐惧的纠缠。

1. 癌症恐惧症

癌症恐惧恐怕是最常见的一种疾病恐惧，又称恐癌症，就是对癌症产生了恐惧心理和行为。对癌症产生恐惧的人，有的是在患癌症之后，有的则是自己周围的家人或朋友得癌症之后。

王军今年 21 岁，是一名大学三年级的学生。父亲是名乡村医生，母亲是家庭妇女。早期生活无忧无虑，家境相对富裕，自我要求甚高。性格内向，个性敏感多疑，自我保护和心理防御意识较强。王军对"细菌"的概念非常敏感，并且总是把细菌与"癌症"联系起来认识。平时别人一提癌症，或在书上看到有关癌症内容，心里就不自在，想要赶紧逃离。在生活中特别害怕"脏"，总是怀疑物体上会有细菌，平时洗脸要花很长时间，每次洗手要求自己洗 20 下以上，总是感觉有细菌在上面，内心非常难受。

经过医师会诊后，认为王军得了疾病恐惧症。

当事人明知"癌"不会传染，也不会对自己构成威胁，但仍然产生恐惧情绪和回避反应。认识清楚问题之后，有针对性地采取了精神分析疗法中的"践悟技术"，引导当事人从潜意识层面深刻分析自我及自我所面临的问题，使当事人领悟到自己对癌的恐惧反应是自我强迫的结果，进而促使当事人勇敢地面对和积极解决自我面临的问题。其后又进行了"系统脱敏"和"思维阻断"训练。为患者提供了一个详细的行为训练计划，其中包括：4 周的暴露训练；4 周的反应阻止训练；家庭作业和自我管理内容要求。让患者接受一个"手脏"，把一块带有"细菌"的纱布放进患者手里，要求暴露一小时，在患者体验焦虑期间不允许洗手，并要求患者每 10 分钟报告一次焦虑感受，直到患者不再有明显焦虑，才允许患者洗手。当事人在接受一小时的暴露治疗过程中，配合使用思维阻断技术，阻断当事人的关系联想，减缓焦虑感受，延长暴露时间。通过认知分析还发现，当事人的非理性观念主要有 3 种表现形式：（1）他认为一切"脏"的东西都有可能存在"癌病菌"；（2）绝对控制，我必须控制自己每次洗手要在 20 下以上，一旦失去控制就意味着灾难；（3）自主思维。凡是与癌有关的东西，都会令自己感到不舒服、恐慌。对此，有针对性地帮助当事人消除原有非理性观念，建立合理的、理性观念，帮助他树立了以下观念:(1)意识不能决定物质,必须勇敢面对现实;(2)自己可以坦然承担"灾难"结果;(3)行动改变感受,与其关注症状倒不如为所当为,主动采取积极行动。

接受治疗一个月后,当事人的焦虑、恐惧情绪明显有所减缓。从第二个月开始,治疗改为每周一次,咨询内容以人格辅导和家庭作业、自我管理为主。3个月后,当事人癌恐惧的回避行为和强迫行为基本消失。一个学期后追踪调查,当事人已完全恢复,情况稳定。

2.性病恐惧症

在疾病恐惧中,性病恐惧也是一种较为常见的情形。

有位学生,听说高中入学考试要检查身体,同时也要检查生殖器,便极其害怕自己患上性病,甚至对使用公共厕所这种事情也感到非常可怕。即使在自己家里上厕所时,也要事先极其认真地把手洗干净。在这个学生的上学途中会经过一家性病医院,每次路过那里他便害怕得要命,最后宁愿绕道走很远的路,也不愿意从这家医院门口经过。

另外还有位梅毒病恐惧患者,自己读了各种医学书之后,便坚信自己患有梅毒病,反复几次做了血液检查,都没有发现自己有任何问题。患者还是不放心,听说脑脊液检查是最准确的,又忍住疼痛做了检查,结果仍是正常。尽管如此,这位患者仍对自己患有梅毒病坚信不疑。

性病恐惧症病人常常有一定的临床表现,如注意力不集中、记忆力衰退、情绪烦躁、失眠,感觉泌尿、生殖器不适。还往往把身上一些其他原因导致的各种皮疹,如毛囊炎、淋巴结肿大归结为性病表现,但经过化验或泌尿系统B超检查,均未发现生殖系统有任何感染或病变。性病恐惧症多见于两种人,一种是曾发生过不正当两性关系,或曾感染过性传播疾病但已治愈。他们害怕留下后遗症,不适当地夸大治疗后的不适;一种是并无不洁性交史，有的甚至从未有过性行为，但由于他们受一些传闻或江湖游医的影响，便盲目地将自己身体的一些症状与性病症状相联系，从而无端地猜疑自己已患了性病而惊恐不已。

性病恐惧症的治疗除对有生殖系统炎症的患者进行处理外，还应对患者进行有关性病知识的普及，耐心地解释、教育和心理疏导，使他们消除顾虑。通常采用的治疗方法有行为治疗法、辅助治疗法，另外，在某些情况下，药物的暗示疗法也不失为行之有效的治疗方法。医生和患者之间只有默契配合，驱除性病恐惧症就不是太难的事。

3. 艾滋病恐惧症

在疾病恐惧中，艾滋病恐惧症也是一种较为常见，并且对社会影响广泛的一种心理疾病。

艾滋病恐惧症简称恐艾症，是一种对艾滋病的强烈恐惧，并伴随焦虑、抑郁、强迫、疑病等多种心理症状和行为异常的心理障碍。患者常常怀疑自己感染了艾滋病病毒，或者非常害怕感染艾滋病。

王大力是公司职员，有次和客户一起洗桑拿，用了那里的毛巾。第二天就开始怀疑自己用的毛巾会不会被有艾滋病的人用过，自己会不会因此感染艾滋。接下来的两个星期都是在惊慌和忧虑中度过，终于忍不住到医院检测，结果是阴性。但他不能相信，在接下来的 3 个月时间里在不同医院检查了 2 次，结果都是阴性。他自己在网上查了很多关于艾滋病的资料，越看自己情况越严重。在过去的两年里一共进行了 12 次 HIV 检测。自己的情况丝毫没有好转，反而更加多疑和焦虑，最终只能接受心理治疗。

2011 年，网络上有消息传出，内地近年爆发的一种被患者自称为"阴性艾滋病"的神秘病毒，可通过唾液和血液传播，感染途径与艾滋病相似。报道一出，网络引起轩然大波。据港媒报道，感染"阴滋病"后，会出现淋巴肿胀、皮下出血、舌苔生绒毛等症状，更可怕的是无法根治，而且连传染病专家亦对该病毒毫无头绪，但病毒却不断扩散，现至少有6个省市发现该病毒，患者多达数千人。

此事最终引起卫生部高度关注，并已在广东、湖南、浙江等6省市进行流行病学调查，6省市检测数据也已全部上报，卫生部已经就此事统一发布调查结果并辟谣认为属于恐艾症状。

"艾滋病恐惧症"是一种与艾滋病有关的神经症，伴随艾滋病发病人数的增多，有越来越多的人加入到了这种恐艾的队伍当中。他们常常错误地把心理恐惧所引起的一些自主神经症状认定为艾滋病的症状，每次看医生后，在阴性检查结果和医生细致解释后，心理负担可得到暂时的解脱。但没过多久，新的疑虑会再次产生，使其不得不再次到医院要求检查。

对于恐艾症的治疗主要以心理治疗为主，第一是调整患者认知，让患者对艾滋病有一个正确的认知，缓解患者的心理压力，减轻忧虑和担心。第二可以用放松训练来缓解患者的恐惧焦虑情绪，让患者能从恐惧焦虑的情绪状态中解放出来。第三是转移注意力，不要让患者将注意力集中到自己身体上，因为越关注身体，那么身体上的一些轻微不适就会被无限放大，从而导致患者越来越焦虑，进入到一个恶性循环之中！

疾病是我们都应该注意和预防的内容，是一个人安全意识的体现，但是当这种担忧变成一种负担时，就会为原本健康的生活带来更多的压抑。疾病的预防是必要的措施，但是过多地在意疾病就是一种不必要的行为。

尖锐恐惧症

尖锐恐惧症属于特定物体恐惧症的一种。物体恐惧症是指在特定环境下，对某种物体产生一种异乎寻常强烈的紧张恐惧的心理体验。虽然内心明知其心理及行为不合理和荒唐，但一遇到相应的场合仍不能控制反复出现异常体验和回避反应，难以自制，甚至会严重影响正常生活和工作。像这样的尖锐恐惧症或其他物体恐惧症，实质上是一种心理障碍，通过接受必要的心理治疗，可以帮助自己克服心理障碍，从而避免危害自身健康。

尖锐恐惧症所害怕的事物是那种很尖的东西，比如：铅笔尖、圆规等有尖的东西，看到它们的时候，患者会觉得刺痛了他们的双眼，难以忍受。从原理上来说，尖锐恐惧症患之所以对尖锐物体感到恐惧，不敢接触尖端物体，是由于害怕自己或别人会受到这些物体的伤害。尖锐恐惧症的危害主要存在于以下几个方面：恐惧症患者许多有强迫性格特征或一些强迫症状；恐惧症伴有严重的焦虑；由于过分的担忧，产生许多不当的行为，最终严重影响个人的工作和生活。

陈磊一直以来，眼睛都不敢正视那些很尖锐的东西，像针头、牙签等，总是担心那些尖东西会刺到自己的眼睛里。每当看到它们的时候，都会忍不住地拿手挡在眼前。在街上的时候，怕看到那种有尖头的栅栏，削苹果的时候怕看到刀尖，就连晚上睡觉的时候都是用手蒙着眼睛入睡的。总之，只要他一想到任何尖锐的东西，就会觉得眼睛很难受，有时他甚至会想若是将来死了，自己的眼睛是不是还会这样子。这么多年了，陈磊很纳闷，为什么他的眼睛会这样，是不是自己的眼睛有疾病？

毫无疑问，陈磊所得的是尖锐恐惧症。在常人眼中的这些普通的事物，在他的眼中就变成了最为恐怖的事物。他对这些尖锐的事物如此恐惧，最终严重影响了自己的生活和工作。

对于尖锐恐惧症的治疗方法主要使用的还是系统脱敏疗法，这种方法也被称为灌满疗法。人和动物的肌肉放松状态与焦虑情绪状态，是一种对抗过程，一种状态的出现必然会对另一种状态起抑制作用。例如，在全身肌肉放松状态下的肌体，各种生理生化反应指标，如呼吸、心率、血压、肌电、皮电等生理反应指标，都会表现出同焦虑状态下完全相反的变化。这就是交互抑制作用。根据这一原理，在心理治疗时便应从能引起个体较低程度焦虑或恐惧反应的刺激物开始进行治疗。一旦某个刺激不会再引起求治者焦虑和恐惧反应，施治者便可呈现另一个比前一刺激略强一点的刺激。经过多次反复的呈现，他便不再会对该刺激感到焦虑和恐惧，治疗目标也就达到了。这就是系统脱敏疗法的治疗原理。

系统脱敏疗法一般有三个步骤：

（1）建立恐惧或焦虑等级层次；

（2）进行放松训练；

（3）要求求治者在放松的情况下，按某一恐惧或焦虑的等级层次进行脱敏治疗。

系统脱敏疗法对由明显环境因素引起的某些恐惧症、强迫症特别有效。针对尖锐恐惧症患者，让他把自己感受恐惧的尖锐事物进行分级，然后从不尖锐的事物着手，让他开始慢慢接受，伴随进程的缓缓进行，最终让他接触最为尖锐的事物，借助这样的过程，让他逐渐抵消掉对尖锐事物的恐惧。

行为恐惧症

陈华今年 22 岁，是理工学院四年级的学生。这几年的大学她的读书方式却和别人不一样，她足足两年时间里没有走进教室，书几乎全部是自己在宿舍里读完的，有时抄同学的笔记，有时则让同学给她做录音。尽管这样，她的成绩非常优秀。如今，要下工厂实习，她再也无法回避，如果没有实习分数，自己就不能毕业。不得已，咬着牙的陈华走进心理医生的诊室。

具体的情况是这样的，从她入学不久，便有一种特殊感觉，总觉得自己的身体在颤抖，这种颤抖不仅使自己烦躁，而且使其他同学也坐立不安。她始终觉得从自身的肌肉中发出微弱的颤动，有如电波一样能感染到邻桌的同学，然后再通过该同学依次地传导到全班同学身上，结果导致课堂上无声骚动，甚至连站在前面的老师也会受这种微波的冲击。每当此时，她窥视左右、前后，那些同学无不对她横眉冷视，一个个从表情上、行动上、乃至一个微笑、一个皱鼻、一抬腿，都表示对她的抗议。她为此紧张极了，于是只好躲在教室一角，战战兢兢地听课。她常常问与她坐在一起的同学：是不是感到颤动？当同学回答否时，她只是以为这位同学是不好意思揭穿，隐瞒了真相，免其尴尬。周围环境越静，她自身颤抖的体验就会越强，只有当她进入迪斯科舞厅时，她才有少许安宁，但即便在这种狂欢的时刻，她也认为，任何一个人的舞动节奏都和她肌肉的抽动节律是相关的。她勉强地坚持了3个月，就再也无法进教室和任何一个公共场合。同学们都知道她有怪脾气，但都知道她为人厚道，所以同宿舍的同学也都愿意为她办点儿力所能及的事，但几乎没有一个人知道她是个严重的心理疾病患者。

这例行为恐惧症是怎样发生的呢？在随后她所接受的心理诊疗记录中，我们也许可以寻找出其中的原因。从近期的角度去分析，是因为入学当天晚上，宿舍8个同学都不熟悉，个个背井离乡，都有难以适应的心情。陈华住在双层床的上铺翻来覆去地睡不着，另一位住在下铺的同学也睡不着，还不停地翻身叹气。她以为下面的同学是受她翻身的影响，心里感到不安，于是就尽量不动身体，平卧仰视着天花板。越不动，肌肉越紧张，最终使肌肉出现细微颤抖。由于下面的同学不停地翻身和叹气，她也就越发地自责，白天，两个人谁也不做解释，如此持续三天，她的震颤恐惧心理就形成了，一到晚上就不敢上床，直到大家都睡熟，她才悄悄爬上去……

说到这里的时候，这位行为恐惧症患者病症由来才清晰了。

少年的体验，青春的躁动，即使伴随成长，她已经忘记造成这些震颤的原因，但潜意识中还会带给她童年经历的感触。不能摆脱这种记忆，所以她才会产生对这种行为的恐惧。

认识到产生病症的原因之后，之后的治疗就成了水到渠成的事情。通过梳理意识，让她正视童年的这种经历，通过正视，让她摆脱这种记忆的纠缠。之后通过暴露疗法，让她开始逐渐接受这种震颤，感知这种震颤，并区分开两者之间的区别，通过熟悉这种行为，逐渐解除自己对这种行为的恐惧。在这种方法的治疗下，3个月之后，陈华对于这种震颤的行为变得不再那么恐惧，并且能够渐渐接受这种行为。

特定的行为恐惧都是与一个人曾经的一段经历密切相关的，只要找出这种经历，并且正视这种经历，必然最终会消除对这种经历的恐惧。

动物恐惧症

动物恐惧症，顾名思义，就是对一种特定的动物产生过分的、不合理的恐惧，并伴有回避其所惧怕的对象或情境为主要特征的神经症性障碍。他们所恐惧的动物主要有：蛇、蜘蛛、兔子、猫、狗等，动物恐惧症多起病于少儿时期，部分人进入成年后情况会有自然缓解。

关于动物恐惧症产生的原因，各派心理学家都倾注了大量精力来进行分析，想要探究恐惧症产生的病因，但至今尚未得出令人满意的答案。一些人认为恐惧症主要是悬而未决的儿童期的恋母情结，这听起来让人难以接受，但这正是精神分析学家给出的一种解释。

相比之下行为主义学派的解释更易为人所理解。他们认为，对某种动物的恐惧可来自儿童期曾有过的体验，如小孩目睹父亲遇到蛇时的惊慌表现、母亲的谆谆告诫等。另外也可通过条件反射机制获得，类似著名的实验有行为主义心理学家 Watson 曾用条件反射法使一位原来不怕兔子的儿童后来见了兔子就恐惧（后又用脱敏疗法使儿童恢复正常）。

在分析当中，环境也是一个不可忽视的因素。人们普遍认为女孩子应娇小玲珑、惹人怜爱，而缺乏对女孩子坚强、勇敢等素质的培养和强化，在这样的环境里长大，她们性格的柔弱最终会让她们更容易产生恐惧的心理。

对于有动物恐惧症的人，一般采取的方法是尽量避免与宠物接触，如果有人想要克服这种恐惧，一般采用以下三种具体方法：

（1）认识疗法。

帮助患者建立信心，指出其恐惧的原因在于缺乏认知反应。要想克服动物恐惧症，首先就必须要先知已。帮助其挖掘"怕"的根源，认识"怕"的内容，这样才能让患者正确评价自身在环境中的位置。

（2）脱敏疗法。

正如前所述，建立自己感到恐惧的等级，然后让自己逐级接触，直至最终完全消除这种恐惧。系统脱敏法较为缓和，容易为患者接受。缺点是治疗时间长，效果产生慢。

（3）暴露疗法。

暴露疗法是一种骤进型的行为治疗方法。在一定心理辅导的基础上，将患者骤然置于恐惧事物前或场所中。令其无法逃避，经过刺激后，患者并没有受到实质性恐惧对象的伤害，从而建立对恐惧对象的认识，消除恐惧心理。

动物是人类的好朋友，可是有的人一接触动物就会有害怕的感觉，这其实并不是动物有什么过错，只是我们自己在内心深处有一个埋藏的小秘密，当我们把这个秘密公布于众，并且能够正视和熟悉这些事物之后，我们也就能友好地和这些动物相处了。

第六章
我怎么就那么完美
——自恋症

我是我的"偶像"

Jason 的中文很流利，但这不意味着他已经东方了，比如他不能接受中国的餐饮方式。在一般人看来，似乎是因为洁癖，其实不然：他很在乎属于自己的刀叉，甚至在餐桌之上，他也有专属于自己、他人不得侵犯的领地。

同样近乎于洁癖，他也非常在乎自己的口腔清洁。其实在他看来，自恋是对别人的尊重。因此，他会耐心地搭配当日服饰、定期保养皮肤，对待自己的身体就像对待一辆爱车。

对别人不经意的碰触，Jason 有着本能的反感甚至是厌恶，因此他很少乘坐地铁等公共交通工具，而是雇了一个带车司机。他说："关上车门，有与世界脱离的感觉，温度、湿度、气息都是属于自己的，跟别人无关。"

当一人的自闭和自恋挂钩，他的行为会表现得更为激烈，甚至病态。拒绝社会交往、自恋亦因此成为一种本能。因为唯有在自己编织的世界里，自尊才能得到最大程度的满足。

通常自恋的人绝不会模仿别人或封别人为偶像，就算模仿别人转化为自己的有价值的东西，成为一种创新；自恋主义者往往忽视自己的缺点和别人的优点，看不到自身的不足与别人的长处，他有自己的个性，拿别人的不足来比自己的优点，越来越陷入封闭状态。

谁也不学，我行我素；以自己为崇拜对象；这些都是典型的"自恋"，在心理学上形容自我陶醉的行为或习惯。如果没到极端的情况，自恋被视为健康心理的重要元素。在心理学和精神分析学上，过度的自恋可以变成病态，或者会有严重人格分裂、不正常的表现，例如自恋人格分裂。

"自恋"这个字眼通常带有贬义，代表夸张、自满、自负、自我或自私。当用在一个社会团体的时候，它通常代表精英主义，或者对他人疾苦的冷漠或不闻不问。

"我现在越来越像一个明星了。"小海对着镜子好像在和虚空说话。

小海的自恋比较粗糙，完全颠覆了通常意义上自恋者珍视自我形象的常规。他不太在乎别人的眼神，赌神式的大背头、老式的呢子大衣、高领 T 恤、硕大的旅行背包，这些古怪的装备居然在他身上神奇的统一了。

有时候小海会在半夜起来看自己的照片或者以前的影像记录，这个习惯在家人看来很不能理解。与此对应的是，他仍然坚持自己的习惯，不屈服。很多矛盾汇聚在小海的身上，自恋这个词汇被他粉碎然后重新组合，似乎世界的中心就是自己，他自恋并且不断自我认可。

男性自恋的一个特征就是自我认可程度极端高涨。这与女性自恋不同，同样是外貌，女性因为自己天生丽质而自恋，男性则是因为自恋而倍感自己风神俊秀。

小海不只是"自我迷恋"，他还有其他重要特征，大多表现为过度自我重视、夸大、对别人缺乏同情心、对别人的评价过分敏感等。总是认为自己是特别的，生在世上就享有一种特权。

除此之外，小海对别人的议论是颇为关心的，一旦听到赞美之词，就沾沾自喜，反之，则会暴跳如雷。他对别人的才智十分妒嫉，有一种"我不好，也不让你好"的心理。在和别人相处时，他很少能设身处地理解别人的情感和需要。

对那些自恋的人进行深入研究，会发现在其内心深处常有深藏的自卑和自责心理。他们虽然表现出自命清高、超"凡"脱"俗"，但对别人的只言片语却极为在乎，而且，一旦被人击中"痛点"就会怒不可遏、暴跳如雷。他们往往只是用自尊、自重来构筑一堵自我防御的围墙，而这堵墙实际上并不牢固，一旦有外力作用，就会摇晃甚至坍塌。

因此，自恋程度越深时总会出现各种情绪困扰，如抑郁、烦恼等，并可有失眠、头痛、汗多等生理症状。对这些人应当让他们学会理智调节法。自恋人格在出现过度紧张等不良情绪时，往往会伴随出现思维狭窄现象，而思维狭窄现象出现后，又会加速不良情绪的盲目增长。

人的不良情绪强度越大，其思维就越有可能被卷入情绪的漩涡，从而发生不合逻辑、失去理智的种种反应。例如，一个人在气愤时看什么都不顺眼，因而会把气出在无辜的家人和器皿上。

关于自恋型人格障碍的成因，经典精神分析理论的解释是这样的：患者无法把自己本能的心理力量投注到外界的某一客体上，该力量滞留在内部，便形成了自恋。

现代理论认为，自恋型人格特点是"以自我为客体"。通俗地说，就是"你我不分、他我不分"。造成这种现象的原因是，患者在早年的经历中体验过人际关系上的创伤，如与父母长期分离、父母关系不和或者父母对其态度过于粗暴或过于溺爱等。有这样一些经历，使得患者觉得自己爱自己才是安全的、理所应当的。

自体心理学创始人科胡特认为，每一个个体在其婴儿期都是有自高自大、夸大倾向的，例如婴儿稍稍得不到满足就会大哭等，在婴儿的心理世界中，他或她是全能的上帝。

当这一上帝由于被父母或养育者所满足时，则获得快乐；如果不满足，则因为自己的全能感遭受挫折无法实现而暴怒。这一不被满足的情况其实是在婴儿养育中经常发生的。

自恋的人最主要特征是以自我为中心，而人生中最以自我为中心的阶段是婴儿时期。由此可见，自恋型人格障碍的行为实际上退化到了婴儿期。朱迪斯·维尔斯特在他的《必要的丧失》一书中说道："一个迷恋于摇篮的人不愿丧失童年，也就不能适应成人的世界。"

以上所显示自恋人格特征和暂时发生的自恋不同，例如某个人因为获得某种程度的成功而变得自大一段时间，我们则不能简单地视为自恋性人格障碍，尽管这两者似乎有类似。但自恋型人格障碍应该是从童年起到目前一贯的表现，而非暂时、短期的行为。

我是人群中的"焦点"

在自恋上，男人和女人的表现方式是很不同的。

公司部门经理小赵，工作能力很不错，但总是标榜与众不同，喜欢高谈阔论，有意无意夸赞自己。在朋友方面，吹嘘女士们是如何欣赏他、追求他，嘻嘻哈哈，劲头十足，但在家里人面前稍不顺心，就大吵大闹，弄得关系十分紧张。

有一天，当无意听到同事对他的评价时，他顿时觉得自己并非魅力超群，立刻萎靡不振、非常难过。然而伤心归伤心，以后他依然我行我素。

小赵的"毛病"也是较为典型的自恋情结。情感戏剧化，有时还喜欢性挑逗等，对自我价值感的夸大和缺乏对他人的客观性，这类人无根据地夸大自己的成就和才干，认为自己应当被视作"特殊人才"。

小赵说："有时候自己感觉特别像《黑客帝国》里面的史密斯

探员一样，冷酷地把自己分解成无数个，然后可以像普通人一样和他们下棋、聊天或者卡拉 OK 什么的。"

"我的自恋其实很被动。"小赵总是这样评价自己，商场如战场，下属和自己有着必要的距离。他没有朋友，也不相信朋友，在自己的世界里，他很容易被自己的成绩和生活所麻醉。据心理专家分析，小赵的自恋的形成主要源于后天的环境。但正是这一点与女性自恋不同，女性会因为打击而自卑，男性在超强的自我意识驱使下会由自我肯定转为自恋。

小赵在与人交流时又显得爱批评、固执己见、态度强硬，因为他认为优秀的人应该有优秀的判断。可见，自恋者的认知以绝对化的、非黑即白的推论、显而易见的偏见及武断的推理、概括为特征。不管别人是什么意见，很容易就推翻别人的判断或观点。

缺乏自信，自卑、自尊，常常是自恋的最初原因，因得不到欣赏而自我欣赏。心理上选择自恋的人原因有很多，有来自个人因素：如性别、容貌、情绪。也可能来自幼年，受老师、同学、朋友、制度评估等影响；更有来自文化因素、价值观、审美观的影响。如果父母的教养态度与管教方式不当，以及学校可能在有意无意间成为帮凶，都是主因。

自恋也会自伤，从表面上看，自恋型人格障碍患者处处为自己物质的和心理的利益考虑，而实际上，他的一切利益都因为自恋而受到了损害。

第一，自恋是一种对赞美成瘾的症状，为了获得赞美，自恋者会不惜一切代价。比如有人冒生命危险而求得"天下谁人不识君"的知名度，这就走向了自恋的反面——自毁、自虐。

第二，自恋是一种非理性的力量，自恋者本人无法控制它，所以就永远不可能获得内心的宁静，永远都会被无形的鞭子抽打，只知道朝前奔走，而没有一个可感可知的现实目标。

第三，自恋者也会下意识地明白，总是从别人那里获得赞美是不可能的，所以他会不自觉地限定自己的活动范围，以回避外界任何可能伤及自恋的因素。

第四，在与他人的交往中，自恋者会因为他的自私表现而丧失他最看重的东西——来自别人的赞美，这对他来说是毁灭性的打击，并且可以使其进入追求赞美——失败——更强烈地追求——更大的失败的恶性循环之中。自恋者易患抑郁症，原因就在这里。

我受不了你的缺点

小姚在自己家的公司上班，他生性豪爽，非常自信，颐指气使，难以接受批评。也难怪，在自己家族公司里他算是最年轻的一位理事了，又一表人才，但优越的条件并没有为他带来更多的幸福，相反他与女友的感情近期就又亮起了红灯。

他的感情路一直不是很顺，自己也不知道什么原因。小姚上周交往了一个女朋友，那个女生算得上美丽得不可方物，和小姚在一起算得上男才女貌，共同爱好也算契合。女生美丽，性格内向，两个人的感情一直挺好的，小姚身边的人都称赞他的女友漂亮温柔。但自从两个人看了一次通宵电影后之后，矛盾就开始来了，因为看了一晚上电影，小姚觉得女生有口臭，他觉得实在受不了，似乎女生在他眼中的美好形象一下子就毁了，两个人的矛盾迅速激化。小姚什么都要按照自己的意愿来做，别人的一点缺点都无法忍受，小姚突然觉得自己很没有眼光。

可见小姚有自恋倾向，有一种天生的优越感，只一心想从别人那里得到更多，却从未想过付出，然而，实际上却没有什么可令他自恋的资本。他的自恋有两个主要的原因，先天的性格中带来了一些优越感，但主要的是后天的环境。从小便被拿来做比较，从小"被比较"带来的后果是一心想着"超过"别人，但他的天性又不喜欢竞争，所以在被迫的情况下也就"被竞争"了。加上他的运气比较好，所以即使是"被比较"也往往略胜一筹，因而，自恋感也就慢慢形成了，但是在"被竞争，被比较"的时候也有比别人差的情况，在初中时期持续最多，所以在一定程度上又克制了他的优越感。"被比较"也还只是一个表象，最根本的原因是"爱"，从小看似被溺爱，但实际上是缺乏爱，因此长大后便渴望得到更多的爱，甚至于从自恋中感受到自己对自己的爱，但实际上是不会爱的表现。

自恋是人性中广泛存在的现象，每个人都多少有一点。但符合以上自恋型人格诊断标准的则只有极少数。每一个人都有缺点，但自恋的人的自我意识过于强烈，主观意识控制着大部分情绪，而忽视自己真正问题的存在，自身的一切问题在自恋的人看来都是免疫的。

第一，自恋的人认为自己是完美的。获得赞美已经是他们的习惯了，自身的大脑已经调频到自己是完美的状态，就算身边有很多非议的声音都不能让自恋的人得到改变。爱自己、赞美自己已经成为本能了。

第二，自恋的人认为问题在于别人。习惯性地从别人那里找缺点，通常有什么问题都会推到他人的身上，认为这样是理所应当的；自己没有一个可努力的现实目标，就算自己游手好闲也会理直气壮地说"我就是这样，我做我自己"，而他们只是不懂得在这个社会每个人都应该有为之生存的技能，才能踏实地称之为活着。

第三，自恋者受不了别人的缺点。在与他人的交往中，他脑子里所想所思全都用来赞美自己，别人的一些缺点从他眼睛里看就被无限地放大，认为自己没有眼光，并且使其进入到了失望的境地，失败的感觉油然而生。

自恋的人往往容易以自我为中心，他（她）不会为他人考虑，只想着从别人那里得到。自恋的人内心有一种优越感，觉得别人不如自己。

自恋是思想失调的一种表现。自恋会带来很多问题。第一，大多数"人格失调症"患者都具有自恋倾向，在遇到问题时不愿承担责任，而把责任归于外界；第二，自恋的人往往虚荣心比较强，他（她）会自觉或不自觉地与他人进行比较，并以此来强化自己"完美"的形象；第三，自恋会变得盲目，看不清自己，把自己的能力进行自我夸大，容易自我膨胀；第四，自恋的人往往表现欲较强，他（她）会想方设法地通过各种形式来表现自己，并渴望得到外界的认同；第五，自恋的人容忍不了别人对他（她）的批评，因此，不容易发现自身的不足，人际关系也必定带来影响等。

不同的人其产生的原因不一样，但是最根本的原因必定触及"爱"，自恋的人不会爱他人，也不会爱自己，自卑也一样，之所以自恋，有可能是受到过多的溺爱（大多数情况），也有可能是没有受到疼爱。然而，自恋和自卑实际上是相互交织的，极度自恋的人必定也极度自卑。除了后天的原因，先天的条件也会带来自恋或自卑。

自恋有时会以不可理喻甚至让人难受的方式表现出来。比如自恋者时常过分关心自己的健康，总是怀疑自己患了某种任何仪器都查不出来的病。即使在自己都认为这种怀疑是荒谬的情形下，也无法摆脱疑虑，成天惶惶不可终日。

关于自恋型人格障碍的成因，有很多的说法。一般认为是自恋的人本身的心理需要无法得到外界的某一客体关注，便形成了自恋。现代客体关系理论认为，自恋型人格障碍者的特点是"以自我为客体"，把别人当成自己的一部分，认为别人服从自己是应当的。

造成这种现象的原因有很多，如小时候与父母长期分离、家庭关系非正常这都是造成问题的关键，自小的经历让他们认为身边的人都没有安全感，需要得到更多的爱，觉得自己爱自己才不会被抛弃。

自恋的终极表现是自闭，因此，要治愈这一心理问题，首先要意识到这一问题并重视；其次，分析这个问题，寻找问题产生的原因，找到根源，面对并接受；通过不断地学习和练习，学会真正地给予，学会"以他人为中心"；当问题再次出现时，对自己进行心理暗示，并分析问题出现的原因，不断追问，反复寻找；学会自我反省、自我总结。治愈自恋，最重要的是要学会自爱。自爱是对自我成长的一种关心、尊重、责任、了解，不断地自我完善，从而更好地爱他人。

在一片沼泽地里，河马是所有动物中最美丽的一种，因为它有柔软而光滑的皮毛、纤长而细致的睫毛。最让河马骄傲的就是那只尾巴，谁都没有见过那么美丽的尾巴！尾巴的毛发是那样的浓密和细致，河马最爱把它高高地耸起来在空中摇晃。

那个时候，美丽的河马整天都坐在河水边，摆弄着它那美丽的尾巴，注视着水中自己的倒影。"我真的好漂亮啊！"每当河马看着水中的倒影时，就会发出这样的感叹。它时不时地扭动着自己的身子，变换出各种姿势，欣赏自己的倒影。"啊！谁还会有我这么光滑的皮毛、这么出色的耳朵、这么美丽的尾巴呢，我就是这个森林中最美丽的动物！"

可是，不久之后，沼泽地里发生了一场可怕的火灾。当沼泽地中浓烟不断涌出，可怕的火苗四处乱窜的时候，所有的动物都往河边逃去，只有那只自恋的河马还在欣赏水中的倒影。

它注视着水中的身影，根本没有注意到那可怕的火焰已经离它越来越近了。

它弯下身子，对着倒影说道："要是大家都能看见我这细致、浓密的睫毛，那该多好啊！"

就在这时，一个火星窜上了它那在空中不停摇摆的尾巴。

河马大叫起来："救命啊！"它来回在地上跳着，想要扑灭身上的火焰，但是火苗燃烧得更厉害了。"救命啊！"它尖叫着，"快来救救我啊，我光滑的皮毛要被烧掉了，我细致的睫毛被烧没了，我美丽的尾巴啊。"

火烧得越来越大了。它立即跳进了河水里，沉到河底，并尽可能地屏住呼吸。最后，它出来的时候，整个沼泽地都是一片焦黑。

河马筋疲力尽地坐在地上，自言自语地说："这真是太可怕了。"它又呻吟着："啊，我的皮毛现在肯定都是泥巴，我的样子一定是糟透了。"说着，它弯腰看水面上的自己。天哪！这是谁啊？那个光秃秃、满身褶皱的动物是谁啊？

可怜的河马不知道自己那美丽的外表已经被大火烧焦了。最悲惨的是，那只美丽的尾巴也不见了！

河马赶紧跳进了河里，再也不想见其他动物了。直到今天，它也只有在晚上、没有人看见它的时候才出来透透气！

爱美之心人皆有之，但是过度自恋，也许就会落得像河马那样的下场。我们要记住：美貌易逝，美德长存。没有一种外在的漂亮能敌得过时间或者灾难的摧残，但是心灵的芳香会穿越时空，永不弥散。

小何在一家外企任部门经理，算得上事业有成，但是是一个30岁还没嫁人的大龄姑娘。她性格开朗，但身边的朋友却不算多，主要是小何在跟他人相处的时候有点惟我独尊的架势，脾气又差，使她难以接受批评。也难怪，在公司里她算是最年轻的一位管理干部，她是名牌大学的高才生，前几年还取得了北大的硕士学位。她算是一位女强人，但事业的成功并没有为她带来更多的幸福，相反她与比她小两岁的同居男友的感情近期就亮起了红灯。

男友是小何在一次朋友聚会中认识的，两人是一见钟情，再加上男友比小何小两岁，事情小何做主的比较多。两个人最开始相处得很融洽，小何男友大学毕业后在一家企业担任技术干部，工作清闲，但收入较低，性格内向、较为被动。互补的性格让两个人的感情刚开始很不错，男友还经常在别人面前称赞自己的女友聪明能干，但自从两个人一年前开始同居之后，矛盾就随之而来了，虽然在叫骂声中，结婚的日子仍被定了下来，但是在买房子、装修房子的时候两个人的意见很不一致，两个人的不同观点也冒出来了。

小何什么都要按照自己的意愿来做，男友的意见是一点点也听不进去，小何还怪男友没眼光、没主见，她男友开始选择忍气吞声，后来实在忍受不了，男友也开始数落小何霸道、盛气凌人，双方各不相让。小何脾气暴躁，有一次还动手打人，煽了男友一记耳光，两个人的感情迅即破裂，原定好的婚期取消了，喜帖都发出去了，小何不知如何是好。

从以上案例我们可以看出，女方的性格较为强悍，过分自信，有种高高在上的女王的架势，像要的不是男友而是男仆的感觉，又难以接受批评，是个典型的自恋人格。是性格使然，还可能会是一种职业病，在单位是她说了算，在家里也照样是一家之长，男友也得一切听她的，这是一种失衡型的关系。阴盛阳衰型的关系，处于劣势的男方往往要承受来自自身的心理压力和来自外界的社会压力。

男方往往习惯于现实社会里面的男强女弱的传统婚姻模式，一旦位置颠倒，男方会觉得自己不是个男子汉，在别人面前抬不起头来，社会上的世俗眼光也会将一切成果归功于处于强势的女方，使得男方更是无地自容，心理严重失衡。

另外女方的强悍的态度更是催化剂，处于强势的女方往往不能注意到别人的情绪，在家庭里对另外一方造成压迫。有压迫就有反抗，所以更多的男人采用非常不理性的态度主动去破坏婚姻，甚至提出离婚。

人格障碍与神经基调的遗传有关，同时也与后天的成长背景有关。人格障碍对婚姻的危害是很大的，所谓相爱容易相处难，很多是这方面的问题。可见这种问题也是很普遍的，应该及早干预，重新塑造和谐的家庭关系。

他们为什么会成为自恋的人

小军其貌不扬，只能算得上白皙，却自比潘安，整天弄得油头粉面的在办公室里招摇。如果女同事多看他两眼，他就觉得对他有意思；多跟他说两句话，他就觉得人家在跟他套瓷。

一次两个女同事起了一点误会，两人闹得有些不开心，刚好小军在场。没想到，第二天此君就四处传播两个女同事为了他争风吃醋闹翻了的谣言。搞得两个女同事当场说"自我感觉也太好了一点吧"。从此以后，看到小军有多远离多远。

自从网络有了微博，小军就不断将一些自己的照片和文字贴上去，这可以理解，只不过平时在生活里可能不好意思表现出来，大部分人也就在网上自恋一点，回归生活时却是另一种谦和的状态。小军却不是如此，他常常找各种机会让朋友在网络上给出评价，这样给身边的朋友带来了不少困扰。

自恋的人需要一种自我赞美，包括幻想和行为上漫延的无所不能的模式，缺乏与他人产生共同情绪的能力。自恋开始于成年的早期，并一直持续。夸大成就和天赋，在没有相应的成就下，期待被看作最优秀的。

自恋的人容易被无限制的成功、权力、才气、美丽或理想爱情的幻想所迷惑。

自恋的人往往更相信自己是特别的和唯一的，并相信自己只能被同样特别的或高地位的人所理解。自恋的人常常忌妒他人或相信其他人忌妒自己，表现出高傲自大的行为态度。

自恋分成两种，一种是外向型的，一种是内秀型的。相比之下，身边更多的自恋者属于内秀型。

自恋的人固守着无瑕疵或强大的外表形象的重要性，有如水仙爱慕自己的倒影而在水边生根一样。一旦无瑕的形象不存在，不如别人的核心信念就会被激活。自恋个体常常表现为自尊受损，在自尊受到威胁时，常常反应强烈。

A小姐刚进公司的时候，她作为新人，可能还有所顾忌，只是偶尔会拿出随身携带的小镜子照照，后来间隔时间逐渐由一小时提升到半小时，并伴有自我感叹，甚至开会时她也会忍不住自我欣赏一番，然后露出满意的微笑。

身边的同事已到了每次看到她照镜子都感觉浑身不舒服的地步。这种生理上的不舒服也就算了，A小姐还善于精神折磨，跟别人说话，总是变着法子贬低别人、抬高自己。从未听到她表扬过别人，哪怕离她十万八千里的女明星们，她也要用嘴把她们贬到自己脚下。

大家都觉得跟A小姐不太好相处，眼看着她的自恋情结日益表露。好在今年办公室来了一个自恋的同事，他与A小姐在一起可谓沟通顺畅。他们活在自己的世界里，总能找到共同想要贬低的对象，并能把对方批评的话很自然地过滤掉。

A小姐非常积极地致力于强化自我夸大的信念，其实是自恋者在回避自我真实形象。其努力的目标是为了获得赞赏，表现自己的优越性，在痛苦或不被尊重时免受伤害。

面对缺陷或批评，自恋型人易变得不愉快、戒备心增强。自恋的人可能会嘲讽别人的"弱点"，或者不能忍受存在"弱点"。他或她拒绝讨论存在的问题，因为他或她认为这些问题会破坏形象且让别人看到自己的"弱点"。

有时候对待自恋者，跟他们相处的最好方法，就是自动过滤掉那些不该听的话、那些带刺的话语。

某校教新课程的女教授人长得漂亮，课又讲得好。教授姓崔，她的衣着举止总是那么优雅，她讲课的时候引经据典，语言生动而又思路清晰，同学们很快就被她吸引住了。

可惜好景不长，当华丽外表的作用逐渐减弱时，同学们开始发现崔教授的某些做法令人不快。教授上课时喜欢举例子，尤其喜欢举跟自己有关的例子，而且往往都是在夸自己如何出色，如何受欢迎。

有一次谈到美国文化时，崔教授说起自己在美国的经历，侃侃而谈，越说越投入，竟整整占了一半课时。这引起了部分学生的不满，最后他们开始敲桌子，崔教授才很不情愿地结束了这次"自我演讲"。

崔教授的这种自我中心和自我夸耀无处不在，凡是与她有关的事情都是好的、优秀的，她的家人、朋友都很优秀，她就读过的学校、工作过的地方都很不错，即使在学术研究上，她也有着明显的偏向，赞美与自己相同学术观点的专家、理论，贬低与自己观点相反的人物和理论。

有些学生不买账了，他们向教授质疑，对她提出不同的理论观点并与她在课堂上争论起来。崔教授很生气，她不喜欢别人挑战她的权威地位，认为这几个学生是故意跟她捣乱。久而久之，崔教授的课堂就"门可罗雀"了，她成了一个不受欢迎的教授。

自恋是人格中的一个核心部分，一般人的自恋并不是不正常，只有自恋过分才不正常。崔教授这种自恋过分，对自己有一种荣誉感，不合理地期望特殊的优厚待遇或希望别人自动顺从她的期望，容易遭到身边人的反感。

崔教授只是希望别人崇拜她，而这样的关系可能基于恩惠——报恩关系，常常不够亲密，时间长了就显得紧张。崔教授住在自己建构的世界中，拒绝他人的经历，有时态度过于高傲，由于自恋者的自我专注以及不断感到应得到更多的关注和欣赏，最终与他人的关系会不可避免地产生裂缝。

崔教授的自恋又叫自以为是的自我陶醉人格，强烈的自我表现欲和从他人那里获得注意与羡慕的愿望。一贯自我评价过高，自以为才华出众、能力超群，常常不现实地夸大自己的成就，倾向于极端的自我专注。

自恋者好做海阔天空的幻想，内容多是自我陶醉性的，如幻想自己成就辉煌，荣誉和享受接踵而来。权欲倾向明显，期待他人给自己以特殊的偏爱和关注，很少意识到要关心他人的行为和语言。

他们最大的痛苦，不是和别人建立不了关系——因为在他们内心没有别人的位置，而是当现实不能满足他们的自恋和控制欲的时候，他们难以面对"自我否定"，这是对他们来说最大的痛苦和打击。有一种感觉就是：一旦自己被否定，就意味着自我世界的崩溃，随之而来的恐惧和焦虑让他们手足无措甚至绝望。

在幼年的时候，他们都没有得到很好的呵护，从而和重要他人之间的关系就直接影响到个体对不同性别、不同类型的人的感受，更重要的是对自我的认识。在重要关系中感受自己"是否可爱、是否被接纳、是否安全"，如果这些都是肯定的，那么个体的关系发展将有很大的可能是健康的，如果这些都是否定的，那么个体的关系发展有很大可能将是不健康的。

在实际中，自恋的人稍不如意，就又体会到自我无价值感。他们幻想自己很有成就，自己拥有权力、聪明和美貌，遇到比他们更成功的人就会产生强烈的忌妒心。他们的自尊很脆弱，会过分关心别人的评价，要求别人持续的注意和赞美；对批评则感到内心的愤怒和羞辱，但外表以冷淡和无动于衷的反应来掩饰。

第七章
越艰险越向前的"罗密欧与朱丽叶效应"
——逆反心理

听不进的"劝说"

"大不了一死，一了百了。"某学校女生小刘说，如果不让我们在一起，我们就结束自己的生命。

身边的家长也轻声细语地劝解过，也以长者的威严义正词严地斥责过，可小刘和小张两人非但不收敛，反而堂而皇之地对父母说："我们绝不放弃！""我们绝不分手！"双方的家长甚是恼火，准备联手出击，双管齐下，以阻止这段"非正常的男女交往"。

小刘和小张一副"不达目的誓不休"的神色，父母们完全没有办法，母亲暗自为她担忧，默默地流泪。

在现实生活中，父母的干涉非但不能减弱孩子们之间的爱情，反而使之增强。父母的干涉越多、反对越强烈，孩子们相爱就越深，这种现象被心理学家称为"罗密欧与朱丽叶效应"，还是学生的小刘和小张就是这种情况。

莎翁的名著《罗密欧与朱丽叶》的故事几乎人尽皆知：罗密欧与朱丽叶相爱，但由于双方世仇，他们的爱情遭到了极力阻碍。但压迫并没有使他们分手，反而使他们爱得更深，直到殉情。

罗密欧与朱丽叶效应，又叫禁果效应，是心理学的一种人际交往效应。指有好感的异性间，受到的外界干涉越多，他们的感情就会越深。就是这种效应造就了千古奇唱梁山伯与祝英台、罗密欧与朱丽叶的爱情故事。

心理学上把这种爱情中的"越艰险越向前"的现象称为罗密欧与朱丽叶效应，即当出现干扰恋爱双方爱情关系的外在力量时，恋爱双方的情感反而会加强，恋爱关系也因此更加牢固。

为什么会出现这种现象呢？这是因为人们都有一种自主的需要，都希望自己能够独立自主，而不愿自己是被人控制的傀儡。一旦别人越权替自己做出选择，并将这种选择强加于自己时，就会感到主权受到了威胁，从而产生一种心理抗拒：排斥自己被迫选择的事物，同时更加喜欢自己被迫失去的事物。正是这种心理机制导致了罗密欧与朱丽叶的爱情故事不断地上演。

逆反心理是指人们彼此之间为了维护自尊，而对对方的要求采取相反的态度和言行的一种心理状态。这种与常理背道而驰，以反常的心理状态来显示自己的高明、非凡的行为，往往来自于逆反心理。

逆反心理以青春期发生的频率最高。小刘和小张的早恋情况，其实是青春期的逆反心理。他们希望通过自我的努力去探索其中的奥秘，所以不肯轻易接受成人的观念。

但这一时期，他们对两性关系的自我探索处于模糊状态，种种的困惑无法解除，而他们体内性能量的激增又会导致性情绪的极大波动，因此，在他们身上难免要出现逆反心理和行为。

心理学家发现，越是得不到的东西，人们就越是觉得珍贵。于是小刘的父母越是想办法不让他们在一起，越是增加了小刘对爱情的期望值和得到的期望，促使小刘更加激烈地反抗。

罗密欧与朱丽叶效应并不是说不好，最起码罗密欧和朱丽叶在受到百般阻挠的热恋中，无暇顾及罗密欧的缺点；我们要始终保持清醒的头脑，不要为了"吃不到的葡萄"摔伤了自己。"吃不到的葡萄"不一定是酸的，但是也不一定是甜的，我们要学会恰当地处理得失。

在教育过程中，许多教育者和家长都希望通过先进人物的事迹来教育激励青少年，唤起他们的热情，但结果却往往适得其反。青少年对家长提到的周围同事邻居家的同龄人学习上的先进经验和事迹反感相当的强烈，即使是平时比较内向的女生也不例外，而偏偏家长最喜欢主动和孩子谈及的话题之一就是周围同龄人的情况。

而教师比较喜欢谈及的话题则是学习如何如何好。随之而来的是学生和家长老师的矛盾激化，有一些学生会变得固执偏激，对某些事情，比如某个老师的话简单否定，这样的学生往往心胸不够宽广，固执己见，一旦认定的事实很难自我纠正，这个过程中难度比较大。

认知失调理论很好地解释了这个颇具罗曼蒂克色彩的效应。当人们被迫做出某种选择时，人们对这种选择会产生高度的心理抗拒，而这种心态会促使人们做出相反的选择，并实际上增加对自己所选择对象的喜欢。

因此，人们在选择恋爱对象时，由于人们对父母反对等恋爱阻力的心理抗拒作用，反而会使双方的感情更牢固。当这种恋爱阻力不存在时，双方却有可能分开。经历过重重阻力和生死考验的爱情，不一定能抵得住平凡生活的冲击。当爱情的阻力消失时，也许曾经苦恋的两个人反而失去了相爱的力量。

心理学家的研究还发现，越是难以得到的东西，在人们心目中的地位越高、价值越大，对人们越有吸引力；轻易得到的东西或者已经得到的东西，其价值往往会被人所忽视。

因此，当小刘处于父母超强的压力要求下，要她放弃自己的恋人的时候，由于心理抗拒的作用，小刘反而更转向自己选择的恋人，并增加对恋人的喜欢程度。

好心提醒孩子"降温了，带件衣服去学校"，孩子的回答是

"你好烦！"孩子上了初中，不像上小学时那么听话，经常会"犟头倔脑"，甚至爱顶嘴，这恐怕是所有家长的困惑。然而，这是孩子进入青春期的正常表现，如果你听到孩子频频有这样的反应，那说明他打算独立了。

与青春期的孩子沟通，不仅是一门科学，也需要技术。首先，家长应关注孩子的心理变化，少说多做。心理专家认为，12~16岁是孩子的心理断乳期，随着接触范围的扩大、知识面的增加，他们的内心世界丰富了，极易对父母产生逆反心理。此时做家长的要及时关注孩子的心理变化，凡事做"退一步"想，切不可"迎难而上"，对孩子少一些言语上的刺激，多些行动上的关怀；有时候，无声的行动反而会起到更好的效果。

其次，要想孩子之所想，急孩子之所急。在这个阶段，许多孩子自以为是，不愿与家长交流。因此，家长要关注孩子的思想动态，体谅孩子的压力；事事想在孩子的前头，学会与孩子分担。如学习上的焦躁、交往上的矛盾、懵懂的爱情困扰等，要多平心静气地与孩子交流，多一些疏导，少一些絮叨，与孩子一同应对青春路上的种种遭遇，遇到事情千万别不分青红皂白地"一言堂"。这种平等的教育理念要求家长放下身段，放下架子，推心置腹地走进孩子心里才行！

最后，多去赏识激励。青春期孩子出问题很正常，遇事家长别急躁，应沉下心去帮助孩子分析原因。多以赏识的目光看孩子，多以鼓励的语言激励孩子。这样的话，孩子还是愿意与家长沟通协商，许多棘手问题或许就可迎刃而解。否则，就容易激化矛盾，弄得一家人不开心，结果只能适得其反。

总之，与青春期的孩子交流要讲究方式方法，家长切莫一味地絮叨抱怨，要知道"润物细无声"才是教育的最高境界，"无声胜有声"才是教育的最好方法！

爱"钻牛角尖"

爱"钻牛角尖"同样是逆反心理的表现，逆反心理在人的成长过程的不同阶段都可能发生，且有多种表现。如对正面宣传做不认同、不信任的反向思考；对先进人物、榜样无端怀疑，甚至根本否定；对不良倾向持认同情感，大喝其彩；对思想教育及守则遵纪的消极、抵制、蔑视对抗等。

为什么他的任务比我的轻，工资却比我多？为什么别人都走了非要我加班？你又不是我的上司你凭什么命令我？即便是上司，你凭什么对我大嚷大叫？类似问题只要在你脑海中一闪念，那么你就已经处于"逆反"之中了。想想看，你是否有过类似的想法？

如果你有过类似的想法，那么我要对你说——请平静下来！如果你不能平静，那会怎样呢？你迟早会把这种情绪传递给对方，日子久了对方肯定也会感觉到。你可能要问，我又没有说出来，他怎么知道呢？虽然你没有说，但是你的表情、语气甚至姿态迟早会出卖你。中国有句古话叫相由心生，你的情绪肯定会写在你的脸上。人与人之间的"气场"很微妙，如果你这头不热乎，对方一定能感觉到。

我们都年轻过，都叛逆过，甚至有一段时间我们很喜欢"桀骜不驯"这四个字，并且认为这样很酷；棱角分明是个性的体现；甚至我们还总感觉"举世皆浊我独清，众人皆醉我独醒"。

如果你把这种心态带到工作中来，那就证明你还没有成熟。事情总是要做的，"逆反心理"让你在情绪上"抵触"自己要做的事，这不是和自己过不去吗？

如果对方是你的同事，他可能会说："怎么这么不配合啊，不好处，以后有事不找了！"如果对方是你的客户，他可能会想："怎么我给你钱，你还这么大架子，会不会做生意啊？"

如果对方是你的上司，他又可能会想："他怎么总是拗拗的？是不是对我有意见啊？"

　　只要有一方有这种想法，恐怕你在职场上的日子就不会好过。如果有一天，机缘巧合，三方意见统一，那你的命运就定了——被炒鱿鱼了！

　　可是有些人就是绕不过这个弯儿，他们或者觉得事情不公平，心理不平衡；或者觉得某人让他很不爽；或者觉得自己是对的，别人都是大白痴。于是，即便你非要我做这件事，我也要梗着脖子，让你知道我很不满意！

　　生活中有一个有趣的现象——凡是愿意与他人配合的人，在职场上的路会越走越宽；凡是逆反心理极强，喜欢与人作对的人，他们的路会越走越窄。因为你不喜欢别人，别人也不喜欢你；你疏远别人，别人也疏远你；在你穿上"逆反"的外衣保护自己时，你自己也正在逐渐地边缘化……

　　如果你想在职场有所建树，那么，敞开心扉吧！真诚地与人沟通，认真地做事，真心地祝福你周围的人取得成绩。当你的力量与团队拧成一股绳时，你才会觉得如鱼得水。

　　处在青春期的子女常会对家长产生逆反心理，放大到社会中，同样会对上司或是工作产生逆反心理。

　　人际交往中也经常会碰到这种逆反现象。在公司的老总说一不二，部门经理经常是面容冷峻。那么这个时候，就很容易激发人的"逆反"的心理。因此在人际交往的过程中，也有可能出现逆反的现象。

　　F君工作了好多年，现在还是一名普通的汽车销售员，F君总觉得自己的事业进展太缓慢，工作上放不开、想得多，像是钻进死胡同，感觉特别有压力！但F君总以一种消极的心理抵制、对抗工作。

　　领导给F君派了一个任务，让做这件事情他却偏愿意去做别的事情，说这事不归他管，归×××管，应该找他们。或者部门经理说，我们这个月的销售业绩要突破多少多少万元。而F却说，现在是淡季，哪有可能销售到那么多。F君总是和他拧着干、对着干，这些都是逆反现象。

F君说不管自己干什么事都觉得很累。但朋友对他的评价是，"F君没有一次不钻牛角尖"，他自己也意识到问题的存在，但却不以为然，他认为没有积极的心态也能和别人一样很轻松、很快乐地去工作、生活。

F君从小到大都有钻牛角尖的毛病，本来很简单的事情越想越复杂，思想压力就越来越大。上学的时候在学习上就死学，很简单的一道数学题他却把它想得很复杂，钻牛角尖。

有时候他也试着改善自己钻牛角尖的思维习惯，但是F君每做一件事要考虑很长时间，看看自己怎样做才不会钻牛角尖。这显然已经犯了钻牛角尖的毛病，他当然是一概不知的。

是什么心理让F君如此的纠结呢？

让我们先看一个实验，美国社会心理学家布莱姆在一个实验中，让一名被试者面临A与B两个选择，在低压力条件下，一个人告诉他"我们选择的是A"；在高压力条件下，另一个人告诉他，"我认为我们两个人都应该选择A"。

结果，低压力条件下被试实际选择A的比例为70%，而在高压力条件下，只有40%的被试者选择A。可见一种选择，如果选择是自愿的，人们会倾向于增加对所选择对象的喜欢程度，而当选择是被强迫的时候，便会降低对选择对象的好感。

逆反心理是一种单值、单向、单元、固执偏激的思维习惯，它使人无法客观地、准确地认识事物的本来面目。F君由于考虑的方案太多了，所以也不知道采用哪种方案做事是不钻牛角尖的。这样一来F君的心里就开始相互矛盾，有很多的方案的时候又总是不愿意做出选择，消极对抗，在决定去做事的时候又拿不定主意来行动！思想就开始感觉很有压力，因而采取错误的方法和途径去解决所面临的问题。逆反心理经常地、反复地呈现，就构成一种狭隘的心理定式，无论何时何地都与常理背道而驰。

然而，逆反心理在本质上与创造性的个人素质有着根本区别，它往往是孤陋寡闻、妄自尊大、偏激和头脑简单的产物。

F君却因为认真经常有思想负担，因为F君害怕认真过头反而钻牛角尖。但是怎样做即是认真而且也不钻牛角尖，F君心里也不清楚。包括卖别的东西也是，F君观察到东西的款型一样，F君猜价格一定一样。

但是F君也不敢大胆尝试他的这个想法，因为F君怕卖错了价格。他并不主动向领导反映，而是用一种消极的心理对抗。

发展心理学研究表明：在青春期，青少年的大脑发育趋于健全，脑的功能日趋发达。思维的深度和广度较以前有了很大的提高，能够对事物进行独立的批判，很多复杂的思维形式在这个时期开始形成，其中就包括逆向思维，也是F常用的"逆反"消极对抗。

F君心想，做任何事多按自己的想法来可能就不会钻牛角尖，但是又考虑到按自己的想法做，弄错了怎么办？万一款型一样的但价格其实不一样卖错了怎么办？F君不知道他的这种担心是正常的思维方式还是又钻牛角尖了？

其实举了F君的例子就是想说有一种叛逆心理是默默无闻的对抗心理，在F君做事情的过程中并不清楚自己已经在钻牛角尖了，也并没有按自己的想法去大胆尝试一下。可在此同时F君又怕按他的方式去做万一给老板赔了钱他自己得倒贴，F君心里也很矛盾。F君被这个问题困扰得都难以自拔，不知该怎样做出一个决定，才能让自己敢大胆地放开去做，而且不再去钻牛角尖，不再把事情想得那么复杂，而不至于到最后想的多了自己思想压力越来越大，甚至解决不了。

由于F君在成长阶段里思维品质的发展不够成熟，再后来成年的工作中不懂得用历史的和辩证的眼光看问题，认识上容易产生片面性，看问题易偏激，喜欢钻牛角尖，在论证不足的情况下，固执己见，走向沉默极端的"逆反"心理。F君的自尊心、虚荣心很强，但却不能正确地维护自己的尊严，因而把自己放在事情对立面上，出现了偏执的钻牛角尖，在行动上反其道而行之的逆反心理。

　　同样是"钻牛角尖"，有的人却钻出了人命。

　　5月底的一天，34岁的何某被某中级法院宣判了死刑，他当庭表示认罪。他走到这一天，竟然是由于多年前与工友的一次调班引起的。

　　何某曾在某铁路给水所工作。2002年初的一天，何某与工友韦某因调班发生矛盾，何某因此受到单位处分。何某十分气恼，不久，他伺机用药麻醉韦某，并抢走了韦某身上的钱物，但很快就被查了出来。当年8月，何某被判3年有期徒刑。

　　刑满释放后，何某到广东投靠朋友钟某。期间，钟某向何某借了一些钱，这些钱是何某向自己的大姐借来的。2008年10月，何某多次向钟某要债都没有结果，他因此也无法向大姐还钱，十分尴尬。

　　何某恼羞成怒，决定杀了钟某解恨。但他思前想后，觉得自己如今的困境都是当初和韦某闹矛盾造成的。于是他准备先回去杀了韦某，再来杀钟某。当年11月的一天，何某乘火车赶到老家，在某铁路给水所的值班房内找到铁管、菜刀、剪刀等工具，将韦某捅倒在血泊中。随后，何某用棉被盖住韦某的尸体点燃焚尸，并掠走了韦某身上的财物。6天后，警方在广东东莞将何某抓获。

　　很显然，这是一种钻牛角尖的行为，当事人所关心的已经不仅是钱的问题，而是由钱引发出来的情感仇恨。在何某成长阶段逆反心理没有得到发泄或是产生扭曲心理，思维的运用也欠成熟，对待事物的见解和观点容易偏激片面，同时在以后的成长中逐渐产生自尊心、虚荣心较强，不允许别人轻易否定自己的思维成果，把别人的否定看作是对自己尊严的强烈挑衅，对周围的人和事情很容易产生强烈的逆反。

他把注意力过于集中在这件事上，结果形成恶性循环，越想越觉得愤怒、委屈。事实上，这笔钱肯定不是当事人生活的全部，有时候现实的问题无法一下子解决，不妨转移精力暂缓一下，跳出牛角尖去关注别的事情，等再回过头来，原有的矛盾也许就没那么重要了。

偏要跟你"对着干"

在所有青少年教育的书籍里，逆反期问题都占有很大的篇章。人们对青少年的所有教育困惑，似乎都围着一个逆反期在运转，似乎只要搞好了逆反期问题，一切青少年教育的问题就都解决了。

一谈起青少年逆反期问题来，有些父母就如临大敌、谈虎色变，甚至痛不欲生，欲哭无泪，似乎逆反期是上帝安排给每个家庭的一场灾难和煎熬。

慢慢地我们就觉悟出一个惊天的秘密：逆反期这个词，压根就不是哪个伟大的心理学家或教育学家提出的科学术语，而是民间自创自发的一个词汇。

2002年9月，福清市警方接到受害者家属报案：当日下午2时23分，他家突然接到歹徒打来电话称："小陈，男，13岁，某中学初一学生，已被绑架，要求家属准备20万元人民币赎金，不准报案，否则后果自负。"

接到报警后，福清市公安局马上组织警力开展侦破工作。根据现场调查，走访群众，获悉受害者小陈于2002年9月29日晚9时许，从福清市某中学晚自习回家途中失踪。其家属经过几天几夜寻找未果，直至 10 月 7 日下午突然接到绑匪勒索电话。

警方在大量调查取证的基础上，获悉某中学初三年级学生陈某的母亲与受害者家积怨较深，且陈某近期表现十分反常，有重大作案嫌疑，同时查明陈某近期来经常与同学郭某、黄某等人在一起打电脑、玩游戏、行动诡秘。10 月 8 日下午警方决定对陈某等 5 位涉嫌人员采取收捕审查。

陈某，男，1987 年 12 月出生，初三学生；郭某，男，1987 年 5 月出生，陈某的同班同学；黄某，男，1988 年 1 月出生，是陈某的同班同学；李某，男，1987 年 6 月出生，是初三学生；杨某，男，1988 年 2 月出生，也是初三学生。据供认，他们因长期在一起玩电子游戏机而结为朋友，在学校里面是公认的坏学生，父母并没有良好的家庭教育，又正好因陈某母亲与受害者小陈母亲有积怨，经常吵架，陈某怀恨在心，伺机报复，于是犯罪嫌疑人陈某便召集郭某、黄某、杨某进行密谋寻求报复。

陈某、郭某、黄某三人在小陈回家的途中等候，将其殴打杀害后，用两轮摩托车将其尸体载到某水库，用绳子捆绑石头投入水库，然后潜回家中，并通过李某打勒索电话到受害者家中索要 20 万元人民币。最后警方通过侦查破获了此案件。

逆反心理让某些青少年长期得不到学校、家庭的信任，使他们产生无所谓的消极情绪，在没有正确理论引导的情况下，极易走上犯罪的道路。有些成人在人际问题上没有正确的榜样作用，都使孩子们觉得成年人虚伪，从而抗拒任何管束，或者是产生蓄意报复。

青少年的逆反心理在表现形式上与富有创造性的行为颇有类似之处，因此某些逆反倾向严重的青少年也常对此津津乐道，或在心理上为自己的怪异行径寻求"逆反"的根据。

如果受教育者经过比较分析之后，确认与原有的认知相悖就产生抵制，进而产生逆反心理。可见，逆反心理的实质是一种特殊的反对态度，是青少年在社会化过程中逐渐形成的一种稳定的逆向心理倾向。

大多数情况下，人们对自己行为的解释都是从内外两方面去寻找理由，当外在理由消失后，人们就会从内部去寻找依托。

中学生追求叛逆往往不是对所做的事情本身感到向往，更多的是希望事情带来的后果能让成年人吃惊。以流行文化为例，事实上我们只要仔细回忆我们自己的学生时代就会发现，每一代年轻人都是自己那个时代风行的服装发型偶像。

每一代年轻人都在选择让成年人受不了的方式挥霍自己的青春活力，当台球被社会主流认同并成为一项成人世界的高雅休闲活动的时候，年轻人自然而然地选择了放弃；当老年人把直排轮滑当作锻炼手段清晨在公园滑行的时候，滚轴也就失去了在青年人中独特的号召力；以此类推不难想象，青少年会在某个阶段，由于不正确的引导，很有可能去选择更加激进、更加让当时的成年人受不了处事方式。

青年犯罪的动机往往是出于好胜猎奇，对照模仿；其目的往往是好奇好玩或争强好胜。他们有的是简单地模仿电影电视中的某个镜头和情节，有的是模仿小说或现实社会新近发生的一些作案的犯罪伎俩，有的是同学或朋友间所谓的争强好胜，显示自我的天不怕地不怕而犯罪。

造成逆反的原因也有其自身素质不高、抵御能力差等因素。由于其分辨是非能力较差，其处世的无知性、盲目性就很难应付来自社会各方面的影响，经不起诱惑，很容易被别人拉拢、利用，或控制不住自己的情绪，义气用事，不计后果等，从而走上了犯罪的道路。陈某、郭某、黄某三人正是因报复而萌生杀害他人、进而进行勒索的念头。在这类案例中，跟暴力电影并不是毫无干系的。

在 2003 年 4 月，永嘉黄田某中学学生柳某因与同校的黄某有矛盾，便叫来徐某等将对方殴打了一顿。

柳某也因此受到学校的严厉批评处理。第二天晚上，当徐某等四人再次来到柳某的寝室里时，被闻讯赶到的值班教师发现，之后徐某等被带到黄田派出所。调查中这伙人供出了一个惊人的事实：他们曾相互间传送着一支枪！全体参战干警为此大惑不解，一伙初中生何来枪支呢？他们决心将此案查个水落石出。

原来，就读该县某某中学的徐某、厉某等人在校期间经常与当地社会上青少年组成的"十八党"团伙发生冲突。为能同他们对抗，徐某等也组建了一个名为"十三鹰"的团伙。去年下半年，柳某想买支枪去打猎，就通过朋友介绍在其叔叔张某那里，以250元购买了一支单管火药枪，后一直藏在家中。

今年2月份，徐某所在"十三鹰"在与"十八党"的对抗中败北，他们觉得如果有一支枪在手便可扭转败势。第二周，徐某等10人便筹资到黄田镇，以同学关系将柳某的那支枪购买过来，并将枪藏到家中，直到26日被公安机关查获。案情至此已初步明了，警方便立即成立专案组，连夜出战，于4月26日深夜包围制枪犯罪嫌疑人张某并将其逮捕归案。

人性在外力强制条件下很容易引起对立情绪，很可能出现反抗作用。人更愿意进行自由选择，越是限制、禁忌的东西，越显得神秘、有趣、充满诱惑，越能激发人的叛逆心和反抗性，也越发地想尝试一下。

在青少年中逆反心理尤其的突出，究其原因，主要有以下几方面：

随着商品经济的发展，当前社会的主流价值观也在悄然发生着变化，社会的主流价值取向正在逐渐转为强调自我，张扬个性。

当前，几乎所有面向青年的商品大到流行偶像、小说影视，小到文具服饰，广告商无一例外地贴上"个性"的标签，标榜自己的商品是最有个性的，只卖给最有个性的人。

叛逆已经由贬义词变为中性词，甚至在青少年眼中成为了褒义词。中学阶段的青少年处于生理和心理的特殊阶段，本身就存在逆反的基础和条件。在这种社会舆论潜移默化的影响下，当代的青少年较之其"前辈"更不容易对自己做内省的思考，也就更不容易改变自己的观点和看法，所以表现出来当代的中学生逆反心理尤其严重。

用精神分析的观点解释，进入青春期的学生强烈的自我意识使其潜意识里产生一种颠覆成人世界固有规范的冲动。他们往往对身边的老师、家长所犯的错误感到尤其的兴奋，例如在教学过程中教师的一些无关紧要的小错误，以及课间操、升旗、考试等日常的教育教学活动中出现的小错误，学生们的第一表现往往不是不满，而是兴奋，这正是这种潜意识的表现。

正是这种希望成年人犯错的心理预期使得中学生有意无意地总在日常的教育和交谈中寻找成年人的错误，或者找出相反的特例。问题累积而来就是让有些人变得固执偏激，世界观变得狭隘，看不开，想不开，就在自己是世界中，认定自己就是中心，一旦确定的事情认定，十头牛都拉不回来，这样就会对其成长产生深远的影响。

而减少逆反心理的最好方法是，对于有些问题，诸如怎样处理事情等，要做出榜样来，让他们自己去探索，切莫无原则地横加干涉。当他们遇到困惑时，要以平等的态度和他们讨论，提供积极的建议，教给他们解决问题的方法。

不少父母心中有着苦恼，孩子长大了脾气倔强，不像以前那样听话，与父母的关系变得不那么和谐，甚至十分紧张，父母为孩子做出种种安排，孩子却偏不高兴去做，喜欢顶牛，这种逆反心理的产生，有来自孩子生理和心理的内在因素，也有因为父母教育不当、不理解孩子造成的。

孩子从小学进入中学，生理上发生剧烈变化，心理上也发生着巨大的变化，表现在成人感、独立感的增强，产生认识自己、塑造自己的需要及情绪"闭锁症"等方面。少年从自己的身体变化意识到自己不再是孩子，而是大人，因而对父母的反复叮咛、包办代替感到厌烦，他们常常喜欢发表自己的意见，并且按照自己的意志行事，对父母的话不仅不太听得进去，有时还会有意无意地顶撞父母。

从心理角度来看，孩子在小学时注意力和兴趣主要集中于自身以外的世界，而到中学，他们把目光开始转向自己，从外貌、性格特点到别人难以察觉的内心世界，都要自我审视。生活中往往崇拜一些偶像，如电影明星、体育明星和歌星。小学期的儿童对父母往往无话不谈、无事不说，心中的喜怒哀乐皆可在脸上显现，到了青少年时期，随着语言能力和认识能力的提高，控制情绪的能力也大大提高，孩子开始学会如何恰当地表达情绪和控制感情，做父母的如果忽视孩子的这些生理变化，彼此之间的感情就会疏远，产生矛盾。

因此，做父母的首先要顺应孩子的生理和心理的成长，逐步改变教育方法，不要老是采用抚育婴幼儿的那种包办、监护的方式。其次，应尊重孩子的独立性，给他们一定的自主权力，与孩子谈话应平等商讨，如果孩子脾气倔强，也要耐心教育，不要用命令、训斥的口气，粗暴和强制的方法更是错误的，切忌霸道作风。最后，要做孩子的知心朋友，要了解孩子的内心世界，采取热情关怀的态度，亲切温和的语气，营造尊重理解的氛围，此时，孩子便可感受到父母是自己的知心朋友，是最可信赖的人，父母和孩子的感情才能得到交流，孩子也容易接受教育和指引。

凡是别人说的"都不听"

小菁，13岁的女生已经是第三次煤气中毒。小菁的妈妈说，煤气中毒两次后已经反复劝说小菁缩短洗澡时间、洗澡时稍微打开窗户透透气，但小菁并没有吸取教训，甚至假装洗澡时开了窗来应付爸妈。小菁妈妈分析，这可能是"逆反心理"作怪。

她的妈妈谢女士清楚记得女儿三次煤气中毒时的情况。第一次，10岁的小菁洗完澡后趴在床上一动不动，也不说话，"我问她，她才说感到有些晕，我猜她应该是煤气中毒了，赶忙把窗户打开透气"。第二次，11岁的小菁意识模糊地瘫在长凳上，头还湿漉漉地在滴水，"我当时就提醒她，一定要小心啊，煤气中毒不是开玩笑的，再来一次可能就没命了"。

那天小菁像往常一样晚上做完作业后洗澡。"她洗完之前一两分钟还隔着门和爸爸说了两句话，但开门后往客厅里走时就像喝醉酒了一样东倒西歪，然后整个人倒在地上，腿都是僵的。她爸爸吓得赶紧给她做人工呼吸。"谢女士事后发现，洗澡间的挂衣钩都被小菁弄坏了，"估计是她穿衣服时意识都不太清晰了"。

小菁入院时有脑水肿、肾出血的现象，幸好不算严重，主要是脱水治疗、高压氧治疗，10天左右就能出院。虽然煤气中毒的患儿不罕见，但像小菁这样中毒三次的却是第一次见到，反复煤气中毒、大脑缺氧，容易对智力造成损害。

既然小菁改不了洗澡时间长的习惯，父母就要求女儿小菁洗澡时必须把窗户打开小缝透气。这次出事后小菁妈妈才知道，原来每次女儿都是洗完澡才打开窗。谢女士一筹莫展地说，女儿太任性，再加上逆反心理，大人怎样劝，她都不愿听。小菁却对此并不在意。"她觉得自己挺强的，不要紧。"说到小菁的任性，父母表示自己已无计可施。

简单地说，小菁由于处于人生不稳定时期，不论性格、价值观还是人生观都处于不稳定时期，而又由于好奇心，加上自我中心心理的影响，很多情况下不会顾及他人感受以及事情的后果，不论在做事说话都可能出现偏激，甚至违背常理，对自己的言行出现的后果通常不敢承担后果。

从小菁来看，逆反心理有积极与消极之分。此刻有一种倾向，即提到逆反心理，不是认为它是好的，就是认为它是坏的，甚至认为它是一种反常心理。把逆反心理说成是一种反常心理显然是错误的，因为逆反心理是人脑对一种客观事物的正常反映，任何一个正常的社会成员都可能发生。至于评价逆反心理的好与坏，必然要视具体情形而定，抽象地谈论它的积极与消极与否是不正确的，也是没有多大意义的。其判定尺度是看某一逆反心理能否对事物进行正确反映。

两年前，小新开始沉浸在网络里，学习成绩陡然下降。初中还没有毕业便辍学。

因担心儿子整天沉迷于网吧，小新的妈妈让他照看家里的台球桌。小新把看台球桌挣的钱拿去上网。后来家里不再提供上网的钱，小新就想到了偷。6月上旬，小新偷了爸爸2000多元在网吧待了一个星期。父亲的一顿打骂对小新来说已经起不到任何作用。仅仅几天后，上网的欲望又像虫子一样噬咬着他的心。

此时，爸爸月初给奶奶生活费时说的一番话浮现出来。"爸爸说爷爷那儿有4000多块钱，当时听了也没太注意，后来就想去偷爷爷的钱。"小新说，"中午我就去爷爷家，晚上看爷爷奶奶都已经睡了就去翻，可一想怕把奶奶吵醒了，就想用菜刀把奶奶砍伤了再翻。"

睡梦中的奶奶倒在了血泊中，响声惊动了爷爷，不顾一切的小新又将菜刀砍向了他。爷爷受伤后逃出家门。小新翻箱倒柜也没有找到那4000元钱，只在奶奶兜里找到了两元钱。事后，小新的爷爷说，那是奶奶为孙子准备的早点钱。小新捏着两元钱在村口的一个洞里躲了起来。思来想去，还是投案自首了。

小新说，奶奶从小最疼爱他，有什么好吃的都惦记着他。他在看守所里最想念的就是九泉之下的奶奶。"我当时只想着拿到钱后就去网吧，根本没想后果，如果让我在上网和奶奶之间重新选择，我肯定选择奶奶。"说到这里，他痛哭流涕起来。

青少年虽年幼无知，但同样渴望人格上的独立和自立，希望能够获得平等的权力和尊重，不愿受约束，这种心理随年龄的增长有时会越来越强烈，特别是当他们具有一些不良行为而被管教时，他们轻则反感对抗，重则予以报复。

同时，许多青少年，由于他们的学习目的不同、需要不同、动机不同，在认知过程中，受每个人内部环境的不同影响，造成青少年在由知向行的转化过程中不能正确地转移到社会所要求的行动上来，因而极易产生逆反心理。

青少年时期正处于人生从幼稚走向成熟的时期。由于某些青少年在社会化进程中没有形成健全的人格，往往容易走上歧途，并且由于年轻人逞强好胜，在进行违法犯罪活动过程中，常常带有很大程度的疯狂性。

由于少年的犯罪动机往往比较简单，其目的单一，随意性强。一般地说，较少有预谋，没有经过事前的周密考虑和精心策划，常常是受到某种因素诱发和刺激，或一时的感情冲动而突然犯罪。这种突发性行为反映了未成年人情感易冲动，不善于控制自己。

小新因为家庭环境的影响，身心发展与客观环境之间是相矛盾的，随着年龄和生活环境的成长、变化，小新的心理承受能力较弱，有时难以正确对待一切事物，调节不了自己的情绪，没有能力把心理冲突平息下来。结果，挫折所带来的消极心理影响不断扩大，反控制情绪膨胀，逆反心理就会随之而来。

小新受家庭教育的影响，家庭溺爱且多为畸形，父母并不是很亲近，长期没有照顾小新，没有良好的教育，管理不善。家庭环境和家长的言行、品行及教育方法，对青少年的心理、品德、爱好和思想的影响至关重要。

父母是子女的启蒙老师。家庭的教育培养，深刻影响着子女人生观、道德观的形成，家庭教育的缺陷是子女形成不良个性的基础，潜伏着青少年走上违法犯罪道路的危机。小新正是缺少父母的教育，且其爷爷奶奶又过分溺爱，使其辍学后又沉迷上网，最终走进犯罪的深渊。

小新的出发点仅仅是为了偷钱，却造成了难以挽回的后果，这也可见青少年犯罪行为时严重的盲目性和不计后果性。

不少父母心中苦恼，孩子长大了变得越来越难以捉摸了，不像以前那样乖巧了，与父母也变得冷淡了，什么也不愿意去和父母说，甚至会连续好几天待在自己的房间里不愿意出来。这个年纪的孩子最容易让家长、老师碰壁了，似乎谁的话都听不进去，往往时间长了就和父母产生了严重的沟通障碍。

孩子从小学进入中学，身边的环境也跟之前大不一样，这个时候孩子正好处于自己的世界里面，认为大家都无法与他沟通，同样这个时候的孩子也不能合理地与外界沟通，因为他们也才刚刚进入到青少年时期，这时候的孩子看到的、想的都和之前儿童时期大不同。

逆反期这个词汇的有与没有是大不一样的，中国古代就没有逆反期这个概念，没听说古代哪个家庭的孩子到了逆反期让父母焦头烂额的。而现在社会有了逆反期这么一个词汇，人们的感觉就大不一样了。逆反期这个词汇中最害人的一个字就是"期"字，它给人们一种生理周期的感觉，使人们冥冥之中认定了孩子身体里安装了一道生理程序，到了一定年龄这个程序就会启动，一旦启动孩子就应该和父母逆反，这是天经地义的事情。

逆反期这个讹传庇护了很多糊涂的家长，使家长们找到了借口不反思、不察觉自己的教育失误，而把孩子的异常表现归为生理反应。这使得绝大部分家长们难以抓住孩子的逆反行为、找到自己的教育之道，错过了成长为好家长的时机。

孩子的成长中本没有逆反期这一说，是父母的教育不当或方法不适造成了孩子的反抗心理。换句话说，好父母养大的孩子，是根本没有逆反期的。父母们应该好好反思一下自己的行为，一心一意寻找孩子的教育之道，让孩子真正拥有幸福，而不是抓狂。

爱上自己的"倔强"

正值元旦假期，株洲醴陵七里山镇阳光正好。付女士出门送货后，梁光、梁明也溜出了家门。中午兄弟俩没回家吃中饭，付女士想肯定是去网吧了。下午因为生意忙，是小叔子去找的，当时兄弟俩正在镇上的网吧玩游戏，没有喊回来，小叔子训斥了几句就走了，叮嘱他们早点回家。然而，直到深夜，兄弟俩都没有回来。看着餐桌上的纸条，"妈妈，我们走了"，付女士哭了，随意放在卧室的钱包里少了500块钱。

她觉得，两个儿子肯定在网吧，因为此前，兄弟俩已沉迷网游4年了，每次不见人影，都会在网吧找到。骂过、打过也教育过，还写过保证书，但都没有改变，每教育一次，好了两三天，又会去网吧。几乎每天要去网吧玩几个小时，还有过两次通宵未归。

镇上只有3家网吧，当晚，付女士一家一家找，都没有两个儿子的踪影，去哪里了？她整夜未眠，第二天一大早，又发动亲朋好友分头去周边小镇的网吧找。

付女士说，周边的5个镇子都找遍了，没有人影。这一个星期，找了二十多家网吧，没有一点消息，她几乎崩溃了，"如果他们走了，我也活不下去了"，两个儿子是她的全部。

付女士父母住在湘潭长株潭大市场内，8日晚10点多，突然有敲门声，一开门发现是梁光，穿着脏兮兮的棉袄。"你弟弟呢？"外公惊喜又焦急，梁光说，弟弟担心挨骂不愿回家。梁光哭了，是弟弟偷了500块钱叫他出来上网的，钱花光了没地方去了。

原来，兄弟俩就在外公家附近一家网吧待了7天7夜打游戏，困了就睡网吧的沙发上，饿了就吃方便面。因为钱是弟弟偷的，"他不敢回来"，哥哥说。随后，家人在周边网吧继续找，没找到梁明。9日凌晨1点多，他也出现在外公家门口。

付女士赶到湘潭，抱着两个儿子痛哭。"你们不知道妈妈找得多辛苦！多担心你们！"三人抱在一起哭了。"妈妈，我以后再也不玩游戏了"，梁明说，以前每次都是玩一两个小时网游，最长一次玩了5个小时，但这次玩了7天7夜，"不想再玩了"。

付女士对儿子的话似信非信，因为他们保证书都写过两份了，她说在教育方面，"感觉自己已经尽力了"，不知道如何再教育沉迷网游的两个儿子，她很迷茫。

关注青春期孩子的情绪，小孩离家出走和网络成瘾，实际上很多现代家庭都存在这样的问题，值得重视。如何教育这类孩子？中南大学心理学博士郭平说，关键在于关注青春期孩子的情绪，真正走进孩子的内心世界。很多家长偏重于给孩子提供丰足的物质条件，却忽略精神上的交流和关爱，因管教方式不对，孩子并未能感受到这种爱。事实上，青春期孩子的情感需求已达到成人水平，他们需要父母的理解。

青春期普遍都存在逆反心理，他们的言行也是最令父母头痛的，这也不是，那也不是，动不动就发无名火。但传统的"巴掌教育法"并不管用，还可能将矛盾激化。青春期的孩子的思想正处于一个多元化发展的时期，要使他平稳地度过青春期，父母就要改善和孩子的关系，就得跟孩子平等相处，把他们当大人一样平等地对待，让他们在家里、在社会上受到尊重。但要和孩子平等相处，首先要意识到，孩子成长的过程是漫长的，不是一两个月就会有翻天覆地的变化的。所以，有些与家庭环境差异过大的方法不能一开始就使用。

有些孩子因为无法在家里获得温暖，从而寻求网络的支持和内心的寄托，在网络中获得了满足感，从而对现实产生逆反心理，与现实对抗。建议家长多和孩子沟通，花更多的时间在孩子身上，真正了解孩子的内心需求，对孩子的一些焦虑情绪进行缓解。

比如一家人本来就不太爱交流，突然父母心血来潮，召开家庭谈心会，孩子当然觉得父母的转变是不自然的，自然不愿多说，父母一着急，谈心会最后就变成了批斗会。

所以要逐步接近孩子的思想。一开始，可以在不经意中表露出对他的爱好感兴趣，比如说，看他爱看的电视节目或书、听流行音乐等，引起他注意后，就趁机向他请教一些这方面的问题。这时候孩子可能会说话尖刻，因为两代人之间本身就存在着代沟，但这是好现象，只要有交流，哪怕是争论，都可以达到相互沟通的效果。

这样，孩子有了自主权，也体验到了父母的艰辛；再比如家庭会议可以让孩子来主持，一起商量家庭的事务，家庭成员彼此交流感情。让他们真正感觉到，父母已渐渐开始承认他是个大人了。

世界的另一极

人在年轻的时候，可能会出现这种情况，就是要通过逆反向家长证明自我价值，而有时家长需要接受这个现实，最好是冷处理，过一阵子自然就会好。

青少年处于性格形成和寻找自我的时期，通过否定权威和标新立异可以在心理求得自我肯定的满足感。

青年人与社会的认同不仅是简单地采取适应社会规范的途径，还希望社会承认他的价值和地位，从而获得与社会之间的认同。因此他往往表现得偏执，好表现自己，有意采取与其他人不同的态度和行为，以引起别人的注意。

其实有很多青少年，表现为对同伴间流传的某些新鲜事物不报太大的好奇心，显得比较没有矜持，一副"没什么大不了，我早就知道了"的架势。

因为这样的表现一方面可以和周围同伴的惊讶好奇形成反差，显示自己的与众不同，并且在表达新观点的同伴面前不显得无知，从内心深处抚平心理上的落差。青少年对于身边一般意义上的教育显得比较不耐烦，特别是对有的学校空洞的形式化的教育和亲人偶尔表现出来的关心尤其反感，对这种教育往往应付，甚至消极抵抗。

在这种特定条件下，青少年的言行与当事人的主观愿望相反，产生了与常态性质相反的逆向反应，是逆反心理的典型表现。

每个人都有自我独立意识，思想上不习惯依托他人而存在，都有一种自主的需要，都希望自己能够独立，或在人群中是特别的。一旦别人越俎代庖，替自己做出选择，就算是件好事，也会让人觉得自己的权益被剥夺了，从而产生逆反的心理，于是不好的也说好，好的也被自己主观给否定了。

同时，当某事物被禁止时，最容易引起人们的求知欲，容易诱出逆反心理，尤其是在只做出禁止而又不加任何解释的情况下，浓厚的神秘色彩极易引起强烈的好奇心。而青少年的逆反心理，在长期家庭教育和学校教育的缺失下却表现得过于夸大，产生了一种在人前表现的"逆反"心理需要。即希望自己有一个与众不同的思想表明自己思想上的独立，进而表明自己人格的独立，向众人表现出一个引人注目的自我。

而急于改变成长压力的小 L，随着压力膨胀，这种叛逆的想法越来越强，而又没有找到合适有效的渠道与周围的人沟通或宣泄，这种想法最终会爆发为行动，转化为与自身的对抗。一旦这种心态构成了心理定式，就会对人的性格产生极大的影响，经常性地左右他的一举一动，成为他言行举止的一个基本特征。

因此，在他们身上，难免要出现逆反心理和行为。看不清这一点，总认为他们"不听话"，必然导致教育的失败。

第八章
对物体产生的特殊情结
——恋物癖

欲望来自"女孩的内衣和鞋子"

我们有时候想要拥有一件东西并非是一定将来需要或者现在非要使用不可，只是为了拥有它而带来的那份幸福感和满足感。但多数情况下，我们是可以理智控制为满足这种欲望而做出的行为。然而，有些人，对于这种外界的东西去唤醒和强化的幸福感、满足感是无法克制的，甚至产生了近乎疯狂的行为。

比如，有些人喜欢收集香水瓶或者其他的小玩意，他们甚至会从很多地方寻找那些被废弃烟盒的身影，因为这些对于他们来说就是价值连城的宝贝！

恋物癖，指在强烈的性欲望与性兴奋的驱使下，反复收集异性使用的物品。所恋物品均为直接与异性身体接触的东西。

恋物癖的对象有狭义和广义两种。狭义的主要指通过接触异性穿戴和使用的服装、饰品来唤起性的兴奋，获得性的满足。广义的恋物癖所恋的对象不仅仅包括异性穿戴的那些无生命的物品，还包括异性身体的某一部分，而且还包括其他与异性无关的物品。

恋物癖者以男性为多。他们对异性本身或异性的性器官没有兴趣，而把兴趣集中在异性身体接触的东西来取代正常的性活动以激起性兴奋，获得性满足。

19岁的李响，在大家的心目中一向是个品学兼优的好孩子，从小到大他的学习成绩几乎都是前三名。然而，从13岁开始他有了特殊的嗜好——喜欢女性内衣。

　　大约是在13岁时，李响从姑妈家偷到一个女人胸罩，用手摸着胸罩内的海绵，发现有种说不出的愉快感，后来放在内裤中，下身第一次有湿湿的感觉。从此，李响爱上了这种感觉。但是，由于年龄等多方面的因素，他无法通过正常的性行为满足对性的需求，便继续通过把玩胸罩进行发泄，久而久之迷恋上了女士胸罩。这种迷恋近乎于疯狂，无法控制，于是，李响为了满足自己的欲望，开始"收集"女性内衣。

　　他每当看到女性的胸罩就有一种莫名的冲动，从焦虑到徘徊，到最后不由自主地伸手去偷，从每周的一两次发展到后来的每天三四次。因为这个难以启齿的行为，他近乎没办法正常生活。

　　虽然李响知道这是一件非常丢人的事，自己也感到十分羞愧，伸手偷前总是紧张、害怕。但是，偷到后很激动，这种感觉十分美好，就像吸毒一样的上瘾，无法控制！尽管每次自己特别后悔，特别自责，有时把用完后的胸罩烧了，甚至气得撕得粉碎，并下决心改掉，但都无济于事。为此，他用刀子、铁钉扎过自己的手臂，曾经发誓如果再伸手就把自己的手指砍掉，但是在瘾来时这一切都不起作用，他依旧无法自拨。

　　这些年来，他曾经自残、甚至自杀过。由于他在欲望与懊悔中痛苦地挣扎着、纠结着，渐渐地形成了多疑内向的性格。也许是为了弥补自己这个坏习惯带来的羞愧与自卑感，李响更加努力学习，经常以全班甚至年级第一的面目出现在家长和老师同学的面前，经常得到老师的表扬。

　　然而，被掩饰的另一面终究是要被发现的。李响清楚地记得第一次偷胸罩被人发现的情景。刚上大学的他，被女同学们的内衣深深地吸引，于是开始了他的寻乐行为，想尽办法偷窃女生晾洗的内衣，每过几天女生们纷纷向管理老师反映，最近不太平，有人专偷女生胸罩。

一天，一位女同学在班级开玩笑的说，最近我们的内衣总丢，该不会是咱班同学干的吧！李响以为说自己，吓得整天不敢出门。几个星期后，感到没有人提起，慢慢又大胆起来，又开始了寻找快乐的行为。这次李响被早就戒备的女同学逮个正着。虽然在李响的再三央求下，女同学并没有告发他，但是李响的内心痛苦到了极点。

为此，他自己暗下决心，下次再偷就砍掉一个手指，结果还是伸了手。他多次用刀砍向左手。李响的左手臂上密密麻麻留下各种各样的伤口和刀痕，他说都是事后自己对自己的惩罚。

这么多年来他不敢告诉任何人，他承受着巨大的痛苦与自责，甚至躲在自己的宿舍中跪着扇自己的耳光。然而，自己的脑子里还是经常左边出现一个胸罩，右边出现一个裸体女人，慢慢合二为一，一次次让他欲罢不能。面对痛苦的折磨，他最终告诉了父母，并休学开始漫长的求医之路。

对于男性来讲，女人的内衣物的确有着很大的遐想空间，引起他们的性幻想与性兴奋也不足为奇。但是，有些物品就让人没那么好理解了，比如女人的鞋子。

某广告公司的同事们都很好奇，一向不喜欢加班的小王怎么一下变得如此勤奋了呢，总是加班到最晚。

其实王某一直为自己的怪癖而痛苦。身为一个纯爷们，不知道从什么时候起，竟然喜欢上女人的鞋子和丝袜。无论什么场合，总是忍不住盯着女人的高跟鞋去看，有时候还想去摸一摸。一次，在公司加班到最后，只剩下他一个人。他无意间发现，女同事的办公桌子下有一双女高跟鞋，本已很疲倦的王某顿时来了兴致，看四周无人，拿起把玩。想想那画面，一个男人拿着女人的高跟鞋又亲又摸，还真是有点重口味了。这种兴奋刺激的感觉让王某感到无比的快感，无法自拔的迷恋，从喜欢看转变成偷偷拿女同事的鞋子"自娱自乐"，于是便成了一个勤奋的"加班者"。

有时候，老公要是个高跟鞋恋物癖患者也有好处。黄先生就是一位高跟鞋迷恋者，来看看他的自述："我爱老婆，更爱她的高跟鞋，我经常一边擦鞋一边与高跟鞋对话。不知道从何时起，就很喜欢听高跟鞋踩在木地板上发出'嗒嗒嗒'的声音，很舒服，很悦耳。我喜欢女人穿高跟鞋，一见高跟女生从身旁经过，就有一种莫名的冲动。喜欢逛鞋店欣赏各种款式、五光十色的高跟鞋。岳母买鞋时一定带上我，因为我会拿架上的鞋为她换，免的试多了让卖鞋小姐不耐烦。来过家里的朋友常常会看到鞋柜里摆着一排排五颜六色、款式不一的高跟鞋，感慨不已，其实这只是老婆与岳母的鞋的一部分。"

我爱的是你的"假发"

其实，恋物癖者不都是喜欢女生内衣裤，还有很多人喜欢人体的某个你难以理解的部位！如脚、臀部或头发等，有时这种喜好也被称作恋体癖，只是这种迷恋不再被明确列为恋物癖的一种了。为什么呢？因为这个与正常的性唤起很难区分。

下面来看一个遭受恋体癖者折磨的受害者的经历吧。因为这是个和头发有关系的个案，暂且就叫受害者为发发女士。

发发女士到了适婚的年龄，终于找到了一个如意郎君，忙碌了一天，婚礼完美结束。人生最美好的时刻之一洞房花烛夜，等了好久等到这一刻，本应是无限美好的新生活的开始！然而，发发女士万万没有想到，等待她的却是噩梦的开始！

发发梳洗完毕，钻进了被窝翘首等待着她的新郎。丈夫过来后开始深情地拥抱发发，用手指抚弄着她的头发，抚啊抚啊……就睡着了。第二天，第三天，还是抚啊抚啊……又睡着了。

直到第四天，丈夫兴冲冲地带回来一个巨大的发套，上面有很浓密的厚厚的假发："亲爱的，戴上它！"一时间，发发血就涌上大脑，气得花枝乱颤！"好你个负心郎，我以为你是忙婚礼累的，前几夜才那样冷待人家，敢情你是和我的头发结婚的！"

　　兴头上的丈夫不理会这些，扳倒她就压在身下……随后，他又开始抚摸那个浓密的假发，深情款款。以后的日子里，只要发发一摘去假发，她在丈夫眼里的吸引力就立刻变为零。

　　没办法，深爱着对方的发发选择了屈服，整晚戴着发套，并且还要时刻关注流行趋势，因为一套假发只在两个或是三个星期内才具魔力。颜色什么的倒无所谓，重要的是头发必须又密又长。

　　新郎为什么会如此迷恋假发？让我们从他小时候讲起。"假发新郎"出生在一个温暖的家庭，并且有一位长发飘逸又很温柔善良的妈妈。儿时的"假发新郎"受到妈妈的百般疼爱和呵护。可好景不长，在其6岁那年，妈妈患了癌症，由于化疗，飘逸的长发都掉光了，因此妈妈开始带假发。半年后，病魔无情地夺走了他妈妈的生命。

　　接下来的日子里，"假发新郎"和爸爸相依为命。爸爸十分严厉，常常打骂儿时的"假发新郎"，这让他总是想起妈妈，一想到妈妈，就想起妈妈的长发。因为以前妈妈哄他时，弯着腰，瀑布一样的长发倾泻下来，不时撩着他的面颊，还散发着清香。于是他就常常抱着妈妈的假发，一边抚摸着假发，一边偷偷哭泣，想念着妈妈。

　　人都说，没妈的孩子像根草。没有了妈妈的小"假发新郎"，由于总是穿着不整洁干净，常常受到同学嘲笑和欺负，渐渐变得自卑、胆小、害羞。一次，班上的同学正在炫耀他的新鞋子，小"假发新郎"不小心踩了他一脚，结果这位同学就破口大骂，甚至要动手打他，吓得小"假发新郎"不敢回嘴，只能默默哭泣。

　　就在这时，忽然传来一个不大但很坚定的声音："住手，人家也不是有意的，你这样也太过分了，快给这位同学道歉……"一个清秀的女同学，扶起被推倒在地的小"假发新郎"。小"假发新郎"看到这个秀发从肩膀一直垂到胸口并散发着淡淡香味的女同学，不禁想起了妈妈，鼻子一阵酸楚。大脑有些混乱了，一种久违的感情占据了他的心。

是的，故事的发展和许多言情小说一样，小"假发新郎"爱上了这位英勇的长发女同学。然而，他们并没有在一起。但是，"假发新郎"把这种爱慕寄托于妈妈的假发，渐渐地，每当抚摸亲吻假发时，多是在想着这位姑娘。随着小"假发新郎"的长大发育，第一次遗精便在这种情形下发生了。伴随着这种快感，"假发新郎"对假发的情感由原本只是寄托对妈妈的思念变成一种爱恋、一种迷恋、一种性伴侣。

假发夫妇的这段婚姻的结果是，此后的 5 年时间里，他们有了两个孩子和 72 套假发。

恋物癖是性心理幼稚的表现，是一种可以纠正的性心理障碍。恋物癖往往会影响正常性爱的质量，同时可能造成不良的社会认知，所以需要治疗。

事情发生在公共汽车上，那天因车内拥挤不堪，她的头发不时被人掀动，她并未在意。当姑娘下车后，才猛然发现其秀发不见了。姑娘气愤之极，痛骂那"偷"发的无聊之辈。偷发者真是无聊所致？

"偷"发的小伙子 25 岁，未婚，姓魏，以下就称其小魏吧！

小魏是某大学的一名教师，自幼胆小，性格内向，平时话少而老实。小时候他喜欢与小女孩玩耍。当女孩哭泣时，他总是上前去安慰，并用手抚摸其头发，久而久之，他觉得这样好玩，心里特别高兴。上初中后，他经常借故接触女同学，并情不自禁地寻找机会抚摸女生头发。高中毕业后考入大学，学习成绩尚好，当看到女生秀美飘逸的长发便激动不安，常不能自制，想方设法要触摸。一旦目的达到，则觉得浑身舒服。有时接近女子时偶尔嗅到头发上的香味，他心里觉得特"爽"。在对女性头发迷恋欲望不断增强的时候，他的邪念顿生，心想要是将年轻姑娘秀发剪下来，长期珍藏，岂不美哉！既可随时取出抚摸，又可捧在手中嗅吻，不出屋就能享受女人的温情和香气。于是他曾多次携带剪刀，到人多拥挤的地方伺机剪姑娘的头发。

小魏这种癖好不是无聊的表现，也是恋发癖的一种。此症主要表现为经常、反复地收集异性头发，并将此作为性兴奋与满足的唯一手段。该癖患者绝大多数为男性。恋发癖的发病一般受社会文化环境的影响，由性心理发育异常以及对性知识缺乏、好奇和意识方面的某些问题所引起。其特征是接触女性的长发以引起性的满足，行为表现是有一股强烈的性冲动，千方百计收集女性长发，不惜冒险行窃，到手后内心方才安定，否则即有焦虑、烦躁、心神不宁的表现，自己也不知道为什么会这样做，无法克制。

恋发癖是性变态心理，多伴有轻度焦虑和抑郁，常是早年幼稚心理水平的表现，发病者年纪越小越容易纠正。后来，小魏在家人和心理医生的帮助指导下，领悟到自己的行为与情感是不符合成年人的心理与思维逻辑的，经治疗后，他最终消除了剪发的内心冲动，并过起了正常的家庭生活。

毛发恋物癖患者的形成多少与成长，与其母亲的互动经历有关。恋物症患者的性格特征通常是内向、害羞、具轻度的焦虑，从母亲或者祖母那里得到爱护使他们感受到安全感与幸福感，十分依恋她们，在与她们近身接触时，就会下意识地对这些疼爱自己的长辈女性身体的某个部位如发毛产生了深刻的记忆，甚至是对女性长辈的一种不伦爱恋，被压抑到潜意识中，这种情感就被无意转移到某个部位上去。在日后成长尤其性发育初期，再无意间接受到因此部位的毛发的性刺激，便会对女性某个部位的毛发产生了某种情结，因此而迷恋！

对男人产生魔力的"物品"

某男，35岁，因有自杀倾向被家人送入医院治疗。

医生："为什么要自杀？"该男子十分痛苦地说："太痛苦了，我真不想活了，你们不能理解我的痛苦。"医生："别急，慢慢说。"男子："也不知从哪天开始，我这个人整个就不对了，就是变态了，你知道吧，变态了，我自己都受不了我自己了，所以才想死的。"

"刚开始，在咖啡店或者饭店看到有女性用餐后留下的杯子，我就按捺不住自己，赶在被收拾之前，上去用嘴舔它一舔；玩现实版的'尾行'，在街上尾随正在吃东西的女性，守望她们吃剩吐弃扔到地上的食物，捡起来就吃。虽然事后自己也觉得自己很恶心，但是只有这样做我才能达到快感和性满足，每次看到了还是无法控制自己。"

男子越说越激动："渐渐地，这些也满足不了我的欲望了。猜猜后来我做了些什么？我开始到女澡堂门口花钱找人帮我'置货'了！"医生问："什么'货'？"男子有些害羞："就是女性洗澡时的浴水！后来，我谈了两个对象都吹了，因为每每一到关键时刻，我就不对劲！因为我对真正的女人没有兴趣，反而对她们用过的东西充满激情，我这么变态，医生我怎么这么变态。我不配当人，我应该死，你让我死吧！"

后来该男子确诊为恋物癖，转诊到心理科。

曾有个男子迷恋上女人用过的口红，一开始便偷偷拿妈妈和姐姐的口红涂抹、把玩。后来怕家人发现自己这个怪癖好，便到网上求购用过的口红，并要配上口红主人的照片，现在这个男子家中已经收集了数百支来自世界各地的二手口红。

还有人喜欢收集女人的指甲，身边的异性朋友只要指甲长了，就主动要求帮助其修剪，然后把剪下来的带回家，放在玻璃瓶里。

让男人们着迷的物品，也并非完全来自于女人或者与女人有关的物品。

曾经有报道说，有一男子的性满足主要来源于优质的汽车排气管，所以他经常站到看中其排气管的汽车后面达到高潮。

破烂的皮球、杂志、大树、铁门……这些在常人的眼里和性毫无联想可言的物品，都可以成为恋物癖的心爱之物！

某男和一个贴有动漫人物照片的大枕头相爱并结婚。这名男子爱上了日本的一种印有当红动画主人公照片的大抱枕。他的箱子里有许多动漫人物抱枕，他最终和一个抱枕在当地的牧师面前结婚，并为抱枕穿上婚纱。

有一个40岁的男人谢某，是位普通职员，对妻子十分体贴忍让。平日里，谢太太总是很嘴碎。但谢先生性格内向，从不爱多说话。有时谢太太遇到不顺心或不合意的事总要数落谢先生一顿，谢先生基本上从不还口。挨几句骂也装没听见，只有在骂急了的时候才不得已回敬几句。

谢先生是个老实人，除了上班以外，平时很少出门。他没有多少朋友，更没有与不三不四的女人往来的事。在家里虽然不怎么爱说话，但总能力所能及干些家务。特别是对独子的学习辅导工作，更是全力以赴，就是夫妻俩"干那事"的时候，他显得有些力不从心。在外人看来谢先生是百依百顺的模范丈夫，然而，谢太太的苦没人知晓。

有一次谢太太打扫房间时，无意中发现一只旧皮箱，谢太太觉得皮箱破旧，扔掉算了，于是就将这个破箱子扔了。当晚，平时很温和内向的谢先生大发雷霆，对着谢太太破口大骂，甚至动手打了谢太太，让谢太太把箱子找回来，否则就离婚。

头一次见丈夫发如此大的脾气的谢太太真是又害怕又狐疑，就为了这一只破皮箱，一向很老实的丈夫怎么跟变了一个人似的，这里面一定有问题。

谢太太连忙把箱子找回来，但是从这以后，谢太太特别留意这只箱子。功夫不负有心人，终于谢先生的秘密被谢太太发现，也明白了丈夫为什么对自己总是那么冷淡。

原来谢先生爱的是这只皮箱，他趁着谢太太睡着的时候，和这位"箱子美人"亲热。一直怀疑自己的老公有第三者，可这第三者竟然是只破皮箱。谢太太真是又气又觉得自己先生好笑，当然也有些许不爽，自己竟然败给一个破箱子。

为了保住这个家，谢太太用尽千方百计和甜言蜜语，讲道理、摆事实等，终于说服了谢先生去咨询心理专家。

大部分恋物癖患者都有与环境有关的性经历，最初性兴奋出现时与某种物品偶然联系在一起有关，以后经过不断的重复，形成一种条件反射，在性意识上造成了难以克服的固定阴影。

谢先生儿时父亲就因为犯罪而进了监狱，他也变成了劳改犯的孩子。由于从小受到歧视和欺负，他的正常心理受到严重伤害，形成了沉默内向、胆小怕事、拘谨而又自尊心极强的性格。

母亲怕他受到欺辱，时时事事一直护着他，溺爱使他形成了对母亲的依赖。有时母亲不在，他害怕时就躲在箱子里。13岁时，他有一次骑在箱子上玩耍，心中升起一种特殊的感觉，并出现了首次遗精。从此以后，便更离不开这个箱子了。

上高中以后，他听到几个年纪比他大的男生谈论两性间的事，并第一次听说了有关女生有"例假"的话，更使他增添了不少好奇和神秘感。上大学时，有位女生对他很有好感，主动提出要搞对象。可他胆子小，和女朋友连手都不敢握。每次一对女人有遐想时，就会找箱子来满足性需求。

后来，他毕业参加了工作，并结了婚。虽然真正能让自己兴奋的是那只箱子，但是为了保密，不让老婆发现自己这个怪癖而嘲笑自己，不得不与老婆勉强发生关系，但每次都是草草了事，等老婆熟睡了，再与"箱子美人"翻云覆雨，好好享受一番。

妻子的抱怨谢先生不是没有看在眼里，知道自己这样很对不起妻子，所以对妻子百般呵护，宠让顺从。有时也想下决心戒掉这个有点奇怪的癖好，但是总是忍不住想起"箱子美人"，总感到心痒难奈，一与"箱子美人"在一起就有一种快感。

恋物癖患者多数都有性心理异常的特点，他们潜意识中多有对自己的生殖器的忧虑，怕被阉割或怕被耻笑，所以为了寻求安全并容易获得性行为对象，产生了把异性身体某一部分及饰物当成性器官的潜意识。

严重的恋物癖者对异性身体并无多大兴趣，而把性欲专门指向第一次或多次唤起其性兴奋的物品，至于这些物品是什么都无关紧要。既然他们把发泄性欲的对象转移到"物"身上了，在与异性真人发生性行为时自然力不从心。如果是严重的恋物癖患者，把异性使用过的物品作为兴奋和满足的唯一手段，那就不会与异性发生性行为了。

千奇百怪的恋物癖

有多少种物体，就会有多少种特殊情结。恋物者们的癖好无奇不有，上述的那些比较常见的物品只不过是冰山一角，恋物癖者形形色色，"物"不惊人死不休。

英国《每日邮报》曾报道，一名英国女子爱上自由女神像，并想与自由女神像结婚。虽然世界各地不少人都很喜爱被誉为美国灵魂象征的自由女神像，然而人们多是推崇其自由的寓意，或是为其所体现的艺术魅力所倾倒，但是这位英国女子却表示，自己彻头彻尾地爱上了自由女神像。

27岁的阿曼达·惠特克是名售货员，来自英国利兹市，有很深的恋物情结，曾在十几岁时也如此深爱过一套架子鼓，日夜为伴，不离不弃。

阿曼达表示对自由女神像是一见钟情，她在网上看到朋友的一张以自由女神像为背景的照片后便爱上了这尊塑像。她给自由女神像起了个爱称叫"莉比"，从那时起，她先后4次前去看望她的莉比，在那里爱抚这尊塑像并亲吻她的头发。为了能和铜像爱人朝夕相伴，阿曼达家中收藏了上百尊微缩版的自由女神像，为了向自由女神像表达爱意，她在家中自己组装起了一尊6英尺（约1.83米）高的的自由女神像复制品模型。

阿曼达毫无掩饰地说："她是我的异地恋人，她那让人沉醉的气质令我不由为之倾倒。"她本想和莉比结婚，但"因为有太多人爱她了"，所以放弃了这个念头。

许多恋物癖者和他们的不同寻常伴侣间的故事常常成为媒体追捧的热点。

2007年，35岁的美国旧金山退伍女兵埃丽卡改姓埃菲尔，并与她眼中的法国"美女"巴黎埃菲尔铁塔完婚。埃丽卡·埃菲尔表示："她的架构让人着迷，身姿十分精致。我能听到她的呼唤：'大家快看我，快看看我吧！'这时，我在人群中回应道：'听到我的声音了吗？'"埃丽卡透露称，埃菲尔铁塔是她的"新欢"，在她的恋爱史里，柏林墙和美军F-15战斗机都曾是她的"情人"。

同样爱上柏林墙的还有一位"柏林墙女士"艾佳丽塔·柏林墙。她7岁第一次在电视上看见柏林墙时，就迷恋上了它，并1979年和这面墙结婚。她努力收集柏林墙的照片并为旅行存钱。在她1979年第六次旅行时，在几位亲友面前和柏林墙结为夫妻。尽管她仍然是处女，但她声称自己和柏林墙的生活非常美满。1989年柏林墙倒塌时，她恐慌了，再也没有回去过，并制造出了一个仿制品。

随着网络时代的来临，许多隐秘的怪异行为被曝光。关于恋物癖的案例在网络上就可以找到很多。再和大家讲几则有代表性的恋物癖事例，让大家见识一下什么是"大千世界，无奇不有"。

2006年，超过2000人观看了一个奇特的婚礼，因为新郎是一条眼镜蛇。这位爱上并嫁给眼镜蛇的新娘是一位年轻印度女子。该女子说："尽管蛇不能说话也无法明白，但是我们有特殊的交流方式。每次当我把牛奶放到它住的洞旁，它都会跑出来喝。"当她说想和蛇结婚时，周围人都很赞同，并说这场婚礼将给该地区带来好运。他们为婚礼准备了盛大的宴席。

生活在纽约的32岁美国女人艾米·沃尔夫，被诊断患有阿斯伯格综合征。她和太空船模型、双子塔有过几段感情，但是她的最爱是宾夕法尼亚州的一个游乐园里的童话列车——1001之夜。10年中她坐了300次，并想把自己的姓氏改成制造商的姓——韦伯。艾米甚至和列车照片一起睡觉，她说他们拥有完整的生理和精神关系，不需要去忌妒其他坐车的人。

慕残癖也是一种恋物癖，在女性中更常见，并以对聋哑或截肢的异性的爱恋为主。

慕残癖，是指被残疾异性吸引并产生性冲动和爱恋的一种健全人所具有的奇特心理。

恋物癖患者所迷恋的对象真是无穷无尽，只要这个世间存在，它就有可能被世界某个角落里的人疯狂迷恋！

腐烂的事物，在大众人群眼里看来是十分厌恶的东西。它们有让人作呕的恶臭气味、糜烂样子，如果一旦发现家中有东西腐烂，常人都会立刻弃之。然而，偏偏就有那么一群人，恋物的口味超级重，视它们为宝贝。他们就喜欢发霉的东西，不但不会丢弃自然腐烂的事物，甚至还会自己制造。如把食物长期放置，在那里等着长毛，然后再拿出来欣赏、玩味，在这个过程中会有点小受虐小快感，这就是他们所追求的，并且能使他们产生性冲动。

这种迷恋腐烂事物的患者，多数因为长期在生活中感受不到美和欢乐，甚至受到家庭、社会的迫害，然而自己又无能力改变，日积月累，内心产生了极其愤恨、消极的心理，于是将这种情感投射到丑陋、让人恶心的事物上，觉得它们与自己一样，是被嫌弃的。渐渐地由对这些事物变得无所谓到感同身受。而当已麻木不仁的时候，腐烂、恶臭反倒会成为一种诱人的刺激，让他们得到一种"自虐式"另类的快乐，从而"迷恋"于此。简而言之，这是一种物极必反的效果。

临床上的实验发现，恋物的性活动型态与心理、社会压力有密切相关。然而，在现在的社会中，由于生活的巨大压力，解压方式的缺乏及数字化时代让人们生活的紧张、单调，人与人之间接触式的情感交流越发少，很多人把压力的释放、情感的寄托都借之某一类或某些事物之上，于是便有了各种"微博控""包包控""娃娃控"等，但是"控"与"癖"一字之差，却差之千里，"控"对"癖"来说真是小巫见大巫。请某某控们，不要自以为自己对某一事物的喜爱，就说自己是恋物癖！

但是，不是所有恋物癖都与性偏差有关。

一位母亲曾带着自己的两岁多的孩子做心理咨询。因为她发现自己的孩子自从两岁上幼儿园后，开始总是又哭又闹，后来渐渐地就好了。但最近发现他对一条毛巾非常严重的依恋。

"以前他是非常喜欢那条毛巾，睡觉要盖在被子上面；但最近几天睡醒后和放学后都会要这条毛巾。以前如果说这条毛巾湿了，要拿去洗的话他会乖乖地给你的，可是现在怎么说都不行，只要不给他这条毛巾就开始又哭又闹，怎么哄都不行，真是与这条毛巾形影不离了……。"

这位喜欢手巾的小朋友被确诊为恋物癖，但是这与我们常说的性偏离中的恋物癖不同，这是一种由于缺乏安全感引发的儿童恋物癖，并没有太大的危害，大多数孩子在逐渐拥有自己的意识后能够自然解除，一部分可能需要家长给予更多的矫正。但是总的来说，在孩子的恋物过程中，作为父母如果能够给予更多的关爱与陪伴，使其感受到更多的安全感，那么这种由于缺乏安全感而导致的恋物癖就会非常容易纠正。

现在，人们的生活越来越快，压力也与日俱增，越来越多的人出现了亚健康或者心理疾病。健康的心理培养，就应该从小做起，作为家长一定要多花些时间陪伴孩子，和他们多交流、多玩耍，多用肢体语言让孩子觉得受到保护，给他们一个良好、健康的成长环境。其实，这种亲子互动也是大人释放压力的一种很好的途径。

奇怪癖好爱从何来

恋物癖的成因也有一些社会文化因素在里面，比如说恋足癖。

"三寸金莲"不仅是封建腐朽社会制度与文化的产物，更是妇女深受男人们的集体恋脚情结所害的证据。自宋元朝代，男人们对女人的脚审美渐渐开始由大足转移到特殊的小脚，而到了明清时期，绝大多数中国妇女就都有了一对粽子般的三寸金莲。清朝有本小说《莲藻》中赞之：小脚之美无与伦比！还把它的"魅力"细细总结成了四类：形，质，姿，神！形：就是要纤小，要尖锐，要瘦削，要有足弓。质：尽量成为男人发泄性欲的辅助工具。姿：就是要求女人弱步伶仃，细步行走，还有一种娇憨羞怯之情致。神：是要求女子对金莲要视为神秘之物，不轻易示人，必须深掩密护，专为老公所有。

事实上，这些不过只是表层成因，尤其对于现代文明高度发达的今天，恋物癖的成因更多的是受到成长背景与幼年时的性教育影响。然而，每一个恋物癖者所受到的外界诱因都有所不同，因此，这些因素并不是这里所要阐述的主要成因。我们要的是拨开表象、探其实质，找到它们共性的形成原因。

在进一步揭露恋物癖形成的深层原因之前，大家先来认识一位心理学上了不起的人物，还有他的狗——"巴甫洛夫的狗和他的条件反射原理"。无论人还是动物都有一种本能的反应，即无条件反射！而巴甫洛夫却通过对他的狗狗的训练发现，有些反应是可以后天学习养成的，这就是条件发射！

无条件反射，也称生来的反射或种族反射，是动物和人在种系发展过程中为适应环境而形成的随意的快速反应。

巴甫洛夫与他的大狗，一开始只是想研究消化现象而设立的实验，却让他们有了意外的收获。最初的实验设立是这样的，给狗测测唾液的分泌量，所以他需要用到食物来刺激：给你看块肉，馋你。大狗太渴望了，巴甫洛夫刷地就接了一茶缸唾液……在这个反反复复的刺激过程中，巴甫洛夫不小心碰响了某个仪器的铃声，没想到后来慢慢就发现了这样一个有趣的现象，大狗后来在即使没有食物的情况下，只听铃声也能够分泌唾液。这就是在无条件反射（看到食物流口水）的牵线搭桥下，在铃声与狗分泌唾液的动作之间形成了一个传说中的经典的条件反射！

这种条件反射在我们生活中随处可见，在极地馆海洋动物的表演中，大家也不难发现，驯养师每个人腰间都挂有一个小桶，里面装满了鱼，海狮或者海豹表演动作间隙，他们都会及时上前喂上一口。不是为了讨好，而是就那些动物而言，表演与进食之间也形成了一个条件反射。

巴甫洛夫指出，大多数病人的恋物癖是性兴奋与周围环境中偶然出现的某种事物相结合形成的条件反射。就像狗和铃声间形成的条件反射一样，它一听到铃声就会流口水，那么人就是一看到他（她）爱的某种事物就亢奋了。在得到迷恋的事物到得到快感的反复强化作用下，这种条件反射就被固定了下来，恋物癖的行为就形成了。

在前述中，我们已经总结了恋物癖患者的人格特点，恋物癖患者多是性格内向，平时在两性关系如恋爱婚姻问题上，往往扮演的是不成功的男性角色，缺少男子气概。因此透过操控没有生命的物件，一方面，减缓压力造成的张力以及满足性需求；另一方面，藉以保护自己免于受创伤。从这一方面，我们引用弗洛伊德的精神分析法来解释，就更加清晰明了。

许多对异性的衣物感兴趣的恋物癖者，其本质是被压抑的性欲求扭曲了的渲泄。由于有恋物倾向的人大多见于内向、自信心不足的人。在少年期偶然见到女性洗澡后衣着或者无意间把玩女性衣物，之后伴有快感和性冲动，从此恋物癖者对女人的衣物有一种迷恋的倾向。在本能的驱使下，恋物癖者有和异性交往、亲近的强烈愿望。在他们眼中，异性的一切都是美好的，但自身性格的不健全又令他们害怕、担心受到异性的拒绝、嘲笑，他们往往没有勇气和女性进行正常的交往，又或者在初次尝试和女性进行正常交往的时候受到了拒绝，从而自信心倍受打击，再也提不起和异性正常交往的信心和勇气，这使得他们的性欲受到了不同程度的压抑。

性冲动、性欲求是一种能量，当它积累到一定程度时是需要一条途径来释放的。为了满足自己和异性交往、亲近的强烈愿望，失去了自信心的他们就只能退而求次，以偷窃、占有异性的贴身物件来满足和异性亲近的愿望了。

所以，尽管恋物癖会被其拥护者视为一种异常，但他们却几乎不会将其感觉为一种伴随着痛苦而来的疾病的症状。他们通常会对此感到非常满意，甚至还称赞它是改善自己性生活的方式。人的潜意识会保护人的身体，让他避免受苦，就是我们常说的心理防御机制。恋物癖者就开始用别的方法发泄痛苦。转移到哪儿了呢？迷恋之物上，然后通过性满足得到安慰与释放！

如何让恋物癖者"失恋"

恋物癖是一种不健康的喜好方式，这种心理障碍多数会影响患者的正常生活。

让恋物癖者与他们的"爱人们"说再见可不是简单的事情。这也是一种失恋，也会茶饭不思，日夜无眠！所以要想分开他们，不能"棒打鸳鸯"，要智斗。

爱过的人都知道，失去爱人是痛苦的，那么我们给恋物癖者更大的一种痛苦，比失恋更痛，更使人不安的刺激。这种治疗方法就是国际上通用的、应用比较广泛的心理治疗方法——厌恶疗法。

此外，恋物癖的治疗方法还有认知疗法、暗示疗法、系统脱敏疗法等方法。在临床治疗中，多采用多种方法相结合的治疗方式，根据患者的背景经历、文化程度、心理状态、症状表现等采取不同的治疗方式，也会根据不同的治疗阶段采取相应的治疗方法。下面结合本章一个案例，具体讲述一下。

暗示疗法，是利用言语、动作或者其他方式，使被治疗者在不知不觉中受到积极暗示的影响，从而不加主观意志地接受心理医生的某种观点、信念、态度或指令，以解除其心理上的压力和负担。

还记得第一小节中，迷恋女生内衣的李响吗？在进行治疗前，我们简单地回顾一下病例。13岁那年李响因为从姑妈家偷到一个女人胸罩，并且通过对胸罩的把玩而体验到第一次的遗精等快感而喜欢迷恋上了女性内衣。

首先，根据李响回忆叙述幼年症状产生发展的原因、过程及具体内容，帮助他分析发病根源，讲解正常性心理发育过程，使其认识到自己行为的不正确和建立正确的认知。

通过对其幼时生活事件（其因为把玩偷姑妈家的胸罩而体验到第一次性快感）与日后行为（把玩胸罩自慰以满足对性的需求）的关系的分析，让李响认识、领悟到窃藏女性贴身用品，以此获取性乐高潮而不伴有任何性接触的意志和行为系性心境，是由于第一次性经历（因女性内衣刺激而遗精）及日后求快心理未得到正常性行为的满足，持续强化把玩女人胸罩而带来的性快感的美好感觉的这种刺激，渐渐形成了这种不健康的性心理和变态的性生活。它的实质就是儿童的性生活。

通过对正常性心理和性行为讲解，让李响了解正常性心理与变态心理之间的区别。并诱导李响形成这样的认知，即由于客观阻拦导致其心理和性的挫折，用幼年方式排除成年人的心理困难和满足成年人的性欲。这种和成年人的身份是不相称的，是幼稚的、不符合成年人的思维逻辑规律的情感和行动。性爱关系只能发生在人与人之间，恋物这种行为是不正确的，是应该并且也可以改正的。这个过程就是采用认知疗法对李响对性认知的错误及恋物癖这种不正确行为的矫正。

仅在认识与心理上帮助其建立改正的信心是不够的，还要借助暗示作用帮助李响减轻其他并发症。

李响自述："尽管每次我都非常后悔、痛恨自己，有时把用完后的胸罩烧了，甚至气得撕得粉碎，并下决心改掉，但都无济于事。我用刀子、铁钉扎过自己的手臂，曾经发誓如果自己再伸手就把自己的手指砍掉，但是在瘾来时这一切都不起作用，我依旧无法自拔。因此感到无地自容，甚至失眠、心情烦躁，也有过自杀的念头。"

鉴于此点，要给予李响小剂量的维生素等对人体没有副作用的药物，本治疗主要是通过暗示作用，而并非完全药物本身，告知他此药对恋物癖有治疗作用，在心理治疗即认知治疗的前提下，服用此药可取得很好的疗效。

李响服用后，睡眠果然有了改善，紧张恐惧心理逐渐消失，情绪也有好转，这样更坚定了他治好自身病症的信心。

虽然认知疗法与暗示疗法使李响对治疗师产生了信任，也让李响能够正确地认知自己的这种行为，减轻心理负担，增强了李响改变的信心，但是，想要彻底戒掉这个坏毛病，还要对其进行厌恶疗法。这也是治疗的关键，使患者彻底摆脱这种不健康的行为。

恋物癖患者也是一种"瘾君子"，只是他们上瘾的是某种物品及物品给他们带来的满足感和心理的安慰。厌恶疗法就是要让这些对某物品成瘾的瘾君子，对这种行为不再上瘾，甚至是反感。

前面介绍过恋物癖成因："大多数病人的恋物癖是性兴奋与周围环境中偶然出现的某种事物相结合形成的条件反射。在得到迷恋的事物到得到快感的反复强化作用下，这种条件反射就被固定了下来，恋物癖的行为就形成了。"我们知道了，恋物癖的形成是一种条件反射，每一次的快感与满足感就是刺激的强化。

强化，指通过某一事物增强某种行为的过程。在经典条件反射中，使无条件刺激与条件刺激相结合，用前者强化后者。在操作条件反射中，指正确反应后所给予的奖励（正强化）或免除惩罚（负强化）。

为了改变李响已经形成的条件反射，就必须在这种反射发生时给予其一个惩罚。对于李响用的惩罚主要是厌恶联想法。每当李响产生恋物意念时，就尽可能地去回想过去由于恋物受到的责备、侮辱，联想这种行为对个人前途、家庭及后代的影响。如果还是忍不住把玩，让李响手持性恋物，在引起性唤起的时候立即给予厌恶性的刺激。

惩罚，若一个具体行为的发生伴随着一个有害或负面的影响，那么此行为发生的频率将随之降低。在操作条件反射中，惩罚分为正惩罚和负惩罚，正惩罚即呈现消极刺激物，减少行为发生；负惩罚即移除积极刺激物，减少行为发生。

为了彻底解除女性内衣对李响引起性唤起与性依赖，还可以同时采用系统脱敏疗法，即让李响经常到女性用品专门店的地方走一走，尽情地看一看、摸一摸，以使他能逐步在面对这些物品时控制自己的意念，战胜自我，让女性内衣对于李响而言不再是充满挑战（需要偷窃才能获得）与诱惑（性快感）的物品。

第九章
不需要但一直喜欢窃取
——偷盗狂

恋上当"小偷"

李女士40岁了，却因为在商场偷衣服被拘留，拘留期满后，李女士哽咽着诉说了自己"恋"上偷窃的经历："去年春节前的一天，我在一家大商场里看中了一件衣服，可没想到试完衣服后我发现放在试衣间门外的背包和另一件新买的衣服都被小偷偷走了。"

这件事对李女士的打击很大，气愤、懊恼的心情困扰了她很久。过了一段时间，她又去了这家商场。无意间，她看到了一件和自己上次丢的几乎一样的衣服。她的心中突然涌上一股冲动，恰好这时周围没有人，于是她就鬼使神差地把那件衣服装进了自己的包里。

在步步惊心的情况下李女士快步离开了商场，没想到竟然没有人追来，她的心中顿时充满了快感。从那以后，便开始了一发不可收的偷窃。在此后一年多的时间里，她专门出入大商场，在买新衣服的同时趁售货员不备她就多拿走一件；有时碰到一些围巾、内衣等小物件，她就悄悄地把它们团成团塞进包里带走，反正只要逛商场李女士就会偷拿点什么，一直到一次她偷窃时被当场抓获。

其实，李女士的家境比较宽裕，根本不缺这些东西，偷来的衣服她也从没穿过。"但每次逛商场我就是无法控制偷窃的欲望，特别是无法抵制每次得手后我都能体会到的那种前所未有的满足感。我并不是个坏人，每次偷了衣服我都会深深地自责，可那种满足感又让我欲罢不能。"李女士痛苦地说着。

其实李女士自己并不知道这是怎么回事，她其实不想再偷了，可她自己又不知道该怎么办！

像李女士的这种偷窃行为不能简单地将其归于道德问题，它其实是一种心理障碍的外在表现，属于病理性偷窃，是一种病态的偷盗癖。

所谓偷盗癖，是指一种反复出现的、无明确目的、纯粹出于无法抗拒的内心冲动的偷窃行为，它与一般的偷窃行为有本质的不同。

有偷盗癖的人其偷窃动机并不是为了谋取经济利益，他们不分贵贱什么都偷，即使屡遭惩罚甚至身败名裂也难以自控。由此可见，偷盗癖其实是一种强迫性行为，是意志控制障碍所导致的，所以这种偷窃也叫作强迫性偷窃。

心理研究表明，凡是强迫性行为往往都是某些心结的外在表现。也就是说，当某些难以排解的冲突长期郁积在心里时，就会通过某种强迫性的行为表现出来，李女士的偷盗癖也是这样。失窃的经历给她造成了强烈的心理冲击，所以当她再次置身于遭遇偷窃的情境中时，潜意识中的压力便促使她采取了类似的行为来宣泄内心的不满。

而后，潜意识又进行了自我心理防卫：别人能偷我，那我也可以偷别人。于是，这种自圆其说的理由促使其行为的发生。有研究证实，有偷盗癖的人大多有性格缺陷，如自幼倔强、好强、比较自私狭隘、交往狭窄。另一个较显著的特点是"报复心"极强，无论是家人的责骂还是同事朋友的批评，都容易在他们心中产生一种报复的冲动，而这种报复心理往往就是通过偷窃行为发泄出来。

由于偷窃后心理上获得的满足感，便导致其偷窃行为的强化和重复，而这种强化和重复又逐渐在其大脑中形成了稳固的神经反射，如此便最终导致了其难于自控的偷盗癖的形成。

就李女士的情况而言，正是由于她每次偷窃后都体会到了快意和满足，才使得其偷窃的行为反复出现。所以，要想纠正这种不良的癖好，可以让她在每次偷窃后都无法获得快意和满足，反而让她感到厌恶和痛苦，那么，她的偷窃行为就有可能逐渐因受到抑制而减轻，直至消失。

一般来说，这类人都是在某一次偶然或有意的偷窃后获得了极大的快感，因此就把偷窃的行为当作了一种获得快乐的方式，而且一旦这种方式得到了不断的强化，那就容易形成偷盗癖了。

患有偷盗癖的人，大多数不是因为偷窃到的物品有多高的经济价值而收获快感，他们大多是图那种占到便宜的喜悦以及不被人发现的窃喜感。就像李女士，偷窃之前她的情绪会比较紧张，偷窃得手后会非常兴奋和放松，这种前后情绪的对比导致的愉悦感也是他们喜欢上偷窃的一个重要原因。

还有一个比较常见的起因就是报复，有不少偷盗癖的患者最开始都是为了报复某人。有一个偷盗癖的女性，她自述就是小时候性格比较内向，曾经受到过班里某个同学的欺负。她因为内向胆小，不敢公开和同学对抗，也不敢告诉老师，但是又咽不下这口气，于是就趁同学不注意偷拿了对方最喜欢的一枝钢笔。

当她看到同学找不到很着急的样子时，心里有一种强烈的报复得逞的快感。其实那支笔她早就扔掉了，但是她觉得这种方式很好，是自己能够报仇的一个好方式。

自那以后，她用这种方式还报复过几个人，甚至包括她的邻居。不过后来她就不是因为报复而偷窃了，而是已经养成了偷窃的行为习惯，再也难以克制自己。

不过，要想纠正自己已经习惯成癖的行为也不是轻而易举的事情。

青年小D偷盗上了瘾，不但邻居、亲戚无一幸免，就连自家父母的钱财也不放过。

有一次邻居在外回家后发现房门被撬，放在家里的1000元现金不见了，邻居见状立即报案。经过民警勘查和调查，确定嫌疑人就是小D。当警方将小D抓获的时候，审讯中小D毅不但承认在邻居家实施盗窃，还供述了以往多次实施盗窃的行为。

据小D说，他对偷东西有瘾，他回忆说，多年前到浙江省温州打工，无一技之长的他好不容易经老乡介绍进了一家工厂，但因偷性难改被工厂开除，还被警方拘留了。他不光偷盗邻居的财物，就是亲生父母的钱财也不放过。有一次，小D盗走了父母好几千元钱并挥霍一空后，又把目光瞄向了其他身边的人。

其实，小D从小就有偷窃的恶习，中间进出监狱好几次了。其父母常棍棒相加教育也无济于事。小D痛苦地坦言："出监狱后肯定还要偷，见到别人的东西我就想偷，我管不住自己。"

"父母有我这样的儿子也觉得在周围邻里间抬不起头来，而且我又没有文化、没有工作、没有技能，社会适应性差，几乎没有自尊，社会的生存自己完全不具有，监狱才是我真正的熟悉的归宿，不进监狱进哪？"小D垂头丧气地说着。

"他怎么可能在社会上呢，偷是他唯一感到价值感的事情，是他唯一会做的熟悉的事情。"连小D的父亲也无奈地这样说。

像小D这样从小就开始盗窃并上瘾的犯罪嫌疑人很少见，虽然他的行为与偷窃有些类似，但还是有显著区别，他多数并不选择物品盗窃，小D属于惯偷，但也同时存在心理障碍和人格缺陷，除给予应有的法律制裁外，还应对其进行有针对性的心理治疗。

其实，小D和李女士一样都属于偷盗癖，其属于意志控制障碍范畴的精神障碍。他们的行为是反复出现的、无法自制的偷窃

　　重口味心理学大全

行为，纯粹是出于无法抗拒的内心冲动，据此可与一般偷窃行为相区别。

患有偷盗癖的人往往会反复偷盗，以至爱上偷盗的经历，小到一颗糖，大到各种物件，他们认为，偷窃过程极其惊险、极其刺激，刺激的就是过程了。

明明不缺钱，为什么会出现反复偷窃的冲动呢？偷窃癖外在表现是偷，但根源却是焦虑、抑郁等不良心理，这多与患者儿时的成长经历有关。比如，很多偷盗癖患者都是单亲家庭长大的，或从小缺乏父母关爱等。

儿童时期，缺乏关爱的一些孩子可能通过恶作剧、偷东西等坏行为以引起父母关注，从而获取情感上的需要。随着年龄增长，长期以来爱的缺失所带来的焦虑和不安全感积聚成疾，会导致他们出现一种心理障碍，偷盗癖就是其中一种。

偷盗，让他们享受到紧张刺激的快感，而当这种不道德的行为被人发现或让他遭受惩罚时，心理上会获得一种受人关注的满足，弥补其情感上的缺乏，更让他们无法自拔。

还有一类偷盗癖患者，他的占有欲特别强，把钱存进银行就不舍得花。这可能是他曾经遭受过贫穷和苦难，这些悲惨经历让他的内心总有一种潜在的焦虑，害怕钱不够用，缺乏安全感，钱的作用对于他来说已经不是满足物质上的需要，而成了他获得安全感的一种工具。

偷来的东西是"我不需要的"

内衣、袜子、螺丝钉……满满一箱子的小东西，竟都是某名校在读博士生小苏多年来偷窃的赃物！32岁的小苏是国内某知名大学的年轻有为的在读博士生。但就是这个在金字塔顶端的女子，却有着难以向外人道的故事。

"这箱子东西，可能会成为我一生的痛。"小苏从房间床底最深处拉出一个破破烂烂的纸箱子。不过，这个破烂箱子里却并没装着任何值钱的东西，尽是些小东西，看起来都不值钱。

原来，这整整一箱的杂物，竟都是小苏顺手牵羊而来！"只要到超市、商场等购物，我总是习惯性地往兜里揣一些散装小商品。"小苏不堪地说着。

苏某是个名牌大学的博士生，按理说也不缺钱，那么她为什么要从超市、商场偷那么多的小东西呢？何况那些物件本来也不值钱。

其实，小苏偷窃并不是为了牟利，而是为了满足自己的心理需求。她这种靠不断地偷窃来满足自己的行为，实际上已经是心理障碍的一种了，应该叫作病理性偷窃，通俗地讲就是偷盗癖。

小苏的行为是不以获取利益为目的的，是自主不能控制的、反复多次出现的偷窃冲动。有偷盗癖的人并不是坏人，而是病人，他们的偷窃是自己无法控制的，而且很多人自己都为此烦恼不已，小苏就属于这样的情况。

偷盗癖和普通的盗窃行为还是有本质区别的，普通的盗窃行为是为了偷来财物自己使用，或者是变卖成金钱，普通的盗窃是冲着被盗物品的价值去的；而偷盗癖不同，这种患者实际上是为了偷而偷，偷来的东西几乎都没什么价值，或者有价值他们也不在意，反正偷到了就够了，患有偷盗癖的小苏把偷来的东西收集起来就不再理会。事实上虽然有一些惯偷也形成了一定的心瘾，但一般的偷窃者能够控制自己的行为，他们或是发现条件不适合下手就不下手，或是因为暂时不缺钱而不需要下手。而偷盗癖患者不同，他们的偷窃念头只要冒出来就一定要做，自己无法控制。

还有一点不同的是，实施普通盗窃的人可能会有点后怕，但是并不会因为自己的偷窃而多么苦恼；但偷盗癖患者不同，他们在偷窃成功后会暂时得到满足，但事后也会为自己的行为所困扰。

重口味心理学大全

他们很想克服这个毛病，但是却做不到，这种纠结的心情会让他们总也得不到心安。

那么，什么人容易有偷盗癖问题呢？据统计，女性患偷盗癖的人数更多，而且往往高知人群和高收入人群中更容易出现偷盗癖。大众观点都觉得这似乎不大可能，高知、高收入的人怎么会这样做呢？

对于普通偷盗者来说，他们更容易把偷窃当作牟利的手段，而不是心理满足的手段，而对于小苏这种患有偷盗癖的人来说不会看重被盗物品的经济价值，对于他们来说却是心理满足的方式。

偷盗癖是在变态心理支配下表现出一种反常行为，患者常反复出现不可克制的偷窃冲动，对偷什么无明确目的，偷到什么便是什么，也不以攫取经济利益或供自己使用为目的，而是将它们藏起来，或者送给他人，或者暗地退还物主，或者扔掉，以此来满足变态的心理需求。

心理学上常把譬如偷盗癖这一类的变态心理归结于环境使然，觉得后天经历的环境是主要原因。通常，人的个性心理是主要原因，后天环境是辅助因素。至于偷盗癖的成因就比较复杂了，和家庭教育方式、童年经历、当事人性格等都有关联。其实，任何能给人带来快感的东西和行为都可以成瘾，所以偷窃也可以成瘾。

偷盗癖一旦养成那就自己难以克服，因为这已经是成瘾的，所以这种想法自己难以控制。很多人试图控制过，但是实在无法忍受偷窃得手时那种快感的吸引。他们如果不偷窃的话，会有烦躁不安的感觉，总觉得手足无措或者缺点儿什么。

尤其是有机会下手如果不下手是非常痛苦的，那时候根本抑制不住。那种感觉，很像是所谓的"戒断反应"，就像小苏这样的典型。事实上，偷盗癖的确不能轻视，因为这毕竟已经涉嫌犯罪。一旦失手被抓到，那么当事人会非常痛苦尴尬，而且还有可能被认为是普通的盗窃行为。大众对于这种心理障碍的了解也不多，所以不大容易相信这种人是有心理疾病。

事实上，经常在超市或者公共场合抓到有偷盗癖的人，他们简单粗暴的处理方式并不能让偷盗癖患者改变自己的行为习惯。要想解决这个问题，还是要偷盗癖患者自己有主观改变的愿望，然后再去寻求心理咨询师或精神科医生的帮助。

对于有偷盗癖问题的人来说，如果想自我矫正的话会比较难。一方面，有偷盗癖的人往往缺乏正常的生活乐趣，他们缺少快乐的来源，所以才会依赖偷窃的行为；另一方面，偷盗癖的形成是一个正强化的过程，即每次偷窃行为都会得到快感，所以才会形成固定的行为模式。所以，这样的人最好能够自己培养更多的兴趣爱好，尤其是能够让自己收获快感的爱好，比如有竞技性的运动或游戏等。

总的来说，要想纠正自己已经习惯成癖的行为，需要顽强的意志和坚定的信念。因此，有偷盗癖的人在矫正自己行为的过程中，应特别注意要持之以恒，要坚定不移。如果不能保证每次出现偷窃欲念时都能伴随着厌恶性的刺激，则会给彻底矫正不良的癖好带来阻碍。所以一定要坚持到底，同时，如果一年内有 3 次类似的小偷小摸行为，基本可诊断为病理性偷窃。

今年 5 月初，家住某街道的陈先生家里又失窃了，停放在院子里的自行车不翼而飞。这已经是年初以来陈家的第三次失窃了，前两次分别被偷走一口高压锅、半箱饮料、两把椅子和几斤冻肉等，算不上什么太值钱的东西。

陈先生家里屡屡被偷，是因为工作特别忙，家中无人照看，这次自行车再被偷，陈先生就马上报案。当地派出所民警经分析调查，检测和守候窃贼的再次光顾，果不其然，当这名小偷背着一大包战利品刚从窗户翻出来时，就被恭候在外的民警给抓了个现行。

抓到小偷后，办案民警在核实犯罪嫌疑人身份时，感到了前所未有的意外。经查，犯罪嫌疑人杜洋32岁，本地人，其父亲经营着一家工程公司，其本人开着一家小饭馆，家中非常富有。"家里挺有钱，可他怎么还干起了小偷小摸的勾当呢？"据杜洋交代，自己偷东西并不是为了钱，而是为了寻求刺激。

杜洋可以说得上是富二代了，家里挺有钱，而偷来的东西都是自己不需要的，据他讲述，他从去年初开始，为了找刺激开始了小偷小摸，每次作案时心里就觉得很兴奋。

杜洋说："但作完案之后也很后悔和害怕，可就是忍不住，像上了瘾一样，要是隔3天还不出去偷点啥，就睡不着觉，憋得难受。"一年多下来，杜洋盗窃的赃物近万件，小到一双袜子，大到家用电器、席梦思床垫和家具等。

其中有些偷回来的赃物因为家中没地方堆放，便被他给随手丢弃了。但仍有大量赃物堆放在其家中，这些赃物的总价值达9万多元。杜洋到案后，积极配合警方退还赃款、赃物，一些被他用掉或丢掉的赃物，杜洋也都表示愿意按价赔偿。

杜洋自己也知道盗窃是犯罪行为，但却控制不住。"可能是我的脑子里有点病，看到东西就想偷。"甚至有时去超市购物，明明知道里面有监控设施，杜洋也忍不住想要顺手牵羊，并因此先后4次被超市保安发现。但由于杜洋每次盗窃的物品价格都不高，所以超市方并未报警。

杜洋自称也曾找心理医生做过几次治疗，但由于他不敢向医生坦白自己做过的事情，所以治疗没有收到太大效果。

等待这位富二代小偷的必将是法律的惩处，不过，除了法律惩处之外，杜洋的失败人生究竟是怎么酿成的呢？像杜洋这种情况，可以归结为是一种偷盗癖，一般人偷窃是为了满足自己的直接需要，而杜洋是抱着寻求刺激为出发点的偷窃行为，有这类心理问题的人群其潜在内心其实是期望得到一些处罚的。

像杜洋这种偷盗癖，是一种由于忧郁心理障碍而产生的反射症状。特点是偷盗癖患者无法自拔，但所偷东西往往既不名贵也不是自己所需要，只是一种强迫心理，像强迫洗手症那样。

偷盗癖在心理学上属于习惯与冲动控制障碍，像暴露癖、纵火癖、病理性的赌博等都属于习惯与冲动控制障碍。他们会把偷来的物品扔掉或隐藏起来，这种偷窃冲动有一定的周期，当冲动的紧张度升到一定程度，偷窃行动即带来满足。偷完之后会后悔，却又重复去做。

身家百万的硕士毕业生王先生现在从商，在非洲有自己的工厂，也因盗窃成瘾，终于在一次故地重偷时被擒获。

事主黄先生报案，称自己所带的一台银色三星笔记本在北京某大学国际交流中心三层第四会议室被盗，买时1万多元。经过调查，民警在监控录像中发现，在事发时段，一名中年男子在楼道里到处转悠，在敲门无人应时就推门而入，在进入多个房间后，最后从三层第四会议室拿着一个计算机包离去。这名男子就是事业有成的王先生。

在派出所，王先生看到自己空手进入会议室，随后拎着一计算机包离开的画面后，满脸绯红地低下头。经讯问，王先生对自己盗窃笔记本的犯罪事实供认不讳，并称计算机早已在一个地摊上卖掉。

王先生，陕西西安人，西安某大学的硕士毕业生，现在以经商为业，并在非洲建有工厂，家有数百万资产。但由于从小爱占小便宜，于是为了寻求刺激一次次盗窃，其实自己并不缺钱。王先生随身携带的数张银行卡中的一张银行VIP卡中就存有现金130余万元，他在当地生活比较富裕，有车有房。而王先生也对自己的行为很后悔，一直不敢让家人知道自己的事。

王某很可能患有偷盗癖，屡伸黑手难自拔，他常年工作强度大，心理压力大，而偷盗癖是一种由于忧郁心理障碍而产生的反射症状，特点是偷盗癖患者无法自拔。其实，他们这种"偷来的东西不是我需要的"的心理也是一种"无意义感"，就是指有些人总觉得他的生活过于平淡或过于单一，而他又不满足这种平淡和单一，却又不知该如何提起兴趣，那么他会以偷拿别人的东西来刺激自己。

其中，奥斯卡影帝达斯汀·霍夫曼曾承认自己有过偷盗癖，热衷偷知名酒店里的物品，如肥皂、毛巾、踏脚垫、电视机等。还有美国女演员薇诺·瑞德，曾偷过针织衫、漫画书等。

带来满足的"偷盗"

在某超市中，有一位留着黑色长发、身材苗条的女孩，她身穿卡其色大衣、黑色紧身裤、靴子，肩背黑色大包，看上去很时尚显眼，还有些冷冷的眼神，当她穿过一个收银台，径直往外走的时候却被拦了下来。

"对不起，小姐，请等一下。"两个超市保安人员走过来拦住她，她突然抓住肩上的黑色大包，紧紧揞在胸前，露出慌张神色。在超市办公室里，保安人员打开这位时尚女的大包，里面塞满了超市的各种商品，大大小小一共 33 件。

20 岁女孩朱娅，本应该坐在某大学教室里安心学习，现在，她却只能待在劳教所里，在悔恨中度过一年。面对民警的询问，她一口承认自己从超市偷窃了这批商品。朱娅都偷了些什么东西？民警看到，其中有两套粉红色睡衣、一套白色睡衣，还有袜子、白牙素、香体液等生活用品。

经超市方查看，朱娅偷窃的商品中最便宜的只值几元钱。33 件东西，一共进价才 800 多元。朱娅说，父母在外地做生意，对她非常疼爱。事发时，警方从她身上搜出现金 300 多元，还有一张存有 2000 多元的银行卡。

有父母疼爱，也不缺钱花，朱娅为什么要去偷呢？"一是想要的东西实在太多了，不想花那么多钱。二是寻求一种刺激。"朱娅说，当天她是去找一个同学玩，路过该超市时顺便进去买点东西。她看上一套 59 元的新款睡衣，放进了推车。

走了一圈，又看见两套睡衣，也很漂亮。"三套一起买就太贵了，但哪一套我都舍不得丢。"朱娅说，她把三套睡衣都放进推车，不知不觉中，拿起一件又一件东西。推着这堆战利品，她走到一个没人的角落，用指甲刀一件一件剪掉了上面的标签……

"我知道这样不好，这是犯罪，可就是控制不住自己……"她哭着对民警说。

偷盗癖属于冲动控制障碍的一种，是为了满足自己一种病态心理需要而产生的行为。患有偷盗癖的病人，偷东西不是为了使用，不是为了牟利，纯粹是通过偷窃的行为，从中获得对偷欲的心理满足，这种心理疾病患者以成人居多。

偷盗癖可能是由于习惯性偷窃的恶性习惯引起，也可能是由于失恋等重大事件刺激而诱发，以此来排解心理压力。朱娅的行为属于习惯性偷窃，已有发展为偷盗癖的倾向。

个人性格的内在表现难以改变，而个性的外显表现（性格）却会随着心理过程的发育、学习、锻炼、环境等诸多因素改变。如果假想每个人的后天环境因素都是顺应着他的气质走的，那么他的性格内在和外显就达到一个一致的高度。

世界很容易分别出来个性心理的差异，换句话说就是好人坏人很容易就分得开来。但事实是后天环境的无比复杂性使得大多数人难以发展完善自己的个性性格，导致了内在和外在的偏离，所以形成种种色色的性格的人。

如果后天环境严重影响到了秉性，发生了内在和外在的严重偏转，甚至完全是背道而驰，那么他就会始终找不准自己该定位在哪里，严重些就会发展成变态心理等反常行为，比如偷盗癖。

什么原因导致患病？有的人则是因为欲望过于强烈，并没有意识到自己在偷盗，而这多数是跟童年经历有关，从小缺乏家长关爱的人或期望未得到满足，往往可能会以偷东西等作为宣泄手段，来寻求满足。

曲女士是柳州市一家保险公司的职员。她10岁的儿子阿申，长得虎头虎脑，看上去非常可爱。他和其他小男孩一样，有贪吃、乱花钱的"缺点"。为此，曲女士每天除了早餐费之外，多一分钱都不给。

今年"五一"节期间，曲女士想趁别人休假多跑几份保单，便让儿子在家待着。她每天都对儿子说："你别出去，想吃什么我给你买回来。"阿申也很少主动提出要买什么，曲女士以为他"听话"懂事，心里非常高兴。

过了几天，她因为提前收工，破例在下午回了家，想趁难得有空带儿子出去玩玩。但回到家中却发现儿子不在，小区门卫告诉她："阿申去吃肯德基了。"她不敢相信，便叫了出租车赶去龙城路寻找，远远就看到阿申抹着嘴从店里出来……不管她怎么打、怎么盘问，阿申都不说钱是从哪里来的。

后来，曲女士发现家里的钱少了两张百元钞票，而在阿申的床单下面，却查出200多元的零票。他的书桌抽屉里还有许多笔、本子、卡通书，曲女士记得自己根本没帮儿子买过。

曲女士感到了问题的严重性：儿子去哪偷了那么多钱？从什么时候开始偷的？最后通过耐心"审讯"，阿申才交待：他在外婆家、奶奶家，以及母亲的朋友家都"拿"过，还有一些是在家里"拿"的。那些文具、卡通书，有的是他偷偷买的，有的是"拿"同学的。他从上小学一年级就开始这样做了。

"因为妈妈不给钱，不让我买，但我想要……"阿申低着头说。

曲女士听了感到后怕，便接受朋友的忠告：每天给阿申一些零花钱。可这作用并不大，暑假前几天，阿申又偷了爸爸一张50元钞票。问他：有零花钱了，为什么还偷？他说："看到钱，我就想要……"

导致阿申小偷小摸行为的，是母亲对金钱的一种错误认识。所有的食物、玩具对孩子都会产生吸引力，在他们得不到的时候，就会想方设法获得，并且许多小孩选择了最简单的办法——偷。

给不给孩子零花钱，一直是众人争议的一个话题。在英、美等发达国家，教育人士认为，5 岁的孩子就应该接受有关钱的教育，小学一二年级应该学会购物，四五年级可以独立购物。

从阿申目前的情况来看，他的行为已形成一定的惯性，彻底纠正需要较长时间，并且不是光给钱就行了，更重要的还是从心理上进行引导，培养他改掉坏毛病的毅力。

阿申家境算得上宽裕，平时妈妈什么都给他准备得很齐全，也不缺少什么，但他偷来的钱和东西随便乱用，他甚至忘了从哪儿偷来的，偷了多少。

面对家长和老师反复的批评、处罚，每次他都像感到错了，发誓不再偷了，但过后仍然我行我素，阿申是从偷窃中得到满足，来弥补妈妈对自己在零用钱方面的苛刻。

偷盗癖与小偷不同，其主要特征是反复出现不可克制的偷窃冲动，事前无计划，有逐渐加重的紧张兴奋感。行窃的钱物不是因个人实际需要，也不考虑偷窃物的经济价值，他们常将偷窃的物品丢弃、偷偷归还或收藏起来。他们都是独自进行偷窃，在体会到偷窃过程的刺激后紧张得到了缓解，精神上得到了满足。

内在原因为焦虑抑郁强迫症，偷盗癖是病理性的，他们偷窃是病的外在表现，内在的驱力和根源来自焦虑、抑郁和强迫症。另外，患有偷盗癖的人在儿童时期，多由祖辈监护养育，或父母离异、再婚，与孩子缺少情感沟通，在学校多被孤立、惩罚，这使他们缺少爱和理性诱导，因此也就难以建立自尊自爱。

当他们的快乐取向与某些不良行为联在一起，在潜意识中成就了一种自我精神补偿，指责批评他们，就意味着压制了他们的精神需求，不但效果不好，反而随着年龄增长会形成心理障碍和人格缺陷。

说到偷窃，我们就会想到小偷偷了别人的财物后倒卖牟利，或者黑了别人的银行账户偷钱。但人们每天都有类似的行为，很多时候却没有意识到自己在偷窃。

私用公家的复印机算偷吗？蹭邻居 WIFI 上网算偷吗？心理学家指出，各种偷窃行为并无本质区别，人们对自己的偷窃行为进行了相同的合理化过程，使得偷窃成为社会普遍现象。

SAP 公司一名身家超过百万美元的高管托马斯·朗根巴赫近日涉嫌伪造商品条形码磁条，然后在商店以超低价购买乐高玩具，最后在 eBay 上倒卖获利 3 万美元，被美国当地司法机关起诉。

朗根巴赫被指心理失常，因为他不可能缺这点钱，完全买得起全价的玩具。作为一个受过高等教育、有头有脸的成功人士，人们很难想象他竟然会去偷钱。美国司法心理学家萨曼塔·斯梅瑟斯坦因博士推测，朗根巴赫患有偷窃狂，即强迫性的偷窃行为。

当人们想到偷这个字眼，马上会认为自己"永远不会干那种事"，把自己跟小偷划清界限。然而，当人们不告诉餐厅服务员他少收了一份饮料的钱，或者在超市将一条口香糖随手揣到口袋里，其实与抢劫银行的江洋大盗有着完全一样的合理化过程，使得偷窃的想法成为事实。

假如你办事需要提交身份证复印件，就到办公室用公司的复印机复印了两张。这是否算偷窃，取决于公司的规定。因为办公设备和纸张不是用于私人用途的，所以你很可能是在偷窃。你会因此被炒鱿鱼吗？不太可能。这取决于你复印多少份及公司的规定是否严格。

我们大多数人在一生之中都会有过某种形式的偷窃，有的人甚至已经形成习惯。即使我们意识到自己正在偷窃，一般也会加以合理化："几张纸和一点墨粉算什么呢？""几件家里的旧货卖不了高价，政府也不缺这点钱。"

我们以为自己离偷还很远，因此对社会上普遍存在的偷窃行为视而不见。心理学界对此也认识不足，导致忍不住要偷窃的人无法认识自己的问题，也没能得到帮助。

带来关心的"偷盗"

慧慧 14 岁，目前在某中学初二就读，有严重的偷钱行为，不仅偷家里的钱，甚至也偷过同学的钱，这个行为持续了五六年了，父母采取了各种办法，打过、骂过、好好讲道理，效果都不明显，眼看着她一步步滑向深渊，家人很着急。

她从小就比较有个性，比较倔，从上小学开始，有男孩倾向，不肯穿裙子、皮鞋之类女孩的衣服，脑子很聪明，学习态度非常不好，但成绩一直不错。从小父母对她关心很少，这和他们的家庭环境有关，父母都有自己的事业，平常对她的关注少之又少，零花钱给的很多，平时要什么家里一般都能满足，但父母不知道怎么就造成了她偷东西的毛病。

等父母知道以后，也尝试了很多办法，给她更多的零花钱，但是似乎也不能满足她的欲望。慧慧平时和奶奶住在一起，奶奶宠着她。

偷窃行为往往缘自幼年爱的缺失或家庭关系淡漠，也有些孩子在成长过程中父母要求非常苛刻，要求很高，这使得他们内心极不快乐，需要借助一些极端的行为来获得认可。

最大的问题在于：身边的人只有道德的灌输没有情感的沟通，只能带来内疚感而没有成就感。慧慧缺少情感沟通，这使她缺少爱和理性诱导，因此也就难以建立自尊自爱。当慧慧这种情绪的快乐取向与偷盗不良行为联在一起，在潜意识中成就了一种自我精神补偿，随着年龄增长进而形成心理障碍和人格缺陷。

慧慧是希望可能通过恶作剧、偷东西等坏行为以引起父母关心，从而获取情感上的需要。随着年龄增长，长期以来爱的缺失所带来的焦虑和不安全感积聚成疾，会导致他们出现一种心理障碍，偷盗癖就是其中一种。

爱偷东西的男孩小鱼，是一对再婚重组的家庭的孩子，他和慧慧一样有习惯性偷窃和说谎行为。小鱼出生后不久，亲生母亲离家出走，他由外婆单独抚养长大。

1岁时，父母离婚，父亲外出打工。3岁时，父亲将他接回祖父家共同生活，期间父亲常用棍棒暴打体罚他。小学一年级时，小鱼被送到郊区住宿学校住读。无人了解他小学期间的学习、交友情况以及何时开始偷窃，外婆曾经偷偷到学校看他，但是父亲家禁止外婆和他接触。

半年前父亲再婚，女方带来一个10岁的妹妹。新家庭搬到异地与男方父母同住，小鱼转入当地一所校规严格的民办小学就读，开始与家人一起生活。小鱼被屡次发现偷窃，未被发现的偷窃次数不详。小鱼对父母说谎频繁，有时并非为了逃避惩罚而说谎，真假难辨，好像说谎成为了一种习惯。小鱼也经常欺负妹妹，两人无法相处。继母曾几次试图相信他的解释，最后都发现被骗。

小鱼神情谦恭，但信口说谎，被问及生母时，他说了句真话："我不记得我的妈妈。"

其实，慧慧和小鱼都属于病理性偷窃，均有习惯与冲动控制障碍。而小鱼经常说谎。但无其他不良行为方式，尚不属于品行障碍。

小鱼对所有人都不说真话、不表露情感，父母对他早期的情绪行为和经历一无所知。外婆经常走很远的路偷偷到学校里看他，他会为外婆保密，不告诉家人。

而外婆是符合儿童个体情感需求的客体，却是属于重组家庭外部的资源，是小鱼家庭组织情感的弥补情感需要。

从小鱼、慧慧的个性来看：他们的性格都属于内向、敏感，但表达能力或表达欲望较差；自我分析认知能力较缺乏，而在其成长过程中可能缺乏安全感，这里说的安全感并不是说其早年一定受过什么肢体虐待、不得温饱，而是父母没有对其的自我表达给予应有的尊重和关爱。

从小鱼的家庭来看：父母的行事感觉很低调，谨小慎微，待人接物力求滴水不漏，这种外表的"完美"将不完美的东西投射给了孩子，自己生活中不敢做的事由孩子干了。

小鱼的爸爸对老年人毕恭毕敬，而他就可以跟爷爷翻脸；自己最爱面子，但孩子让自己最没面子，追求完美的父母总会有破罐破摔的孩子，这叫反向认同。

通常事业上或者直接说收入上不太成功的父母，在教育孩子上也是不自信的，他们的教育常是大道理满天飞，每句话都是那么正确且让人心烦，总想面面俱到实际上毫无实效。因为他们自己也真的不知道在这个社会成功到底要靠什么。

16岁的少女李琳随同父母从乡下来到成都的舅舅家。但没多久，舅舅家却突然发生了一桩神秘的盗窃案。

李琳的舅舅、舅妈在成都经营着一家公司，这天舅妈一查账，竟然发现少了1100元！难道家里进了小偷？就在纳闷时，更蹊跷的事发生了，在成都的大部分亲戚家里，都相继发生了丢钱事件。

此时，李琳的母亲出面了："那1100元钱是李琳偷的，我问过她，她承认了。"这番话让舅舅、舅妈大吃一惊。后来，他们又得知那些亲戚家的钱也都是李琳偷的。原来，李琳在5岁时就染上了偷东西的习惯，至今已整整11年。

李琳上小学时，有一天她从老师办公室拿走了一本教科书，但第二天，她又悄悄地把书送了回去。后来在学校花卉展期间，李琳又将一盆鲜花挪到了厕所里，但奇怪的是，她自己却向老师报告有人偷花。由于当时有目击者，李琳的"自盗"案件很快就被"侦破"。老师把她的表现告诉了她的父母，但忙着做生意的父母并没在意，可这一放手让李琳难以自拔，她又开始了下一轮的疯狂"偷物"。此时，父母才意识到问题的严重性。

更令人吃惊的是，随着年龄的增长，李琳的作案手法也开始向"专业"化发展，此时的她已经可以娴熟地溜门撬锁。偷完东西后，她能镇定地砸碎镜子，伪造现场。李琳偷了东西后很少自己用，那为什么还要一次次偷呢？这让她的父母难以理解。

李琳的父母认为打骂自己的孩子是天经地义的事，可结果却让李琳产生了强烈的逆反心理。原来，李琳对父母充满了仇恨，从去年开始，父母为了改正她的恶习，让她当着老师和全班同学的面，把自己偷东西的过程写下来，然后站在讲台上给大家念，而且父母曾当着众人的面打过她……这种带有羞辱性的教育方式、不可抑制的偷窃冲动让李琳很痛苦，她在日记中写道："我恨这种行为，你又来捣乱了……"

李琳的行为习惯应该属于偷盗癖，而偷盗癖有很多特点，比如说要不断地重复去偷，这种行为她自己控制不住，这跟那种有目的的偷窃不同。

李琳从 5 岁就开始偷窃，而且偷窃次数十分频繁，这样看来，李琳的行为显然符合了这些特征。但实际上，有很多小偷也是反复作案的。怎样才能判别一个真正的小偷和患病的小偷呢？

这两者的区别在于：有偷盗癖的人总是有一种紧张感，在行动前他的内心会非常冲动，心跳加快，当偷完后，他会有一种释放感、满足感，甚至有人形容它为快感。但之后，他还会自责、内疚，想要改变但又改不了。

最重要的还有一点，小偷总是想偷最值钱的，而李琳却并不在意偷的是什么。李琳之所以要偷窃，是因为她内心有一种想偷的冲动，这种冲动非常顽固，她自己已经无法控制。

她的父母在了解之后也陷入了深深的自责中。她从来没想过女儿偷窃竟是一种病！更让父母内疚的是，李琳在 5 岁第一次偷窃时，他们并没有严厉制止，自此错过了最好的教育时机。

6岁之前，是一个人的心理关键期。其实在每个人的潜意识中，都有一种本能的原始冲动，比如我们都喜欢吃好东西、听美妙的音乐，但很多人不大愿意去辛苦工作。但当一个人受过教育后，就会有社会责任心，他就可以控制自己的这种原始本能。可正是这个关键时期，父母无意中的纵容致使她没有认识到偷窃是可耻的，这对她形成"偷盗癖"有至关重要的影响。

李琳本该是个朝气蓬勃、充满活力的少女，但没有家庭的温暖，令她总是闷闷不乐。为了让自己快乐起来，她也会找朋友玩或玩游戏，但是当她发现，只有在她偷东西后，平时对自己很少关心的父母才会马上团结起来教育她。尽管这种方式不好，但却成了她寻求刺激和家人接触的一种异常行为。

其实，有这样一类人，他们偷窃，是因为特殊的心理欲求。一方面，他们渴望不被发现；另一方面，他们又渴望被发现并被惩罚。结果，被发现或不被发现都会给他们带来快感，于是他们无法从偷盗中得到心理意义上的惩罚，而这种损人不利己的偷盗行为也因此无法停止。

一般情况下，只有偷盗成癖的成年人才被诊断为偷盗癖，而偷盗成癖的青少年，一般不被诊断为偷盗癖。不过，常人一般不理解有偷盗癖的孩子，经常用一些想当然的错误方法试图矫正他们的行为，结果起到的是反面作用。

最常见的错误方法就是惩罚有偷盗癖的孩子。但这正中孩子的下怀，因为这些孩子之所以去偷盗一些自己并不怎么需要的物品，就是为了让别人尤其是父母惩罚自己。这种惩罚会给他们带来快感，所以反而会令他们更加沉溺于偷盗。

如果仔细观察，就会发现有偷盗癖的孩子的家庭好像是一个模子里刻出来的：家境不错，父母至少有一人讲道德，而且明显有些刻板。

偷盗的嗜好是怎么形成的呢？这至少有两个原因。孩子的好奇心被压制。小孩子非常好奇，什么东西都想碰一碰，都想摸一摸。但是有些家长过于自律，对孩子的要求特别的高，不让孩子碰任何不属于自己家的东西。结果，这就导致孩子的探索欲望被压制。小时候，他会听父母的话，但是，随着年龄的增长，他这个被严重压制的欲望不可遏制地浮现出来，于是他很渴望去碰、去摸属于别人的东西，而偷为己有，则是这种欲望的集中表达。

这些父母有点像是周星驰主演的影片《大话西游》中的唐僧，把永远正确的道理化为绵绵不绝的唠叨。在《大话西游》中，唠叨的唐僧逼得小妖自杀，也逼得孙悟空要大逆不道杀掉师傅。在生活中，一些孩子则用偷盗癖的方式，来挑战又唠叨又是"道德君子"的父母。

带来刺激的"偷窃"

白小姐自小家境贫寒，很早便辍学外出打工。为了多挣钱，白小姐除了白天打一份工外，还在网上发布寻求兼职的信息。白小姐接到一条短信，对方自称工作上遇到了烦心事，欲在工作之余寻求一聊天人，并承诺支付重金作为酬劳。白小姐颇为动心，与对方取得联系，并约定了见面时间及地点。

白小姐如约来到一家咖啡厅，见到了一名王姓男子。聊天过程中，白小姐得知王某在一家外企公司担任副总，平时工作压力大，朋友又少，便想找人聊天。

两个小时的聊天结束后，白小姐拿到了王某支付的 2 万元酬劳。白小姐颇为惊讶，更加相信王某是位"有钱人"。白小姐在包房内当着王先生的面查验钱款无误后，便将手包放在包房内的座椅上起身去了卫生间。当其返回时，王先生却已离开包房，手包也不翼而飞。白小姐拨打他手机，对方始终处于通话中。四下找寻未果后，白小姐向警方报案。

根据白小姐的描述，王先生体态中等，年龄 30 岁左右。就在侦查员进一步调查时，王先生再次用此类事情做诱饵，被骗当事人也是一名年轻女孩。

警方从这名女事主反映的嫌疑人体貌特征分析，初步认定两起案件的嫌疑人系同一人。经过一个多小时的搜寻，在一候车大厅内发现了嫌疑人王先生并将其当场控制。随后，侦查员在王先生家中起获十余部手机及一些金银首饰。王先生当场承认这些赃物均是盗窃所得。

王先生今年 30 岁，有固定职业，薪水还不低，月薪大概在 6000 元左右。据王某供述，他在一家展览展示公司工作，平时工作压力较大，下班后又常常是一个人，身边朋友也少，长此以往，心中的郁结越积越多。

去年年初，他在浏览网页时发现很多年轻女孩都在网上寻找兼职，他便想出了高薪雇用她们聊天，然后再实施盗窃的念头，以此排解心中郁结。

第一次尝试后，王先生体会到了偷盗带来的刺激，自此便一发不可收拾。据王某交代，他通常选择在校女生或者刚刚毕业的年轻女孩，因为她们年纪轻，社会经验又少，防范意识自然比较淡薄，容易得手；见面地点大多选择在咖啡厅的包房内，这样方便作案。据他讲，自去年年初至今，他在全市范围内作案多达十余起。

这类犯罪嫌疑人存在一种快感获得方式的异常，从犯罪动机来讲，存在需要和不需要的区别，上述犯罪行为往往并不是真正意义上需要偷来的物品，他们仅仅从这一行为中获得快感。这种犯罪往往带有偶然性，偶然一次的偷窃成功，会让他们尝试到这种快感，随后就带来重复性，可能成为习惯，从而经常选择这一获得快感的方式。

重口味心理学大全

这一类犯罪行为和犯罪嫌疑人的自我角色定位有关,通常是自我角色定位的迷失,表现为希望受到别人关注和希望体现出自己的能耐等。

部分犯罪嫌疑人犯罪并不是为了金钱,仅仅是一种心理欲望和满足。另外有些人是出于报复心理,在生活中遇到一些细小的不愉快,因此想通过某种方式来泄愤,从中得到快感。

其实,李某家庭条件非常优越,但让人意想不到的是,他有个不为人知的爱好,即偷东西寻求刺激。据李某讲,自己喜欢喝酒,每天小酒不断。有一天,李某酒后到邻居家串门,看到家里没人,便偷偷摸摸将邻居家桌子上的手机拿走。因为第一次偷东西,他心里觉得十分兴奋。

回到家里,他觉得这样做很刺激。从此以后,李某酒后都习惯性地到左邻右舍家里行窃。因为李某对村民家庭情况和作息时间非常熟悉,每次潜入村民家偷东西都会轻易得手,大到液化气罐,小到花生油、牛奶等生活用品他都不放过,最多的一次,他从一村民家中来回搬了三趟东西。

邻里接连发生盗窃,谁都没想到会是他干的。随后,民警开始对邻里展开秘密调查。

通过长时间调查,才发现李某有重大嫌疑,但很多邻里反映,他家境很好,前些年开加油站赚了不少钱,现在住着二层小楼,不会为一点利益铤而走险。但随着警方调查工作的不断深入,所有线索矛头都指向了李某。

家庭条件十分优越的李某,按理说他生活得应该很幸福。但因为他独居在家又没有一点业余爱好,所以在一次偶然事件后,就养成了酒后偷东西寻求刺激的恶习,从而一发不可收拾。

庹某和吴某是市区某咖啡馆的同事,也是住在一起的室友,关系非常好。今年9月的一天晚上,庹某在网上看到外地打砸抢烧的新闻,于是就想也去寻求一把刺激。庹某告诉吴某准备去偷东西，吴某听后有些害怕，但出于两人的关系还是同意了。吴某跟庹某说，市区有很多监控探头，担心很容易被发现。"这怕什么，只要戴上帽子和口罩就行了。"庹某安慰吴某。

庹某打电话让吴某下班后在宿舍等，晚上一起"行动"。凌晨左右，庹某下班回到宿舍与吴某碰面。庹某拿出事先准备好的背包，并把断线钳放进背包内，随后，两人将买好的帽子、口罩戴上，在街上转悠，寻找作案目标。

不一会儿，两人来到一家电商场。庹某见四周没人，就上前拉商场侧门的卷帘门，发现门是松的，于是就叫上吴某一起使劲将门拉开一条缝。庹某从缝里钻进店内，而吴某则在店门口望风。

庹某进到店内后，发现展示柜上摆放着很多相机和其他数码产品，上面只用绳索连着，于是就拿出断线钳将绳索剪断，把相机等一并塞进包里。当庹某又在另个展示柜剪绳索时，突然警报器响了，两人便逃之夭夭。

当天早晨上班后，商场店长发现展示柜上少了很多数码产品，警报线也已经被剪断，于是马上拨打了110。民警经过长期的布控和大量的工作，将两名嫌犯抓获，并当场收缴所盗赃物一部卡片机、三部单反相机、六部DV摄像机、一台笔记本电脑和四部手机，总共价值近7万元。

据了解到，犯罪嫌疑人庹某经朋友介绍来到某咖啡馆做水果厨师，收入可观。庹某说出的作案原因让人大跌眼镜："我根本不是为了钱，看到外面别人打砸抢，我就想去趁机偷一把，找点乐子和刺激。"犯罪嫌疑人吴某来自河南，今年从老家来投靠打工的叔叔，本想好好工作，没想到却因为误交损友而走上了犯罪道路。

据庹某称，其实这已经不是他第一次偷窃了，之前他也在一些超市小偷小摸过很多次，不过每次都侥幸逃脱。每一次东西偷到手后，他都伴有一种忐忑不安，还有一种莫名的兴奋，并把偷来的东西都放在车子后备箱里，每次看到这些"战利品"时，他都会产生强烈的兴奋感。但同时他也很自责，由于无法克制自己这种偷窃行为，他也非常苦恼。

这并不是一件普通意义上的盗窃案件，他的偷窃是为了满足内心的兴奋，简单地处理并不能阻止此人的偷窃行为，要安排心理医生为其进行心理疏导。

像这种并不以真正偷盗财物为目的的行为，一般是出于减压的需要或寻求心理上的刺激感。

不管是王先生还是庹某，在偷东西的行为中寻找错位的成功，他们最担心的是被人揭发的难堪和难以预料的后果，而不被人发现恰恰是他们感觉"成功"的基点，因此在一次又一次得手且未被发现后，沉湎于此且不能自拔。

"偷盗癖"起始都因心理补偿

今年58岁的桂大妈初中文化，退休前是某医院职工。退休后，她跟儿子一起生活。桂大妈每月有1000多元退休金，其儿子也有份正式工作，一家人生活无忧。

桂大妈闲来无事，喜欢一个人逛商场。一次，她从商场里偷偷拿了件东西，竟没被人发现，从此染上了偷盗的习惯。今年5月，桂大妈因盗窃罪被法院判处罚金4000元。可桂大妈拿着退休金交了罚金后，并未吸取教训，反倒继续偷拿东西。

桂大妈来到专柜看首饰。桂大妈看中了一款铂金钻石手链，于是叫营业员取出来看看。这时，其他顾客也围过来，各自挑选首饰。桂大妈见人多，营业员忙不过来，便乘机将铂金手链偷偷藏到口袋。顺利得手后，桂大妈快步离开商场，却被门口的保安拦住了。原来，桂大妈的小动作被门口的保安看得一清二楚。见事情败露，桂大妈只好将口袋里的铂金手链还给了商场。随后，桂大妈被赶到的民警带走。经鉴定，该铂金手链价值3240元。

桂大妈对自己的行为感到十分羞愧，一直用手捂着脸，说没脸见人。桂大妈说，自己一大把年纪了，还做这种事情，好丑。"我也不知道为什么，自从偷偷拿了一回东西后，看到东西就忍不住想拿，自己都控制不住自己。"

桂大妈家人表示，并没发现她有偷盗的习惯，直到其被抓，家人还是不敢相信。

其实，桂大妈患有忧郁症，人格障碍和情绪障碍都可导致心瘾。生活无忧无虑的桂大妈为何要屡屡盗窃呢？偷盗上瘾从心理层面解释，可能分两种不同情况。

一种是有人格障碍，表现为某种特殊的癖好，比如说偷盗癖。这是一种难以控制的偷窃冲动所驱使的偷窃行为，以偷窃他人或者集体的财物来满足自己内心的欲望。这类行为人在身体或者精神的其他方面都是正常的，只是有这么一种冲动导致他去偷窃，而并不是主要为了满足物质上的享受。

第二种情况，可能与其情绪有关系。只是他也许在某次情绪抑郁的时候偶尔偷拿了东西，发现情绪好转了。于是，下次情绪再低落时，就有可能再次去偷盗，用偷盗来做情绪补偿。桂大妈患有忧郁症，平时接触的人很少，家人都有自己的事情，很少沟通是缺少关爱所致。

其实患者清楚知道自己的行为是错误的，他们会后悔、内疚。然而这是极危险的事，假如被捕，也许第一次是遭受法官警告或罚款，再犯则可能会遭判监禁。这样对已具有忧郁症背景的患者更加不利，对原本已存有压力的家庭也有如雪上加霜，境况会越来越坏。

从桂大妈来看，偷盗癖者自身其实时刻背负着无法改变、精神上的痛苦。因此也可以说，一些偷盗癖患者是凭着偷窃时的兴奋、紧张来逃避现实的。其实，从某种角度上说，当场被抓的情形也是偷盗癖患者所盼望的。

这是一种既复杂又矛盾的心理，平常人真是搞不懂。不过对偷盗癖患者来说，"引人围观，指指点点，成为众目焦点"虽然是最消极引起注意力的办法，但此举可以麻醉一下孤独忧郁的心，靠自我妄想地造出一个人人关注的假象。有许多患忧郁症的太太，就是用此下策来引起丈夫的关注。

　　偷盗癖患者都有自暴自弃甚至自毁的倾向，也许教人难以置信，一旦无法再面对身边残忍的现实，他们就要惩罚自己。而惩罚自己要有个借口，偷窃这借口，就是要以实际行动来证明自己是个坏人。同时，他们也会有"偷窃就有机会被抓，既被抓，就更有理由来惩罚自己或毁灭自己"的乖戾想法。

　　当然，也有在毫无意识的情况下偷窃的，例如有些忧郁症偷盗癖患者也患有老年痴呆症。而除了忧郁症能引发患者的偷盗癖之外，其他如更年期不平衡、无法面对生活压力、强迫症，都可能是导致偷窃成癖的原因。

　　15岁的小辉就是一个典型的用偷盗来进行弥补心理的例子，他刚上初二，但已有4年的偷盗史了。最早是偷家里的钱，后来发展到偷同学和老师的物品，现在则频频光顾超市。小辉在超市的偷盗行为还从未被发现，不过，他在学校的偷盗行为多次被老师和同学抓住，但学校有心理老师，他让小辉的任课老师和同学们明白，小辉不是贪婪的小偷，而只是一个病人。

　　心理老师的这一说法很快得到了小辉的老师和同学的认可，因为小辉偷的都是便宜物品，而且小辉从不缺钱花，他对同学们还非常慷慨，人缘也不错。此外，小辉的学习成绩一直排在班里的前5名。不过，尽管学校里没有太把小辉的偷盗问题当回事，但小辉的妈妈黄姨却觉得儿子丢尽了自己的脸面。为了让儿子杜绝这种不良习惯，她一次次苦口婆心地教育儿子，但都没收到效果。

　　小辉说，他现在频频光顾的是同一个超市，而且总是去偷同一类物品，并且还总是在同一个收银员那里埋单。他描绘自己的心情说:"埋单的时候,我很兴奋,希望自己不被抓住。但是,等交了钱要离开的时候,我一样很兴奋,但这时是希望能被抓住,并且大骂我是小偷。"

小辉的这句话反映了偷盗癖的典型心理,也就是说,偷盗行为不被发现会给他们带来心理上的奖赏,而偷盗行为被发现,也会给他们带来心理上的奖赏。结果,这就导致,好像无论别人怎么做,偷盗癖都获得了心理上的满足。这就导致他们总能从偷盗行为中获得乐趣,于是偷盗行为就越来越频繁。

小辉其实享受的是偷盗的过程,而不是被偷盗的物品,这是偷盗癖患者的一个典型特点。如果别人要送这个东西给他,他就没有兴趣了。

但成年的偷盗癖患者是很难被矫治的,因为他们很难控制自己的偷盗行为,而且很容易得到惩罚,但获得惩罚又是他们内心深处的渴望,于是惩罚没有令他们收手,反而会成为心理上的奖励,刺激他们变本加厉地偷盗。不过,如果他们足够幸运,偷盗行为一次都没有被发现,那么他们会觉得偷盗行为实在是索然无味,于是会自动放弃。

重口味心理学大全

第十章
游走于私人的世界
——睡行症

一边走路一边"睡觉"

女大学生小友梦游醒来却在离家两公里的山上，小友本来应该在家里睡觉，但不知道为什么半夜醒来，发现自己裹了一条被子在离家两公里外的山上。感觉害怕时，拨家里电话求助却手机欠费，最后只得求助110。

当地民警突然接到了一个奇怪的报警电话，也着实吓了一跳，当时电话一响，小友就放声大哭。民警初步了解情况后，安慰说："你不要急，慢慢说你的位置。"小友这才说自己的名字，现在附近的山上。

"这么晚了，却在山上？"民警也感到非常惊奇，而小友所在山属旅游景点，有山、有树、有亭子。民警继续追问小友："你是一个人吗？半夜了怎么会在山上？"

"我一个人在山上，好像是梦游了。我好害怕，给家里打电话手机却欠费打不通，只能求助110。"小友蜷缩着身子惊恐地说道。

当众人借着路上隐隐约约的月光，拾阶而上，找到山顶上仍意识模糊的小友，她披着被子，见母亲大声地哭了起来。母亲问她怎么上的山，她说梦中稀里糊涂就上来了。这时，小友父亲才回想起半夜里曾听见"哐嗒"的关门声，但没在意。

从小友当时的意识模糊来看，小友一定是属于睡行症，一种在睡眠过程中尚未清醒而起床在室内或户外行走，或做一些简单活动的睡眠和清醒的混合状态。

睡行症俗称梦游，是指睡眠中突然爬起来进行活动，而后又睡下，醒后对睡眠期间的活动一无所知。夜游症不是发生在梦中，而是发生在睡眠的第 3～4 期深睡阶段，此阶段集中于前半夜。

这类患者一般表现为反复发作的睡眠中起床行走，持续时间为数分钟或者更久，梦游者在睡眠中突然眼睛凝视起来，但不看东西，然后下床在意识朦胧不清的情况下进行某种活动。下床行走时，周围虽漆黑一片，但患者一般不会碰到什么东西，而且还行走自如。

梦是潜意识、压抑在我们内心更深处的一些情结或者未了愿望。梦本身带有心理能量，比如在梦里摔跤或者抓蚊子等，人们往往会把自己惊醒。

而睡行症的人是自己给自己深度催眠，而且可以起床行动。梦游状态时，人是无意识状态，是潜意识在指挥自己行动。梦游状态和醒来状态是完全不一样的。

睡行者的眼睛是半开或全睁着的，走路姿势与平时一样，甚至他们还能进行一些复杂的活动。梦游是一种奇异的意识状态，患者似乎只活在自己的世界中，与他人失去了联系。他们的情绪有时会波动很大，甚至说一大堆胡话，别人很难听懂。

小友的父母也说，她在梦游时表情呆板，对旁人的刺激基本上不作反应，也很难被强行唤醒。她虽意识不清，但动作似乎有目的性，似乎在从事一项很有意义的工作，发作后多又能自动回到床上继续睡觉。

梦游通常出现在睡眠的前深睡期，而小友说，她每次梦游次晨醒来，对晚间发生的事茫然无知，完全遗忘，但有时候自己做的梦却能记得一二。事实上，梦游与做梦无关，因为根据脑波图的记录，梦游是在深睡的阶段，并非是快速眼动睡眠阶段，此阶段人是不会做梦的，因此梦游称为睡中行走可能更符合事实。

比起如今躺在病床上面色痛苦的男孩高彬，小友似乎幸运得多了，令人很难想象的是，他住进医院竟也是因为梦游。他从学校寝室的三楼坠下摔伤，对于这场飞来横祸，高彬始终觉得自己很冤，因为他将要在医院里迎接毕业，而高额的手术费也令他一筹莫展。

24 岁的高彬面色痛苦，双脚肿胀，上面还有水疱。高彬说："我觉得自己特别冤，竟然梦游坠楼了。当天我去朋友的学校留宿，晚上习惯性地住在了下铺，当晚我思前想后很久都不能入睡，睡着了我就啥都不知道了，直到我快要落到地面了才有些感觉，我当时还以为是在做梦，身体摔到地面后，剧烈的疼痛才让我清醒了。"

事后，高彬拼命地喊"救命"，但当时因天还没亮，无人应答。迷迷糊糊之中也不知过了多久，才有人将他送到了医院。"被送到医院后，我当时觉得自己快要死了，一直惊恐不定，在医院待了一会儿后，我的精神渐渐恢复正常，就觉得自己心里憋屈。"高彬委屈地说着。

同学说："我都睡着了，后来听到楼下隐约有人喊'救命'，我仔细一听是高彬的声音，我立马起身，结果发现高彬睡觉的床上没人，我顿时出了一身冷汗。我跑到走廊一看，窗上的纱窗没了，再往楼下一看，高彬正趴在楼下，身子底下还压着纱窗，我立即拨打了 120 求救，然后下楼。"

对于高彬梦游一事，高彬的大学室友牛同学说："他有时候半夜就自己出去了，大家也都没当回事，觉得他就是起夜去厕所。不过他的上铺同学总反映高彬晚上睡不着觉，因为他总是在床上翻来覆去，弄得床咯吱咯吱作响。"

对于同学们所说的这些，高彬的父亲却说，孩子自从上了初中就离家住校，偶尔回家时并未发现有异常现象，但他小时候确实有梦游的情况，有过半夜穿起衣服就出屋的情况，没过几分钟自己又回来了，所以家人也就没当回事。

高彬说："初中时老师反映过我半夜敲过别的寝室的房门，还晚上打过行李包，但走出去后自己又回来继续睡觉了。等到白天有人问我时，我是一点都不知道。"

这次高彬梦游坠楼一事，高彬自己猜测："我听同学说晚上我有梦游去厕所的习惯，因为学校寝室的厕所比较近，走半分钟就能到了，而同学寝室的厕所离得比较远，要走上一分多钟，可能是我潜意识里习惯了，以为到了窗户的位置就是厕所了，于是我就横冲直撞地上了窗台，冲破纱窗跳下去了。"父亲说："知道儿子跳楼后，我都要吓死了，要是我早知道梦游能引起这么严重的后果，我早就重视了。"

躺在床上，看着含辛茹苦供他上学的父亲，高彬变得有些沉默："眼瞅着我就要毕业了，就能挣钱还这四年来父亲为供我读书欠下的债。哪成想我还出了这事，现在我是浑身有劲却无处发挥。好不容易找到了一家实习的单位，寻思毕业了再大展拳脚，可现在一切都得等病好了才能定。"

高彬含泪说："自从我上了大四，我就觉得心理压力特别大，总寻思多挣些钱好报答父母。只有躺在床上时我才是最放松的，所以我喜欢胡思乱想，想得多了就总失眠，也许我太压抑了，所以梦游症才变得这么频繁。"

从高彬的梦游症来看，梦游是一种潜意识压抑的情绪在适当的时机时发作的一种表现，梦游的人总有一些比较痛苦的经历，这些都是导致他梦游的原因，而梦游的行动范围也是梦游者平时比较熟悉的一些环境，是他经常做的一些动作。

无法唤醒的"夜行者"

一觉起来，小乔说自己的胳膊上多了 5 个针眼，显得触目惊心。这是怎么回事儿？下午睡一觉，怪事一大堆的小乔说，这一切都发生在几个小时的时间里面，独自在家的她在床上睡了一觉，直到天已擦黑才起床，但是她却发现了一些自己都不敢相信的事情，疑点一：自己的手臂上多了 5 个针眼儿，不知道是谁扎上的。疑点二：家里收音机天线被折断了。疑点三：放在厨房的大米被人换了别的牌子。

独居的小乔一头雾水，家住在 7 楼，房门锁得好好的，这是怎么回事呢？实在想不明白，而且越想越恐怖，小乔在不得已的情况下报了警。

自从一个人住以后，小乔睡觉前还特别确认房门上锁、窗户关闭后才睡的觉。后来民警发现小乔的神志清醒，不存在幻觉，事情也不像是编出来的。同时，小乔的门窗完好，财物也没有遗失，看不出有入室侵财的迹象。

后来民警从蛛丝马迹中发现小乔竟然有睡行症。原来，前段时间小乔感冒了，社区门诊的护士上门给她打的点滴，家中垃圾桶里还有一次性的针头。经进一步了解，小乔最近睡眠很不好，工作中遇到了不少问题。

小乔经过心理医生的询问和诊断后，事实的真相终于浮出了水面。小乔独居在家，她觉得孤单，难免焦虑、疑心，患了感冒后，她总是担心不好，潜意识里就想"多打针、多吃药"，由此诱发了轻度梦游症状，她自己找到护士丢弃在自家垃圾桶里的一次性输液袋、针头，自行开始治疗。接下来的种种原因也可想而知了。

其实，保护梦游症严重患者要靠睡前监护。梦游症属于神经性疾病，发病原因在医学上还没有被认定，目前没有好的治疗方法。目前唯一可行的办法就是通过监护人保护，比如说在睡觉时，应该将门窗关好、关死，这样才能有效保护患者的安全。像小乔这样一个人居住的，也只有靠自己睡前关死门窗来保护自己或是家里尽量不放易受伤的利器。

梦游在神经学上是一种睡眠障碍，人在睡眠时，若是有一组或几组支配运动的神经细胞仍然处于兴奋状态，就会产生梦游。

梦游行动的范围往往是梦游者平时最熟悉的环境及经常反复做的动作，通常发生在入睡后的前几个小时，大多数梦游者睡醒后对自己的经历完全没有印象的。

很多人认为不可随便去喊醒梦游者，因为梦游者忽然惊醒会吓疯的。事实上，梦游者很难被唤醒，即使被唤醒了也不会发疯，只是会感到迷惑不解而已。

一个 10 岁男孩阿深的睡行症却吓坏父母，他在卫生间狂按马桶。"凌晨 1 点多，我听到厨房里有响声，以为是家里进贼了！"阿深的妈妈说，听到动静后，她赶紧把丈夫摇醒。没一会儿，卫生间又哗哗地响起水声。

有些惊讶的卢女士起床后，看到儿子半睁着眼睛在客厅里走来走去，叫他也没有反应，难道儿子是在梦游？随后父母牵起他进屋睡觉，但阿深一直处于一种无意识的状态下，随后又起床按马桶盖，在这样反复的情况下，阿深的父亲试着想叫醒他，但无法叫醒。

"我真的把碗从橱柜里拿出来了吗？真的在卫生间不停地按抽水马桶吗？"男孩阿深脸愁容，因为他怎么也想不起来他做过这些事。

睡行症并不少见，大多数患者在清醒后都不记得梦游发作时自己做过什么。这种症状除了有一般精神病的倾向外，完全没有什么疾病的症候。

他们会在梦中站立起来，向他们幻想中的目标直接走去，而不注意周围的一切。要唤醒一个梦游症者，比唤醒一个普通的睡眠者更加困难，其原因便在这里。

他们整个身心只集中在一件事情——就是实现他们的欲望，他们完全被这个巨大原动力所控制。这一欲望似乎独立起来，与他们的日常生活不存在任何联系，所以，夜间所碰到的事情不在记忆之中。

令梦游者清醒的有效方法是让其身体接触冷水，对一般人产生作用的声音和光线，常常不能使梦游者清醒过来。

有一个男人梦游，他的妻子用了许多办法都无法将他唤醒。后来她想出一个妙计，每夜把一盆冷水摆在丈夫梦中下床的地方，这个方法成功了好几次，她的丈夫能够被冷水弄醒。

可是过了不久，他要梦中起身的时候，却会避开那盆冷水，从床的另一边下去。

这是不足为奇的：他心中强烈的欲望迫使他避开一切阻碍，向唯一的目标前进。

患睡行症的人，说是有潜意识下的消极心理，像孤独无依、恐惧或妒忌等。比如当儿童时期，如果失掉家人或觉得受到他人的忽视，从而要求得到更多成人付出的温存和抚爱。

而睡行症的现象在过去是被世人误解的，它受一层神秘和恐怖的帷幕罩着，而深度患有睡行症的人是无法唤醒的，还有可能在意识模糊的情况下和人交流。

一天夜里，小 C 穿着睡衣赤脚在马路上狂奔。当巡警发现后，他恐惧地说："有人要追杀我，我跳楼逃出。"小 C 是从二楼窗户跳出，落在门前自己的小车车顶，然后赤脚往公安局方向狂奔。民警立即对小 C 自建房包围布控，但发现前后门紧闭完好，屋内及四周一片寂静。

小 C 从跳楼到民警赶到现场，最多 5 分钟，不可能没有一点追杀迹象。原来小 C 是睡行症，而小 C 腿部骨折明显，但意识还不清晰，仍然处于自己的梦游中。

小 C 的性格比较内向，一直跟母亲住在一起，不爱与人交流，由于精神上曾患有疾病，生活上要靠家人照顾。在母亲的精心照顾下，已经 20 有余的小 C 在生活上也开始逐渐自立，可是有一个习惯始终让母亲不能安心。

"经常讲梦话，有时候还会梦游，怕他出事，所以我睡他旁边。"小 C 的母亲判断，儿子坠楼的原因可能跟夜间梦游有关。但从楼上坠落下来，小 C 也并没有从自己的"睡行症"中醒来。

而一般情况下，患有睡行症的人大多是神经过敏、神经质，很容易被感动到痛哭或大笑，喜欢以自己为一切事物之中心，容易趋于极端。

他们也是游移动摇、意志不定的人，他们的心境几乎没有一时一刻不是在变化的，当要实现某种目的时，他们很难用理智恰当地调和自身欲望。他们整个有机体往往完全服从于强有力的欲望，甚至在睡眠中也受到这种欲望的支配。如何界定梦游症呢？

（1）睡眠中起床行走行为，通常发生在主要睡眠阶段的第三期。

（2）当梦游时，患者脸部表情呆板，对他人的刺激基本上不做反应，梦游者也很难被强行唤醒。

（3）清醒时（不管是在梦游结束后，还是在第二天早晨）患者对梦游中所发生的一切大都遗忘了。

（4）当从梦游状态醒来后的几分钟内，患者心理活动与行为均无损伤（尽管醒来最初一刻，患者有迷糊与定向力障碍）。

（5）梦游的起始及进行过程中没有诸如癫痫症一类的器质性因素加入。

梦游症的注意事项：

（1）合理安排作息时间。培养良好的睡眠习惯，日常生活规律，避免过度疲劳和高度的紧张状态，注意早睡早起，锻炼身体，使睡眠节律调整到最佳状态。

（2）注意睡眠环境的控制。睡前关好门窗，收藏好各种危险物品，以免梦游发作时外出走失或引起伤害自己及他人的事件。

（3）注意不在孩子面前谈论其病情的严重性及其梦游经过，以免增加患儿的紧张、焦虑及恐惧情绪。

昨天夜里"我做了什么"

不少人拥有梦游的经历，不过若有人梦游到每晚跟他人发生性关系却不自知，你相信吗？澳洲就发生过这种例子，一名患有严重梦游症的妇人，不知从何时开始，每晚她会在睡梦中悄悄离家，到外头随便与陌生男子欢好。

由于这名女子的同居人早已得知她患有梦游症，因此对她夜半时分起床走动的行径早就习以为常。不过后来这名同居人却发现，只要女友梦游的隔天早上，屋外总散布了一些使用过的保险套。为了一窥究竟，他选择一日女友再度梦游时悄悄跟随观察，结果竟然发现女友不但梦游出门，还与屋外陌生男子见面，两人甚至就在屋外直接做起爱来。

虽然眼前景象十分惊人，不过这名同居人仍力求镇定，仅以数码相机将眼前所见拍摄存档。结束约半个钟头的性爱后，两人以吻别结束幽会，女子再若无其事地返家，然后上床睡觉。

待第二天，同居人把照片给女方看，这名妇人显得相当吃惊，并表示自己完全不认识照片中的男子。

虽然整件事情疑点重重，不过经过详细诊疗后，这名妇人应该是患了相当罕见的睡眠性交症，患了此病的病人会在睡眠中不自主、毫无知觉地与人发生性爱。

这种病症相当罕见，大约仅有万分之一的罹患率。而病例多是以男性为主，患有这种特殊梦游症的患者，会在睡眠中醒来，然后仿佛换了一个人似的性欲高涨，然后无意识地与枕边人求欢，而且比平常还更加温柔热情，常让另一半惊喜连连，许多伴侣甚至对这样的意外十分欢迎。

一名患者的老婆还说："他睡着时做爱比醒着表现更热烈，简直就像换了一个人似的。"而到目前为止，患有这种睡眠性交症的病例多以男性为主，至于是什么原因？要如何治疗？由于案例实在太少，许多疑点尚待厘清！

不过，无论梦游者在睡眠中间发生性行为只是怪癖抑或是严重病症，都有多重隐忧，需要积极治疗，因为谁也不敢保证这些"梦游情人"除了做爱以外会不会做出什么意想不到的危险行为。

虽然梦游者梦游时处于深度睡眠状态，且旁人不易唤醒，不过要无意识地跟人发生性爱，实在太匪夷所思。

这类的患者为了逃避会引发心理痛苦的事物，会将自己的意识活动或记忆从整个精神活动中分解离开来，以达到防卫自我的目的。因为病人的意识、认同或运动行为的正常协调功能突然改变，所以对外人而言，就像换个人似的。

不过这种现象一般都是在病人醒着且有突发的特定事件发生时才会产生，和这个外国女子在睡眠中且经常性地发生又不尽相同。在证据资讯不充分的情况下，也只能以难以理解来形容整件事。

梦游不是唯一的睡眠功能紊乱症状。还有睡眠性行为，有时称作睡眠性交症或梦游性行为，它比听上去要包含更多含义——睡眠期间的性行为。

具有这种症状的人会在睡觉时具有性意味地抚摸自己或开始性交。只有当他们的伴侣或室友提及时他们才知道发生了什么，具有睡眠性交症的人往往变成梦游者或具有其他睡眠功能紊乱症状。

睡眠性交症有时称作梦游性行为，类似梦游症，但身不由己地与伴侣交欢，醒来却如失忆，不知自己做了什么事情。

同样，对于患有睡行症的人来说也是容易影响两个人之前的感情的。

一对夫妇中，丈夫患梦游症严重影响妻子休息。"分床睡吧，怕丈夫有想法；一起睡吧，他又经常梦游，闹得我不安心。"这件尴尬事，让家住汉口的钟小姐左右为难。

28岁的钟小姐是汉口一家公司的会计，丈夫在一家建筑设计院上班。钟小姐说，结婚后才知道丈夫有梦游症，每天夜里，只要丈夫起床她就害怕。

"听人说梦游的人不能随便喊醒，我只有起床守着他。"钟小姐说，每隔几天，丈夫就这样"游"一回，她也睡不好，第二天都无精打采。

而对于梦游这种症状医学上称为睡行症，尚没有好的办法医治，患者梦游时，的确不可随意喊醒，否则会使患者烦躁不安。随着年龄的增长，适度调节心态、放松压力，有的梦游症会慢慢消失。

而在这其中有更离奇的患者，居然在新婚当夜便把妻子扔进牛棚。

新娘程程在结婚当天夜里睡得很沉，凌晨左右，程程迷迷糊糊中感到很冷，醒来一看自己竟睡在牛棚里的草垛边，程程不知发生了什么事，也不好意思说出去。

当晚夜里，程程不敢熟睡，到后半夜，丈夫小许突然起床，抱起程程向外走，程程边挣扎边生气地问："深更半夜的，你干啥呢？"丈夫像是惊了一下，放下程程独自睡去。

又是一夜，小许再次抱起程程向外走，程程想看看丈夫到底干啥，便没有吭声，丈夫竟将新娘放到大门口，头也不回地进屋睡下。

此时，程程才如梦方醒，原来自己睡在牛棚里也是丈夫的杰作。程程很是生气，没与丈夫打招呼便独自回了娘家。不知所措的小许在父母的催促下来到岳母家，他红着脸告诉妻子，自己确实有梦游症，以为没什么事，又怕别人笑话，所以一直没有说出去，也没有治疗，近两年病情有所加重，夜里常将家里的电视机、被子等抱到屋外。

程程盛怒之下说什么也不回去，让丈夫看好病再来找她。无奈，小许一边寻医问药，一边托人或亲自给妻子赔礼道歉。

小许在小时候也发生过两次梦游，而且至今记得，一次是梦中突然起来牵着家里的狗狗就往门外跑，一次是梦中爬水缸，两次均被母亲和姐姐发现，被拉回被窝继续睡觉去了。如今，却有严重的迹象。

相比之下英国这对夫妻就很悲剧了，59 岁的布赖恩和 57 岁的妻子克里斯汀是青梅竹马的伴侣，夫妇俩结婚近 40 年，感情深厚。一次布赖恩开着一辆野营车，带着妻子到西威尔士海滨度假，他们将野营车停靠在阿伯波斯市的一家酒馆停车场内，晚上夫妇俩就睡在了野营车中。当天，布赖恩夫妇受到了几名"飙车仔"的骚扰，这几名年轻人一直在他们的野营车附近炫耀驾车特技。

由于布赖恩患有慢性睡眠障碍症，当晚他好不容易才进入梦乡。然而，睡梦中的布赖恩突然梦到有人打开了他们的车门，试图盗窃车中的财物，并且这名窃贼正是他白天遇到的飙车男孩之一。布赖恩患上了睡行症，爬起来和他想象中的窃贼展开了搏斗，并用手臂死死箍住了窃贼的喉咙。

然而次日，当布赖恩清醒过来时，他发现被扼住喉咙的竟是睡在身边的妻子——由于他用力过猛，克里斯汀已经停止呼吸，被他活活扼死了！

看到恩爱的妻子竟被自己在梦游状态中活活杀死，布赖恩一开始还以为是做了一场噩梦。但当他意识到这是事实时，布赖恩惊慌失措地报警求救。当地警察 10 分钟后赶到现场，布赖恩正坐在妻子冷却的尸体旁，浑身颤抖地哭泣。急救人员试图对克里斯汀进行抢救，但发现她早已气绝身亡。

当布赖恩说他是在梦游状态下不慎杀死妻子时，警方起初对他的说法非常怀疑，认为他可能是故意杀妻。后来，警方委托睡眠障碍症专家对布赖恩进行了医学测试，专家认为，布赖恩的确患有慢性睡眠障碍症，该疾病很容易导致梦游和身体自动反应行为。

此外，警方调查发现，布赖恩和妻子生有两个女儿，夫妇俩多年来一直很恩爱，布赖恩并没有谋杀妻子的动机。他们甚至还计划不久后乘巡航油轮到地中海度假，庆祝即将到来的结婚40周年纪念日。不幸梦游杀妻后，布赖恩一直精神恍惚，痛不欲生。

由于布赖恩是在梦游状态下错杀妻子，司法检举人同意不以谋杀罪或过失杀人罪对布赖恩提起控诉。司法检举人保罗·托马斯对法官说："我们希望以精神错乱的原因判他无罪。"根据司法检举人的提议，布赖恩应被送进精神病院接受治疗。

当布赖恩扼杀他的妻子时，处于梦游状态的他根本无法控制自己的行为，他不是因为精神错乱而杀妻，所以布赖恩应被无罪释放，而不是被送进精神病院。布赖恩梦游杀妻，可能还跟他忘记服用抗抑郁药有关。

周先生在医院正在接受治疗。他今年50岁，家住在经济开发区。他清晰地记得那天晚上的事儿。20多天前的一晚，他早早躺下休息。"大概晚上10点，觉得自己想起来上厕所，起来后却怎么都找不到厕所门，就在屋里转圈找。"周先生当时穿着一件背心，下穿衬裤，脚上穿着一双袜子。

周先生的记忆里周围一片漆黑，只有双脚前方有个不足一米的光圈，他顺着光走，感觉如果走到别的地方就会丢了。他一点儿也没感觉到冷，而且脚步也很轻快。

"门呢？"他记得走路的过程中反复想着这个，但是始终看不到门。一直到凌晨两点左右，他抬头看到前面有个房子里有光，走进去才发现是到了自己四姐家。四姐开了个小麻将馆，屋里灯还亮着，里面有人在打麻将。"怎么穿这么少就出来了？"四姐喊了一声，他后来听到四姐打电话喊她儿子下楼帮忙，随后的事情他就不知道了。

后来的事情是亲戚告诉他的，他的双脚都冻硬了，脚底像是一块铁板。周先生这是第一次出现梦游症状，没想到是在冬天，门外的雪接近一尺厚。其实四姐家离他家并不远，只有五六百米距离，后来邻居们查看脚印，发现他当晚围着他家的光照大棚转了好几圈。

梦游症多发生在 6 ~ 12 岁，以 5 ~ 7 岁为多见，进入青春期后多能自行消失。而周先生出现梦游症状则因为他长期孤独，已经有些抑郁。周先生的爱人去世 3 年了，儿女不在身边，他就一个人住在光照大棚旁边的小房子里。"我不爱出门，也没有人说话，不喜欢打麻将，不爱下棋。"周先生说。

万幸的是周先生当时一直在步行，双脚虽然严重冻伤但却不必截肢，现在要每日接受电烤治疗。

黑夜里的"暴力者"

很多梦游的人在起床行走的同时会做出很多难以想象的事情。

某晚 11 时左右，一所技校中，处于睡梦中的小袁突然起身，不但猛踹宿舍门，而且将门上的玻璃都砸碎了，万幸的是他的室友及时醒来抱住了他，这才没有引发更大的意外。

"真是太奇怪了，有天半夜一个小伙竟然在梦游的时候用拳头砸碎了玻璃。"同学都这么说。半夜，小袁在同学的搀扶下捂着手走进了医院。半夜醉酒或者打架受伤的青年很多，但是小袁却是因为睡行症。在同学的陪同下，小袁穿着一双拖鞋不说话，而且睡衣外面直接披了件外套，像是刚从被窝里爬起来似的，去医院急救。

"确实是梦游时受的伤，"医生问受伤小伙时，他表示自己受伤的时候迷迷糊糊，什么也不知道。

原来，17 岁的伤者小袁在事发前和室友都在寝室里睡觉，睡梦中的小袁没有任何征兆就来到了寝室门口，然后用脚踹门。

这时室友都被他惊醒，就在室友们被他的离奇举动惊得目瞪口呆的时候，小袁突然挥起右拳砸碎了寝室的玻璃，碎玻璃瞬间划破了他的手臂和拳头。离门最近的那名室友见状上前一把就抱住了小袁，然后将他拖到了安全地带。小袁这才醒过神来，室友们见他伤势较重，随即拨打120将他送到医院救助。

对于小袁梦游自伤的病例，其睡行症是一种无意识的行为，所以伤者在梦游时做出任何离奇的举动都是正常的，如果是青少年偶尔梦游，那没有必要太紧张，但是如果成年人频繁梦游，那就可能是由精神分裂症、神经官能症引起的。

此外，恐惧、焦虑易使梦游症加重，在家中有梦游患者时，亲属要设法消除其恐惧、焦虑心理。

30岁的孟女士，最近一个多月的时间感到十分苦恼，因为自己32岁的丈夫周先生经常会梦游，而且每次梦游时还要在卧室里打拳，有时候她也会受伤，这可吓坏了孟女士。

一天就在孟女士在家中熟睡的时候，她突然感到有人在卧室里晃动。"我睁开眼睛一看，当时真的吓了我一大跳。"我丈夫正站在卧室里挥舞着双手，好像在打拳。

"他眯着眼睛一句话也不说，我试着招呼他几次，可他一点反应都没有。"孟女士说。大约过了十几分钟，周先生便回到床上继续睡觉了。孟女士发现丈夫周先生隔几天就会出现梦游的情况，每次时间都在15分钟之内。

一般都是起来后在卧室打一会儿拳，有时候还绕着屋子走一圈，接着继续睡觉。"我觉得他的行为就是梦游，我也不知道这种病到底该怎么治，有点束手无策。"孟女士说。而更令人奇怪的是，每次早上醒来的时候，孟女士问丈夫周先生前一晚发生的事情时，周先生却一点印象都没有。

在《三国演义》中的就有对曹操梦游的描写。在第72回说道："操恐人暗中谋害己身，常吩咐左右：吾梦中好杀人；凡吾睡着，汝等切勿近前。一日，昼寝帐中，落被于地，一近侍慌取覆盖。操跃起拔剑斩之,复上床睡;半晌方起……痛哭流涕,命厚葬之。"

从现代医学分析,梦中杀人确有可能。前些年媒体曾报道,几个人同睡在一个房间。凌晨时分,熟睡的几个人惊醒过来,见其中的高某闭着眼睛,左手握菜刀,右手依次拍打伙伴的脑袋,嘴里直嘟囔:"不熟! 不熟……"幸亏胆大者一把夺过其手中菜刀,将他推倒在地。

高某倒在地上后竟立即睡着了,且鼾声阵阵! 第二天早晨高某醒来,大家问起此事,他却浑然不知,只说晚上做梦去自家西瓜地里为大伙儿挑西瓜。幸好"西瓜"不熟,否则可能会上演另一场孟德梦中杀人悲剧。

高某深夜挑"西瓜",其实是睡行症的发作,像小高这种人常在熟睡中突然起来,下地行走,做出各种动作,如整理物品、吃东西、穿衣服、喃喃自语,甚至跑到外面去。此时患者面无表情,目光呆滞,动作笨拙、机械,发作数分钟或一小时左右又自行上床入睡。次日醒来,对发作过程不能回忆。

梦游症并不十分少见,梦游行为一般较为单调、局限,不致造成严重后果;而梦中杀人则极为罕见,多数是在睡眠过程被突然打断(医学上称之为睡眠干扰)的情况下发生。过度疲劳、长期睡眠不足、陌生睡眠环境、睡前有精神刺激或不愉快体验、饮酒过量或过食等,均为诱发因素。

发作时,梦游者突然从睡眠中跃起,随手拾取器具伤害他人,常可致人死亡。由于发作时间、地点特殊,故危害对象多为同寝之人,如配偶、同事等。与少年儿童相比,成人梦游症比较严重,其发作常与生活中的应激反应有关。

前面说到的小高梦中取刀挑瓜,就是因为他睡前曾和同宿舍的工友打牌,输牌后大伙叫他明天请吃西瓜而造成的。

还要指出的是,梦游症可以伤人,也可自伤。如家有梦游症病人,要加强监护。对处于熟睡中的人或正做梦的人,不要猛然打断他的睡眠，比如唤醒轮值夜班、站岗放哨的人，应该尽量缓和，避免因突然刺激引发意外伤害。

当然，《三国演义》只是小说，小说中的曹操与历史上的曹操反差颇大，这里不过借此谈谈夜游症的有关常识而已。

英国贝德福德市70岁男子德里克·罗杰斯白天是一个好丈夫，然而一到晚上睡着后，他就会变成一个"梦游暴力狂"，不仅摔坏家具、殴打妻子，甚至还会自残身体。原来他患有一种罕见的睡眠失调症，他可能是英国甚至全欧洲唯一一个暴力梦游者。直到英国睡眠专家为他开了一种实验性药剂，可以让他在睡眠时身体"瘫痪"，这才使得他和妻子睡上了安稳觉。

在邻居们眼中，白天罗杰斯温文尔雅、疼爱妻子。每当入睡后，他就会梦游起床，变得充满暴力，不仅敲坏家具，甚至还一边骂脏话一边追打老婆。此外，罗杰斯还会在梦游状态下自残身体，至今他已打过自己的鼻子，弄伤过自己的指关节，甚至撞断过自己的三根肋骨。

除了梦游这一症状之外，梦游病患者还经常在睡梦中"遇到非常恐怖的事情"，甚至会导致病人伤害自己的身体或是进行暴力活动。一名此前被控对一个儿童进行性骚扰的英国男士被无罪释放，原因经过调查得出确凿证据，这名男士在实施性骚扰时正处于梦游状态，因此可以不对自己的行为负责。他在第二天夜里突然从床上站起，双眼大睁，而且脸上还面带凶相，几秒钟后他又再次坐下，并不断地扯动系在身上的各种导线，口中还不停地胡言乱语。

包括克劳迪奥·贝塞蒂博士在内的科学家对他的脑电波进行成像和电流图分析后发现，病人的脑电波从平静的直线波状态突然转变成快速的峰谷波，这种脑电波只在人们脑部患有疾病或是熟睡状态才会出现。

简而言之，梦游病人之所以会出现睡梦中走动的现象是因为他们的情绪受到挫折并处于混乱状态，结果是他们利用行走这种方式来发泄和缓解自己头脑中的不稳定情绪，而实际上他们根本不知道自己在行走。

这一结论也可以解释为什么很多有过梦游经历的病人在出现这种症状的同时还受到不良情绪的困扰。梦游是一种潜意识压抑的情绪在适当的时机发作的表现。确实，梦游患者总有一些痛苦的经历。

事实上，用精神分析的理论可以很直观地解释梦游症：当本我力量积聚到一定程度时，它们冲破了"值勤"的自我的警戒。面对来势汹涌的本我力量，值勤的自我只好逃避不管，有个别值勤的自我还被抓来做助手，因为人的言行都是自我的职责。

游走于私人的世界

民警巡逻车行至合班村附近时，一女子拦住车慌张地说，刚才看见旁边楼梯口躺着一个人。4位民警迅速赶至现场，发现一名女子趴在楼道内，身上有大量血迹。民警们立即警觉起来，他们迅速分工，两人循着血迹仔细搜寻周围房屋，另两名则保护该女子并拨打120。

但此时民警发现该女子左手腕处有刀割的伤口，血还在流，而她已经神志不清。4位民警合力将该女子抬上警车，迅速驶向医院。经医生全力抢救，女孩终于恢复了知觉。而这时医生也舒了一口气说："再晚一会儿，女孩可能就没命了。"深夜，女孩终于苏醒了过来。从女孩口中民警得知其是天津人，经与当地公安机关联系，民警联系到了女孩的父亲。此时，女孩的几十名亲戚朋友正在焦急地四处寻找她。

连夜坐飞机赶到南京的女孩父母一下飞机就赶到了迈皋桥派出所，得知自己的女儿安然无恙后，夫妇俩潸然泪下。一个天津女孩为什么会跑到南京割腕自杀呢？其父母说，女孩几年前得了一种怪病，每隔一年就发作一次，每次发作的时间持续两天左右。在这期间，女孩就像在梦游，会做出各种古怪的事情，过了这段时间，女孩就和正常人一模一样，女孩也去各大医院检查过，但并没有检查出什么问题。

2月24日下午，家中正在为女孩的婚礼做准备，突然发现女孩不见了，焦急的家人没日没夜地寻找，但是一直没有结果。当民警又询问女孩为什么会割腕时，女孩称自己在天津家中突然迷迷糊糊地感觉难受，不知道怎么就来到了南京，也不自觉地就割了自己的手腕。此时，意识已经清醒的女孩依偎在母亲的怀中，流着眼泪说："谢谢大家，是你们给了我第二次生命，谢谢。"

美国爱达荷州布雷市31岁女子玛丽患有一种罕见的梦游症，大多数梦游症患者只不过喜欢半夜起床在家中闲逛，而让玛丽的丈夫做梦也不敢相信的是，梦游状态下的玛丽最喜欢做的事情竟是到家附近的河中游泳。

丈夫戴维醒来后，发现妻子又从床上失踪了，家中的大门还敞开着，戴维立即报警，然后走出家门和邻居一起四处寻找妻子的下落。众人在距玛丽家400米远的河边找到了身穿睡衣的玛丽，她刚在冰冷的河水中游过泳，刚刚爬上岸不久，她的神情看起来显得相当迷茫和困惑。由于玛丽身上只穿了一件睡衣，并且赤着双脚，浑身湿透的她冻得发抖，得了低体温症，玛丽随后被一辆救护车送往卡西亚地区医学中心接受治疗。

据丈夫戴维称，在过去5周中，玛丽已经发生了3次梦游游泳事故。戴维不知道妻子为何会有这个"危险的癖好"，在过去几周中，他一直提心吊胆地生活着。

一名当地法官已经要求玛丽接受精神健康评估，结果医生认为，患有梦游症的玛丽并不对其他人构成威胁。不过医学专家警告称，由于当地天气正在逐渐变凉，如果玛丽的"梦游"游泳症得不到改善，那么她即使不在"梦游"游泳时发生意外溺水而死，将来也可能活活冻死。

梦游，其实是精神学上所说的一种睡眠障碍，梦游发生的原因，到目前为止还未真正解释清楚。有时候，一些人的行为虽表现为梦游的症状，但不一定就是真梦游，如酗酒后所做的无意识行为，药物导致的幻觉行为等。

对于大多数的梦游者，在梦游过程中所做的都是些平常的举动，比如起身坐在床上、穿衣服、在房间里走动；只有少数的梦游者会做出复杂的动作，像烧水、做饭、出门、开车等。

"轻一些的，我们会叮嘱他们调整休息及相应提高睡眠质量，但对重一些的成人来说，那也极可能是其他疾病诱发下出现的症状。"医生表示，对于一些有比较危险和严重行为的梦游者来说，也极可能是因其他疾病诱发导致这种表现，他们会建议这类病人前往相应专科医院进一步诊断。

梦游与心理、生理均有关，梦游也与生活中的几个因素有关。如社会家庭因素，一般是日常生活不规律、环境压力大、常有焦虑不安及恐惧情绪、家庭关系不和谐、亲子关系不佳，学习紧张及考试成绩欠佳……长期影响下，容易导致梦游症。

另一个影响因素则是睡眠过深，由于梦游常常发生在睡眠的前 1/3 时间，即深睡期，故各种使睡眠加深的因素，如白天劳累过度、连续熬夜等引起睡眠不足、睡前服用安眠药物等，均易导致梦游症。

此外，生长发育因素和遗传因素也易导致梦游症。梦游症大多发生于儿童，而随着年龄的增长会逐渐停止，这说明梦游症可能与大脑皮质的发育延迟有关。家系调查表明，梦游症患者其家族中有类似病史的人是普通人的数倍。

一些患睡眠紊乱、严重抑郁或是强迫症的人，睡梦中有时易出现梦游症状。酗酒和长期服用大量安眠药的人也易出现梦游症状。

15% 的孩子偶有梦游，有的人状态可能持续很久，有的可能一会儿就清醒过来。美国一项最新研究显示，近 1/3 的美国人曾经梦游过，梦游在童年时期出现的概率最大。

美国加州斯坦福睡眠流行病研究中心对 15 个州 1.6 万名成年人的研究发现，29% 的人称过去曾经梦游过至少一次。近 3% 的人称现在依然会梦游，时间间隔为一个月到一年不等，1% 的人说他们每个月至少要梦游两次。

梦游者其实并不知自己的行为，突然将其叫醒，其发现突然处在陌生环境或不可理解的举动，对身心等确易产生不良影响，如果梦游者不是在做非常危险的举动，可轻声唤醒或不用叫醒，慢慢将其引到床上继续睡觉。梦游症发作时，适当看护是必要的。最常遇到的是梦游的孩子，如果遇到不要惊慌，也不要因孩子偶然出现梦游行为而过度紧张焦虑。只要发作次数不多，一般无需治疗。

一般随着年龄的增长，患儿的梦游症状会逐步减少，最终彻底治愈，必要时可以向心理医生或者睡眠专家寻求帮助。如发现梦游者行为举止很危险，应带着患者及时到医院咨询确诊，看是不是因其他疾病诱发。

压力是"睡行症"祸首

"晚上我们被防盗门的响声惊醒，起初还以为家里进了小偷……"邓先生回忆着说，前天晚上，他们夫妻俩起床查看时发现，13 岁的儿子竟然失踪了。

"孩子的毛衣毛裤都丢在地上，羽绒服还放在床上，被窝里仍然是暖的。"邓先生说，孩子的书包丢在门厅里，手机也掉在地上，他和妻子吓坏了，追出门外看到孩子的睡衣睡裤掉在楼梯间里，无论他们怎么呼喊，孩子都没有回应。"这么晚了孩子赤身裸体能去哪儿？该不会是被人给拐跑了吧！"邓先生称，家里的防盗门没有被撬，他想不通孩子是怎么被人拐走的。

"我们家孩子很乖，绝对不可能一声不吭自己跑出去，现在外面特别冷，孩子没穿衣服肯定会冻病的。"邓先生说，小区保安称夜里 10 点以后根本没有陌生人进出过小区，也没见到过赤身裸体的孩子。

凌晨零时左右，邓先生隔壁单元的邻居发现一名赤身裸体的孩子，正在用圆珠笔在墙上、防盗门上乱涂乱画。"我们找到孩子时他精神恍惚地蹲在墙根下，我妻子冲了上去把孩子抱在怀里，孩子过了十多分钟才清醒。"邓先生说，孩子可能是在梦游，孩子清醒后说他梦到在课堂上被老师要求默写数学公式，至于为什么把衣服脱了，孩子也说不清楚。

"都怪我们给孩子的压力太大了，孩子学习很好，我们对孩子的期望太高，孩子可能有点受不了。"邓先生懊悔地说，孩子这段时间要参加全国的数学比赛，他和妻子为了让孩子专心学习，已经很长时间不让孩子看电视或上网，孩子最喜欢的小狗这两天也被送到孩子奶奶家，孩子可能因此受到刺激，才会出门梦游。

这段时间邓先生孩子的大脑始终处于紧张兴奋状态，孩子没成年，大脑的兴奋抑制功能发育还没有完全成熟，在长期精神紧张兴奋的情况下，孩子可能会梦游。

睡行症是睡眠和觉醒现象同时存在的一种意识改变状态。睡行症发作时，个体通常在夜间睡眠的前三分之一段起床，走动，呈现出低水平的注意力、反应性及运动技能。

一个睡行症患者有时会离开卧室，偶尔还会走出家门，这样一来，处于发作期的患者就会面临着受伤的危险。然而，在大多数情况下，他会自行或在他人轻柔地引导下安静地回到床上。

睡行症与睡惊症关系极为密切，两者都被看作是唤起的障碍。许多个体都有此两种状况之一的阳性家族史及两种状况发作的既往史。而且，这两种状况最多发于儿童期，提示此因素在发病中有一定作用。

当儿童期后这两种状况仍持续存在或首发于成年期时，很可能与明显的心理紊乱有关；这两种状况也可能首发于老年人或见于痴呆的早期。

基于睡行症与睡惊症在临床及病因上的相似性，以及对此二者的鉴别诊断通常只不过是判断何者为主，因而近来这两种障碍已被看作是同一疾病分类连续谱中的一部分。

"我女儿因为成绩下滑压力很大，现在晚上还有梦游的行为。不知该怎么办？"小连的母亲也很困惑。

小连的妈妈说："女儿上了高一后，连续几次的小测验成绩都不理想。这让她感到很无助，对自己失去了信心。整日提不起精神，这造成了她晚上常常梦游。"

小连出现的睡行症与心理、社会因素有关。睡行在精神紧张如日常生活规律紊乱、环境压力、焦虑恐惧、学习紧张时往往会发作加频。

其实，小连的焦虑情绪来源于学习挫折，在初中时期，小连的成绩名列前茅，但是到了高中却不再保持名列前茅的状态，造成了对情绪的影响。

关键在于受挫后要分析原因，调整对挫折反应的认识，分析挫折的心理。当挫折产生后，学生可以分析自己的长处和弱点，调整过于自信的心态，正视现实。家长可给予孩子一定的时间调整心态，给予孩子充分的信心。

另外，外部环境的过高期望很容易给孩子造成极大的心理包袱和沉重的精神压力，要学会调节孩子心理，把注意力转移开来，同时让孩子学会一些自我调节的方法，例如自我暗示法、放松法、音乐调节法、宣泄法等。

从前面的病因分析可以得知，梦游是精神压抑造成的，所以要根治梦游症状必须要做的是解除内心深处的压抑。其实要寻找梦游者的病因是非常简单的，梦游者的梦游行为十有八九代表了他内心深处的想法。

事实上，睡行症因压力的发生率颇高。

一个 35 岁叫兰女士说："晚上睡着了会无意识地做些动作，例如：我有天早上起来，我就发现睡觉前没把枕席跟枕头分开。"兰女士说想到这些，也想不出为什么要做这个动作（枕席跟枕头分开），突然就想到好像睡着的时候，她把枕席跟枕头分开了，自己是硬把枕席拉下来的，不是那种很有条理地先揭开绑着的绳，然后再把枕席跟枕头分开的。

兰女士在一家大型公司做了 8 年财务主管，她有时半夜经常会突然坐起来大声说话，还会拿起手机打电话，但是第二天老公问她，自己却一点也想不起来了⋯⋯

"钱呢？那个钱呢？"突如其来的一声喊，把还在睡梦中的丈夫吓得不轻，丈夫一看时间，凌晨 3 点多！正想问问兰女士发生什么事了，一转头，发现她居然睡着了。

兰女士说，第二天一大早，她老公问这事，她却一脸茫然地说，不知道他在说什么。兰女士说，马上年底了，从 10 月中旬开始，她就几乎天天在公司加班到凌晨，每次回到家一挨到床就睡着了。从那以后，兰女士半夜时常做出"奇怪举动"，要么大声讲话，要么突然翻起枕头。

一个星期前，奇怪的事又发生了，续熬了通宵做账的兰女士又出现了新的"症状"。丈夫说，那天快凌晨 5 点，兰女士突然拿起床头柜上的手机大喊："喂！喂！我听不到，怎么没信号呀？"

丈夫担忧："她身体吃不消啊？"在家人的建议下，兰女士请了一段时间的假，出门去度假放松心情。

今年 26 岁的上饶小伙小蔡是做工程设计的，工作强度也大，因为工作努力出色，去年底公司将他派到总公司工作。"因为工作压力比较大，我晚上 10 点左右就会睡觉，可没想到，昨晚我睡到一半醒来时竟发现自己躺在一楼的摊子上，而且浑身疼痛。"小蔡说。之后他是被一楼早餐店的老板叫起来的，说他从楼上摔下来时砸坏了店里的塑料顶棚，要他赔钱。

小蔡想不明白了，自己明明在房间里睡觉，怎么会突然从楼上摔下来呢？事后民警经过调查，发现小蔡确实是从2楼的阳台上翻下来的，刚好砸中了塑料顶棚才没有受什么伤。小蔡觉得奇怪，跑到医院一检查，竟发现自己已患有多年的睡行症。这下他可彻底傻了眼，这么多年来他竟从未发觉自己还有这种病。

白领人群轻度梦游很常见。其实，兰女士和小蔡这是一种轻微梦游症状，而这种病症的一个极大诱因是长时间熬夜，对睡眠造成了严重的剥夺，从而引发的睡眠障碍。再加上工作需要精神长时间高度集中，心理压力和心理负担过重，也就形成了一种紧张压迫的情绪感。

现在白领们工作强度大压力大，与人沟通和交流的机会也越来越少，这都是影响整体精神状况的原因之一。梦游在小孩里较为常见，而成年人一般都属于轻度的梦游症状，如说梦话、睡着乱动等，如果是偶发性的，一般都能自愈。轻度梦游可以用以下方法克服。

第一，学会舒缓情绪。

第二，要控制好工作及生活的节奏和时间，别剥夺了自己睡觉的时间。

第三，是有良好的睡眠，睡前可以喝杯牛奶。

第十一章
穿上妻子的衣服
——异装癖

穿衣服也有快感

大瑞今年 29 岁，在一个建筑工地当吊车司机，去年刚刚和相恋多年的女友结婚，两人的婚姻还算美满，至少在周围人的眼中他们是一对恩爱的小夫妻。

可是，有一天，当大瑞的妻子从外面回来时，却看到了让她目瞪口呆的一幕：大瑞居然穿着她的衣服和鞋子，嘴上涂着口红，脸上抹着面霜，在房间里像女人一样忸怩作态。

看到眼前已经完全惊呆了的妻子，大瑞的惊慌也不亚于妻子。在一阵尴尬后，大瑞终于向妻子坦白，说他是一个"有病"的人，这样的情况其实从他 16 岁的时候就已经开始了。

妻子觉得两人相爱多年，大瑞平时对待她也是非常体贴，在跟大瑞的交流中，她意识到大瑞也并非是同性恋。所以，她鼓励大瑞去看医生，大瑞自己也认为再这样下去不是办法，于是去寻求心理医生的帮助。

如果单单从外表上看，根本就看不出大瑞居然喜欢穿女人的衣服、做异性的打扮，因为大瑞不仅从事非常男性化的工作——吊车司机，而且也喜欢举重、拳击等男性化的运动。但他的心中却时常会产生一个难以启齿的渴望——穿上女性的衣服，然后顾影自怜。

重口味心理学大全

精神科医生在跟大瑞交流之后发现，大瑞的这个"隐秘需求"其实比较常见，属于精神医学"异性装扮癖"的典型案例。

异性装扮癖，是一种通过穿戴与佩带异性服饰而引起性兴奋和达到性满足的性变异。可以从有时穿戴一二件，直至完全的装饰打扮，异性恋型异装癖仅见于男性。

大瑞在接受治疗的时候回忆说，在他的记忆中，最早的一次异性装扮体验是在他8岁的时候，他看到姐姐的裙子放在床上，所以就好奇地拿起来，自己穿在了身上，然后站在镜子前面，欣赏镜子中自己的模样，看着镜子中自己穿着花裙子摆来摆去，觉得有一种快乐、安谧的感觉。

从此以后，就一发不可收拾，当家里没有人的时候，就会觉得心神不宁，好像心里有一只猫在抓来抓去，这个时候就必须偷偷地穿上姐姐的衣服，在镜子前面欣赏一番，才能消除紧张的情绪。

16岁以后，他偷偷穿女性衣服的次数更多了，有时候他还偷偷地买异性的衣服。因为他发现，穿女性的衣服能够给自己带来性快感。即使他没穿女性衣服时，每次手淫也会想象着自己打扮成异性的模样。

和相恋的女友结婚后，两人的性生活圆满，他本来以为婚后他的"毛病"会自行消失，可是事情并不像他想的那样。妻子的衣服成了新的诱惑，外套、裙子、内衣、丝袜，甚至连妻子的帽子对他都产生了非常强烈的诱惑。所以他常常趁妻子出门的时候穿上妻子的衣服。最后，终于被妻子撞见了。

异装癖首先不是同性恋，他的性取向指向异性；其次，异装癖是人去刻意地占有异性的衣物而引发性冲动。也就是说，当他穿上女人的衣服时，就会产生快感。

每个人的内心里都隐藏着另一个性别的特质，著名的心理学家荣格指出：每个人的人格中都有两个原型，"阿尼玛"和"阿尼姆斯"。"阿尼玛"指男人身上具有的女性特质，当"阿尼玛"高度集中时，男性就容易变得像女性一样；而"阿尼姆斯"指女人身上具有的男性特质，当"阿尼姆斯"高度集中时，女性会像男性一样，更具进攻性，追求权力。

如果一个小女孩从小失去母亲，只跟父亲生活在一起，那么她就会不自觉地学习男性的言行甚至着装，形成类似男性的思维方式和行为。到她长大以后，她有可能会成为女强人，非常能干，但是却缺乏女性气质。

缺乏女性气质的表达，会让她缺乏女性独有的温柔和细腻，似乎很难得到男人的垂青。这个时候，她会穿着男装，这是她潜意识里对于自身男性角色的认同，同时还掩盖了自身的气质缺陷。而穿上男性服装的时候，她会有一种肌肤相亲般的兴奋，她甚至会把性对象固化到异性的服装上，从而得到一种类似性的抚慰。

同样的道理，从小就生活在女人圈的男孩，往往会缺乏男性特质的接收和学习，他们的性格比较柔弱，容易情绪化，慢慢地会跟周围的男同伴格格不入。对于本来的男性特质，他们还会产生厌恶或者不安全的感觉，只有在女性那里才能找到安全感和认同。就像贾宝玉一样，对脂粉有特殊的兴趣。

女性的衣服是他们寻找安全感和慰藉的途径，久而久之，他们甚至会因为穿着女性的衣服而产生性快感，把性对象固化到女性服装上面。

赵先生今年 32 岁，家中有两个哥哥，所以他没有出生的时候，父母非常期望能再要一个女孩，所以早早的就给没有出生的他取了个女孩的小名——圆圆。

不成想，出生后发现是个男婴。他的父母虽然有些失望，还是接受了事实，毕竟是自己亲生的。

赵先生的父母为了满足当初的心愿，所以依旧把赵先生叫圆圆，这个女性化的名字就伴随了赵先生整个童年，直到高中以后才没有人再叫他圆圆了。

在他童年的时候，父母把他当作女孩一样抚养，经常把他打扮成女孩的模样，上小学的时候还给他买花衣服，有时候还会给他扎小辫子。在这样的环境下，赵先生的性格比较温柔，从来不和男生们打闹嬉戏，而是跟班级里的女生们一起玩跳皮筋、踢毽子等游戏，班里的男生为此取笑他是"大姑娘"。

因为童年的影响，他基本上一直都喜欢穿女性服装，而且他自己也觉得女性服装比男装更舒适。28 岁的时候，他跟女友结婚，夫妻感情尚可，还生育了一个女儿。

妻子在婚后很快就知道丈夫是个"异装癖"，他平时在家中总喜欢穿着女式紧身衣、戴胸罩、假臀围等，无论妻子如何反感也不愿除去。

他还买了女袜和高跟鞋自用，并自己定制了旗袍和连衣裙，有时穿着全身女性装束在镜子前面自我欣赏，甚至会拍照上传到互联网跟"同好"们交流经验。

有一次，他趁着妻子和女儿外出的时候男扮女装，描眉涂口红，戴着耳环、假发，穿花色旗袍、红色高跟鞋、长统丝袜、胸罩和假臀围，挎女式提包出门了。途中被人识破，误认为他是通缉犯，被扭送到派出所。

民警经过询问，发现他仅仅是出门逛街的"异装癖"。他说他自幼就喜欢穿女装，觉得只有穿女装才符合自己的性格和情趣。工作后他开始有了穿女装的强烈欲望，需要穿上女装才感到心情平静，如果能够穿上后外出走走，更会觉得心情满足，同时还会有性快感。

每次出门他都感觉到十分羞愧，觉得对不起妻子和家人，可是，当欲望冲动来的时候却又每每不顾一切的重演。

这样的男孩也未必喜欢男人，很多时候，他们还可能是无法忍受男性身份带来的社会压力，反而会羡慕女性身份，觉得那样更自在。所以，他们会穿上女装，他们的内心里觉得这是一种精神放松，是对自己男性身份的反叛。

这种性别意识的偏移其实和"同性恋""变性癖"不同，他仅仅表现在对女性服装的特殊癖好上。正是因为这种"性偏离"，他们女性气质比较重，穿着女装让他们能真正感到一种性的满足和温柔。

通常情况下，很多"异装癖"者并不是一直就有穿着女性服装的癖好的，他们可能仅仅是受生活中一件小事的影响，产生了穿着女性服装的欲望，从此开始迷恋，一次次地把自己打扮成异性模样，逐渐地成为了一个心理上无法解脱的"异装癖"。

穿女人衣服，却不是同性恋

在心理学里，会把自己打扮成异性的情况有三种：

第一类叫"异性化同性恋"，大约有 10%~15% 的同性恋属于此类，他们在言语、举止和穿着上都有明显的异性"味道"，他们虽然打扮成异性的模样，却对异性没有兴趣，只喜欢同性。

第二类叫"变性癖"，这类人认为自己是"生错了身体"，认为自己应该是彻头彻尾的异性才对，因此他们不仅打扮成异性，而且还通过医学手段把自己的身体变成异性。例如，男性的"变性癖"最初只是打扮成女性，接下来还会去毛、注射女性荷尔蒙、隆乳、做人工阴道等。

第三类就是像大瑞这样的"异装癖"，通常指男性穿戴异性服饰、使用异性专用物品而得到某种心理上的快感，其行为常常开始于穿女性服装感到性兴奋，诱发手淫和射精。时间久了，就固定成一种癖好，甚至在他们的夫妻生活中女性装扮也是他们必须的。

这三类人群虽然都有穿着异性服装的表现，而各自的心理表现却不尽相同。

三类异装人群分类鉴别表

诊断	性爱对象	性活动中的角色	对本身性别态度	异性服装作用
异装癖	异性	完全主动	爱护	引起自身情趣
变性癖	同性	完全被动	厌恶	不引起情趣
同性恋	同性	完全被动	爱护	不引起情趣

大瑞这样的"异装癖"在现实生活中并非个例，而且通常以男性居多，因为女性穿着男性服装已经很常见，还成了流行风尚，所以也不被人们视为异常行为。

他们没有"同性恋"和"变性"的愿望，属于正常的异性恋者，只是会间歇性地打扮成异性模样。但是，心理学认为，有"异装癖"行为的人通常会有"性心理障碍"。

"异装癖"的行为通常是通过穿戴女性衣物、饰品得到心理刺激，从而会有性欲望，久而久之，会产生依赖，有的会因此产生性生活障碍，有的甚至在和配偶过夫妻生活的时候也需要穿上女性的衣物。

虽然"异装癖"男子都有"性心理障碍"，但他们一般都会结婚成家，过着貌似正常的夫妻生活。然而，由于他们的性行为"异常"，或者说"醉翁之意不在酒"，也会给家庭生活带来不良的影响。

性心理障碍也称性变态，指两性行为的心理和行为明显偏离正常，并以这类性偏离作为性兴奋、性满足的主要或唯一方式为主要特征的一类精神障碍。主要包括性身份障碍、性偏好障碍和性指向障碍3种类型，涵盖了性身份异常、性对象异常、性目的异常、性行为手段方法异常等4个方面。

"性心理障碍"是一个比较笼统的概念，大家通常都带有贬义地统称为"性变态"，其实其中的具体情况是需要具体看待的。

"性心理障碍"主要分为性身份障碍、性偏好障碍和性取向障碍。

性身份障碍又分为性别改变症（变性癖）、双重角色异装症和童年性身份障碍3种。

性取向障碍主要指同性恋者和双性恋者。

性偏好障碍种类较多，包括恋物癖、异装癖、施虐癖、受虐癖、摩擦癖等。

"异装癖"现象在"性心理障碍"中所占比例较高，据统计，仅次于同性恋，能占到第二位。

"异装癖"有原发和继发两类，后者也称"症状性异装癖"，指伴发于同性恋或施虐狂的"异装癖"。"异装癖"如伴发于同性恋，则称"同性恋性异装癖"，这可能是同性恋倾向者恋物癖的一种表现形式，或为同性恋伴发异装癖所致。"异装癖"也可发生在无同性恋倾向者，称为"异性恋性异装癖"，其着异装并不能获取性刺激，但他们觉得这样做适合其内在的性格。"异装癖"亦见于双性恋者。

有的心理学专家认为，"异装癖"其实是"恋物癖"的变形，所以又将它称之为"恋物性的扮异性癖"。有"恋物癖"的人喜欢"赏玩"女性衣物、物品等得到心理快感，而"恋物性的扮异性癖"的人则要将这些衣服、饰品等穿戴在身上才能得到满足。

像大瑞这样单纯的"异装癖"其实也是有程度之分的。

有的人在里面穿着女性的内衣裤，外面则是西装革履；有的人里里外外都是女性打扮，甚至头戴假发，还涂脂抹粉。

有的人只是在家中、无人的时候打扮成女性模样，自我欣赏；有的人则在大庭广众之下招摇过市。

马先生是一所大学的教授，他有一个美满的家庭，他的妻子是一所医院的医生，儿子常年在国外留学。在所有人的印象中，他们一家都是其乐融融的五好家庭。他的妻子也是这么认为的，马先生和她非常恩爱，两人结婚多年，甚至都没有吵过一次架，拌过一次嘴。可是在马先生自己的心中，却一直有属于自己的一个小秘密。

因为工作的原因，他的课程不是很多，每天有很多的时间可以不用上课，而且，学校分配的住房也在学校里面，所以他每天会有很多的时间能在家中。这些时间里他就会变成另一个人。

每当家里没人的时候，马先生会穿上妻子的衣服在书房里看书、工作。夏天的时候他会穿上女式丝袜和胸罩一个人在房间里走来走去；天冷的时候也会穿上妻子的睡衣顾影自怜。

后来，马先生甚至会穿上妻子的内衣，然后外衣穿的跟平常一样去教室上课。每当走在路上和上课的时候，他总感觉自己是另外一个人，这种来自内心的刺激伴随了他很多年。

马先生和妻子结婚20多年，妻子一直没有发现他的这个秘密，直到一次妻子无意间看到他的日记，才发现了这个秘密。他妻子在日记里看到这样的话："每当我穿上她的红绒内衣时，就感到无限的快乐，好像她在拥抱我。"他还写道："走在路上，总觉得自己藏着一个别人都不知道秘密，感觉一个女人和自己紧紧地贴在一起，每走一步就能感觉到她用力地抱紧了我，用她的身体在摩擦着我，这种感觉甚至会让我达到高潮。"

马先生也是典型的"异装癖"，他和前面的大瑞一样，仅仅是自己在家中或者没人看到的时候把自己打扮成女性模样，从而让自己达到某种心理刺激。有的人则不止如此，他们不但在家中如此，更会在一些公共场所公开地表现自己"不同寻常"的一面。

在我们身边，可能有很多的"异装癖"者，或者你的某个亲戚或朋友就曾经有过这样的经历，只是他们并没有公开穿着异性的服装走到大街上而已。

为什么同样是"异装癖"者，有的人虽然喜欢穿着异性服装，但内心里还是会有羞愧或者不好意思的感觉，所以他们偷偷地把这个秘密藏起来，不让别人发现。而有的人却不惧他人异样的目光，不怕别人的冷言冷语，穿着异性的服装招摇过市。这除了个人性格的原因外，很大程度上还是源自"异装癖"者自己性偏离的程度。

老杨在马路边上开了个书报亭，每天工作的时候，他总是会和和气气地跟看报、买报的人寒暄几句。不过，来往的人并不怎么喜欢和他说话，老杨通常都得不到别人的回答。因为老杨的穿着在旁人看来太"另类"了。

所有人看到他一脸的大胡子就知道他是个货真价实的大老爷们，可是再看他的穿着，路过的人都会不由地皱起眉头。原来，老杨经常会穿着女性的衣服，令对方惊讶之余，感到有些不可思议。

老杨是个光棍，家里没有妻子的"教训"，他甚至80%的时间都会穿着女性的衣服出现在大庭广众之下，了解他的人认为他是有些"怪癖"，不知道的人都会在私下偷偷说他有可能是同性恋。其实，老杨并不是同性恋，由于长期单身生活，他只是需要通过这种方式达到心理上的一种满足或者刺激而已。

不管"异装癖"的表现如何，这些人都通过这种行为得到了心理刺激，内心兴奋无比。有的会在极度兴奋之余继之以自慰。

尽管他们的行为多种多样，但大多数的"异装癖"者一经别人提醒，也会有羞耻感，他们在内心里还是认同自己的性别身份。

无所适从的妻子

小美最近非常苦恼，每天下班后，她甚至都不愿意回家。经常和她来往的同事发现她精神恍惚，好像变了一个人似的，有时候还偷偷地以泪洗面。原来，小美不经意间撞见了丈夫的一个秘密。

当天是小美丈夫调班休息，小美吃完早饭后，看丈夫还在睡觉，就没有叫醒他，自己出门上班去了。当她到了办公室之后，发现钥匙没有带，打不开办公桌的抽屉，抽屉里有重要的文件需要上午完成，所以她匆忙地赶回家中，去取钥匙。

可是，推开家门的一刹那，她惊呆了，眼前的一幕让她非常震惊：丈夫穿着她的连衣裙，头上戴着一个金黄色的假发，站在客厅里也惶恐地看着她。

两人对视一会儿后，小美摔门而出。丈夫因为还穿着女性衣服，也不好意思跑出来追她。于是，在随后的一个月里，小美再也没有回家，期间，丈夫不断地给她打电话，小美要么不接，要么就推说自己太忙。总之，小美再也不想看到丈夫了，因为在她的认识里，穿着女性衣服的男人不是"同性恋"就是"恋物癖"，她不敢想象丈夫是个同性恋，或者经常去偷女人内衣时的样子。

那么，小美丈夫是"同性恋"吗？是"恋物癖"吗？

在这里，我们首先要区分一下"异装癖"和"恋物癖"的差别。

"恋物癖"者有时候也有穿着异装的行为，也会因此而引起性兴奋，但这种行为不普遍，也不一定经常穿。同时他们不仅仅限于穿着异性的服装，更重要的是他们不会刻意选择合身的异性服装或讲究打扮。他们感兴趣的是除妻子以外所有异性穿用过的内衣物品，而对异性本身没有兴趣，对性交行为反感。

"异装癖"者则普遍、经常穿着异性服装，只穿自己妻子或自己购买的异性服装，而且对性交行为有兴趣。

"异装癖"与"变性癖""恋物癖""同性恋"等性变态行为还有一个重要的区别，就是"异装癖"者多倾向于结婚，而且在妻子的支持或协助穿异性服装的情况下，大都有美满的性关系和爱情关系；而"变性癖""恋物癖""同性恋"却很难适应异性婚姻。

在这四种异常行为中，只有"异装癖"是像正常人一样能接受婚姻生活、接受两性关系的。可是由于性偏离的原因，他们通常不愿意将自己的另一面展现给家人，特别是妻子。这个保护意识，其实和赌徒不愿意让妻子知道自己赌博是一个道理。

所以如何面对自己的妻子，几乎是最考验"异装癖"者的事。

在发现自己的丈夫是"异装癖"之后，妻子通常是无法接受丈夫是个"性变态"的事实的，然而，这种行为异常又是建立在"无害"的基础上的，所以很多妻子会选择接受。

小美在通过一段时间的心理调整之后，也回到了家中，主动联系心理医生，帮助丈夫纠正这种异常的行为。和小美一样，大多数"异装癖"者的妻子们虽然反应各不相同，却都会在心理上经历四个调整期后帮助丈夫矫正这种性偏离。

首先，惊讶地发现事实。通常女性是在婚后才会发现男性的这一异常行为，也有少数女性在决定结婚之前就发现了男性的这种异常行为。她们在发现后的反应是大不相同的，有的人感到震惊、慌乱或责怪自己做得不对，也有的感到怨恨、愤怒和强烈反对，当然也有当时就分手或离婚的。和一般的性变态相比，她们一般容易接受这一事实，并愿意把它当作两人的一个秘密。

其次，尝试着试图理解。当女性发现男性的这一秘密后，往往会通过阅读、咨询等手段了解相关的信息。这种迫切要求理解的动机一般是因为自身好奇而引起的，也有可能是出于担心自己的前途而引起的。这种主动的理解可以缓解她们对自己的责备，也有助于实现她们心理上的平衡，因为女性总试图把它"解释"为一种丈夫也无能为力的"疾病"，这样就不必责备任何一方，于是，两人就默认了这一事实。

再次，被动地自我调节。女性在这一阶段的主要表现是：为丈夫设置一个界限，以尽可能地保守住这个秘密，"家丑不可外扬"的心理会占很大的作用。女性会忽略丈夫在穿着上的怪异举动，多想丈夫的优点，用"妇女可以穿西服，为什么男子就不能穿裙子"这样的想法给自己宽心。不过，如果男性超越所设置的界限，女方的反应也会升级，她可能收回自己的感情并对丈夫（或男友）充满敌意，最后可能导致分手。

最后，主动地参与矫正。当妻子慢慢接受丈夫的"异装癖"

行为，对这种异常表现感到适应和宽容时，她可能开始帮助丈夫使用化妆品，帮助丈夫梳妆打扮，甚至帮丈夫选购女性化服装。这时候，妻子会感到有必要保护丈夫，陪伴他外出旅游，甚至会和他一起出现在公共场合。当然，妻子也会向医生或其他咨询中心寻求帮助，以便治愈或控制丈夫的举动。

通常情况下，这个阶段的妻子对丈夫穿着异性服装的态度不一，表现却基本趋同，多数是出于无奈，任其打扮，有的采取宽恕、同情的态度协助其穿异性服装。

李师傅今年 49 岁，是个有 30 年"病史"的"异装癖"者，他的妻子在他们刚刚结婚的时候就知道了这个事实，不过她并没有选择和李师傅离婚，她觉得通过她的努力，丈夫的"病情"一定会好转的。

然而，这么多年来，李师傅的病情并未见好转，随着年龄的增大，他的"病情"好像还严重了起来，从最初在家中穿着妻子的衣服，随后开始在街上穿着妻子的衣服。刚开始的时候，妻子并不知道他穿着自己的衣服上街溜达，直到邻居大妈告诉她之后，她才意识到丈夫的"病情"加重了。

随后，李师傅的妻子每次出门都带着李师傅，李师傅出门的时候她也寸步不离地跟着他，李师傅的妻子希望通过这样的"贴身保护"能够帮助丈夫矫正"异装癖"。然而，她并不能做到全天候的"贴身保卫"。

一天，李师傅的妻子要到居委会开会，居委会要求每户只能有一人到场，所以，就让李师傅留在家中。临走时，李师傅的妻子还特意跟他交代，在家中要克制自己，不要穿着女人衣服到大街上溜达。

可能因为长期压抑的结果，李师傅的妻子刚出门，李师傅就穿着妻子的衣服溜出了家门，走到小区广场后开始跟旁边的大爷、大妈们扭起了秧歌。

因为李师傅穿着有点"另类"，广场周围很快就围起了很多的人，大家都在指指点点地看李师傅扭秧歌。李师傅的妻子回到家找不到李师傅，就四处寻找，找到广场看到很多的人都在用异样的眼光看李师傅扭秧歌，她心里除了觉得李师傅不应该穿着女人的衣服出门外，也觉得非常的难过。

她主动走进人群里，跟周围的人"科普"起来，跟大家讲"异装癖"并不会对周围的人构成危害，大家也没必要觉得李师傅"另类"。其实，他就是有些心理上的疾病而已。

慢慢地，小区里的人都知道李师傅的病了，久而久之，大家也都习以为常了。

在这个案例中可以看出，李师傅的经历已经基本上伴随了他的整个婚姻，妻子已经对他的"异装癖"见怪不怪了，但是他的妻子又比较在乎周围人的眼光和看法，从意识里她还是认为这种行为是有点"伤风败俗"的，毕竟人言可畏。而且，他们的年龄表明他们的传统思想更浓厚一些，可能不能像如今的年轻人一样更加宽容地看待"异装癖"等异于常人的现象。

不过，她也知道丈夫的这种"病"并不会影响他人的生活，仅仅是需要自己多承受一些他人的闲言碎语而已。久而久之，她也就接受了丈夫的这种行为，或者是部分接受了丈夫的这种行为。

随着社会的开放和人们对待"性"的认识的改变，有相当一部分年轻女性对待有"异装癖"的丈夫表现出更接受的态度。

张茵和丈夫刘畅经人介绍在 2008 年结婚，因为工作忙的原因，两人还没有要小孩。

刚结婚的时候，张茵就发现刘畅非常喜欢女装，有时候还背着自己偷偷地试穿自己的裙子、袜子等。张茵就和刘畅发生了激烈的争执，她当初并不能接受丈夫的这种行为，认为丈夫可能会因此而成为"恋物癖"，或者会导致更极端的性变态。

刘畅于是不断地向她解释和软磨硬泡，"花言巧语"地和张茵说："男人都是这样的，女性内衣都是为男性设计的，最优秀的服装设计师、内衣设计师都是男性。"慢慢地张茵开始接受了。

时间长了以后，张茵不但不再阻止丈夫穿着女装，甚至开始主动地帮丈夫买女性服装，女式内衣、婚纱等都在其列。张茵还发现，丈夫越来越爱自己了，两人天天都高高兴兴的，刘畅原来不太喜欢表达，现在每天像倒豆子一样跟她说甜言蜜语。

总之，"异装癖"者这样有性偏离倾向的"性变态"，仍然可以组织家庭，并过上正常的夫妻生活。妻子如果能够以宽容的态度对待丈夫的变装行为，两人的婚姻并不会受到任何的干扰。如果经过心理矫正，还能恢复正常，当然，这就需要当事者自己主观的矫正愿望，还有妻子的配合和帮助。

异装癖的心理和治疗方法

34岁的大宝是某个保险公司的理赔主管，他不仅有一份高薪的职业，也有一位漂亮的女友。不过，他却有"异装癖"，这是旁人都不知道的隐私。

"警察同志！这里有一个色狼。"一天，派出所接到报警，说保险公司的保安抓到一个男色狼。接到报警之后，民警马上赶到了保险公司，几名女员工扭住一个男青年胳膊不放。男青年连声喊冤："我不是色狼，不要乱说。"

被扭着胳膊的人就是大宝，此时的他非常的羞愧。经过民警询问，大宝终于道出了让大家惊讶不已的实情。原来，保险公司里大家都共用一个储存间，大宝因为有"异装癖"，所以平时把换下来的女式丝袜和胸罩存放在储物柜里。中午休息的时候，大家都在储存间里聊天，大宝打开储物柜拿东西的时候，从里面掉出来很多的女式丝袜和胸罩。

在场的女同事一致咬定大宝是个色狼，一定是偷了别人的丝袜和胸罩存放在储物柜里，所以才向警察报警了。

后来，通过警察和医生的确认，认为大宝并不是"色狼"，对周围的女性也没有危害，他只是喜欢贴身穿着女性内衣而已。

大宝在女友的提议下到精神科医生处，医生用"精神分析疗法"对他的心理进行了矫正。医生先让大宝舒适地斜靠在沙发上进行自由的联想，让他把潜意识的内容自由地表达出来，想到什么就说什么，想到哪就说哪儿，这样很快就知道了大宝的心理症结所在。

原来，大宝小的时候，家里人总是喜欢开玩笑地把他打扮成小女孩的样子，从此给他的心理产生了一定的影响，导致他成为"异装癖"者。

那么，"异装癖"者穿着异性服装时是什么样的心理？他们最初为什么会穿着异性服装呢？

"异装癖"者通常有一套至多套异性服装，已婚的人士会穿着妻子的服饰。他们的打扮甚至比女性还要讲究和华丽，"异装癖"者还使用女性的各种装饰与化妆用品。最初是偶尔穿一两件女性服装，以后会逐渐增加件数，直至全部使用女性装束、化妆品和饰物。"异装癖"者的心里只是觉得穿着异性服装能感觉到文雅和美丽，他们在穿着异性服装后能产生性快感，从而得到更大的性满足。

关于喜欢穿着异性服装的病因，通常来自他们的幼年。从认知理论出发，这种异常行为可能是因为认知失调造成的，因为他们并非"性别识别障碍"造成的。

认知失调也称认知不和谐，指一个人的行为与自己先前一贯的对自我的认知（而且通常是正面的、积极的自我）产生分歧，从一个认知推断出另一个对立的认知时而产生的不舒适感、不愉快的情绪。

从社会文化理论出发，这种行为是因为受到家庭氛围的影响造成的，没有一个健康的家庭氛围，或者说家庭成员之中有类似的行为，都有可能造成这种行为异常。

导致"异装癖"的诱因主要来自以下几种。

首先，是因为心理因素。有的"异装癖"者因为小的时候看到或者听到某种对两性行为的刺激，所以对两性关系有一种惧怕和忧患心理。因此，有很多人在不穿异性服装情况下会产生无法完成性生活的症状，而穿了异性服装则无此性功能障碍。这可能是异性装扮解除了他们潜意识里对性生活的忧虑情绪或者罪恶感的结果。

其次，是因为家庭环境的影响。有的"异装癖"者在幼年时本身性受到家庭环境影响，比如，父母原本想要个女孩，却偏偏生了个男孩，为了填补心理上的缺憾，会把小孩打扮成异性，并给予更多的关注和爱抚。久而久之，会对儿童的心理产生负面影响。

再次，是因为教育引导不当引起。有的父母认为女孩子比较温顺听话，还讲究卫生，因此在日常生活中，总是教育家中的男孩要像女孩一样，时常还会拿家中或者邻居家的女孩作榜样进行教育，使得孩子在儿童和青少年期缺乏正常的社会交往，养成异性化的气质性格。

最后，一些少数案例是因为迷信思想的影响。有的家长，特别是一些上了年纪的爷爷奶奶，会受到封建迷信思想的影响，总爱向算命先生求卜问卦，或者按照风俗习惯，为了孩子平安成长，把小孩打扮成异性形象，或者取个异性名字。这都会在儿童的心理上产生或多或少的影响。

"异装癖"者通常都是在早年起病，在儿童或青少年时期出现异装迹象的。研究发现，他们通常在5~14岁期间，因为各种原因首次萌发对异性衣服的兴趣，到青春期的时候，他们开始在穿着异性衣服的时候产生性幻想。开始时一般不在公众场合，常在一个人的时候穿异装，并自我欣赏，随着心理的适应，逐渐开始在公共场所穿着异性衣物。

"异装癖"这种性心理变态不会对周围的人产生危害，甚至可以说是"最无害"的性变态。因为"异装癖"者通常只是性偏离，而不是性取向障碍，他们认同自身的性身份，也对异性有兴趣，看待性生活也是积极的，在婚姻生活中，如果没人知道他的这个隐私，他就是一个正常的人。

可是，"异装癖"者自身仍然要承受巨大的心理压力，婚后被妻子发现的"异装癖"者的离婚率也很高。同时，还要面对周围人的白眼、指责，这些都会对他们的生活产生不利的影响。

目前，精神医学界没有人声称经过心理治疗和精神分析的系列治疗能够纠正这种"性偏离"，不过有证据表明，一些积极配合治疗的"异装癖"者的异常行为的确能够消除。他们的"异装癖"越是典型、单纯，越有治疗的愿望，治愈的效果越佳。相反，如果病人越想在公众面前以一女性形象出现，治愈的效果就越差。

这种异常行为主要采用"精神分析疗法"来矫正，要让当事者在家人（特别是妻子）的鼓励下主动参与到治疗中，能够以最放松的方式接受矫正。除此之外，治疗时还要注意以下一些内容。

首先，是早发现早治疗。"异装癖"一般早年诱发，特别是儿童和青少年阶段，如果是青春期出现苗头，一经发现，要及时采取治疗措施。家长要鼓励他们积极地参加集体活动，培养其自信心，减少他们对自己的性别期望的压力。这样可以控制"异装癖"的进一步发展，使得这种异常行为能够被扼杀在萌芽状态。

其次，是主动地通过婚姻治疗。当患者成年之后，会和异性相恋，随之结婚，如果主动和妻子坦白，妻子在可接受、可帮助治疗的情况下，通过家庭合作，可以控制和纠正这种异常行为。同时性治疗也有一定的疗效，有些"异装癖"者有明显的性功能障碍，靠穿着异性服装达到性兴奋和性高潮，结婚后，配偶可以在进行性活动时通过鼓励等方式帮助丈夫减轻、消除焦虑情绪，减轻压力，逐步克服性功能障碍。

再次，就是认知领悟疗法，这主要针对有认知失调的"异装癖"者，在接受心理治疗和心理安抚的时候，让当事人回忆童年的生活经历，寻找自己患"异装癖"的早期原因，然后就其原因向他进行分析解释，指出这是一种童年时性别角色受到异常限制和不良影响造成的性发育阻断现象，使患者对自己的病症及危害有一个正确的认识，然后才会主动地努力控制纠正，而不是沉湎其中。

最后，是通过"厌恶疗法"中的橡圈弹痛法来控制"异装癖"者的欲望和行为。在当事者出现"异装癖"的欲望和行为时，主动地拉弹套在手腕上的橡皮圈，使手腕产生明显的疼痛刺激，抑制这种欲望和行为。同时，计算拉弹次数，如果用此法纠正自身欲望和行为过程中，拉弹次数逐渐减少，一段时间后，"异装癖"便可得到控制和消除。这样，即使以后偶有反复，也可以通过自我控制消除欲望。

第十二章
"害羞的膀胱"
——社交恐惧

所有的眼睛都在"注视我"

有些人很喜欢表现，尤其是有点自恋小情结的家伙们，使劲浑身解数吸引众人眼光，恨不得全世界都是他们的观众。

可是，有人喜欢被瞩目，就有人很"害羞"！他们不喜欢被人注意，甚至会感到紧张或者害怕。

在公共场所，人与人之间难免会有眼神的不经意接触，然而在一般情况下，这些都是无心之举。可有些人却觉得自己无论是在商场、公交车、甚至走在街上，都有无数双眼睛在注视他们，关注他们的一言一行、一举一动。

难道他们是超级明星？其实被所有人瞩目只是他们自己的想法，一种被关注妄想而已。

生活中，人们一般都会在公共场所接触很多人，但是如果问今天都见到什么样的人，除了那些你熟知的或者有接触的人，多数人都毫无印象！因为大部分时间，我们都忽视着周围的人群，同样也被忽视着！

然而，这些"巨星们"，无论在什么地方、什么情境中，他们觉得身边的人无时不刻都在关注着自己，怀疑人家是不是都在讨论自己。他们非常害怕成为别人注意的中心，特别害怕在别人面前出丑，因为这对于他们来说简直就是和天塌下来一样大的事情！

"不知道为什么，迎面走来的每一个人都要瞟我一眼，难道我长得很丑吗？这样搞得我真的很不舒服，我很紧张。好像四处的人都在看着我、讨论我，我到底做错了什么，还是我有什么与众不同的？现在我很害怕去人多的场合了，很不自在，甚至会呼吸困难……"

"我为了参加学校的唱歌比赛，准备很久。我知道自己胆子很小，但是很想突破一下，可是我最终还是失败了。台下的时候明明唱得很好，可是一上台就一句也唱不出来，大家都在哄笑，好丢人啊。后来感觉学校的同学都在议论我，每次走在操场上，大家就在我背后指指点点，现在走在街上，感觉陌生人都会嘲笑我……"

"在公共卫生间小便时一定要等到旁边没人，或者到一个单独的小隔间，否则我就尿不出来。因为如果有人，我就会感觉他们偷窥我，我很紧张也很害羞……"

以上是来自"巨星"们的自述，虽然他们害怕的场所不同，但是他们因为某一不愉快的经历就一直耿耿于怀，害怕再次出现在同样或者类似的场景中，因为会感觉到人们都在对他那件"大事情"念念不忘。

这可不仅仅因为他们是害羞，而是在自我认知上发生了错误，产生了心理障碍。他们患了社交恐惧症！同样是到街上或其他公共场所，正常人不会有太大的"收获"，而社交恐惧症患者则带回了无限的来自陌生人的"批评""愤怒"等，尽管大多是他们自认为的。

生活中，很多我们看来很平常的事情，在社交恐惧症患者看来简直是天大的事情！比如，有的女士死都不愿意自己出去逛街，因为总觉得这样自己好像暴露在所有人的目光下，浑身不自在，焦虑不安；比如，坐公交车这样连小朋友都敢做的事情，对他们来说都很困难。再害羞的人也不会连些日常的事情都敢做吧！

普通群体中有高达13.3％的人在一生中会有某种程度的社交恐惧症，使得社交恐惧症成为一种最常见的心理障碍。男女患该病的比例基本持平——1.4：1。

很多人以为缺乏交际能力就是患了社交恐惧症，这是错误的！首先，有些社交恐惧症症患者如演讲恐惧症是可以正常与人交往的。此外，虽然的确有些社交恐惧症患者无法与人正常交往甚至接触，但这并非其原本就无社交能力，而是因为某些原因而导致其对人与人之间的接触产生了恐惧。患社交恐惧症的人害怕直视别人的眼睛，而且担心他们的某些个人特征比如脸红、口吃、体味被别人指责，因此感到焦虑、恐慌不安！

姗姗，大学毕业进入某知名外企的小白领，本该是很多人羡慕的生活，而她却患上了社交恐惧症。

虽然爱美之心人人有之，但是姗姗却对于自己的外在过分地在意。因为一次恋爱的失败，姗姗觉得男朋友之所以抛弃自己，就是因为自己打扮不够漂亮，并且严重地打击了她的自信心。从此以后，她每天都精心打扮一番才能安心出门。她也特别在意别人对自己的评价。

姗姗为人随和，和同事的关系也很好。有一次，姗姗穿了一件碎花裙子遭到了同事的玩笑似的嘲讽，这深深地伤害了姗姗的自尊心，并将她那早已脆弱如薄纸的自信心击得粉碎。姗姗痛苦地忍受到下班，回家后就立刻把裙子剪碎扔掉。这种压力越来越大，姗姗每天一出门，就觉得大家都在盯着自己看，而且都在嘲讽自己的外表，渐渐地，开始不愿也不敢出门，害怕去人多的地方！

小女孩莉莉，在课堂上偶尔一次发言不顺利，可能是结巴或者停顿，可能由于长得漂亮，遭到了班级男同学们的一阵故意的嘲笑。然而对于一向很好强的莉莉来说，这个痛苦一下被钉入心中，每每发言都和这次一样糟糕，而且愈演愈烈，在课堂上不能回答任何问题。后来虽然私底下与家人、朋友之间不存在无法交流的障碍，但是出门后不能去商店买东西，因为无法与营业员交流，也无法在公共场合和陌生人交流。

这是一种因"习得性无助"而导致的社交恐惧症。

习得性无助，是指因重复的失败或惩罚而形成的一种对现实的无望和无可奈何的行为、心理状态。

关于"习得性无助"的发现，又和狗有关，但不是巴普洛夫的狗。这一次，是美国心理学家塞利格曼的狗。塞利格曼1967年在研究动物时，他用狗做了一项经典实验。实验是这样的，有点不是很人道！起初，他把狗关在笼子里，然后旁边有人按蜂音器，只要蜂音器一响，就用难受的电击刺激狗，狗关在笼子里逃避不了电击，只好作困兽状，上串下跳，屁滚尿流。多次实验后，先把笼门打开，再按响蜂音器，但并没有给电击。然而，狗不但不逃，而且倒在地开始呻吟和颤抖。这种本来可以主动地逃避却绝望地等待痛苦来临的行为，就是习得性无助。

再回到社交恐惧症来，一个人偶然一次或者几次体会到社交的创伤，但自己被当时产生的痛苦所困扰，多次强化暗示后便有可能对以后类似的痛苦产生"习得性无助"。

从上述的这些例子中可以看得出，社交恐惧症并不像大家认为的只是人际关系问题那么简单，社交恐惧症会严重地影响患者的工作和生活，如果不接受治疗的话，它将会成为一种慢性的、终生的疾病，几乎没有改善或者恢复的可能。

这类社交恐惧症患者主诉与别人见面时不能正视对方，自己的视线与对方的视线相遇就感到非常难堪，以至于眼睛不知看哪儿才好。患者一味注意视线的事情，并急于强迫自己稳定下来，但往往事与愿违，不能集中注意力与对方交谈，谈话前言不搭后语，而且往往失去常态。有的学生患者在上课时，总是不能自己地去注意自己旁边的同学，或总感到旁边的同学在注意自己，结果影响到上课，并给自己带来无比的痛苦。

社交恐惧症患者普遍偏年轻，大部分集中在 16 岁至 25 岁之间。之所以年轻人容易患上社交恐惧症，主要有两大方面原因：首先，是网络时代导致人与人面对面交流减少。有很多交流都是通过网络、电话来完成，长时间便形成依赖，逐步变成不愿乃至不能接受面对面交流；其次，是性格影响。现在的 80 后、90 后人群都比较自我，且都是独生子女，自理能力比较差，凡事以自我为中心，不善于换位思考，稍稍和他人发生争执便会产生极大的挫败感，更不用说主动与对方进行沟通，久而久之便会在社交问题上出现障碍。

怕见陌生人

在具有社交恐惧症的病人中，有些病人病前人格相对健全，恐惧是在强烈的创伤性处境下发生的，如前面提到的姗姗和小女孩莉莉。然而有另一个极端是病人有人格障碍，从小害羞、怕见人，他们多数就会成为社交恐惧症患者中的怕见陌生人的人。

你可能会有疑问，很多小朋友见到陌生人都会害羞，难道都是社交恐惧症？你先别着急，咱们好好来了解一下这群特殊的人。

首先，你说的没错，除了一些特别开朗自信的小朋友喜欢主动与陌生的叔叔阿姨打招呼，多数小朋友都会很害羞、腼腆地躲在爸爸妈妈背后，弱弱地喊一声叔叔或者阿姨好。而有的小朋友不仅仅只是害羞，甚至有些恐慌，打死也不肯叫人，甚至会哭泣。在儿时这类特殊的人可能还不是那么明显化，因为在大人看来，他们只是胆小害羞，年纪小、不懂事而已，但是随着年龄的渐渐增长，你就会发现他们的与众不同了！

小美自小父母就在外打工，和外婆一起生活。小美从小就是个很没有安全感的小孩，也很害羞，每每外婆让她叫人的时候，就会躲在外婆背后。由于外婆怕自己的孙女受欺负，很少让她出去玩，常常关在家里，小美自己的胆子也特别小，不喜欢出门，也不喜欢和人接触。后来上了学也很内向，不敢回答问题，也不怎么和同学、老师说话。除了学校的同学、老师和外婆，小美几乎不和任何人来往，每当出门都是低头不敢看别人。如果有陌生人主动和她说话，她会立刻紧张害怕起来，脸火烧火燎的感觉，心跳加快，大量出汗，根本无法张口说话，更不敢看对方。自己这种傻傻的表现更让她觉得自己是个怪人，进而更加自卑，尽量让自己避免与陌生人接触。

外婆不知道小美这是得了社交恐惧症，还笑自己的孙女是个大家闺秀！随着年纪渐渐长大，小美从不喜欢出门到不敢出门，从不敢看陌生人、不能和他们说话，到只要有陌生人出现在视野里，就开始紧张不安，立刻逃离！如今，已经步入花季的小美，本该好好享受友谊甚至是青涩的爱情的时候，却只能一个人孤独地躲在家里！

现在知道害羞和社交恐惧症的区别了吧：你有人家"害羞"吗？

"我会害怕见到陌生人，有时候只要是陌生人经过我的身边，我都会感到紧张，我享受和熟人及亲人在一起的感觉，那样我才不会紧张。但是只要是和陌生人在一起，我就会变得沉默和内敛，我会觉得不自在，甚至害怕。而且这种害怕陌生人的习惯导致我对未来的高中生活充满了恐惧，因为上高中后意味着将接触更多的陌生人，而且我比较宅，不喜欢出门，出门看见大街上一个个不认识的陌生人我会产生深深的恐惧，就想着快点逃离。"这是来自一名初三学生的自述。

他们害怕自己在别人面前出洋相，害怕被别人观察。与人交往，甚至有陌生人在身边，对他们来说都是一件极其恐惧的事情。

这种人一到青春期，社交恐惧便明显起来，往往并没有什么确定的诱因，多数和成长环境有关，例如，家长过于保护孩子，对孩子缺乏信任，缺乏情感支持；过度关注孩子服饰是否整洁和言谈举止是否得体；控制孩子进行社会交往，从而妨碍了他们学习社交技巧来控制自己对社会的恐惧等。

我们再来看一个病例：

由于父母对孙倩要求极严甚至苛刻，她从小性格内向、胆小、孤僻。小学时一次考试小倩成绩不理想，父亲就让她重做生题，她不想做还哭闹，父亲就怒气冲天地将笔甩到她脸上，笔尖刺伤了她的脸，鲜血直流。这件事让孙倩至今记忆犹新，想起来还是很害怕。父母很正统、很古板，对孙倩的禁忌很多，父亲认为女孩子在外蹦蹦跳跳、打打闹闹是不正经的，还容易上坏人的当，所以除了学校和家，孙倩很少在外玩耍。

不愉快的经历，不仅仅来自于父母。孙倩一向很好强，所以学成绩十分优秀，一直是老师眼里的好孩子，对她要求也就更加严苛。一次提问没答好，老师当众批评她、挖苦她，她难过得直流眼泪。孙倩从小就不怎么和男孩子来往，由于学习小组，她和一个男孩子走得比较近，于是同学们都拿他们开玩笑，说他们在恋爱。孙倩感到很羞耻。后来这玩笑话传到父亲的耳朵里，父亲大发雷霆，大骂孙倩不要脸等羞辱的话，从此孙倩再也不和任何男生说话。再就是大一时，同室一位同学A家境不好，孙倩就经常主动帮助她，可这样反而伤了那位同学A自尊似的，同学A不但不领情，反而时常挑剔她、指责她、刁难她，故意当她的面和其他同学亲亲热热，冷落她、孤立她。这使孙倩委曲极了、难过极了。她恨自己，自责自己是不受欢迎的人。

不知不觉地孙倩就怕和人接触了，愈来愈害羞了。她认为自己是个怪人。渐渐地，她把自己封闭起来，从不多与人说话，与人讲话时不敢直视，尤其是面对异性时，眼睛躲闪，像做了亏心事，一说话脸就发烧，低头盯住脚尖，心怦怦跳，身上起鸡皮疙瘩，好像全身都在发抖。

讲到孙倩这个病例，我们发现，孙倩除了怕见陌生人，还特别对异性感到恐慌，这就要引出另一种社交恐惧症——异性恐惧症。在社交恐惧症中，还有一类人群，他们平时都和正常人一样，可以在公共场所自由出入，与人交往也很舒畅，但前提是这些人必须是和自己一个性别。如果是和异性打交道，尤其是陌生的异性，那就会恐惧起来！

这一类社交恐惧症患者比较隐秘，因为他们多数还是可以正常生活的，但在感情方面就会遇到很大的困难。虽然他们也有着强烈的得到异性爱与被爱的渴望，然而由于自己根本无法与异性接触，就更别提谈恋爱了，那简直就是要他们的命。

家住县城的小丽，从小父母离异。由于其爸爸有外遇而导致家庭破裂，妈妈常常把气撒在跟着她生活的小丽身上，动不动就责骂小丽不要脸、贱人等。只要小丽和男生说话被妈妈看见，就会招到妈妈莫明奇妙的辱骂。由于自己的婚姻失败，小丽妈常常灌输小丽这样的思想：男人都不是好东西，不要理他们，他们会害你的。渐渐地小丽越来越讨厌男生，不和男孩子往来，尽量躲他们远远的。"中学时，见到男女生之间的往来很反感。慢慢地自己也敢和男生单独相处，一旦有男生和自己说话，就会立刻紧张，不敢直视对方，像做了亏心事。心怦怦跳、气促，肌肉起鸡皮疙瘩，全身都在发抖、出汗。很想控制自己这种不正常的反应，可是越是想不要这样做，自己表现得越差。"小丽自述道。小丽就医后确诊为神经症——社交恐惧症。

神经症即神经官能症，是一组非精神病功能性障碍。是一种心因性精神障碍，以人格因素、心理社会因素为主要致病因素，但非应激障碍，是一组机能障碍，障碍性质属功能性，非器质性。

大多数人认为，这种过度的"害羞"是女性的天性。因为一些正值青春期的女生，一方面有着正常的与异性接触的愿望；另一方面已经内化了的有关两性交往的"羞耻感、道德意识"有意无意地使你批判自己的想法，抑制自己的欲望。因此，常常处在一种是否与异性交往的心理冲突之中。而害怕、羞于见男生这种病态反而减轻了这种冲突。从心理学上讲，身体的"症状"是内心冲突的"改头换面"。

当出现对人的恐惧反应后，便批评、督促自己该怎样怎样，控制自己不要怎样怎样，这就产生了一种暗示、强化"症状"的作用。再加之越感到"不自然""狼狈""难堪"，头脑中就越多地出现"想象观念"。这进一步导致了自我感觉恶化。如此恶性循环，"症状"便日益严重了。在这种想改变又未能改变、想摆脱又无力摆脱的困境中，早年的负性心理印痕被激活了，与现实问题交织在一起，产生了综合作用导致心理障碍的产生。

其实，有些纯爷们儿也会有这种"异性害羞"恐惧症。回想一下，班级里是不是有些男生总是很酷的样子，不爱搭理女生。其实，他们由于过度在乎别人特别是异性对自己的看法，害怕在异性面前出丑，被异性否定，因此不敢与异性接触，常以高傲的假面对待异性。如果一旦遭受到恋爱的挫折，就很容易引发这种异性社交恐惧症。

一相亲就逃跑的"逃跑哥"，今年32岁，至今未婚，亲朋多次安排相亲，但是逃跑哥一见到女方，就开始发抖、面红耳赤，撒腿就跑，朋友便给他起了个"逃跑哥"的外号。你可能在想，一个大老爷们看姑娘还不是美差事，跑什么啊！怎么比姑娘还害羞！逃跑哥，还真就是很"害羞"，不对，应该说是恐慌、焦虑。家人和朋友曾怀疑他喜欢同性，所以才用这种方式逃避，为了证明自己是个正常的爷们，逃跑哥在家人的陪同下就诊，证实自己并非性取向问题，而是患了社交恐惧症。

问其病因就要回忆一下过去了。小时候，逃跑哥去邻居姐姐家玩，结果被好奇的姐姐们脱了裤子，一个无心的恶作剧给逃跑哥幼小的心理留下阴影。中学的时候，他喜欢隔壁班的一个女孩子小S，一向很胆小的逃跑哥苦于自己不敢表白，就和兄弟说了这事。在兄弟们的怂恿和陪同下，逃跑哥终于大着胆子向女孩表白，结果不但被女孩拒绝，还被羞辱了一番。害得逃跑哥当众出丑，无地自容。

自那以后，他再也不敢靠近女孩子，在女孩子面前也总是很自卑，觉得没有人会喜欢自己。见到女生就紧张，尤其是自己喜欢的女孩子在场的时候；害怕与女性接触，什么面红耳赤、紧张颤抖、说话结巴等这些该有的病症逃跑哥都有了，哪怕是自己的女上司。由于自己一直无法正常与女性接触往来，也就一直没有谈恋爱。

看了这么多病例，不难发现，这类社交恐惧症患病病因多是和自身的生活环境和成长经历有关。研究表明，社交恐惧症多与童年时期的某个行为印痕有着直接的关系。其中不良的教养方式是恐惧障碍发生的重要原因。病患的父母较正常人的父母对子女缺乏情感温暖、理解、信任和鼓励，但有过多的惩罚、拒绝和过度保护；父母的严厉、惩罚，会使孩子变得胆怯、小心翼翼，在社会中过分担心自己的言行，惟恐遭人指责；父母、老师对其的批评、否定也会使其个性变得自卑、自我否认、内向而逃避社交，或者过分注重自己的言行举止。

表情奇怪的脸

半夜里，女生宿舍的洗手间传了一声惨叫……这不是鬼故事，而是一位女大学生在自毁面容。花季女孩自毁面容！是自虐狂吗？

当然不是。这位自残的女孩，是某名校大二学生小夏，学习成绩优异的小夏，在同学眼里一直是个很乖巧、很内向的孩子，有点孤僻，不太喜欢参加集体活动，总是一个人闷闷地学习。殊不知，小夏是自卑："不知道为什么，我的表情很奇怪，总是不自觉地斜眼看人、嘴角上扬，给人家一种不舒服的感觉，大家一定都觉得我是个怪人，性格奇怪，也不爱理我。但是，我内心很孤独和痛苦，于是我就拼命地学习，但是学习成绩好了，同学们还是不喜欢我。我也想和别人一样和好朋友一起玩，和自己心仪的男生谈恋爱。可是这样的我是没人喜欢的。我一和别人说话，就怕自己的表情让人反感，可是我也是努力控制，表情越奇怪，甚至还会不自觉地笑或者脸部抽搐。我无法忍受这种痛苦了，干脆毁了这张惹人讨厌的脸。"

一个人陷入对自己的排斥几乎是一种无解的心理困境，这种困境会激发一种强烈的神经症冲突，甚至想要逃跑。小夏这种因为担心自己的表情给别人带来反感而害怕与人接触的情况，也是社交恐惧的一种。

很多女孩子都会比较在乎自己的外貌和别人对自己的评论，但是这种关注是在一个合理的范围内，一旦超过了这个度，就会因为心理矛盾和压力，进而产生心理障碍。有个女同学和别人开玩笑时，听别人说自己的脸长得像一副假面具，从此便对自己面孔越加注意，不知如何是好，整天惶恐不安，无法专心上课，最后甚至不愿见人了。

有的患者认为自己笑时是一副哭丧相，有的患者则认为自己眉毛、鼻子长得像病态的样子……

再来看一个患者的自诉："不知道什么时候开始，和别人交谈有时就会表现出很不自然、很尴尬的表情，其实我都知道没什么好不自然的，可就是做不到随心所欲地表现出来。后来越发的严重了，经常和人说话时不能控制自己的情绪与表情。明明谈到有趣的话题，要笑的时候却笑得很僵硬、很不自然。开始笑的时候很正常，当笑过之后就有些尴尬；在别人说话的气势压住我，让我无言以对的时候，就莫名地有种变脸色的感觉，其实也不是真的不高兴，不知道为什么就想变脸，不想让别人看到，想压制，结果就弄出尴尬的表情。现在的我，甚至遇到知道我这种情况的人，就开始紧张，不停地不由自主地看对方的眼睛，表情也开始变得很不自然，特别是眼睛，控制不住地酸和不自然，感觉自己的表情很扭曲。"

值得注意的是，这一类社交恐惧症患者内心痛苦、羞耻感、自我否定、自己憎恨的程度，甚至会让资深的心理专家吃惊！

有一位患者，她固执地认为自己的眼睛过大，黑眼球突出，这样子很丑，会被人嘲笑和瞧不起；又认为自己的表情经常是一副生气的样子，肯定会给别人带来不愉快的感觉，她冥思苦想，竟然是用橡皮膏黏住自己的眼角，认为这样就会使眼睛变小，但眼睛承受极大的拉力，非常痛苦，也很难持久，最后，患者下决心动手术。

还有一位患者，他认为自己总是眼泪汪汪，样子肯定很丑，自己一直找不到对象、不能升职都是因为这个原因，竟找医生商量是否能切除泪腺。

一位公务员，他认为自己说话时嘴唇歪斜，自己傻傻的，怀疑别人总是嘲笑自己，自己这样子也不会有什么发展，竟因此而考虑辞职。

当然，还有我们半夜惊魂的小夏同学，这些惨不忍睹的自残行为，其实都是来自己对自己过分的关注、错误的定位等造成的心理障碍、社交障碍，进而导致了悲剧的发生。

特殊场合"演讲恐惧症"

每个人的一生中都有过害羞、紧张的经历，比如课堂上回答不出老师的问题、第一次上台演讲……

每个人都应该有过当众发言或演讲的经历，有些人可以侃侃而谈，正常发挥；有的人则会紧张，总想上厕所，表达有些不顺畅，甚至有些颤抖，但是这些都属于正常现象，并非要和大家探讨的"演讲恐惧症"范畴内，不然真的有点小题大做了。

很多人初次在公共场合演讲多少都会有些紧张，但是随着慢慢地适应，上述的不适反应就会有所缓解。但是有些人则无法控制这种紧张的情绪，而且会越来越紧张，甚至是恐惧，一登上讲台就不自主地发抖，面红耳赤、出汗、心跳、心慌、根本讲不出话。严重的还会呕吐、抽搐、神经末梢充血、晕厥等。

某大学毕业典礼上，一名学生代表发言时突然晕倒。后来得知这位被选为学生代表发言的同学李某，患有"演讲恐惧症"，由于过度紧张而导致晕厥。李同学从小一直学习很好，但是他有个怪毛病，就是一发言就口吃，甚至脑子完全空白，明明知道答案的问题却回答不上来。同学们越是笑他，他越是感到羞愧，上课越害怕老师提问他。因为一直成绩很好，父母也就没当回事。李某自述："我最害怕的就是换老师，因为新老师不了解他的情况，就会提问他，我就又要出丑了，就算是早已烂熟于心的课文背诵，我也是一个字也说不出。知道自己有这毛病，当被告知要代表学生发言时，真是害怕死了，和老师说过换别的同学，但又不好意思说出自己这个毛病，所以老师就坚持让我发言。紧张得我几乎无法入眠。硬着头皮上了台，可是大脑一片空白，看着下面一双双眼睛，又羞愧又紧张，简直无法呼吸。"

在社交恐惧症中，演讲恐惧症是一种最常见的心理障碍。患者性格多是偏于内向、敏感，过分关注与担心自己的言行及他人对自己的评价，害怕当众出丑。这些人在私底下做这些事没有任何困难，只有在别人注意的时候，他们的行为才会发生障碍。他们甚至还会一遍一遍地在脑子里重温在公众面前的表现，回顾自己是如何处理每一个细节的，对自己应该怎么做才正确。躯体症状会有面红耳赤、多汗等常见表现，有的还会伴有胃肠道症状、震颤、心动过速。这一类患者的诱发病因并非都与成长环境和家庭教育有关，也有成年以后因为某一事件突然引发的。

"演讲恐惧"潜伏于每一个人的身边，害怕当众讲话、害怕参与表演活动等当众的一些行为活动是非常普遍的现象。但是，这些行为活动却对于个人魅力的展现又十分重要。我们应该积极主动地去克服它，而不是逃避。下面介绍一些自我克服"演讲恐惧"的方法，希望可以帮助大家增强自信，以后能够克服心理恐惧，在众人面前发挥自如！

一是要学会放松。比如调整自己的呼吸，想一些其他的美好的让自己开心的事情，分散自己的注意力。在面对很多双眼睛而感到恐惧时，可以专注地看某一点。告诉你一个小秘密，其实当你在侃侃而谈时，认真的听众也许并不像你想的那样多，有时你的演讲使听众发笑，但多数听众都不知道笑的原因是什么，有些听众是看见别人在笑也就跟着笑了。

二是要学会自我鼓励，肯定自己。人都会因其容貌、身材、地位、能力等产生自卑心理。克服这种心理障碍的方法是做强烈的、鼓励自己的暗示，如心中暗示自己"我已做好充分的准备""我可以做到的"等，都会有很好的效果。

三是要做最坏的打算，向最好的方向努力。认真地做好事前的准备，但不刻意追求完美，不要给自己过大的压力，允许自己失败。一旦出错，可以微笑缓解一下紧张，默默地告诉自己"我已走到了最恶劣的地步，不会再有更糟的事了"。灵活自如地表现，才能有失败了再来的勇气和信念。

有一部非常精彩的励志电影叫《国王的演讲》，讲述了英国女王伊丽莎白二世的父亲乔治六世国王的故事。这位国王由于患有口吃，十分害怕当众演讲，即使是自己的登基大典也没能顺利完成演讲。然而，1939 年 9 月 3 日，德国政府冲破防线进攻波兰，英、法被迫向德国宣战。乔治六世国王决定向国民发表演讲。在家人的鼓励下、好友兼他的治疗医生的陪伴下，乔治六世背负起国王的使命，坚定信念，鼓起勇气，忘记一切，集中精力，涨红了脸，滔滔不绝地说起来。最终乔治六世国王成功地完成了演讲。播音室的门开了，大家为国王鼓掌，国王得到了臣民们热烈的拥戴。

强迫、焦虑与恐惧

社交恐惧症常常与强迫症和焦虑症交织在一起。

只要有男士在场，Lily就开始坐立不安起来，不敢直视男士，尽量躲避，如果迫不得已要共处，就会做出一些异常的行为，比如手里要不停地把玩一样东西，脸上有着纠结的表情！但是，千万别误会，Lily可不是个害羞鬼，不敢接触异性，她只是在克制自己的强迫症，通过把玩一些东西分散自己的注意力，不要让自己做出更夸张的事情——拔掉男人的胡须等。

很多强迫症患者，由于怕自己在公共场所失控，也会在某些场合下过度紧张不安，表现出类似于社交恐惧症的症状，如无法专心与人交谈、出汗，甚至由于过度紧张而痉挛等。他们也会为某件出丑的小事而耿耿于怀，反复回顾，猜想别人对自己的嘲笑等。

社交恐惧症患者有时候为了缓解压力也会反复地做同样的一个动作，看上去就像一个强迫症患者一样无厘头，比如有演讲恐惧症患者会一直不停地看向出口。许多病症和表现，往往让人分不清楚，是由于强迫症而重复一个动作，还是因为通过重复一个动作而缓解心理的压力和紧张。有时，强迫症和社交恐惧症会同时出现在一个患者的身上。

小学时因为家长有时忘记关冰箱、关水，霍磊就会帮着关上。久而久之，霍磊每次看到冰箱、门窗、水龙头、电脑都会检查关了没，而且会反复的，就是刚检查完再去检查，老是不相信已经关好了，出门也老检查门关了没有，口袋里的东西有没有掉。到现在大概已经5年多了。他想过办法克制，但还是感觉去检查一下可能会减轻痛苦。有时候因为不去检查而不能做作业，不能好好吃饭，也不能专心听课，有时候和朋友讲话讲到一半就会想去检查些什么。这已经严重影响其正常的生活，渐渐地大家都觉得他是怪人，进而孤立他。

许多强迫症困扰者往往也有人际交往障碍，像霍磊这一类问题，有的将之归为强迫症，有的将之归为社交恐惧症。两者的本质都一样，都是源于心中有强烈的执着。只是社交恐惧症的执着较单一，执着于良好的自我形象、爱面子。但是，强迫症是对来自自身的某种思想、观念或行为不克制地去想、去做，而恐惧症所害怕的客体和环境是来自外界的。霍磊是由强迫症引起了社交障碍。

由于社交恐惧症执着于自己的形象与面子，因此对于别人的评价是非常敏感的，从旁观者处接收到的消极反馈都会激起焦虑水平的提高，并引起生理上的反应，如脸红出汗。因而对于社交恐惧症患者来说，一旦参与社交活动，就会在个人身上出现不断接受消极反馈导致焦虑水平不断提高这个循环过程。

佩佩在初一下学期不知道什么原因得了看老师会怕的病。然后在暑假一直很痛苦，到了初二，看同学也怕，看父母也有点怕。渐渐这种没来由的怕越来越重，使得佩佩无法正常上学。于是父母带她去医院，检查结果说是焦虑症。然后吃了些药，好了一段时间。但好景不长，没过多久又发作了，而且更加严重。不仅看人会焦虑，而且眼睛会乱瞄，老是斜斜的，会用余光斜视旁边的人或物。

佩佩很痛苦："我根本控制不了自己的眼睛，坐我左右的同学都感觉我有毛病，老是看我。我也设法不看他们，但是不管怎么样都没法完全看不到他们，好痛苦啊！看老师也是，与同学交流也是，我现在不是不敢看老师，而是看老师会乱瞄，老师也感觉我有点问题，问问题时也都是草草回答。"

虽然焦虑症和恐惧症都以焦虑为核心症状，但两者不同。形成恐惧症的焦虑是有特定的物体或处境所产生的，比如陌生人、公共场所等，为了减轻焦虑将采取回避行为，如拒绝和陌生人说话、尽量不出门等。焦虑症的焦虑是没有明确客观对象和具体观念内容的提心吊胆和恐惧不安的心情，而且没有办法回避。

社交恐惧症患者在参与社会活动过程中，一般都存在三个认知阶段，分别为预先设想、情景当中、事后分析。

我们结合姗姗的病例说一说这三个阶段。一般人早上出门会想一会儿吃什么早餐或者祈祷别堵车什么的，而姗姗每天出门前都在害怕，怕别人嘲笑自己，因为非常关注自己的外表，每天都花很多时间精心装扮好才敢出门。这就是第一个认知阶段——预先设想的阶段，患者过度关注和担心即将进行的交往活动。

第二阶段情景当中患者过分关注先前被诫过的行为，甚至自言自语的次数增加。此时患者采用严密的防御措施，如不停地瞥向出口，以确保在着实忍受不了的状况下可以逃脱，或者避免眼神接触，由于过度关注内心体验，交往中的意外事件就会发生（如，忘记对方的名字，转移对焦虑的注意力是发生不合时宜的笑声等）。

第三阶段是事后分析阶段，患者对刚发生的交往活动进行详细的检查。

姗姗总是怀疑别人在看她，在对她的穿着、外表评头论足，而且开始焦虑不安，心情烦躁等，至于自言自语的次数有没有增多这个只有她自己知道了。多数社交恐惧症者，在引起自己不舒服的环境中就会眼神一直游离，而且表现出心不在焉的样子，因为他们在寻找逃离的出口和通道。

正是由于在情景当中的不适，社交恐惧症患者内心对形象与面子的执着，因此他们会反复回顾，带着羞愧感不断地自我批评和懊悔，用一个词来形容就是纠结。所以，如果社交恐惧症患者不纠正错误的认知观念，参加一次社会交往活动就会提高他的焦虑水平，增强他对社交环境的恐惧。

社交恐惧症在医学上比较系统的分类可分为赤面恐惧、视线恐惧、表情恐惧、异性恐惧、口吃恐惧。无论哪一种恐惧症，都会因患者的不合适、反常的行为引起自身与周围环境的不适应，因此就会产生心理压力。为了解除这种压力，患者就会进一步增强自身的痛苦感，就越无法自控，就会十分焦虑不安。

赤面恐惧是对人际交往过程中的害羞或脸红过度焦虑而产生的心理恐惧。赤面恐惧症患者感到在人前脸红是十分羞耻的事，即使是因为害羞或者不好意思的脸红，在他们看来也是很丢人的事情。由于症状固着下来，非常畏惧面对众人。患者一直努力掩饰自己的赤面，尽量不被人发觉，因此十分苦恼。在与人接触时无法控制地脸红，并且为此感到自己像落入地狱般痛苦不堪，觉得不治好赤面恐惧症状，一切为人处世等都无从谈起。

社交恐惧症的三大疗法

社交恐惧是人类独有的奇妙的现象，在动物世界里看不到这样的现象。如果它们彼此排斥，也多半是为了生存的疆界、领地、食物与配偶，或者喜欢独居的习性。动物这样的排斥是朝外的，社交恐惧看起来是对某些人的排斥，实质上却是朝内的，是自己对自己的排斥。感觉自己在他人眼里不完美、可笑、滑稽，甚至从别人眼里读出自己内心的可耻、卑劣、病态，把他人正常的行为、声音、表情看成是对自己的厌恶、藐视。所以，社交恐惧症是一种认知上的自我否定，那治疗是不是可以从这里入手呢？没错，首先要和大家介绍的就是行为认知疗法。

行为认知疗法，是一组通过改变思维或信念和行为的方法来改变不良认知，达到消除不良情绪和行为的短程心理治疗方法。

社交恐惧症及其焦虑表现将分为心理成分、认知成分和行为成分，是一个三重的理论结构。行为认知疗法主要是从认知角度帮助患者认识到自己的情绪问题源于自己的认知构建方法，进而形成建设性的自我观念，学会用正确、理智的观念。如"每个人都会犯错""这样做并没有什么丢人的"等想法来代替"如果我犯了错误，我就是一个笨蛋"等引起焦虑的想法，卸下习得的不现实和非逻辑的准则。

在治疗过程中，将对患者引起恐惧的情况做行为分析，把焦虑的程度按次序排列，建立一个焦虑等级层次。回顾一下化学老师的病例，在这病例中我们看到治疗师就对化学老师进行了焦虑的测评，"现在想使用一张焦虑等级测量表来测量你的焦虑程度，表上有 0~100 单位，0 是绝对平静，100 是极度焦虑，即惊恐体验"。然后，通过角色扮演法模拟情景，从引起焦虑程度最低的情景到能想象到的最严重的焦虑程度的情景进行系统脱敏法治疗。

系统脱敏法，又称交互抑制法，是由交互抑制发展起来的一种心理治疗法，当患者面前出现焦虑和恐惧刺激的同时，施加与焦虑和恐惧相对立的刺激，从而使患者逐渐消除焦虑与恐惧，不再对有害的刺激发生敏感而产生病理性反应。

下面举例来看一下系统脱敏法治疗的咨询过程。

咨询师开始对李同学进行治疗前的介绍与引导：

"我们已经谈了你在上数学课之前和课上感到非常紧张不安，有时你甚至想逃课。但你认识到你并不是一直对数学课感到紧张，你对数学课的这种感觉是逐渐形成的。有一个叫作系统脱敏法的治疗程序可以帮助你化紧张为轻松，最终上数学课将不再是令人紧张的事。这个方法已经成功地帮助许多人消除了对某一情境的恐惧。在脱敏治疗中，你将学习如何放松。你放松了以后，我会让你想象上数学课的一些事情——从不太有压力的情况开始，逐渐接触更大的压力。当我们不断这样进行时，轻松将取代焦虑，数学课将不再令你紧张害怕。你还有什么不明白的吗？"

求助者："没有了。"

咨询者："好，那我们开始。我们谈到数学课的一些情景使你感到焦虑不安。能具体谈一下吗？"

求助者："嗯，上课前，只要想到不得不去上课就会使我烦躁。有时晚上也会感到不安，尤其是考前复习时，这种感觉就非常强烈。"

咨询者："好。你能列举出在数学课的哪些情境下感到焦虑吗？"

求助者："考试时总会紧张。有时当我遇到了难题，去请教老师时也会紧张。当然，还有老师叫到我回答问题时我也会紧张。"

咨询者："很好。我记得你从前对自由发言也感到紧张。"

求助者："是的，也害怕。"

咨询者："然而这些情境在其他课上并不使你紧张不安，是吗？"

求助者："是的。而且事实上，我在数学课上的感觉从没有像最近一年这样坏过。我想部分的原因是由于临近毕业带来的压力。我的老师让我不知所措，上课的第一天就被他弄得惊慌失措，而且我总是对数字有一种恐慌。"

咨询者："看来你的恐慌一部分是针对你的老师，而还可能有一部分是由于希望得到较好的毕业成绩。"

求助者："是的，虽然我知道我的成绩不会太差。"

咨询者："好，你认识到虽然不喜欢数学而且为之担心，但你还是会以较好的成绩毕业。"

求助者："不会比中等差。"

咨询者："我希望这星期你能做一件事。你能否列一个清单，说明发生了哪些关于数学和数学课的事情使你感到紧张？写下有可能使你焦虑的、有关数学和数学课的所有事情。"

求助者："好的。"

咨询者："另外，早些时候你说过，有时与父母相处也会有这种感觉，所以在你改变了对数学课的焦虑之后，我们还将考虑你与父母相处的情境对你的影响。"

咨询后构建刺激等级，一般刺激等级例证（各个项目按时间来安排）：

A. 你的教授在上课的第一天宣布一个月后将进行第一次考试。你知道这一个月会很快过去的。

B. 考试前一个星期，你坐在教室里，教授提醒考试的日期。你意识到你还有许多东西要在这一个星期里学习。

C. 你坐在教室里，教授说考试将在下一次上课时——两天以后进行。你意识到还有许多书没读。

D. 考试前一天，你在自习室学习。你不知道自己掌握的知识是否像班上其他同学那样多。

E. 考试的前一天晚上，你在自己的房间学习。你想到这次考试成绩占期末总成绩的三分之一这一事实。

F. 考前的深夜，你复习完了功课，上床睡觉。你躺在床上在头脑中回忆所学的内容。

G. 考试这天清晨，你一起床，头脑中就闪过"今天考试"这一念头。你想知道昨天晚上和以前记住的东西在考试时还能回忆起多少来。

H. 考试前一小时，你最后再翻一翻自己的笔记。你开始有一点头晕——甚至有一点恶心。你想要是自己还有更多的时间复习该有多好。

I. 课前 15 分钟，你走向教室。此时你意识到这次考试是多么重要，你希望自己不要交白卷。

J. 你走进教学楼停下来喝一杯水，然后走进教室。你向周围看一看，发现大家都在笑。你认为他们很自信，而且他们比你准备得好。

K. 教授来得晚了一点儿。你坐在那儿等老师来发卷，你猜想考试的内容会是什么。

L. 教授已经发下了考卷，你得到了自己的卷子。你的第一个念头是题量太大，你怀疑自己能否将考卷做完。

M. 你开始做考卷的第一部分，有一些问题你没有把握。你花了些时间考虑，继而发现周围的人都在刷刷地写。你跳过那些题目向下答题。

N. 你看了看表，时间只剩下 25 分钟了，你觉得自己在第一部分耽误的时间太多。你想到如果答不完卷子你会得多少分。

O. 你尽量快地继续答考卷，偶尔会担心时间不够用。你瞟一下手表，只剩下 5 分钟了，你还有许多题没做。

P. 考试时间到了，你还有些题目空着。你再次因为这次的成绩占总成绩的三分之一而担心。

咨询师通过诱导求治者缓慢地暴露出导致神经焦虑的情境，并通过心理的放松状态来对抗这种焦虑情绪，从而达到消除神经症焦虑习惯的目的。在心理治疗时应从能引起个体较低程度的焦虑或恐惧反应的刺激物开始进行治疗。一旦某个刺激不会再引起求治者焦虑和恐惧反应时，施治者可向处于放松状态的求治者呈现另一个比前一刺激略强一点的刺激。如果一个刺激所引起的焦虑或恐惧状态在求治者所能忍受的范围之内，经过多次反复的呈现，他便不再会对该刺激感受到焦虑和恐惧，治疗目标也就达到。最后再通过指定作业，在疗程之外的实际社会情景中使用治疗中学到的技巧。

无论是团体、家庭或者个体治疗，都要包括基于以上三个部分的技巧指导、心理支持以及防止复发的防御计划。

认知疗法就先讲到这里，下面要请出一位非常有名的神经症患者——森田正马。

森田出生在日本高知县农村的一位小学教师的家庭里，由于父亲对子女要求很严格，尤其对长子森田正马寄托着很大的期望，从很小就教他写字、读书。森田5岁就被父亲送上小学，放学回家，父亲便叫他读古文和史书。10岁时，晚间如背不完书，父亲便不让他睡觉。

学校本来功课就很多，学习已经够紧张了，回家后父亲又强迫他背这记那，使森田渐渐地开始厌倦学习。每天早晨，他又哭又闹，缠着大人不愿去上学，用现在的话说，就是"学校恐惧症"。

12岁时森田仍然患有夜尿症，这使他十分苦恼与自卑。由于长期的精神压力和社交恐惧，他16岁时患头痛病并常常出现心动过速，后来还被诊断有神经衰弱。

命运因一次小误会而发生了颠覆性的改变。

大学一年级时，因农忙，森田先生的父母两个月忘记了寄生活费，他误以为是父母不支持他上学，感到很气愤，甚至想到当着父母的面自杀。但是，森田很快就放弃了那个愚蠢的念头，而是暗下决心，努力学习，要出人头地。

在这时期，森田不顾一切地拼命学习，把所有的心思都放在学业上，什么治疗、吃药等事情统统抛到一边。工夫不负有心，森田先生取得了意想不到的好成绩，而且神经衰弱等症状也奇迹般地消失了。

这件事着实让森田又惊又喜，于是他开始专研神经症的治疗，将当时认为治疗神经症比较有效的各种方法：安静疗法、作业疗法、说理疗法、生活疗法等进行实践验证，取其有效成分，再融合自己的痛苦体验经历合理组合，提出自己独特的心理疗法——森田疗法理论。

这是一种顺其自然、为所当为的心理治疗方法，具有与精神分析疗法、行为疗法可相提并论的地位。

森田根据患者症状把神经质症分成三类：普通神经质症、强迫神经质症、焦虑神经质症（社交恐惧症被归属于这一类）。森田认为发生神经质的人都有多疑的心理。他们对身体和心理方面的不适极为敏感，而过敏的感觉又会促使其进一步注意体验某种感觉。如此，感觉和注意就出现一种交互作用。森田称这一现象为"精神交互作用"，认为它是神经质产生的基本机制。

社交恐惧症患者总是怀疑别人过度关注自己，对事、对人、对己过分敏感、追求完美等。常把自己正常变化如心跳快些等误认为病态，并集中精神注意这些表现，从而出现焦虑和紧张，使不适的感觉进一步增强，导致各种主见症状越来越明显。森田疗法与认知疗法恰恰相反，它不但没有去纠正患者的现有认知，而是告诉病患要接受社交中的"胆怯、紧张、心理不安"这一既定事实，不再把其当作身心异物加以排斥，不再关注体察心理症状，而是要带着紧张、胆怯像正常人一样交往，顺其自然，使症状在不知不觉中消失！

三大疗法的最后一个疗法，是大家非常熟悉的催眠疗法，其治疗方法是精神分析师通过言语暗示或催眠术使病人处于类似睡眠的状态，使求治疗者的意识范围变得极度狭窄，借助暗示性语言，挖掘病人心灵或记忆深处的东西，看你是否经历过某种窘迫的事件，试图寻找到发病的根源，以消除病理心理和躯体障碍的一种心理治疗方法。

除了行为认知疗法、森田疗法与精神分析疗法三大疗法外，社交恐惧症还有许多治疗方法，如和系统脱敏法有异曲同工的暴露疗法，这种疗法是让患者暴露于引起社交恐惧的各种不同的现实刺激情境中，如害怕去公共场所，就带其去商场等公共场所；害怕见异性，就安排其与异性接触等。

在暴露期间要有目的、有步骤地使病人产生严重的焦虑反应，鼓励患者坚持到焦虑缓和为止。

心理剧治疗，常运用在后期的恢复和中期的治疗。在传统的方法基础上，通过角色扮演，运用超个人心理学的方法，治疗内在的伤害，同时开发自身的潜能和智慧，达到自我治疗与恢复。

此外，还有借助音乐舒缓患者压力，使其在音乐里将内在的情绪发泄，将潜意识的东西调动出来的音乐治疗法。

第十三章

"孤独者"

——自闭症

自闭症：孤独世界里的"孤独者"

小海是程老师班里的学生，程老师第一次看到这个小孩的时候特别喜欢他，因为小海长了一双乌黑的大眼睛、长长的睫毛、小小的嘴巴，程老师觉得小海是班里最漂亮的男孩子了。可是经过慢慢地接触，有了一些互动和交流之后，却发现他与其他同龄小孩有很大不同。

每天早上小朋友们的爸爸妈妈送他们到幼儿园，临走时都会和爸爸妈妈挥挥手说"再见"，老师迎接他们进入班里的时候，与其他小朋友打招呼，他们都会笑笑地说"老师好"。可是，和小海打招呼，他没有目光对视，仿佛说话的对象不是他，只是淡淡地扭着头不理不顾。程老师起初觉得是小海害羞，怕和生人接触，也就没多在意，希望能在接下来的相处中慢慢改善他的害羞，加强他和其他小朋友的交流。可是，程老师发现，别人和小海说话，他都置若罔闻，不做任何语言回应。其他小朋友想和他亲近，拉他的手，伸手要抱他，他却调头跑开。

小海上课的时候从没有安安静静地坐下来听讲，会不停地在座位上左右摇晃，嘴里还不时发出一些怪异的声音。做课外游戏的时候，他不喜欢和其他小朋友一起，对同学们一起玩的游戏不感兴趣，总是一个人独处，站在墙角，或者蹲下来不知道在看什么。吃饭的时候，小海总是喜欢先把鼻子凑上去闻一闻，再决定是否要吃，不吃蔬菜，只喜欢吃糖果和一些零食，饮食固定单调。每天放学的时候，他一定会自己整理好书包，换好鞋子、穿好外套，等待放学。如果临时有变化，就会不安，不停地要求或怪叫。当他的需求没有得到满足时，便会敲打自己的牙齿或撞头或是推倒身边的同学等自伤或者攻击性行为。

最初，程老师只是觉得小海刚到一个新的环境中不太适应，误以为小海只是脾气暴躁。可是经过一段时间的观察和努力，程老师还是把小海的父母叫到了学校进行了深入谈话，因为程老师怀疑小海得了"自闭症"。通过跟小海父母的沟通，程老师了解到，小海确实得了自闭症。

家人在小海 3 岁的时候发现了小海的"与众不同"，因为小海不像其他家的孩子那样，会在父母身边撒娇，他不喜欢和爸爸妈妈以及家人亲近，叫他、跟他对话，都得不到目光接触，原来会说的语言和词汇渐渐变得很少说出来，就像老师观察到的那样，小海吃饭时要先闻一闻饭菜，才决定要不要吃，并且出现了越来越多的刻板行为。小海父母带着小海去医院做检查，得出的结论是"自闭症"。家人一开始不相信，辗转几家医院都是一样的结果，小海父母只能接受这样的现实了，可是他们不希望小海是在特殊学校里得到特殊的对待，因为那样意味着小海或许没有康复的希望了，他们一边参加自闭症的康复治疗，一边和医生商量着希望小海能在正常的学校里按照正常的孩子那样成长，所以在幼儿园入学的时候小海父母对幼儿园的老师撒了谎。

自闭症的症状

自闭症，又称孤独症或孤独行障碍等，是由美国儿童精神医学家卡勒在临床上发现的。他们的患病特征表现为：严重缺乏与他人的情感接触；行为怪异；缄默，语言表达障碍；重复性的、仪式性的行为；视觉记忆和机械记忆能力强，相反，在其他方面学习困难。卡勒将之命名为"早期的幼儿自闭症"。卡勒医生最初报道这类病例的时候是把他们划分到儿童精神分裂症的一个亚型中的，也并未得到相关研究人员的重视。1943年到1944年，卡勒和奥地利维也纳大学儿科教授阿斯贝格相继发表了儿童"自闭性障碍"的论文。但是在20世纪40至60年代，又有人不断报道出和卡勒报道的相似的病例，并以不同的名称来命名，但是当时仍旧是把此类症状分类到"儿童分裂反应"。

典型自闭症的症状，早期最主要表现在不能与别人交往和建立正常的社会关系。自闭症儿童沉浸在自己的世界中，不能像正常小孩那样运用语言、表情、动作和他人进行交流。在最开始的时候很多家长会误以为自己的小孩是内向，因为有的小孩在一两岁的时候看起来和其他小孩并无两样，在3岁左右才发现有明显差别。在婴幼儿时期表现为，小孩不会对亲人微笑，喂奶的时候患者不会将身体贴近大人；大人伸手去抱小孩的时候，小孩没有迎接姿势，没有目光接触。再长大一点，对父母没有依恋感，如同陌生人，但与陌生人相处却不会感到畏缩，不会与他人进行眼神凝视；很少与小朋友玩耍，常常会做出一些激烈的行为，严重影响其社交活动；语言发育迟缓，通常自闭症儿童表现得很沉默，而且对语言的理解能力很低，稍微复杂一点的句子就无法理解；缺乏想象力，做不到像正常小孩那样去玩玩具、"造房子""过家家"等。

由于缺乏想象力，自闭症儿童通常会坚持重复游戏模式，重复一些相同的动作和生活方式，比如穿衣顺序要相同，某些物品的摆放位置一定要不变，一旦变化就会对他们产生强烈刺激，便会大吵大闹。这些症状也主要表现为强迫性行为，对周围环境的任何变化都会表示反感和不安，家里的家具变换位置或者重新摆放了新的装饰品，都能引起他们的强烈反应。

自闭症是天生的

30 年前国际上研究自闭症的专家认为，自闭症儿童的出现是他们的父母养育不当造成的，会把责任归咎于父母对孩子关爱的缺失和照顾不周，比如父母双方工作太忙无法照料孩子；或者是父母高智商却造成了遗传变异等原因。父母在小孩疾病确诊后通常会陷入严重的自责中，但是现代医学研究表明，自闭症并非后天形成的，而是先天因素造成的。

造成自闭症的原因有很多，基本上可将成因归为五类：

（1）怀孕期间遭受病毒感染。比如怀孕期间感染脑炎或者风疹。

（2）胎儿时期神经系统发育失常。

（3）生理因素。生产时宫内窒息、中毒或感染等。

（4）遗传。若家庭中有自闭症儿童，则其他兄弟姐妹罹患自闭症的概率为 2% ~ 3%。

（5）环境因素。自闭症儿童的父母大多是知识水平很高的人，却在人际关系方面偏冷漠、家庭气氛不和谐的条件下长大的小孩会在人际交往中造成障碍。

总之，自闭症的成因有很多种因素。这些因素阻碍儿童脑部正常发展，并非自闭症儿童本身所能避免。社会大众应该给予他们更多关怀与体谅，帮助他们学习，不要用智力测验评定他们的能力。

梅梅是一个典型的自闭症患者，本该是无忧无虑在幼儿园玩耍、学习的年龄，梅梅却无法享受到正常同龄孩子应有的快乐童年。

妈妈发现在梅梅 2 岁的时候还不会说话，多动，注意力不集中，不听指令，不和其他的小朋友玩耍。起初妈妈只是以为她说话晚，比其他孩子调皮而已，心里想着等梅梅上了幼儿园，多和其他小朋友相处后说不定情况会改善。梅梅3岁上幼儿园，不到一周的时间，幼儿园的老师告诉梅梅的妈妈说孩子不对劲，从来不和小朋友一起做游戏，只是一个人蜷缩在角落干自己喜欢的事情，对老师说的话置若罔闻，不会用语言或者动作表达自己的需要，喜欢大喊大叫，这让学校的老师也很头疼。

经过一段时间后，幼儿园的老师提醒妈妈应该带孩子去医院看看。听到老师的话，梅梅的妈妈才慌了神，孩子真的有问题吗？孩子没得过大病，感冒都很少，这样健康的孩子怎么会有问题呢？带着心中的困惑，妈妈带梅梅走遍了全国各大知名医院，得到的是同样的诊断：自闭症。医生告诉梅梅妈，这种疾病目前还没有很好的治疗方法，这样的孩子很可能不能上学、不能工作，终生不能离开别人的照顾而独立生活。听了医生的话，梅梅妈妈有些回不过神来，一家三口一直走在幸福的大道上，现在突然前路堵死了。

在那段日子里，梅梅妈妈一直以泪洗面，觉得自己走进了人生的死胡同，任凭怎样找路都寻不到出路。难道孩子的一生就真的这样完了吗？梅梅妈妈不停地寻找各种有关治疗自闭症的信息，甚至连报纸的小广告都没有放过。"有时候明知道是假的，但还是抱着试试看的心理去给孩子做尝试，为此我们上过当受过骗。其实，我们内心还是期盼有奇迹出现，有一丝曙光可以升起。"虽然经历了无数的辛酸，流了无数的泪水，可是梅梅妈妈心中仍旧是充满希望的。

有一天，她了解到有专门的自闭症康复中心，梅梅妈妈参加了康复中心的培训活动。家长在把小孩送到康复中心做培训的时候，家长也要同时参加培训，毕竟小孩子不能一辈子都待在那里，更多的训练和培养需要家长自己完成。梅梅妈妈看了很多案例，也和众多自闭症儿童家长进行交流，获取培训经验，看到有不少患儿经过培训中心和家长的耐心培养后，情况慢慢好转起来，梅梅妈妈心中的希望重新被点燃了。

经过一段时间，梅梅对他人的亲密举动不再产生抗拒，梅梅在试着接受别人的拥抱和安抚，不像从前那样每次别人想要抱她，都被她粗鲁地推开。更让人兴奋的是，从前无论怎么叫梅梅，她都不会对自己的名字产生任何反应，但是现在一叫她，她就会扭头给一个眼神。经过一段时间的专业培训，梅梅会拉着妈妈去洗手间，示意要小便，妈妈简直不敢相信，孩子从来没有用语言或者行动来明确表达过自己的想法，家长只能用猜的，猜不中她的心思，她就会用哭闹或者大喊大叫来发泄自己的不满情绪。幸福不曾走远，上天眷顾每一个努力的人，梅梅妈没有放弃，不懈的坚持终于得到了回报。

每一个孩子都是天使，上天在让他们降临人间时都赋予了他们不同的符号，于是人和人之间会有各种各样的不同，不管生命是我们常规认为的健康的也好，非正常的也罢，总之，每个生命都应该有享受快乐、幸福的权利。

记忆超群的儿童

在卡勒医生的病例中，有这样一个男孩，他叫托勒尔。托勒尔出生于1933年9月8日，满月分娩，出生时体重约7磅。从出生后一直用母乳喂养到8个月大，在3个月大的时候他的父母就适当地加上了人工食物喂养，可是他们发现托勒尔的饮食并不正常，常常出现食欲不振的情况。一般小孩在2岁的时候会对糖果和冰激凌特别感兴趣，可是托勒尔却对它们并不感冒。托勒尔和其他正常小孩一样，出牙，学走路，咿咿呀呀学说话。

父母发现托勒尔喜欢一个人待着，小孩子小时候是很粘人的，表现在对母亲或者父亲的依赖，但是托勒尔不会在意母亲的离开，不哭不闹，父亲下班回家时他也不会察觉，但是其他的小孩子在父母下班回家的时候都会奔跑着钻进父母怀里。家里有其他人到访的时候，他也没有反应，视线不会移向其他人。圣诞节时，街上的圣诞树都无法引起他的兴趣。他经常处于独处的状态，即使去拥抱和爱抚他，他也不会做出回应，他好像活在自己的世界中，对周围所有的人都不感兴趣。

托勒尔热衷于玩积木、锅以及家中所有圆形的物体，他最高兴的事情就是看到这些物体旋转，他的眼睛特别容易对旋转着的东西感兴趣。随着年龄的增加，托勒尔开始出现左右摇动脑袋的症状，如果看到旋转的东西，会高兴地在地上打滚。

3 岁的时候，托勒尔有固定的刻板语言形式，喜欢固定使用几个词。他不能使用人称代词，无论什么场合都喜欢说"You"；如果教他学习一个物品的名称，比如杯子，他会有强迫的推理行为，会一个接一个地说："白杯、黑杯、红杯、牛奶杯、火杯……"把所有事物后面都加一个"杯"字。托勒尔的动作刻板、机械、强迫且重复，比如摆放积木时哪一面朝上，下次一定要这样做；纽扣要从中间一颗扣起；午睡的时候会说"呼"，一定要让母亲回应"咚"之后他才能安睡。

托勒尔的父母带着他到了心理门诊去做治疗，托勒尔的父亲为了配合治疗要向医生定期汇报托勒尔的情况。在 1939 年 5 月，托勒尔再次接受心理门诊，他的注意力和集中力有所改进，与周围人的接触状况具有某种程度的改善，对人、对事会做出反应，比如表扬他的时候能感受他发出的喜悦情绪。他也能遵守一些规则，但仍然存在着一些强迫性的动作，会不断地说"12，12，12……"

但是在托勒尔 1 岁的时候，他的父母发现托勒尔是个异常聪慧的孩子，因为 1 岁的他能准确地跟着各种宗教音乐的节奏哼唱。他能把住在附近街上的邻居们与他们居住的门牌号一一对应。托勒尔的父母非常兴奋，觉得托勒尔是个记忆超群的小孩，他们鼓励托勒尔背诵短诗，他能背诵圣经中的赞美诗到23首，能对25条长老教义的教理对答如流。2岁后对美国《科学百科词典》中的图片几乎都能记住，他还能记清楚历代美国总统的照片。26个英文字母顺序倒背如流。2岁便能从1数到100。这对托勒尔的父母来说是个莫大惊喜的发现，就是说，托勒尔是个记忆超群的天才。

还有一个自闭症儿童，智商测验的成绩非常糟糕，不能进行独立的生活，但是他的钢琴演奏水平达到成人职业钢琴师的水准。他也有超人的记忆力，熟知许多古典音乐，只要他听过一遍的曲子，都会熟记不忘。

电影《雨人》拍摄于1988年，就是以天才自闭症患者作为题材拍摄的，电影刻画了一个人到中年的自闭症患者，他在心算和暗记方面有超凡的能力。电影中他还凭借着超人的记忆力去赌场赚了一笔钱。这部影片获得了4项奥斯卡大奖，引起了医学界对天才白痴类型患者的注意。他们记忆超群，曾发现一名自闭症患者在听完一首曲子后可以立刻用钢琴演奏出来；有的自闭症患者可以在一分钟内靠心算算出70年有多少秒；也有自闭症患者只要翻一遍电话簿，就可以把所记的电话号码和对应的姓名背出来。

自闭症儿童的智力水平

在人们之前对自闭症的研究中，认为自闭症儿童的智力都是正常的，只是存在严重的人际关系障碍问题，他们的记忆力都很好。但是现在人们发现，自闭症儿童中60%的智力在人类智力平均水平以下，另外的20%自闭症儿童是在正常范围之内；还有20%自闭症儿童智力超群，他们是阿斯伯格症候群。自闭症儿童分为低功能及高功能，低功能自闭症患者的学习能力差，高功能患者能与人互动，学习能力较好。少部分高功能自闭症儿童甚至具备惊人记忆力，比如故事书看一遍就可以背诵；出去看到的风景，回家后可以完整画出来。大体而言，自闭症儿童各项能力中以记忆力最好，而理解、抽象、推理能力差强人意。虽然有好的记忆力，但自闭症儿童却不擅于应用。比如识字、拼字能力很强，可是串连起来一段文字却很难理解；比如学校考试中默写字成绩90分，实际情境却不会使用适当的字说话。有一些自闭症儿童算数能力很好，可是同样的数学习题表达方式不同，结果可能不会做。比如数字算式会计算，若改成文字叙述就不一定会，专家认为是"用词问题"。

"天才"型自闭症儿童

不少自闭症儿童会在某一领域具有杰出的本领，他们被称为"天才"型自闭症儿童，但是他们的特殊天才，很少能够在他们今后的生活中或者职业生涯中得到发挥，这是因为他们的智商障碍严重影响了他们才能的发挥。也有很多自闭症儿童的特殊才能是没有被发现的。另一方面，一些特殊的才能在现实生活中是没有用的，比如能背出圆周率后面的1000位数字，比如告诉他今天几月几日他就能立刻回答出今天是星期几，我们得承认这是一种非常特殊的才能，可是这给他的学习和生活并没有带来什么帮助。

神经质表现

贝拉在8岁的时候被确诊为自闭症。贝拉是第一个孩子，正常分娩出生，贝拉的父亲是位骨科医生，母亲是位教师，两个人都非常有教养，除了贝拉，他们又生了一个男孩，这个男孩身心发育正常。

贝拉从出生很少吃母乳，在一个星期大的时候就用奶粉喂养，但是3个月大的时候就变得什么都不肯吃，需要用引流管流质喂食，一直喂到了1岁的时候，贝拉慢慢开始进食，但是让她吃东西是件非常困难的事儿。1岁前开始出现神经质现象，进食的时候会大哭，为了防止喉咙堵塞，所以用流质喂养。1岁半后情况有所好转，开始尝试吃新的东西。贝拉在心理门诊中没有表情，也没有感情交流的动作。她进入医院的时候伸出了左手，表示她来了；离开的时候伸出了右手，表示她要回去了。

贝拉的神经质还表现在她害怕针，看见针就会发出恐惧的尖叫，大声叫喊着"痛"！对心理测试不感兴趣，常常处于游离出神的状态，似乎他人的事情都与她不相干。贝拉常做的一个动作是吐舌头。

贝拉看到医生有一个水杯，就指着水杯说："这个杯子我们家也有。"过了一会儿贝拉又说："可以把这个杯子给我吗？"如果遭到拒绝，贝拉就会说："这不是我的杯子吗？我要去找妈妈。"在教她认识一周每天的名称时，她会不断地重复着说"星期一，星期一，星期一"。贝拉还对车轮非常感兴趣，在很长一段时间内贝拉对车轮的执着达到了痴迷的地步。据贝拉的父亲说，那时候贝拉反反复复说的两句话是"运货车有车轮""我看见车轮了"。贝拉的母亲说，贝拉对烟囱和摆动的物品也非常痴迷。

在贝拉10岁的时候医生发现她的自闭症病情改善不大，在贝拉成人后，她进入了一家州立医院做康复。后来医院的报告显示，贝拉接受发展障碍治疗的教育课程，她现在能倾听和服从命令，能够分辨不同的颜色，也能够知道时刻表怎么看。基本上，贝拉现在能做到自己照顾自己，但是很多动作需要得到指令后才能进行，不给她指令她还是不会主动去做。贝拉现在特别喜欢玩拼图，她玩起来十分专注，尤其喜欢自己一个人玩。贝拉学会了用熨斗熨衣服，她还是不能顺畅地用语言交流，在和他人交流的时候需要伴随肢体动作，但是她能够理解别人的话了。

心理化能力是人类独有的理论认知能力，简单来说，当一个人想要探寻自己或者别人在想什么的时候，就是心理化在进行的过程。比如人们在特定情况下会疑惑"我为什么要这么做""他怎么会这样呢"，这就是你在心理化了。心理化只是你自发的根据心理状态、渴望、信念和感觉等去解释行为，比如一个人开门时钥匙断了，你会觉得他进不了家门，肯定会很恼怒和沮丧。但是自闭症儿童的心理化能力非常弱，换句话说他们的心理化能力存在严重缺陷。

数学神童

布莱恩是个 10 岁的小男孩，在幼儿园老师的眼中是个性格暴躁的小霸王。布莱恩的性格固执，缺乏忍耐心，执着于自己的兴趣，睡眠时间少，不听大人的话，课堂上多动并且不能集中注意力，不喜欢和幼儿园其他小朋友相处。

布莱恩和家人之间也缺乏交流，他喜欢把人当作"物品"或者分为"数字"。他人不能改变他的生活习惯和秩序，不然他会无法忍受。他的视线凝固，不能理解别人的情感，当其他孩子哭泣时他却会笑出来，而且布莱恩的语言表述也有问题，他没有声调抑扬顿挫的变化，他的语调都是平的。

但是布莱恩从小就对数学产生了极大的兴趣，3 岁的时候就能把 100 以下的数字进行各种加减乘除运算。7 岁的时候他能脱口说出 200 以下数字的平方根。在生活中，布莱恩唯一关心的事情就是数学，在进入心理诊疗室治疗的时候，经过心理测试和专家的评估，他的数学技能已达到大学本科一年级的水平。7 岁 9 个月的时候，布莱恩参加了测试，在韦氏智力测试中，智商总值是108，其中操作性智商 100，语言性智商 188，最低成绩的项目是"符合"，88 分；最高成绩的项目是"积木构成"与"算数"，分数 138。"粗大运动"的项目成绩非常低，连单脚跳两三下的动作都不能完成，"协调运动"的成绩相当于 5 岁的儿童，"形状记忆"项目的成绩是 118，语言的记忆与图片类推成绩是 125。

布莱恩的母亲是个实干家，有强迫症倾向，在怀孕期间坚持攻读学位，她也获得了心理咨询师的资格证。布莱恩的母亲为了布莱恩的成长付出了巨大的努力，但收效甚微，感到身心疲惫，最后布莱恩被送入一家高智能少年自闭症的特殊学校去学习。

自闭症儿童的机械记忆力比较出众。比如有的孩子对电话簿过目不忘，他们并不想去旅游，也不是对铁路感兴趣，但是他们能够记清楚每一个站名和每一个时刻。专家研究表明，机械记忆的能力是和意义记忆相对立的，一般人总是偏向于去记住有意义的东西，而不会去记无意义的机械性质的东西。自闭症儿童的机械记忆超群，相伴着就是意义记忆的严重缺陷。

自闭症是一种儿童发育障碍，以前是与智残归在一个范畴内的，现在我们知道这种归类是错误的。自闭症儿童可以通过受教育得到更好的发展，但是他们不能接受普通教育。自闭症儿童的教育需要在一些专业的特殊教育学校中进行，这些学校要根据不同儿童的病情和特征做针对性的教育，要对他们因材施教，运用个性化的方法。在一些矫治效果明显的案例中我们可以发现，许多自闭症儿童在正确的教育下得到了良好的发展，不少人取得了高等学历。但是这样的情况在自闭症儿童总数中占的比例还是很小，社会上这样的专业培训学校也很少，需要我们给予特别的关注和支持。

对自闭症儿童的教育最主要的一部分是教会他们自理生活。对于低能力的自闭症儿童，教育的目的是缓解自闭症状，从而能够参加社会工作，不仅能够做到生活自理，还能减轻家人的负担。目前为止的各项研究表明，自闭症患者如果能够早发现、早干预，可以得到比较好的恢复，但是在成年的时候仍旧会残留一些自闭的倾向。完全康复的自闭症患者也是有的，但是与正常人相比，他们的语言表达、微笑、幽默和爱情表现都不尽如人意。目前条件下的恢复，更多是在说自闭症的缓解和改善，在现代科学发展的程度下，自闭症的治疗是有一定界限的。

阿斯伯格综合征

自闭历程

有一部讲述自闭症患者的电影是《自闭历程》，电影是根据坦普·葛兰汀真实经历改编的。坦普虽然自幼患有自闭症，却拥有亚利桑那州立大学畜牧科学硕士学位，并于1988年获得伊利诺大学的畜牧科学博士学位。她是当今少数的牲畜处理设备设计、建造专家之一。她在此专业领域中发表过上百篇学术论文，并经常性地巡回各地发表演说。她改写了社会对于自闭症的观感，也让世人对患有自闭症的人刮目相看。

坦普4岁才开始说话，和幼儿园的小朋友玩不起来，动辄在地上哭闹打滚。她的妈妈是哈佛毕业的高才生，在坦普被医生诊断为"自闭症"的时候，几乎都绝望了。坦普上学后常被同学欺负，学不会代数，更学不会法语，但是坦普喜欢机械设计，对知识和科学有浓厚的兴趣，她发现自己有强大的视觉记忆，即过目不忘的能力。坦普研究了亲密接触和自闭症患者之间的思考模式，发明了世界知名的"拥抱机器"，一种用来舒缓她自身焦虑的加压设施，开创压力治疗的先河，惠及全世界自闭症患者。

坦普度过了人际危机严重的学生时代，在中学时期幸运地遇见了一位发现她天赋的好老师，这位老师一直帮助坦普的发展，对她不舍不弃，为她打开了科学之门，帮助坦普顺利进入大学。感谢那个一直对她照顾有加的姑姑，坦普也在姑姑的农场中发现了自己的爱好，因为她不喜欢和人相处，她不理解人们说的话，不太懂得人的情绪，在青少年的时候她总是害怕上学，害怕同学和老师，她总是无法和她们相处，她最讨厌聚会，因为在聚会中她学不会礼节性的客套，人们并不会注意她的讲话，尽管她兴高采烈地向他人讲述自己的专业，以为别人会像自己一样感兴趣，可是她的话没有人关心，于是她感到挫败和抑郁。

但是她喜欢动物，能懂得动物，所以选择了畜牧专业。她热心倡导动物福利与效能，向世间解说动物如何思考；她不但革新了迁移动物的机械装置，还大力提倡农牧场动物的生活品质改革与人道屠宰。事实上，她所涉及的装置护理了全美加地区一半的牛群。

或许对于坦普来说，自闭症仿佛是一种上天赐予的礼物，使她少于人际关系的羁绊，她拥有更多自己的时间和世界来完成自己的学术研究和设计工作。她说："我用画面思考，画面是我的第一语言，英语才是我的第二语言。我看书的时候，会把文字直接转成有声音和影像的电影，就像是一台摄影机嵌在我额头上，直接播出。我的视点自由，可以走在路上，可以飞在天空，也可以俯低移行，感觉头壳里真的有那么卷录像带。现在的人热衷电脑的虚拟实境，对我而言那些不过是卡通垃圾。"

阿斯伯格综合征

实际上《自闭历程》中的坦普患的并不是自闭症，而是阿斯伯格综合征。但是当时坦普被确诊自闭症时，阿斯伯格综合征的概念还尚未出现。阿斯伯格综合征又名亚斯伯格症候群或亚氏保加症，是一种主要以社会交往困难，局限而异常的兴趣行为模式为特征的神经系统发育障碍性疾病；很容易与自闭症混淆，但是相较于其他泛自闭症障碍，阿斯伯格综合征患者仍相对保有语言及认知发展。阿斯伯格症患者经常出现肢体互动障碍和语言表达方式异常等状况，但并不需要接受治疗。阿斯伯格综合征是根据奥地利儿科医师汉斯·阿斯伯格命名。1944 年，他在研究中首度记录具有缺乏非语言沟通技巧、在同伴间表露低度同理心、肢体不灵活等情形的儿童。50 年后，它被标准化为诊断依据，但学界对疾病症状的界定仍尚不明确。

阿斯伯格综合征是一种主要以人际交往困难，局限而刻板的兴趣及行为模式为特征的广泛性发育障碍，是一种自闭症的亚型，也被称为高功能自闭症。阿斯伯格患者对表情、双关语、社交规则等都会感到很困难，婚恋和为人父母会是他们艰难的人生阶段。心理治疗对综合征的改善很有限，最主要的还是来自家庭的理解、包容和支持。

引人深思的数据

一项来自美国疾病控制和预防中心的数据显示，根据来自 14 个州的数据调查研究结果估计，在美国 88 个孩子中就有 1 个孩子被诊断为自闭症。男孩患自闭症的概率为 1/54，几乎是女孩患病的 5 倍。患自闭症孩子的数量从阿拉巴马州的 1/120 到犹他州的 1/47。增长最大的是西班牙及黑人孩子。该研究还显示在 3 岁时会有更多的孩子被诊断为自闭症，1994 年出生孩子的发病率为 12%，而 2000 年出生的孩子发病率增加到 18%。

瑞典哥德堡大学的儿童及青少年精神病学专家克里斯托弗·吉尔贝格从 20 世纪 70 年代开始统计自闭症病例以来，他发现有很多东西都是一样的。在瑞典，7 岁儿童的自闭症发病率在 1983 年是 0.7%，1999 年是 1%。

在人口聚集的地方患儿比例升高，这是个值得研究的问题。彼得·贝尔曼是美国哥伦比亚大学的一名社会学家，他正在研究的就是病例增长在多大程度上是由社会因素驱动的。他在加利福尼亚州分析了近 500 万份出生记录，以及 2 万份该州发展服务部的记录。通过把出生信息和具体的诊断内容联系起来，贝尔曼掌握了非常详细的人口资料，对自闭症患者的人生经历也有深入了解。

结果，他得到了社会因素影响诊断的一些线索。过去二十多年，在自闭症诊断病例的增加约有 25% 可以归为他所说的"诊断性增长"。根据病历，贝尔曼发现，在 10 年前会被诊断为智力缺陷的孩子，现在会被诊断成智障和自闭。另有 15% 的增长可以解释成人们对自闭症的关注提高了，也就是说藉由科学和传媒的发达，越来越多的人们开始关注和了解自闭症。贝尔曼表示，对于已观察到的病例增加，他目前能对半数以上做出解释。

贝尔曼还认为，地理位置上的人口聚集可以解释另外 4%。比如最引人注意的人口集聚区是好莱坞和周边。在以西好莱坞为中心、方圆 900 平方千米的地区，那里的儿童被确诊为自闭症的可能性要比该州其他地方高 4 倍。有不少居民担心，当地的饮用水里是不是有什么触发自闭症的东西。

1959 年，加利福尼亚州西米谷市附近的圣苏珊纳实验曾发生核事故，人们担心水中有这次核事故的残留物。这么推测起来似乎确实是因为水质的问题，但是，好莱坞的供水和洛杉矶是一样的，而洛杉矶的自闭症比例并未显著高于其他地方。此外，贝尔曼还说，无论是在好莱坞居住多年的家庭还是新搬去好莱坞的家庭，发病率都较高。

在人口聚集区，自闭症确诊率较高的真正原因和邻里关系有关：那些地方的孩子家长会相互交流，知道该在哪里寻求帮助，以及到了医疗和教育机构应该找哪些人。按贝尔曼的说法，一旦互通消息的这些家长形成了一个团体，专家就更有可能驻扎在这片地区，诊治更多的自闭症孩子。

此外，社会变化会带来生物学上的影响，这一点可以解释另外 10% 的增长：生育年龄推后。研究发现，在父母 35 岁之后出生的孩子被确诊为自闭症的风险比较高。对于父亲和母亲年龄谁对孩子的影响更大，不同研究有不同答案，但贝尔曼对 40 岁以上父母亲所做的研究显示，母亲的年龄对孩子影响更大。

在增加的自闭症病例中，还有46%得不到解释。贝尔曼认为，这并不意味着"额外"增多的部分就是由环境污染所致，只是还没找到合理的解释而已。"除了我们已经找到的因素外，还有很多因素会促使自闭症诊断率的升高。"不过，现在有很多研究人员认为，自闭症人数的增多至少有一部分确实是因为发病率升高，且是由环境中的某些因素所致。他们没有在数字上过多纠缠，而是直接把主要精力放在寻找致病因素上。

从人们发现自闭症起，关于病因的争论就没有停止过，有人认为这是先天性疾病，也有人说源自后天的影响。早期观点以"冰箱妈妈"理论为主，但后来受到强烈质疑，该病的遗传机制则受到更多关注。如今的观点似乎介于两者之间。美国凯撒医疗机构的自闭症研究主管丽莎·克罗恩说："以往的自闭症研究主要针对遗传机理，从这些研究中，我们对自闭症有了很多了解；但自闭症的病因还是没有弄清楚。我认为，这可能是因为我们忽略了某些东西。"

目前，美国政府资助了几个重大研究项目（也有一些小项目），通过监控环境接触物、从孩子及父母身上定期采取生物学样本等方法，寻找未知危险因素和自闭症标志物。

其中一个项目是2007年由CDC资助的"探查早期发育研究"，该项目招募了约2700名2～5岁的儿童。研究内容包括发育评估、问卷调查、病历审查，以及血液、颊上皮细胞、头发的采样分析，以便检查遗传组成和接触的环境化学物质。另一个项目是由美国国立卫生研究院（NIH）资助的"早期自闭症风险纵向调查"，研究人员调查了1200个家庭，这些家庭通常已有一名自闭症孩子，并且准备再生一个孩子。这个项目就是要弄清楚，遗传与环境因素之间是否存在相互作用，从而可能给下一个孩子带来自闭症风险。

克罗恩认为，"这些研究会给整个自闭症研究领域带来根本性变化"。作为"探查早期发育研究"项目的领头人，她和其他科学家都希望，在接下来 5 ～ 10 年，人们对自闭症及这种疾病的发病率都有更深入的认识。

克雷格·纽沙菲是美国德雷塞尔大学的流行病学家，也是"早期自闭症风险纵向调查"项目的研究人员。他认为，与其争论发病率有没有上升，还不如把精力放在寻找病因上。"如果造成自闭症病例增多的是环境原因，我们肯定要把它找出来。"现在是时候放开自闭症发病率到底有没有升高这个问题，继续前进了，"我觉得这很可能是个根本没法回答的问题"。

海洋天堂，父爱如海

在李连杰的电影生涯中有一部电影刷新了人们对他的认识，就是《海洋天堂》，在李连杰从影 25 年来，第一次没有在电影中出演打戏，而是饰演了一位病症儿童的父亲，完完全全是文戏，用深沉的表演感动了无数观众。

影片一开头是汪洋大海之上飘荡着一只孤舟，父亲满脸忧郁和踌躇，带着儿子孤独地坐在船上，无望地看着辽阔的大海，然后牵起儿子的手，两人一齐跃身跳入大海……

李连杰饰演这位 47 岁的父亲，他叫王心诚，他 21 岁的儿子大福从小患有自闭症，像所有病例中描述的自闭症儿童一样，大福完全活在自己封闭的世界里，无法独立生活。

大福的妈妈在大福年幼的时候，因为承受不了儿子患病的消息，在一次意外中丧生。王心诚独自一人把大福抚养长大，与儿子相依为命。王心诚在海洋馆工作，大福生性爱水，喜欢在父亲工作的海洋馆中游泳，那是大福每天最快乐的时光。可是王心诚却身患重病，肝癌晚期，生命只剩下三四个月的时间。

社会上已有的自闭症诊疗机构通常仅接受未成年自闭症患儿，在患儿成年后基本上都要家长自己负责，可是大福已经 21 岁了，实在是找不到能够收留大福的机构。为了让儿子大福以后能有一个好归宿，王心诚日夜焦灼，甚至想到了要和大福一起离开人世，这就是影片一开头的场景。经过多方打听，几经周折，终于找到了一个肯收留大福的机构，但是王心诚却发现，大福在这样紧闭和局促的环境中，像鱼儿失去了水，变得没有生气，大福活得不开心。

为了大福能够快乐地生活下去，留在他最心爱的海洋馆，王心诚为自己制定了最不可能完成的计划，教会大福在海洋馆"上班"。他费尽心力地教大福自己坐公交车去海洋馆，教大福认识每一张钱币，教大福记住从家到海洋馆的公车怎么坐，一遍又一遍地重复。

在生命最后的日子里，为了不让大福感到孤独，他甚至不惜拖着病重的身体，背着自制的龟壳扮成海龟，陪着大福游泳。他不断地告诉大福自己将会变成海龟，一直陪伴在他身边。王心诚最终离开人世时已心中无憾，大福学会了用钱买东西，回家坐公交车时，当司机问有没有人下车时，大福会回答"我下"，爸爸教他的东西他全都学会了。电影最后一幕，大福来到海洋馆，下水游泳，他抱住大海龟，趴在海龟壳上，脸上是甜蜜幸福的笑。

电影《海洋天堂》总的部分场景是根据田惠平及其自闭症儿子的真实经历改编的，影片中王心诚教大福学习坐公交车等都是真实生活中田惠平有过的经历。

在儿子被确诊为自闭症之前，田惠平的人生一直是一帆风顺的，她家庭条件优越，学习成绩优异，从四川外国语学院毕业后留校任教，结婚后又生下了一个可爱的儿子，取名杨弢。在杨弢只有5个月大的时候田惠平被派往德国学习，虽然杨弢还是个婴儿，嗷嗷待哺很是舍不得，但是田惠平还是选择了出国。两年后，田惠平回国便把杨弢接回了自己身边，但是田惠平却惊讶地发现，自己的儿子和其他小孩有点不一样。

回国后她发现，自己这个漂亮的宝贝儿子仿佛一直活在自己的世界中，经常自言自语，自己唱歌，有时候会模仿别人说话，但却很少用自己的语言跟别人交流。比如，田惠平会问，弢弢你今天在幼儿园快乐吗？弢弢会四下张望一下再重复一遍"在幼儿园快乐吗？"田惠平多希望儿子能正面给她一个回应，经历了一次次的失败之后，田惠平绝望了。田惠平心里明白，孩子有问题。1989年，田惠平终于带着儿子走进了医院，得到"一纸判决书"：儿子得了一种病，这种病叫作自闭症。

医生说自闭症无法痊愈，需要终身被照顾，田惠平一下子懵了，也就是说自己的儿子很可能要像傻子一样过一辈子。经过四年的苦苦煎熬，田惠平终于忍不住了，她要带着儿子离开这个世界，一天晚上她把积攒已久的安眠药碾碎加入粥中，给自己盛了一碗，给儿子盛了一碗，在杨弢刚要喝下粥的时候田惠平突然醒悟，自己不能这么自私，她要带着弢弢共同成长。

田惠平不断地重复对弢弢说话，教弢弢认识一件事物需要千百次的重复，就像电影《海洋天堂》中演的那样。在田惠平的耐心培训下，弢弢的病情没有进一步发展。可是有一次坐公交车，弢弢拍打了一个陌生的小孩，无论田惠平怎么解释，小孩的家长都不肯罢休，最后叫来了警察才获救。经过这件事之后田惠平意识到，无论自己把儿子照顾得如何好，如果这个社会不给自闭症儿童一个安全的环境，儿子就是不安全的；如果这个社会不能给自闭症患者应有的尊严，那弢弢的人生永远都是没有尊严的。

于是她决定带着儿子去北京，办一所学校，把自闭症患儿们都聚集在一起，做系统化的治疗。1993年，中国第一家自闭症儿童专业培训机构——北京星星雨教育研究所成立了。在成立初期，因为经济困难，田惠平和她的同伴们曾被四次赶出房门，后来海淀智陪学校校长把一间平房借给她们，星星雨才算稳定下来。白天田惠平和老师们一起上课，晚上把课桌和办公桌拼起来当床铺。

有一位东北来的患儿，智力特别好，但是却被学前班退回，母亲领着他去医院做检查，却被诊断为"弱智"。没有教材，靠着一本《孤独症儿童行为训练》和自己的实践经验，田惠平开始了对自闭症儿童的培训，她们针对每个孩子设定不同的特别训练，对这位患儿，田惠平为他制定了明确的训练目标，用不断的鼓励和赞扬去引导他理解课堂上应该做什么，什么时候可以唱歌，什么时候是下课……

经过四个月的培训，这个小孩回去了，顺利地进入了小学，并且一路顺利地升学。这是田惠平最初的成果，她看着孩子们的进步，确信自己确实能为他们做点事情。1994 年，田惠平被美国《读者文摘》（亚洲版）评为"今日英雄"；1996 年被《中国妇女报》评为"十大女性新闻人物十大"之一；1998 年代表"星星雨"赴卢森堡参加"世界自闭症组织"成立大会，并作为创始成员签字。田惠平的努力促进了社会认识、理解和接纳自闭症儿童、尊重他们的权利。

《爸爸爱喜禾》是一位自闭症儿童的爸爸，在儿子被确诊为自闭症之后写下的，他用充满戏谑和欢乐的段子，讲述自己和儿子共同度过的那些有笑有泪的时光。一直用着乐观向上的姿态来面对自己的人生，尽管在一开始自闭症对他是一场巨大的灾难。可是他选择了用自己多年来的幽默和乐观去勇敢面对，我们能从书上看到不少让人发笑的段子，可每一条段子都包含了喜禾爸爸对喜禾深沉的爱。

我们要祝福这样一位爸爸，以及更多地像田惠平和喜禾爸爸一样的父母，向他们致敬！他们无私的爱感动着我们。也希望能有更多人了解自闭症，正视自闭症，尊重自闭症患者，给他们一个充满尊严和安全感的环境。

电影中的自闭症

电影《雨人》在奥斯卡奖项上的巨大成功，不仅引起了医学界对自闭症儿童的关注，也引领了影视圈一股探求自闭症患者生活的风潮，有越来越多的镜头对准了这样一个群体，不仅有自闭症患者，还有自闭症患者的家人。电影艺术对自闭症的关注也加深了人们对自闭症的了解，自闭症的儿童像是降临在地球上的星星，他们仍旧如宝石般灿烂，却不能融入地球人的生活。

玛丽和马克思

在动画电影《玛丽和马克思》中，同样讲述了一位患有阿斯伯格综合征的角色：马克思。影片讲述了一个发生在两位笔友之间的非常简单的故事。玛丽·丁克尔是一个居住在墨尔本市区的胖乎乎的有些抑郁和孤独的小姑娘；马克斯·霍尔维茨是一个居住在乱糟糟的纽约的肥胖的、患有阿斯伯格症的44岁犹太人。一个是沐浴在澳洲阳光下的小女孩，一个是生活在纽约阴冷公寓中的老宅男，本来他们的生命没有产生交集的可能，但当他们意外地成为笔友，彼此的每一次倾诉与倾听，就成为他们生命之河的航标。这种淳朴的依恋温暖了玛丽的前半生和马克思的后半生。这就是《玛丽和马克思》这部动画片的情节，这里面没有故事，只有人生。

尽管马克思可以像正常人一样思考，但是他却不懂得如何体察别人的情绪，就是说他无法通过观察人们的面部表情或者肢体动作来判断他人处于何种情绪，他不知道人们露出微笑的表情是表示"高兴"，不知道眼神沮丧是表示"悲伤"，于是他有一个小本子，上面画着人们各种情绪的表情，下面对应着这种情绪的单词，他要每天不断重复观看这个小本子去了解人们的生活。

马克思的心理医生告诉他，人要学会在孤岛上生存，要学会接受自己的一切。其实人生的一种本质就是学习和适应这样的孤岛生存。玛丽的爸爸靠的是仓库里的鸟类标本，玛丽的妈妈靠的是雪利酒和香烟，马克思幻想出了一个虚拟的拉维奥利先生来作为自己的朋友，实际上影片中每一个出现的人都在忍受着孤独的考验，即使是玛丽的丈夫，也因为忍受不了玛丽的不切实际而逃离了她的生活，有趣的是他逃跑的目的地也是一个笔友，这让孤独的生命如天命轮回一般无奈。其实比离群索居更让人绝望的是因为人心的隔膜而产生的孤独，就像玛丽那患了广场恐惧症的邻居，他总有一天能够积攒冲出藩篱的勇气，但即使是有肉体生命以爱情的名义与你相伴，内心的孤独也是人类摆脱不掉的烙印。

马克思有不幸的童年，破裂混乱的家庭，他跌跌撞撞、坚强独立地长大。即便这样，他对生活的热情不减，即便有心理和生理的双重障碍，但他还是活得很精彩。拥有过 8 次工作机会，每次都给他不一样的经历；没有恶习，不吸烟不酗酒，崇尚秩序井然的社会；热爱环境，他"固执"地坚持制止乱扔烟头的人，为此给政府多次写信无果；他热爱探索和创造，发明了新的词语和句子，虽然没人认同；他爱护生命，家中收养着很多动物朋友；他与人为善，即使是对待隔壁又老又失明的孤老太太，也小心尊重，唯恐伤其自尊；他珍惜感情，家中一条金鱼的死去对他也是一个沉重的打击；他宽容并勇于自我反省，在给玛丽的最后一封信中，他在原谅玛丽的同时也反省了自己的人生"人无完人，我也一样……"

玛丽和马克思通过写信发展了一段跨越两个大洲的友谊。这份笔友之间的友谊随着一封接着一封的书信，就这么保留了下来。影片把观众带入了一场关于友情、自我和对自我的剖析之旅，向人展示了两个人的精神世界，诉说了人类的本源。

马拉松

《马拉松》被誉为是韩国版的《阿甘正传》，主要讲述了一个自闭症儿童楚元的故事，这个故事取材于真实事件。楚元曾经是一个活泼可爱的小孩，喜欢能在草原上奔跑的斑马，可是有一天楚元的妈妈庆淑发现了这个孩子的异样，经过医生诊断，楚元患上了自闭。楚元妈妈在这个残酷的事实面前几乎绝望了，但是楚元妈妈将所有的心血都灌注在楚元身上，丈夫因此而和她分居，小儿子也无法理解她。一次偶然的机会，楚元妈妈发现了孩子在长跑方面的特长，于是决定悉心培养孩子成为一名长跑运动员。时光荏苒，楚元已经是 20 岁的青年了，可是他的智力却依然停留在 5 岁孩童的水平，时常在生活中闹出各种各样的笑话，但是他在坚持长跑的过程中体会到了生命的真谛。有一天，在世界性比赛中得到过第一名的著名马拉松教练正旭因酒后驾驶得到处罚，从而来到了楚元的学校。庆淑请求正旭教自己儿子跑步，刚开始正旭很烦楚元，但是随着和楚元慢慢地接触，正旭越来越被单纯、真实的楚元所同化，而楚元也渐渐向正旭开启心扉。正旭发现楚元身上有着马拉松运动员的天赋，决定训练楚元。

电影的主旨在于讨论如何去关爱自闭症患者。通过讲述一个自闭症儿童的出现对整个家庭，尤其是对于一个母亲带来的深刻的考验。这部影片中极力传达出的是母爱，可以说楚元的妈妈是个称职的母亲，为了儿子能够在这个社会里生存下来几乎倾其所有。但是楚元拼命地去跑已经变成不再是为了喜欢，而是对母亲关爱的回馈。这部电影能够让人产生一些反思，不单单是对自闭症儿童的家长，对普通家长来说是否也该反省认识到，太过沉重和饱满的爱，会对孩子产生巨大的心理压力。

我和托马斯

该影片同样也是根据真实案例改编。电影讲述了一个六岁的男孩儿凯尔，患有自闭症。凯尔无法与他人亲近，无论是在家里，还是跟妈妈一块外出，凯尔从来不跟妈妈说话，也不让妈妈抱、不让妈妈吻、不让妈妈抚摸。为照顾凯尔，妈妈妮克拉只有放弃工作，为了维持生活只有在一周里上两次夜班。凯尔的爸爸罗布是一名公司职员。凯尔的自闭症不仅给罗布带来巨大的工作压力，还直接影响到罗布和妮克拉的夫妻感情。

深受当时人们传统观念的影响，凯尔母亲认为儿子之所以会变成自闭症，完全是她这个当妈的不称职造成的，于是陷入了深深的自责中。两年来妈妈妮克拉将自己所有的时间几乎都交给儿子凯尔，而罗布忙于工作，妮克拉将此看作是罗布作为父亲的一种逃脱。两个人由此产生了各种矛盾。

其实，无论是作为母亲的妮克拉，还是身为父亲的罗布，都是深深地爱着儿子凯尔的。在罗布和妮克拉面对凯尔束手无策徒有争执的时候，姥爷与姥姥却能解决凯尔的问题，让凯尔安静，让凯尔听话。父亲希望把凯尔送到专业性的医院中，但是母亲不愿意，两人因此起了争执，为帮助凯尔走出自闭世界，他们去寻找心理医生的帮助，在医生的建议下他们决定从开始改变凯尔的执迷心理开始，帮助凯尔逐渐适应正常人的生活。按照医生哈福斯的建议，罗布和妮克拉试着带凯尔走亲戚串门。在克丽斯姨妈家里，一条活泼可爱的小狗成了凯尔的朋友。

虽然从医学的角度来讲，自闭症患者通常是害怕狗的，但是凯尔却能和小狗一起玩耍，看着凯尔能跟狗玩得那么好，克丽斯姨妈让凯尔给狗取个名字。罗布和妮克拉以为这根本不可能，因为凯尔从前从来不对人们的问题做出回应，谁想到凯尔给小狗取名字叫"托马斯"。罗布夫妇将"托马斯"带回家，让"托马斯"成为家庭一员。自从有了"托马斯"，凯尔的情况有所好转，在凯尔烦躁、哭闹的时候，罗布和妮克拉的话可以神奇地通过"托马斯"让凯尔听进去。凯尔在最后对妈妈说"我爱妈妈"，小狗"托马斯"改变了凯尔，同时改变了一个家庭。

通常而言，人们对于患有自闭症的孩子，最大的希望是能够改善他们的"把自己封闭起来"，对于患有自闭症的孩子而言，交流是最大的障碍，这样的障碍使得正常的教育无法进行。这部电影围绕的主题便是交流与教育，只不过担负起这个任务的不是教师，而是一条狗。

在真实生活中的凯尔，最终走出了自闭，考上了大学，这是个令人振奋的消息。无论对于自闭症题材还是宠物犬题材，《我和托马斯》都是一部优质上乘的作品，温馨的气息弥漫在每一个场景里，同时也会暖化每一位观者的心。

生活大爆炸

对于谢尔顿这样一位天才物理学家，他的一些行为对照自闭症的症状确实是蛮符合的，比如强迫性的行为，去敲佩妮家的门时，一定要得到佩妮的回应才会停止；坐沙发上一定要在固定的位置，否则的话会坐卧不宁。谢尔顿有严重的人际交往障碍，这个在剧中得到了充分的体现。关于刻板行为，谢尔顿每周固定的菜单很能说明问题，周一喝燕麦粥，周二吃汉堡，周三是奶油土豆汤日，周四吃披萨，周五是法式土司日。谢尔顿记忆超群，可以做到过目不忘，即机械记忆能力很强。

这些还不够说明问题吗，你是否也开始怀疑谢尔顿小时候是不是患过自闭症呢？虽然对于自闭症目前并无彻底治愈的方法，但经过一定的治疗，自闭者的症状是能够有所缓解的。

第十四章
沙盘里的内心世界
——关于焦虑

今天，你焦虑了吗

很多人羡慕获得诺贝尔文学奖的作家，殊不知在获奖之前他们要承受多大的心理压力，作品不知名且不说，还要承受一种难以名状的心理压力。随着交稿期限的迫近，怕在规定时间内完不成任务，整日间紧张兮兮，内心充斥着惶恐和不安。

比如在你小时候，如果由于某种原因而不得不与父母分离，你是否感到过忧虑和担心？在父母对你的未来寄予了过高的期望，而你又怕做出的成绩无法令他们满意时，是否有过不安的情绪？快考试了，自己没有复习好功课，是否紧咬嘴唇内心暗自害怕，甚至在临场时都想多看几眼资料，生怕漏掉一个知识点？又或者工作时，面对你从未涉足过的领域，你又是否会因为挑战和困难而心慌、紧张和恐惧？

如果以上情况你纷纷符合，那么，建议你还是来做做下面这道测试吧：

请仔细阅读以下题目，根据你最近一周的实际感觉，在相应的数字前点击表示，请在 A、B、C、D 下划 "√"，每题限选一个答案。

A 没有或很少时间；B 小部分时间；C 相当多时间；D 绝大部分

或全部时间。

1. 我觉得比平时容易紧张或着急。　　　　　A　B　C　D

2. 我无缘无故在感到害怕。　　　　　　　　A　B　C　D

3. 我容易心里烦乱或感到惊恐。　　　　　　A　B　C　D

4. 我觉得我可能将要发疯。　　　　　　　　A　B　C　D

*5. 我觉得一切都很好。　　　　　　　　　A　B　C　D

6. 我手脚发抖打颤。　　　　　　　　　　　A　B　C　D

7. 我因为头疼、颈痛和背痛而苦恼。　　　　A　B　C　D

8. 我觉得容易衰弱和疲乏。　　　　　　　　A　B　C　D

*9. 我觉得心平气和，并且容易安静坐着。　A　B　C　D

10. 我觉得心跳得很快。　　　　　　　　　　A　B　C　D

11. 我因为一阵阵头晕而苦恼。　　　　　　　A　B　C　D

12. 我有晕倒发作，或觉得要晕倒似的。　　　A　B　C　D

*13. 我吸气呼气都感到很容易。　　　　　　A　B　C　D

14. 我的手脚麻木和刺痛。　　　　　　　　　A　B　C　D

15. 我因为胃痛和消化不良而苦恼。　　　　　A　B　C　D

16. 我常常要小便。　　　　　　　　　　　　A　B　C　D

*17. 我的手脚常常是干燥温暖的。　　　　　A　B　C　D

18. 我脸红发热。　　　　　　　　　　　　　A　B　C　D

*19. 我容易入睡并且一夜睡得很好。　　　　A　B　C　D

20. 我做噩梦。　　　　　　　　　　　　　　A　B　C　D

评分标准为，正向计分题A、B、C、D按1、2、3、4分计；反向计分题（标注*的题目题号：5、9、13、17、19）按4、3、2、1计分。总分乘以1.25取整数，即得标准分。计算所得结果低于50分为正常，50～60分为轻度焦虑，61～70分为中度焦虑，70分以上为重度焦虑。虽然这一量表不见得有多精确，但总有一定的指导作用，如果得出的结果高于60分，你最好去看医生。

以上是一张简单的焦虑自评量表系统（SAS），它涉及到的一种心理情绪，也是我们今天要讨论的主题——焦虑。那么，什么是焦虑呢？

焦虑是指人遇到挑战或危险等产生的紧张、担心和恐惧，是一种复杂的情绪。这种情绪的出现缺乏明显的客观原因。

由此可得，之前列举的种种心理情绪，都可被称为焦虑。我们可以以小 C 的情况来加以说明。

小 C 在家中是一个乖乖女，从小到大都是。在小 C 小的时候，爸妈要上山干农活，小 C 就独自留在家中看电视、写作业，大门不出二门不迈，用现在很时髦的话来说，小 C 那时候就是个宅女。

虽然由于将大部分时间用来学习，小 C 的学习成绩一直都不错，但她渐渐开始与外面的社会脱离。在家的时候不喜欢出门，怕遇到相熟的邻居，不知该称呼什么、说什么话；在学校的时候也不主动与同学交往，甚至工作后也是这样，需要花很长时间去克服羞涩，适应新的工作环境。每当她不得不与陌生人接触时，都会感到十分紧张，坐立不安、脸红、心怦怦地跳（当然，她对那人没意思，不管对方是男是女），当别人看着她时，小 C 工作起来会脑子"断片"，此外，小 C 与别人说话时不敢直视，眼神游移，拳头攥紧，特别是在一群人聚会的时候，她总是待在角落的那个，在人群前说话时会感到紧张。

已经沦为大龄女青年的小 C，现在正苦恼着以自己的年龄该是考虑未来婚姻的事了，但由于以上这些心理情绪阻碍，小 C 从未谈过恋爱。她将自己称作"套中人"，而心理学上将她的这种情况称之为：社交焦虑，是焦虑中的一种。

从以上的例子中我们可知，焦虑总是伴随着主观上的紧张甚至痛苦，并伴有自主神经系统功能的变化或失调，我们通常称之为自主神经功能紊乱。当人们遇到困难时，比如社会上遇到危险或心理上出现问题时，会使得高级神经中枢过分紧张，人体生理功能会产生暂时的失调，包括循环系统功能、消化系统功能、性功能等。而其中的坐立不安、脸红、心跳加速等就是自主神经系统功能变化的表现，此外还可能是血液内肾上腺素浓度增加、血压升高、皮肤苍白、失眠、尿频、腹泻等。

如果这种情况是由一定原因引起的，可以理解并且反应适度，那么属于正常焦虑，也就是"合理"和"不过分"的焦虑，一旦这种焦虑反应的强度和持续时间过强、过长，情绪反应强烈到不能自控，甚至导致社会或生理功能的损害，可能就是患了焦虑症。判断一个人患上焦虑症，有几条标准：（1）焦虑原因不存在或不明显；（2）焦虑症状很突出但是其他症状不突出（因为焦虑广泛地存在于各种心理症状中）；（3）焦虑的持续时间及严重程度超出一定范围，甚至让人在生活中不得安宁。

压力之下，现代人的各式"焦虑"

焦虑出现的原因不一，可能是遗传或生理等集合而成的生物学因素，可能是心理因素，也可能是工作压力大等社会因素，轻微的焦虑能促进人产生斗志，战胜困难和挑战，严重的焦虑则会给人的生活带来很大的负面影响。

其中最直接的影响就是其可能导致失眠，而且是长期失眠，会和其他症状一样，影响患者的生活品质，降低幸福感，也会给家人和社会造成负担。对于正在成长发育过程中的孩子来说，过分的焦虑会让他们心理压力增大，影响身高。此外，长期焦虑的人一直处于紧张、精神压抑中，恐惧和担心时刻缠绕着他们，可能会引起其他心理上的并发症。人会慢慢变得抑郁，这些精神因素也会通过降低人体免疫力间接诱发癌症，也会由于长期的紧张而患上心脏病，使得患者的死亡率大大提高。

现在人面对着各种生存、生活和工作压力，相对应地也出现了各式各样的焦虑。灾难电影《2012》中，嗅到了灾难来临征兆的人们，对即将到来的灭顶之灾感到从未有过的焦虑，而玛雅预言本身的影响力，让观影者也产生了一种危机意识，从而引发了强烈的焦虑。

除此之外，现代人的焦虑还表现在性焦虑、更年期焦虑、就业焦虑中。焦虑可能引起其他病症，也可能让自己长期处在阴影中难以自拔。

性焦虑是由于缺乏性知识等种种原因而对性行为产生的焦急、忧虑和不安的情绪状态。通过学习与性有关的一些解剖生物学知识和性心理学知识，进行必要的性教育，可以逐步达到减轻或消除性焦虑。

让我们来通过下面这个故事来初探性焦虑。

小C最近在烦恼一件事情，就是要不要把一个网友拉到黑名单的问题。这个网友是小C在刚上大一的时候在网上认识的，彼此都很聊得来。但是最近，小C发现和这名网友聊天的话题很单一，都仅仅集中在"性"上。一开始，这让至今单身的小C很难为情，但是对方一直在解释将小C作为最好的朋友，所以才会拿这么私密的话题来讨教，以表示自己的坦诚相见。

这名网友说，长期以来，有个问题一直在困扰着他。读的体育系，本身学校女生就少，大学三年几乎没谈过恋爱，在这名网友大三的时候，一位大四学姐（按这名网友的意思说）几乎是"强奸"似的和这名网友发生了关系，给这名网友造成了强烈的阴影。

男人，一个极度重视自尊的物种，在外出聚会时，他们都想要尽可能地保住自己的面子，在性行为中尤其如此。他们希望在性行为中尽量掌握主动权，在面对完全主动的女人时，会觉得自尊心受到伤害，尤其是初次性行为时，如果得到的性经验没有能够让自己满足，会让他们的心理被焦虑长时间缠绕，甚至这一阴影会持续一生。

还是上面提到的这位小 C 的网友，据他说，他每次手淫之后，都会感觉自己做了错事，非常羞愧，随后不停地询问小 C 这种行为是不是不好。

其实这是典型的缺乏性知识。这是完全正常的一种行为，当然，过高的频率也会消耗太多的精力，所以在询问专业人士之后，进行适当的控制，就可以消除顾虑，缓解焦虑。

当然，对现代人来说，最为普遍的还是工作焦虑，这对于工作压力大的一线城市白领，尤其是薪资不稳定的销售人员群体来说是十分突出的，这一点小 D 可是深有体会。

从农村打拼出来的小 D，本身没有高学历，甚至连高中文凭都没有，学过理发，卖过豆腐，做过服装厂的保管，今年，转战到某一线城市的小 D，经高人指点，开始了她的业务员生涯。

大城市的消费高，自己工作又不稳定，每天除了看客户脸色、看老板脸色，工作之余，还要看包租婆的脸色、看超市售货员的脸色……此外，业务员之间的竞争真可谓是惨烈，常常为了争夺一个大客户，明里暗里和同事较劲，为的，仅仅就是最终的那点银子。虽说在大城市买房子没指望，但是租房、吃饭、日常用品，个个都开销极大，更别说年底还要攒钱回家，过年见了小孩子们红包也是少不了的，临走还要留点钱给家里补贴家用，这样，从年头奋斗到年尾，所余资金自然寥寥无几，生病都是万万不敢的。

在这样有形的压力下，小 D 对自己的工作就更为看重，变得患得患失，生怕一不小心丢了工作。她经常会有莫名的不安和害怕，却又说不出原因，对于同事的话也十分敏感和多疑，紧张、焦虑时刻纠缠着她，让她夜不能寐；她常常半夜在梦中醒来，梦到同事把她的一个大客户抢走，因为长期的工作压力她还出现月经不调。

现代人内心总是不自觉地焦虑，患得患失，害怕出现工作上的失误，对于长期得不到别人的认可而黯然神伤，为了追求一个北京梦、上海梦、广州梦或深圳梦，有多少人将青春奉献给了无止境的工作，也将自己牢牢束缚在了强压之下。难怪现在很多公司招聘的条件中都有一则：具备一定的抗压能力。

在长期的工作压力和焦虑心理作用下，很多身体上的不适也会随之而来，睡眠障碍是最直接和经常的反应。自主神经不稳定的情况也是如影随形，比如食欲不振、眩晕、心悸、便秘、腹泻或月经不调等。而若想戒除这种心理焦虑，首先，可以做一个性格测试，明确自己究竟适合什么样的工作；其次，在工作中要避免压抑自己，要试着释放压力，进行自我调节，比如听个音乐、看个大片，偶尔做个身心放松的足疗也是不错的选择，如果这些方法还是不行，那么去请教心理医生吧，把你的压力和不痛快一股脑儿地倒给他，医生会从专业角度对你遇到的问题做出解答。

急性强烈的焦虑"惊恐"

下面，我们来讲讲强烈的焦虑——也就是心理学上的"惊恐发作"，它是一种没有明显原因或特殊情境的心理反应，是焦虑症的其中一种表现形式，也叫急性焦虑发作。通常发病时头脑清醒，并能在发病后仍然记得清楚发病时的感觉。据了解，焦虑症人群中约有 2% 的人有频繁的发作，且多发作于 20 岁左右，女性居多。

当你在悠闲地听着音乐，在哼着小曲做家务，在洒满阳光的书房里看书，在享受美食……无论在哪里，无论你当时心情如何，一种可怕的情绪会突然向你袭来。它不同于恐惧症，不是说你对狗怕得要死，当狗出现在你的面前时，你会感到万分恐惧，但当狗离开你时，这种恐惧心理就会随之消失，它是实实在在、毫无来由的恐惧。

这种可怕的恐惧感突然降临，而且十分强烈，心脏好像要从胸口里跳出来，胸闷，要喘不上气来了，感到一阵头晕，你甚至感觉自己马上就要死了，然后惊叫一声，踉踉跄跄地跑去找人救你。大家看到你苍白的脸色以为你心脏病发作，但是正当众人七手八脚地想把你送到医院，你却忽然面不改色心不跳，好了！

你开始在心里犯嘀咕了：难道我真的有心脏病？可到医院检查后，心脏功能完全正常，这是怎么回事？好吧，既然没事，就暂且不管它。可你又不能不管它，过了几天，类似的情况又发生了！而且发病一次比一次频繁！难道是魔鬼缠身？太恐怖了，这可怕的疾病要把你折磨疯了！于是，从此以后你越发担心自己会突然发病，然而越是担心，越会出现心悸、胸闷的情况，甚至还会手脚发麻、肠胃不适。

这种恐惧和担心日日缠绕着你，"我都这样了，万一出门晕倒怎么办？万一自己走到哪里，突然死掉怎么办？连尸体人家都发现不了，干脆不要出门才好"！过于担心的你，开始不肯主动走出家门，即使出去也希望有人陪伴，工作更是没有心思去完成了。你可能会将你的状态诉说给朋友听，他们都认为你疯了，而你也可能因为怕出糗而默默忍受，不敢去看心理医生，只肯到普通医院做咨询。

其实，你并没有心脏病，更不是魔鬼缠身，只是由于心理、生理、神经解剖、生化、遗传等原因，加上现代人生活节奏快、工作压力太大，而你又是追求完美和敏感的性格，担心这个做不好，把自己的小症状想象成大问题，其实"惊恐发作"只是一种很轻微的心理问题，只要你积极面对它，勇于克服恐惧，恐惧就会自己慢慢退去。

惊恐发作一般持续 5～10 分钟（另有说持续时间在 20~30 分钟），在 10 分钟内达到高峰，一般持续时间不超过两个小时，发作频率无规律。目前对惊恐发作的治疗方法有：（1）认知行为疗法，即怕什么做什么。（2）跑步疗法，循序渐进地规律性跑步，虽然起效慢，但是疗效也不错。（3）药物治疗，有些药物就有较

重口味心理学大全

好的抗惊恐作用。治疗控制在 3 ~ 4 个月为宜，西药治疗容易产生副作用和依赖性，中药见效慢，所以应该以自我控制配合心理治疗，以药物治疗作为辅助。

当然，最好的治疗是从预防开始的，要想避免这样的状况发生，你首先要保持乐观的心态，不让自己的情绪被强大的工作压力所左右。即使身处工作堆积如山的办公室，面对满屋子人忙碌地来回走动，每个人脸上都挂着紧张的情绪，你也要保持微笑，想象自己此时正在马尔代夫度假，来回走动的人们正好给你充当了炎炎夏日中的丝丝凉风；或者想象一下在办公室正襟危坐的老板，正穿着夏威夷草裙，扭动着肥胖的身躯，在沙滩上吸引漂亮MM 的注意。

同样，在心理问题的治疗中，主动权还是在你自己。你总能发现些惊恐发作前通常会出现的征兆，比如心忽然颤了一下，心跳加速，心慌，几乎要窒息了，那么就在这时好好平复一下情绪，通过一些途径来慢慢克服吧。来点自我暗示，告诉自己一定能行，给自己饱满的自信心，做做运动，让肌肉放松下来；听一首舒缓好听的音乐，让身体放松下来。

苍白脸色下的 "无名焦虑"

有一种折磨叫短痛，强烈的焦虑转瞬即逝，它是惊恐发作，也叫急性焦虑症；有一种折磨叫长痛，日复一日地给你带来恐惧，让你每天都脸色苍白、坐立不安，它是无名焦虑或浮游性焦虑，常见于慢性焦虑症（广泛性焦虑症）。

下面，我们通过一个病例来了解一下广泛性焦虑症。

S 女士，41 岁，已婚，妇产科医生。最近几年 S 女士总是感觉到有形和无形的压力，尤其因为职业的特殊性，医患关系紧张，医闹事件频发，这让 S 女士每天都绷紧神经，担心一秒钟的疏忽给病人及其家人带来难以弥补的身体和精神上的创伤。尤其当跨入 40 岁的门槛，S 女士的心理问题越发严重，常常在没有手术的时候也会莫名其妙感到紧张，脸色苍白、眉头紧皱、坐立不安，会担心有什么不幸要发生在自己或家人身上。或者是怕自己会有一场大病，或者是怕即将面临高考的女儿在考试中会出现什么状况；晚上如果不上厕所就无法入睡，但即使上了厕所也还是经常会失眠。为此，S 女士对自己进行了一项全身检查，然而并未出现异常。

据了解，广泛性焦虑症是一种慢性焦虑障碍，多表现为难以控制的紧张不安，并伴有自主神经功能兴奋和过分警觉的特征，并且会产生功能损害，且症状容易反复发作，甚至会持续多达十余年。这种焦虑持续而绵长，发病者经常眉头紧锁、双拳紧握、坐立不安，甚至脸色发白、多汗、失眠，他们通常还伴有社交恐惧、惊恐障碍、抑郁症等疾病。

目前在诊断广泛性焦虑症时，一般会以是否有运动紧张、是否有自主神经功能亢进（如心悸、出汗、震颤等）、是否有莫名其妙对危险的害怕性期待，以及是否警觉性增高、是否有轻度的功能损害、持续时间是否为至少 1 个月为判断标准。国外报道其年患病率约为 1.1% ~ 3.6%，终身患病率约为 4.1% ~ 6.6%，45 ~ 55 岁年龄组患病率最高，女性患病率约为男性的 2 倍，一般开始于儿童或青少年时期者居多。

广泛性焦虑症的临床特点表现为精神性焦虑、躯体性焦虑和运动性焦虑。精神性焦虑即在没有明显客观对象或具体内容的情况下，表现持续性的担忧，通常是基于工作、生活压力之下，对自身健康状况、工作情况和家人身体状况、孩子的安全等方面的担心，这可以让患者经常心烦意乱、处事消极，虽然其紧张的事情和程度与现实情况十分不符，但是患者会因为过分担心而坐卧不宁、寝食难安。

躯体性焦虑表现为心血管系统、呼吸系统和自主神经症状，如头晕、心悸、胸闷、气短、脸色苍白、腹泻等；运动性焦虑表现为肌肉紧张、搓手顿足、坐立不安等。

到目前为止，可能导致出现广泛性焦虑障碍的遗传因素，其发挥着怎样的作用仍未得到充分的确证，然而很多学者认为，童年经历是导致广泛性焦虑症出现的明显因素。其实追根溯源，童年时期焦虑的出现，很大一部分是与家长相关的。"大量证据表明围产期母亲的焦虑对孩子有明显影响。"其中，围产期是指怀孕28周到产后一周这一分娩前后的重要时期。在孕妇围产期做好保健，不仅是指营养的补充和各方面的禁忌，心理上的保健也十分重要。

此外，人格因素也是导致一个人容易患上广泛性焦虑症的因素，比如焦虑性人格。而促发症状发生则与某些应激事件（考试、遇到小偷、遭遇意外等凡是可以引起人体高度紧张的事件）有关，比如工作上遇到了什么麻烦、身体出现了不适、生活上出现了什么威胁等。此外，应激事件和一个人的思维方式也会导致广泛性焦虑症的持续，比如思维方式，也就是一个人看待事物的角度。也许同事朋友会认为患者出现焦虑是稀松平常的事，是压力之下的正常反应，而在患者看来，却担心这种心理问题会引起不好的后果。

广泛性焦虑症旷日持久，它不仅造成了患者的长期焦虑，引发各种健康问题，也会与其他并发的心理疾病一起，给患者带来长期的阴影，甚至导致他们走上自杀的不归路。那么，面对广泛性焦虑症，我们应该如何应对呢？常用的治疗方法有：心理治疗、放松治疗、行为疗法和催眠疗法，如果情况严重，则可辅助药物治疗，但是药物治疗容易产生依赖性，一般用作短期配合治疗。

心理医生对上述的S女士的病情进行了分析，并制定了行之有效的治疗方案。他首先对S女士进行了广泛性焦虑症的科普知识教育，让她对自身情况有了大致的了解，让她意识到如果积极进行配合治疗，心理疾病不会对她的健康造成影响，让患者先放宽心，然后采用想象或现场诱发焦虑，之后进行相应的放松训练，同时配合舒缓的音乐以缓解 S 女士的紧张情绪，多管齐下，使得治疗 1 周后 S 女士的睡眠障碍减轻，两周后焦虑情况减轻，4 周后其心慌、坐立不安等症状消失。

一般来说，广泛性焦虑症总的疗程为 1~2 年，及早确诊，及早治疗，才能让生活少受疾病困扰。

到时候该怎么办——"预期焦虑"

朋友小 C 是一个内向的女孩，凡事憋在心里，从不愿主动向人提及，沉默寡言的她只好将所有的精力都放在学习上。学习好是她唯一值得骄傲的地方，而其他，比如爱好、特长，她一样都没有，这让她很自卑。

上初中的时候，有次参加作文比赛，考试的前一天晚上，她翻来覆去就是睡不着觉，心里十分紧张，怕明天的考试会被自己搞砸。虽然在心里她对这次作文比赛还是十分有信心的，但这次的作文比赛对她来说很重要，甚至影响着未来自己能否凭借重量级获奖而通过重点高中的特殊选拔，她失眠了。不幸的是，由于休息没有得到保障，小 C 那次作文比赛真的搞砸了！这让平时以成绩为傲的小 C 彻底伤了自尊，并给以后的学习和工作留下了阴影。

类似的事情在小 C 上学期间发生过不止一次，刚上高一，面临着文理分班的小 C 又一次受到了这种情况的困扰。对数学、物理等理科知识总是掌握不好，成绩一路下滑，每次测验的前几天，她总是担心自己考不好，觉得自己有很多问题都没有搞懂，还没来得及请教老师。这让她意识到，自己离梦想中的理科名校差距越来越大，这让她感到十分恐惧，并且整天紧张兮兮，在这种情绪的困扰下，小 C 又一次经历了长时间的失眠，并且形成了恶性循环，学习成绩越来越差。

参加工作后的小 C，依旧逃不出这道"魔障"，刚刚进入职场的新人，本来就有很多东西不懂，需要慢慢成长，可小 C 不这么认为，在领导面前接连出错、挨训，让她感觉在同事面前很没有面子。她的目标是，把每一件事都做到最好，但又怕做不好，很多时候会出现消极的心态。

有一次，领导让小 C 在会上讲一个提案，当着所有参会人员的面。这可难坏了小 C，要知道，在学校的时候，她面对这么多人演讲的情况是完全没有过的。于是，那种紧张不安、害怕搞砸的情绪又一次向她袭来。害怕自己讲得不好大家会听到睡着；害怕自己专业知识不够丰富，讲的东西会让人笑话；害怕自己口才不好，反应能力不够敏锐，讲不出来，又回答不出领导和同事的提问……那么，以后大家会怎么看自己？会不会即使嘴上不说出来，也会在心里暗暗地瞧不起自己？

……

从小到大，这种担心即将发生的事情会出现最坏的结局，时刻等待失败到来的消极心态，像恶魔一样缠绕着她，让她的人生时刻有挫折感伴随，她会对这些可能存在的威胁紧张和不安，并且对这种情绪引起的事难以适应，会认为某些细节都是出现不好情况的预兆，这让她很烦躁，甚至会把自己藏在没人的地方独自神伤。她会在挑战即将出现的时候问自己："到时候该怎么办？"

这种情绪，就是预期焦虑。

这是一种日常生活中十分常见的心理障碍，不是什么"精神病"，通过适当的调整和治疗完全可以康复。在小 C 的学习和工作中，预期性焦虑在几个方面的表现都涉及到了，比如考试前的预期焦虑和公众演讲前的预期焦虑。据了解，预期焦虑在普通人群中的发病率高达 10%，中年女性、学生、工作压力大的高学历白领等都是高发人群，出现预期焦虑，与每个人的个性有关，与自信心有关，也与面临的压力有关。

自卑的人，其实也是自尊心过于强烈的人，是容易患得患失、对自我过于关注的人。他们总是希望自己能应对一项挑战，尤其是这项挑战对自己十分重要时，对自己的期望值会非常高，往往在事前会十分担心和害怕，甚至出现面红、心悸、失眠等症状，而一旦这件事出现了纰漏，自尊心也会受到很大的打击。其实不单单是性格内向的人，即使是外向、爱说笑话、家庭幸福和同事关系很好的人也会出现预期焦虑的症状，会在众目睽睽之下的公众场合担心自己表现不够优秀、出丑或丢人现眼。

其实，对于"如果考不好就不能升重点高中了""如果讲不好就丢人现眼了"这样的预测性恐惧，是将失败扩大化的不良心态。中考、高考中由于长时间学习，让心理疲劳的现象经常发生，过于注重中考、高考成绩，也是现代社会给考生们施予的无形压力造成的。其实，退一万步讲，即使考不上重点高中和重点大学又如何？自己一样可以凭借自己的能力拥有快乐的人生。很多人说，高考成绩70%以上取决于心态，保持一份平和的心态，对考生们来说太重要了，也请家长们不要给考生太多压力，让他们把高考仅仅当作做学生以来经历过的成百上千场考试中普通的一场，只要全力以赴，就可以了！当然，你得做好准备，考前好好复习，不然的话，又该焦虑了……

人无完人，你完全不必在众人面前表现得十分完美，在大家面前演讲，出错是很平常的事，大家不会笑话你，因为这事根本就不是人家要关心的问题，他们关心的是自己能否升职、加薪，甚至今天午饭吃什么都比看你笑话重要。只是你自己太在意了而已。对自己有要求是没错的，但是弦也别绷得太紧，一次演讲失败完全不会给自己的仕途带来什么影响，只会成为增长经验的智慧锦囊。

至于以前可能有过的相似经历，给你带来些负面情绪，甚至给你以后的学习和工作带来阴影，就完全没必要管它，之前的失败可能是因为休息不好、准备不足，只要今次做足准备，那么就一定会一举成功！

要想完全治愈这种预期焦虑，首先得从自身下手。比如，减少对自我的关注，让自己的生活充实起来，面临高考压力的孩子们，去打打球吧，你们能从运动的汗水中找到更多解题的灵感；工作压力大、正面临严峻挑战的都市白领们，听听音乐吧，舒缓一下紧张的情绪；即将面临公众演讲的内向朋友，先做成几件小事，给自己增强信心，或者干脆就先让家人、朋友做你的第一批听众，搜集点意见吧！最后，自尊心不要过强，凡事没什么大不了！

同时，如果预期焦虑造成了你的失眠困扰，那么也不要担心，多吃点清淡的东西，睡前喝一杯牛奶，睡前一刻钟内不要看书、运动，避免喝茶、咖啡等致人精神兴奋的饮料，按时睡觉，不要频繁看表，让睡眠顺其自然，告诉自己，不要担心，睡觉还得有个过程呢，让睡眠自然而来，做个好梦！

心烦意乱的担忧——"忧虑性期待"

同事小 L 自从中专毕业后就一直离开家乡，在外面闯荡。曾经进入服装厂做过保管，也被同学骗误入传销狼窝。如今工作渐渐稳定下来的小 L 却依旧没有安全感，也因为长期在外，多了一份对家人的牵挂。

不知从什么时候开始，小 L 就对家里的箱子产生了恐惧。其实，不仅是箱子，凡是能够盛得下东西的柜子、盒子，她都十分害怕，每次回家都要打开箱子，看看里面有没有坏人。最近，可能是工作压力太大，小 L 的情况越来越严重，不仅是箱子、柜子、盒子，现在她回家的时候要检查的东西还包括了被子，每天回家后都要把被子掀起来，看看里面有没有蛇，怕会咬到自己。而回家的路上，她也会时刻警醒，感觉有人在跟踪自己，要时刻想着谋害自己，也怀疑自己得了被害妄想症。

她的这种担心反映在她的梦里，会梦到自己在梦中被杀害，也会在一天晚上梦到，妈妈把她叫到床边，告诉她自己一年以后就要死了，并给自己留下了一万元的生活费。小 L 在梦中哭得非常厉害，哭着哭着，竟然被自己惊醒了，然后半夜打电话给妈妈，说自己梦到妈妈快死了。而另一边，她的妈妈竟然也梦到了女儿快死了。真是心有灵犀！

"过分担心自己或亲友会发生不幸的事情或会发生非现实威胁"，这就是忧虑性期待，这种对危险的过分担心，会让人整日心烦意乱，忧心忡忡。对小 L 来说是这样，对她的妈妈来说也是这样。

实际上，为人父母，尤其是更年期的父母，经常会对出门在外的子女表现出过分的担心，有时，他们甚至会出现幻想，脑海中出现子女遭遇车祸的片段，或者已经躺在医院奄奄一息的片段，每到这时，他们总会一个电话拨过去，询问他们的安好。而另一方面，子女又何尝不是呢？

和小 L 一样，小 C 也是独自一人在外闯荡的小小打工仔，同时，也是个孝顺的孩子。在小 C 闲下来的时候，也会有各种奇怪的幻想出现，比如爸妈突然遭遇什么不测，爷爷突然身体不好了。这些幻想虽然未对小 C 的生活造成很大的困扰，但小 C 还是选择了工作地点离家近一些，以免父母万一真的出现什么危险好有个照应。

其实，对亲友安危的担心是很正常的，但是过分担心，常常出现恐慌的预感，就会让自己陷入坐立不安、心烦意乱的境地。另外，担心没有自己在她身边女朋友就会不安全，这样的男性会幻想很多女朋友遇到危险的最坏的情景。担心自己的丈夫有了外遇，甚至会幻想出"情敌"的模样，定是一副狐媚的勾人模样，想象此刻老公正与其情人在温柔乡中逍遥快活，都是完全没有必要的过分担忧。

那么，如何使这种忧虑尽快消除，还自己一份安稳的心境呢？其实一切只要顺其自然就好。担心自己安危的，找一个治安良好的小区住下，该吃吃，该喝喝，女孩子实在太紧张就随身带着防狼武器，鬼故事也少看点；担心父母安危的，就常回家看看；担心子女安危的，就打个电话问问，用不着一遍遍电话确认；更年期的父母完全可以将精力转移到自己感兴趣的地方，比如养个花、喂只鸟、做点美食，和另一半选择一个自然景观很美的旅游胜地好好地玩一场；担心老公有外遇的，好好打扮一下自己，不时给老公一个惊喜，相信曾经相爱的人，不会给自己造成如此大的伤害，如果真的出现了问题也不要紧张和担忧，应泰然处之；担心女友安全的男同胞，不要刻意压抑心中的幻想，不去关注自己的想法，那么，这些念头也会慢慢消退。

临场时的紧张心理——"临场焦虑"

事发之前的担忧，我们称之为预期焦虑，而在事中的担忧，也就是"临场焦虑"，在这种心理的作用下，会出现我们一般所说的"怯场"。

临场焦虑的出现，与执行一项任务有关，完成该任务越没有把握，越有可能产生临场焦虑，我们在预期焦虑中提到了考试焦虑，其实考试焦虑包括了考前焦虑、临场焦虑和考后焦虑三种情况。美国教育部曾针对考生做过一项研究，研究表明考生中存在不同程度的考试焦虑，其中 26% 为严重考试焦虑。

中考或高考中，如果考生对所考内容准备不足，难免会在临上场时感到十分担忧，他们会怀疑自己的能力，忧虑、紧张、不安、失望等情绪缠绕着他们，让他们的大脑一片空白，伴随而来的是生理上的变化，比如心率加快、浑身冒虚汗、呼吸加快等，你也可以从一些小动作看出他们的焦虑，比如攥拳、抠手指、紧咬下嘴唇、啃咬拳头等。而与考试相类似的公众演讲，也是极为容易出现临场焦虑的。

一名 10 岁的小男孩代表学校到市里演讲，但是临上场前他十分紧张，头上渗出许多汗珠，腿都开始打起了哆嗦。轮到他上场了，可突然间脑子一片空白，之前准备的演讲稿全都抛诸脑后，他"忘词"了。忘词，是临场焦虑导致的记忆受阻，在演讲台上、舞台上和考场上经常出现，尤其在演讲台和舞台上，忘词的出现会让人感到前所未有的尴尬。

那么，如何克服临场焦虑呢？首先对于正在紧张准备考试和演讲的人来说，他们巴不得挤出所有的时间用来积极备战，然而他们太需要休息了。充沛的精力和清醒的头脑，需要适当的睡眠作为补充，如果晚上的睡眠时间得不到保证，那么就通过午睡来弥补吧！而在上场之前，吃上一顿富含蛋白质和维生素的食物，如肉、鱼、水果、蔬菜、鸡蛋、牛奶等，避免高脂肪、多油食品摄入，是对于身体机能的最好调整。

在临考前放松下来，除了睡眠之外，还可以借助于音乐和运动。不同节奏的音乐会给人不同的感受，舒缓的轻音乐可以缓解人的紧张情绪，流行乐可以让人沉浸其中，其中，音乐神童莫扎特的钢琴曲，甚至已经被人们列为启发儿童智力的乐曲，可以增进人们的记忆力。当然，其他类型音乐也是不错的选择。而运动，即便不是剧烈运动，只是在临考试前在楼底下跑一圈，都可以让人肌肉放松、心情愉悦起来。此外，薰衣草具有镇静、催眠的作用，被用来缓解考试紧张；迷迭香具有增强记忆力的功能，在临上场时也可闻一闻花香，镇定一下心神，也是很有好处的。

那么，你是否已经准备好了呢？带上你所有的考试用品，调整呼吸，对自己来个坚定的自我暗示："你一定行的！"然后大踏步地自信迈向考场吧！

偏爱儿童的"分离焦虑"

当你把孩子送到幼儿园，去那里接受人生中的第一次集体生活，在那里，没有了爸爸妈妈和爷爷奶奶、姥姥姥爷像众星捧月一样的守护，他们要渐渐学会自己吃饭、穿衣，和很多陌生的小朋友接触，与15～20名小朋友一起接受同一位教师的照顾，面对陌生的环境和陌生的人，一种称为"分离焦虑"的恐惧感突然袭来，让孩子们开始无所适从。

到了进幼儿园的年龄，家人们开始陆续将孩子送到幼儿园，这使孩子意识到，此时他必须与亲密的家人分离了，或者他们会干脆认为，爸爸妈妈不要自己了！这让他们非常恐惧，哭着闹着不想留在这个第一次见面，自己丝毫不熟悉的地方，他们开始哭闹。这让来送孩子的家长开始心疼起来，很多家长甚至因为不忍，觉得孩子还是太小了，于是就延迟了孩子进入幼儿园的期限。但是怎么办呢？孩子终归要去的。

"婴幼儿由于与某个人产生亲密的情感关系后，又要与之分离时，产生的伤心、痛苦，以表示拒绝分离。"分离焦虑是婴幼儿焦虑症的一种，孩子们试图以哭闹来拒绝承认强加给他们的改变。其实，家长们完全不必担心，从母体的安全环境到降生，婴幼儿其实已经经历过了一次分离。弗洛伊德在他有关焦虑的理论中指出，婴儿在出生时从母体中分离是人类所体验到的最大的焦虑。弗洛伊德把这种体验叫作出生创伤。那么，如此巨大的焦虑都能挑战成功，"再次"与亲人分离理应就轻而易举了。

其实，早在孩子们进入幼儿园之前，这种分离焦虑就一直存在。在他们很小的时候，有的孩子就十分害怕离开母亲的怀抱，离开母亲的熟悉气息便会产生恐惧和不安；在他们要断奶时，母亲通常会离开他们的视线，让他们适应没有母乳的生活；在他们稍大点的时候，有的孩子会被留在爷爷奶奶或姥姥姥爷身边照顾，这令他们十分不情愿，然而如果狠下心来真的把他们留在那里，他们就会学着慢慢适应。同时爷爷奶奶或者姥姥姥爷会成为他们的世界中第一位亲近的人，如果分离时间太长，再见到爸爸妈妈就会产生陌生感，如果此时再让他们与爷爷奶奶或姥姥姥爷分开，他们也会产生分离焦虑。

进入幼儿园是孩子们第一次真正意义上的独立。必定要经过一番对新环境的适应，早些适应对培养孩子的独立性是有益的。经过反抗阶段的哭闹，失望阶段的哭闹减少和不理睬他人、表情迟钝，直到最后超脱阶段的接受外人照顾，开始吃东西、玩耍，虽然看到家人时难免还会露出一丝委屈和悲伤，但看到孩子终于可以安定下来了，家人也可以放宽心了。

接下来，孩子们开始艰难地适应幼儿园规律的生活，一切都已经为他们安排好，不能睡懒觉，不能挑食，没有自己专属的亲情，也没有自己专属的玩具，在这里，很多东西都是用来分享的，很多习惯也得慢慢改掉，面对陌生的环境，他们要开始独立了，这对他们来说是不大不小的挑战。

承受分离，对那些从注重幼儿独立能力培养的家庭中走出来的孩子，这对他们来说简直就是小菜一碟，如果他们曾经有过长时间离开家人的经历，那么这一点就更用不着担心。然而，如果这是一个娇生惯养的小皇帝或者小公主，而且从未离开过家长的视线，或者儿童本身性格比较内向、胆小，那么很显然，他们的确需要很长的时间来适应，由于巨大的环境差异和心理落差，他们会晚上做起噩梦来。

那么，怎样让小宝贝们的心理焦虑逐步消减，让他们心甘情愿去幼儿园呢？首先，在进入幼儿园之前，家长们就应该多培养孩子们的自理能力，比如1~2岁时逐渐学会自己吃饭，2~3岁时学会自己如厕，多带着他们到陌生的环境中，尤其是幼儿园周围

320　　　　　　　　重口味心理学大全

学习，培养他们对幼儿园的兴趣，对陌生的环境消除戒备心；带着孩子多到公园等同龄孩子多的地方玩耍，让他们与同龄的孩子有更多的接触；把孩子交由爷爷奶奶、姥姥姥爷照顾，在进入幼儿园之前，先使孩子拥有短暂分离的体验；培养孩子活泼开朗的性格，这样他们在进入幼儿园之后，就会更容易适应那里的环境，而不是独坐发呆；同时，在幼儿园对幼儿心理教育的通力配合下，分离焦虑才能渐渐消减。

纠结至死的"选择焦虑"

"不要让我选！我是天秤座！"每次让朋友小X做选择，会让她非常难受，一副痛苦的受死状，总会引起朋友们白眼的狂轰滥炸，然后给小X下一个"真没主见"的评语。可没主见的真的只有天秤座吗？生活中，这种为了做一个选择纠结至死的情况比比皆是。这种由于选择太多引起的焦虑，我们可以称之为"选择焦虑"。

其实，要是选择只有一个倒还好了，那样完全可以避免"挑花眼"的困扰，弗洛姆说，当人面对大量的自由选择时，反而会不知所措，于是宁可逃到没有自由的环境里去，以寻求安全。

"午饭吃什么？"对于大学时期的小C和同学们来说，是一个亘古不变的话题。奇怪的是，几乎小C所有的同学都面临着这样一个问题。学校里有四个餐厅，虽然它们分别距离宿舍和教学楼的远近不同，但菜色各具特色，一号餐厅离教学楼最近，价格公道，但菜色单一；二号餐厅离宿舍最近，可以吃到好吃的小炒，但小炒略贵，只能有钱的时候来打打牙祭；三号餐厅离教学楼和餐厅都很远，但是菜色十分丰富，因为距离外国语学院较近，所以美女常有；四号餐厅离体育场和理科宿舍近，帅哥频繁出没，菜量绝对给的够足，但距离教学楼最远。

四个餐厅各有优劣，对小 C 和同学们来说，实在是难以决断，只好今天到这家，明天到那家，但是每天在选择到哪家的问题上还是会犹豫不决。同时，大家的选择神经还要时刻经受校外小饭店的挑逗，学校北门各种小饭店林立，选择又多起来，即使今天选择到北门吃饭，可还得决定到北门的哪家小店吃，所以每次小 C 和同学们到北门溜达了大半天了，两条小路反复走了几遍，还是难以决定走进哪家的门。

而一旦解决了去哪里吃的问题，走进那道门，一个选择又来了：吃什么？倘若菜色单一还好说，瘸子里面挑将军，选一个喜欢吃的就好，可如果那些菜色都想尝试一遍，大家就开始发愁了。所以，当小 C 大学毕业，成为一个上班族时，同事的一个方法让她觉得倒是可以借鉴。当大多数同事还在纠结午饭吃什么的时候，小 C 的同事小 J 已经拿着饭盒准备到楼下小摊上打盖饭了——她每天都吃这个，因为不想因为吃什么纠结。不过……这种选择的方式会不会太过简单粗暴，老吃这个不会腻么？

我们说，选择越多，焦虑越多；选择越难以取舍，焦虑越深。从广阔的选择范围中选择其一，就意味着放弃得更多，而贪心的你会觉得如果放弃这个选择，会觉得好可惜，因为会觉得这个选择也蛮好的，这时候，你告诉自己，我的选择一定要是正确的，可你又不知怎样的选择会是正确的，这是多大的压力啊！

每个选择都有其优势和劣势，电影《购物狂》中，患有选择焦虑症的刘青云会清晰地列出猪扒饭和鳗鱼饭的所有优缺点，但是他还是不知该如何选择。其实，选择说难很难，说简单也很简单，只要明确自己到底要的是什么，然后坚定不移地执行下去就好，考虑的时间越长，反而越难抉择。

小 × 在高中填报志愿的时候就犯了这个毛病。老师告知小 ×，在分数出来后，要好好考虑选哪个学校和哪个专业，然后分发给小 × 一本厚厚的填报志愿学校和专业目录。小 × 在得知分数后，一直在研究这本目录，还在路边买了一张印有往年各个大学录取分数线的报纸，和目录仔细比对，又到离家 8 里之外的网吧查找各个学校的具体情况，包括学校在省内的排名、在国内的排名、离家是近是远、学校更注重理科教育还是文科教育、学校是教研类的还是重实践的、每个专业有多少教授和博士，甚至该学校图书馆有多少藏书都要作为重要的考量标准。

不幸的是，直到提交志愿表的日期到来，小 × 还是没有做出最后的决定。在去学校递交志愿表的路上，她问了老爸对学校选择的意见，可老爸让小 × 自己选，并没有给出明确的建议，只说听邻居说 S 大还不错。于是，小 × 到了学校匆匆忙忙将志愿填到志愿表上，第一志愿是 L 大，可当她又一次问老爸 L 大的旅游管理专业怎么样时，老爸明确说这个专业没前途，于是，小 × 又将志愿表从老师那里要回来，将志愿最终改成老爸开始时建议的 S 大。当然，和小 × 一样在最后时刻还在改志愿的同学也不在少数。

然而，小 × 的这种选择造成了严重的后遗症，尤其在进入大学之后，一直在怀疑自己的选择是否正确，这种想法在大学四年中一直存在着，甚至工作后的小 × 还在纠结这个问题，这让她开始逃避责任，对自己越来越不满，虚度了大学四年。到了毕业时是该工作还是考研时，她的老毛病又犯了，选择工作，怕以后就没有精力可以用来考研了，选择考研，又觉得自己年龄太大，会耽误时间，不如积攒些经验。

选择工作怕后悔，选择考研也怕后悔，在这种焦虑的情绪支配下，小 × 随波逐流地选择了考研，而面对众多高校，又在选择报考哪个学校的问题上犯了难。

选择 211、985 的重点大学，似乎对小 × 这样的二本院校毕业生来说含金量更重、分量更足，会给将来找工作大大加码，可难度着实不小，各种杂七杂八的指定专业书加起来，最多的竟然有八本十本，而二本院校相对来说容易得多，指定专业书少，初试成功概率大，说不定还能争取到公费名额，但如果选了二本院校，却实在是不甘心，万一上完研究生，用人单位一看你只是一个二本院校的研究生，必定瞧不上你。

所以，在选学校的问题上，小×又一次纠结了，甚至在复习的冲刺时刻，还在考虑着要不要换学校的问题。所以，复习一遍下来，小×的报考学校从211改到了二本院校，复习效果也颇不理想，最终以英语分数未上线而告别学生生涯。但此时，大部分企业招聘高峰已过，工作不那么好找了。可即便如此，还有在哪个城市工作，选择什么行业、什么岗位等诸多选择等待着小×。

我们从心理专家那里了解到，一天之内，我们每个人要做出的决定竟多达1700多次！而人们在面临选择的时候，很多会产生选择焦虑，尤其那些性格内向、做事喜欢拖泥带水的人和对自己了解不够的人，选择可能会引起着急、烦躁、胸闷等症状，在面对十分重要的事物抉择时尤其严重。都市人很多都面临着巨大的压力，希望在工作中尽量做到一丝不苟，不出差错，所以他们在考虑事情时会照顾到方方面面，往往因为考虑太过周全而损失很多机遇。而万一决断不了，一个冲动做了决定，之后又会后悔，甚至会出现一个问题上选择、后悔、再选择、再后悔这样的病态现象。

适当的焦虑为我们提供了了解和探究的动力，而过量的焦虑则会带来负面影响，甚至对个人的命运造成难以逆转的巨大改变。其实，想要缓解选择焦虑，只要对自己的需要和喜好充分了解，快速判断，做出最适合自己的选择即可。如果不幸发现选择后悔了，则通过改变观念，换个角度看问题，对做出的选择做合理性的解释，就可以从选择的焦虑中走出来。而性格果断、能迅速做出判断的朋友，如果能鼓励、引导你做出选择，让你养成判断迅速的习惯，那是再好不过的。

时尚 e 时代的"信息焦虑"

有时知道太多反而不好，尤其在信息时代，信息从每一个角落向你的神经轰炸而来，而当一些信息从我们身边消失，你就会开始感到着急和焦躁、恐慌，有时脑袋中塞下了太多信息，你拼了命地想把它们从你的脑袋中拉扯出来，甚至出现了头晕和胸闷的症状。这种现象我们称之为：信息焦虑症。

如今，在你坐火车的时候、等电梯的时候、就餐的时候……无时无刻不注意到，周围有这样一群年轻人低着头拨弄着手机，他们被称为拇指一族。尤其在智能手机疯狂占据市场的当下，手机上网功能逐步得到完善，很多人都是手机不离手，打电话、发短信、手机上网、QQ、MSN、微博，走在路上，每个人都成为了一个移动的信息接收站，而到了室内，电视、电脑又成了主角，人们从这些媒介中获得新闻、分享资料、完成沟通，尤其是学历高、工作压力大的白领，无时无刻不被上述媒介中的信息轰炸着。

在广告公司工作的策划文案 K 先生，由于工作性质的关系，他需要搜集各方面的信息，从政治、经济、军事到历史、地理、人文，从常识到新闻热点，无所不包，然后将这些信息储存下来，留作文案写作素材的备料。同时，他需要通过 QQ、电话、电子邮件等方式与客户沟通方案、文案、设计和制作的具体细节，面对客户时还必须满脸堆笑。每天都要加班，有时在电脑前一坐就是一整天，都不带活动的。而等到深夜回家，必定是倒头就睡，娱乐活动很少，陪伴妻子和孩子的机会也少得可怜，甚至睡觉到半夜，会被手机铃声吵醒——客户又来电话了！有时候，K 先生会突然觉得脑海中一片空白，好像什么都不知道了，也想过辞职，然而即使辞职，还得再找工作，下一份工作还是会面临这样的情况。

记者、广告和网络从业人员被认为是"信息焦虑症"高发人群。人们试图从外界获得尽量多的信息，甚至不加选择地就往大脑中塞，强迫自己不断更新知识储备，然而新信息并未来得及消化，就急着进入大脑，旧信息还未腾出地儿来，这就导致大脑无法接收到新信息，或对新信息不适应，使得机体几乎受不了这种"填鸭"式的信息接收方式，从而出现焦虑。

然而，由于工作需要，你必须不停地接收各种渠道传递过来的信息，即使你想通过休假等途径来隔绝这种信息轰炸，也是解决不了问题的。因为大量信息还在世界各地传递着，你没法阻止自己去了解它们，而且即使在你休息的时候，心里也无时无刻不在渴望着大量信息的"浇灌"，因为你需要它们，倘若不了解，那你以后的工作就会受到阻碍。而即使你远离了各种媒介，你也会通过刚刚接触过这些媒介的人们口中得知，信息总是无孔不入。

研究者按照症状的轻重把信息焦虑症分为四级：信息焦虑、信息恐惧、信息抑郁、信息躁狂。

在信息焦虑中，患者会由于没有接受信息而出现发呆、交际能力减弱等情况；在信息恐惧中，患者会因为没有接受信息而出现恐慌状态，时刻竖起耳朵等待信息刺激；在信息抑郁中，患者会因为没有接受信息而闷闷不乐，甚至出现腹泻、自我隔离；在信息躁狂中，患者会因为接受信息量巨大而陷入极端的傲慢或悲哀中，患得患失。

虽然处在信息时代，但是我们应该将信息作为工具，而不应该被信息所控制。实际上，我们不可能接收来自外界的所有信息，无论是电视、报纸还是网络，信息发布的时候就已经经过了媒体的层层"把关"，然而它们释放给我们的信息量仍然是十分巨大的。这些信息中，有很多是我们不需要的，我们需要将它们分门别类，坚决不允许垃圾信息进入大脑。你应该知道，除了搜集和了解信息，你还有很多事可以做，关掉电视、电脑、手机，听听音乐、下个象棋，将信息依赖抛诸脑后吧，休息一会儿！

教你与焦虑 say goodbye

如何将焦虑分离出去？机体自动做出了反应——弗洛伊德率先提出了自我防御机制的概念。

自我防御机制是自我面对有可能的威胁和伤害时一系列的反应机制。即当自我受到外界的人或者是环境因素的威胁而引起强烈的焦虑和罪恶感时，焦虑将无意识地激活一系列的防御机制，以某种歪曲现实的方式来保护自我，缓和或消除不安和痛苦。它包括：否认、压抑、合理化、移置、投射、反向形成、过度代偿、抵消、升华、幽默和认同 11 种形式。

这里就引出了一个"自我"的概念。弗洛伊德的精神分析学中将人格分为自我、本我和超我。"本我"属于潜意识的部分，是人与生俱来的本能，它遵循的是快乐的原则，就像婴儿饿了要吃奶、遇到危险会及时躲闪一样。而"自我"和"超我"属于意识的成分，它们相比"本我"有着更高的层次。"自我"代表理性，是外部世界的影响下形成的。"超我"则是伦理道德、价值规范等组成的最高层次，它打压"本我"的原始冲动、监督"自我"，也对一个人的本性起着束缚的作用。

根据精神分析理论，自我应用防御机制是一种心理的自我保护，它保护个体不受焦虑侵袭。实际上，这种防御机制是对实际状况的歪曲，它是在无意识的情况下进行的，通过掩饰或伪装动机、否认、歪曲知觉、记忆、动作等，保护自我免于焦虑的袭击，维持健康的心理状态，可分为积极的防御机制和消极的防御机制。

中医讲，心病还需心药医，克服疾病的关键还在自己。在自我防御这种无意识的作用之外，要保护自身免于焦虑症的困扰，首先就要靠自身的调节。现代社会每个人都面临着重重压力，而很多人也将自己的焦虑归咎于压力太大。实际上，只要让自己变得强大起来，再大的压力又能拿你如何呢？

让自己强大起来，每天给自己一个暗示，告诉自己，你是最棒的！一个自信的人，才能应对来自各种消极情绪的侵袭，才能面对压力而屹立不倒，才能在焦虑来临时正视焦虑，并坚信用自己的力量完全可以克服它。

让自己强大起来，每天给自己一个笑脸，告诉自己，知足常乐，凡事没有什么大不了的，当失败来临时，成功的欲望太强，打击越大，接下来，焦虑、抑郁、愤懑、烦躁……心理疾病都可能相继袭来，然后它们一步步地导致心悸、恐惧、面色苍白、全身无力、腹泻、失眠……反之，如果对每天的生活都很满足，那么幸福感自然会得到提升。

让自己强大起来，要正视焦虑，自觉地进行自我疏导，放松身心，让每一个毛孔散发着快乐和轻松，听一首舒缓的音乐，放下所有的负担，闭上眼睛，躺在舒适的床上，让紧张的肌肉松弛下来，想象自己正沐浴在冬日的阳光下，一阵清风刮过，树叶发出清脆的响声……

让自己强大起来，要勇于面对自己的痛苦，不要老觉得自己有病，什么都提不起精神来。将导致你焦虑的烦心事一股脑儿地倒出来，不要担心它们会成为别人的笑料或谈资，当它们从你的口中说出来的同时，说不定接下来焦虑也会就此消失。

此外，对焦虑症的治疗还包括心理治疗、物理治疗（主要是磁疗）、中医治疗等，在此不一一赘述。如果长期以来受到焦虑的困扰，可以首先尝试自我调节，如果效果不明显，可咨询心理医生，严重的焦虑症才可应用药物、物理等辅助治疗。不过，药物治疗容易使患者产生药物依赖，不可连续服用。

除了心理疗法等其他疗法之外，食疗对焦虑症也有一定帮助。常用的食疗方法如下：

香蕉。大家都知道，香蕉是能够使人高兴的水果。香蕉中含有的"5-羟色胺"可以振奋精神和提高信心，香蕉中还含有维生素 B_6，多吃香蕉能让人精神焕发。

牛奶或钙片。纽约医药中心做了一个实验，他们让有经前症候群的妇女每天吃 1000 毫克的钙片，3 个月后，3/4 的人减轻了紧张、焦虑等反应。多喝牛奶可以补钙，尤其在睡前喝牛奶，可以安定心神，更有助于睡眠，缓解焦虑。

樱桃。樱桃中含有的花青素，可减少炎症发生，科学家认为，樱桃可让人放松心情，有时食用 20 粒樱桃甚至比阿司匹林还管用。

全麦面包。据麻省理工学院的研究人员介绍："有些人把面食、点心这类食物当作一种可以吃的抗忧郁剂是很科学的。"

南瓜。南瓜中富含维生素 B_6 和铁，它们能帮助血糖转变成葡萄糖，带来好心情。

菠菜。缺乏叶酸，容易导致失眠、健忘焦虑等症状，而菠菜中含有大量叶酸。

鸡肉。鸡肉中富含的硒可以使心情变好。

大蒜。研究发现，食用大蒜可以缓解疲劳、降低焦虑情绪、有效抑制怒气。

葡萄柚。葡萄柚强烈的香味可以净化思绪，起到提神的作用，葡萄柚中含有大量的维生素 C，可提高身体抵抗力，增强应对压力的能力，甚至可以提高智力。

深海鱼。研究发现，住在海边的人通常都比较快乐，海鱼中的脂肪酸与常用的抗抑郁药如碳酸锂有类似作用，能阻断神经传导路径，增加血清素分泌量。

另外，一些食物的刺激会加重焦虑，应当尽量避免可乐、酒精、油炸食品、腌肉、辛辣刺激性的食品，多吃蔬菜和水果。此外，可能导致失眠的咖啡、茶等也要尽量远离，尤其不能在睡前饮用，以免导致失眠，加重焦虑。

第十五章
迈不出去的腿
——广场恐惧症

无处可逃的"恐怖广场"

高三毕业后的一段时间，我对于要出门这件事感到惶然无助。

那三个月里我天天赋闲在家，习惯独自对着电脑，慢慢地到了完全不想出门的地步。以家里的门口为界限，一旦踏出去一步，就会觉得身体不是自己的——它在发颤！

到了大街上，一切是那样的陌生。人来人往擦肩而过，车辆呼啸的声音更是把我吓得不轻！周遭模糊了起来，眼前忽然花白了一片，听不到什么声音，胸口处仿佛窒息般透不过气来……

是的，我仿佛是不小心入了迷宫的小红帽，到处都是张牙舞爪的大灰狼。我是如此的不安，恨不得立即回去，妈妈却牵住了我的手，使我暂时免却彷徨……

以上小陈亲身的经历。虽然当时只是起了个苗头，并不很严重，进入大学后症状也慢慢消失了，但每次回想起当时的情景依然是心有余悸。

害怕站在大街上，人群越多的地方就越紧张慌乱。那是一种说不出理由却又真实得无法控制的恐惧。

后来小陈才知道，原来这种恐惧感在心理学上是有个专门名称——广场恐惧症。

广场恐惧症的意思，按照字面理解是害怕去广场，但其实这个症状可不是字面上这么简单。广场恐惧症属于焦虑症的一种，又有恐旷症、陌生环境恐惧等多个名称。患者会在空旷的地方或者公众场合不受控制地产生恐惧感。让人恐惧的场合不仅仅包括广场，还有诸如公共卫生间、车站、汽车、火车、隧道、大街、医院、电影院、餐厅、商店、游泳池、会场、菜市场……简直是包罗万象，只有你不知道，没有你想不到。其中，根据美国梅奥医学中心的研究显示，在电梯间、运动会、大桥上、公交车上、驾车时、购物中心及飞机上，广场恐惧症最容易发作。

　　这简直是无处可逃的"恐怖广场"！随时随地可能触及"恐惧高点"，这得为患者的生活带来多大的影响？一般人热爱的逛街购物与旅行，对他们来说都是难以实现的事情。

　　人们常常以为广场恐惧症是恐惧一些公开的地方，但其实通常患有这个病的人往往不是害怕公开场合本身，而是夹杂着各种各样的因素。

　　有人问："我也经常会莫名感到害怕，我是不是也患有广场恐惧症呢？"

　　这是不一定的。我们先看看小贾充满苦恼的诉说："我特别害怕出门。别人说起去旅游是两眼发光，我是苦不堪言。倒不是害怕人多的地方，而是害怕陌生。每次只要到达一个我不熟悉的地方，我就会立即觉得晕头转向，心跳得像要蹦出来一样，根本无法顺利待下去。我特别害怕出去找工作，出差什么的更是别想了。"

　　为了不用到陌生环境去，小贾通过父母帮忙，在家附近开了一家花店。每天她上班都需要遵循既定的路线，过着两点一线的生活。

　　"我这么害怕出门，是广场恐惧症了吧？"小贾问。

　　医生摇了摇头。小贾的症状其实是陌生环境恐惧症，会避免前往任何他们认为可能引发惊恐的陌生环境，最后只剩下自己家以外的少数几个地方能使他们感觉舒适。

还有一些病症和广场恐惧症部分相像，记得要分清楚——如果总想要回避与以前受到的严重精神创伤有关的场所，应该首先考虑创伤后应激障碍。有的是因为害怕被污染而回避某些场所，则拥有洁癖的强迫症可能性很大。如果害怕的场所仅限于社交场所，担心自己的行为举止会被别人评价的是社交恐惧症；如果害怕的场所只限于某一特定处境，比如不敢过桥、害怕卫生间之类的，可能是单纯恐惧症。儿童期害怕离开家庭或亲人，可能是离别焦虑障碍；拒绝上学则为学校恐惧症。虽然广场恐惧症患者害怕出门，但并不是所有害怕出门的病例都是广场恐惧症。恐惧症的种类繁多，想要知道自己是不是患有广场恐惧症，一定要看清楚症状是否符合。

广场恐惧症的主要表现有以下几点，通常会多个症状一起出现：

1. 害怕人群聚集的场所

一名 27 岁、原本性格幽默风趣的男性患者向医生求助道："我不敢去任何人多的地方，无论是四五人站在一起还是百人大聚会，我都会感觉呼吸困难、心情慌乱，只想尽快逃离那个地方。"

"其实我是特别想和人说话的。我说笑话很在行呢。但是一出门，人的脸都还没看清楚，我就已经倒下来了，有时候还会昏迷不醒。"

"我以前没有丝毫问题，还做到了客户经理这个位置。第一次犯病很偶然，就是在公司的一次游艇聚会上晕倒。自从发生一次后，就变得毫无征兆地发作。因为这个问题，我现在连工作都丢了，大好的前途毁于一旦。我不知道该如何向别人解释这个病。"

很明显，这个是由害怕人群引起的典型案例，在广场恐惧症中占了大多数。虽然他们明知自己的这种恐惧反应是不应该、不合理的——所害怕的东西并没有危险性，对自己也没有任何威胁。

但这种情况在相同场合下仍反复出现，完全难以控制，以致影响正常生活、工作。

2.害怕使用公共交通工具

有的患者上了交通工具，就会感觉自己就像被扔进火炉烤的乳猪。由于行驶时间长，每分每秒对他们来说都是煎熬，往往中途会因为不能承受而呕吐或昏厥。拥有这类症状的人，往往也牵扯到害怕人群、害怕封闭等因素，踏入交通工具后很自然地出现恐惧症状。也可能是夹杂着交通工具恐惧症。比如说上船前，就会自行脑补海难、晕船、人群会压迫自己等，想象搭船会有多恐怖，还没上船就把自己吓得发抖了。有的人坐公交车的时候特别紧张，怕无法离开而崩溃发疯。

3.害怕到空旷的地方或者封闭的环境

广场恐惧症又名"旷野恐惧症"，其中一个典型的症状就是害怕空旷。小至家里的厨房，大至野外林地，待在开阔地方对他们来说完全是一种折磨。

在弗莱明的小说《007谍海系列》里，有一个金手指和邦德在打牌的场景：

邦德说："你们不以切牌来定座位吗？以前我常发现换座位后可以换手气。"

金手指忽然停止发牌，他严肃地盯着邦德说："很不幸，邦德先生，那是不可能的，否则我宁愿不玩了。一开始玩牌时我就跟杜邦先生解释过了，我患有一种难以根治的心理疾病——旷野恐惧症——也就是说，我害怕开阔的地方，我一看到开阔的场景就难受，我必须坐在这里，面对酒店大楼。"然后，他才继续发牌。

"哦，很抱歉。"邦德的声音也变得严肃起来，其中夹杂着一丝逗趣，"那确实是一种罕见的病。我以前只听说过幽闭恐惧症，但与之相反的病却未听说过。你这种毛病是怎么犯的？"

金手指抓起他的牌，开始理牌。"不知道。"他平静地说。

根据小说中的情景，我们可以发现金手指害怕一切空旷的地方。他在社交上显然没问题，在面对邦德的时候应对自如。只要不处于"恐怖广场"的区域，广场恐惧症患者与正常人无异。如他所说，广场恐惧症是一种难以根治的心理疾病，甚至不知道这种毛病是怎么出现的。广场恐惧症患者内心很清楚自己犯的毛病，却对此毫无办法。

此外，封闭的环境也会引起恐惧。

一个叫安娜的女孩住在普通的公寓大楼里。这些年她无法踏出门口一步，是因为害怕家门外那条狭窄的通道与长长的楼梯。每次经过相对封闭的空间——诸如桥底、电梯、卫生间，她都会一阵眩晕，胸口发闷，呼吸困难。她曾咨询过心理医生，经过测试后发现她患的不是单纯害怕封闭环境的"幽闭恐惧症"，而是广场恐惧症。她一出门就会感觉到了"奇怪的空间"，原本就存在轻微的广场恐惧症，而这种心理暗示在封闭环境下更加明显，特别容易发作。

能引起恐惧的特定场景还有很多：害怕排队、害怕野餐、害怕驾车……当真是处处有难题。只要经过这些特定场景，原本活蹦乱跳的人会突然像被按下了"机关按钮"，不受控制地恐慌。

4. 害怕独处，无论是在家还是出外

一个很好的例子就是英国大名鼎鼎的"卧室歌后"杰玛·希克森。这位大美女凭借着美妙的歌声而在网络上声名大噪，国内粉丝称她为"精灵美女"。这位美女拥有精致的五官与迷人的长卷发，衣着打扮都很时尚，神态性感、媚眼如丝，真的看不出任何异样。看着她在各种视频照片上都表现得精神奕奕，谁能想到她是三年来足不出户的广场恐惧症患者？

事实上，杰玛从6岁时起就开始对出门感到莫名恐惧。这种情况并未随着长大而消除，反而情况越来越严重，到16岁时只能

辍学躲在家里，不去接触外面的人群。在自己的 facebook 里，她曾表示自己两年内走过最远的地方就是自己家的花园。她说：

"我想做一个普通的女孩，想上大学、去电影院，但是我不能。我也曾找过心理医生，尝试过催眠治疗，但都无法帮助我克服走出家门的恐惧症。

"我一离开家门，就觉呼吸困难，心脏像要爆炸，感觉要死掉了一样。

"的确是很奇怪的事，我清楚地知道，没什么好怕的，可是真的走出门却完全是另外一回事。辍学后，更没有理由要出家门，于是就一路宅下来了。

"广场恐惧症给我的生活带来了很大的影响。"

杰玛虽然和其他女孩子一样做着明星梦，却没有办法出门登台唱歌，为自己争取什么。她一直待在家里，实在无聊了就录制一些翻唱视频，没想到在网络上大红大紫。

Facebook 里有人质疑杰玛在镜头前如此自信，怎么可能连走出家门也不敢？

杰玛无奈地回答："镜头不是人，我想我只是对人群十分恐惧。"

宅能宅出名来，杰玛也可以算得上一段"传奇"了。很显然，杰玛是因为受到广场恐惧症影响而不得不成为"家里蹲"。家里没有陌生人，没有逃不开的人群，家里狭小的天地能为她带来安全感。只有在家里，杰玛才能放松下来，大胆自如地秀出自己。

好吧，对大多数广场恐惧症患者来说，"躲在家不去其他地方"的招数还是很有用的。他们在家的时候与一般人无异，也爱玩爱笑。既然外面无处可去，乖乖窝在家也算省心省事。

但是这一招可不是万能的。一些患者连独自在家都感到害怕。有的仅仅是因为看恐怖片看多了，长久下来会受到心理暗示的影响，导致独自一人的场合会胡思乱想。一般人在看完恐怖片后，只会害怕一天到一个星期，症状很快消失。但部分人会产生长期的心理阴影，使得自己完全无法独处。严重的会发展成广场恐惧症，在家里也好，在室外空旷的地方也好，都会反射性地害怕着。

一位患者说："我大白天自己一个人在家都会感到害怕，总感觉背后有人，这使我极度不安。"

也有很多案例，恐惧感根本和恐怖片无关。

另一位患者说："我完全不敢一个人在家，虽然家里很小，我还是觉得不安全。刷牙洗脸会害怕，洗澡会害怕，每移动一个地方都能把四肢吓软，有时会吓得心脏痛。无论开着电视机还是播放音乐都不管用，白天晚上都怕个不停。真不知道为什么，我根本不看恐怖片的。"

连家这个安乐窝都不能带给他们安全感，这真是让人百思不得其解。

广场恐惧症对生活的影响无处不在。每个患者害怕的东西并不相同，有的仅是害怕人群和出门，并不害怕独处在空旷的地方。这一类型只要宅在家就可以了。有的是害怕空旷，不害怕人群，只要有人陪伴就没问题。最棘手的是复合症状的患者，他们无论是出门、独自在家还是特定场合都会怕。像是害怕交通工具的，往往几种因素的影响皆有。对他们来说，这个世界如此孤绝，生活就是无处可逃的"恐怖广场"！

广场恐惧症

在你们的周围有没有一种人是整天的不离开自己的屋子，干什么事情都要去她家里，从来不会外出，从来没有迈出过家门口一步。周围的人或许会议论这种人的古怪，连自己家门都不出来，整天待在家里，但是值得注意的一点就是他们这种人是非常友善的，如果你去他的家里做客，他是相当的热情友善的。貌似反差很大，这其中的原因是什么呢？下面给大家说一个故事，或许你能够从这个故事中听出来点东西来。

　　某天，心理学专家张先生受到一位朋友的委托去拜访朋友的一位同学的母亲，弄清楚他母亲奇怪举动的原因。在这里暂时称心理学家张先生为老张，朋友的同学叫小王。老张按照朋友给的地址来到了楼下，想要直接敲门进去，没想到小王已经在门口等着他了。

　　小王："你好，举头望明月。"

　　老张："低头来你家。"（这是他们当时定的暗号，怕找错。）

　　小王："张哥你好，真的是你过来了啊，我妈在屋子里呢，等你很久了，家里很久没来客人了。"

　　老张跟着小王顺着一条很窄的过道走进了小王母亲住的一间卧室，看到在床上坐着的小王母亲，很慈祥，面带笑容。

　　老张："阿姨，你好，我是小张，特意过来看你呢。"

　　大妈："小张，你能来我家做客我真的是太高兴了，来，过来坐，这边来，你先坐着，我给你去拿点心去，对了，你喝点什么，喝饮料吧，我顺便给你拿饮料去。"

　　老张："大妈，你家有什么东西就尽管全拿来好了，我肚子大，能装得下。"

　　大妈顿时无语了，呆住了。

　　老张："大妈。呵呵，我开玩笑呢，你不用忙活了，我们过来聊聊天就行了，随便拉点家常，你看怎么样？"

　　大妈："我现在很激动啊，家里已经很久都没来过客人了，你是我这几个月第一次见到的客人，这几个月除了我儿子我谁都没有见过啊，他们都不愿意来我家，你一来我特高兴。"

　　老张："我不懂你的意思啊大妈。"

　　大妈："小王没跟你说？我的情况小王应该给你说说啊。"

　　老张："他们没告诉我啊。"

　　大妈："哎，一言难尽啊。"

老张："大妈为什么叹气呢，有什么事情咱们说就行，你有多久没出门了啊？"

大妈："很久没有出去了，在很早以前就没有出去过了。他们没跟你说，那我跟你说说吧，你猜一猜我多久没出门了？"

（说完她便用手比划出一个 2 的姿势。）

老张："那我就猜一下了啊，两年，不会是两年吧，这么久了，两年时间你是怎么度过的啊？真的让人难以相信啊。两年时间，你算是已经置身世外了啊。真的是佩服，我们待在家里几天就会闷得发疯，你竟然能在家里待两年，大妈，你真厉害。"

大妈："不对，你再猜。"

老张："嗯？不是两年？那是多少啊？不会是……"

大妈："行了，你肯定不会猜到，我 20 年没有出去过了，整整 20 年。"

老张："哦，这是真的吗？20 年？真的是 20 年吗？"

（大妈很无奈地笑了一下）

老张："哦，大妈，你告诉我你真的是 20 年都没有出过这个门口吗？真的一步也没有踏出去吗？"

大妈："小张，这是真的，千真万确的没有出去过，我不但没有出过这个家门，这 20 年来我只待在这个卧室和客厅的一小部分，我连我们自己的阳台都没过去，20 年啊，我一直待在这里，唉。"

老张："那你 20 年来怎么解决吃饭的问题啊？你的生活怎么办啊？"

大妈："我儿子会把饭给我送过来，每星期也会给我送过来一些零食和生活用品，所以我可以在我自己的卧室里解决生活方面的问题。20 年就一直是这样子。"

老张："那你这 20 年都怎么度过的啊？待在屋子里会不会觉得无聊啊？怎么打发时间啊？"

大妈:"我就是在这个屋子里做做针线活,要不就是读读报看看书,实在无聊就听听收音机看看电视,20年来就这么过来了。"

老张:"大妈,我真的不知道怎么说了,你的这个事情太令人震惊了,20年没有出过家门这是多么令人震惊的事情啊。你就不感到闷吗?就不想出去走走吗?"

大妈:"这些我都知道,我也想出去,可是……唉,一言难尽啊,20年就这样子过来了,也无所谓了。"

老张:"那你为什么不出门呢?有什么原因吗?"

大妈:"我感觉自己让人给下了'降头术'。'降头术'你知道吗?"

老张:"知道,我们这地方称作是扎小人吧?对吗?"

大妈:"嗯,大体上都是这样,就是那么回事。我只要一出我家的门口就觉得恐怖,我的心跳就会加快,扑通扑通越跳越快。胸口也会越来越闷得慌,就和一块大石头在你的胸口压着似的,喘不过气来。全身也不自在,就和针扎的一样疼,心也烧得慌,而在外面待得越久就感觉到自己身体越来越虚,力气都被抽干了,全身的虚汗也哗哗地往外冒,衣服不用一会儿就会湿漉漉的了。我那时就感觉自己要死了,一种要死去的感觉,所以即使我想出去我也坚决不会出去,所以这20年来再也没有出过家门。"

老张:"有这么严重吗?在你的家里别的地方比如说是阳台也是这种感觉吗?也会有这种状况发生吗?"

大妈:"无论在哪都是这样子,只有在我的卧室和客厅才不会有这种事情,估计是降头术没有下好。"

老张:"大妈,你真的认为这是一种降头术吗?就没想过去医院做一个全面的检查吗?就没想到去医院看看吗?"

大妈:"你别说这个了,说了这么多了,我一提这个事情就觉得心烦,对了,我看你也到了娶媳妇的年纪了,有对象了吗?抓紧点时间啊,我们那会儿这么大孩子都会打酱油了。"

老张："有了对象了，这个就不劳烦你老了。呵呵……"

老张："对了，大妈，你有想过去治疗吗？"

大妈："治什么治啊，我现在都是要死的人了，再说我也不能出门，一出门就那样，估计没到医院已经就不行了。所以也不费那份心思了，好好地在家安安稳稳地过完下半辈子就行了，别无他求了。"

到这里，事情就讲得差不多了，或许大家会疑惑这个老大妈是怎么了？专家告诉大家：这是因为大妈患上了一种心理疾病，是一种恐惧障碍——广场恐惧症。

什么是广场恐惧症呢？广场恐惧症并不是它表面所表现出来的意思，不是一种对广场恐惧的症状。

广场恐惧症患者对自己周围的环境很熟悉，但是对于自己不熟悉的环境会变得很恐惧，只要离开自己的家或者是周围的环境就有可能导致恐惧症的发生，出现惊恐的发作。惊恐的发作就是大妈所说的"降头"症状：感觉到头晕脑胀，心跳变快，浑身针刺感并且盗汗，身体发虚。

正是因为他们一离开自己家或者是去周围的地方就会有这样子的症状发生，所以他们惧怕去别的地方，避免在别的地方发生这样子的状况。因为那种症状的发生会使他们难受至极，并且别人也帮不了他们。这就是广场恐惧症，一个恐惧障碍症。

广场恐惧症患者常常会在汽车站、火车站、地铁站、宽阔的广场和街道等地方发生惊恐，还有一些如餐馆、商场、电影院等公共场合也会发生惊恐的症状。但是他们惊恐的发作不光是这些公共场合，一些情景也会使他们惊恐发作，比如说有的患者会害怕自己在家里，会害怕排队。也有的患者会害怕拥挤的人群，害怕出去旅游。更有甚者自己驾车都会发作惊恐症状。

女性在广场恐惧症中的比例达到了75%，为什么这么多呢？这要从我们的文化因素方面进行解释。因为我们自古以来都知道

重口味心理学大全

女性是弱者，所以在传统文化里，人们很容易就能相信女性做事情胆小，这种观念已经根深蒂固，所以当女性发生这种状况时会表现出来，然后逃避这种状况。但是男性就不能，因为男性要展示出来他们的坚强勇敢，不能让人说自己懦弱。所以更多的时候当男性在面对这个症状的时候会努力地克服它，心中即使有恐惧感，也要咬紧牙关表现出一副没关系的样子来。

事实上女性越回避这个事情，那么这个事情就会越加严重，所以说女性患者在这个数量上占了很大一部分。但是这并不意味着男性不回避、咬紧牙关就能挺过去。

对于男性来说，这种恐惧也是痛苦的，自己不能表现出来也不能去逃避，所以只有靠喝酒来麻醉自己。每当喝醉了的时候就睡觉，也就忘记了这种症状。但是长久以来就会慢慢地依赖上酒精，开始酗酒了。所以说男性的症状一般会比女性严重，最后的结局也会比女性更加的悲惨，因为酗酒对身体的影响更大。不光有着严重的广场恐惧症，还伴随着酒精滥用的危害。

因为大妈不再和老张谈论这个问题，也没法进行更深层次的交流，所以老张便撤了，正好今天下午有一个女性患者的预约，便驱车回到了自己的咨询室里。

老张刚一回到咨询室，推开门抬头一看，就看到一位年轻的姑娘在椅子上安安静静地坐着。这个姑娘也就是27岁左右的样子，身材很瘦弱。她冲着老张很机械性地笑了一下。然后恢复了一脸的木讷，神情木然，给人一种冷淡的感觉。老张觉得这个姑娘肯定心里有事情，希望待会儿谈话能获得更多的信息，解开这个姑娘的心结，还她一个美好的生活。

小雯："张医生，你好，我是提前预约的小雯。"

老张："你好，小雯，咱们去聊天室里吧，这里聊天不方便。"

（说完老张便带着小雯进了旁边一个单独的聊天室，也就是给心理病人治疗的治疗室。）

老张："小雯，来，这边坐，别紧张，就跟在自己家里一样，我们聊聊天拉拉家常。对了，你是做什么工作的啊？"

小雯："我现在就职于一家挺大的金融机构，在里面做证券和债券的交易员。"

老张："工作不错啊，很好的一份工作啊。"

小雯："看上去是很不错的，别人都认为这是一份很体面的好工作，可是你们是不知道里面有多累，我每天都很忙，很少有空闲时间，有的时候加班到很晚才回家。因为没时间，所以也没有谈男朋友，到现在还是自己一个人。我的青春都葬送在工作上了。"

老张："你这算是青春无悔啊，工作成就应该很大吧。"

小雯："嗯，我付出的虽然多，但是得到的也不少，公司现在也要准备把我送去读MBA。可是最近，我的问题来了，并且很严重，导致我工作也没有了热情干劲。"

老张："嗯？你出现了什么问题啊？能跟我说一下吗？"

小雯："我去医院做过全面的检查，身体没任何的毛病，很健康。也去过心脏病专科医院，找了心脏科的权威医生也没有检查出心脏有什么问题，都说很健康，有一位医生让我到你这边看看是不是有点心理问题导致自己的问题出现，所以我就过来了。"

老张："什么情况啊这是？心脏有问题？"

小雯："我觉得就是心脏的问题，经常会感觉到心跳加快，并且伴有头晕脑胀、浑身刺疼冒虚汗的症状，呼吸变得很慢，喘不上气来，但是心跳越跳越快。"

（这个症状不就是和大妈一样吗？不就是广场恐惧症的表现吗？）

老张："你感觉心脏不好，但是医生给你做完检查之后诊断心脏是健康的对吗？"

小雯："嗯，就是这样子的。有的医生给我开了一些抗焦虑的药物服用，刚开始的时候服用这些抗焦虑的药物很管用，有一段时间这种症状没有出现过，但是我们工作的时候是不准吃药的，所以这些症状会时不时的发作。现在药的效果也不大了，需要加大药量才能控制，我不想再这样子下去了，估计已经对药物产生了依赖，我不希望这样。"

（说到这里，老张大体上知道了小雯是什么症状了，但是为了进一步确认症状并且深入了解病因才能进行全面的诊断治疗，老张便继续和小雯聊天。）

老张："家里的爸爸妈妈还好吧，他们是做什么工作的啊？"

小雯："我妈一直在家里做家庭主妇，爸爸自己开了一家汽修店，但是爸爸不久前去世了。那会儿我大学刚毕业，爸爸因为心脏问题去世了，去世的时候是充血性心力衰竭，我现在很怕我自己也是这种情况，希望这不是家族遗传。"

老张："原来是这样子啊，那你们现在的生活条件怎么样啊？"

小雯："虽然爸爸他走了，但是他留下了一部分财产，再说店铺还在，妈妈把店铺盘出去了每月都有一定的租金，我现在也工作了，所以我们基本生活是不用发愁的，生活上算是有了保障。"

老张："你家里就你一个孩子吧？"

小雯："嗯，算是也算不是。"

老张："这个话怎么说呢？"

小雯："其实我很不想谈这个事情，很少对别人讲的，其实我还有一个弟弟的。"

（这难道是？）

小雯："不是你想的那样子的，其实我真的有一个亲生弟弟的。但是在他出生的时候检查出有先天的心脏病，我们家为他费尽心思去治疗，但是还不是没有治疗好，在我弟弟 3 岁的时候就走了，他很可爱的。这件事情对我们家庭来说是一个很大的伤疤。我到现在为止都不想提这个事情，他在我心里已经有了阴影了。我很想他，我害怕自己也是心脏不好，我们的家庭太悲伤了。"

（小雯的心情有些低落，眼睛里噙着泪水，老张一看不好便转移话题，避免触动她内心的伤口。）

老张："那你母亲现在的身体状况如何啊？"

小雯："我妈妈现在身体算是挺健康的，你想她到了现在这个年纪不会没有点小病的，她只是偶尔会有点腰酸背疼的，没有什么别的大毛病，只是也会有一些心慌，除此之外就没有其他的问题了。"

（说到这里，她低下了头，掉下了一滴眼泪。）

"其实我爸爸以前也是很健康的，一般很少感冒，身体硬朗得很，只不过在50岁的时候噩梦就来了，先是得了肺气肿，然后又检查出了癌症，最后竟然得了心力衰竭，在心力衰竭这一关过不去。他告诉我这是因为他吸烟的原因，告诫我不要再吸烟了，从那以后我便不再吸烟了，强行戒掉了我的烟瘾。我的奶奶也是死于癌症——乳腺癌，爷爷也是癌症——结肠癌。我的家庭怎么就这么不幸呢，谁能告诉我这是为什么？我们做错什么了吗？我真的很害怕我和妈妈也会这样子悲惨地离去。生活真的是太不公平了，真的太不公平了。爸爸那么劳累，没有了自己的父母，又失去了自己的儿子，我现在只有妈妈了，我真害怕。说到这里她便呜呜地哭了起来，眼泪也哗哗地流了下来。"

（有的时候哭泣是一种解压的好办法，如果你看到有人在哭泣，不要上前去劝说她，不要让她停止哭泣。要给与她安慰，给她一个肩膀，让她尽情地哭下去，不要去阻止她也不要干扰她，因为这是她在释放长久以来的压力，大哭能够带走流泪者体内40%的疼痛和毒素。但是有些心理治疗师看到患者哭泣之后会觉得这是一种场面的失控，这就意味着患者会哭完之后就不再继续讲述她的心理纠结了。）

小雯："我在这里感觉到悲伤感觉心闷，我需要去呼吸一下新鲜的空气，不好意思，我下次再过来吧。"

（她说完便干脆利索地走了。）

（显然是老张的原因导致她的离开，老张没有很好地引导她，让她想起来伤心的事情聊不下去了。但是老张觉得她哭过这一场之后身心会轻松不少，因为她释放了自己一部分的压力。老张相信过几天她回再过来的。）

（不出老张所料，过了几天她就回来找老张了，这次老张想从别的方面入手了解情况。）

小雯："不好意思，对于上次的谈话我向你道歉，因为当时我想到了我的家庭，触动了我的伤疤，所以我失态了，当时我觉得胸闷心慌，浑身都是刺，自己不会喘气了，那种要死的感觉又来了，所以我才会离开。但是现在我的状态恢复正常了，我们再重新开始谈话吧。"

老张："你能跟我讲讲你第一次出现这种问题是什么时候吗？"

小雯："我这个问题最早是在我的弟弟去世的时候出现的，我感觉到了害怕，但是当时没在意也不严重。最严重的一次是去年的时候，我因为去参加同学的聚会导致我工做出现了一个失误，损失了一个十分重要的客户，使公司受到了很大的损失。当时主任对我态度很不好，破口大骂，那会儿我是真的害怕了，从此就时不时地发作了。"

"当时我觉得我喘不过气来，头晕脑胀，还有一种想吐的感觉，我便很快地冲进卫生间干呕起来。当时的同事发现之后进来给我用热毛巾敷在头上送去了医院。医生只是说惊吓过度，给开了一点安神补脑的药，但是不管用，以后就慢慢地时不时发作了。"

老张："于是你便来找我了？"

小雯："不是，当时没有当回事，也没觉得是多大的问题，当时以为自己工作太累了，后来我慢慢地发展到很严重的程度。我都不敢自己开车了，一开车就会出现那种症状。从那以后妈妈便开车送我上班。慢慢地我开始害怕去人多的公共场所，比如餐厅、商场等地方。非得去的话我会不由自主地先和门卫询问出口在哪里，总是觉得自己会迷路。所以我有时候会想，如果发生灾难需要往外逃的话我是非常有优势的，因为我知道逃生通道在哪里。呵呵，这算不算一个很大的笑话。"

老张："呵呵，那你现在自己一个人来的吗？很不容易啊。"

小雯："不是，我妈妈开车送我来的，她在外面等着我呢，我现在自己是不能开车的，开车我犯病会发生车祸的，那样子会害死人的，所以妈妈送我过来了。"

老张："那你现在还上班吗？"

小雯："我已经请了几个月的病假了，虽然我怕他们会因为我请这么久的病假开除我，因为我不在工作的事情耽误了不少，公司也不可能白养我的。但是我更怕我回去之后惊恐发作会越来越严重，这样不但让同事们旁眼相观，而且也影响公司的形象和业绩。"

老张："你现在体重很轻吧，看起来很瘦弱的。"

小雯："这段日子因为惊恐老是发作，我已经瘦了 18 斤了。不用再去愁着减肥了。我现在整天茶饭不思，连家里门都不出，我想恋爱，可是没有男人愿意找我一个时常发病的人当女朋友。我妈妈整天看见我这样子她心里很难受，我看现在的自己我也觉得很难受。有时候我就想办法，你猜，我现在想到的办法是什么？"

老张："用酒麻醉自己吗？"

小雯："喝酒是一个方法，我以前就用酒来麻醉自己，那样子能好受一点，但是治标不治本，醒酒之后依旧是以前的那个样子，病情还是会发作。我现在什么都干不了了，还整天拖累我妈妈。我有时候服用一些镇静剂和一些别的镇定的药物，可是那样子也是治标不治本。我现在越来越逃避现实，不敢去面对这一切。我吃过感冒药，能让我昏昏欲睡，这样子就不会有那个惊恐症状的发作了，但是吃多了会让我产生其他的副作用——便秘和排尿困难。我现在想到最好的办法就是去死。你说这个办法怎么样？好吧，这样子妈妈也不用为我再受苦了。"

　　到这，要给大家说的就是有的患者因为受不了这种折磨，会时常想到去自杀解决问题，但是其中很少的一部分会去实施自杀，大多数不会付之于行动。但是不要以为大多数不去自杀就放松警惕，当患者提到自杀的时候要有充足的重视，不能掉以轻心，避免导致患者真的去自杀，这样子就真的危险了。虽然说是自杀的占少数，但这并不意味着没有自杀的，为了摆脱这种痛苦，患者会一时下定决心真的去自杀，这种行为并不少见。

　　老张："那你今后怎么打算的呢？"

　　小雯："我下定决心要在我完完全全不能自己生活、不能自己工作、老是拖累我妈妈的时候我就去选择自杀。这样子我自己可以解脱，不用再受这种痛苦的折磨，而且妈妈也可以不用再为我的事情操心劳累，可以安安稳稳地过她的晚年。我现在这样子下去没有任何未来可以讲，生活也没有了乐趣，活着太费劲太痛苦了。我现在很难面对这个现实，很难去面对我自己，我现在很逃避这个事情。我竟然在这么一个愚蠢无知的问题上绊倒了，竟然站不起来了，我恨我自己，我的生活现在是一团的糟。"

　　老张："你什么时候开始有了这个自杀的想法的，你开始做准备了吗？"

　　小雯："4个月前我就开始准备了，我买了一大盒安眠药，我把我的东西也都整理好了，给妈妈的遗书也写好放在床头了，只要哪一天妈妈不在我身边，我病情发作受不了的时候我就吞下那一盒子的安眠药，安安静静地离开这个世界，结束我的痛苦，结束妈妈的劳累。这样子就可以安安静静地离开了。"

　　（当她跟老张说这些的时候，就意味着她不打算这么做了，因为她告诉了老张一切，那她是因为什么才放弃了呢？）

老张："貌似你现在放弃自杀了吧，能告诉我原因吗？"

小雯："因为我还有妈妈，我还有死去的爱我的爸爸，我爸爸妈妈辛辛苦苦地把我养大，爸爸虽然走了，但是还有妈妈，妈妈现在年纪也大了，我不想就这样子离开妈妈，让妈妈自己在世间受苦，当妈妈老了没有人照顾我会心疼的。我自杀了，妈妈会很痛苦，也会很孤独的。她的亲人都离开了，弟弟没有了，爸爸也走了，我要是也走了的话，估计妈妈也没有动力、信心活下去了，所以我决定要治好我的病，好好地赡养我的妈妈。所以我要坚强，我不能自杀，我还有很多事情没有去做，所以我要活下来，坚强地活下来。"

听到这里老张把心放下来了，她想通了，所以老张就没有必要担心了，现在最重要的就是帮助她摆脱病情的困扰，做一个正常的人，享受正常的生活。她的病症和大妈的病症是一种情况，做一个明确简单的诊断就是——她患有广场恐惧症。

弗洛伊德的精神分析学提到了"本我—自我—超我"三种人格机构，这是什么意思呢？

这三个"我"之间要有一定的平衡，要和平共处，不相互干扰又不能分开，这样子的人才是正常的人。如果这三个"我"不平衡了，之间出现裂痕了，那么这个人就会出现心理问题了。

大家都明白"本我"是代表了原始的本性，所以它具有一定的危险性和威胁性，在碰到刺激的事情的时候会"造反"，让人产生焦虑恐慌的感觉。广场恐惧症当中的焦虑和恐慌就是因为"本我"在作怪。

"超我"是人体中一种道德的我，是规矩的我，所以它见"本我"不老实，要造反，便采取反应去告知"自我"做好准备进行镇压。

于是"自我"在"超我"的告知下，采取了行动进行对"本我"的镇压，"本我"启动了个体防御机制，即个体将尽最大努力躲避他所恐惧害怕的事情或者场景。所以"自我"把对"本我"的刺激屏蔽了，"本我"也就不会产生恐惧和害怕了，就是在逃避刺激。放在广场恐惧症患者的身上就是学会了逃避，逃避使自己犯病的场所就会在广场恐惧症患者的身上体现。于是就产生了对事物、情景的逃避行为。

弗洛伊德认为这是因为"本我"在一次一次地造反，导致了"自我"的反应过于激烈，对待很多的场景进行屏蔽，导致了广场恐惧症的产生，老是呆在自己熟悉的圈子里，不去别的地方。

行为主义学派的说法言简意赅，通俗易懂，不和精神分析学派一样复杂生涩难懂。他们最简单的解释就是条件反射过盛。

他们认为广场恐惧症的产生原因就是条件反射导致的。条件反射导致了恐惧和焦虑。举一个简单的例子就是你以前是不害怕蟑螂、蜘蛛的，但是你碰到一件关于蜘蛛和蟑螂有关的恶心恐怖的事情，以后想起这件事情就会觉得恶心恐慌，越发展越厉害，它们之间的联系也不断地加深，以后见到蜘蛛或者蟑螂就会觉得恶心或者是恐慌。再举一个例子就是，一个成年人有一次吃苹果把自己的舌头咬出血了，慢慢地这个人就厌倦苹果了，最后见到苹果就觉得自己的舌头会出血，大体上广场恐惧症就是这样子的。

认知学派也提出了不同的意见，他们认为思想的偏激也会导致广场恐惧症的产生，错误的思维也会使得广场恐惧症产生。

就拿小雯来说，她认为自己同事看到自己就是一神经病，所以就不去工作了，后来越想越严重。把自己家人的生病去世看作是一种命运的不公，所以整天害怕自己也会变成那样，越想越严重。

小雯妈妈后来与老张通过电话，告诉老张了一个事情，很重要，她说自己在年轻的时候和女儿一样会有惊恐症状的发生。但是自从遇到小雯爸爸之后，小雯爸爸对她很照顾，这种症状就消失了。但是在小雯爸爸去世之后她偶尔会有心悸的产生。这和前面小雯讲她妈妈的身体症状是吻合的。

从这里可以看出，广场恐惧症的产生不光是外界因素的刺激，也有遗传的原因。下面给大家介绍一个最简单也是最有效的办法，就是去直面恐惧和痛苦，不要去选择逃避。这个方法叫暴露疗法，还有一个称呼是漫灌疗法。

大家听到这个名字就能知道这是多么残酷的疗法，让患者直面大量的场景，达到以毒攻毒的效果，暴露疗法就是强硬给患者呈现出大量的恐怖和刺激，使患者一下子去接触，慢慢地去适应，不再去选择逃避。

对小雯就是采取了这个疗法，先前做了开始前的准备工作。

准备工作如下：

（1）慢慢地放松，将头从一侧迅速地甩到另外一侧，大概30秒。这是为了让她能够体验头晕的感觉。

（2）将头部低到双腿之间坚持30秒钟之后快速地抬起头来，这是适应大脑充血的感觉。

（3）用一根很细的吸管连续呼吸2分钟，不要用鼻子进行。这是适应胸闷的反应和窒息的感觉。

（4）为了适应肌肉紧张和颤抖的感觉，所以要绷紧全身去甩手臂，然后迅速地做俯卧撑，不能再做之后撑好俯卧撑的姿势。

（5）深呼吸几分钟，呼吸过程要快速加深呼吸程度，这样子可以让她找到胸闷气短的感觉。

把上述准备工作做完几遍之后就开始正式治疗。

做下面的行动的时候要躲在一边看着小雯，但是不能让她知道，避免危险的发生。

（1）让小雯在超市自己购物30分钟。

（2）让小雯自己走5站的路程。

（3）让小雯自己驾车在路上行驶。

（4）让小雯在餐厅自己进食一个小时。

……

在这些直白的疗法之下我们也要给予她充分的安慰，用温柔的情绪疗法对她辅导安慰。

（1）告诉她惊恐是什么，它代表着什么及怎么应对，告诉她怎样从容不迫。

（2）自己不是最完美的，但也不是最差的，记住你还有你的母亲在你的身旁，坚强点，战胜它。不要对自己说不，一切皆有可能。

（3）爸爸和弟弟的去世是不可避免的，人是不能长生不老的，要正常地看待生死。

……

就这样让她直面这些她所谓认为的恐惧然后慢慢地安慰辅导她，给予她安慰。在经过6个月的治疗后，她恢复了正常，不再发作这种症状了。

极度紧张下的“惊恐发作”

广场恐惧症不仅仅是单纯心理上的害怕那么简单，他们的害怕体现在身体上：当他们进入或停留在这类场所中，就会自然而然地产生紧张不安与恐惧，同时会莫名出现以下惊恐发作的自主神经反应：

（1）呼吸困难。就像被纱布蒙住鼻子，会有窒息的感觉，呼吸急促、喘不过气来。

（2）胸闷或胸痛。像是胸口压住一块石头，严重的在胸口处会出现疼痛。

（3）心悸。心脏没有节律地快速跳动，心跳快得要蹦出来似的。

（4）颤抖。如果发作时刚好有路人经过，说不定会发现：这个人一直在发抖，其实这时候他的身体反射不受大脑控制，身体仿佛不属于自己，根本无法自我操控，更无法轻易停下来。

（5）出汗。冷汗不断冒出来，莫名给自己"洗礼"了一次。

（6）眩晕或昏厥。歌词里面说"在无声之中你拉起了我的手，我怎么感觉整个黑夜在震动……"，语境是很浪漫唯美，实际感受起来却不是这么一回事，整个世界都在转动，自己站也站不稳，东南西北是难以分清楚了。严重的还会感觉视线一片模糊，甚至立刻倒下来不省人事。

（7）恶心或腹痛。莫名的恶心、反胃和呕吐，有的表现为肚子疼痛，特别难受。

（8）寒冷或潮热。有的人会感觉掉进了冰窟，浑身冷得不得了；有的是温度上升，反应激烈一点的，下沙漠、上火山都有可能体会一遍。

（9）麻木或刺痛。双手会出现麻痹、僵木的情况，有的人是蔓延全身。有一些人出现针刺般的神经疼痛。

（10）不真实感或现实分离感。不真实感，心理学上称为现实解体；现实分离感，心理学称为人格解体。这种情况下，会感觉现实的自己和自己变得疏远，对周围的一切有一种隔膜感，周围环境变得特别陌生。同时，一切仿佛变形而了无生气，进行任何动作都觉得如在梦里，有一种很不真实而空虚浮离的感觉。

（11）濒死感。这是一种经历类似临死前的特殊感觉，觉得自己快要死了，仿佛正在飘向另一个世界。

（12）情绪失控或崩溃。情绪突然泛滥淹没了自己，变得非常不稳定。可能会一下子蹲下来抱头大哭，也可能发了疯似地苦笑，总无法自控。

由于这种强烈害怕的体验过于痛苦，患者会潜意识地回避。在有一次或多次类似经历后，产生预期焦虑。如此恶性循环下来，患者就会极力回避或拒绝进入这类场所，完全确立恐惧症状。有的患者会担心自己发作时没有人在身边救助，所以尤其害怕独处。但在有人陪伴时，患者的担心消除了，恐惧就可以减轻或消失。

你知道广场恐惧症和惊恐发作有多普遍吗？有机构给美国成年人做的大规模调查显示，有 5% ~ 8% 的人在他们生命中的某个时候经历过广场恐惧症和惊恐发作，这意味着仅美国就有 1500 万 ~ 2500 万人有过广场恐惧症和惊恐发作。其中，每 12 个人中就有 1 人在他 / 她一生中的某个时间患有广场恐惧症和惊恐发作。

在国内，由于对心理问题的关注度还不够，所以了解广场恐惧症的人并不是很多。但其实在精神科门诊里，广场恐惧症可是占了恐惧症门诊的 60%！

我为什么会在"广场"

许多当事人都对自己出现在"恐怖广场"的原因一头雾水，只得在心里呐喊：我这是莫名奇妙被"霉女"缠身了吧！我根本没做过什么啊！

这确实很无奈，而且广场恐惧症在恐惧症中是最常见的，很多是成年后才出现症状，25 岁和 35 岁"两个 5"是发病高峰年龄。如果不赶快治好，实在浪费了大好青春。

研究显示，患有广场恐惧症的女性要多于男生，约占 75%。以下是一位女性患者的典型案例：

一位从 18 岁开始就患有惊恐发作和中度广场恐惧症的女士，至今 31 岁，未婚。她除了开车出去以外，不会采取任何形式的旅行，即使在小区里散步也很少。从外表来看，她平时充满了活力、头脑灵活、气质非凡、事业非常成功，但是，她不与自己的父母住一块儿，独自一个人生活。她是一名教师，同时还兼职自由翻译，在平日里，自己喜欢聚会、运动。在与同学们的交往中，她隐瞒了自己患有社交性焦虑的事实，因为那时的自己太胖又不漂亮。就是在那个时候起，她的自信心受到了严重的打击，并且再也没有恢复过。她通常不会接电话或主动按门铃，自己承受着巨大的社交恐惧。

她有一个秘密，就是对自己的母亲过分依赖。在她童年的时候，经常会被告知哪些是应该做的，哪些不能做，她整日处在过度保护之中，例如，如果走在人行道时，就会被告知，不要离马路太近，否则会被撞到；如果走在人行道另一边时，她也会被告知，要注意随时打开的车门。她过度依赖男性，却不满意于自己的性关系。在越来越明显的恐惧性焦虑中，她表现出来抑郁情绪和社会退缩的行为，但是却没有显现出自主神经系统症状。这样的强迫特性还表现在她的工作和清洁卫生方面，特别是在饮食方面。她被诊断为广场恐惧症和社交恐惧症，并伴有继发性抑郁症，这种病症通常是在伴有强迫特性的依赖型人格基础上演化而来的。在经过了心理和药物治疗后，有了很明显的效果。惊恐的心情、回避行为、社交、广场恐惧方面得到了有效的改善，但在依赖性方面收效甚微。

为什么广场恐惧症女性患者会比男性多得多呢？这里有一种来自文化因素的解释：在传统的观念里，人们倾向认为女人更胆小些，以致不会去某些地方；而男人则会更勇敢、坚强，即使有害怕的一方面也会尽力克服它。这就导致了大多数情况下，男士在害怕的时候，表面上也会装出若无其事的样子。然而，越是回避这种广场恐惧症，它就越严重，所以女性得这种病的人会比较多些。

一位23岁的男性，平时跟父母住在一起，自己患有惊恐发作、广场恐惧症和疑病恐惧等病症。由于家庭很富裕，他在童年受到了过分的保护。14岁时，他在一家私立寄宿学校上学，由于在学校的学习成绩不是很好，所以他渐渐地染上了喝酒的毛病，以减轻自己的焦虑。20岁时，他离家去上了大学，慢慢地把喝酒的习惯改掉了，后来的一次轻微的头部外伤，使自己患上了头痛和倦怠的病症，但是经过多次检查，并没有发现病症的根源。因为始终相信自己得了慢性病毒性疾病，所以索性放弃了上大学，在家里由母亲照料。在家的三年里，他不能独立生活、不能独立工作，甚至不敢独自旅行。有时候，也不允许自己父母出去离开自己。当发现自己的父母在自己身边的时候，他会很高兴，也没有抑郁的情绪，睡眠和食欲也很正常。现在，他完全离不开他的父母，而且性格怪癖，没有什么人愿意与他交流，他只好酗酒来减轻自己的抑郁，身体也因此越来越差，甚至产生过自杀的念头。

虽然男性很少得这种病，但是一旦患上，男性比女性表现出来的人格异常更严重。即使是男人，也无法承受这种恐惧的，但是他们通常会用一种男性特有的方式来应对——酗酒！问题的症结在于，一些人因为酗酒开始对酒精产生依赖，慢慢地就会上瘾，这样，患病的男性往往会比女性的结果坏得多，这是由于酒精给人造成的伤害要远远超出举步维艰。

广场恐惧症也许产生于遗传。如果父母有这种病，孩子有时候也会有。这种病是否具有家族遗传的可能性，并且在多大程度上会影响到女性亲属，这样的因果关系还不清楚。像血液和注射恐惧症这样的恐惧症，会具有明显的遗传倾向。试验中，生物源亲属患有相同疾病的概率约为2/3。这类患者通常表现出心动过缓，易发生昏厥，这与一般的恐惧症患者受到刺激心动过速明显不同。

除了遗传因素外，心理因素也是主要原因。

行为主义学派的人认为，广场恐惧症是因为对某项事物有心理阴影，才会神经反射地去害怕它。假设小孩小时候玩碰碰车撞掉了牙齿，流了很多血，那么他长大后说不定会不喜欢甚至害怕碰碰车。

小刘，今年23岁，6个月前在电视里看到这样的一个场景，某地一卡拉OK厅发生了火灾，由于没有消防通道，而唯一的大门又被烈焰封死，所以在这次事故中死了很多的人。自从目睹了这场悲剧后，他不敢再到任何的娱乐场所去，当出于特殊情况，不得不到那种地方时，他会不自然地出现像头晕、心悸、全身出汗、乏力等症状，但是离开后，这些症状就会不期然的消失。后来越来越严重，不仅包括娱乐场所，而且包括像车站、百货商场等人多的地方他也不敢去，唯一的原因就是，害怕如果在那里出现意外情况的话，会由于人多，自己会无路可走。但是，这种没有消防通道的地方很少，担心这种情况是多余的，但刘高在娱乐场所时还是会不由自主地出现上面的症状。

如果某些事物或场景原本是不害怕的，但是它们让你联想到讨厌的事物了，那么在这种联系进一步加深后，你也可能对人群产生恐惧。

下面的例子则是一个患者的自述：

"在上学的时候我胆子很小，所以在每一次的体检时，我会特别注意它。以后，连上课发言也会紧张，甚至到最后，一到上课发言我就会面露青色。那时候真是太紧张了。再后来我上了大专，在一天晚上，我看见一群人喜欢到宿舍去扒别人的被子，虽然没有人真的扒过我的被子，但是我心里仍然很紧张、很害怕，就像将要面临着死亡一样。再后来，发展成为一到集体宿舍我就紧张，甚至害怕，就想离开。在坐公交车时，自己心里也很紧张，害怕自己无法脱身，以至于自己会发狂。最后，我不得不离开学校待在家里，什么地方也不想去，什么地方也不敢去。后来，出于找工作的需要，我不得不去医院寻求治疗，在知道我得了广场恐惧症之后，他们只是给我药物治疗，这样持续了半年，情况虽有所好转，但后来就不是很明显了，家人和医生见我的病始终在那个阶段上，就停止了药物治疗，就这样带病工作了两年后，我的病情出现了反复，现在又加重了。"

认知主义者认为，是错误的思维导致广场恐惧症出现。因为经常进行莫名的猜测妄想，久了就会在自己心里累积恐惧。看看下面这个案例，A是心理医生，B是求助者。

A："第一次出现这种状况是什么时候？"

B："不记得了，就是忽然发生的。"

A："试着回想一下当时的情景？"

B："我那时……在公园里的小圆台上面唱歌。周末的时候那个公园会举行一些小型的歌会，很随意地上台表演点什么，大家围成几个圈，席地而坐，一群人聚集在那儿，鼓掌支持什么的。"

A："唱歌的时候有发生什么事吗？"

B："也没什么，就一只小狗跑了过来，在我脚边转悠。"

A："感觉怎么样？"

B："我很害怕。"

A："你害怕小狗吗？"

B："不是……但是我会想很多东西。我穿着高跟鞋嘛，老在担心小狗在脚边转圈的时候会把我绊倒。你想想，大庭广众之下摔倒有多丢脸啊？而且那天我的裙子有点短，大腿是露出来的，如果它饿了冲过来在上面咬一口呢……还有！我的鞋底那么尖，要是它挨过来，我踩到它怎么办！"

A："你是担心它会伤害你？"

B："可能……也可能是害怕出丑。我在私底下挺喜欢小狗的。就是那次，因为在台上，所以特紧张。想着想着我忽然就觉得呼吸困难，心跳得像要疯掉一样！我匆匆唱完就下来了，根本待不下去。"

A："这次以后，你就开始害怕人群？"

B："对。不仅仅是人群，还有舞台、公园，每次看到这些东西就会想起那天有多丢脸，想起那天痛苦的感觉。后来发展到只要看到人群或者停留在类似广场的场地，我就怕得不行，浑身冒冷汗，还发抖。"

以上这个案例，源头就是杞人忧天式的胡思乱想。担心一些还没发生、没有根据的事情，导致自己越想越害怕，最终行为失控。

我要逃离"广场"

既然"恐怖广场"如此让人痛苦，有什么办法能够逃离这个"广场"，让自己重新站在阳光之下，感受自由呼吸的畅快和人们微笑的美好呢？

广场恐惧症虽然不容易痊愈，甚至有复发的可能，但是并不是没有办法救，只能束手无策，不过效果因人而异。

大体而言，治疗方法包括一般心理治疗、认知行为疗法和药物治疗三方面。

通常的治疗方法是，患者被孤立重新进入那些令自己害怕的地方，来缓解患者在病症中出现的焦虑现象。也可以通过像聊天等这样的心理治疗方法，使患者精神能舒缓下来，而后对这种病所产生的心理压力和恐惧进行疏导，这是一种比较温和的系统脱敏治疗方法。被称为治疗这种病的最安全且最有效的方法。通常医生制定一些"阶梯"性恐惧值，并会使患者按照这种"恐惧值"的等级，去把自己暴露在那些令自己不安的场所中，让患者的感官在这种环境中受到刺激，使他们能够降低对刺激的恐惧程度，最后彻底治疗好这种病。这种方法的优点是：形式缓和，患者容易接受；缺点便是，时间长，效果慢。

现在的一些研究证明，芳香疗法也可以对此种病症产生很好的治疗效果，因此，芳香疗法也通常被鼓励人们使用，它将传统中医的治疗方法与芳香疗法相结合进行治疗。与药物使用中产生的副作用相比，芳香治疗方法在患者睡眠使用时，会感到很温馨和舒适，因此可以长期运用，患者的抵触情绪也少。

行为认知治疗：暴露疗法通常是用于治疗无惊恐发作的广场恐惧症，这种方法会首先向患者说明疾病的特性，包括患者面对处境时会有的焦虑现象、可想象到的焦虑及行为回避等三个阶段，它们之间相互独立，之后便是采取相应的治疗方法，患者被引导去想象自己所不安的地方，对于患者进入场景的暴露行为持鼓励态度，不间断地训练，直到达到满意的效果。

暴露疗法比较激烈，这种疗法不会让患者接触任何的放松训练，并直接接触心中的那份恐惧，甚至会让患者面对大量并且强烈的恐怖刺激。因此它又被称为满灌疗法和泛滥疗法。通过让患者"直面恐惧"，来使他的预期焦虑减少，各种不必要的担忧得到克服。

首先是对患者说明暴露疗法的情况，让对方有心理准备，知道无害，然后在室内模仿恐惧症来袭时的感觉。

一步一步来，坚持下去吧！这个过程可不能半路逃跑，不然说不定会比治疗前更严重。与此同时，为了减轻暴露疗法的冲击，也会在过程中加以情绪治疗来辅助治疗，纠正患者错误的观念，引导他们往正确的思维模式上去。比如说，出门前不要事先去胡思乱想，转移一下注意力；广场里面的人群不值得害怕，他们是友好的，能陪伴自己，有困难的时候也会伸出援手，等等。最好是解决患者原本潜在的心理问题。

暴露治疗方法，既可以以集体的形式，也可以以互助小组的形式进行。认知疗法有助于焦虑和恐惧发作的减轻，但治疗广场恐惧症收效甚微。暴露疗法对广场恐惧症有效，但不会对惊恐发作起作用。显然，暴露治疗方法通常会有一些风险，并不是任何人都能接受，在使用时要注意结合实际情况，对这种方法进行评估。所以，在用这种方法进行治疗时，一定要有一些抢救的知识和配备一些抢救设备。只要能坚持下来，就很有可能进入自己的正常的生活轨道。

药物治疗：有惊恐发作的患者宜先采用抗惊恐的药物治疗，让情况稳定下来。不过这种方法治标不治本，一般是和其他方法结合治疗。毕竟真正根除心理障碍才是上策。

有些患者说：我连出门都不敢，怎么可能大老远跑去看心理医生？

如果有机会，可以说明情况，试试预约心理医生到家里来。真的没办法的时候，不妨考虑通过网络来自救。怎么自救呢？我们看看以下这个例子。

休·柯蒂斯今年40岁，住在英国南希尔兹市。由于对外界恐惧，她把自己困在家里有20年之久。然而，在进行了一个多月的免费网络自助治疗后，她终于能够走出家门，克服心理障碍，这是她迈向外部世界的第一步。

20年前遭遇的一次袭击事件，使柯蒂斯患上了恐惧症。她回忆说，1997年的某一天，在她带着孩子去图书馆时，有人对她们进行了袭击。虽然之后，她很快回到了家中，但在那过后，心里一直有阴影。

"在以后的几天里，我心里一直感到紧张和焦虑。我也曾试着走出家门，但每次都以失败告终，那种感觉实在太可怕了。"她表述着，"严重时，一天我会出现15或20次被人袭击的感觉。体重也骤然降了下来，当时只有30公斤多一点儿，最后身体崩溃只能卧床休息，长达一年半。后来，我自己竟然适应了这种宅居生活，不愿再外出。再后来，我还出现了像不敢洗发、刷牙甚至站立等症状，我总感觉坏事会发生在自己的身边。"

一次偶然的机会，她在网上接触到了这种自助治疗的教程，并下载了下来，按照上面的方法来对自己进行治疗，克服心中的恐惧和不良情绪。她说："我学着如何克服恐惧和焦虑，试着做着各种各样的练习。当我遇到困难时，我会上网寻求专家的帮助。"

现在柯蒂斯只能走到家门外第二路灯处。"这段路对一个普通人来说，也许并不遥远，但是对于我来说，已经很好了，"她说，"虽然现在行走速度还比较慢，但我对自己的恢复信心，而且坚信自己一定能能使自己的生活走上正常的轨道。"

柯蒂斯认为网络自助教程的出现，是自己的生命出现了奇迹。"一直以来，我就知道自己很需要一些认识疗法的帮助，网络自助教程满足了我这个愿望，我也因此获得了新生。"

面对着她的进步，柯蒂斯的丈夫艾伦和两个儿子都很高兴。"看到她一点点儿的康复，偶们都为她取得进步而感到骄傲。我们甚至不敢相信，这些都是她自学所得。"艾伦说。

以前，广场恐惧症使她远离了正常母亲的生活，在孩子小时候，她从来没有带孩子们去过公园，也没有全家一起旅行过，而现在两个儿子——艾伦和格兰特如今都已经长大。她希望自己还有机会来弥补这个过失。

在接受自助治疗的同时，柯蒂斯还经常登录谷歌网站去浏览南希尔兹市的地图。当她看到地图上呈现的街道时，她会很高兴、很兴奋。

柯蒂斯有信心去应对以后的任何困难："剩下的路还很长。但是只要坚持接受治疗，总会有康复的那一天。"

需要你的陪伴

曾经在恐惧症的课件上见过这样一个案例：

中年男子 K 君，很斯文。他总是喜欢让自己的太太作伴，甚至在上厕所的时候。夫妻两人那才叫真正的"成双入对，形影不离"。表面上看，他们是"恩爱异常"，其实他们是"痛苦非常"，我们必须从头说起，才能深切地了解到他们之间的痛苦。

据 K 君介绍，在他 25 岁那年，当他一个人走过空旷的康科德广场时，他突然就产生了一种莫名的惊慌，随后便是呼吸急促，好像自己被窒息了一样，心跳也猛烈地跳动起来，但是腿却软弱无力了。在他进退两难的境地下，他看到自己面前的广场无尽向前蔓延着。他费了很大的气力，才使自己走到了广场的另一头儿，此时自己已经大汗淋漓。

他不知道自己有这种反应的原因。但是从那天以后，他便决定不再去康科德广场，并决定以后一个人绝对不会单独去那里。

但是，在不久之后，这种感觉又出现在自己的身上，那时自己正在英华利德桥。再后来，这样的情况越来越严重，甚至在自己经过一条狭长的街道时，也会心跳加速，并出现两腿发软的症状。

因为感觉自己的身体出现了状况，所以他接受了一位医生的治疗，但是状况并没有见到好转，反而更加严重了。到后来，只要经过一个空旷的地方，他就会不由自主地产生焦虑的感觉，这种感觉令他不敢接近任何广阔的地方。

一次，一个女孩到他家做客，出于礼貌，他需要亲自送那个女孩回家。但是，在送那个女孩子回家后，自己却困在了那个地方。

那时天色已晚，而且又下着雨。在家等了很长时间后，他的太太便焦急地出去寻找他的下落。最后，发现丈夫在英华利德桥边正在打颤，并且全身湿透了。他自己显然已经不能通过那座桥了。

在经历了那次痛苦的事件之后，太太已经禁止他再出门，而这正符合他的心意。但是，每当来到一个空旷的地方时，他还会不期然地出现呼吸加快、全身发颤的症状，嘴里还念念有词："麻曼拉达、哔哔比塔科……我快要死了！"这时，他必须抓住身旁的太太，使自己平静下来，才不会出现什么意外。

现在，即使他上厕所，太太也要守在旁边。

广场恐惧症的一大特征是患者的恐惧反应通常是在单独面对该情境时才会产生，如果有人作伴就能获得缓解，甚至变得正常。能让他免除这种畏惧的伴侣通常是特定的一两人。这种伴侣能得到患者内心的信任。精神分析学认为，这可能是来自潜意识的需求，患者极度依赖某人，对他有婴儿般的缠附需求。但在意识层面，他无法承认这一幼稚的渴求，所以主要借恐惧症的惊慌反应，使对方有义务必须时时和他作伴。这个案例中的 K 君，按照精神分析的观点来说，就是他在潜意识里对太太有婴儿般的缠附需求。

广场恐惧症患者比一般人更需要陪伴，下面这个例子里，英国一名罹患"广场恐惧症"的母亲竟然邀约 Facebook 上 292 个陌生网友见面，更奇妙的是，她最后竟成功病愈，还结交了世界各地的朋友。

要知道有广场恐惧症的人最害怕人群和出门在外。这位母亲身上发生这样的奇迹，难道是有什么秘诀吗？我们先来看看这个"奇迹"的发生过程：

普蕾斯今年 65 岁，2007 年她发现自己的"广场恐惧症"病症越来越严重，自己不能单独出门，连儿子的毕业典礼也不能顺利地参加。有一天晚上，普蕾斯的同学受一个朋友的邀请出去喝酒，受此启发，她突然想到约请所有的网友见面，而那个朋友正是自己在 Facebook 上认识的。

从那以后，她和儿子走遍了 50 多个国家，先后见过了来自世界各地的 292 个网友，到访了包括韩国、英国、罗马、菲律宾、德国等国家。普雷斯表示，幸亏有儿子在身旁鼓励自己，不然自己还是很害怕跟网友见面。现在，普蕾斯的病已经痊愈了，并重新回到了自己的工作岗位，现在她还保持着跟自己的网友见面的习惯。

看到这里，敏感的读者们大概已经明白了普蕾斯征服广场恐惧症的秘诀了：她的儿子！可以说，没有她儿子的鼓励与陪伴，一点一点地克服恐惧，她一个人很难有勇气去面对外面的世界！而当她正式面对外面灿烂美好的世界时，发现人们的友好，发现这个世界不像自己想象的恐怖，原本不该有的预期焦虑也会慢慢减少，恐惧的症状也开始减轻和消失。当然，她自己的心态也是一剂良方——踏出那关键性的第一步！当内心渴望让自己正常起来，当这种决心足够坚定，没有难关是过不去的！

广场恐惧症就像一个密封的鱼缸，"鱼儿"在里面惶恐又窒息。虽然渴望跳出水面，但是自己永远逃离不了鱼缸。也许他们正在默默等待一位可以把它们"捞上来"、放归大海恢复自由的人。有广场恐惧症的人生活在一个与世隔绝的世界里，他们是如此的孤独无助，他们的内心是如此的脆弱。因此，他们比一般人更需要陪伴和开导。如果身边人也愿意努力，也许新的大门会为他们从此打开。有许多方法可用来减轻焦虑：摇婴儿车中的孩子，让狗走在前面带路，戴上墨镜，这些方法使患者可能冒着风险上街或去商店。只要有人陪伴，甚至与爱犬同行，尚可出门办事，可若是不及时治疗，随着时间推延，病情逐渐加重，症状泛化，对上述任何场所、环境都会产生包围感和威胁性恐怖心理，伴随严重的回避行为，最重时自我封闭在家，整天不能外出。

因此，一旦发现亲友有广场恐惧症的征兆或症状，一定要及早警惕，最好能在病程发展严重前控制它。

第十六章
不计任何代价地让别人喜欢
——好人综合征

牺牲自己的选择

你是否不懂得拒绝别人，明明想要说不的时候却说了是？

你是否觉得如果别人不喜欢自己，自己会特别在意和难受？

你是否经常附和别人，甚至隐瞒了自己的观点和想法？

你是否经常同情心泛滥，情不自禁地讨好别人？

如果答案是肯定的，那么你很可能患上了好人综合征。有人疑惑，这种想法在日常生活中应该很常见才是，怎么能说是一种心理问题呢？

确实，"当好人"不是件坏事。

但凡事总要有个度，一旦超过了某个度，就是个问题了。

老好人的特点其一就是脾气好，待人接物总是乐呵呵的；其二不会有性格暴躁的特点，做什么事情都讲求一个上下转化，遇到事情喜欢和稀泥；其三就是有一定的能力，但是能力不是很大，做事情一般，不好不坏；其四就是做事情喜欢追随大家，人家说好绝不说坏，你好我好大家好，所以有点"墙头倒"的味道。

其实老好人是有相当的难处的，不要以为老好人的日子很好过，其实这是错误的、当老好人很累的，老好人要想得到多数人的满意非常不容易。凡是做大事情的人，一定是赏罚分明、有自己的原则和气度的人，不会以老好人的姿态面对事情。老好人有的时候虽说不得罪人，但是也落不下好。那些占他人便宜的人会说他好，可是素质差的会说他们做事情太圆滑。

老好人在单位里是"便利贴"，在生活里是"万能通"，谁都需要他的帮助，谁有事都会去找他，久而久之就成为了习惯。人家来找你了，不管你干得了还是干不了都要去干，要不就得出问题，让人感觉你在装，你为什么给别人干不给我干，你是不是对我有看法？老好人总是习惯性地顾全大局，什么事情都追求一个中庸，想着事情都别出问题。老好人总是自己情愿吃点亏，也希望能获得别人的尊重，图个安宁的日子。所以有的时候老好人生活压力是很大的，总是要帮别人做事情，他们的苦衷不能说。老好人综合征是一种心理病态，长期下去，会影响身心健康和生活健康的。

老好人一般都是挺懦弱的。一般情况下是很难强硬起来的，因为缺乏必要的勇气和胆量，做事情胆小、怕人说。所以很多时候都会吃亏，让人占尽便宜，也有很多的关键时刻顶不住事儿。老好人总是让人感觉是乐天派、好说话，但是老好人总是不断地忍受，总是大家的得意助手，却得不到回报。老好人没有什么死对头，也没有什么两肋插刀的朋友，在生活工作中只是不上不下、不高不低、不偏不倚、不好不坏。

某个论坛上，一位网友发帖述说自己的不幸。他们家里是种地的，本来就没有多少钱，一家人很努力存着那薄薄的积蓄，盼望有天盖个新房子。但是她的丈夫是个标准的"老好人"，对别人十分慷慨，总是借钱给朋友，还说不用还也没关系。慢慢地，自家的积蓄也亏空了，家里连孩子的学费也交不起。最大的问题还在于——丈夫帮助的那位朋友，其实是个赌徒，一次次向他们借债。好不容易还了赌债，又继续去赌，然后再来借。如此循环，死性不改。长此下去，不但无法让朋友改正赌博的坏习惯，还会把自家拖垮。她气不过，把丈夫说了一顿，丈夫也意识到这个问题，但就是不敢说不，怕朋友不高兴。

还有一位初中女生，这个初中女生，学习还挺好，也总爱去帮助人，不计较、老实，所以人际关系也不错，但可能是有些过头，成了老好人了，同学总对她提出一些无理要求，让她陪她们上厕所，帮她们拿送东西，她这人也不是特别会拒绝别人，就答应了。一天下来很累，怎样让别人觉得她很友好，但不总麻烦她呢？她们就是觉得她太好说话了，不过因为她成绩不错，她们还是很尊敬这位初中女生的，这位初中女生就在论坛上咨询怎么办？对她们怎样拒绝才能不失好的形象。这位初中生说，对她们普通的请求她还是可以接受的，但是她不想再做这种老好人了，因为太累了。

上个故事的帖子里，那位丈夫频繁地借钱给朋友，明明是损己不利人的行为，为什么还要这么做呢？从丈夫的话语里不难发现——他害怕朋友不高兴，害怕朋友不再喜欢自己。哪怕明知道这样做不能真正帮助对方，也没有任何好处，还是情不自禁地去做。在第二个故事中，这位初中女生明明是很累，但是为了在同学面前不失去好的形象，不让同学感到自己不好，所以一直在做着"老好人"，导致自己身心很累也很无奈。这分明是失去自我的表现。

有意识地牺牲自己而帮助别人是一种高尚的行为，但这更多的是指"帮助"而不是"迎合"。许多人混淆了两者的区别，总是无意识中不自觉地牺牲自己而迎合别人，哪怕这种迎合其实是不必要的。其实，这不是"牺牲"，而是"勉强"，不是"帮助"，而是"迎合"，不是"高尚"，而是"失去自我"。

格勒弗医生是《不再当好人》一书的作者，在研究好人综合征方面有杰出贡献。书中指出："几乎所有的好人在意识或下意识中都有类似于这样的想法：如果我把缺点藏起来，变成别人希望我成为的那个样子，那么别人就会肯定我，觉得我好，也会敬重我、重视我。这样，我的生活就有了意义、有了价值，我也就找到了幸福。其实，这种幸福的感觉或自我意识的满足取决于他人对我的看法，我自己并不能把握它，因此我实际上并不幸福。"

我们继续看下面这两个例子：

有一天碰到一个朋友在唠叨她的难处，哭诉她在工作上的问题。她是做出纳工作的，有一天一个同事突然间就提出来说自己几个月前的报销费用没有到账，但是也没有任何的凭据证明，并且几个月之前的报销公司规定由于时间超限是不能再提出质疑的，但是出于自己的好心，抱着老好人的心态就说让他等等，然后自己对账。然后她就夜以继日地去核对账单，整整忙活了半个月才核对完，发现这个同事其实是报销完毕的，当时的收据回执单也拿了过来，当时他还是签字的，应该是这个同事自己记错了。有了这个凭证，再加上自己的回忆，证明钱当时已经取出，不可能没有收到报销费。但是为了不得罪同事，维护好与他的关系，她只好自己想办法凑出了钱，并请同事吃饭。同事当着她的面并没有说什么，但是背后里却放出风去，说她一直没给自己报销费，而且自己去找的时候反而请自己吃的饭。朋友觉得很委屈，自己的忙碌不但没有让别人不怨恨自己，反而让别人怀疑自己的人品。

36岁的林邵云跟周围的同事、朋友关系相处得很不错，工作才短短四年，就已经建立起了良好人际关系。在这个陌生的城市，她也能称得上是名"人脉通"。在同事和朋友眼里，她是个标准"老好人"，所以大家一遇到什么事情就会第一个找她帮忙。比如，同事请她周末帮忙顶班，她绝对不会推辞，还笑容满满地请同事放心。

其实，每次痛快地答应之后，她的心里都有些不高兴：自己也有工作没完成，也需要加班赶工。每次答应了顶班，自己的周末就等于废了。不帮同事顶班吧，又不知道该怎么去回绝。顶班吧，又没有时间去陪家人和朋友。后来，她弄了一个备忘录，写下自己当天要做什么，告诉自己下次一定要拒绝。但是她也只是说说而已，等到再有人找她帮忙，她又开始控制不住自己了。

邵云其实非常苦恼自己的"老好人"性格："我总是不知该如何拒绝别人，所以经常顾及了别人的感受，却辛苦了自己。有一个周末，我想去加班，同事就让我帮她顶班。其实如果我按自己加班的时间的话，10点钟到就可以，但是要帮她顶班，我只好提前一个半小时到，而且那天下雪，路上不好走，为了赶时间，我是打车去的。我实在是很讨厌这种别人提什么要求都答应的做法！"不过，这只是她私底下的抱怨，一旦有人找她帮忙，她还是不会推辞。

在面对他人的请求时却不懂得拒绝，这往往是心理因素在作怪。他们在面对别人的请求时，好像是没有什么底线，别人说什么都可以，等到自己已经答应了才想起来，原来自己还有很多事情要做，还需要休息，也许这件事还超出自己能力之外了。

也许不光是别人，连你自己都无法认识真实的自己——当你为了别人的喜好而违心地放弃自己的观点，或者牺牲自己的时间来成全别人的时候，你就是在给自己戴面具。但是，对他们来说，他们喜欢的是真实的你，还是那个喜欢帮助别人的你？

自己是否发自内心热衷于"好人"行为而没有受到别的因素影响？

当你把别人摆在如此重要的位置，整天活在别人的眼光之下的时候，你有想过自己吗？

要知道，牺牲自己不是唯一的方式。不计代价地让别人喜欢自己，从某种程度来说也是一种疯狂。

为了赢得所有人的赞赏

你是否在潜意识里渴望着别人的赞许，并为此而不自觉地改变自己？你是否因为拒绝不了别人或者不好意思开口，而常常牺牲了自己的利益？你是否轻易因为别人而改变自己的立场？你是否太在乎别人的意见，一旦别人不同意自己就感到消沉？

随着社会中"好人"问题越来越突出，"好人"心理慢慢成为人们关注的焦点。多年前，心理医生哈丽雅特·布莱克凭借其逾25年临床经验的观察与总结，出版了一本《讨好的毛病：治疗讨好他人的综合征》。该书很快销售一空，因为书的内容贴合实际生活，在社会中引起强烈反响。

读完这本书才发现，原来一心当好人甚至失去自我的行为不是正常现象，而是一种有害的心理疾病。由于"好人"对自己个体价值欠缺信心，才会通过做好事来换取别人的肯定和赏识。一旦换取认同成为心理定式，就会严重降低行为者的判断力和自控力，变成一种可以称作为"癖"的习惯和依赖。

不要忽视了这种心理，它有一个专有名词——好人综合征。

比如说，A一直以来都努力做个好人，宁可自己吃亏，也不能让别人吃亏。A总是答应别人的无理要求，而不去想想自己到底能不能做好。风雨不改给同事打饭；不好意思花男朋友的钱，结果男朋友现在一毛不拔；去饭馆吃饭，饭菜明明点错了，但是怕服务员不高兴而不好意思提出来……做这些A不是完全乐意的，A是有怨言的，这就是好人综合征的表现。

好人综合征的说法源自于美国，近几年随着"好人"问题日渐突出才开始被人们重视。意思是指"好人"非常好说话，对别人有求必应，但在某些程度上成为一种讨好他人的行为习惯，并因此在生活中与他人形成一种特殊的人际关系。好人们躲避矛盾就像躲避瘟疫，会花很多工夫去不让别人失望。

在《不要再当好人了！》一书中，作者这样写道："好人综合征是一种信仰——如果好人是'好'的，他们就会被爱，就会满足自己的需求，就会有没有问题的生活。当这种人生策略实现不了想要的效果的时候——一般来说都是——好人就通常会更用劲地尝试，做更多同样的事情。因为这种行为模式显然会带来无助和怨恨，好人一般都特不'好'。"

这种人际关系虽然能为"好人"获得赞赏，但也同时伴随着疲惫、压力等问题，有时候甚至给自己的生活带来了负担。

曾有位朋友这样诉说他的苦恼：

下班之前我就盼着能立刻回家，吃一顿热腾腾的饭，然后听听音乐、看看书，好好休息放松一番。

结果下班的时候，同事又常常相约一起去吃饭喝酒、唱歌打牌。这时候，我就会陷入苦恼。虽然渴望回家独处，但是说出来同事却不以为然，还会笑道："你不能当个宅男！来来来，喝酒去！"

后来我也不敢说出自己的想法，怕会被同事取笑。而且，一大群同事只有自己不去，显得太特殊。于是，我只好硬着头皮强迫自己，陪着同事大吃大喝，嬉笑玩乐。

日子长了，我感觉疲惫不堪，没有了自己的独处时间。同时，我也越来越不快乐，觉得自己老是被人牵着鼻子走。很想大声向同事们说不，又鼓不起勇气；想改变这种无益的"上班式友谊"，推掉无趣的应酬，又不得方法。

如果寻求别人的认同和赞赏成为生活中的一种潜意识的需求，久而久之会成为一种习惯。他们不知道该怎样拒绝别人的要求，怕说出真实想法后会影响自身的人际关系。这种的"好人"与一般意义上的传统好人不一样，往往是受到诸如"渴望认同""害怕别人不高兴""害怕影响自己的形象"等心理因素影响而不得不做出的行为。

从这方面来分析，其更深一层的心理，源自于对自己不够自信，想要别人喜欢自己，称赞自己。比如说，一些人拼命做好事，就是为了体会被众人鼓掌而"飘飘然"的感觉。

网上看过一个帖子，该网友问道："讨好轻视自己或对自己不好的人，是什么毛病？"

从后来这位网友的自我解答中不难发现她的心理：因为轻视自己的人往往能力上比较强，性格也比较强势。虽然讨好他们会让自己不舒服，但是希望他们对自己刮目相看，所以反而会特别去讨好。由于对自己不够自信，内心深处隐藏着不易察觉的自卑，他们难以树立起人人平等的观念，只能通过讨好他人来建立自己的自尊。

实际上，比起被帮助的人是否能因此过得好，大部分的"好人综合征"患者更关注自己是否能因为帮助人的行为而过得更好。他们总是希望通过做好人博取大众的认可，让自己获得更好的人缘，变得有自信起来。每当赢得别人的赞赏时，他们疲惫至极的心就会因此而跳动，仿佛甜美的巧克力融化在口中。

美国加州圣玛利学院教授写道："对于患有好人综合征的人们来说，做好事不留名，不让别人知道自己是在做好事，那不仅是一件不可思议的事情，而且根本就是一个毁灭他们唯一幸福的灾难。"

为什么那个人不喜欢我

在学校读书的时候，我们有一个被称作"活雷锋"的同学，大家都爱叫他鹿鹿。他每天早早就来到学校，在同学们还在路上吃早餐的时候，他就已经把卫生打扫干净了；在班上有求必应，有同学不会做题目，他就自动给对方讲解，讲到明白为止；几个同学说想喝奶茶，他就主动去附近的奶茶店给大家带饮料"外卖"；运动会上，班里要为运动员们准备清水，本来是好几个人的工作，他却告诉老师"包在我身上就可以了"……大家都养成了一句口头禅：有困难，找鹿鹿！时间久了，大家不禁问：鹿鹿这样的"好人"功力是如何修炼来的？

且不论鹿鹿的"好人神功"是怎么修炼出来，当好人能当到让大家惊讶的程度，也是种极端。

实际上，做好人是一种利他行为，而利他行为往往有这么几种表现形式：

1. 亲缘利他

即向有血缘关系的亲人提供帮助或者做出牺牲。

曾经看过一篇新闻报道："位于南京六合区北门一处施工地发生感人一幕——一辆工程车在行驶中拉倒两根电线杆，电线杆将旁边一处民工宿舍砖墙砸倒，塌下来的2米多高砖墙将屋内熟睡中的一家五口活埋。危急时刻，被埋在砖墙下的夫妻俩拼尽全力用双手和双腿撑起空间，让睡在身旁的三个孩童从缝隙中抢先逃命出去，这对夫妻被砖墙压伤。"

一般情况下，像这种利他行为多出自本能，不含有功利性，也不能用任何价值来衡量。

2. 纯粹利他

即只奉献不求回报，也就是我们所学到的雷锋精神。在非洲草原上，有一种瞪羚，当危机靠近时，最先发现危险的瞪羚就会在原地不停地跳跃，向同伴们发出警告。按照我们的思维模式，应该是三十六计走为上计，先发现危险的就该先跑。但是瞪羚宁肯放弃逃生的机会，也要找机会把消息通知伙伴们。

就像我们的民族英雄们为了国家牺牲自己一样，纯粹利他也不带有任何功利性，更多的是出于强烈的集体责任感，是一种值得尊敬的大无畏精神。

3. 互惠利他

即为了获得回报，没有血缘关系的人们互相提供帮助。只要是利他行为，多半是好的，能利人利己的事情，何乐而不为呢？这种利他行为在日常生活中很多见，像是"你赠我琼浆，我送你玉露""投桃报李"等，都属于互惠利他行为。而好人综合征的好人行为就是互惠利他的其中一种。

按照西方经济学的解释，人都是理性的。这种观念认为，我们做任何事情，都是以个人利益最大化为出发点。不过，这并不妨碍我们在日常生活也做一些利他行为，比如说助人为乐、见义勇为等。

可是好人综合征患者的表现与西方经济学的理性理论完全相反，他们为了帮助别人，往往没理性可言。

因为各种各样的原因，好人综合征患者对自己缺乏自信，变得异常在意别人的看法。一旦发现对方并不在意自己或者不喜欢自己，他们就会极度不安，一整天都在思考——为什么那个人不喜欢我？

是的，他们渴望别人认同已经到了不可思议的地步。是什么影响他们走到今天这一步呢？

好人综合征形成的原因很多，不能以偏概全。但如果深入对好人综合征进行探究，就不难发现它的源头主要有两种，一种因为自卑，一种是幸福观出了问题。

1. 家庭因素

小文是一名典型的好人综合征患者。她才十几岁，就已经任劳任怨，别人要求的事情都会拼了命去做。在班上，她总是第一个做完作业，然后借给同学抄。如果同学要求，她会把别人的作业和打扫任务全部包揽，甚至经常为了赶别人的作业而熬通宵。初次见她时，她的目光闪烁，明显对自己缺乏信心。她经常提及自己是个"罪恶的孩子"，出生是为了还债。

记者："你为什么会认为自己是'罪恶的孩子'呢？"

小文："我舅妈常常这么说我。"

记者："你和舅妈关系不好？"

小文："舅妈不喜欢我，常常会骂我。小时候我不明白，长大就懂了。"

记者："为什么这么说？"

小文："爸妈都不要我了，舅舅家收留了我。舅妈说我白吃白住，父母不要，说不定会克了别人，是个'罪恶的孩子'。"

记者："那你自己呢？是怎么想的？"

小文："也没啥。只要我加倍对别人好就行了。我总怕他们讨厌我……因为我克了他们，所以要对他们无限好，这样就能补偿啦。"

小文的话语里有一丝天真，更有一种固执的味道在里面。由于父母不在身边，寄人篱下而常常被打骂，小文的心里有一种无形的自卑。正是这种内心深处根深蒂固的自卑，使小文特别害怕别人会讨厌自己。她潜意识相信了舅妈的话，觉得自己的存在会妨碍到别人，所以想通过对别人好这种方式来进行弥补。这是一种扭曲的观念。

在家庭或家庭关系欠缺的环境里，比如说孤儿院、单亲家庭等，人更容易患上好人综合征。为什么会这样呢？大体而言，是因为"好孩子"的心理作用，他们习惯让自己成为一名让人称赞的好孩子，来获得家人、朋友的关心爱护，或者同龄人的爱戴。他们往往有以下几种情况。

（1）在家里得不到关爱，所以比一般人更渴望获得别人的好感与关心。

（2）小时候经常被家人打骂，学会了察言观色讨好别人，长大后讨好人的习惯改不掉了。

（3）从小是班里的"小透明"，存在感比较弱，希望通过对别人好来获得存在感或友谊。

（4）因为家里贫穷等原因而闷闷不乐，但是做好事会获得长辈和老师们赞美，成为孩子们的榜样，感觉倍有面子。

2. 社会因素

职业社会带给人的压力越来越大，很多人在社会风气的潜移默化中改变了自己。人们做着"好人好事"，也许是因为习惯，也许是受到很多特殊原因的影响。

有的，是因为对方的压力。当自己很好的朋友或者激烈的竞争对手保持着"好人"行为，为了让自己不落于人后或者不输于对方，而强迫自己做更多好事。有的，是因为渴望成功。虽然工作非常努力，但是成就却有限。因此，做好事是他们博得他人赞美以及另眼看待的补偿方式。有的，是因为心地善良。一开始是因为善良而做着好事，慢慢地周遭人的压力迫使自己必须一直维持在一个"好人"的状态，再也停不下来。

心理学家曾指出："一个人要保持健康的心理，有合乎常理的行为，就必须保持一定的'健康界线'。每一位个体的人都生活在某种身体、感情和思想的健康界线之内，这个界线帮助他判断和决定谁可以接纳，并接纳到什么程度，为谁可以付出什么，并付出到什么程度。"

人的负面感觉一般也是由这种界线意识所决定的。例如，你的父母需要你的照顾，如果你做不到，可能会对此感到愧疚。如果你的上司让你在空闲的时候多帮助别人，而你却做不到，那你可能不会感到愧疚，而是深怕领导不高兴。在各种因素的影响下，一旦人的感觉无法保持在健康界限上，为了回归健康界限会勉强自己做出自己不希望的行为。而其中，"好人好事"也是潜意识下为了回归健康界限、保持心理平衡而不得不做出的一种行为。

3. 个人因素

这种情况比较特殊，我们先来看看当事人的阐述：

"其实我想的没那么多，只是单纯地觉得自己做得到就可以帮助别人，答应了多费力我也会努力去做。因为不喜欢欠别人，所以尽量不麻烦别人，做不到的绝对不会答应。我做得越好，越讨厌别人说自己是好人，觉得在别人眼里自己除了好人什么优点都没有了。"

有一位女性在某个论坛上说过她的一个烦恼，她的老公是一个所谓的老好人，对谁都是脾气很好，这大概是遗传他爸妈的缘故，因为他爸妈的脾气都很好。她老公的脾气是相当的好，无论什么事情都会笑呵呵的，也不生气，对谁都笑脸相迎。在家里也不对她发脾气，两口子几乎也不吵架，相当的和睦温馨。

但现在她越来越发现老公老好人的心态是不对的，这样子更容易增添烦恼，做老好人也有老好人的无奈，也有不是滋味的时候。有的时候帮人开口了很难对别人讲不行，很难去拒绝。今天他去北京找他的干哥，那个干哥一直想让他跳槽去他那边工作，让他在那里帮干哥忙。本来是她和她老公一起去的，但是因为那天她公司里有事情，所以就让她老公自己去了。原本是说好下午就能回家，回家之后带孩子去游乐园的，可是越拖越久，在那里吃完中午饭又跟着他干哥去见了客户，又陪人家吃了饭喝了酒，最后是一整天都没回家，第二天下午才回来。原本他是要走的，可是他干哥想让他留下来陪他去见客户商量一个生意计划，当时她老公还没有辞职，要是让老板知道了那可是不行的，但是因为老公脾气太好，所以就没有拒绝。这真的很让人生气，干吗不拒绝啊？这也使得所有的计划就不能实施了。她就生气她老公可以随意答应别人，这样没有男人味，更变得随意了。更重要的是，她老公心里总是害怕因为不会拒绝别人的要求会给以后的生活产生很多问题。希望她老公能慢慢地改变这种老好人的心态，学会拒绝不合理的要求。

这种好人综合征与其他人的表现不同。从他们的好人综合征表现来看，既不是不懂拒绝，也不是渴望赞赏，更不是因为"好"得失去理智。他们本来是传统意义上的好人，打从心底想要去帮助别人，却被别人固定了自己不想要的形象。于是，他们的心里对好人行为出现了排斥，但本性又要求自己当个好人。如此一来，他们的内心就出现了矛盾，变得煎熬无比。

4. 幸福感扭曲

有的人会想："我得把毛病藏起来，做大家盼望我去做的事，人们认同我、肯定我，我才会觉得幸福。"为了体验这种幸福，他们会不惜一切代价。而且，他们认为自己是享受这种幸福的。

其实，这种幸福观念是不健康甚至是扭曲的。因为这样的"好人"会下意识地掩盖自己的欲求，好像任何渴求都不应该被别人发现，认为显露自己的欲望是不好的。这样很可能会引发各种失范和超越底线的行为。对被帮助者而言，这种利他行为还会助养其依赖心理。

每个人都有自己的存在意义，没有人天生就应该对别人奉献一切。幸福应该是从自身获取的，比如说努力地工作、有朋友的关心、享受与家人的温馨相聚、与爱人进行一场"白首不相离"的爱情长跑等。这种幸福不是由勉强自己讨好别人而得来，而是自然而然发生，通过自身的努力与人格魅力换取得来的。真正的幸福，总是掌握在自己的手中。

别让好事成坏事

有一个中年男子，修理家电特别有一手。而且他对待别人非常客气友好，每次去邻居家聊天时都会顺便帮人家把东西修好。于是，他成了邻居眼里的"修理工"。

有一位太太，大家都夸奖她煮菜味道顶尖。每次聚餐的时候，大家在进行休闲活动，她为了让聚会气氛更好，总是亲自去准备餐点。在别人打牌聊天、唱歌看电影的时候，就只有她一个人在忙。

有一位业务员，非常负责任，总是在完成自己分内事的同时也分担着其他同事的工作。领导觉得他特别能干，于是在公司组织大家旅游的时候，只有他一个人留守。因为领导认为，公司没有人的时候，如果突然来了外单，只有他有能力独自完成。

有一个大姐，性情非常温和，是大家眼中的"树洞"，什么烦恼都能向她倾诉。于是，大家遇到什么鸡毛蒜皮的事情都会找她倾诉。她也会每次都停下手边要处理的事情，专心解决大家的困扰，挖空心思去安慰大家。

有一位建筑工人，天生热情好客，淳朴善良，乐于助人。别人有忙不完的工作、没空照顾的花草宠物、搬不动的货物都会找上他，他除了自己的生活之外，又负担了别人的各种生活。

有一位老大爷，做事很热情，待人接物也很好。周围的邻居有什么需要都会找他，比如看一下自行车、看看没人的房子、帮着去拿拿快递或者是帮着去照看一下小孩子等事情都会找到老大爷，慢慢地老大爷整天的生活就是在帮着邻居照看物品。

......

如果中年男子没空去帮邻居修电器了，邻居就会想：他怎么还不过来？架子真大，难道还要我亲自去请他？

如果那位太太有一天因为身体不舒服，没有说明情况就坐下来休息，没有为大家准备餐点，大家第一反应也许是：她怎么那么自私，就做个饭而已嘛，又不是很难！大家又不是非吃她的菜不可，真是的。

如果有一天这个业务员只是做了自己分内的工作，没有把别人的工作也包揽过来，领导会不满意，心想：这样的员工真是没有集体荣誉感，经常分配工作给他是看得起他，帮同事分担一点有什么大不了。

如果某次那个大姐想专心做自己的事情，不愿意花时间倾听一个人的怨念，或许那个人会说：世界上又不是就剩你一个人了，又不是非和你聊天，干吗装出一副不爱理人的样子，我已经很惨了，真是一点同情心都没有。

如果建筑工人有一天分身乏术，拒绝帮别人照顾宠物，那个人说不定会对邻居说：人都是会变啊，对宠物一点爱心也没有，这社会真是越来越冷漠了。

如果那个老大爷有事情不能及时帮助邻居照看物品的话，那周围的邻居或许会埋怨老大爷为什么给别人照看不给自己照看呢，或者抱怨老大爷不想干为什么还要整天这样子帮人照看。或许是好人做久了，一旦不做好事回归普通人之后会得到更多的骂声。

《我的青春谁做主》中的高齐说过一句话：好人都是被架上去的，一旦架上去就下不来了，所以就只能一直当好人。当好人要负担的东西更多，一旦觉得疲倦，很可能就会马上从一个好人变成大家口中的坏人。

有一位员工不小心违犯了工作纪律，当公司主管看见了，由于公司主管有老好人的思想怕得罪人，所以没有去管。其他的员工看见之后发现主管没有管这个事情，自己更不用去当黑脸管这个事情了，慢慢地大家就开始默认这个事情了。久而久之这个公司里越来越多的人开始加以效仿，慢慢地公司的业绩开始下滑。公司主管还是抱着老好人的心态，尽量地不去管教大家，最后公司的制度形同虚设，每个员工的企业价值观念淡化，企业规章不放在眼里，主管的工作也难以顺利地开展。公司里也开始有越来越多的违规操作，出现质量事故的概率也慢慢地变大，今天是这个事故，明天是那个事故，这一切已经不再受主管的控制了。事故防不胜防，产品质量得不到改善，效益提不上去，产品在市场上也没有了份额，没有了竞争力，公司也面临着倒闭。

有一位员工上班经常迟到，做事也不认真，工作上经常失误。刚开始的时候部门经理总是不断地用暗示的方法去提醒他，但是效果很不好。当老板发现这个情况之后就对部门经理说要对这种事情严厉地批评，不能姑息，实在不行就换人。可是部门经理出于好意就只找了这个员工谈话，并没有真正地去批评他，只是很普通的一个谈话。经理内心里不想做一个黑脸的角色，在这里充当了好人。后来，这个员工依旧是和原来一样该不认真还是不认真，该怎么做还是怎么做，经理对他依旧是谈话不批评，总是认为说说就可以了，同事之间不用闹得太僵。他所做的工作不好但是工作还得重新做，部门经理找不到别的人做这个工作，只有自己委屈一下做了，慢慢地部门经理越来越累，到最后就受不了了，向公司打了一个报告要求公司增加一个人。后来公司安排新人进来了，新人来到之后呢，看到这儿员工总是吊儿郎当地工作也没人管没人批评，所以就学着这个员工的工作态度。部门经理也一直在充当好人，导致了这个部门的效益下降，越来越没有起色。部门员工也对部门经理的管理能力产生了质疑，最后由于这个部门的效益持续地下降，部门经理被免职。但是那个员工也没有觉得经理的事与自己有关，只是冷眼旁观，所以说这种"老好人"当不得。

"好人"行为一旦开始，就很难结束。当你对每一个人都好成为一种习惯，就会被当作理所当然。一旦你有一点点做得不够好，周遭人就会说"你以前不是这样的""你以前怎样怎样的"，他们会认为你变了，没有以前好。听到这样的话语，心里自然会难受，对自己和他人产生了负面影响。所以，周遭人习惯了你的"好"之后，就会对你造成无形的心理压力，想要停下来是件困难的事情。

曾经看过一个类似的经典笑话，大概内容是这样的：

一位善心的人士，常常救济家附近的一位乞丐。每个礼拜经过这条路时，他就会给乞丐不少的钱。刚开始的时候，乞丐还会磕头道谢，可是时间长了乞丐就不再磕头道谢了。因为好心人还是会照样给他钱。

后来那位好心人结婚，忙里忙外的，就一个星期没有来给钱。事情忙完了，好心人路过，正准备掏钱给乞丐时，乞丐很不高兴地问："你最近怎么不给我钱呢？"

好心人觉得不好意思，就笑着说："因为最近结婚了，手头有点紧张。"

谁知道乞丐竟然愤怒地大叫："什么？你居然拿我的钱去结婚！"

这个故事实在很具有讽刺意味。虽然做"好人"也许会让你舒服一点，也会让大家更喜欢你，但是好人不一定有好报。有时候，部分人会把"好人"的善心当作理所当然，甚至变本加厉。帮助人本来是件好事，可如果被帮助的人把帮助视为理所当然了，好事也会变成坏事。"好人"对此总表现得十分大度，好像一点都不在乎，但是这样只会助长部分人的贪念，未必有助于社会中善的累积。同样，有些人虽然会用美好的词汇称赞你，但其内心未必对你有什么好感。

《伊索寓言》里面关于农夫与蛇的故事：冬日的一天，农夫发现一条冻僵了的蛇。他很可怜它，就把它放在怀里。当他身上的热气把蛇温暖以后，蛇很快苏醒了，露出了残忍的本性，给了农夫致命的伤害。农夫临死之前说："我竟然去可怜毒蛇，就应该受到这种报应啊。"

可见，在帮助人之前要分清楚情况，不能被轻易利用，不然最后伤害的是自己。因此，做好人也应该看对象，不能盲目地去做。

更要命的是一些以"好人"的名号来对身边人施压的情况。

比如说，某个家境不错的全职太太非常节俭，每天只买三两肉和一棵青菜，还都省给丈夫、儿子吃。这位太太沾沾自喜，总觉得自己为家庭牺牲了很多，家里没有自己就维持不下去。

最后丈夫忍无可忍，生气地说："咱们家又不是买不起肉，你这是干什么！"

有些人会通过伤害自己来掌控局面和支配别人。他们往往会想：我这么忍辱负重，你们承受着我的好，会不会惭愧？是不是有负罪感了？只要你们心里对我存有一丝内疚，就会加倍地听我的话，足够我去控制你。至于你在"被关爱""被容忍"中感受到窒息感，谁又会去在乎呢？

这个案例里，全职太太不算是真正意义上的"好人"，只是在自己的臆想中勾勒出一个"好人"。也许有人会问，这也算是好人综合征吗？从某种意义上来说，是的。这位全职太太也会为丈夫和孩子付出一切，到了牺牲自己的地步。哪怕深层原因是为了掌控，哪怕这种付出是完全不值得也不必要的。

另一个需要说明的例子，来自国外的一篇文章，说的是一对夫妇原本生活过得还不错，后来为了做慈善，把自己的家让出来做流浪汉的救助站，让自己也无家可归。他们有三个孩子，大的不到七岁。他们没有自己的房间，三餐温饱也保证不了。因为他们的房间已被流浪汉占据，他们的饭菜钱也都分给了流浪汉，只能吃一些剩菜剩饭，所以三个正处在发育关键时期的孩子现在瘦得像皮包骨一样。说到未来，他们也显得无比迷茫——他们连上学的钱都没有！

做慈善原本是好事，但是对外人比亲人还好，让自己的至亲在受苦，这种行为就惹人争议了。也许他们得了相对偏激的好人综合征，更加渴求外部肯定，更加"好人"化，毫不利己专门利人。这对夫妇健康界线和亲疏意识也许发生了某种变异，使得他们分不清楚轻重缓急，失去了理性的判断——不惜牺牲掉自己和亲人，也要去帮助别人。

如果这对夫妇能理性地帮助别人，结果就会不一样。比如说，分一半的屋子、一半的钱来救助流浪汉，或者留一些钱作为养育费用，分一个房间给孩子们……孩子们就能健健康康地长大了。等孩子到了一定岁数，能打工做兼职、独立生活的时候，再把所有心力和钱财用来救助流浪汉，这样不是两全其美了吗？何必非把自己逼入绝境呢？

所以，帮助别人要量力而行，千万不能太极端，否则好事也容易变成坏事。

有一个陶瓷厂的厂长养了一头驴，让厂里的一个部门经理看管。这个驴子每次都会踢破几个瓷罐。踢破瓷罐之后，有人就说厂子里不能养驴，要不还会踢坏瓷罐，但是这个部门经理就会向厂长说这个驴子其实平时很好很温顺的，只是偶尔发发脾气，几个罐子破了就破了，养在厂里是没事的。有一次，这头驴子踢破了几个精美的罐子，这个经理又给总经理说以后要严加管理这头驴。可是一直都是这样子，部门经理总是充当好人进行圆场。但是有一天，厂里有几件精美的国家收藏的瓷器在这里做展览，正好那天部门经理牵着驴子在厂里吃草，驴子上前就是一脚，啪的一下一个精美绝伦的瓷罐就成碎片了。这让厂里严重损失了一笔赔偿款，这个部门经理也被辞退了，驴子也杀掉了。

假如驴只是出现这一次踢坏瓷罐的事情的话，就告诉经理让他平时对驴子多多管教、训练，不能出现类似的情况。但是如果一而再再而三地出现踢坏罐子的情况的时候，经理就应该实话实说，不能再当老好人了，就应该听从他人的意见，把驴子牵走或者杀掉。这样子才不会好心办坏事，导致厂里受损失也让自己丢掉了饭碗。

虽然，古罗马皇帝马可·奥勒留在他的《沉思录》中曾说："不要浪费时间讨论谁是好人。要做一个好人。"但是做好人也应该有底线之分。如果做好事会伤害到家人和自己，就应该衡量一下这么做的价值。别让好事变坏事的真正意义在于，力所能及地去做好事，并不是超出自己的道德与底线去做。

当然，并不是鼓励大家不要去做好事，相反，适当做好事对自己和他人都有好处。当真正危难来临时，奋不顾身保卫国家、保护身边的人也是每个人的责任。

感情中的好人综合征

一部《我可能不会爱你》让李大仁这样的男闺蜜迅速成为抢手货，不少女性朋友都渴望身边有个知温体暖的男闺蜜。看看李大仁吧，会在程又青被放鸽子之后还默默打包一桌子食物去找她，会随时听候她的召唤差遣，会坐将近两个小时的车跑去陪失恋的她。在心爱的人面前默默做一个"好人"做了那么多年，看见的人都为之感动。

但其实，这种默默付出一切的好，也有可能属于感情中的好人综合征。

有一种男人，介于爱人与朋友之间。他们对你无微不至地关心，会在你遇到困难时不顾一切地站出来为你遮风挡雨。他们会倾听你无止尽的抱怨和唠叨，会默默支持你走过那磕磕碰碰的情路，甚至会不假思索地为你放弃生命。你受伤，他会借你肩膀；你发脾气耍任性，他会无奈又宠溺地一笑；你开心，他比你更开心。可是，你们永远都不会成为男女朋友。

有个男性朋友，在博客里写了很多文章，诉说自己艰难的情史。里面说道："我只能眼睁睁看着她放纵，看着她跟一些只是贪图美色的男人在一起，看着她被他们一次次伤害。我很心疼，她应该被珍惜、被呵护。"

他的这种情绪已经维持8年了！听起来似乎与好人综合征无关。有人问他当初为什么喜欢上这个女孩，是一见钟情？他竟然回答："因为怜惜。"

"一开始我们只是朋友，我也不见得特别喜欢她。但自从发现她被男朋友打了一顿以后，我就开始对她心有怜惜，我开始想要保护她不受伤害……总想要对她好一些、再好一些。慢慢地，我像是陷入魔障，对她千依百顺。只要她愿意，我什么都能为她做。"

其实，恐怕连这位男性朋友自己也搞不清楚，自己对对方是同情还是爱？因为同情对方，下意识想要弥补对方所受过的伤害，而迫使自己一定要对她好。这种思维一旦成了惯性，他就无意中成为了好人综合征的一份子。

有一位同学待人接物很得体，很少有拒绝别人要求的时候，别人要他帮忙都会先答应然后再看自己能不能做，所以这样常常导致答应了别人的事情自己做不了，只有去找别人帮自己干，然后自己再传给要自己帮忙的人。这就使得他自己很累，因为他总是感情用事，感觉感情上不能拒绝他人。有一位小女生给他写信想跟他谈恋爱，他怕拒绝让小女生受到伤害，所以就答应了。但是跟那个小女生在一起一点感觉都没有，自己很是受煎熬，总是在不断地去假装很爱小女生，总是活在这个痛苦的煎熬之中，但是却又不忍心去伤害到她，所以只有这样子慢慢地煎熬下去。后来女生提出了分手，说他一点也不爱她，总是在骗她，拿她的感情骗她，这样子为什么要答应来欺骗自己的感情呢。这样弄得自己里外不是人，所以说感情上的老好人是不能做的，这样只能伤人害己。

感情中的好人综合征，可能发生在单恋的情况下，也有可能是在相互的爱情中。共同点在于：不管对方需要不需要，自己总是不计代价地去帮助对方，为对方付出，哪怕得不到回报，哪怕自己受伤累累也甘之若饴。

别以为感情之中的好人综合征只有男性有，不少女性也逃不过这种"炮灰式"心理。

一位长得很漂亮的姑娘就如此自嘲道："我想自己是逃不过万年好人的悲剧命运了。原本，我就纯粹因为喜欢才对一个男生百般好，但那个男生以为我是性格好，天生就喜欢做这样的事，也从不在意我为他做了什么……被他当成朋友对待四五年，最后还认了我当妹妹。呵呵，我哪里想当什么妹妹！明明知道他喜欢的不是自己，但还是情不自禁去关心他，为他做任何事情。只要他叫我，我总是第一时间就跑过去，大老远顶着晕车坐几个小时的地铁和公交去陪他。他遇到什么事儿，我总是偷偷试着帮他解决，完全不让他知道，还感觉自己挺伟大……"

感情中的好人综合征，似乎有自我欺骗的成分存在。有时候，自己的付出在旁人看来是不值得的，自己却觉得特别伟大。每当自己为对方做出了牺牲，就会有种说不出的满足，甚至有丝沾沾自喜——你看，我对你这么好，你是不是也该对我更好一点来回报我？一旦付出得不到回报，心理就会失衡：是不是我的付出还不够多？那我再狠一点，我为你不怕辛劳，我为你赴汤蹈火，我为你倾我所有……

这实际上是一种扭曲的自我价值肯定。你认为自己伟大，对方却不一定这么认为。

正常的爱情关系应该是相互付出、相互体谅的。通过长期的磨合，感情会变得稳固长久，并形成彼此信赖、类似亲情的感情。而在"感情好人综合征"的人身上，磨合成为他们自己单方面的退让与付出，不再是双方的了。这样的感情，往往中间缺少了相互体谅磨合的过程。对方长期不需要付出，就会更加地自私，不懂得珍惜，对伴侣也少了一份应有的尊重，如此一来，感情反而更加脆弱。

我不要再当"好人"了

自《讨好的毛病：治疗讨好他人的综合征》面世后，好人综合征开始受到关注，甚至在著名电视主持人奥普拉·温弗瑞的电视节目里成为讨论的专题，至今仍然是一个大众心理学经久不衰的话题。

由于好人综合征在心理学上并不显眼，在日常生活中也实在太常见，所以很多人都不知道自己的"好人心理"是病态的。虽然一些好人综合征患者也意识到了自己的问题，但是完全没有办法去纠正它。

寻求心理医生是一个不错的办法，但这种心理归根到底还是要自己克服。

当你感到疲倦了，问问自己：我要讨好到什么时候？你累了吗，愿意改变它吗？那么，开始吧！

要摆脱好人综合征，第一步，认识你自己。

听起来很熟悉？没错，这相传是刻在德尔斐的阿波罗神庙的三句箴言之一，也是其中最有名的一句。听说过这句名言的人很多，能做到的却很少。认识你自己，也意味着知道自己的处境，知道自己需要什么、想要什么，知道自己暂时能做什么、不能做什么。

人来到这个世界，应该先认清楚真正的自己，而不是被各种心理影响而把自己粉饰成一个好人。当一个人了解自己、习惯做自己后，才能放松下来，还原一个真实美好的自己。轻松愉悦的心态能把负面情绪释放出来，当一个人的心理状态足够健康了，发自内心的善良的行为也会随之出现。

当你的心态健康了，懂得打从心底去爱着这个世界，想要为美好世界贡献出自己的一份力量时——这种心态下的“好人好事”，才会焕发出生机。要知道，学会爱自己，才能更好地爱别人。

那么，怎么认识自己呢？虽然“认识你自己”在哲学上是个复杂的问题，但对一般人而言，弄清楚下面几个问题就够了：

（1）我是为了什么来到这个世界上的？

（2）我生存的意义是什么？

（3）我追求的是什么？真正想要的东西是什么？

（4）我想成为怎么样的自己？

（5）我在生活中的哪些行为是与我的初衷或真正的渴望相悖的？哪些行为是我不乐意却又做了的？

在问自己以上问题的时候，最好是在一个独处的房间里。用一个安静的下午或晚上，摒弃电视机和电脑的干扰，也躲开人群的喧嚣，还自己一个适合自省的宁静心境。准备一个笔记本，静静拷问自己，记录下自己的心情与线索，也可以给自己提出更多的问题，还原一个真正的“本我”。当你弄清楚自己后，你会发现自己的心前所未有的清晰和坚定，也会看到自己原来在不自觉中做了那么多蠢事！

第二步，接纳自己，建立自信心。

为什么要说接纳自己呢？因为认识自己不等于能接受自己。很多人虽然了解自己内心的想法，清楚自己是怎样的一个人，但就是无法接受这么一个"不完美"的自己。

每个人都有各自的优缺点，没有必要去羡慕或者嫉妒别人。

有的人身高挺拔，能把各种衣服穿得"有范儿"，但却永远无法穿萝莉式的可爱裙子。

有的人身材娇小，很多衣服都显得自己腿短，但却能把自己打扮得像娃娃般甜美可爱。

有的人事业成功，却是牺牲了大部分休息时间而换来的。

有的人事业平平，却有足够的空闲来和家人享受天伦之乐。

每件事情都没有百分百的完美，人的性格也是。要知道，人无完人。每个人都是有缺点的，正是这些缺点使我们成为一个有血有肉的可爱之人，而不是完美无瑕的机器。

所以，不要过分苛求自己，也不要时时在意别人的想法。对自己自信一点，也许你身上也有地方是让别人羡慕的呢。试着接纳并且喜欢上这样的自己吧，每个人都有自己的闪光点，何必因为自卑而把自己折腾得疲惫不堪呢？

第三步，改变自己。要怎么做呢？

（1）针对好人综合征患者对自己形象过分苛求的情况，你在发现自己的问题以后，可以制订计划去改变它。一步一步来尝试，千万不可以急进。

比如说，你从来不会拒绝别人。那么，如果明天有人对你提出无理的要求，试试拒绝他。不要担心别人的想法，你只要做了就行了，结果别去考虑。

当你踏出第一步后，可以偶尔试着拒绝别人，当你习惯以后就会发现：拒绝别人也没那么难！

（2）一个更富有冒险性的计划就是：破坏自己的形象！

有的人一听到要破坏形象就吓一跳，头摇得像拨浪鼓，说什么也不愿意。其实，所谓破坏形象不是要你像疯子一般，也不是要你做什么出格的事情，甚至特别容易做到。

比如说，我一向穿得端庄淑女，今天就穿活泼俏丽一些。

我总爱扎着头发去上班，今天就散下来吧。

平常都去的聚会，今天不去。

如果经常化淡妆，那么今天就素颜或者化得稍微浓一点。

总之，打破别人对你的既定印象。所谓没有破坏就没有重建，没有重建就没有重生。只要你狠下心来对一切做出改变，转机就会出现在眼前！你愿意看见崭新的自己吗？

（3）诚实地说出自己的想法。

假如你天天都给同事买早点，今天就勇敢地打个电话，告诉对方：今天实在很累了，不想再早起买早餐了。

假如你总是因为同事聚餐而耽误了自己的时间，今天就诚实地说自己有事要忙。像是"最近要陪男朋友""回家陪父母吃饭"等陪伴亲近人的举动，就是最理直气壮的理由。

假如平时都在附和别人的建议，今天吃饭时，就主动提出去哪家餐馆吧！

第四步，做回理性的自己，创造新的关系。

当你慢慢接纳了真正的自己，从小事开始改变自己的时候，新的关系也在不知不觉中形成。所谓水滴石穿，身边的人也会习惯你的改变。这个时候，你就可以试着做回理性而真实的自己了。

我们以如何拒绝别人为例子。

（1）在别人提出需要帮助的要求时，不要急于承诺，先认真倾听对方的要求。

也可以先这样回应对方："我需要多点时间考虑，之后回复您行吗？"这样就会给自己一个考量和合理选择的机会。在拒绝的时候，语气要委婉，不能脱口而出。脱口而出拒绝别人，很容易让对方感觉没有认真对待他们的请求，造成彼此之间的误会。

（2）如果心里不乐意，可以诚实说出自己的难处让对方体谅。不要紧张，坦诚地把情况说清楚，对方会谅解你的。

（3）向对方建议其他可行的办法。这样会让对方觉得你不能向他承诺确实有因，而且你很重视他；另外，通过你的建议还可能会启发对方找到更好的解决办法。

做好事其实是件美妙的事情，它会让你的心灵更充实。真正的善意，不是因为外在的影响，而是出自自身。你会设身处地地为别人着想，会关心别人，会对别人的处境感同身受。

虽然做好事会消耗自己的一些精力和时间，但也会有其他宝贵的收获。在不得不做出违背自己意愿的"好事"时，多想想助人为乐的益处。多关注事情的积极面吧，你会体会到更多人生的乐趣。

虽然说"江山易改，本性难移"，但这种喜欢当"好好先生"的习惯是可以改变的。只要我们诚实地面对自己，坦率地对待他人，一点一滴地去改变，不断地去体验和积累经验，总有一天能破茧成蝶，孕育出最美好的自己。把好人综合征的"综合征"三个字去掉，做一个发自内心的好人吧。

第十七章
习惯性无助
——弱势心态

需要帮助的人？

莉莉是个漂亮的女生，没有稳定的工作，再加上家庭条件不好，也让她的自怜情绪泛滥，说自己是一个需要帮助的人。而比起努力奋斗，莉莉说：她更愿意结婚傍大款，理财要傍巴菲特，办事要傍有权力的人……如今，莉莉一门心思地希望借助"捷径"实现个人生活的改变，把自己"伪装"起来，变成一个需要帮助的人。

像莉莉这种"傍傍族"是典型的"弱势心态"，从林黛玉式的对镜自怜到如今的"幽怨"女，中国女性骨子里认为自己是弱势群体的观念根深蒂固，稍有不如意就容易陷入自我闭塞的负面情绪中去，不可自拔。而自怜的真相不过还是为了博得他人的同情，但有人会真正同情弱者吗？

与其说莉莉是弱势群体，不如说是存在着弱势心理或弱势感更为确切。这个社会中，也许真的"弱势群体"在减少，但是也不得不承认，存在弱势心理或弱势感的人恐怕并没有相应地减少，甚至在某种程度上还在蔓延。

"弱势群体"是指收入和消费水平较低，徘徊在贫困线边缘；就业不稳定，容易失业；工作条件恶劣；缺乏社会保障，等等。但缺乏社会尊重或者"难登大雅之堂"，觉得被社会边缘化；再比如很多大城市的"城中村"，居民和外界缺乏沟通，语言、文化等也不相容，心理上有孤独感。

如今像莉莉这种不符合上述标准的人认为自己"弱势"，原因何在？

而莉莉出身城市，家中父母都是工人，家境虽然不富裕，过着简单的生活还是不错。

莉莉小时候体弱多病，父母经常在工作，由爷爷奶奶照顾她，养成了她总是觉得自己比别人少点什么的心态。再加上总是看见父母很忙碌辛苦，却没有换来优越的生活条件，随着年龄增长也让她觉得生活很不如意。

莉莉总是觉得自己很被动可怜，小心翼翼地照顾着别人的情绪，但她觉得，好像别人又丝毫不领情于她，对她很无视。

"我身边很多人活得很自我，小事情上都体现着自私，但他们却不会受到任何指责！"莉莉说道。莉莉感觉糟透了，举几个例子说："我的照片放在空间里，没有让谁来评价，我放了自然是希望听到赞美，若觉得不好就不用说啊！因为我对别人就是这样。"就是上面这些小事情都让她觉得自己很可怜、很委屈，在恋爱中更是觉得很多事情就完全是在欺负她。可能是每个人的标准都不一样，因为有些事我不会做，别人却不以为然，伤害了她却不知道。可是她为什么这么容易被伤害呢？

当她工作后，因为接触一些权势层业务关系的事情，了解了一些社会现象，感觉自己渺小，自己觉得以后工作"拼命赚钱，养家糊口"，这样的生活也很心酸。

"我很小的时候就知道努力工作不一定有回报，成长过程中一直很努力自信，却没有换来什么。"莉莉云淡风清地说。

可以看出，莉莉的弱势心理来自依赖心理。依赖心理表现在自己想要的东西没有得到满足，对自己的目标失落和目标模糊，却把希望寄托在别人身上，把嫁给有钱人作为人生奋斗的顶峰。

由于在个人发展上缺乏目标，莉莉工作失去了动力，变得胸无大志、懒懒散散，进取意识日趋淡薄。在考虑未来时，很少想到自己的社会责任，只想将来能有一位令人羡慕的丈夫。

莉莉这种想法也受传统观念和社会偏见的影响，把诸如主动性、独立性、竞争意识、事业心等看成是男性化的品质，把女性化与事业成就对立起来，形成了个性上的依附性和缺乏创造力。这是形成女性社会成就不如男性的主观因素之一，依赖心理大大束缚了女性自身追求成功的上进心。

其实，这种弱势心态会长期影响一个人面对挫折的承受能力以及抗干扰能力，常常被莫名的恐惧和焦虑所困扰，害怕再失败、再次受挫，从而畏缩不前。这样的人容易被外界的议论与评价所左右，或改变初衷，或束缚自己，或动摇决心，其情绪容易波动，常受一些小事影响。

张晓，一个32岁的已婚女士，现在心里很烦恼，不知道怎么样面对生活，总觉得生活从来都没有如意过，更无法与外界进行很好的沟通，在工作和婚姻上都遇到了不少问题。

张晓说，自己刚刚大学毕业时很自信，反应敏捷，交流顺利，进了一家不错的企业。开始时表现很好，很上进，心态很好，后来因为太固执了得罪了很多同事，于是就辞职了。

就是因为这一次，突然就没了方向，开始考虑自己今后的发展方向，想去挑战一下，去做房地产招商专员，做了二十多天，觉得难度太大，短时间不会有很大成效，决定放弃。

又去了家附近的一家工厂，刚去时状态不错，慢慢地发现自己在跟员工交流时有困难，开始胆怯了，特别是跟同事关系不是很好，很不自然，弄得自己也越来越自卑。

自己心理压力骤增，没了上进心，对工作没了兴趣，无论什么事自己认真去做都可以做好的信念没了，不乐于跟人交流，回家后也不愿出门。当时想得很多，包括自己高中时的自卑状态又在重现，认为这不是自己想要的工作，心里很难受，6个月后自己灰不溜秋地辞职了。

又换了一份做电器的工作，是一家很小的企业，工资更低了。因为跟自己第一份工作是一样的，自己对第一份工作不甘心，现在去做电器行业，结果自己还是不满意，体力劳动、不自信、交流困难、无法安心工作，还是迷茫看不到希望。

张晓说："我和老公是经人介绍谈的朋友，我老公个子高，长得很不错，也勤快，他们都说我配不上他。"因为她觉得自己个子矮小，人又长得不行，又没有什么能力，又总是听见亲戚朋友议论，说老公是看中她的家庭才和她好的。

张晓说，她生活在一个农民家庭里，妈妈、爸爸都是农民，都很勤劳，慢慢地她家虽不是很富有的那种，但也是有吃有住，不用愁。她有一个弟弟，从小到大，她都被妈妈爸爸骂，他们非常的重男轻女。她很早就做事情，上大学都自己挣的零用钱，自己很独立。爸妈对弟弟就不一样了。她20岁那年和朋友搭伙做一小生意，叫妈妈拿钱给她，妈妈不给反而骂她。

从张晓的家庭来看，从小在家里被家人忽视没有得到关注，让她觉得自己是在人群中不被大家喜欢的，陷入抑郁状态，情感上心灰意懒，并由此产生焦虑和其他消极情感。

像张晓这种是自卑心理引起的"弱势心态"——自我评价过低、自己瞧不起自己、自己不如人的感觉、担心自己笨拙、对自己价值的怀疑，是一种人格上的缺陷，一种失去平衡的行为状态。觉得自己是弱势群体，应该得到更多的关注才对，觉得自己应该得到更多的帮助才对。

心理学家阿德勒认为，每个人都有先天的生理或心理欠缺，这就决定了每个人的潜意识中都有自卑感存在，但处理得好会使自己超越自卑去寻求优越感，而处理不好就将演化成各种各样的心理障碍。

长不大的成年人

小佳，已经快 30 岁了，是家里的长女，家庭条件优越，极受家族长者宠爱，虽然已经结婚了，但她仍像个小孩子，整天穿着孩子气的 T 恤，不接触陌生事物和人。

"我属于婚前依赖父母，婚后依赖老公的人。"小佳自己也这样说，只要丈夫出差，她就会跑回父母家睡，"晚上看着黑漆漆的窗外、冷森森的墙，我一个人会害怕。"

最近，小夫妻闹起了矛盾，起因是丈夫觉得是时候要孩子了，可小佳死活不同意，理由是有孩子就等于有了累赘，另外她根本不会带孩子。"原先觉得她性格单纯可爱，可年龄大了还是这副样子就不好了。她怎么就不肯长大呢？"丈夫百思不得其解。

上星期刚得知消息，公司打算派小佳去上海进修半年，回来可能有升职的机会。可是她并没有欣喜，反而有一种以后该怎么生活的迷茫感。于是她马上找父母、丈夫商量要不要去，但任谁看，都觉得小佳是个长不大的成年人。

对父母的这种"依赖"，不仅体现在小佳的工作中，在生活中她对父母的"依赖"也无处不在——想吃好吃的饭菜，给爸妈打电话让他们做；衣服脏了，拿回去让妈妈洗；甚至和丈夫吵架了，她也要找父母商量对策。

在父母和丈夫眼里，她似乎是永远长不大的孩子。"没有主见，遇事慌张，自己喜欢的东西不许别人碰。"小佳的母亲说。

小佳的弱势心态主要是个人心理承受力较弱，期望得到他人的关注和重视，其主要特征是依赖性、孤独性和脆弱性。具体表现为情绪不稳、自我失控、意志薄弱、缺乏自信、难以应付挫折，与他人和环境不能和谐相处。

小佳从上中学起，就让人感觉她是一个无助、不自信的人，尤其在学校，胆小、懦弱、窝囊，做事特别小心，怕惹人生气，甚至连碰别人一下都害怕人家生气。

小佳说："有时候在公共场合，都不知道什么时候坐着、什么时候站着，反正特不自然，自己的所有行为几乎都是理性，几乎没有感性。"小佳还特敏感、多疑、爱忌妒，总觉得背后有人说她的坏话。小佳所有的这些特点导致她没有自信，甚至内心深处都看不起自己，在上高中的时候情况加剧，恐惧、痛苦，毫无自信，生活甚至都不能自理！

从小佳成长的环境看，小佳是整个大家子里的第一个孩子，从小受到的爱特别多，老太爷、老太太、爷奶、爸妈、叔婶、姑、哥姐都特疼她，而小佳也好像特别乖，但特别怕父亲。

小佳说："他小时候总骂我，只要他不高兴，怎么难听怎么骂，咬牙切齿，跟什么似的，总之很恐怖，有人时也不会顾及我的一点面子。他好像认为我是他生的，就是他的私有财产，他怎么对我都是理所当然、天经地义、无可厚非的。"

所以无论哪次她和父亲一起做事心里都害怕，战战兢兢，结果更做不好，会更挨骂。

而这种特性也延伸到了小佳和其他人的接触中，还有一个现象，就是别人让小佳找东西，她都特害怕，恐怕找不到。这和小佳爸爸让她找东西找不到他会骂人是直接挂钩的。

有时父亲在亲朋面前夸小佳，夸她踏实，做啥事都特认真，但当时她听了一点也不快乐，只是觉得别扭。小佳说，尽管好像是事实，现在我觉得我之所以不快乐是因为那些虽然是优点，但它们根本就不是我真正的个性，所以我不会觉得舒服！小时候在家人面前脾气特大，一有点不顺我心的事我就发火跺脚，但在外人面前就发不出去、不敢。很胆小、懦弱，但特善良，对人特真诚，上小学自己没有伴儿一个人都不敢去上学。在学校也是胆小、老实的角色，一点也不招人喜欢。

同样，像小佳这样的因环境影响变得不自信，总是希望别人来保护她，做什么事情觉得自己处于弱势，不能成功，而有时候小佳又有倾诉欲，像小佳这样有强烈"倾诉欲"也透露出自己的弱势心态。

小佳还有一个习惯就是在熟悉的人面前做任何事情总是喜欢不停地向别人倾诉自己的想法，大家都总结了她的口头禅。

"告诉你，我是个怎样的人！"

"告诉你，我的想法是怎样的。"

"告诉你，我喜欢怎样的生活。"

其实，一个人有强烈的倾诉欲，反映出的是一种弱势心态。那些絮絮叨叨说话的人，大多是缺乏自信的人。真正胸中有万千丘壑的人，不会轻易开口。他心中早已有了整盘的棋局，不需多言，便有了指点江山的自信。只是大多数习惯性无助的人做不到这点，总是爱讲话，尤其爱剖白自己。

但凡一个人，把全部的自己和盘托出，然后楚楚可怜地坐在对面，说明他是在向你寻求保护。他把自己表白到彻底，从而断了你欺他骗他的可能。

这种人很消极，认为自己根本就不配享有幸福，总是对生命采取破罐子破摔的态度，没有希望感，放弃了对幸福的追求。一事当前，他总是能找到消极逃避的理由。

国外有一家马戏团正在演出，人们看到一头大象被细细的绳索拴在一棵小树上，正在乖乖地用大鼻子吃草，不远处就是大象梦寐以求的森林。

人们问马戏团的首领，大象愿意表演吗？首领答道，大象做梦都想回到丛林。人们接着问，那大象为什么不跑呢？要知道，它的力气那么大，它真要跑，谁也拦不住它。首领说，是这样啊，没有人能拦住大象，只要它想跑，谁都没办法。人们不解，那大象为什么不跑呢？

首领一努嘴说，你们没看到那条绳子吗？它拴着大象呢！人们就笑起来，说，这条绳子怎能拴住大象呢？只要它一使劲，这么细的小绳子马上就断了，大象就能回归森林啊！

首领说，你们说的不错。但是，大象永远不会去挣脱那根细细的小绳子。它知道自己是无法挣脱这根绳子的。

大伙儿万分不解，说您这根绳子是特殊材料制成的吗？看起来很普通啊！有人说着，还走到跟前，仔细地看了看绳子。的确，这是一条非常普通的绳子，别说是大象那一身排山倒海的气力，就是一个强壮点的人也能把这绳子挣脱。首领说，不错，这就是一根普通的绳子。可是，你们要知道，它是从这头大象还是很小的小象的时候就绑住它了。

人们还是不解，说这有什么关系呢？首领意味深长地说，症结就在这里。当这头大象还是小象的时候，它就被这根绳子缚住了。它无数次地想挣脱绳子都失败了，久而久之，小象知道自己的努力是徒劳的，知道自己是无法挣脱这根绳子的，它就不再做这种无用的努力了。

人们惊呼，可是小象已经长大了啊，它只要再试一试，就能挣脱绳索回到大自然里去！首领说，大象并不知道这一点。它以为自己还是一只小象。

相信不少成年人内心都有回到小时候的想法，这或许是现代人想逃离那些的一种幻想吧。但是，现代社会中，却出现了一些心理长不大的成年人，凡事过于依赖，渐成病态。

在我们身边，有这样一群长不大的人：没饭吃了，到爸妈家吃；没钱花了，找爸妈要；衣服脏了，打包回去让爸妈洗；遇到一点挫折和困难，首先就想让爸妈解决；而且他们多半还喜欢看卡通片，买卡通玩具，喜好吃喝玩乐……有人觉得这只是不成熟的表现，年龄大了自然会改，然而心理专家却认为，这是一种"成人幼稚化"的心理障碍病症，在国外被称为"彼得·潘综合征"。

彼得·潘是苏格兰作家巴里笔下的童话人物，生活在梦幻般的世界里，永远也不想长大。在"80后""90后"身上，这种"成年人幼稚化"现象正日渐明显。

玩具不仅是小孩的专宠，如今，越来越多的成年人也痴迷着玩具。他们玩玩具的原因各式各样，有人是出于本身的爱好；有人是因为工作压力巨大，将玩玩具作为休闲的放松方式；有人则是为了弥补幼年时未能拥有玩具的遗憾。朋友小张的爱好是收集电动遥控车，下班后他经常会拿着爱车到楼下的花园里摆弄一番。看着玩具小车在花园里来回奔驰，常吸引了不少孩子过来与他一起玩，小张说自己仿佛又找回了儿时的感觉。

当然，成年人喜欢的玩具一般不同于小孩子手中的玩物，他们玩上千元的模型飞机，玩需要大动脑筋的益智游戏，有的还成为了玩具明星的收藏家。成人玩具也能玩出许多新鲜花样。

一对夫妻结婚一年多来几乎每个周末都要变着花样玩，搭积木、走跳棋、解九连环……每次都玩得不亦乐乎。他们不但自己玩，还拖着朋友一起玩，常常被别人调侃"长不大"。

不过他们倒是振振有辞得很："你看现在的玩具多高级，又精致又好玩，哪像我们小的时候，玩具的品种单调不说，做工还都挺粗糙的。再说现在有的玩具分明就是专门生产出来给成年人玩的嘛，你总不能要求一个七八岁的孩子去解九连环吧。反正我是要把自己小时候没有玩的东西都补回来。"

"我玩故我在"，这个说法似乎太偏颇，但在律师事务所工作的刘凯却敢说出来。在他看来，纯洁的人都爱玩。"英国有句谚语：不会玩，汤姆变傻瓜。哲学家黑格尔甚至说，游戏是人的本质。因为游戏代表人本性中自由的那一方面，"刘凯自己说，"我爱玩，虽然转眼已经是成年人了，但玩性不减，在游戏中我能体验到自由。"

这代人独有的特性，是卡通漫画、模型、电子游戏等伴随着他们的成长。游戏带给他们的快乐是生活的一部分，甚至成为生活方式。而游戏产业的发展，让玩具（电子游戏也是一种电子玩具）越来越成年化，需要成年的智慧解决问题。

电脑游戏的互动性让他们在游戏中找到真我，而在线游戏让他结识了更多的朋友交流沟通。现在他也开始喜欢实物玩具了，比如卡通模型、汽车模型及益智玩具。在他看来，玩，其实是自己与物的沟通，是快乐的方式——在西方文化观念中，一些哲学家认为，客观世界和心灵世界之间有一道鸿沟，而游戏是连接两者走向自由的唯一通道，这很深奥。

作为成年人的你可以拒绝玩具，但你不能拒绝快乐；你可以没有游戏精神，但你不能少一份对凡人琐事的超然。成人了，玩具你还有吗？

职场女性就职弱势心理

安娜在快速消费品行业工作 3 年，在老板眼中，她是一个不折不扣的兢兢业业的员工，在同事眼中，她一直是沉默肯干、无大功亦无大过的同仁。然而只有安娜自己知道，她工作得并不开心。

一直以来，在市场部里安娜只从事流程化的作业，在开拓方面，有限的几次尝试都无果而终。由于做事脚踏实地，安娜也成为了企业中一个不可或缺的老员工，但是她也明白，靠这些本钱获得晋升是很艰难的。当初跟她一起进来的几个员工不是换了部门，就是在公司获得了一方自己的天下，而她却做了日复一日的重复劳动。虽然收入在部门里也不算低，但安娜觉得前景黯淡。

对安娜来看，自己性格中稳定的成分居多，小心谨慎，而且各项指标显示她的人格特征以内向、感性、思考、泛知为主，以这些特质来看安娜的职业经历，就十分明了：在市场部这样一个需要以开拓为主的部门，缺乏创意和一定的冒险精神，是难以获得大业绩的。无怪安娜尽管强迫自己融入这样的团队工作气氛，也只有感到压抑了。

从以上分析结果来展望安娜的将来，可能永远只是一个企业中级员工，虽然在经验方面安娜已经积累了比较大的优势，在人际关系上也永远处于不好不坏的局面，但是要打出自己的一番天下，可谓难上加难。眼下安娜的年龄已经直逼30，再调整不好自己的方向，找不到自己擅长的职位，则会对整个人生的职业生涯产生莫大影响。

许多用人单位反映，女性除却个人能力与素质等因素，还有一些共同的心理障碍，使得她们在工作中人际关系失败，容易不愉快，哭着喊着要换工作，而并非完全由工作本身造成。比如说自卑心理和情绪扩大化，许多女性对自己的外貌、身材、技术能力等不是很自信，遇到困难或作决定总是犹犹豫豫，犹豫多了就会习惯性紧张。

还有心情好和心情不好的时候绝对判若两人，情绪起伏大，常让同事摸不着头脑——九成以上的男职员表示，最怕遇见女上司，因为心情不好的女人很难搞定。于是，办公室撒旦成了女人魔咒，甚至最后面对自己本来可以胜任的工作也落荒而逃。

对于一份工作而言，机会和麻烦是同时降临的，你规避了风险往往拒绝了机会，大胆一些、简单一些、多沟通一些，有时会有比离开更好的解决办法。很多非走不可的理由往往都是自己放大的结果。

一劳永逸心理不可有。女人最难避免的是一劳永逸心理，好吃不如饺子，好过不如倒着。工作中总想福利待遇一步到位，不到位就转身走人，尽管也很能干，却由于缺乏耐性，总不如那些闷头严防死守的"愣"同事"幸运"，她们才是耐得住寂寞、吃小亏占大便宜的人。

给自己一个修整的机会。如果事业到了现在还没有起色，或是没有找到适合自己的工作，不妨让自己休息一下，重新审视自我，可以选择在这个时间生育或暂时休息一段时间，给自己时间了解自身价值和兴趣所在，为自己今后的发展重铸一个平台。

平衡有道，不要过多关注得失。性别歧视已变得越来越隐性，女性管理层常在毫无觉察的情况下利益受到损害，对她们而言，职业带给她的快乐，更多的应该是对自我价值的认可，是能力的展示。即使有些企业存在着隐性的歧视，只要做好自己的工作，证实自己，有些东西自然会得到。

寻求家人的支持。成功女性都具有很好的沟通和团队协作能力，这种能力不仅要运用在工作中，也使用于家庭和朋友之间。家庭的和谐与否，也是衡量成功的重要标准之一，关心家人，和他们多沟通、交流，有益于女性更积极快乐地投身工作。

做自己喜欢的事情。有8个指标可以衡量一个职业是否适合自己：物理环境、娱乐性、个性化、金钱、健康、知名度、重要他人评价、个人认知。

职场女性由于自身原因，压力会比男性高很多。她们的危机在于：缺少自我认知度。她必须知道自己的角色，究竟是职业人还是女人，是社会人还是女人。因此在定位时必须清楚地了解自己要什么。缺少规划。有极少数女性在事业上干得比较出色，其他大部分人由于缺乏对自身的职业规划，还是从事着重复性高、繁琐的事务。过度完美主义。女性较男性会出现完美主义倾向，她们往往容易与自己较劲，如同对外表的追求，她们希望在工作中也做到尽善尽美，但往往事与愿违。健康问题。显然高强度、有危险性的工作不适合女性，特别是生育期的妇女。因此她们在择业时比男性的范围小很多。

由于女性先天生理等方面特性，虽然受到的保护越来越多，但职业受限并未减少，寻求职业平衡的关键在于人生价值观和职业定位结合。女性应努力在工作和生活之间寻找一个平衡点。工作是证实自我、对外展示自我的一个平台，而生活则是释放自我的空间。只有明白自己想要的是什么，为此执着追求，并和家人朋友一起分享，才能获取真正的幸福。

职场"小"女人：就业 VS 性别压力，工作经验在 1~3 年，事业正处于起步阶段的女性。刚刚进入职场的女性时常会向某心理专家提到这样的顾虑：企业会不会在招聘时存在歧视？自己是否能够胜任现有的工作？自己在和男同事竞争时是否处于劣势？

提这些问题的女性，都是非常好强、上进和刻苦的女性，她们期望自己能在职场做出一定成就，但职场中存在某些歧视，以及身为女性必然处于弱势的心理暗示，让她们倍感压力。

平衡有道：增强自信，懂得推销自己，职业女性不该过于柔弱，要敢于担当自己的角色，需要承担责任的时候应该敢于站出来。同时女性也应该了解到，在一个团队中，并不是每个人都要做到绝对优秀的，能尽力做好自己的工作，在团队协作中发挥作用，就是成功。过于比较，可能会陷入自我怀疑的怪圈。

职场"熟"女人：事业 VS 家庭，工作 3~5 年，有一定的社会阅历和工作经验，事业稳定，有一定的发展前景。这个阶段的女性虽然已经有了一定的积累和资本，但同时她们要面对的压力也是空前的。随着年龄的增长，必须面对婚姻，但是紧张的工作节奏和单一的生活轨迹，使她们中的一部分常常缺少选择机会，遭遇"情感危机"。对已婚女子来说，生育则是她们惧怕和不敢过早规划的一件事。此外，她们还需要考虑到自身的职业发展，需要不断充电，以便不被淘汰或达到进一步提升。

规划好自己的人生，制定阶段性的目标。根据自己的职业发展周期，了解在现阶段对自己来说最重要的是什么，希望达到什么样的目标，下个阶段又以什么为重。这个目标不仅包括你的事业，也涵盖了家庭、个人等。如果将注意力过多地集中在事业或家庭的某一方面，而放弃了另一面的追求，难免会为以后留下遗憾。

平衡之回归家庭，女性要打破这些局面需要做到以下内容：自我定位清晰，明确自我目标。很多女性在家里可以与丈夫撒娇、任性，但是这只属于家庭中一对一的人物关系。在职场上，女性千万不应该示弱。

更加勇敢，承担责任。女性在家庭中善于用其力量保护丈夫、孩子。同样，这股力量应带到工作中，因为每个人的成长都与压力成正比，只有担得起责任的人，才有可能在职场有长足发展。

知道自身优势，适度利用女性妩媚。女性善于沟通、善解人意，这些都是优于男性的特点，知道如何适度地利用这些优势的女性，能更容易地达到自己的职场目的，效果往往事半功倍。

寻找适合自己兴趣和女性特质的工作。在择业时企业显示的歧视已越来越少，更多关注有无相关经验，是否与岗位契合。那些标注只要男性的岗位多是因为劳动强度大、经常出差，的确不适合女性从事。女性具有较强感知能力，富有创意思维，善于沟通，并关注细节。有些岗位，女性来做具有先天的优势，例如市场、公关、人力资源、咨询等。

社会上的弱势群体

丁丁是一家高档写字楼中的白领，想当初，她怀揣着对白领的渴望，在大学毕业之后毅然放弃了高收入的销售工作，向一家公司投了一份简历。"在写字楼里工作是我的理想，什么销售、技术工人的工作都不是我的期望，我上大学就是为了当白领。"丁丁这样说。

丁丁的理想很丰满也很简单，就是像电视剧里演的那样，穿着光鲜亮丽的职业装穿梭于写字楼之间，她认为这样的生活是她所追求的，可是，现实却狠狠地让她跌了"眼镜"，觉得自己跌进"弱势群体"生活状态中了。

大部分中国白领都有认为自己是弱势群体的现象，这种弱势心理并不是因经济原因，而是基于身份地位、社会地位的"生存状态弱势"。

"电视剧中的公司，每天吃的都是工作餐，内容也很丰富，环境也很好，可是，我们这样的白领每天纠结于中午吃什么。"丁丁说，看着穿着干干净净，吃饭的时候还是要坐在小餐馆里与普通的市民坐在一起，有时候还因为座位和身边的人吵架，"这似乎不是白领该有的生活，但是我们已经接受了这样的现实，白领也不是什么神圣的工作，理想与现实之间总是有差距的。"

丁丁说，某天中午，她跟同事路过公司附近的一条小街，意外发现了老总的背影，他正露天坐在一张破旧简陋的餐桌前，埋着头吃一碗酸汤水饺。"我跟同事彼此对视一下，立马转身退了出去，假装根本没出现过。看来，无论身价几何，对于吃工作餐这件重要而且必须的事情，都有无奈的时候。"

对于她的居住环境不敢恭维，蜗居在十几平米的小房间里面，周围环境也很不堪，丁丁说，在夏天的热浪袭来后，她便买了两台风扇。"买风扇实惠，也省电。有了电风扇，节能环保，满室生'风'。"她调侃道。

"我们公司上班的的情况是，条件好的住在市中心高档小区，差的就只能住一间单间，卫生间和厨房都是公用的，说白了，就只能解决住的问题，其他的什么都没有。"丁丁说着。

从住房来看社会收入差距在扩大，丁丁和很多人一样感觉到自己的收入和一些人的差距正在变得越来越大，自己在这些高收入面前就是"弱势"。

弱势心理的蔓延，是社会比较的结果，反映了人们要求改变目前状况的愿望，更说明了社会整合的乏力和阶层分化中离心力量的滋长。

丁丁其实收入算得上中等，但安全感、尊严感、幸福感却在降低，感到收入差距越来越大，自己虽然是中等收入者，但只面对生活，就可能变成穷人。

现在很多人，如教师、医生、基层公务员把自己称为"弱势"，弱势心理蔓延是社会情绪的一种表达，是社会进入矛盾多发期的表现。不过，弱势心理蔓延也容易造成对真正弱势群体的遮蔽。

弱势群体是在市场竞争中、在社会财富和权力的分配过程中被不公平地受到排斥而处于边缘地位的群体，弱势心理蔓延的本质是相对剥夺感的扩大化。

而利益被相对剥夺的群体可能对剥夺他们的群体怀有敌视或仇恨心理，当不如意者将自己的境遇归结为获益群体的剥夺时，社会中就潜伏着冲突的危险，甚至他们的敌视和仇恨指向也可能扩散。

低收入者、下岗失业者为主体的贫困阶层才是真正的弱势群体。由于经济条件和文化程度等原因，这些群体在表达利益诉求方面有一定的困难，往往需要通过媒体和他人才能得到关注，但他们的声音不该淹没在一片"弱势群体"的呼声中，他们的需求更不该被弱化、忽视……

一个童工在工厂里打工，意外造成眼伤。童工的父母从外地赶来讨要说法，结果该工厂迅速"搬家"，只把这个受伤的孩子扔在了原先的宿舍。期间，虽经相关部门不断施加压力、法律部门主动协助伸张正义，该工厂负责人仍迟迟不肯支付足够的赔偿金额。结果，有一天夜里这个已经有了独立思想的童工失踪了，一家人报警后心急火燎地找了一夜，竟在铁轨边发现了孩子的尸骨——孩子卧轨了！

这实际上是弱势群体的人习惯性表达方式的一种——走向极端，另一种则是持续沉默。也有这样的一个事情，工友出了事，而只要工头在场，几乎没有人敢说一句实话，多的只是"不知道"甚至"关你什么事"。应该说这都不是正常的表达方式，也正是这两种不正常的表达方式注定了他们在社会中的悲哀与不幸，但是什么让他们习惯性地固守了这些方式？

归根结底，没有归属感的根深蒂固，让他们永远只是打工者——虽然跟其他城市劳动者一样，同样是城市的建设者，但建设好的楼房永远都属于城市市民，而不属于底层的他们。

　　长期以往，他们已经习惯了"看别人眼色""只要给钱，受气能忍也就忍了"，实在忍不了就走上不归路，比如"跳楼"、比如"自残"、也比如"行凶"……

　　而失落也就让他们在日复一日的煎熬中归于沉默：不在沉默中爆发——损伤别人；就在沉默中灭亡——伤害自己。

　　这是个人的悲哀，也是社会群体悲哀的一个缩影。我们应该让打工群体摆脱不正常、非健康、习惯性的表达方式。

　　处于弱势地位的群体往往无法拒绝来自强势者的"调解"和"私了"，就很多涉及弱势群体的案件看，因为弱势，所以软弱，但这种软弱通常源于缺乏常识的自卑，因此错过以法律武器保护自己的绝佳机会，这会给随后的调查取证带来相当难度。

　　关注弱势，才有社会公平，弱势群体作为一个社会的边缘群体得到了广泛的关注，不但是因为其群体的规模庞大并有扩大化的趋势，构成了对社会稳定的威胁，更重要的是，弱势群体的存在是社会不公的表现，是对社会正义的破坏。

　　37岁的刘先生在地震中失去了右腿小腿，原本做室内装修的他也因此失掉了自己的工作，女儿就要上高中了，他目前一直在为自己的生计发愁。"我有时候感觉没人管我们，自生自灭。"刘先生无奈地说。

　　21岁的王先生来自农村，高中毕业便跟随父亲的脚步来南方打工。"找工作好难，好的工作不要我，像我爸爸那样的工作我又不愿意干。"生活处于梦想与现实的沮丧中。

　　75岁的张女士住在敬老院，这家政府新办的敬老院人还不是很多，偌大的住宿楼零零散散地住着十几位和她一样的孤寡老人，在中国传统观念中只要家里有儿女在的，有些老年人就不愿意住进来，怕丢人。

这些都是我们身边弱势群体的缩影。

弱势群体是一个相对概念，在一定的社会结构中与高收入群体相比较而存在，它主要是一个用来分析现代社会经济利益和社会权力分配不公平、社会结构不协调、不合理的概念。

弱势群体的外延相对宽泛，学术界一般将其分为生理性弱势群体和社会性弱势群体两类。前者因生理原因，如年龄、疾病等生理因素成为弱势群体；后者因社会原因如下岗、失业等社会因素陷于弱势地位。我们常见的弱势群体包括残疾人、农民工、老年人、下岗职工等。

舆论常常称其为社会的边缘人，事实上，这种边缘也只是权力层面上的，并非地理意义上的。他们中的大部分都是我们日常生活中能常常见到的人，挣扎在社会的一隅。值得注意的是，近年有舆论将就业困难的大学生毕业生、高危职业等纳入弱势群体的范畴。

贫困性是弱势群体的首要特征，是其所面临的共同困境。虽然"弱势群体"不完全相等于"贫困人口"这个概念，但至少是高度相关的。其生理性因素与社会性因素造成的主要后果亦为经济上的贫困，从2011年对地震灾区的近200名残疾人的调研数据来看，与经济因素有关的生计问题和就业问题是残疾人最主要的压力来源，占到样本总数的近7成。

而从其他学者的研究数据来看，经济上的贫困是其社会弱势地位的首要影响因素。经济地位决定了社会成员的基本社会地位，反映了经济地位决定社会状态。

如果说弱势的主要原因是贫困，那么与贫困所紧密相连的是弱势群体的就业困境，弱势群体就业技能缺乏，再就业难度很大。如身体残疾、年龄问题、技能不足使他们在就业过程中面临比普通人更多的问题。

有人提到了弱势群体主观不愿就业的问题，认为依赖政府、依赖低保而不愿就业的情绪存在于弱势群体之间，这一现象的确在某些人中存在，但谈不上普遍现象。一方面中国的社会福利水平还远没有达到能让所有弱势群体过上体面生活的程度；另一方面，适合岗位少，政府投入不够，就业的结构性矛盾才是弱势群体就业困境的主要影响因素，适合弱势群体就业的岗位不多，政府开发的公益性岗位不能完全适应弱势群体的需求。

社会现状还是心灵的脆弱

《蒙马特遗书》一书中的经典语录：世界总是没有错的，错的是心灵的脆弱性，我们不能免除于世界的伤害，于是我们就要长期生着灵魂的病。

大学生王小林，毕业后放弃当地教员工作，不做事甚至不愿做饭，最终被人发现"宅"死家中，疑是饿死。当人们听到这则消息，一定是大跌眼镜，一定会觉得这个王小林可真是游手好闲、懒惰成性、不求上进。但是，事情并不是如此。

王小林天生聪颖并且很懂事，读书很用功，在县里数学竞赛中名列前茅，而且年年被评为"三好生"。这就说明了王小林并非是生性如此的。

然而，就在王小林因不满学校安排放弃教员工作后，思想上发生了质的改变，一下子成了"垮掉的一代"，甚至为此与母亲争执并大打出手，致其母亲亦对之失望至极。其后，王小林染上吸烟恶习，日子得过且过，且形势变得愈来愈一发不可收拾。

这个曾经的少年在瞬间判若两人，只有一个可能，就是王小林对生活突然失去了信心，对生活绝望了。

王小林曾经一直学习努力，是班级中的佼佼者。当其成为村里的第一个大学生后，姐姐为其早早辍学，同时在其上大二时，其父亲过世。毫无疑问，此时的王小林一下子成为家里的"顶梁柱"。

对于大学生王小林来说应该算是煎熬了，因为作为家中的"顶梁柱"，不仅不能给家中以经济支持，反而还要给本来就不富裕并且现在还残缺了的家庭增加负担，小林心里很不舒服。

一个曾经的佼佼者，人们瞩目的焦点，自是有着天生的优越感，有着满满的自信和理想。然而当其毕业工作之后，才发现一切与想象中的相差那么大。并且为了这一切，他付出的是一直以来的不懈努力和姐姐做出的牺牲，以及家庭给他的艰难的支持和他自己默默忍受的种种困苦。他甚至没能见父亲最后一面。

王小林的梦破灭了，他的生命也开始消殒。

为什么一个大学生却走了这么一条不归路？到底能不能都怪罪于其自身的心理素质不高？是心灵太脆弱，还是现实太残忍？

有弱势心理的人心理承受力较弱，期望得到他人的关注和重视，依赖性比较强，有时表现出孤独性和脆弱性。有时候喜怒无常，情绪不稳，自我失控，意志薄弱，缺乏自信，难以应付挫折，与他人和环境不能和谐相处。

在招聘会上，一位女生要求一家公司为其提供职位遭拒后，情绪激动地撕烂手中的行李袋，并将一瓶液态化妆品抛向会场，这就是典型的面对挫折的情绪不稳定。

求职的人在招聘会"发飙"，应该说比较激烈的反应了，而且也不是少数人，广州一位女大专生想应聘，没想到根本没人收她的简历，拉住一名前来巡视的工作人员哭诉了20分钟。

现在大学生就业形势很严峻，然而，那些艰难求职的人群，一直很少有人关注他们的心理，这个问题应当引起重视了。

事实上，那个找不到工作的女生，只是众多求职遇挫、精神受刺激大学生中的一员。应当看到，许多毕业生在求职遇挫后，继续不屈不挠地求职，甚至愈挫愈勇。

但我们也遗憾地看到，少数人在受打击之后一蹶不振，甚至选择了走绝路，毋庸置疑，精神受求职压力影响会越来越多，而现在的心理健康问题，几乎是无人关注的"盲区"。低收入群体存在"潜在危机"，如果当他们努力过、奋斗过以后，发现社会对他们仍然是不公平的，他们就会把自己和社会对立起来。

那些在人才市场艰辛求职的人，如果不能解决他们的心理问题，拥有健康的心态，也许会有人开始仇视社会，有人开始自暴自弃……这对个人和社会都将是极大不幸。

每个人似乎都有一种无力感，每个群体似乎都成了"弱势群体"，包括那些掌握着优势资源的人。这种无力感和弱势感的产生，一方面是由于自我权利不能得到充分满足；另一方面更来自其自身对于权利与义务的把握的严重失衡：在主张权利的同时，没有承担起与之对称的社会义务，总是要求对方做出牺牲。

权利与义务的失衡，散布于社会各个方面，典型的就是敬业精神丧失，工作成了敷衍，交易成了"一锤子买卖"，"拔一毛以利天下，不为也"成了行业的潜规则，更有甚者将之极端化为"拔天下之毛以利于我"。如果放任这种无力感和弱势感，必然导致社会信任逐渐消解。

那个找不到工作的女生是一种因为面对失败用消极的方法面对，她觉得自己控制不了整个局面。于是，精神支柱就会瓦解，斗志也就随之丧失了，最终，自我挫败思维会得出这样的结论，"我不行""我不是这块料""我是世界上最无用的人""我做什么都做不好"，他们会放弃一切努力，并陷入绝望的心境之中。

连续了几次的富士康跳楼事件，在过去的12跳中，看了下有关报道及心理学的分析，大致原因主要还是个人心理因素所致吧。当然也有些是在心理压力大，受到挫折，出现极端时候做出的维特效应（效仿自杀行为）。

他们寒窗苦读十几年，本想进入社会后大展宏图，可社会是残酷的，有学历没经验也是他们很难面对的问题。但为了生存还是只有勉为其难地去做一线员工，但在他们心里始终抱有极大幻想和目标，有的会急于求成，有好高骛远的心态，觉得自己有大学学历，不应该待在一线，从而导致了他们不平衡的心态。

他们进入社会后又发现了一些问题：随着年龄的增长，又要面临结婚生子，可结婚是要房子住的，可现在的房价是有涨无跌，尤其这对于那些来自农村的孩子们来说更是可望而不可即，以为有高的学历，可以离开那贫穷的山沟里。可一来到社会中，才发现那繁华的都市不是他的地盘，从而也导致了他们内心的世界更加的不平衡。再加上工作压力大，今天公司来个新的管理模式，明天又换个更先进的管理模式。接着又是啥精益生产、绩效考核，可谓应接不暇。想想他们能承受得了吗？

他们怀着梦想进入一家企业，梦想能改变人生，可人的命运就是那样的捉弄人，人生的道路是坎坷的，在现在高房价、高物价、高压力、低收入、低背景，甚至低能力的情况下，感受到辛苦、无奈、甚至绝望的绝对不只富士康那些想不开的人们！可是，大家都去跳楼吗？都去了结自己吗？不论你过得如何，都没有什么理由放弃自己，放弃父母辛苦给予你的生命，放弃父母对你无私的爱与付出！

所以，不论什么原因！没有什么是可以让你选择死亡的理由，更没有什么是你选择死亡的勇气！为何在作最后选择的时候，不想想自己多年的努力？为何不想想自己，就这样结束就是一种胜利吗？为何不想想自己，解脱自己的同时，带给你身边人的伤害？

走出弱势心态的"阴影"

17岁的小苗，出生在一个高级知识分子家庭，父亲是博士，母亲是老师，从小父母就对她寄予厚望，但因工作忙，小苗多由外婆管教，在家里外婆说了算，但外婆听小苗的。

小苗英语不太好，父亲在辅导自己的学生时对女儿说："你的英语比不上我的学生。"于是，对来到家中的父亲的学生，小苗都白眼相看。中考时小苗只考上普通高中，在学校住宿一个月后，她再也不肯去学校，也不说原因。

在家中，起初遇到不高兴的事，小苗还告诉父母，但父母不理解也不重视，后来她再也不愿和父母沟通，白天上网，晚上才出门到院子里骑车，也不愿和其他人交流。

生气时，小苗会把饭倒掉，或者往墙上砸鸡蛋：她"命令"外婆去买了200个鸡蛋，把家里的一面墙变成了"鸡蛋墙"，这种异常行为最终冲破了父母的心理底线，他们怀疑孩子得了"精神病"，把孩子送进了精神病院。

一个月后小苗以自杀要挟，逼迫父母把自己接回家。之后，小苗被送到学校。心理咨询师经过测试分析，认为小苗的思维很清晰，写作表达能力很好，并不是"精神病"，只是心理异常，在成长过程中表现偏执。

而16岁的小米，最近被家人从死神手中夺回。12岁那年，小米父母离婚，她随父亲生活。母亲改嫁外地后，再也没有音讯。父亲很快再婚并生了一个儿子。

小米性格叛逆而且封闭自己，只喜欢上网和网友聊天、看偶像剧，基本不和继母说话，和父亲的关系也相当紧张。最近一年，她总是态度强硬地要买自己喜欢的东西：衣服、手机、包包等。父亲若不同意，她就彻底变成一个"冰面人"。

上个月的一天，全家人外出吃饭，点菜时小米和父亲、继母当众吵起来，最后她饭也不吃怒气冲冲地独自回家。当家人吃完饭回到家中时，闻到家里有很浓的煤气味，小米竟然自己打开厨房里的煤气自杀。幸好家人及时发现，避免了一场悲剧的发生。

已发生的自杀个案中，例如老师批评、作业写不完，这只是导火索。学生自杀背后的深层次原因，是青少年精神世界的构成问题。

当下社会中，拥有话语权的成人大多经历了从贫困到富裕的过程，对生活现状已有幸福感，但他们的孩子很多一出生就面对一个物质富裕时代，没有对比，没有体验，没有兄弟姐妹。面对成人话语的世界，他们无法和成人沟通，只好让自己转向网络和虚幻世界。但孩子们毕竟是成长的生命个体，需要童真，需要在大自然环境中的舒张。但在应试教育的大环境下，他们童年的天性已经被取代，孩子们无法释怀。

成人为了所谓的孩子未来，不让孩子输在起跑线上，没有尊重生命个体发展的规律，拼命地塞东西给孩子。单一的注入式教育，把孩子的天性扼杀在起跑线上，使得孩子的精神世界过于单一、敬畏、爱心、换位思考，孩子们没有这样的情感感悟，一旦心理出现偏差，他们根本就没有调适能力。

在历史上有一个很有名的"走出弱势心态阴影"的故事，说的是一个在外与敌国作战的将军，由于种种原因总是吃败仗。在又一次被敌人打败之后，他急奏皇帝，一方面报告情况，另一方面寻求对策，要求援兵。他在奏折上有一句话是"臣屡战屡败……"。他的军师看到这个奏折，觉得不妥，于是拿起笔来，将奏折上的这句话改为"臣屡败屡战……"，原字未动，仅仅是顺序的调整，顿时将原本败军之将的狼狈变为英雄的百折不挠。

这里我们不关心这个故事表达的权谋方面的含义，我们探究的是为什么"屡战屡败"会传达给人痛苦，而"屡败屡战"则带给人希望。

在吃饭前摆碗是4岁的霏霏最喜欢做的事情，这天霏霏帮妈妈把饭碗放到餐桌上，却一不小心把碗全部打碎了。妈妈生气了，狠狠地训斥了女儿一顿：让你别动你非要动！从此，霏霏再不愿在吃饭前摆碗了。渐渐地，霏霏在拿其他易碎的或贵重的东西时也显得过分地小心翼翼。这期间妈妈在霏霏弄坏了什么贵重物件时又把霏霏训斥了一顿。这下霏霏变得不愿意拿任何东西了。

每个人的心都是一个容器，压力大了，容器超过所能承受的极限，很容易爆炸；孩子心灵最敏感脆弱，小小的容器更承受不了丝毫压力，若找不到出口，乱了心，也迷了路，没有一个真正的导师，必将走上绝路。

作为家长，都知道学习不是件轻松的事，有的家长，认为只有大学才是孩子最好的出路。其实不然，学习重要，但不是最重要，重要的是健康，心灵与身心的健康。没有健康的身心，怎样去面对世界，又怎样成就一番事业！

学习的压力，社会的压力，在一颗幼小心灵上狠狠扎上一刀，作为家长，要学会将这把刀拔出，不能拔出也要将刀磨钝。尊重孩子，在身心健康的基础上培养孩子兴趣，增加自信，不要让脆弱的心灵再受到伤害！

要警惕习惯性无助，霏霏的这种现象就是我们所说的习惯性无助，认为自己什么事情都做不好，因此对做任何事情都失去了兴趣，甚至连试一试的愿望都没有了。

习惯性无助是指人在最初的某个情境中获得了无助感，那么在以后的情境中还不能从这种关系中摆脱出来，从而将无助感扩散到了生活中的各个领域。这种扩散了的无助感会导致个体的抑郁并对生活不抱希望。这是一种可怕的感受，在这种感受的控制下，个体会由于认为自己无能为力而不做任何努力和尝试。

习惯性无助感主要来自于父母错误的教养方式：如果父母不允许孩子犯错误，对孩子的错误厉声呵斥；如果父母对孩子过分呵护溺爱，不给孩子自己做事从而体验成功的机会；如果父母常常在亲属朋友面前数落孩子的不是，让孩子感到自己一无是处，那么这个孩子很可能就会渐渐地产生习惯性无助感而变得退缩和畏惧。

在孩子的世界里，父母就是他们的一片天，如果他们眼中的父母是挑剔指责且不爱他们的，那他们的世界就真的如同天塌了一般，如此，他们还能是积极的和勇于探索的吗？所以，请多给孩子包容和鼓励，千万别让他们体验习惯性无助！

　　"弱势心态"之下，有人破罐子破摔，由暴跳而至暴戾，导致伤害儿童等极端性事件；有人堤内损失堤外补，"上不去"的痛苦就要在"贪起来"的疯狂中舒缓。如果说"稳定预期"是和谐社会的重要基石，那么"弱势心态"就是在侵蚀我们社会的共识，消磨未来的希望，构筑现实的壁垒，可能把社会引入人人皆输的"囚徒困境"。

　　不管从哪个层面说，"弱势心态"的存在与蔓延，对社会的发展是一个警示，更是一个启示。它反映了社会转型期的心灵脆弱与困境，也隐藏着心灵强大与和谐的必由之路，那就是：在公平正义阳光照耀下，让人们的权利都得到保证，让人们的奋斗都获得价值。培育奋发进取、理性平和、开放包容的社会心态，需要社会每一个体要在自立自强中扬起心灵风帆，更加需要社会管理者用规则与制度创造公平发展的空间、共建共享的平台。

第十八章
人越多越容易见死不救
——集体冷漠

社会新词——集体性冷漠

当这个社会发展得越来越快，随之带来的社会问题也就会越多，就业问题、养老问题、贫富之间的矛盾问题……当然，人类是聪明的，出现问题就要解决问题。

近年来，社会上出现了这么一个问题——"集体性冷漠"。何为"集体性冷漠"呢？简单的讲，就是当某个人或者某个群体遇到困难或者问题的时候，在其周围的人没有积极伸出援手去帮忙，而是选择回避、逃离，甚至是当一个"看客"，进而导致受困者更大的损失。

在 2005 年的时候，发生一件让人心寒的事情，这是一件标准的"集体冷漠"事件，一名歹徒在一辆载有 40 多名乘客的长途卧铺车上对车上的 3 名女孩子强奸了 5 次。在这名歹徒行凶的时候全车人竟然没有一个人前去进行制止或者反抗，只是眼睁睁地看着 3 名女孩子受到伤害。这样使得这名歹徒在车上更加的嚣张，在车中肆无忌惮地对他人进行着伤害。这个案例让我们感到心寒，全车那么多人竟然没有一个人去阻止，竟然没有一个人去反抗，假如能有一个人上前去制止一下，那么这名歹徒也不会这么嚣张。或许是车上人都胆小怕事，怕伤害到自己，宁可让自己受道德谴责，也不会去阻止事态的发展，只是默默的当一名"看客"。

这种现象与我们中华民族的传统道德是相悖的，我们一直以来就以"一方有难，八方支援"的道德观念教育下一代，大部分人从小也是听着这个道德观长大的。而如今，这种冷漠对待那些需要帮助的人群的事居然已经上升到了"集体性"了。不知道从几时开始，人们就习惯性对他人变得冷漠了。是人们变得没有信仰、没有追求了吗？还是当今的教育忘记把助人为乐写进教科书里？

正常来说，以上的理由都是不成立的。以下的几个理由倒值得参考。

（1）现代人讲究小心谨慎，低调行事是第一个处世原则，所以遇到别人有困难或者受伤的时候，也会谨慎对待，而人们这个谨慎对待的做法就是——冷漠对待。其实从这个角度上讲，集体性的冷漠不是人们没有了良心、善心才会产生的一个现象，而是现在的人多心了，遇到问题的时候考虑的事项多了，比如"我可以得到什么好处""我会不会因此带来麻烦""别人有没有这么做"。

（2）当代人信任危机。社会的冷漠是缘于人们彼此不信任，哪怕是最好的朋友、亲戚都可能有一天会背叛自己，更何况是陌生人、坏人、非亲非故的人。也许是"狼来了"的故事听多了，所以对他人信任一事已经失去信心。总之，没有人肯相信别人，就不会对别人报以纯真的微笑。

（3）现代的人太会"演戏"，特别是一些"苦情戏"，比如假装摔倒骗取财物，假装受伤博同情等。人生如戏，当有的情节被演得太多了，就会变成真的，别人也会觉得你是在演戏。人们的善良和爱心总是被有心人利用时，人们就变得不再有热情了。这个社会傻子并不是经常有的，而且我们这个社会笑"傻"不笑骗。

（4）虽然我们咒骂世风日下，感慨社会道德丧失，但是我们却又不得不去承认一个事实，这个事实就是我们整个社会道德都是由每一个人的个人道德构成的，每个人都提升了个人道德的话，那整个社会道德水平一定会得到提升；但是如果社会中的每一个人都不在乎自己的个人道德，那整个社会的道德水平还从何说起。这些年来，很多现象反映了社会道德的不断丧失，比如彭宇案、许云鹤案等，还有就是"老年人跌倒了不能扶"的情况，老年人跌倒了你去扶人家反而会被诬陷，这样子谁还敢去做好事呢？这些现象给公众提供了一个负面的信息——"热心助人未必会善有善报，见义勇为却会被反口诬赖。"社会上的各种"彭宇事件"的不良后果导致了人们一个错误的思想，让他们认为不值得去见义勇为，因为见义勇为的成本高，并且存在着极大的危险，助人为乐还会被诬陷，所以这导致了大多数的人选择做一个安全的"看客"，即使自己会遭受良心的谴责。见义勇为本来是一件很高尚的事情，如果说在见义勇为之前要先考虑自己见义勇为的成本代价就是错误的想法，这是不道德的想法。见义勇为本来就是一件先人后己的事情，所以不要先去考虑救人的成本，要做到先人后己。这才是个人道德的提升，这样子才能使得社会的道德水平得到提高。现在社会上很大一部分人对自己所在的社会和他人没有足够的信任感和安全感，这是因为如今的社会没有完整健全的体制、法制、保障机制，正因为社会此类体制的不健全，导致了这种不安全感的产生，以至于让公众在碰到需要救死扶伤和出手相助的时候，心里总是在纠结要不要去干。

假如我们现在的社会能够完善现有的社会机制，使得法律、经济以及医疗保障机制不断地成熟起来，可以为每一个公民提供公平的保障。那社会就会少了很多经济方面的讹诈和助人为乐方面的诬陷。这样子就不会有见义勇为而被人诬陷导致产生官司，就不会有在见义勇为之前考虑见义勇为的后果和风险，不用再担心见义勇为之后补偿和法律责任的判定。现在的社会状况让人不敢去做好事，做了好事反而会承担很多责任，所以要不断地完善社会保障体制和社会法律体制，去营造一种良好的氛围，别让见义勇为的人做了好事之后再受到不该有的处罚，别让好人寒了心。

（5）现在"集体冷漠"的发生是存在一种社会依赖心理，导致这种社会依赖心理产生的一个重要心理因素就是责任分散效应。这种心理因素使得"集体冷漠"的发生更为严重。心里专家们通过调查取样得出一个结论：如果有的人在遭遇危险需要帮助并且恰巧只有你在周围而且你能够帮助受难者的时候，你没有去帮助，但是你依旧在心底有着一丝做人的底线的话，那你的内心会有很沉重的罪恶感，会对没有去见义勇为别人提供帮助而后悔。每当想起这件事情的时候心里的愧疚感就会涌现出来。但是如果有人在遭遇危险需要帮助的时候，周围有很多的人能够上前去帮忙，但是却没有走上前去帮助这个人。大家就会觉得这么多人都没去帮忙，自己又算什么，要担责任的话也可以大家一起来分担，这样子就造成了责任的分散，在大家心中就会产生一种"这么多人，我不去救，别人也会过去救的"的心理。最后导致这么多人眼睁睁地看着受害人被伤害，孤立无援。每一个人在这个事情上都成为了一个"看客"，从而造成了"集体冷漠"的局面。

（6）"集体冷漠"是趋利避害心理惹的祸。每一个人心中都会有一种趋利避害的心理，在面对事情的时候，一般都会去选择对自己有利的一面，对于有害的或者有直接后果的逃避得越远越好，避免伤害后果的产生。所以有的时候看见一些需要自己前去帮助的事情，由于心里怕自己前去见义勇为会带给自己难以想象的后果，便放弃前去见义勇为，远远地做了一个"看客"的角色。围观的人大多数是出于这种"趋利避害"的心理，所以才会慢慢地导致"集体冷漠"现象的发生。就说上个长途汽车强奸的案例，每个人都想去制止歹徒的行为，可是都想到万一歹徒拿刀子威胁自己，伤到自己怎么办，所以每个人都沉默了。

（7）自私心理也是造成"集体冷漠"的原因之一。很多人都或多或少地存在着一些自私的心理。当面对别人需要自己去伸把手或者帮个忙的时候，心里总是在想这个事情与自己没有任何的关系，为什么要去帮忙呢，再者说这个社会多一事不如少一事，自己安安全全的才是最重要的事情。当发生一件事情与自己没有任何的关系，没有任何的瓜葛的时候，这种类型的人只会在周围看热闹。

（8）造成"集体冷漠"还有一个原因就是无奈心理在作怪。这种类型的人遇到突发事件需要自己去帮忙的时候，心里会觉得自己没有足够的能力去处理这个突发事件，所以只能靠沉默去面对。比如有的时候看见路边有人欺负人的时候，自己会觉得自己身体又不是强壮，也不会打架，再说也打不过人家，去劝架说理更不行，我去了也是白去，还是别过去了。所以这种"无奈心理"也是造成"集体冷漠"的原因之一。

是我们把人们的冷漠行为想得严重了？还是真的社会已经变成如此的冷漠了？也许我们应该用几个案例阐述这个问题，大家便可以知道，是想得严重了还是真是如此。

冷漠的人群

2011年8月15日清晨8点左右，一位到温州打工的农民工许兴权带着即将临盆的妻子坐上了从桐岭至黄龙的公交车。在上公交车时，许兴权就对司机说他的老婆要生了，拜托司机大哥能不能快一些，司机看了看便让他上了车。当时的司机或许也没有把许兴权的话当一回事吧，每天遇到的孕妇多了去了。到半路时，许兴权妻子的羊水破了，引发了车上乘客的不满，并且有的乘客提出要夫妻俩下车的要求。此时四十来岁的公交车司机说："下车吧，还是打个的过去医院。"紧接着售票员也提出："这么脏，坐其他车吧。"在下车的呼喊声中，夫妻俩只能下车，许兴权连续拦了近十几辆出租车，均被拒载。最后，孩子是在凹凸不平的石子路上生的。

2011 年，有一则新闻报道，上海 116 路公交车女司机周卫琴无故被乘客毒打后扔出车外，期间车上 40 多名乘客无一出手相助或者出声制止，其中还有不少的中青年男子。人群对恶行的无视增长了打人者的气焰，越来越嚣张。在医院病房内记者见到了仍躺在病床上的周卫琴，围着颈托，身上的伤虽然已经在痊愈中，但是她的一声叹气，似乎也在跟我们诉说着心里也许永远都无法愈合的伤痕。

引起媒体广泛关注的另外一个事件，就是"小悦悦"事件。

这个事件把人群的冷漠推到了风口浪尖，引发了全社会的口诛笔伐。2011 年 10 月 13 日，2 岁的小悦悦（本名王悦）在佛山南海黄岐广佛五金城相继被两车碾压，7 分钟内，总共 18 名路人路过但都视而不见，最后是一名拾荒阿姨陈贤妹上前施以援手，但是最终，还是太迟，小悦悦经抢救无效离开了人世。出事地点的摄像头记录下了当时所有的路人冷漠的一幕：

第一个人：一名穿白衣深色裤男子，东张西望后，径直从小悦悦脚边经过，装看不到。

第二个人：摩托车男，瞄了一眼躺在正前方的小悦悦，拐弯绕过她身旁离开。

第三个人：浅色长袖衣服男，直盯着小悦悦，然后像怕被拖累一样躲着走，越来越远。

第四个人：开着蓝色后尾箱三轮车男，两次从店铺门前横向经过，对 2 米开外的小悦悦熟视无睹，当她完全透明。

第五个人：踩着三轮车的蓝衣男子。

第六个人：另一摩托车男经过。

第七个人：一黑衣男子开摩托车经过，不断回望躺在路上的小悦悦；并停车询问附近店主，但这一段被 TVS 剪切了，因为有网友质疑 TVS 违背新闻人客观公正的原则，违反新闻总署若干有关规定，已经属于报道虚假新闻范畴。

第八个人：一名中年女子带了一黄衣小女孩经过，看了几眼没有停下脚步。

第九个人：一个穿雨衣的摩托车男子经过。

第十个人：一穿着蓝色短袖衣的男子带着惊异的目光在小悦悦身边来回打量了两次，可除此之外再无动作。

……

如果这些人有任何一个伸出援手，也许小悦悦就还有被救活的可能，一家人还可以相聚共享天伦之乐，可是，这个只是如果，是我们的愿景，遗憾已经造成了，生命已经没有机会重来一次。

这三篇报道，都把矛头指向了一个词——冷漠。

周围似乎有越来越多的声音是关于大爱，关于感动，而这些单纯的谈论似乎注重道德高度而忽略了生活中最平凡、最常见的东西，似乎只有牺牲奉献才是大爱，而沉默却是可以接受的。其实大爱中的基本元素本来就包括公平地对待身边的每一个人，施助予每一个受难者。而其他对大爱的高谈阔论，不过是势利而庸俗的。

在许兴权的遭遇里，公车上有很多的乘客，他们中不是选择了保持沉默，就是选择了把他们赶下车的态度，后者的冷漠更甚于前者。如果我们当时恰好也在车上，我们会不会是这些人当中的一员？这确实给人带来道德上的压迫感。事件报道后，也有许多的网友指责农民工许兴权：在老婆要临盆的紧急情况下，为什么不早早打车去医院，带着老婆搭公车，本来就是对老婆的不负责，是农民式的吝啬，许兴权对于孩子在路边出生自己也有责任。也有网友表示公交车司机也有为难之处：万一孩子出生在公交车上后有个三长两短的意外，那谁来负责？公交车司机的本职工作就把乘客送到站点，是有固定路线的，如果司机紧急驶往医院，那其他的乘客怎么办？

种种的说辞，都是沉默者为自己承受的道德压力找一个借口，舒缓内心压力。指责许兴权吝啬且无知，但如果你也是一个连温饱都困难的农民工，也许带老婆坐公车已经是能力范围内最好的条件，还会这样说吗？说公车线路固定不能轻易更改的，有其他乘客要照顾的，那么，有什么比产妇痛苦的呻吟更紧急的？前者，代表着中国弱势群体农民工的现实生存；后者，是一个有关人性和伦理的基本常识。

只有在这些势利与自私的铺垫下，自己的冷酷无情才有一个合理的出口。让人心寒的是这些事情好像每一天都在我们身边发生。《东方早报》有报道过上海某公交车上，一位捡纸板与塑料瓶的老人家，很疲惫地带着几大包物品登上公交车后，遭到一名男乘客的辱骂和司乘人员的驱赶，然后直接把老人携带的大多数物品都扔下了车，甚至还有其他的乘客附和。拾荒老人的物品大概臭味难闻吧，会影响其他乘客的……类似的报道，一位戴着安全帽、穿着雨靴、裤子上沾满泥浆的民工坐在公交车内的台阶上，而不是坐在后面空出的座位上，图片也同时在微博上传播引起众多博友热议，有网友说，这个农民工的素质真高……

这些新闻讲的都是社会底层的贫困者和弱势群体在公车上的遭遇，是对他们在城市中的地位很真实但又很清晰的隐喻。他们也许只是物质上的弱势者，但种种的歧视、鄙夷、冷漠，却彻底地让他们成为了心态上的弱者，才会使靠自己的能力工作了一天的农民工，会担心坐脏了座椅，而选择"识相"地坐在公交车的台阶上。

弱势者感受到的冷，如温州的农民工孕妇被赶下车的一刹那，不是我们这个社会的第一次也不是最后一次。在把"平等""公平""友爱"建立为社会目标的今天，值得我们该反省反思。

第二个报道中所描述的场面在现实中也是屡屡发生的。比如，如果在路边看到很多人围殴一个人，那么周围会看到很多的围观者，但是只围观不声援。再比如围观跳楼的，有人甚至拿跳楼者取乐。这种集体的冷漠，不仅是对伤者的另外一种打击，对每个人都是一种自我的伤害，让社会陷入恶性循环。你对别人冷漠，别人对你冷漠，冷漠变成了常态，然后就是麻痹，"孤军作战"的社会，谁也不会赢。

在被乘客毒打后扔出车外的上海公交车女司机的遭遇里，那40余名乘客的围观就是一种"集体自杀"。试想下掌握方向盘、肩负行车安全的司机被人毒打，一不小心控制得不好就是重大交通事故，这些乘客是在拿自己的生命为代价的冷漠。难道他们觉得自己跟司机是没有关系的？没有意识到此刻司机就是自己人身安全的保护者吗？

想得再深点，你、我、他可能在某个时候也会遇上与公交女司机相同的遭遇，面对着周围冷漠的集体围观者，会是怎样的感受？这其实跟食品安全问题一样，虽然自己不吃自己生产出来的"毒"食品，但是你可以不吃别人生产的产品吗？别人生产的食品也可能有"毒"。那就是大家集体"中毒"了。

我们的社会能一直进步，正义能得到捍卫，追求公平正义，靠的是集体的力量，集体"防守"对抗不公平，拒绝冷漠，而不是仅仅靠某种个体的力量就能维护。媒体披露的悲情人物与悲情故事，我们要伸手给予援助，不在乎力量是否强大，更要通过媒体来扩大这种声援。为每一个个体应有的权利而奔走呐喊也就是在维护集体的利益。如果没有集体的力量，个人的力量微不足道。恶行本身并不可怕，可怕的是对恶行的沉默。

不可否认，公交女司机被毒打、众人围观这一幕的存在确实有制度的因素，不完全是人的因素。或许，如果法律严谨，某些恶行就不会这么明目张胆。但是法律也不是万能的，与人情道德不一样的，即使有法律，也无法消除这种集体冷漠，这是一个病态的存在。我们的社会中缺少一种公共意识，或者说社区意识，各人自扫门前雪，哪管他人瓦上霜。只要是跟自己无关的，还是敬而远之。而公共意识的培养可不是一朝一夕的。

而小悦悦事件相比以往的"冷漠"事件，最大的不同是舆论之外还有政府相关部门的"隆重"介入。这种介入不是传统的组织事后慰问或者捐款什么的，也不是说单单履行相关的职能在第一时间缉拿肇事嫌疑人，而是对整个冷漠"见死不救"事件提升到社会层面的一种重视，并且就同类案例制定出台了一些相关措施，力求平等，树立一个正面的效应。

车祸现场的无情"看客"

2009 年 10 月 11 日，山东省烟台市区在南大街和解放路路口处，有一辆奥迪轿车与一辆自行车因为相撞，进而导致了该路段的交通瘫痪。听起来有点奇怪，一起普通的交通事故，怎么有这么大的"影响力"呢？因为警察到了事故现场时，发现不少路过的行人跑到路中央"看热闹"了。警察既要处理这起交通事故，又要维持现场混乱的道路秩序，简直是"忙得焦头烂额"。

当时恰逢中午上下班高峰期，这条路又是主干道，来往车辆特别多，因为这些"好奇的看客"在马路中央围观，妨碍了车辆的正常通行，没一会儿路上就变成了车龙。因为事发的地点正好是在路口的斑马线上，很多路过现场的群众停下脚步观看"现场直播"，有的人热心地问事发原因，有的则如一个勘察员般查看车辆被撞的情况。居然有一位 20 来岁的小伙子在远处，还刻意跨过隔离栏奔跑过来凑热闹，一副生怕错过精彩剧情的样子。现场的交警多次督促、劝说围观的群众尽快离开现场，以便警察开展正常的勘察工作，但是有的人却置若罔闻。

在北京城有这么一起令人吃惊的"哄抢鸡蛋"事件，事件是这样的：有三辆车不小心撞到了一起，有一辆车上满载的几百箱鸡蛋一时间就滚落到地上，事件导致一人当场死亡。但路过的人看到这样的情况不是忙着抢救，把事故的伤亡减至最低，而是在哄抢散落在地上的鸡蛋。最开始是一个女人在抢，之后，多了一个男人加入抢鸡蛋的行列，而后，女人男人都叫来了自己的家人一起哄抢。此后，哄抢队伍的规模就不断扩大，最后演变了啼笑皆非的"哄抢鸡蛋"事件。这一个事件让我们看到了人们内心最丑陋的一面，也再一次让我们强烈地感受到了"群体性的冷漠"。

为什么会出现这样的行为呢？其实这是一种"和尚摸得，我也摸得"的惯性思维在作怪，当一个群体都在做一件事，群体内的个体就开始失去了理性的思考，与始作俑者一起冲动，与哄抢者一起哄抢。到了那个时候，应该做什么、不应该做什么、什么才是当务之急要做的事，统统都被群体内的人们远远地抛在脑后。大家最怕的就是在这里吃亏，生怕自己变成了群体内的"异类"，所以，必须跟随大家一起哄抢。如果当时有一个人勇敢地站出来，召集几个人围成一个大圈，伸出自己的双手并大声对着大家说："朋友们，我们应该把地上没碎的鸡蛋帮人家拾到筐子里去。"在这种情况下，我们做一个最差的设想，就是呼吁者的呼吁没有得到大家的相应，但在某种程度上可以让那些准备哄抢的人有所迟疑。如果仍然没有阻止哄抢，那么这个时候最有力的行为就是给予斥责和棒喝，那些只能用文字表达的斥责实际是人类最无奈、最下策的一种办法了。说到底，我们的社会现在最缺的是一个勇于在适当的时候站出来的人，然后振臂高呼，把人类的公义呈现在群众面前。

当然，媒体对这种"群体性冷漠"事件都给予了最强烈的谴责，并且在"棒喝"的同时高声呐喊着"应该对那些冷漠者狠打板子"。我们都不否认媒体的这些高喊都是正义的呼声，也代表着那些有着良好道德观的人们的最内心的呼声，我们也很想对着那些"冷漠者"说："你们的良心还在吗？"但我们更想表达的是：我们不断地在批判那些丧失良心的现象，但为什么诸如此类的

"群体性冷漠"事件并没有因此而减少，反而是增加了，更有愈演愈烈的势头呢？有人对这种现象给予反应，说："那是因为我们整个社会也变得越来越冷漠了。"其实这种说法是带有偏颇的，每年有不少针对好人好事进行颁奖的典礼，比如"感动中国的十大人物"等，受表彰者都是平凡的人，做着平凡的事，但他们的事例都会让人们的心变得光明又温暖。

其实在我们的身边这样的人和事有很多。有"一个人感动一座城"的英雄郭春晖，他的事迹牵动了多少人的心，震撼了多少人的心，更是团结了牛城人的心；胡子宏用他自己的那点影响力在网上牵头，对贫困山区的孩子进行资助，目前已经有很多人加入他的行列，一起资助那些没有钱上学的孩子，参与人数目前已经无法统计了，但可以知道的是，不仅在胡子宏所在的城市，其他省市也有人加入了他的行列……从这些看起来平凡而又感动人心的事例中我们可以看到，我们的社会其实不是真正的冷漠了，只是一部分人以为这个社会理应变得冷漠了。事实上，我们是有英雄在做榜样的，也有人牵头带领着我们做慈善事，贡献着每个人的力量。

我们从理性的角度来分析，人性是有一个固有的弱点，而且如今的我们，有多数人的"道德观"都不太彻底。人们往往带着这样一个观念去做人做事——"人不为己，天诛地灭"。人会因为自私，随之带来了膨胀的欲望，正因为这种欲望不断被扩大、膨胀，也让人类的这个弱点越发明显，也是因为这些弱点的明显化直接导致冷漠的事件发生。这些事件里面的一个个体的背后却是一大个群体，当上升到了群体现象就变成了社会现象，而"群体性冷漠"的不断加剧，最终的结果则是社会的灾难，这种可怕的多米诺效应就是这样来的。其实我们的人类社会是需要一个温暖、和谐的世界，但要真正地达到和谐与文明，就要求有更多的人拒绝冷漠，站出来把理性摆在前面，凸显在群众的面前，才可以真正起到克制人性弱点的作用。

我们这个社会不会缺少人，缺的是更多的勇敢者，其实我们每个人都可以当这个勇敢的人，当站出来的人越多，正义就越被突出，这才可以击退人性的弱点，才可以把社会建设成一个真正的文明与和谐的社会，当这个社会趋向文明和和谐时，我们的人类将是这和谐与文明背后最大的利益获得者。

2007年3月，辽宁一名老实巴交的农名工刘明明在遭遇车祸后，工友们想把他送到医院，但当工友向住在路边小屋子里的老汉求助，但老汉就是死活不愿开门；向附近加油站的工作人员求助，工作人员很客气地拒绝让伤者进屋。直到他们拦下了一辆坐着几位警察的丰田车，刘明明这才上了去医院的路，但没有料到这辆车只开出一公里多，司机就催促他们，说道："这儿有个小诊所，你们赶紧下车吧。"自己还得去"接领导"呢，没有办法再送了。工友只能哀求司机："再送一程，至少找到个大点的医院吧。"但工友们没有想到，车上的人急了，说："再不下车，我就打你们！"工友们无奈，只好把刘明明抬到车下，在雪地里苦等。之后来了一辆警车，当警车上的人看到有一帮人在雪地里拼命挥手求救时，突然猛打方向盘，掉头跑掉了。终于，又等到了一辆路过的120急救车，但司机的回答是这样的"我后面还有人呢！"工友哀求道："难道您不是120车吗？"司机撂下一句"我不是本地的120"，就扬长而去。无奈之下，工友们只能就近求助一家名为"胡家镇康复诊所"的小诊所，但里面的医护人员死活不同意接治，更不人道的是不让刘明明躺到病床上，甚至直接把他就搁到了屋外的雪地里。

工友们无奈了，在绝望中总算还遇见了一位好人，那就是一个小卖部的老板娘，她给他们提供了一辆简易的货车，由附近派出所教导员付红军开车把伤势严重的刘明明送去医院，但车走出10公里后就再也走不动了，因为厚厚的积雪已经挡住了去路。付红军和工友们跪在地上，一边用手扒雪一边挪动车……当刘明明送达医院时，已经距离受伤有5个多小时了，已经耽误了最佳的治疗时间，24岁的刘明明因为"抢救不及时"而停止了呼吸。这个消息给乍暖的三月带来了最冷的"打击"。

也许刘明明事件只是众多的"群体性冷漠"事件的一个，面对大庭广众之下的行凶作恶，有多少人是袖手旁观的，当看见企图跳楼自杀的人，不是劝他下来，而是围观起哄的。对那些"见死不救"的普通市民、小诊所，也许我们不需要对他们过多的指责，可能他们真的是无能为力，也可能他们曾经被各种骗局、敲诈吓破了胆、害怕自己"惹祸上身"，引来不必要的官非和赔偿。但刘明明事件里面最令人气愤的是，为什么作为一个国家公职人员的警察、还有天责就是救死扶伤的医生，也是如此的冷漠，为了自身的利益而放弃了神圣的使命？"120"是政府开办的特殊社会福利性事业单位，理应对公众负有法定的救助义务；那些靠"纳税人"的财政供养的人民警察，如果见死不救、临阵脱逃，从法律的角度，根据《刑法》第397条和公安部《110出警工作规则》第11条，他们的行为就是渎职，就是犯罪，必须受到法律的严惩。但我们坚信，对于社会的"冷漠"，绝不能总停留在"法制教育"和"道德指责"的层面，只有由衷地从人们的心底发出善良与正直，我们才能真正避免"群体性冷漠"的出现。面对这些"冷漠"事件，我们每个人都需要反思，哪些是导致这个社会"群体性冷漠"的"制度性原因"。

有人说"我不是本地120"，更是无形中说明，本应是每个人都承担的社会责任，却由各个功能部门利益和权力体系在分支瓦解，让大家对责任有误解。社会地位上对外的，"画地为牢、条块分割，不求有功，但求无过"，工作职能上对内的，表面说一套，背后做一套，撒谎成性，虚伪当光荣，不顾实际责任。所以我们讲公平、求正义，是必须建立真正完善的法律和制度保障，才不会让"潜规则"泛滥，让冷漠的阴霾在社会弥漫，人们心里的那盏"人性的明灯"才会长明。

值得欣慰的是，在这个极度悲凉的故事中，仍然有温暖人心的举动，有好人的身影！正因为，这些朴素、善良、正直的人们的坚持与信仰，令我们对社会的未来不会丧失信心！

冷漠也分类

1. 看客型冷漠

会出现这种情况的冷漠缘于人们心灵的冷漠，觉得事不关己，千万不要去惹麻烦。在 2007 年的 10 月，甘肃发生的一起溺水事故可以很好地说明这个"看客型"冷漠。

那是一个在餐馆打工的 16 岁少年，因为不小心掉进水里面了，有四名好心的市民果断地跳进河里对这位少年实施营救，但有一群人站在岸边围观，不是去帮忙，而是对四名好心的市民鼓掌起哄、嘲笑他们。当看见他们因为呛到水而痛苦挣扎的时候居然是发出了一阵阵嘘声。而这个餐馆的临时负责人赶到现场，想和筏子客协商帮忙救人时，筏子客居然开了一个很高的价格。临时负责人一时又做不了主，因此救援工作无法顺利进行，而打捞工作一再延误。直到警察到了现场帮忙协商，最后才把费用协商到 3000 元。而这些筏子客也不是认真去争取时间救人，而是每在水中打捞一会儿，就会上岸和警方及面馆临时负责人协商价格问题。整个打捞过程用了两个半小时，溺水者终于被打捞出水面，但因为溺水时间太长，这位 16 岁的少年已经身亡。

也许我们没有亲临现场，不能感受到当时的气氛，但一名 16 岁的花季少年就命丧于此，我们深感惋惜。而让我们气愤的是，那么多围观的人不但没有伸出援手一起营救，还对营救的好心人起哄、嘲笑；筏子客在生命与金钱的选择上，无情地选择了后者。这是何等的冷漠，或许那些起哄的人、筏子客只是众多看客型冷漠者中的代表而已。

2. 受伤型冷漠

什么是受伤型冷漠呢？通常指的是冷漠者是因为对现实的无奈而导致冷漠的，常常有这样的报道，明明做了好事却被冤枉。比如送半路晕倒的老年人去医院反而被冤枉是肇事者，遭到老年人家人的殴打、索赔。进而导致社会上的很多人都不敢做好事，特别是对"路边晕倒的老年人"，有着一朝被蛇咬十年怕井绳的意味。

有这样一则报道，一名6岁的男孩在某小区门口玩耍时，一个不小心撞到一辆停在路边的汽车，当时的小孩没有家长带着，所以小孩躺在地上一个劲地喊痛。一名路过的先生热心地开车将小男孩送到了医院。没想到，男孩的家人来到医院后，没弄清事实就一口咬定是这位热心的先生撞到了小孩，小孩的家属还推了他几下。警察在了解了事情的真相后想对小孩的家属解释，家属不但不听解释，还对着热心人喊道："你有这么好心吗？难道你是雷锋吗？"正当双方争执不下的时候，那位小轿车的司机来到医院并且承认自己的车撞倒了这位小孩，对相关的治疗支付了相应的医药费后，小孩的家人才没有对热心人怎样。然而，小孩的家属并没有对自己的误会表示歉意。

像这样的事例网上一搜都有很多，有时候明明做了一桩好事，反而挨了一顿骂。而这样的事情值得我们深思，为什么这个社会上有那么多人选择冷漠呢？不是真的没有良心，而是因为做好事还要让自己无端端地"受伤"。长此以往，谁还愿意再做好事？谁还敢再做好事？如果说有什么办法可以改变目前人们冷漠的心，最好的办法就是对有爱心的人要予以理解，不要让热心人凉了心；而那些做过好事的人会永远拥有一份爱心，继续给他人，给社会奉献自己的爱。

3. 明哲型冷漠

明哲本是一个褒义词，被运用到了冷漠里，它就变成了贬义的了。什么是明哲型的冷漠呢？这种冷漠通常是源于对信任的缺失，宁可少一事为好。

有这样一起交通事故，一辆超速行驶的汽车撞倒了一名行人，行人倒地之后，没有多少人上前去帮助他。有一个小伙子用公共电话打了120，然后走到伤者的跟前，拿出一支笔在伤者的手上写下了肇事车辆的车牌号码，便离开了。这名小伙子为什么选择这样的方式帮助伤者呢？既然有心要帮助人，为什么不把伤者直接送到医院治疗呢？事后他说："不想给自己带来不必要的麻烦，搞不好被人误会成自己才是肇事者，那不是没事找事，引火烧身吗？"

其实有这样心态的人不在少数，这名小伙子事后说的话也代表了很多人的心声，就是不想惹来不必要的麻烦，不想自己"受伤"。也许那些让自己受伤的例子教育了大家，更多时候选择"明哲保身"比"受伤"要好得多，这是源于社会的信任缺失，也就是当代的人与人之间最基本的信任已经缺失，在特定的环境和情境里，人们会情不自禁地选择自私和世故。担心因为自己的热心会引来不必要的麻烦和困扰，很多人宁愿选择冷漠对待。

这种冷漠在当今的社会里也许会"越来越流行"，因为大家自保的心理很重。但反过来想，大家在考虑自保的同时，有没有想过一个问题，当你需要帮助的时候，你是希望别人"明哲保身"还是伸出援手去帮助你呢？

4. 传染型冷漠

如果冷漠是一个病的话，那它可能就是一个传染病。因为冷漠是可以传染的，当有一个意见领袖选择冷漠对待的话，那其他人往往会选择"恭敬不如从命"。这种冷漠往往来源于"榜样"的恶行。

在前面我们讲过的"抢鸡蛋"事件中就体现了"传染型冷漠"这个类型。我们这里就不再赘述案例的内容了，案例中第一个抢鸡蛋的妇女就是这个"意见领袖"，当她选择抢鸡蛋，把这个信号传达给了那位男人，再到双方都找来家人一起抢鸡蛋，最后发展到路人一起抢鸡蛋。因为大家都觉得"意见领袖"传达的是抢鸡蛋而不是救人，那么救人一事就被大家忽略了，鸡蛋才是重点，所以大家自然而然地选择了对伤者冷漠。

这种心态的人也有很多，总觉得别人可以这么做，我也可以。在他们的心中，是知道自己的行为是冷漠的，但他们又会觉得冷漠对待的并不是一个人两个人，是有很多人，就算天塌下来，砸到的肯定不止我一个，所以还是跟大多数人的为好。

把冷漠分类其实不止这四种，只是列举了最普遍的一些类型。如果有一天集体性冷漠可以消失，那么分类也就没有了意义，也许这是我们最美好的愿望了。

是什么让人们变得"冷酷无情"

先给大家说一个耳熟能详的故事：

从前的山上有座庙，庙里有一个小和尚。小和尚住在庙里很是轻松自在。他每天的任务就是先去挑水，然后就是诵经敲木鱼，每天也要给供奉的观音菩萨的净水瓶里添上纯净的水。在夜里呢，小和尚要不时地赶赶老鼠，防止老鼠来偷吃东西。小和尚就这样子每天做着简单的活，一个人自由自在地生活在寺庙里。

但是好日子不长，过了段时间从外面来了一个老和尚。老和尚看到这个寺庙之后便在这里住了下来。他一到庙里便把那个水缸里的半缸水给解决了。小和尚一看缸里没水了，这可不行，于是便让老和尚去挑水把水缸灌满。但是老和尚不同意，他认为自己一个人去挑水两个人一起喝的话对于自己来说是不公平的，所以便要求小和尚和自己一起去抬水喝。于是两个人便拿着一个扁担一个木桶去抬水喝，并且立下规定：水桶必须是在扁担的正中央才算公平。他们就这样子每天用扁担一起挑水一起回来喝。

过了一段时间又来一个特别胖的和尚。他十分的想喝水，但是缸里却没有水喝。小和尚和老和尚不愿意去挑水给他喝，便让他自己去挑水自己喝，胖和尚便自己挑来一桶水，自己把那桶水喝光了。他们都觉得自己去挑水不公平，便都不去挑水喝了，他们也就没有水喝了。三个和尚便从此以后就各敲各的木鱼，各念各的经，谁也不去管庙里的事情。因为没水，也没人去管观音菩萨面前的净水瓶子里的水，因为不再添水，花草也渐渐地枯萎了。有一天夜里有老鼠出来偷东西吃，三个人你看我、我看你都不去管。结果老鼠乱窜把烛台打翻了，燃起了大火。三个和尚这下子慌了神，不能再不管了，要不就烧死了，于是三个和尚一起去打水灭火，此时他们也不管谁干得更多谁干得少了，都很卖力。在他们共同的努力下，终于把火扑灭了。他们此时也觉醒了，自此以后便很齐心，整天轮流打水，自然每天都有水喝了。

这个和尚挑水的故事告诉我们：如果没有落实责任的话，那么人多反而会把事情办得很糟糕，导致人多办不成事情。一个和尚挑水喝，因为只有他一个人，所以责任他一个人承担。两个和尚抬水喝，他们两个共同去挑水共同去承担责任，所以他们依旧有水可以喝。但是到了三个和尚便没水喝了，这是因为三个和尚没有明确的分工，所以每个人都不想出力，都想去让别人挑水自己喝，所以在取水这个事情上变得习惯依赖别人，相互之间推诿，到最后三个和尚只能没水喝。

在群体中大多数的人会存在一种"责任分散"的心理，"责任分散"心理就是随着责任人数的不断增多，其中责任人所拥有的责任感就会下降。人一多，他们就会觉得自己完全没有必要那么拼命地去干，因为有这么多人呢，都在干，都要承担责任，自己一个无关紧要。其实正是由于每个人都是这样的想法，导致了谁都不努力干，最后导致办事效率低下，影响了事情的进展。有的时候因为缺乏责任感，每个人不去努力解决事情，会导致发生更严重更悲惨的事情。

有一个案例是在美国纽约郊外的一所公寓发生的，时间是

1964 年的 3 月 13 日夜里。一名叫玛丽的年轻女子从酒吧回家的路上被人盯上了，歹徒想要杀掉她，她很绝望，在最后的时刻大声地呼喊救命。周围的住户听见了她的喊叫声，都打开了灯、打开窗户查看什么事，歹徒一看这样子便吓得逃跑了。但是当每个人都觉得这个事情结束了的时候，一切都平静时，歹徒又返了回来想要再次杀她。她又大喊大叫地引起周围的邻居关注，歹徒看到周围有出来的人便又逃跑了。当这个玛丽认为不可能再有人过来杀自己的时候便快速地走回家，刚到楼下，这个歹徒又出现了，她再次喊叫，可是却再也没有人过来查看了，歹徒一下就杀死了她，她死在了楼梯上。在这个被杀的过程中，虽然她依旧在大声地呼叫救命，可是并没有人过来查看。她的邻居中有 38 位在窗前观看，没有人前去帮忙，也没有人打电话报警。

这件事情发生之后引起了很大的轰动，同时也引起了社会心理学家的重视和思考。他们对这个事情进行了研究、调查和走访，把这种在很多人旁观下发生却没有人前去见义勇为的现象称作是"责任分散效应"。在"责任分散效应"的影响下，伴随着事件的目击证人的增加，其中每一个人的责任心都会逐渐的递减。"责任分散心理"使得人们对待事情的时候变得麻木，更有可能看到有人在碰到危险、需要自己去伸手帮助的时候，很多的人在旁边，就会产生"这么多人，肯定会有人去救的，不用我去救，我去不去救都无关紧要"的心理，最终导致谁都不去出手相助，造成了悲惨的"集体冷漠"的局面。

为了了解到责任分散效应形成的原因，心理学家们对此进行了大量的实验和调查取样。实验调查之后的结果显示：责任分散效应不能简单地定义为是当今社会的道德水平的下降，也不能简单地定义众人是没有责任感、没有道德良心。在不同的地方人们面对事件的时候会有不同的表现。如果有一个人在碰到紧急事件的时候现场只有自己一个人，只有他一个人能够提供帮助，如果他不提供帮助的话那个事件就会有更加严重的后果，他那时就会有很清楚的责任感，很大程度上会对受难者加以帮助。如果他不给予受难者帮助的话那他内心会受到良心的煎熬，会产生很严重的罪恶感，以后内疚感会时刻陪伴着他。这是他不愿意看到的结果，所以在道德责任感的驱使下他会及时伸出援手给予受难者帮助。但是假如有很多的人在现场的话，求助者向大家求助的时候，这时候人们心里想到的是：这么多人，不用我出手就有人应该出手相助吧。这么多人肯定会有人出手相助，不用我再上前了。这时候帮助受难者的责任就分担到周围的人当中了，这就造成了集体冷漠的现象，在场的人都会有一种"我不救，别人会去救"的心态，以至于造成了"集体冷漠"局面。现在如何能够去打破这个局面是心理学家们正在努力研究的一个问题。

如果把这种责任分散效用放在具体的工作上的话，如果个体产生了这种责任分散的心理，工作就会很不积极，会敷衍工作，工作的劲头会明显地下降，导致工作效率下降。一件事情分给一个人去单独完成，这个单独完成的人往往会很认真、很负责地去按时完成，因为他知道这个工作只是自己在做，做好了奖励的是自己，做不好要负责任也是自己，所以此时他会竭尽全力地去完成这个工作，工作的效率也会很高。但是如果把工作安排给一群人一起干，工作效率就会下降，这一群人的工作热情和干劲就会很弱，而且每个人都会有偷懒的心理，总是要想着去少出点力气，反正这么多人，每个人多干点不就把自己没干的完成了嘛。工作遇到困难的时候每个人都不愿意去挑头解决问题，总是在等待他人去解决。每个人总是想自己能少出点力或者是不出力，都想着别人多干点自己少干点，反正这么多人，工做出现问题责任分摊，自己又不会受到太大的惩罚，所以就产生了"责任分散效应"。

在"责任分散"心理的影响下，"人多力量大"的原则被转换了，造成了"1+1<2"的结果，所以在人多的时候干活会出现误工

窝工的情况，人越多干活的积极性就会越低，工作效率也会下降。所以说最好的办法就是责任分散到每一个人，谁负责什么工作都要安排好，这样才能使工作效率得到提高。

反观现实，是什么原因让当今社会的人们变得如此的"冷漠"呢？最根本的原因还是在于群众"怕事"的心理，生怕因为自己仗义出手之后会惹来不必要的麻烦。当面对那些需要帮助的人，他的心里肯定是经过"良心的挣扎"的，但结果还是没有伸出援手。当然，目前有很多人把这种"想救不敢救"的消极社会心态归咎于2007年的"彭宇案"。尽管这个说法是带有偏颇的，但有学者认为要避免这样的悲剧重演，还是应该在根本上改变"彭宇案"的判决思维。

社会需要更多的人们良心发现

当我们习惯了群体性的冷漠，就会对社会产生失望，默认所有的社会个体都是冷漠的。其实不然，有良心的人是有的，除了没有被发现的那些个人，更多的是社会没有给予正面的支持，当社会以及舆论给予正面的支持时，社会公众是会恍然大悟的。

这有一个见义勇为、伸出援手的例子。拾荒阿姨陈贤妹将被车两次碾轧、18位路人漠然无视的两岁小悦悦救起。正是这一救，这位瘦小的拾荒阿姨获得了"2011平凡的良心"的"良心人物"奖。

而陈贤妹阿姨面对自己获得奖项时，她只是简单地说："多谢大家，我只做了自己应该做的事。"

也许阿姨的感谢词很短，但这是最坦率的感谢词，为什么要说她是"坦率"而不是"谦虚"呢？应该这么说，陈阿姨当时救小悦悦的举动并不是站在一个惊人的高度上，她是坚守了人良心最基本的底线，所以阿姨觉得，这是她应该做的事。

但不能因为坚守着良心最基本的底线就没了高尚，当如今处在一个良心底线普遍失守的现实社会环境下，在对"举手之劳"选择时，变成 18 比 1 的结果时，这其中之"一"就变得难能可贵，变得是脱颖而出的英雄人物了。在一个以稀为贵的世界里，陈阿姨的举动毫无疑问地属于为数不多的没有被这个冷漠的社会淹没的一颗金光闪闪的"金子"。

当我们看到"2011 平凡的良心"的颁奖盛典对陈阿姨的动人事迹进行表彰时，我们会情不自禁地仰视这位"良心人物"，当然，我们也会不由自主地为自己的过分卑微而感到无地自容。

我们可以从"2011 平凡的良心"发现这么一个信息，这个盛典的主题是体现在助人为乐上。在中华上下五千年的文明史中，良心其实是我们人性最基本的文化，可以说是俯首可拾。如今，在这个物质文明飞速发展的新时代，这种人类最基本的美德反而变成了珍贵的社会资源，是要被歌颂、弘扬时才可以引起大家共鸣的东西，这也充分暴露出社会在发展物质文明时忽略了精神文明的发展，导致了人们在精神道德上的堕落。尽管我们说这个功利社会是必然产生急功近利的，但对有需要帮助的人伸出我们的双手毕竟不需要很大的物质支撑，就我们前面讲的"小悦悦事件"来说，助人为乐者陈阿姨并没有比一般人在物质生活上更富有，她只是生活在社会底层的拾荒者，但她依旧可以做到。这只证明了一件事：只要一个人的良心还在，助人为乐就不难做到。

那么，目前社会的冷漠是什么原因造成的呢？是不是来自这微不足道的利益得失呢？事实并不是这样的。因为助人为乐关乎的不是利益得失的问题，而是利害得失的问题。当看着小悦悦被车两次碾轧时，有着 18 比 1 的不同选择，这个比例是悬殊的。当然不能说这单一的事件就有一定代表性，这个现象倒是体现了这个社会经常出现"好人不得好报"的荒唐局面，才把原本有良心的人们逼的如此"老于世故"。

当人们的"良心"走到了临近濒危的地步，简单的举手之劳就越发难能可贵、出类拔萃了。"2011平凡的良心"的这个颁奖活动势必变成这个冷漠、无情的现实社会里的一股暖流。那么，这个"良心人物"奖能不能唤起已经被埋没的社会良心呢？答案是毋庸置疑的，这除了要唤醒那些道德良知丧失、追求利益、贪婪无止尽的人外，还要配备有强有力的制度保障。"良心人物"给我们树立的只是一个正面的形象榜样，当人们对见义勇为、助人为乐还心有余悸的现实情况下，相关的政府部门必须狠下功夫，理清那些复杂交错的"人民内部矛盾"。而从现实的角度上看，后者的行动是更加重要的。因为当没有涉及很大的利益得失时，即使在一个浮躁的社会环境下，人类本性中的那些起码的"良心"还不至于完全丧失，那些举手之劳的行为人们还不至于那么吝啬。我们熟悉的"小悦悦事件"中"脱颖而出"的陈贤妹阿姨，她不是一个受过专业的道德教育的人，那18位冷漠的、不施救路人，也不是社会的人渣，那18位路人的问题很大程度取决于社会经验带来的社会态度。而这些所谓的"社会经验"是怎么来的呢？那就是通过这个社会的现状下不断地社会实践获得的"经验"。

我们希望的"良心发现"，指的是整个社会的觉醒，包括自然人和社会制度。"2011平凡的良心"颁奖只是发现了"良心"，但这个颁奖典礼最重要的目的，是通过这些尚存的社会美德，让人们意识到良心的稀缺和珍贵，进而通过道德的体现和制度的保障，让整个社会的良心都被发现出来，让大家的良心都可以体现在我们平时的一举一动之中，而不是喊喊口号而已。这不啻是对这个逐渐冷漠的社会亟不可待的救赎。

小悦悦事件引发了一系列的疑问，从民间到官方，从城市到农村，从国内到国外。这种事件不是第一起，在这里让我想到了20世纪80年代的"潘晓事件"，应该有很多人知道这个事件，当时一位署名是"潘晓"的人在《中国青年》上发表了一篇《人生的路呵，怎么越走越窄》的文章。其中有一段写到：我今年23岁，应该说我刚刚走向生活，但是人生的一切奥秘和吸引力对我已经不复存在。她问道：人生的路啊，怎么越走越窄？在那个时代短短的一个月的时间就有6万多封信发往《中国青年》编辑部，在全国也掀起来一次人生观的讨论。全国很多部门也参与在其中，包括很多的中央部门。虽然从1980年到2011过去了31个年头，但是两者存在着一个共同点，那就是都体现了一个时代的迷茫彷徨。现在人们价值观念不断在转变，社会经济体制的改革使得拜金主义的盛行，所以人们的价值观念也在转变，社会道德秩序也变得混乱不堪。但是小悦悦事件发生之后的讨论是很自然的，这是因为在人们的内心深处还存在着良知，还存在着道德素质，只是在现在被暂时掩盖了。虽然现在的社会道德在滑坡，但是我相信人性本善，在以后的日子里，人们会逐渐地意识到自己的本心，会慢慢地找回自己的良知，我希望那个良知的社会早点到来。不会再有"责任分散心理"，不会再有小悦悦事件的发生。

我们以最善意的角度分析"小悦悦"事件，当货车第一次将小悦悦卷入前轮之下时，司机并不是有心的，只是开车时大意了，酿成了一场交通事故。但当司机在停车之后又加大油门让后轮再次碾过小悦悦的身体，后来的行动无疑是恶意的，他的行为犹如蛇蝎一般的心肠，在一次车祸中暴露出来。司机的这种行为的确是应该得到严惩的，也只有这样才能给小悦悦一个公道，也才能维护这个社会应有秩序和法律的尊严。庆幸的是，小型货车司机已被公安机关抓住了。

当司机漠视生命的意义，碾轧一个无辜的小孩，并且逃之夭夭，这种行为本来是应该遭到全社会的谴责的，也是法律所不容许的。而当路过现场的路人对这起交通事故见死不救或者眼睁睁地看着小孩再次被车碾轧后，还是没有人伸手施救，这样的行为则是等同于在道德和同类生命的伤口再撒上一把盐，简直是把自己的良心撕开了。

也许在不少人眼中，觉得这样的惨剧来的不可思议，可这样的惨剧却实实在在发生在我们的面前了。有18个路人经过事故现场，看到小悦悦倒地、被汽车碾轧，就是没有一个人站出来，向不幸的小悦悦伸出援手，直到拾荒阿姨陈贤妹的出现。

但从小悦悦的案件里，小悦悦是不幸的，是司机的无情、是家长管教上的缺失、是社会的冷漠。但这一事件引申出来的却是整个社会的不幸，是整个社会的道德缺失。这些路人原本与小悦悦家毫无关系，也没有冤仇。对于小悦悦遭惨车祸表现出来的冷漠无情，并不是出于对小悦悦有某种仇恨，而是他们的惯性思维——习惯性的选择和态度，他们在做出这个冷漠的行为前可能还喃喃细语："反正不是我干的，与我无关，多一事还不如少一事，免得给自己带来不必要的烦恼""人可不是我撞的，去救人的话真担心成了下一个'彭宇'""我可没有钱，打不起官司，还是不要没事惹事""我是打酱油的，我还有其他重要的事要处理""做好事未必有好报，弄不好还要赔一笔钱"……总之，就像遇到瘟疫一般，赶快逃离事故现场。

小悦悦遇到车祸，可以说是一次意外的交通事故，但是当她被18位路人漠视之时，小悦悦如果可以保住性命活下来的话，她长大后也无法接受这样的现实，因为这次交通意外留给她的不仅是身体上的残疾，更重要的是她幼小的心灵遭到严重的伤害。

第十九章

无法自抑的"贪吃"
——神经性贪食症

不满足的"食欲"

你知道"七宗罪"的由来吗？据说七宗罪是但丁在《神曲》中根据恶行的严重程度将色欲、饕餮、贪婪、懒惰、愤怒、忌妒、骄傲排列而出的。

而说起七宗罪中的"饕餮"，在我们中国有这样一个古老的传说：传说神龙有九个孩子，饕餮在其中排行老五。在《山海经》中对"饕餮"有这样的描述：饕餮有着羊一样的身子，眼睛位于腋下，有老虎一般的牙齿，长着和人一样的手，有着一个大头和一张大嘴。而饕餮最大的特点便是喜爱贪吃，见到什么就吃什么，由于吃得太多，最后被活活地撑死了。因此，"饕餮"也可以用来形容一个人暴饮暴食。

曾有人对戴安娜王妃做过这样的描写：她生如夏花，逝如冬雪。其实，戴安娜王妃原本拥有着一个在外人看来宛如童话故事的主人公般美丽而幸福的生活，虽然表面的假象永远笼罩在光环中。但其实在私底下，戴安娜王妃多年来都一直在辛苦地跟她的神经性贪食症和抑郁症做着艰难的抗争。

谈起戴安娜，便不得不说她与王储查尔斯从相识到相恋的故事。事实上，查尔斯王子在还没有认识戴安娜之前，他最先的约会对象是戴安娜的大姐莎拉，但由于当时的莎拉也正忙于与神经性贪食症搏斗，无暇顾及查尔斯王子，于是便把当时只有 16 岁的戴安娜——自己的妹妹，介绍给了查尔斯王子。

对于当时年轻单纯的戴安娜来说，能够与查尔斯王子交往，这令她感到无比的兴奋，因为除了查尔斯王子本身具有令她着迷的魅力外，那些来自于媒体、朋友、各界人士的关注都充分满足了年仅 16 岁的戴安娜的好奇心与幼小的虚荣心。在这种受宠若惊的情况下，戴安娜很快便坠入了爱河，尽管有许多人都不看好戴安娜与查尔斯王子的这段恋情，甚至有很多人谣传说王子可能从来就没有爱过戴安娜，只是迫于身份的压力，不得不选择一个结婚对象来生下皇位的继承人，但是，在戴安娜 19 岁的时候，查尔斯王子还是向她求婚了。

不久，查尔斯王子与戴安娜举办了一场空前盛大并受世人瞩目的婚礼。在婚礼举行后，慢慢地戴安娜开始意识到，先前那些让她感觉美妙的关注逐渐成为了令她感到有压力的源泉。

在婚礼即将举行前的一段时间内，此时，年幼的戴安娜却受到了来自公众、媒体和皇室的不同压力，面对着这些舆论的压力，戴安娜第一次有了一种无所适从的感觉，她感到孤独在不断地围绕着她，为此她经常哭泣。也正是由于这段时期的影响，戴安娜第一次开始采用呕吐的方式，在进食以后，再将食物从自己的体内清除出去。那段时间她的腰围从 29 英寸猛速地下降到了 23 英寸。

童话般的故事总是给人制造一种美好的假象，戴安娜的这段童话般的幸福幻想在舆论风波停息不久后，却被接下来发生的事情彻底打破，揭开了假象下掩藏的真实面具：戴安娜在自己即将与查尔斯王子步入婚礼殿堂前两天突然发现查尔斯王子打算送给卡米拉的一条项链，在项链上还刻着两个人的亲密昵称，并且还看见了卡米拉的照片从查尔斯的日记本里掉了出来，接着又发现了查尔斯有些衣服的袖口的链扣上还刻着卡米拉名字的缩写……

在查尔斯与卡米拉的这一切事件被戴安娜识破后，于是，便有了后来查尔斯王子对于这件事情的另一种说法："我整个蜜月都是在你呕吐的气味中度过的。"查尔斯的意思是戴安娜每天都要吐，一天下来不吐个三四次是不会善罢甘休的。

此后，戴安娜王妃的暴食现象变得越来越频繁，虽然她有着一个娇小的身材，但也有着惊人的胃口。例如：她某天晚上晚饭吃了一整块的肉排，加上一磅的糖果和一碗大份的奶油冻，然而，每一次当她用呕吐的方式将这些食物都排出体外时，这种感觉给了她一个可以释放压力的出口。她渐渐意识到，呕吐的方式让她获得了一种控制感，并且也给了她一种可以表达愤怒的机会。

除此之外，由于现在社会言论自由，还有媒体的可怕舆论，戴安娜在日常的其他时间都会小心翼翼地维护和监控好自己的外在形象，让自己随时随地都可以处于拍照的最佳状态，因为稍有不慎，自己就会成为那些来势汹汹的狗仔们隔天新闻中的主要谈点。因此无论是服饰、身材和个人装饰品位上，戴安娜的表现都必须做到完美无缺的地步。而这些沉重的枷锁，只会进一步地加剧戴安娜的神经性贪食症的病情。

在生育过两个孩子之后，戴安娜的生活逐渐开始了缓慢而又充满波折的恢复之路，在那段昏暗的时光中，戴安娜先后向一位催眠师、一位占星术师、一位深层按摩师、一位芳香治疗师、一位针灸师、一位头骨按摩师、一位整骨治疗师等寻求帮助。在这些人的治疗下，她的贪食症才得到了一定的控制。病情有所好转后，1996 年 8 月 28 日戴安娜正式与查尔斯王子离婚。次年 8 月 31 日的凌晨，戴安娜因一场意外的交通车祸最终在医院香消玉殒，终年 36 岁。

戴安娜的故事讲完后，你是否已经清楚地了解了神经性贪食症的情况呢？同时，在戴安娜的故事中，神经性贪食症的四个标准也随之清晰地浮出水面。

（1）贪吃。

是的，神经性贪食者的症状就是通常会大吃特吃，并且，他们要在一段特定的时间内吃下比常人食量多得惊人的食物。

（2）呕吐。

神经性贪食症者通常还会使用重复而不恰当的补偿方式来控制体重，比如说，节食、使用泻药或者呕吐。

（3）失控。

同时对上面两条做重要补充：所有这些行为都是神经性贪食者自己无法控制的。

（4）不能正确认识。

对自我形象的歪曲（所有人都认为你瘦，但自己却仍然觉得很胖），或者对自我形体的过分关注（患病者的所有自信只来源于体重和体型）。

神经性贪食症就是通过上面中的四条从而给人们的身体和情感上带来一定性变异的巨大扭曲影响的。特别是用呕吐来作为清除食物的方式时，影响则会更为严重。

我们再来看一则案例：

H是一个活泼开朗的女孩，大学毕业后一直找不到合适的工作，在家吃白食。时间久了，父母也常对她冷嘲热讽。这让她心情低落，后来，她无意中发现吃东西能让自己心情愉悦，于是养成了一到心情不好便大吃特吃的习惯，想把痛苦溺死在食物中。一般来说，她每餐能吃一斤米饭，在别人看来，一个女孩子一顿吃这么多应该足够了，但是她有时还会加些零食，因为她总有种吃不饱的感觉。但她也有爱美之心，担心吃得那么多身材会走样，所以她会在吃完晚饭后用手去抠喉咙，把吃下的东西再吐出来。而这种情况已经持续一年了。

这属于一种神经性贪食症，主要的表现为反复发作和不可抗拒的摄食欲望以及暴食行为。病人同时担心发胖，常会采取引吐、导泻等极端措施，把吃进去的食物再弄出来。此类病患多为年轻女性，发病年龄以 18～25 岁居多。一般来说，"神经性贪食"与"神经性厌食"经常交替出现。神经性贪食症患者通常会有以下共性：

首先，贪食症患者会因为经常性的呕吐而造成唾液腺肥大，因此，许多贪食症患者的脸部看上去都很"丰满"。其次，在不断地进食后，又采用频繁地呕吐，在这个过程中，人体所必须的必要营养物质也被排出了体外，这样便会轻易地增加贪食症患者感到疲倦和抑郁的倾向，例如：老人们常说的，吃不饱就不开心。

其实，一般情况下，呕吐本身不仅能够减轻过多的食物造成的胃部不适，摆脱吃下过多食物而带来的心理上的内疚感，还能作为生活中一种释放其他痛苦的发泄方式，所以呕吐行为在许多贪食症患者中就得到了强化。

神经性贪食症和神经性贪食症一样，主要见于年轻女性，患者不停地担忧体形和体重。但是神经性贪食症患者的体重一般都保持在正常范围内。年轻女性中约有 1%~3% 的人患有神经性贪食症；此外还有同样比例的人具有本病的轻微表现。

我们再来看一个关于电视的专题片报道的故事，内容大概是这样的：传说中有个是胃神转世的女孩降临于世，她的饭量超乎想象，达到了诡异和令众人膜拜的程度。她以迅雷不及掩耳之势横扫了家中一切可以吃掉的食物，但是体重却不见长。

整整 50 分钟的专题片子，前 45 分钟都在用专家们为此都陷入了迷局、研究得不出结果、广告过后马上回来之类的各种手段来吊足观众的胃口。在节目最后只剩下 5 分钟的时间时，制作组灵机一动，哎呀！还可以利用一个小摄像机去跟拍啊，看看女孩子吃完一桌子的满汉全席后都干吗了？女孩走啊走，小摄相机跟啊跟，跟着女孩进入了洗手间，刚想闭眼，以免看到什么少儿不宜的场面，却发现她此时蹲在马桶边开始呕吐……

这就是一个很典型的神经性贪食症患者。

现在回到前文，我们继续来讲讲呕吐。或许很多人都不知道，呕吐所带来的痛苦往往可能会导致体内分泌一种叫作"内啡肽"的物质，而这种化学物质会给人的神经大脑带来中度的"兴奋"感。因此人们在不自觉中所追求呕吐的这种快感的结果就是：呕吐的频率会不断在你的贪食症行为中增加。

而持续的呕吐还会扰乱体液的平衡，比如钠、钾的水平等，而钠和钾又是维持我们体内平衡的重要物质，这种状况就是传说中的电解质紊乱现象。如果在日常生活中不加以重视的话，还可能会导致一系列严重的并发症，例如像心律失常、癫痫和肾衰竭，所有这些均是潜伏性又致命的。

最后，由于贪食症患者经常性地需要伸手去诱发呕吐反射，手指与手臂便会经常性地与牙齿及喉咙摩擦，长此以往，有些患者便会在这些部位出现不同的标志性的胼胝，也就是我们俗称的"茧子"，由此可见，这种动作是多么的频繁。

神经性贪食症患者除了采用呕吐外，还会经常性地服用一些例如泻药之类的药物，而所谓"是药三分毒"，这些药物造成的肠道问题也可能是很严重的，会出现严重便秘和永久性结肠损伤。

暴饮暴食后的"忧虑"

在这个时代，有许多认知出错的完美主义者，他/她们通常对自己缺乏很好的认同，同时，他/她们也不断受到全球节食减肥的冲击，这个时代对苗条的歌颂，就更加剧了这些人对瘦的追求。所谓有舍才能有得，那美丽的代价，也许就是这样的神经性贪食症。

陪伴他/她们的是食物，跟他/她们作对的也是食物，食物变成了一种可以麻醉他／她们的情绪的麻醉剂，而暴食就像抽烟、吸毒一样，变成了一种瘾。抠喉、挨饿、终日萦绕的关于肥胖和体形的念头……对他／她们来说，没有办法抛弃这个"坏朋友"，也无法跟它"和平共处"，终日生活在一片阴霾之中。

案例一：

在令人窒息的干渴中醒来，喉咙如火烧，B 对水的渴望已经到了极点。喉头无意识地吞咽，昨天没有呕吐干净的东西却似乎又要涌了上来，那些难以忍受的味道似乎附着在那些讨厌的脂肪上。B 有种错觉，只要喝下水，那些脂肪就会随着水的滋润无意识地膨胀开来。虚弱地躺在床上，B 习惯性地捏捏肚子，似乎还是肉多了一点，或许已经不能称之为肉了，B 似乎闻到自己的身体正在腐烂开来。到底起不起床呢？B 犹豫了一下，却也觉得起床和不起床面临的都同样令人绝望。不起床，面对的是对食物、对水的无限渴望；而起床，不过是挣扎于吃与不吃之间。每每饱餐一顿，接下来的一定是一场激烈的呕吐，呕吐完后是一阵空虚，所以又需要食物充满胃囊。每天都在吃与呕吐间徘徊，待到深夜筋疲力尽地倒在床上，令人绝望的一天似乎已经结束，但渐亮的天光又将带来新一轮的噩梦。或许你对 B 这样的人感到惊奇，但实际上，这样的人有许多，他／她们就在我们的生活之中。他／她们无法控制她们的进食量，令人咋舌的高热量食物是他／她们每天的必修课。他／她们对食物的需求像是一个无底洞，每每大吃一顿后，再通过种种激烈的手段把这些吃掉的东西从身体中排出，像是呕吐、使用泻药或者减肥药等手段屡见不鲜。

案例二：

2006 年 12 月 19 日下午，《鲁豫有约》在北京录制一场关于神经性贪食症的访谈节目。在节目现场，有一位女生在接受采访时这样说过:"有一次我连续吃下近200根冰棍!"另有一位曾经患有贪食症的女生也说道,她在暴饮暴食后曾经一天之内吃了近四瓶果导片,其中每一瓶就装有100粒果导片。

这样的行为实质就是一种变相的自杀!很多事实证明,患有贪食症的人不仅仅只是一些精神不佳的胖女孩,还有很多身材匀称甚至是有些苗条消瘦的人同样也会患贪食症。

可以这样说,贪食症其实是一种心理性的疾病,并且环境不同、它的倾向性也不同。最初的时候,只有一些富饶的西方国家才会出现贪食症,随后,根据不同的数据证明,贪食症已经开始蔓延至全球。在东方,特别是发展比较快的日本和中国香港,其患病率紧随西方的发达国家。然而在中国大陆,将近有1%到3%的人患有贪食症,并且其中90%都是女性。而青春期是贪食症发病率最高的一个时期,其中有一半以上的患者直到3~5年之后才会去精神科接受治疗,另外还有很多人从来没有接受过专业的治疗。

在网上的各大贴吧、论坛或者是学校的BBS上,偶尔都会有人冒出来呼叫:"我刚刚又暴饮暴食了,怎么办?"暴食在他们看来就是一种耻辱,但是网络是虚拟又安全的,至少不会暴露出自己的姓名。

即使很多人都不是完全符合神经性贪食症,但是还是有很多人的进食行为都是属于病态的进食,特别是在一些青年学生里面,他们已经组成了一个"强大"的群体。

神经性贪食症患者暴食和自我诱吐常常是秘密进行的。为此她们往往回避公共场合的进餐或聚会,因为每遇美味佳肴时,进食欲极强,害怕失态而不敢随意。这种欲望与理智的冲突是一种难以承受的精神煎熬。

神经性贪食症的发作和季节转换有些联系。一般说来,我们总是在秋天"贴秋膘",在冬天也会养一身冬膘,因而神经性贪食症的发作高峰期一般就集中在秋季和冬季,以暴饮暴食和催吐为主要方式。这也让人不寒而栗，毕竟，一年也就四个季节，神经性贪食症的发作高峰期就占了一半。神经性贪食症作为一种心理疾病，和其他心理疾病有一些共同之处，那就是神经性贪食症也是需要及时系统的治疗的。如果错过时机，神经性贪食症将转为慢性，这时想要彻底根治就较难了。有项调查研究佐证了这个观点，神经性贪食症转为慢性后，有些患者竟在 10 年后仍会存在强烈的想要变瘦的愿望和与之对应的身体症状。除此之外，患有神经性贪食症的人群以女性居多，只有 5% 到 10% 的概率是男性。患病的女性人群中也不乏高学历和高收入的群体，不过与其他患病女性一样，这些女性的生活环境和状态通常充满压力和竞争。

苏菲是一位正在读大三的女生，而她同时也是一位患有神经性贪食症的长期患者，下面我们就来讲诉一下苏菲的故事。

苏菲是一个典型的 80 后女孩，从小成长在大城市里，家境条件优越。在她的成长之路中，也算是比较顺利的。苏菲并没有别的女孩子那般自恋，但她在学校里也是一位名副其实的大学"校花"。

苏菲不仅人长得漂亮，而且唱歌也唱得不错，还是一级棒的跳舞能者，她是校园里十大歌手之一，也是芭蕾社团里的领舞，这样的风头可谓一时无双。

每逢苏菲的倩影在校园中一现，定会引来无数花痴男生垂涎三尺的口水和无数女生们艳羡不已的目光。

但是在苏菲美丽的外表背后，却藏有一个不可告人的秘密，说出来许多人可能都不敢相信，尽管别人眼中的苏菲是个如花似玉的女生，可一直以来苏菲都始终觉得自己又胖又丑，为此她还常常苦恼不已。任何一点放进嘴里的东西都会让苏菲在失去成功与魅力的道路上又向前迈进一步。

其实，事情的起端还要从苏菲 11 岁那年说起，那时的苏菲就开始很关注自己的体重了，作为一个完美主义者，苏菲一直都在尽可能地用限制饮食来保持自己的身材和体形，因此苏菲从来不吃早饭，午餐也只是吃一小盒的饼干，晚餐只吃一半。

这种节制饮食的行为一直持续到了高中，苏菲已经从限制自己进食发展到了偶尔暴饮暴食。有时候暴食后，苏菲会把手指伸进喉咙里面来催吐，感觉手指不够长时，苏菲还试过用牙刷，但是都没有想象中管用。

上高中那年，苏菲开始以自己预料不到的速度长高。最后长到了165cm，体重100斤左右。别人眼里完美的体型对苏菲来说却如同噩梦，苏菲觉得自己肥胖不堪，以致于到了每天都测量"腿围"的地步。每天，苏菲都习惯性地用双手测量大腿的围度，若是发现有消瘦的迹象，那高兴劲简直难以形容；但相反，若是发现又长胖了一些，苏菲就会陷入沮丧甚至绝望之中，更加注意饮食。到了高三，苏菲的习惯还是没有改变。但有次放学后的晚上，苏菲因为无聊打开了电视。电视节目果然精彩，让她在不知不觉间吃掉了不少零食，等反应过来一看，两大盒的高热量糖果已然消失不见。

暴食之后的焦虑不安笼罩着苏菲，事已至此，苏菲奔进了洗手间，用手指深深地探进了喉咙，一阵恶心的气息涌了上来。苏菲呕吐不停，吐得几乎虚脱。但躺着休息的时候，苏菲似乎感觉到了前所未有的满足感和解脱感。苏菲自认为找到了一种在暴食和保持身材之间的平衡点。这或许对苏菲来说是一个完美的解决方案！

光阴似箭，日月如梭。苏菲就在这样实行自以为"完美的解决方案"中步入了她的大学生活。大学的开放和自由让她的暴饮暴食和激烈呕吐到了难以控制的地步，她的生活也变得一团糟。但苏菲总以为自己还能够操控，但最终，这样"完美的解决方案"的副作用还是爆发出来，以苏菲无法承受的激烈姿态。爆发的导火线在苏菲大二的一次聚会上，苏菲喝了不少啤酒，啃了不少炸鸡，虽然达不到苏菲平时暴饮暴食的程度，但啤酒和炸鸡这两种食物太过容易致胖，是平时的苏菲敬而远之的。当苏菲终于意识到这一点的时候，那种焦虑不安感简直要把她压垮了。苏菲感到自己的胃在不断抽搐，她的心情也阴郁起来。在聚会告一段落后，苏菲忐忑地想要继续通过呕吐来寻求解脱，却惊惧的发现，无论自己的手指怎样刺激咽喉，那种恶心反胃的感觉却迟迟不至。那些高热量的食物还静静地躺在苏菲的胃里，而苏菲什么也吐不出来了。顿时，苏菲崩溃了，不顾自己平时注重不已的形象，坐到地上失声痛哭，扬言要自杀。这也让她的许多朋友都惊讶不已。

这时，苏菲这才意识到，她的生活已经失去了控制，她需要专业人员给予一定的帮助，这样自己才能度过内心这道坎……

一年过去后，苏菲的情况有所好转了，苏菲后来真的摆脱了神经性贪食症的困扰。

据美国心脏病学会发布的报告显示，暴饮暴食会增加人患心脏病的危险，他们研究了 2000 名心脏病患者的饮食，其中有 158 人在发病前 26 小时曾大吃大喝，另有 25 人在心脏病发作前两小时曾经吃下大量食物。

对神经性贪食症的治疗

认知行为疗法：

同一件事情，每个人的认知角度都会有所不同，也因此，它在每个人心中的样子便也不相同，认知行为疗法主要要做的事情就是将神经性贪食症患者对不良行为的认识扭转过来，认识到这种行为会带来的严重后果，从而起到一种可以修正和控制自己行为的效果。

下面就来介绍一下认知行为疗法中的一种——合理情绪疗法。

什么是合理情绪疗法呢？

合理情绪疗法中的 ABC 理论：

Ａ：指的是诱因，也就是什么样的事件引起了你的情绪反应。

Ｂ：指的是对象在面对诱因之后产生的种种心理活动，即他（她）对这一事件的认知、说明和评论。

Ｃ：指的是在一定的条件下对象的情绪和行为后果，即他（她）的行为和感受。

照常理推论，Ａ会引发Ｃ，即一个诱因会引发相应的一种行为作为反应。但在这之中，我们就能看到Ｂ的作用了，因为Ａ—Ｂ—Ｃ的顺序中，从Ａ要到Ｃ的结论，Ｂ是必经之路。由于Ｂ的不同看法，同样的Ａ将引发不同的Ｃ。我们来举个例子：被偷去钱财（Ａ），有的人哀叹自己的倒霉（Ｂ1），他怨天尤人，神情愤懑（Ｃ1）；同样是被人偷去了钱财（Ａ），却有人偏偏认为没什么，老一辈不常说破财免灾吗（Ｂ2），因为这个原因，他就不觉得被人偷了钱有什么大不了的，依然心情愉悦（Ｃ2）。合理情绪疗法中有一个定律：如果你希望别人怎样对待你，就怎样对待别人。也许会有人对这条定律大加赞赏，这也就是别人说的"己所不欲，勿施于人"了，学会换位思考，的确会给自己和别人都带来益处。但是，这往往是说起来容易做起来难。

相反的就是反黄金规则：我对别人怎样，别人就必须要对我怎样！

显然，这种想法是错的。

再以一个小案例充分解释一下合理情绪疗法：

事件Ａ：失恋，女友离开自己和别人好。

情结Ｂ：抑郁和（对女友）怨恨。

信念Ｃ：我那么爱她，可是她却离我而去，投入别人的怀抱，做出这样的事，真是太不公平，太让我伤心了。

为了扭转纠正这个错误的认知Ｂ，需要提出一个驳斥的Ｄ：

①我有什么理由要求她必须爱我？难道就只是因为我曾经爱过她？

②我爱她是我心甘情愿的，她并没有强迫我，那我又有什么理由去强迫她，这样实在是对她很不公平。

③她之所以会这么做，肯定有她的道理，这是她的想法，我没有权利强迫她按照我的想法来做事。

④如果我爱过谁，对方就要永远爱我，这种可能性几乎为零。那种绝对化的要求真是太不合理了。

好了，现在 D 已经把错误的 B 打得落花流水，D 完胜！现在我们还要乘胜追击，就要赶走 B，建立一个新观念 E：

①每个人都有自己选择爱的权利，她有权利去选择别人，我也有权利去选择我爱的人。

②我想让别人怎么对我，我就要怎么对待别人。而不是我对别人怎样，别人就必须对我怎样。

③虽然两情相悦、白首偕老是每个人都想拥有的，但是由于种种原因，能够做到这一点的真的不多。能不能做到，还要看两个人之间的缘分，并不是强求就能做到。

④感情上始终如一确实值得赞赏，但是人在变，人的感情也在变，谁都没有权利也不能要求事情一定要按自己希望的那样始终不变地发展下去。

这样想通后，这个小伙自然就可以放下这段感情、释怀这份伤痛了，整装待发，准备迎接下一份恋情。

每一个爱过我们的人，每一个我们爱过的人，当他们的爱走到了尽头选择离开的时候，不管当时的分手是你主动还是你心有不甘，不管当时的分手是平静的还是惨烈的，在回想起这段感情的时候，我们不应该怨恨，而是应该心怀感激。因为每个人的时光都是宝贵的，当时，对方也是用自己生命中的一段时光来陪你走完一段人生路程。如果没有对方，也许你要在这条路上踽踽独行。而他们的出现，让你不再是一个人，不管他们的降临给你带来的是幸福还是痛苦，这都是上天赐予的礼物。因为有了他们，你才经历了痛苦和幸福，因为有了他们，你才知道什么才是真正的人生，也因为挥别了他们，你才能遇上自己生命中那个对的人。

回到苏菲的治疗：

Ａ：自己身材胖或者仅仅是不够骨感。

Ｂ：①我必须保持体重，这样才能让我看上去光鲜夺目，才能吸引异性的眼光。

②为了有吸引力，我得像电视里那些模特一样有着傲人的身材。

③如果不把吃进去的食物清除到体外，我的体重就会增加，别人就不会喜欢我。

Ｃ：神经性贪食的种种不良行为。

那么仿照上面小伙的例子，怎样驳斥错误的 Ｂ，建立正确的 Ｂ，大家就在这里自己开动脑筋试它一试？

相信每个人都会做的很好，人人都可以是自己的心理治疗师！

对体重的关注

总的来说，认知度较低的完美主义者，其共有的特点就是盲目地追求完美，同时又不能正确地来认知自己。这都是一些没有自信的人。

他们总是不看好并且觉得自己不如别人，便很看重自己的外表，渴望用外表来转变自己，同时得到自信，获得别人的认可。

事件一：

曾经有一位因为太过消瘦以至闭经的24岁女生有过两年的厌食生活，之后便开始暴食。"那两年内，我减掉了40斤，这是我的收获。并且我开始发现，体重让我变得自信起来，如果体重往上多了3斤，我便会开始不停的惶恐，但想不明白的是，我一边害怕增重，一边又忍不住暴饮暴食。"

除此之外，她虽然拥有一个相爱的男友，但是结婚以后她却不愿意有孩子，因为这会让她的体重狂升，即使她的生理周期会不正常，她还是要选择瘦，就算只要她把体重增加 10 斤，达到 85 斤，她也不愿意。

神经性贪食症患者要比神经性厌食症患者少得多，可是这两种病还是有很多的相似之处。比如说有很多贪食症患者之前就患过厌食症，确切地说是他们曾利用绝食来使自己的体重低于标准体重很多。即使有些贪食症患者没有患过厌食症，但是大部分的患者都有过禁食减肥的经历，有的是禁食几天然后再暴食几天，还有的人是白天不吃，晚上疯狂的吃，从而恶性循环。

事件二：

有一位患有神经性贪食症 5 年的 21 岁患者说："我因为害怕自己长胖，所以白天我什么都不吃，如果我胖下去，会没有男朋友的。"但实际上，她就是有点脸色忧虑，精神不佳，其他的都很正常。每天夜里，她都把自己锁在房间里不停地吃，最后再把吃了的吐出来。

她的身高有 1.70，着装简单大方，皮肤白皙，只是略带一点倦意，烫染过的头发稍微有点发黄柔软。她抱怨说这一切都是因为她的暴饮暴食，从前的她气色红润，有一头乌黑的亮发。

她还说道，因为暴饮暴食，现在的她非常怕冷，这一年的冬季原本不冷，但她还是穿得很多，她说因为暴饮暴食，她穿那么多衣服，腿看起来更粗了，更丑了，更加不会有男朋友了！

"要是仅仅只是因为你的身材才会有人爱你，那么如果哪一天你变胖了，那要如何是好？"这个问题使她无言以对，然后，她苦笑着说："这些大道理一样的问题，我都有想过，可是如果把一个有缺陷的我带给我自己以及我的爱人，这对于我跟他来说都会是一种无法言语的痛苦。"

研究者 McKenzie、Williamson 和 Cubic 调查发现，女性的贪食症患者，总是认为自己的体重比自己的标准要重，身材也比梦想中的要胖，其实，这样的人即使是在喝了一杯水或者吃了一口糖之后，头脑中都会有一种觉得她们的身体在变胖的意识，相反，如果是正常的女性，就会觉得这些对她们的身材没有什么影响。

所以，就算是一个很小的与"进食"有联系的事情也会使患者恐慌自己的体重是否增加，对自身身材假象的更深层次的扭曲从而对此进行挽救计划，例如扫除性的行为。因此，最开始就要让患者正确的认识到自己的体型，以及他们所存在的心理问题。这样才能让患者从根本上进行治疗。

乔安娜·波平克是美国一位神经性贪食症的治疗专家，她说："任何一位患者都拥有自己最突出的问题，他们在早期的犯病经历中，自己的私密空间都曾被冷漠不断地侵犯过。"

可是，什么叫作私人空间呢？有一些不同方式的对私人空间的侵犯，即使这些没有上面那些那么偏激，也不被世人所注意，但是，这些侵犯却更加的普遍，并且破坏性很大。就好像有的人以监护孩童的名义经常侵犯到孩童的私人空间。

如果他毫无隐私，并且书籍被查看，他的物品被不知情地借出或拿去，他的努力被别人踩倒，别人经常忽视或鄙视他的任何选择，他连自己的日常生活都没有决定权，如穿着、饮食、伙伴或活动……这就代表他的私人空间受到了侵犯。

私人空间的侵犯还表现在另一种方式上。同样在被监护的情况下，他没有责任，也不需要承担自己行为的相应后果。他可以不要任何努力就达到他想要的目的，他理解不了努力、制约、责任，以及"限度"的含义。

私人界限在不断地被忽视以后，自身就会利用"吃"来转移精神上的苦难。可能在吃的过程中他会得到安慰，关于需要做到什么程度，没有一个定量的规定。不同的时候，贪食症患者对于选择自己所喜欢的食物进行进食都不是依赖于自己是否饥饿，而是依赖于自我治疗的系统。

同一般的特殊心理一样，贪食症的根本病源是由生物学因素、心理学因素和社会学因素组成的。可是不断有数据证明，其中社会和文化的因素对贪食症患者的影响最大。

如果你随机地调查一下你身边的女性朋友，谈谈她们是怎样看待自己的体重的，相信大多数的人都会想要"再瘦一点"，在如今这已经成为了一种时尚。可奇怪的是，不管身高多少，大家都坚信"美女不过百"的结论，还要拥有不实际的一尺七寸的腰。

为什么现在的青年一定要与自然为敌，达到一种半饥渴或者是自我毁灭的折磨性和扼杀生命的境界中呢？在大部分女性看来，漂亮的外表比健康的身体更重要。一些知识人已经将过度追求瘦这样一种社会因素指向书籍，以及新闻中"对瘦的追求"。

就像美国哥伦比亚大学教育学院教授珍妮·布鲁克斯所说的一样，女生与男生不一样的生长发育模式，在和文化的相互影响下出现了神经性贪食症。

在长身体的时候，女生体内主要增加的是脂肪，但是男生增加的主要是肌肉。对于男生的形象，最好是强壮并且有肌肉，而女生则是消瘦而窈窕，所以在长身体的时候使得男生更加符合自己的理想形象，而女生却是越来越远离理想形象，这就是为什么精神性贪食症患者中女生会远远多于男生的原因。

其实，每个人对于自己体型的要求会随着年龄的变大而逐渐的减少，因此一般大龄的人发病的会很少。

调查还表明，白人青年男性似乎比黑人青年男性对比较瘦的女性更加感兴趣，也许这就是黑人女性很少患有神经性贪食症的因素之一。

西方的研究证明，在那些少部分的患有神经性贪食症的男性患者之中，多半是同性恋或者双性恋。比如说，美国麻省综合医院神经性贪食症中心的医生研究过患病时间超过 13 年的 135 名男性神经性贪食症患者，惊讶的发现有将近 42% 的人是同性或者双性恋。原因是在同性恋的意识中更加注重于外在的形象。但是更多事实证明，很多的男性都具有想要变得更加健美、拥有更多肌肉的压力。

另外，还有许多对体重有规定的体育项目的男性运动员，就像拳击，他们在男性神经性贪食症患者中也是一个不可忽视的群体。

多亏了体形没有无节制的塑造性，不然这样与身体自然发育相冲突后果会不堪设想。很多的调查都证明，人的体形受遗传因素的影响，也可以这样说，在我们当中，有一部分人是生来就比别人要重的，并且拥有不同于别人的体形。即使一些人绝食的确能使得自己的体形比别人更好看，还是只有一少部分人能够达到如今世界所认可的体形。如果所有人都想要拥有自己理想中的体形，在生物学上这样的事情几乎是不存在的。

很多人以及患者都没有正确地认识和了解神经性贪食症。这些其实并没有什么让人羞愧的，这所有的一切都只是因为世界上的人都没有正确地认识美。

再来看一些案例：

张倩今年 25 岁，有稳定的工作，但从去年开始，她每个星期都要暴饮暴食 3 次以上，每次都吃很多东西，然后再用手指抠喉咙催吐。

1 年下来，张倩吃的东西一点也不少，而体重却持续下降，1.65 米的个子，只有 40 公斤重。妈妈发现张倩消瘦后非常担心，带她去了很多医院，但也没找到病因。直到有一天，妈妈发现她自我催吐。

为什么张倩会发展成这样呢？

原来张倩小时候学过舞蹈，老师向她反复强调不能吃太胖了。10岁时有一段时间，张倩吃得多了一些，体重增加了，就不能在舞蹈表演中跳主角了。从此张倩每天晚餐都不吃饭，只吃蔬菜和水果，这样坚持了好几年。

女生小优是个白领，每当心情很糟的时候，她都习惯疯狂地吃零食，特别是薯片。萌萌是一个上高三的中学生，由于考试带来的压力使得她疯狂地吃零食，仅仅几个月体重就大增。回到家中，萌萌会把东西都吃了，即使是一些冷冻的食物，她也来不及加热就猛吃。

去年，小丽由于考研失利，在郁闷的情绪下开始利用暴饮暴食来发泄内心的低落，每次都会吃很多的东西，并且每次吃东西的频率也是出奇的快，但是又害怕自己会变胖，吃后便用手去捣喉咙使刚吃下的东西都吐出来，接着又不断地开始乱吃其他的东西……

每当你心情不好的时候，会不会突然地拿着薯片、冰激凌或者是蛋糕这些甜点疯狂地吃，又或者是马不停蹄地品尝火辣激情的烫辣火锅从而来去除自己内心的郁闷……大部分女性在感觉到压力或者情绪紧张的时候都会以暴饮暴食来排解压力，希望找到一种味觉上的刺激，从而把压力甩掉。

调查表明，在城市成长的女性，贪食症的发病率是贪食症的两倍，在一些发展比较快的城市，甚至达到了5倍。而且神经性贪食症的患者多数都是女生，所有女生中，发病的大概有1%到3%，相当于男性的10倍，女性的发病年龄一般是18~20岁。有学者指出，因为情绪而开始饮食过量给人们带来的后果只有超重和感到愧疚，这些不仅不能消除自己不愉快的情绪，而且会使人们的情绪更加的反复无常，对身体也有很大的害处。

从科学的角度说，因为情绪而进食其目的是为了安慰自己的情绪感受，并不是因为感觉到饿，这样的人仅仅只是把进食当作是一种缓解或者消除自己情绪的工具，困难、郁闷、压力、痛苦、平淡的生活、孤独、交际等这些因素都有可能引发贪食症。

美国心理学研究所调查表示，过度的负担会让人体的皮质醇含量升高，从而激发了人们对于食物的渴望。将近一半的超重者都习惯于以零食来克服自己不好的情绪。

历史上，曾任英国副首相的普雷斯科特也长年患有饮食失调症，暴饮暴食成性。他曾说："我可以肯定暴食症和工作压力过大有关，暴饮暴食的确成为我释放压力的有效途径。"

学者研究表示，现在的人们压力都非常大，在如此大的压力之下，人们往往会有意或无意地借用一些方法来处理自己的心情。就好像"吃"这样的方式，也许他此时并不觉得饿，这并不是来自身体的呼唤，只是想要以味觉来激发自己，给压力找到一种出口。

依靠情绪而使自己疯狂进食，不仅不能消除人们在生活中所遇到的困难，还会刺激人们的情绪，使其更加的反复无常。

根据事实显示，美国乡村歌手艾尔顿·约翰和日本影星宫泽理惠以前都患有过暴食症。芬兰专业健康调查所以及奥卢大学的调查人员跟踪和调查230名女性，为期是一年，事实证明，在生活和工作中因为压力过大和太过劳累的女性的患病率更高，因为这使得她们情绪化进食，并且拥有不健康的进食习惯，从而开始肥胖，威胁到自身的健康。

神经性贪食症同时还伴有忧虑症、心理人格障碍、焦急症、逼迫症、甚至自杀等，大部分都存在于女性中，女性的发病率在1%~3%，而男性则是女性的十分之一，一般都在18~20岁开始发病。

研究表明，75%的贪食症患者都伴随有焦虑障碍，如社交恐惧或广泛性焦虑等。情绪障碍，尤其是抑郁，也会伴随神经性贪食症同时出现。但是，几乎所有的证据都表明，抑郁是在贪食症出现之后才产生的，而且可能是对贪食症的反应。

神经性贪食症主要有以下的特点：患者的进食欲望以及他的行为都是突然发作的，并且一旦有了这种欲望便会难以控制，每一次的进食量都非常的大；并且很多病人因为害怕自己的体型发胖，便在吃完以后又强行把食物吐出来，有的甚至服用泻药，也有的是增加运动量。这样的病症持续地发作是非常危险的，不仅会给人带来肠道不适、胃无节制的缩张外，严重的人还有可能危及到生命。

贪食症患者的心理人格时常都会很不稳定，不能够很好地管理和控制住自己的情绪，他们没有真正的饥饿，但是在心理或者脑海中他们总是认为自己很饥饿，并渴望利用"吃"来缓解自己的焦虑和不安。

一般来说，很多人都是因为很严重的心理疾病比如说抑郁症或者是心理焦虑才患上贪食症的，他们认为这比贪食和强烈地注重自己的体重更加重要。以这种角度来说，贪食症属于一种心理上的疾病，最根本的是要从心理治疗开始。

最开始的暴饮暴食都是由一种不好的情绪而引发的，但是这还是不能让人忽视人们在开心的时候所进行的饮食。根据调查发现，有大部分的人在感到快乐的时候都喜欢吃一些食物，如果想要奖励自己会有74%的人想要利用进食的方式；但是在心情不好的时候想到要进食的只有39%，有52%的人会在无聊时进食，只有39%的人会在孤单时进食。另外有调查证明，在受情绪控制的饮食中，人们更加渴望食物具有"慰藉性"。

这类食物通常热量高、糖分高、盐分高、脂肪高。女性则更倾向于追求甜食，如冰激凌、巧克力、糖果和曲奇饼干等，而男性则热衷于选择比萨饼、牛排等。情绪化饮食导致人们饮食过量、超重和产生内疚感，不利于人们的健康。

心理专家指出，制止情绪化饮食，个人主要可以通过自我心理调节来达到：

（1）要明白，通过进食这样的行为来控制自己不好的情绪，只有坏处没有好处。不如连续地提醒自己，自己之所以想要不停地吃，并且克服不了自己，并不是因为饿了，其实是有一种难受的情绪需要发泄，但是进食这样的方式是错误的，这样的方式只能证明自己在不断地逃避自己不想面对的事情。

（2）利用一些其他的事情来分散自己对食物的注意力。每当自己想要通过吃来安慰自己不好的情绪时，便要开始不停地告诫自己，利用一些其他的事物来分散你对于进食的注意力。比如说，利用唱歌、聊天、阅读或者上网，但是其中最有效的方式是体育锻炼和散步。

在进行锻炼的时候，人体内发出的化学物质和人类激素对人类的情绪起到一种振奋的作用；同时在锻炼的时候体内还会放出一种叫作内啡肽的物质，它不仅能够很大程度地改善我们的心情，同时还能增加我们自身的免疫功能。

（3）以绿色食物来替代。要是你没有办法来控制内心对食物的渴望，那就尽量让自己多吃点绿色的健康食物，比如说富含多种维生素的食物，包括水果、蔬菜还有豆制食品，或者是含盐量和含糖量低的食物；千万不要饮用一些高能量、高脂肪的食品。

要是已经患有了神经性贪食或者贪食症，第一步就要规范自己的饮食习惯，转变自己对于进食的看法，并且在必要的时候制作一个属于自己的饮食计划，把饮食控制在规定的时间内。

（4）如果贪食症患者的情况比较严重了，那就必须趁早去专业的医疗机构进行治疗，不可忽视，因为抑郁症和焦虑症等病症常伴随着神经性贪食症和神经性厌食症，所以就治疗方法而言，在使用药物治疗的同时还需要进行更深层次的心理治疗及家庭治疗，使得其内外结合。

治疗师同时也应该调节病人的心理，要引导他们以健康的方式来克服心中的忧虑、负面情绪；同时还会有规范的食疗方法，使用一些健康的药物来治疗、稳定患者的病症，将外在治疗与内在治疗有效地相结合。

无法自抑的"贪吃"

我们经常通过电视或者是报纸发现一种这样的情况：大部分的青年，尤其是爱美的女生，通常会认为自己的身材不够纤细、没有骨感美，从而故意让自己少吃甚至绝食。这样的行为只会给她们带来另外一种情况，为了苗条在强忍着节食一段时间之后，因为受不住体内饥饿的痛苦，便会控制不了地疯狂饮食，并且毫无节制。也许很多人都觉得这非常的奇怪，明明是在减肥，最后却成为了一个暴食者。原因是在毫无察觉的情况下，她们已经开始慢慢地患上了神经性贪食症。

小洁今年24岁，是一位正在上大四的学生，她有着高挑的身材，但是如果细心地观察就会看到，她的脸上毫无血色，下巴非常丰满，牙齿里还可以发现很多褐色的小点，在她的手臂上也可看见齿痕。

小时候小洁的胃口就非常好，营养也很丰富，所以长得又高又强壮，在7岁的时候，她在班级已经是长得最高也最强壮的一个了。到了初中三年级，她体重将近90斤，身高也有170厘米。

她的生活一直都非常的愉快，在她读高三时的一个假期，那是她爸爸公司的一次朋友聚会，那些成年的叔叔阿姨们在谈论一个关于针灸减肥的话题，小洁开始有了这样一个想法，之后便开始了她的减肥之路。

结果证明，这样的减肥方法是很有效果的，重量有了明显的减轻，她的身材变得比以前更加的纤细苗条了，周围的朋友以及家人都对她表示赞赏，因为这个她觉得非常开心，从此便开始了间接性的减肥。

直到小洁进入大学之后，因为地域的差异，她的成绩在全班来说不算是优秀的，同时她也对父母给自己挑选的专业不感兴趣，因此觉得学得很吃力。以前那种自豪感突然都消失了。自己也努力了，却还是赶不上去，便觉得非常失落，从而开始不停进食，体重也开始跟着增加，这就使得她更加焦虑不安。

　　这时候，她觉得就算是学习成绩不好，只要体形身材很出色同样也可以让自己信心百倍，因此她便开始了自己比之前更加严格的减肥计划。因为是很严格控制饮食，所以她经常坚持不了几天就开始暴饮暴食，紧接着又开始害怕自己会发胖，从而拼命呕吐，甚至服用泻药。

　　之后，这样恶性的习惯就开始循环了。这些年来，从暴饮暴食到强迫呕吐再到腹泻，小洁不停地重复着这样一个怪圈。并且，她还逼迫家人同意她去进行整容，腹部抽脂以及腹部拉皮等各种手术。

　　很多女生都喜欢吃零食，在无聊的时候，她们总是不时地拿出一袋又一袋的零食出来细细品尝，并且还以此作为谈资，其乐无融。拥有这样的习惯，并且偶尔寻觅一下食物来满足自己的女生还是少数的，并且这无关大雅。

　　但是，这种习惯如果控制不好，每天不断把食物塞进自己的口中，甚至是暴饮暴食，那就会给人造成很大的伤害，特别是在暴食的同时掺杂了一些自身的情绪时，就有可能是患上了贪食症。

　　小雪今年刚上大一，近来她就发现自己有了一种暴饮暴食并且自己不能控制的习惯，她经常在去教室的路上和在寝室中都会不停地开始吃东西，特别是到了食堂，更是控制不了自己的欲望，她甚至想把食堂的食物都吃个遍，吃着粉条还想吃包子，吃了包子又想吃饺子，看到零食又忍不住想要吃零食，硬是要吃到胃难受才停止。要是吃不到自己想要吃的东西，那么做什么都会没心思，夜晚也会睡不着。

因为她不停地进食，导致自己的身体开始发胖，为此小雪感到非常的痛苦，并且发誓自己以后再也不乱吃了。可是如果走进商店和食堂，她就又会控制不住自己，特别是在心情不好的时候。吃完了由于给消化系统带来了负担，所以便会睡觉，课堂上没有精神，晚上又不愿意自习，成绩便不断下降。

　　想到自己的童年，小雪便觉得非常失落，小时候的她被父母寄养在奶奶家，并且跟叔叔婶婶住在一起，她有一个堂妹，她们同睡也一同玩乐。

　　越来越长大了，她便认为身边的人都很爱堂妹。大家都夸堂妹漂亮，讨人喜爱，有什么好的东西都会给堂妹，她觉得自己被冷落了。

　　小雪的爸爸妈妈都会抽空来看看她，并且每次都会给堂妹带来礼物，虽然她比堂妹的年龄大一点，但是她没有堂妹那么高，总是穿堂妹穿过的衣服。

　　这些都使她幼小的心灵受到了刺激，她讨厌周围的人也讨厌堂妹，同时也包括自己的父母，认为连父母都嫌弃自己丑，不爱她也不给她好看的衣服跟零食，同时也憎恨自己的父母为什么把自己生得那么丑。

　　读书的时候，小雪住在了父母身边，她任性经常发脾气，并且抱怨父母令她如此丑陋。她的胃口很好，父母有时候就让她少吃一点，就会瘦下来的，这使得她更加的生气，她还说："我长成这样都是因为你们，以前你们什么都给堂妹吃，现在还不让我吃，你越这样我越是要吃。"

　　她经常把胃吃得很难受。她看到母亲为此无奈和生气便觉得非常开心，认为这就可以报复父母，同时也可以补偿自己的童年，所以变本加厉地进食。

　　小雪初中的时候成绩很好，但是堂妹却很差，以至于高中都没有考上。这让她非常开心，并且发誓一定要考上好的大学，把家人的注意力从堂妹身上转移到自己身上，便认真学习，这时期，她很少暴饮暴食。

她的努力没有白费，考上了全国重点大学，周围的人都在赞美和羡慕她，高考的成功使她的自尊心得到了极大的满足。

上大学后，她渴望自己有所成就，不仅努力学习，同时她还参加很多社团活动，在一次学生会的干部竞选中，班级一个成绩没她好的同学被选上了，她没有被选上，为此她觉得很奇怪，最后她把原因归为自己的长相上，这使得她很难受。

放假回家，她看到考不上高中的堂妹因为长得漂亮而在一家外企做公关小姐，每月都能赚很多的钱，比以前又神气了许多，这时的人们已经开始健忘了她的高考，大家的注意力依然在堂妹身上。这使得她非常的失落，原本对父母开始淡化的仇恨又开始增加了，在家不断地发脾气，不断地向父母要钱，然后在学校开始暴饮暴食，来发泄愤怒。

跟很多的心理疾病一样，贪食症主要是由社会因素、生物学因素以及心理因素而引发的，可是据研究表明，其中社会因素和心理学因素对贪食症的影响最大。

神经性贪食症其实就是一种心病。就比如说《瘦身男女》中的"肥婆"跟"胖哥"。一开始肥婆是很瘦的，但是因为感情不顺，她便借吃来发泄内心的苦恼，就算之后她不愿意这样吃下去，但是这却很难办到，因为她已经处在了这样的一种魔圈里，仅仅只凭她不去吃那是不可能办到的，到后来，她之所以能够在胖哥的引导下减肥成功，都是因为她找到了自己的根源。

节食后的补偿反应是每个人都会发生的，而情绪性进食更是人类正常的生理反应和生理需要，再加上片面的低热量减肥理论，患者们采用催吐、导泻等补偿手段也可以理解。关键问题仍在于社会对外表过度看重。

在一般人看来吃东西是一件平常的事情，但是把握不好度则会引发疾病。有很多人习惯用别人认为很一般的事物来缓解自己的不安，在很多时候，他们也许也不知道自己为什么要吃或者购物，其实，他们这样做只是为了让自己逃避现实的压力。

就比如说人们用绝食来减肥，这都是因为当今世界都在崇拜"骨感美"。为了美丽，她们便开始借用各种方法来减肥，就好像控制食欲。这样下去，她们便开始慢慢地厌食，但是到最后又常常会因为忍受不了饥饿，最后又不得不疯狂地吃下很多东西。就这样厌食症转化成了贪食症，形成了由暴食到厌食再到贪食的一种自杀性循环。

有专家觉得，患者把贪食当作一种缓解压力、郁闷的方式，他们不是身体上想进食，而是心理上感觉到很饥饿。

但是必须明白的是，这并不能够真正解除心理上的压力。相反，这让吃成了排解焦虑和压力的一种不健康的方式。一般来说，患者患上贪食症的最初原因是为了排解自己的心理问题。

"贪食"与中学生

可是，这样的疾病对中学生来说有多遥远呢？其实在世界上就有很多的中学生有过这样的病症，就好像前面所提到的婷婷一样，只是没有她那么明显。

对于中学生来说，他们焦虑的因素有很多，比如说考试带来的压力，再加上一些来自父母的或者是朋友方面的压力，在这样情况下，很多学生便会用吃来发泄心中的压力。

并且在吃的同时他们并没有觉得自己是在排解压力。每个人都可以采取不同的方式来发泄自己的情绪，只要有一定的度就不会有害。

心情不好时，女生都会去吃一些高能量的食物，从而增强自己的能量，从而得到兴奋。但是不能一味地依靠它，对中学生来说，最好是以积极的方式来克制自己不好的情绪。

如果把个人的情绪跟行为相结合，一失落就狂吃，通过一段时间的强化便会成为一种习惯，之后只要有这样的心情，不管是否饥饿，都会去吃东西，这种行为便会让人觉得轻松或宣泄，但是要想改变它就会很困难。

要是你也以"吃"来解决过问题，那么你回忆一下你是因为什么样的事情在什么时候第一次"吃"的。这些对你走出"吃"的误区将会有很大的帮助。

按正常的来说，如果患有神经性的贪食症，第一步就必须开始转换饮食习惯，把握好饮食的量，并且要以正确的态度来认识饮食。也可以为自己拟定一个饮食计划，该吃的时候吃并且吃健康的食物，做到有规律有营养地饮食，避免一些高脂肪、高能量的食物，要是有条件也可以跟朋友一起进食。

如果控制不了想要吃的话，可以通过做一些如散步一样的轻松的锻炼来转移食欲。

之后就是要拥有自信，消灭我们脑海中的错误的想法，不要有"排除压力只有靠吃来解决""在别人眼中我很胖，所以必须减肥"等念头。

最后也是最关键的，正确地找出使我们不开心、有压力的根本原因，然后进行治疗。因为很多神经性的贪食症患者都表现出跟抑郁症有关的自卑、抑郁、不安等心理障碍。所以，在药物治疗的同时也必须找心理专家进行治疗。在日常生活中，不要给自己太大的压力，要肯定自己、对自己放松，把不开心的事向周围的人倾诉，就不会轻易患上贪食症了。

第二十章

正在消失的身体

——神经性厌食症

吃饭少得可怜

有很多爱美的女性为了一味地追求苗条的身材而疯狂地节食减肥，甚至把减肥当成自己"毕生的事业"来做。而在那些忙于减肥的女性人群中，有一部分人最后确实是瘦了下来，减肥成功，但是她们却为此付出了很大的代价，尤其是身体健康遭受到了严重的损害，其中一部分人为此而患上了厌食症，终日沉浸在痛苦之中，不可自拔。

几年前的春晚上，宋丹丹说了一句："小崔，听说你抑郁了？"从此，"抑郁"这个词渐渐被很多人知道了。很多不知道"抑郁症"的人在听到这个词之后，百度了一下，发现这个"抑郁症"的威力还很大，并对这个词有了几分关注。其实，在所有心理障碍疾病中死亡率最高的不是忧郁症，而是我们将要为大家展开讲解的病症，看似毫不起眼的神经性厌食症！

其实，神经性厌食症并不是什么新兴事物，早在一千多年前就有关于厌食症的病例记载。大约9世纪时，欧洲大陆就出现过一个叫 St Jerome 的组织，这个组织以宗教的名义要求其组织内的女性教徒禁食，结果就是这些女性除了逐渐消瘦，变得骨瘦如柴以外，最后连正常的月经也停了。

1694 年，英国内科医师理查德·莫顿发表了一篇文章，题目是《消耗症的治疗》，迄今为止，这是发现得最早的对厌食症症状的全面描述。在这篇文章里，他详细地描述了一位 18 岁的女孩没有食欲、慢性消耗性病容及相应体征、过度活动、情绪不佳、闭经等病症，理查德·莫顿对这个女孩采取了医治措施，不过治疗的进程非常有难度，特别是每次劝她吃饭，总是以失败告终，当时他称之为"神经性消耗"。

1868 年，英国的威廉·古尔提出了"神经性厌食症"这个术语，这个词是用来描述一些患者对自己身体形象的认识扭曲并刻意控制体重因而导致一系列诸如月经停止、体重水平严重低于正常标准、全身无力甚至死亡等症状的术语。

19 世纪后叶，法国的查尔斯·拉塞格和英国的威廉·古尔正式将这种临床表现的一系列病症的集合，命名为"神经性厌食症"，并将其作为一种心理障碍，归类于癔症的一个亚型。

神经性厌食症的表现

那么，在现代社会，神经性厌食症患者有什么表现呢？我们可以通过下面的两个例子来获得对"神经性厌食症"的一个初步认识。

案例一：

她，现在就读于一所名牌初中，在读初三，她的身高有 176 公分，在女生中绝对可以算得上是"出类拔萃"，但是体重更让我们惊诧不已，因为她的体重只有 88 斤，而且她的脸色总是发黄，面色憔悴，她的眼睛里总是充满了忧郁。在读初三以前，她的实际体重差不多要有 85 公斤。而在仅仅半年多的时间里，她的体重竟然差不多减掉了一半，瘦得就只剩下一副骨架了。如果有一阵风吹过，她就可能会被吹倒。

她的家境非常优越，而且身体也没有任何问题，将近 90 斤的肉是硬让她给生生减掉了。由此可见，她对她自己的限制和要求是非常狠的，在学校的时候，她不仅从来不吃中饭，并且还要绕着学校的操场跑 N 圈，直到大汗淋漓为止。早晨，她的早餐从来就只有喝水而已，父母给她做的金黄的煎鸡蛋还有热腾腾的牛奶等，都会被她全部偷偷地倒掉。她的晚饭也仅仅是吃点蔬菜，配着水果，而且在要睡觉之前，她还要做几十个仰卧起坐，也是一直做到满身是汗为止。她的一整天的饮食基本上就是这样的。吃得极少，还要伴随着每日剧烈的运动，除了消耗原本身体内积存的脂肪能量外，别无他法。所以，她的体重才会下降得如此之快。

为了达到在学习中也可以减肥的效果，她在写作业的时候不会选择坐下，全都是站着写的。就算是减到了只有 88 斤的时候，跟她原来的模样简直有了天翻地覆的差别，但是她依然无视她自己已经非常瘦的事实，仍旧那么做。她的体重一点一点变轻之后，伴随的月经差不多已经有半年多都没来过了，而且她的手指也有严重脱皮的迹象，手部的皮肤变得非常的粗糙。非常明显，她已经患上了厌食症。

厌食症是因为怕胖、导致心情非常低落，从而使劲节食，甚至拒食，因而造成的营养跟不上，体重急剧下降，甚至不愿意维持最低的体重而患上的一种心理上的疾病。据统计资料显示，患上厌食症的人差不多 95% 都是女性，这批患上厌食症的人群，基本上是在青少年的时期就有这种倾向。主要有：小儿厌食症、青春期厌食症和神经性厌食症。厌食症的患者很多都无法得到及时的治疗或者说治疗时已回天乏力，所以差不多有 10%~20% 的人过早死亡。死亡的人中，很多都是由于营养不良而引起的并发症，还有因为精神抑郁而导致的自杀的行为。因为长期过分的节食，因而造成了严重缺乏营养，影响了生理上的变化，主要包括月经不调，严重时就是停经，而且皮肤会变得非常的粗糙，柔毛也开始出现；体温逐渐下降，心跳也变得缓慢，身体十分的衰弱；脱水，脸色异常苍白，无法集中注意力，经常感到压抑或者是忧郁，心脏的功能变得很差，严重的还会导致晕倒。与此同时，因为患者的体内缺少脂肪，容易发冷，怕寒。如果病情非常严重，还会引发心脏衰竭，更严重的还会导致死亡。厌食症是一种精神性的疾病，也是一种饮食上的障碍，一般多发生在 10 ~ 30 岁这个年龄段的女性身上，但也有差不多十分之一的病人是男孩或者年轻的男子。

为什么她会患上这种贪食症呢？

主要是因为太怕自己会变成原来的样子，胖得都不像个女孩子了。而在她的心目中，她喜欢张柏芝那种细而高挑的身材，妩媚而又性感，她害怕肥胖，非常渴望那种苗条性感的身材。在读初一和初二的时候，因为胖，身边的同学们会对她的体重甚至是性别不断地进行嘲笑。

因为她剪了个非常短的头发，就像男孩子似的板寸，在去上厕所的时候，她的同学们总是说："你是个男生，怎么跑女厕所来了！"她因为自身身材过于肥胖，因此很多的男孩总是说："你这样又高又胖的女孩子，有谁敢娶啊，你要是生气了还不得把你的男朋友给打趴下了啊。"同学们言语和行为上的刺激，更促进了她踏上减肥道路的决心。

在她家，爸爸是比较强势的，而她的妈妈却是有些软弱，爸爸总是和自己身边的人自豪地说："你们看，我把我的姑娘养得白白胖胖的，又很听我话，你们说怎么样啊？"每次听她爸爸这么说的时候，她在心里总是觉得爸爸是在埋怨她胖的。她总是认为："哪有人会把自己姑娘说得像个胖乎乎的男孩似的！"，但是为了维护爸爸的面子，每次爸爸这么说时，她自己都会违心地微笑，来掩饰内心中的伤心。

每次遇到这种事情，她都会觉得很痛苦。她觉得如果把自己心中的苦恼讲给妈妈听，那妈妈不可能给她提供一个解决问题的办法，要是说给爸爸听的话，那么爸爸一直以来觉得自豪的事情却是在给自己的宝贝女儿带来无尽的痛苦，既害怕爸爸无法理解，又害怕爸爸为此伤心。所以虽然她自己一直以来都很讨厌过胖的身材，但是却从未跟父母讲过自己内心的真正想法和渴望变苗条的愿望。

　　直到有一天，机会来了，这个机会促使她踏上了这条减肥的道路。中考的体育成绩是有分数限制的，如果及格不了或是没有过线，那么参加中考就会很危险。老师告诉她说，如果减掉一些脂肪的话那就等于是减轻了自己的包袱，这样的话既可以使体育成绩达标，更能顺利地通过中考。她的爸爸非常关心她的成绩，也希望她能够考上一个重点高中，这样她未来更有把握考上一个好大学，前途也会更光明开阔一些。所以她将老师说的话都告诉了爸爸，爸爸知道后也开始支持她的行动，鼓励她减肥。

　　她不单单是节食，还加大了自己的锻炼强度。高强度减肥就这样进行了，仅仅半年就瘦到皮包骨了，从前的那些脂肪消失得无影无踪了。爸爸见她的身体如此瘦弱，就强迫她多吃东西，但是她觉得自己是因为瘦下来了才有同学愿意跟她交流，跟她玩，而且也不像之前那样总是会有同学嘲笑她，这样的话，她才可以自然地跟同学接触，因此她对爸爸产生了非常反感的情绪，认为爸爸是又要让她变成那个让自己害怕的胖人，如果是那样的话，自己这么艰难才减下来的肥肉就会又长回去。

　　但是她又不敢把这个原因告诉她的爸爸，所以她就在表面上装作听话，暗地里却是偷偷地将爸爸为她准备的米饭、牛奶之类的食物都扔掉了，要是被爸爸给逮到非让她吃的话，她就会生气离家出走。

　　她，一个19岁的女无业游民，整日里都是无所事事。

去年 6 月的时候，这个姑娘即将参加高考。由于当时的学习压力比较大，她的精神也非常紧张，就出现了消化不良、便秘等症状。更为不幸的是，她高考也落榜了，自此之后，她的上述症状就更加明显了，身体也变得越来越差。

有一次，她的姑姑来串门，无意中说到她的腿没有她姐姐的腿细。这下可是引发了翻江倒海般的事故，这位姑娘气性很大，听到这话之后当场就昏过去了。自此之后，让她吃饭就变成了一件非常困难的事，每次吃饭都要和父母讨价还价，一旦不遂自己的心愿就开始乱发脾气。自从姑姑那一句话之后，她就落下了心病，对自己的姐姐是横眉冷对，一点儿也看不顺眼。因为自己的腿比姐姐粗，她就给姐姐定了硬性的指标，让她每顿饭必须吃多少（一般来说，这个量都很大），不然她自己就拒绝吃饭。即使是这样，这个姑娘还是把自己每天的三顿饭减少到了两顿，每顿的主食在 2 两左右。又过了一段时间，她连主食都不吃了，只是吃一点点巧克力和糖而已，别的都不吃了。慢慢地，她开始不洗澡也不洗脚，因为她不想让别人看到自己那饱受自己摧残的骨瘦如柴的身体。这之后，她的身体也是异常虚弱，连行动都有困难，还有内分泌失调，出现闭经症状。她觉得自己病得不轻，就早早把遗书写好了，并向父母交待后事。她的父母虽然看出了她的身体状况很不好，但对于她所留的遗书和她所说的一番话全当是玩笑。

直到有一天，她突然陷入了昏迷状态，大小便失禁，她的父母惊慌之下，立刻把她送到医院进行抢救。

医院对她的诊断为：神经性厌食症。

厌食症又称为神经性厌食，直译过来的意思是"神经性食欲丧失"。顾名思义的理解虽然简单，但是不够准确，因为很多患者的食欲是正常的，还有不少人甚至会出现暴饮暴食行为。

此病的特征表现为：患者对肥胖有一种病态的恐惧，而对苗条的身材有一种过分的追求，并出现体像障碍，不断地自发选择饥饿绝食，并最终发展为严重的食欲缺乏。患者对自己的评价完全是依据自己的体重和食量情况而变化的。另外，因为饥饿而导致的严重营养不良还会引起一系列的并发症，严重威胁人体的健康。

在上面的这两个例子中，这两位患者的身体就出现了同一个问题：闭经。

厌食症患者绝大部分（90% ~ 95%）是女性，发病年龄在青春期（很少早于青春期），大约 13 岁左右。10 ~ 30 岁是其通常的发病年龄，其中 85% 在 13 ~ 20 岁发病，高峰年龄为 14 ~ 18 岁。不过，这只是个趋势而已，并不能包含所有的情况，也有一些极端的例子，比如曾经有报道说，有一位女性在 92 岁高龄的时候才首次发病，听起来真的像是天方夜谭一般。厌食症通常在节食一段时间之后发生，还有部分患者是因为自己的肥胖而开始厌恶食物，进而导致厌食症的。

研究表明，随着时代的发展，厌食症的发病率在不断提高，特别是在 20 世纪的 60 年代至 70 年代。有专家曾经对 2163 名厌食症患者进行了数据分析，以确定厌食症的发病率。结果显示，她们一生中厌食症的累计发病率为 1.62%，如果算上那些有厌食症某些症状但是没有达到诊断标准的患者，发病率可达到 3.7%。

神经性厌食症和神经性贪食症有一个共同点，都是吃完就想吐，那是不是说明二者是同一种病呢？答案是否定的。那二者之间究竟有何关联？

神经性厌食症的成因是不同的，有一些是因为过度节食，长期过度控制热量。这一类是属于限制饮食型。还有一些是由于暴饮暴食所引起，这是造成神经性厌食症的主要原因。这类人最易被认作是神经性贪食症患者。

暴饮暴食所引发的神经性厌食症与神经性贪食症的患者有哪

些区别呢？第一是前者较后者的一次性摄入量较少，但是身体对于食物的清理频率较于贪食症患者却是高很多，通过呕吐或排便将食物排出的速度极高，由于"暴食—清除"所带来的高逆差，身体瞬间支出大于收入，即会表现为身体重量的减轻，过度的收支失衡则有可能引起死亡。由上可以知道，区别神经性厌食症与贪食症的主要方法是，是否迅速地过度减轻了体重。

　　总的来说，限制型的个体通过节食来限制热量的吸收，暴食—清除型是依赖于清除（诱发呕吐、导泻等）。与贪食症患者不一样的是，暴食—清除型的患者比贪食症患者的进食量更少，而且清除的频率也更高一些。有的患者甚至会做到每次进食完都会进行一次。大约在达到贪食症标准的一半后，个体就会有暴食和清除的行为。暴食—清除型厌食症比限制型厌食症患者有更多的冲动行为，如偷窃、滥用药物及自伤等行为。而且，她们的情绪也更加不稳定。暴食—清除型的个体常常在儿童期较肥胖，且多有家族肥胖史。

　　另外还有一个误区需要指出，那就是从字面上来看，神经性厌食症有"厌食"两个字，这会让人觉得患者的食欲有问题，不喜欢吃东西。其实，他们有着和常人一样的食欲，他们的不吃并不是不爱吃，而是努力克制自己不去吃。这样，神经性厌食症和神经性贪食症的另一个重要的区别又大白于天下了：动机！

　　神经性厌食症者和神经性贪食症者都很害怕体重增加，这种害怕甚至已经有些病态了，他们对进食问题已经失去了控制。但是从他们对此的表现就能看出他们的不同了：神经性厌食症患者深深地以这种失去控制（吃得越来越少或者吃得少吐得多）为豪，但是神经性贪食症患者则对这种失去控制（吃得多吐得多）感到非常羞耻。

　　同样是失去控制，二者的反应却截然不同，这是因为有了这两种情绪，患者就如同被装上了"小马达"，再加上恐怖情绪在煽风点火，这两种病的患者们的病情的爆发就像黄河水泛滥一样，一发不可收拾。

对于一个神经性厌食症患者来说，她永远都不会对自己的体重感到满意，她的愿望是自己能够一直瘦下去，永远不再有反弹，哪怕是一丁点的迹象。如果早上她称完体重，晚上再称，发现自己的体重没有下降，或者是有所增加，那就如同面临灭顶之灾，内心极度恐慌，紧接着，各种不理智的行为就会如山洪暴发一般可怕。

所以，神经性厌食症的另一个关键标准就是：内心对身体真实形象的极度扭曲。

在她们照镜子的时候，就如同站在了"哈哈镜"前面，她们看到的自己完全不同于我们眼中的她们。在我们这些正常人眼里，这些患者病怏怏的、半死不活的，身体极度虚弱，但是在她们眼里，她们并不觉得自己瘦弱，反而会觉得自己身体的某个部位，比如胳膊，比如大腿，要是能够再减掉几斤就好了，那样的话会更加完美的。也正是由于这些观念，神经性厌食症患者基本上不会主动就医，她们之所以会去就诊，完全是因为受到了来自亲戚或者朋友的压力。

现在，神经性厌食症与神经性贪食症的概念就一目了然了，如上所述的三条：

第一，两者的一个重要区别是能否成功地减轻体重。

第二，两者的行为动机不同。

第三，两者的共同点是对身体真实形象存在着极度扭曲的认识。

逐渐消瘦的身体

董晓，今年17岁，她皮肤发青，面色苍白，双眼凹陷，眼神涣散，神情萎靡。她曾经是一个很有吸引力的女孩子，但现在，她看上去衰弱不堪，弱不禁风，早已不复再有当年的英姿。

她之所以会变成现在这个模样，是有这样的经历：

一年半以前，她的体重有些超标，身高155厘米，体重64公斤。她的母亲傲气而又苛求，不知是出于有意还是无心，总是不停地说道董晓的外表，而她的朋友则更加不留情面。董晓从未与男孩子约会过，一个朋友告诉她，她确实聪明可爱，但假如她能够将体重减轻一些的话，就更完美了。她受到了同学的蛊惑，同时也压不住内心的冲动，所以她就着手行动了，立志减肥。

经过多次不成功的努力之后，她决定这次一定要成功，一定要对自己狠，才能达成减肥成功的目标。

经过几周严格的节食，董晓发现自己的体重正在逐步减轻，而且还意外获得了母亲和朋友的好评。这让她感到了前所未有的控制感和优越感，自我感觉开始变好。

但是问题也随之出现了，由于她的体重减得太快，以致出现了闭经的症状，然而现在什么糟糕的状况也阻止不了她的不理智的节食行为了。当她被父母送到医院就诊时，体重只有34公斤，但她还是固执地认为自己现在的模样很好看，而且觉得自己如果能够再努力一些，也许就能更瘦一些。

实际上，此时董晓并未开始因为自己不健康的节食行为而求治。逐渐地，她的左小腿开始变得麻木，左足无力下垂，神经科医生认为上述症状是由于营养不良导致神经麻痹。

然而，董晓仍然继续参加学校组织的各项活动和她的业余爱好，并且做得很好。她买了很多用于运动练习的录像带，从此开始了对自己身体和精神的折磨。

开始时，她每天练习一次，然后是每天两次，当她的父母认为她已经运动得太多时，董晓就趁没人的时候偷偷锻炼，每次饭后她都随着录音机的音乐进行运动，直到认为已经消耗了摄入体内的所有热量为止。

最终，董晓被诊断为神经性厌食症。

其实，出现这些症状的患者并不是个例。20世纪50年代至60年代早期，随着媒体大肆渲染以瘦为美的女性理想体形，这种观念就不断深入人心，越来越多的人开始跟自己过不去，加入到了疯狂减肥的行列中。为了赢得别人的赞扬或者为了吸引自己心爱的人的目光，开始节食乃至绝食，于是这类疾病的发病率开始呈现上升趋势，并在数十年之内悄然蔓延开来，波及全球。

神经性厌食症是一组以进食行为异常为主的精神障碍，包括与体重和进食有关的极端的情绪、态度和行为，其严重的情绪和躯体问题会对生命构成严重的威胁。目前，神经性厌食症已经成为一个危害青少年乃至中青年女性健康的严重的身体问题，摧残精神，甚至是人的生命。

在20世纪50年代至60年代早期，神经性厌食症在西方发达国家的发病率不断提高，患者逐渐增多，并在随后的几十年里迅速传播开来。来自不同国家的越来越多的研究已经证实：神经性厌食症是一种广泛存在的心身障碍，其患病率正呈现出不断上升的趋势。

在瑞士，从1956～1958年，年龄在12～25岁的治疗患者中神经性厌食症新增个案占整个女性群体的3.98/10万。1973～1975年，其比率为16.76/10万。

伊格尔斯等证明，在苏格兰，其患者数量在按每年5%的比率稳步增长。加纳和费尔本在加拿大的研究表明，在1975～1986年，贪食症患者的比率增加缓慢，而厌食症患者人数显著增加，从几乎为零到超过140人。

其他的研究估计，这类人群的死亡率已经增加到正常人群死亡率的6倍。

然而，这种形势正在发生变化。已有证据表明，神经性厌食症的发展具有全球化的趋势。在亚洲国家，尤其是日本，神经性厌食症的患病率估计已接近美国和其他西方国家。

近十几年来，在我国香港和台湾地区，以及我国内地，神经性厌食症的案例也开始迅速增多，尤其是北京、上海等特大城市，神经性厌食症的患病率增长极快，在某些指标上甚至已经跟美国差不多了。

看到这里，也许有人会开始担心：是不是我也有得神经性厌食症的可能呢？其实，并不是每个人都会面临这样的危险，神经性厌食症不是对所有人都"一视同仁"的，而是对某些人"情有独钟"，比如说年轻女性以及体操、舞蹈等特殊专业和职业者，这些人患神经性厌食症的概率就比较大些。另外，这种病在女性身上出现得较多，超过90%的严重个案是年轻女性。从对众多案例的分析来看，这些女性大多数家庭条件比较优越，生活在竞争非常强的环境中。比如说，凯伦·卡朋特，这个名字对很多人来说可能比较陌生，但是提到她的歌曲《Yesterday once more》（《昨日重现》），很多人对此都耳熟能详。

凯伦·卡朋特最为人家喻户晓的就是她那略带忧郁的中音了，在20世纪60年代末至70年代，她的嗓音能让整个美国听众为之着迷，即使到现在，还有很多人为凯伦·卡朋特和她的哥哥理查德·卡朋特的歌曲着迷，其中《昨日重现》无疑是其中最著名的代表作之一。当时，卡朋特兄妹演唱组的事业正是如日中天之际，兄妹俩不断地推出佳作。在我们这些外人看来，凯伦的生活应该是无忧无虑的，她应该生活得很快乐，有这么多的听众喜欢她的歌曲，她应当感到自豪和骄傲。所以，当后来凯伦变成神经性厌食症患者的时候，不管是她的家人朋友还是那些歌迷，都觉得有些匪夷所思。

这件事情的根源，要追溯到凯伦的青少年时期。

那个时候，卡朋特兄妹在音乐方面就已经崭露头角，他们出道的时候是以哥哥创作妹妹演唱的形式，没多久，他们就在音乐上取得了巨大的成功，唱片一度大卖。但是，人们只能看到那些被成功所渲染的光环，却看不到光环背后的孤独与坚持，被成功的光环笼罩着的凯伦也被另一个问题困扰着，那就是她的身材。17岁的时候，她的体重有65公斤，到了23岁的时候，她的体重下降到了54公斤。在这些年里，她一直在试图摆脱那个在母亲眼里无法改变的具有"家族特征"的夸大体型。虽然她其实做得够好了，可是，她却始终对自己的身材不满意，她一直都在不断地减肥，期望能够变得更瘦弱一些，让身材看起来更苗条一些。

说到凯伦的母亲，先要说一下她的家庭。

事实上，凯伦的母亲是一个非常强势的女人，在凯伦看来，自己永远都无法与她的母亲抗衡，女儿屈从于母亲倒也无话可说，更让凯伦伤心的是另外一件事，那就是母亲其实爱哥哥要超过爱她。母亲在家中占据主导地位，那父亲自然就处于弱势，她的父亲在家里绝对连大气都不敢出，事事都要看着她母亲的脸色行事。

在我国，孩子长大之后还要待在家里，如果孩子工作得不好，父母还会允许自己的儿女"啃老"，但是西方国家的父母的做法就不一样，孩子长到一定的岁数之后，就得从家中搬出去独立生活了。但是凯伦的母亲在这一点上做得倒是很像东方人：你绝对不能搬出去，就算是要搬出去，也不能离我太远，你得在我的眼皮底下生活或者工作，这样我才能时时刻刻监视你的一举一动，必要的时候加以干涉和控制，保证一切都会在我的掌控下运转。

除此之外，如果凯伦想从母亲那里得到一丁点赞美，简直比登天还要难，不论凯伦工作多么努力，做得有多么出色，母亲总是会说："你哥哥永远都比你做得好。"如果凯伦想从母亲那里得到一点肢体上的关爱，比如西方国家的父母经常做的亲吻啊、拥抱啊之类的，更是难上加难。她对凯伦的要求太过苛责，没有合理地照顾凯伦的感受，把本来应该分给女儿的一点母爱全部给予了儿子。凯伦内心所遭受的精神折磨可想而知。这种精神上的折磨，更促使凯伦走向了坚决减肥的道路。

受到母亲种种行为的影响，凯伦有一种感觉：自己生来就处在哥哥之下，一点吸引力都没有，而且超重，永远都不如别人。事实也的确如此，虽然凯伦一直都在努力，并希望能够得到父母的爱和认可，但是他们却总是把所有的注意力和精力都集中在哥哥和他的事业上，凯伦永远都无法分得一杯羹。

所谓灿烂的背后是阳光无法照射到的黑暗，那些在盛名之下的"名人"，自然也会有重重的压力。随着自己在乐坛的影响越来越大，凯伦对自己的要求也越来越苛刻，她越来越强迫自己，越来越追求完美。她曾经在青少年时被身材的问题困扰，而今万众瞩目之下，又被旧事重提，而且被无限放大。在阅读了八卦报纸上有关于自己体重的苛刻的评论后，她开始节食。她不仅要让自己的嗓音美丽，还要让自己的身材无懈可击，留给歌迷们完美的印象。

要想准确地确定凯伦患上神经性厌食症的时间很有难度，因为在生活中，凯伦一直都在有意无意地控制自己摄入的食物，她想控制住自己的体重，最好是能够减肥成功。直到凯伦 24 岁的时候，她的家人第一次注意到凯伦在家里吃饭的时候不吃东西，体重持续下降，肋骨都从衣服里面凸出来了，面色憔悴，精神萎靡。

虽然家人对此有些吃惊，但是凯伦自己却不以为意。虽然家人百般劝阻，但是凯伦开始跟家里的人斗智斗勇，欺上瞒下："我都跟你们说过多少遍我不节食了，我一点问题都没有。"就算在外面吃饭，她也会点跟别人不一样的东西："都来尝尝我的，多吃点。"这样，她就可以通过让每个人都尝一尝自己盘子里的食物的方式把盘子里的食物分光，以此来避免进食。除了控制进食，她还通过每天花费好几个小时来做剧烈运动的方法来消耗热量。

到了 26 岁的时候，凯伦常常感到筋疲力尽，有时候甚至得卧床休息才能恢复精神，因而很多彩排和演出她都无法参加，于是干脆就从歌坛隐退。由于节食过度，她的免疫系统出现了问题，开始不断生病。因为她为了降低体重，不断地大量服用泻药，还开始摄入大量的甲状腺素药物——众所周知，甲状腺素能够消耗身体热量，燃烧脂肪，这也就是很多甲亢患者食量惊人却依然消瘦的缘故。凯伦的名声一直为众人所知，但是她许多时候却不得不遭受神经性贪食症的侵袭，身体遭受到了莫大的损害，精神也受到了严重的打击。她的生活并不幸福。

不思进食

在所有神经性厌食症患者中，也许体操运动员克里斯蒂·亨瑞奇克里斯蒂的案例算是最为人所熟知的一个了。

她生于 1972 年，是一位一流的世界顶尖体操运动员。她身高只有 152 厘米，在女性人群中，这个身高算是偏低的。由于这个职业的特殊性，她一直对自己的体重有非常严格的要求，在她职业的顶峰时期，她的体重大约只有 42 公斤。以我们常人的眼光来看，这样的身高配以这样的体重，算是比较完美的身材了。

在一般人看来，这样的身高这样的体重并不算胖，但是拥有这样的身材的克里斯蒂·亨瑞奇克里斯蒂却仍被外界的人讥为太胖，因而她不能成为奥林匹克体操代表团的成员。可怜的克里斯蒂·亨瑞奇克里斯蒂因外界给予的重重压力，在不得已的情况下，走上了厌食症这条路。在一次又一次由于厌食症的摧残而住院治疗期间，克里斯蒂不得不受到身体营养严重不良状况的限制而避免大运动量的活动；但是，一旦出院，她还是会像入了魔障一般，重复以前的做法，疯狂节食，疯狂锻炼。"我要变得更瘦"的执念已经深深地扎根在她的脑海里，不可自拔。

三年后，悲剧发生了，那一年，她 22 岁，死于脾功能衰竭，死的时候，她的体重只有可怜的 22 公斤。那副躯体，除了一副骨架外，我们很难想象还会有其他的东西。

神经性厌食症的主要表现为主动拒食或过分节食，导致体重逐渐减轻，体形消瘦及神经内分泌的改变。厌食症患者经常会伴随有各种焦虑障碍和情绪障碍，其中强迫症的症状最为常见。

神经性厌食症一般缓慢起病，患者对体重的增减非常敏感，对苗条身段的喜欢达到了一种痴迷的程度，整日专注于自身的体重、体形，严格限制每日的进食量，开始往往隐秘节食，如避开家人采取使体重减轻的手段，不愿与家庭成员一起进食，不在公共场所进食，不吃早餐等。

尽管体重减轻是神经性厌食症的最显著特征，但这并不是厌食障碍的核心。很多人都会因为生理疾病而产生体重下降的现象。但是，厌食症患者的体重减轻则是因为自己常担心肥胖问题，因此过分地追求苗条身段而导致的。这种障碍普遍开始于较胖或者感觉自以为胖的青春期女性（特殊专业和职业者例外）。

然后，患者便开始节食行动，并且强迫性地专注于如何变瘦。像董晓那样进行几乎是惩罚性的运动，经常在这些患者身上见到。通过严格控制摄入的热量或者把热量摄入的控制和热量清除紧密结合起来，她们往往会实现体重显著下降的目标。

但是，患神经性厌食症的女孩从来不曾对自己的体重满意过，她们脑袋里都是"我要变得更瘦"的念想。体重如果保持不变或者有那么一点点的增加，她们都可能会出现诸如惊慌、焦虑和抑郁等不良情绪。只有当体重在接连几个星期里都持续减少，这样，她才会感到满意。

尽管 DSM—N—TR 中明确把体重低于正常标准的 85% 作为这种疾病的诊断标准，但大部分去就诊的患者，其体重大约已经低于正常标准的 75%，甚至是 70% 了，这些就诊者大部分是迫于家人亲朋的压力才到医院就诊的。让这些人主动到医院就诊，简直比登天还难。此外，厌食症的另一个重要特征是显著的体相改变。

她们从镜子里看到的自己与别人看到的自己是不一样的。别人看到的是在半饥饿状态下挣扎的、憔悴的、苍白瘦弱的女孩，而她们自己看见的则是身体的某个部位需要再减掉至少几磅的女孩，她们看到的是一个身材可以变得更"完美"的自己，她们永远对身材的现状不满意。

正如董晓所说："我每天照穿衣镜至少四五次，我实在看不出自己很瘦。有时在几天严格的节食之后，我感觉自己的外形还可以，但奇怪的是，在大多数时间里，我总认为镜子里的我太胖了，我看到的是一个粗重的、笨拙的、梨型身体的软弱无能的人，我认为自己迫切需要改变这种状况，我需要立刻采取减肥行动，我需要变得消瘦起来。"

看了很多医生或者到医院就诊后，患者似乎会变得听话了，也认同自己体重过轻，并认为自己需要增加一点重量。但实际上，她们在心底根本不相信这些说法，所以她们依然会变本加厉地继续她们的这种病态的行为。当再进一步质问她们时，她们就说镜子里的女孩很胖，镜子里的女孩需要采取减肥措施，镜子里的女孩需要变得消瘦一点。出于这个原因，厌食症个体很少主动就诊，通常是迫于家人的压力才会这样做，而一旦家人给与的压力消失或者是家人的监管不力，她们又会偷偷地采取病态的、不理智的节食行为，这是厌食症患者病情多次反复，难以治愈的原因所在。

病态的节食行为还可能引起内分泌功能紊乱。厌食症造成最常见的医学后果就是停经。前文我们已经列举出了不少例子。这个特征是一个客观性的生理指标，具有诊断价值，意思就是诊断患者是否停经，把是否停经作为前来就诊的患者是否是厌食症患者的一个客观性的指标。厌食症的其他症状还包括皮肤异常干燥乃至严重脱皮，对低温极度敏感且无法忍受，肢体和面颊会长出类似胎毛的绒毛，头发易脱落或指甲易断裂，以及出现心血管问题，比如长期低血压和心动过缓。因为经常性的呕吐会导致体内的电解质紊乱，从而导致心脏和肾出现问题。

缺少营养的厌食者

珊珊的父亲在一家大公司里做销售经理，高大英俊，温文尔雅，很受公司女下属的青睐。母亲在一家国有企业做行政主管，眉清目秀，仪态万千，也很受公司男同事的欢迎。

在家中，爸爸不爱说话，沉默寡言的时候居多；妈妈则是口齿伶俐，颐指气使，每句话都咄咄逼人。婚后的日子，爸爸总是觉得他自己遭受到了一种莫名的家庭压力，同时还产生了一种对妻子的无形的忿恨情绪。

珊珊的父母都是非常爱孩子的人，对珊珊非常宠爱。但是两人对自己的婚姻都是非常的失望，两个人都是因为怕女儿受到伤害才没离婚的。只是两人没想到生活在这样的家庭情况下的孩子，更容易被父母流露出来的不良的情绪给牵引，心灵上更容易受到创伤，以至做出许多不理智的举动。

珊珊说："在我非常小时，每次他们吵架，我都会蹲在墙角那里大声地哭泣，希望能够引起他俩的注意，非常期盼他俩可以和好。而后来当我一点点的长大，父母之间的原来的那种冷嘲热讽一点点的让冷漠沉默给取代了。我非常的担心突然有那么一天父母会离婚，那样的话我就会失去一个人的爱，就不会有完整的家了。"

"所以，因为整日的担惊受怕、精神抑郁、食欲不振，我开始不吃早饭。有的时候仅仅是因为一件很小的事或者是跟同学或者家人闹矛盾的时候，我也不吃饭，我觉得不吃饭是我无声的反抗，我必须采取某种举动，否则我觉得我会因此而疯掉的，因而我选择了不吃饭。虽然如此，我还是觉得自己非常无助，没有人理解我的困境，没有人可以为我提供帮助。"

很明显是否吃东西是珊珊唯一能够控制的事情，她总是担忧父母是否会离婚，而她的父母却并不知道她是怎么想的。要知道的是：孩子在面对一对不和的父母亲在感情上所要承受的那种伤害要比成人所想象的严重得多。一对感情不和的父母为了孩子的健康成长，选择维系惨淡的婚姻，殊不知，孩子长久生活在父母的臂膀之下，很容易感受到父母的情绪，一旦父母有什么不和的举动，孩子在心灵上都会像遭受一场暴风雨一般。父母的一举一动，那些时时刻刻散发出来的对对方的那种怨恨情绪，都有可能会成为改变孩子性格和行为的诱因。

对这种家庭进行治疗是一件非常困难的事情，因为夫妇俩都不同意对方的观点，因而两方无法达成共识，更不必提什么采取有效的行动了。没有父母的配合治疗，治疗珊珊的病也就成为了无稽之谈。双方都觉得对方应该做出改变，但是自己却都不肯去改变自己，无法做到起码一丝的妥协和包容，无法互相面对的家长，负面情绪就会逐渐积聚、爆发，所有的负面情绪就会波及到正待健康成长的无辜的女儿身上了。

以家庭的角度去看个人的行为，那个所谓的坏孩子，很可能是那个最忠心于父母、最在乎父母感情的孩子。

那些婚姻无法圆满的夫妇，实际上一样可以做非常好的父母，但是他们总是在不断地埋怨对方，不仅没有做到父母应尽的责任，却总是让孩子来替他们着想，事事都要照顾他们的情绪，这样的父母是不合格的父母。

夫妇总是吵架、埋怨对方，会将这种不好的情绪传染给孩子。孩子本是一张白纸，需要父母加以正确的引导。现在父母却经常吵架，还怎么教导孩子，更遑论让孩子健康成长了。大多有心理疾病的儿童，很多时候都是因为孩子跟父母之间的无法分解的关系。孩子总是要长大的，最终是要脱离自己的父母来创造一个属于自己的空间的，而幼小的珊珊的空间却仅仅是父母之间的无休止的冷战。珊珊本身并没有什么问题，主要是因为她父母的关系不和，她的父亲跟另一个女人关系非常好，总是一个月才回家来看她一次。显然，父亲只爱女儿却不想要妻子，几年的时间过去了，他们两个人却还在维系着这段不该维系或者说不应该如此维系的婚姻上。珊珊的厌食症状越发明显，病情逐渐地积聚，终于珊珊得了神经性厌食症。

在家庭治疗的不断进行中，珊珊变得更开朗、更能吃了，而且体重也开始增长。有时候，解决孩子的心理障碍并不是那么费劲，父母或许可以换一个思路，不要从孩子本身找问题，而是掉过头来，检查一下自身在哪些地方做得不好。如果找到了，或许孩子的心理问题就会迎刃而解。珊珊就是一个典型的例子，如果父母的关系能够改善的话，孩子的问题立刻就可以解决的。一家三口，在做了 5 次家庭治疗之后，却是带着想要重新建立和谐的家庭关系的理想而去，而珊珊的问题也出奇的得到了解决。

现在因为减肥而导致的成人发生的厌食症（也叫神经性厌食症）变得越来越多了。很多国外著名的影星、模特、乐手等因为想减肥而把自己弄得骨瘦如柴的比比皆是。问题是在别人看见他们都瘦得没有人样，都表示非常同情时，这些人自己还没有察觉，依旧很享受这种对自己的折磨，用身心的备受折磨来换取外人羡慕的眼光和热烈的鼓掌声。事实上，这类因为要减肥而引发的厌食症的人，最后大多数会变成患上深度抑郁症的人，所遭遇的痛苦可想而知。

为什么会有厌食症这种病呢？首先，很多人减肥根本就不是因为自己太过肥胖，而是一直是自卑感作祟，有时候还伴有对自己的厌恶感。当这些人在减肥前，心理上存在着严重的问题，无法肯定自我，极度否定和厌恶自我，缺少自信心。

再看看减肥的方法。大部分人会选择少吃，甚至是干脆就不吃主食还有肉食了，天天吃素苹果、黄瓜，到最后就变成了"面有菜色"，不光是外在消瘦、死气沉沉，精神上也会遭遇焦灼、烦躁、抑郁等各种负面情绪的侵袭，生活得毫无快乐可言。

"节食""减肥"，当这些在广告中随处可见的字眼像颗种子似的掉进你心中，潜滋暗长，一点点的变成了你的生活理念之后，你可一定要小心了，一定要注意自己的饮食行为，一定别患上"厌食症"。要对"节食""减肥"这些广告所传播的理念有清醒的认识，不要盲目地加入到节食减肥的行列，最后弄得自己憔悴不堪。

患上厌食症的危险信号有：

（1）过于重视自己的身材和体重，对于肥胖有很强烈的恐惧，有非常强烈的愿望想使自己瘦下来。即便是自己已经偏瘦了，但还总是嚷着要"减肥"。

（2）只吃少量的东西，摄入主食的量严重偏低，甚至是将饮料当作主食，让自己做大量的运动，消耗热量，会服用泻药、利尿剂等药物，有时还会采用抠嗓子等方法来催吐，来阻止营养和能量的摄入。

（3）短时间内体重明显下降，身体严重消瘦，瘦到不足标准体重的85%。

（4）依然进行平日的各种活动，不承认自己会有饥饿、劳累的感觉，忽视身体发出的饥饿的信号。

（5）有的时候还会出现恶性循环，会在饮食期间暴饮暴食，之后又用很多激烈的办法把食物给排出去，破坏身体内的电解质平衡。

（6）长此以往会导致胃肠功能衰竭，一吃饭就想吐，没法正常地进食。

（7）血压变低，心跳比正常人慢，容易掉发，指甲易断裂，骨头钙化，脸色总是苍白或者腊黄，对寒冷异常敏感，体质非常差，皮肤表面会长出类似胎毛一般的绒毛。

进食障碍的成因

那么，为什么有的人非要放着好好的饭不吃，却来个进食障碍呢？这里面主要有三个因素：社会因素、生物因素和心理因素。

下面就分别来介绍一下。

1. 社会因素

说起来，在迄今为止已经确认的心理障碍中，神经性厌食症与神经性贪食症和社会文化的相关性是最强的。为什么有的年轻人会进入一种半饥饿和自我呕吐的惩罚当中呢？先打开电视看看吧，这个电视台是某位身材曼妙的女明星推荐减肥药的广告，那个电视台是某健身器材公司在向人们展示使用前和使用后的显著对比效果。整天看着这些广告，很容易就会产生一种"要么瘦要么死"的感觉。如果自己的体重很正常，无论怎么吃也不会胖，那还好。但是那些身材偏臃肿或略胖的人就会受到强烈的刺激，如果本身也有很强的减肥愿望的话，那么极有可能会加入到节食减肥的行列中来。

现代社会的竞争压力越来越大，而很多身处中上层阶层的年轻女性自然会产生这样的想法：自己的成功和幸福在很大程度上受到自己体形的影响。不是有那么一句话么？学得好不如长得好。长得好，这三个字里面自然要包括曼妙的身材。要知道，脸蛋除了去做整容手术是没法改变的，但是身材就不一样了，可以通过锻炼或者节食勾勒出玲珑有致的身材，吸引他人的目光，或许还可以用曼妙的身材换取自己希望得到的东西。有了好身材，也许自己就会一路好运，升职、加薪，甚至还有可能嫁入豪门。这么一想，节食是值得一试的，如果成功减肥，那就增加了自己所拥有的筹码。由此，人们就走出了进食障碍的第一步。

那么，为什么进食障碍会多发生在女性身上呢？据某调查结果显示，女性眼里最具吸引力的体重要远低于自己现在的体重，而男性眼里最具吸引力的体重要远高于自己现在的体重。所以，一般女性为了实现降低自身体重的目标，就会选择节食，进而患上进食障碍。

还有一点，就是"物以类聚人以群分"。女性之间的小团体比较多，像什么姐妹淘啊之类的，一般来说，她们在一起的时候，如果其中有一个人对自己的体形过分关注，或者有个人的身材极度曼妙，并有意无意的炫耀自己的身段，传授成功的心得，那么就很有可能会引起其他的人也做出类似的追逐效应，进而，大家就会跟风节食。另外，由于女性之间的攀比心理比较重，你瘦，我比你更瘦，我还要接着瘦，这么比来比去，吃得越来越少，以至于引起进食障碍。

2. 生物因素

跟很多其他的心理障碍一样，进食障碍有一定的家族遗传性。相对于一般人群，那些家族中有亲属患进食障碍的人的发病率要比没有进食障碍的家族肥胖史的人高出四到五倍。因此如果面临着同样的刺激事件时，他们会更容易产生焦虑的倾向，而一旦出现焦虑，极有可能就依靠各种不理智的进食举动来缓解焦虑带来的痛苦，尽管这种举动是不正确的。对于有肥胖遗传史的家庭，更需要投入大量的精力，留意孩子的一举一动，正确引导。要让孩子认识到节食减肥的危害，最好将萌芽扼杀在最初的状态。

3. 心理因素

完美主义，怎么说呢，可能是见仁见智吧。

对于正常人来说，追求完美会让他们不断鼓励自己，成为人群中的佼佼者。这种追求完美主义的举动无可非议。许多正常人都会有完美主义倾向，他们依靠自身的努力奋斗来达成目标。

但是，一旦病者追求完美，特别是在进食障碍中被引向对身体形象的扭曲认识时，完美主义的破坏力可是非常惊人的。病者追求完美，大多数会采取许多极端的做法。而这种极端的做法肯定会摧残肉体和精神，所爆发的负面情绪还会感染周围的其他人。患有神经性厌食症的人就是一个典型的例子。

另外，患有饮食障碍的女性还认为自己是个骗子，觉得自己展现在别人面前的种种美好形象都是假象，这些假象都是自己精心伪装出来的。一般来说，她们的心理负担都比较重。这让她们认为自己是生活在社会团体中的假冒分子，因而会觉得非常焦虑，还会有讨厌自己的想法。讨厌自己，就很有可能会摧残自己。其实，在别人看来她们已经很完美了，但是在她们自己看来，她们丑陋无比，无论内在还是外表。

第二十一章
我把自己丢掉了
——心因性失忆症

6 小时的大脑空白

傍晚时候，张女士神情恍惚地在大街上走来走去，因为行为异常，又没有监护人跟随，随后被赶来的警察送到了精神病医院。

医院的医生发现，她并不是个完全失去理智的精神病患者，而是一种令人非常惊诧的怪异病症。她似乎丧失了之前 6 个小时的记忆，她的脑子里，从当天中午 12 点至晚上 6 点这段时间里发生的一切都是空白的，她自己到底在哪里、她做了什么事、跟谁在一起，甚至她自己是谁，她都完全没有印象，脑中一片空白。每天下午，就好像被人清洗一次脑袋一样。警察甚至怀疑她是不是招惹了某个"黑衣人"。

还有人开玩笑地说，她脑子里的磁盘好像出现了"坏道"，所以才会导致部分时间段的记忆丧失。

张女士在休息了一段时间后，逐渐恢复了记忆。在医生的询问下，张女士说出了她的经历。她对当天中午以前发生的事情记得很清楚。

这要从张女士的身世说起，她有一个不幸的家庭，更有一个不幸的童年，在她很小的时候，因为她的母亲婚外情被父亲撞见，所以，她的父母就离婚了。她最初和母亲一起生活，可母亲离婚后依然我行我素，还是经常招蜂引蝶，幼小的张女士还一度受到母亲姘夫的性骚扰。

成年后的张女士爱上了一位年轻的卡车司机，并且怀了身孕。但是这个卡车司机却在他们婚礼前两天莫名其妙地不见了，从此一去不回。张女士将孩子生了下来。然而，一个单亲妈妈独自抚养婴儿的艰辛不是常人所能体会的，每天她就为了孩子的奶粉钱疲于奔命，生活的压力让她不能再独自抚养儿子，只能带着孩子和父亲及两个弟弟住在了一起。

父亲对她并不友善，在住院前的几个星期里，父亲整天骂她是个扫把星，指责她只会添麻烦，只会给家人带来厄运，甚至说他的婚姻都是因为张女士才破碎的。两个弟弟也不理解她，威胁要把她和她的孩子赶出家门。在和父亲、弟弟争吵的时候，她开始感到自己头疼、疲倦、焦虑、孤独、忧郁，还一度失眠，整晚整晚的睡不着觉。在此期间，张女士在超市找到了一份收银的工作，并且遇到了一个年纪与她相仿的男孩，两个人很快就产生了感情。最近的一段时间，张女士经常会在晚上找那个男孩，从他那儿寻找家中没有的平静和温馨。

张女士住院后，慢慢适应了这个精神病院的生活，心情开始平静，但她依然想不起来下午的 6 个小时时间里到底发生了什么。她只记得她调休不用上班，所以早上给父亲和弟弟们做完早饭，上午干了一些家务，然后中午的时候坐上一辆公共汽车，想去看心理医生（因为她最近失眠的更厉害了），然后她就什么都忘记了。她自己似乎对这段记忆"空档"不以为然，就像只过去了一瞬间，在医生的提醒和鼓励之下，张女士一再努力地回忆事情的经过，她说她的脑中浮现出一个似真似假的场景，好像是个停车场，然而，这个停车场好像又和自己没有什么关系。

医生分析后，认为她脑海中的这个如梦如幻的场景一定和她压抑在内心潜意识里的东西有关，为了帮助她，所以希望她能够详细地描述这个场景。张女士说她好像看到了一个停满了汽车的停车场，一个男人站在停车场的一边，一个女孩子正往那个男人那边跑。这个场景不停地出现，那个女孩飞快地向前奔跑，但又好像没有向前移动。而且，张女士还感觉是自己在奔跑，但却不明白为什么奔跑，似乎她自己是要跑去向那位男子求救的。

医师接着又问张女士，她当时"求救"的时候心里想的是谁，张女士说："是心理医生，因为我最近非常难受，而且还失眠，我想应该去看心理医生的。"张女士回忆说，她还曾向男友提起过这件事，她喜欢的那个男孩在郊区做一份兼职的工作。

经过对张女士的零星记忆的推断，张女士就是被郊区的巡逻警察发现并被带到医院来的。医生觉得张女士一定是在某种心理作用下导致的这种失忆，她回忆中梦幻一样的场景，应该是她丢掉的 6 小时中的某个片段。医生决定将她催眠，在催眠的状态中，张女士慢慢回忆起了她忘记的 6 小时空白时光。

原来，张女士乘坐公共汽车去看心理医生，寻求解决她失眠的办法。她下车后，发现预约的心理医生出门了，她就到值班室打电话给医生，依然没人接听。于是张女士就决定去郊区找她的男友。现在，父母和两个弟弟都不能帮助她，她只能去找男友。

张女士又乘坐公交车到郊区，到那里的时候已经是下午两点了，她看到男友正从东边入口走向车子，她在西边入口处等他。张女士想男友一定会看到她，然后会载她一起走的。但男友并没有看到张女士，径自开车离去。于是她跑着追了上去，对面开过来的汽车把她撞倒在地上，她忽然头晕目眩，然后就开始漫无目地在大街上来回奔走……

张女士终于恢复了那 6 个小时的记忆。

英国作家霍尔曾经写过一本名叫《生猛鲨鱼档案》的小说，小说的男主人公患上了失忆症，经常收到一个名叫埃里克·桑德森的人的来信，这个埃里克·桑德森其实就是他自己，这是过去的他未雨绸缪，在发现自己即将失忆时，不断给自己写信，希望能够给迷失的自己指引一条找回自我的路。埃里克·桑德森在信中说，他的记忆被一条虚拟的鲨鱼蚕食了，这条鲨鱼生活于他的意识深处，不时地出没于他的闹钟，吃光了他的记忆，从此他逐渐忘记了自己。

这本书是以超现实的手法诠释了失忆症，不过从医学角度看，失忆症并不玄乎，它分为"心因性失忆"和"器质性失忆"两种。"器质性失忆"顾名思义是因为外部物理作用造成的记忆丧失或局部丧失，当人的脑部受到创伤和打击的时候，人的意识、身份记忆或大脑对环境的正常整合功能遭到破坏，因而对生活造成困扰，就属于"器质性失忆"。它是外界物理作用造成的，和"心因性失忆"这种失忆者意识自发产生的失忆是两个概念。

这里提到的物理作用，不光是指跌倒、重击等常见的物理作用，还有一些你想都想不到的。美国南加州有一位老年人，他感染了某种病毒，脑子里负责记忆的海马区周围被这种病毒逐渐蚕食，造成他只有瞬间记忆，他的时间永远只有现在，空间也只是眼前所见，人们说鱼的记忆只有 3 秒钟，而他的记忆甚至都没有 3 秒钟，这也是典型的"器质性失忆症"。

而张女士没有受到过外部的物理伤害，当然就不是"器质性失忆"了。心理医生解释说，这是一个"心因性失忆"的"局部性失忆"病例，属于"解离型歇斯底里精神官能症"。所谓"解离"，指的是一个人的意识、记忆、智能、情感，甚至是他的行为等的正常整合功能发生突然的暂时性的改变，导致这些功能的某些部分丧失的情形。张女士丧失的就是"6 个小时的记忆"。

心因性遗忘，是一种选择性的反常遗忘现象，当事人对新近重大事件（如创伤、丧亲）因震撼过大不堪回首而产生部分性选择性遗忘，或暂时性记忆解离，使其不出现在意识中，是大脑主动抑制或"忘记"不愉快经验的心理机制。

著名心理学家弗洛伊德的老师沙考的另一个高徒冉涅认为，正常人的精神、思想、语言和行为等整合构成人的"人格"整体，在一般情况下，一个正常的人可以依靠自我意识召来（知晓）这些精神、思想、语言和行为，但是，如果神经系统发展变异，使得沟通各种精神内涵的因素降低，就会使得某些精神、思想、语言和行为的功能不再为个人的意识所察觉，这就会出现思想的"解离状态"。

　　而弗洛伊德则认为，在"解离状态"中，患者所失去的（思想、语言或其他东西）常常是他无法接受的东西，有时候会是重大的精神打击或者压力，这种"解离状态"借一种特殊的精神力量将不愿承受的东西"赶"进潜意识的状态，从而不能被正常的精神意识所唤醒。换句话说，它是内心主动觉醒的心理反作用。

　　"解离状态"会对人形成保护作用，使他不会因为想起那些无法接受的精神意识而产生悲痛。通常情况下，病人无法接受的精神意识有两种情况，一种是外来的令人痛苦的事件，一种是内在的心理冲突。

　　医学界对"解离状态"的科学解释，目前一般采用弗洛伊德的这种"动力心理学"理论，不过，并非每一个面临外来痛苦事件或内在心理冲突的人，都会产生意识的解离，因此，意识的"解离状态"可能也含有冉涅所解释的"人格"因素。有的医学研究表明，"心因性失忆"可能是人类进化过程中产生的，大脑选择性地让部分记忆处于"休眠状态"，也就是说，大脑可以主动抑制或者"忘记"不愉快的经历。

　　也就是说，张女士的失忆，并不是我们平常认为的外部物理创伤造成的失忆，而是自我意识主动选择的失忆，她的大脑通过抑制令她感到痛苦的记忆中的人和事，把那些不愿意想起的东西埋在了意识的最底层，大脑通过"雪藏"这部分记忆，能够保持意识不至于彻底崩溃，这种意识是人面对逆境时的一种弹性机制。

失忆原来不简单

"心因性失忆"是意识在起作用的"失忆",其实并非只有像前文说到的张女士那样的"局部性失忆",该病症还有另外三种情形,分别是"选择性失忆""全盘性失忆"和"连续性失忆"。

张女士这样的"局部性失忆",是在某些创伤事件发生后数小时内的失忆,而且是完全失去这段时间内的记忆。

"选择性失忆"是当事人对某时间段内发生的事情选择性地记得一些,却又遗忘另一些。

"全盘性失忆"是当事人完全忘记自己所处的环境和自身背景,包括姓名、地址等都统统不再记得。

"连续性失忆"是当事人忘记了从某一时间或者某一事件之前的过去经历。

前两种在人群中并不常见,通常当事人都是受过极端刺激后才会出现"局部性失忆"和"选择性失忆"的情形,而后面两种失忆症一般是我们常见的。不过需要注意的是,它们都不是我们在影视作品中看到的因为物理作用造成的失忆,它们都有一个共同点——它们都是意识的主动记忆抑制。

前面讲到的张女士就是个典型的"心因性失忆"者,她在发病当天亟需他人的帮助,可能她的精神已经紧绷到了崩溃的边缘了,她四处寻求帮助却又到处碰壁,男友的最终驱车离开对她的精神来说更是致命打击,无助、绝望、孤独、恐惧等情绪在不断的量变之后,产生了可怕的质变,完全超出了她所能承受的负荷,于是意识的"自我压抑"就发挥了作用,大脑的自我防护机制开始工作,将她的遭遇和她半生的无助情感一股脑儿地"驱赶"到了潜意识的角落里,这样可以防止她因为想到这些不愿触碰的东西造成更严重的崩溃。

她的这种"心因性失忆"也使得她得到了警察和医生的帮助，警察把她送进了医院，随后，医生、护士给予了她热情的关照，这些"收获"也让她更加不愿意想起之前痛苦的经历。

　　因为"心因性失忆"是由于心理因素造成的，所以，它"丧失"的记忆通常会有选择性。也就是说，这些失忆者一般只遗忘那些给他带来痛苦的经历。张小姐就仅仅把中午 12 点到下午 6 点的"6 小时记忆"忘记了，而其他的记忆却完完整整地保留在她的脑海里。

　　苗子从 16 岁就开始在一家纺织厂工作，厂子里的一草一木她都知道在哪里，甚至每个工友的外号她也知道的清清楚楚。然而，所有人都知道她曾经在 19 岁时生过一个小女孩，只有她自己说没有。

　　苗子那时候年龄还小，看到别人穿的花枝招展，跟街上的男孩们出去玩。处在青春期的她内心里非常渴望能有个男孩多看自己一眼，所以每天打扮得非常漂亮。后来一个姓马的街头混混每天在厂门口拦她，刚开始的时候，苗子还坚决不同意跟那个"小流氓"交往，可时间长了，她看到这个"小流氓"也挺幽默风趣的，一来二去就不再拒绝对方了，两个人随后建立了恋爱关系，没有多久两人还住在了一起。

　　沉浸在爱河里的苗子其实根本不了解姓马的那个"小流氓"，他不光在外面惹是生非，还纠结了一帮人入室偷盗，有时候因为跟同伙分赃不均还在街头火拼，傻傻的苗子年龄还小，看到他身上的伤口，还觉得那是"男子汉"的标志，不但不劝阻他，有时候甚至跟他一起和街头的混混们在一起玩。

　　没有多久，苗子发现自己怀孕了，可那个"小流氓"并没有因为这个对苗子有一丁点的关照，每天依然和一群狐朋狗友出入在酒楼、赌档，甚至开始带一帮人拦路抢劫。为了让那个"小流氓"改邪归正，她决定要把小孩生下来，希望能够用孩子把他绑在家中。

就在苗子快要生产的前一个星期，那个"小流氓"因为打架斗殴，被人用匕首扎死了。痛苦万分的苗子只有一个人跑到医院把孩子生了下来，因为她当初和"小流氓"在一起，已经跟家人断绝了关系，所以她抱着婴儿出院的时候，没有一个人来接她。当时是个雨天，她独自一个人抱着刚刚出生的小孩，走在马路边，路旁的人都用异样的眼光看着她，头发散乱、衣衫不整的她望着哭声不断的婴儿，想到了去死。

她神情惶恐地走到了河边，把婴儿放在护栏旁的草丛里，随后就跳进了水里。

万幸的是，她被下游一个钓鱼的人救了上来，她恢复以后，又回到了厂里上班。工友看到她产后身体恢复得很好，就询问孩子怎么样了，可她无论无何不记得曾经生过孩子的事情。

刚开始大家以为她是不好意思，所以才故意隐瞒，后来发现，她真的一点不记得生孩子的事了，生孩子这件生活中实实在在发生过的事情似乎被她过滤掉了。

在这个案例中，这个女孩记忆丧失的非常奇妙，她遗忘了自己曾经生过小孩的经历，但对之前和之后发生的一切与小孩无关的事情却记得一清二楚，她的这种失忆就是"心因性失忆"的另一种情形——"选择性失忆"。

因为生小孩的经历是她的"悲痛根源"，所以，她选择性地把生小孩的一切记忆"忘记"了，或者应该说是她的精神把生小孩这件事"隐藏"在了她的潜意识层面，在她自己的记忆中就不存在这些情节了。

一位著名大学里教授现代文学的女教授也莫名其妙地丧失了记忆，她比苗子更加离奇。

她不知道自己是在什么状态下失去记忆的，因为之前的事情她也不记得了。在丧失记忆后，不记得自己住在哪里，不记得自己从事什么工作，不记得自己的名字是什么，甚至连自己的母亲都不记得了。总而言之，她把自己的过去忘得干干净净。

然而，令人感到不可思议的是，她对以前教授的现代文学的东西却记得一清二楚，她记得所有她曾教授过的课程，甚至能背诵很多著名作品的精彩片段。所以她很快又回到了学校上课，因为失忆并没有影响她教授现代文学，不过她不记得她的学生和同事的名字了。

后来，在亲朋好友和热心同事的帮助和耐心提醒下，她慢慢地一点一滴地恢复了以前的记忆。不过恢复的记忆越多，她却变得越来越不高兴，因为她发现她的脑海中不断出现一些她不愿意接受的事情，婚姻破裂、父亲去世、儿子车祸、房子着火、被房东赶出家门……当这一切记忆重新"找回来"的时候，她恢复了往日的哀伤。

原来，"心因性失忆"是人类意识中用来保护自己的一种心理防卫机制，是一种自我逃避，也是一种自我保护。

抓住记忆的"尾巴"

当一个"心因性失忆"者丧失了他对某些或者全部往事的记忆，那么他是否还拥有缺失的这部分记忆的内隐记忆呢？或者说，他的大脑中是否还保留有关于这部分丢失的记忆的蛛丝马迹呢？

心理医学虽然没有确切承认这种现象的存在，然而有大量的案例表明，很多的病人失去了某些或者全部的记忆，但是他的大脑里依然还保留有一些内隐记忆的影子。比如突然进入了心灵深处的不期而遇的意象、对某种特殊物体的厌恶、对某种事物无来由的恐惧等，这些东西，可能就是人们对那些不能回忆起来的内隐记忆的表现。

内隐记忆，指在不需要意识或有意回忆的条件下，个体的过去经验对当前任务自动产生影响的现象。内隐记忆是启动效应的一种，就是不需要回忆，而储存在大脑中的信息却会在操作中自动起作用的现象，其特征是，被试取信息的提取是无意识的。

1907年，美国心理学家伊莎道尔·柯里亚特报告过这样一个经典病例：一位妇女漫无目的地在田野里漫游，对自己的经历一无所知，当地的居民非常恐惧就报了警，警察将她送到了伊莎道尔·柯里亚特的心理诊所。

这个妇女的亲人随后把她领回了家，柯里亚特作为她的医生进行了跟踪治疗。柯里亚特把她带到了她小时候生活过的老宅子里，来到这所老宅子里之后，她觉得这所房子显得既陌生又奇怪，陌生是自然的，她忘记了所有的东西，面前的一切自然陌生，但令她感到奇怪的是，她认为前几天梦中曾经梦到过这所房子，摆设和布局跟眼前的房子一模一样，不过似乎眼前的房子显得脏乱了一些。科里亚特意识到，她梦中的那所房子就是她幼年时残留在脑海中的影像，这种现象很可能就是失忆者存在内隐记忆的一个证明。柯里亚特还在随后的报告中说，当他用催眠手段让这位患者放松下来，并让她把内心所想到的任何东西说出来时，患者偶尔还会说出一些意象或是一闪而过的想法。但是，这些零碎独立的意象或想法，又不像是她的个人记忆。患者自己也不知道这些意象或想法来自哪里，她甚至认为自己或许是机缘巧合后的"特异功能"。

在另外一些关于"心因性失忆"的病例中，也出现过这样的现象。

李博原来是一个活泼开朗的男孩，在某所大学读工商管理，现在是大三的学生，暑假期间他打算到所在城市的郊区打工赚钱。

然而，命运总是凭空的捉弄世人，有一天晚上，李博在工作结束回住处的路上，被陌生人从背后袭击，然后遭受了暴力的同性恋强奸，之后那个人将他打晕，丢在了野地里。

第二天，路过的行人发现了他，将他送到了医院。醒来的他，不仅对遭受强奸的事情没有任何记忆，而且还失去了自己以往所有的记忆，他不知道自己为什么来到了这里，也不知道自己要去哪里。

医院的精神病科医生觉得得帮助他，在给他看过一幅主题模糊、通常被解释为暴力犯罪的后现代油画之后，李博开始变得极度的痛苦，一直想要自杀。虽然如此，他自己还是对发生的那件事情毫无记忆。

和弗洛伊德师从一人的冉涅，并不像弗洛伊德那样出名，他的名字被铺天盖地关于弗洛伊德的心理学和精神病学的著作遮盖。不过近年来，他关于失忆症相关的著作被医学界不断地关注，其中一些案例也引起人们的注意。

冉涅的一份报告曾提到过一个案例，一个女人在一条卵石小路上被坏人野兽般残忍地强奸了，她对自己被强奸的经过表现出了失忆现象，她不记得自己曾经被强奸。然而，后来人们发现，她对"卵石"这个词产生了强烈反应，这个词总是浮现在她的脑海中，她自己也不知道这是为什么。机缘巧合，当她再一次被带回到她遭强奸的那个地方时，她开始变得不安起来，不过她想不起来她曾在此遭到过强奸。

在冉涅 1904 年发表的另一篇报告中，也曾提到了一位女性失忆者的故事，她因为母亲去世经历了一次非常大的心理打击，虽然在她母亲去世期间她一直陪伴在侧，她却对母亲过世的事情以及期间的一切事情没有任何的记忆。她后来恢复了记忆，不过在她失忆的整个过程中，她一直被各种各样的乱糟糟的心理意象所困扰，这些意象都和她认为是幻觉的母亲的逝世相关。令人感到惊讶的是，在这些杂乱而强烈的意象中，她对她母亲的模样和细节还有零星印象，可她却对这些心理意象感到非常陌生，她不知道这些意象是什么时候进入她的脑中的。

除此之外，冉涅还有一些同类病例，失忆者被各种强烈的情绪折磨困扰，但这些情绪却又不像是给失忆者引起的记忆创伤造成的，它们更像是潜藏在失忆者内心深处的一些东西。再涅后来得出了一个结论，他认为"心因性失忆"患者不能在意识中自主地产生某些回忆，但对这些记忆会产生自动、不可抗拒、不合时宜地再现，这就是内隐记忆的表现。

弗洛伊德也曾经报告过类似的观察结果，并且还提出过相似的观点，他后来曾做出了一个著名的论断——癔症主要产生于对往事的缅怀。用通俗语言来说，就是困扰"心因性失忆"患者的，就是他们不能外显回忆的事件的内隐记忆。

内隐记忆的作用到现在仍然还处于研究探索的过程中，不过至少我们知道，虽然我们的自我感知和身份感知高度的依赖我们对经历的外显记忆，但是，我们的意识可能是更密切的和内隐记忆相联系的。通过"心因性失忆"的案例中表现出来的对往事的泄露，或许可以找到意识和记忆之间的关系。

大脑是如何"主动"失忆的

王医生是一位临床心理学家，他最近接诊了一个失忆的年轻人。该病人是被警察送来的，警察说接到了这个人的求援，说是自己的后背非常疼痛，但是又不记得为什么疼痛，甚至不知道之前发生了什么，警察在他身上没有发现任何身份证明文件，意识到他失忆之后就把他送到了这里，还在报纸上刊登了寻人启事的消息。

王医生发现，这个病人是个非常沉静的短发青年，他不知道自己叫什么，不知道自己家在哪里，一句话来形容就是，他对自己的任何经历都没有印象了。不过，他隐约记得自己有个叫"阿水"的外号。

经过王医生的测验，他的智商属于正常水平，对于给他讲过的故事进行回忆有一定的困难，不过，他对正在发生的事件的记忆非常完好，能够认清并记住周围人的面孔，也能正常地使用日常用语，说明他的语言记忆并没有受损。

王医生为了更清楚地探明"阿水"对情节记忆的回忆能力，对他进行了心理学的一系列测试，医生大声地朗读了一些常见的词汇，如狗、花园、跑步等，让他根据某个单独的词汇联想到特定的场景或者事件。如果是一个正常人，这个测试时产生的回忆，会随机地分布在他从童年到此时的整个时间范围内，但是这个"阿水"所产生的回忆，90%都集中地反应为他失忆之后的这段时间。

既然是90%，那就还有别的记忆被激发出来了，是的。王医生发现在"阿水"少得可怜的失忆之前的回忆里，主要局限于他在某超市工作时的一段时间。很显然，王医生在他大脑失忆的汪洋大海中，找到了一座仍然被保留的"记忆孤岛"。

王医生认识到，对于失忆的"阿水"而言，这个"记忆孤岛"就是找到他丢失记忆的突破口。为了证实这个"记忆孤岛"里的超市，王医生找到了那家超市的售货员，售货员确认了"阿水"确实在这里工作过，而"阿水"的外号是同事不经意间给他起的一个绰号，而且那也是他平生唯一一次被称作"阿水"。

阿水为什么失去了自己的记忆，而单单记得超市里的这段呢？他后来说，他在超市工作的那段时光是他生命中最美好的一段时光。他在幼年时候遭到父母遗弃，一个残疾人将他抚养长大。他的生活中充满了各种失望、失败等消极思想，但在超市工作的时候，他因为勤劳肯干，受到老板和同事的喜爱，这一段美好的时光，似乎对吞噬他一切的失忆症具有免疫能力。

在王医生对"阿水"进行了几天的心理治疗之后，"阿水"的记忆逐渐恢复了。他能够想起自己的名字，并逐步回忆起失忆前的一些事情。原来抚养他长大的残疾人养父忽然去世了，他在葬礼上悲痛欲绝，之后发生的一切他也慢慢回忆起来。痊愈后的"阿水"随后离开了王医生处。

参加完养父葬礼的"阿水"为什么会突然失忆呢？

心理学和精神科学到目前为止，还不能对这种失忆现象提出令人信服的解释，虽然我们知道这些"心因性失忆"是精神创伤造成的，但导致大脑发病的生理原因却并不清楚。为了能够更加详细地了解这些记忆障碍，我们必须要搞清楚，为什么有些人会以丢掉过去或者遗忘时间的方式，来对应激和创伤做出反应呢？他们的大脑是如何做到"主动"失去记忆的呢？

在解释失忆的原因的问题上，直到今天，医学界还没有人能够对此做出确切的解释和回答。不过，近年来借助科技手段，在神经科学领域的一些新发现，对这个问题的解答极富启发性。人们发现，这个线索可能来自由肾上腺所分泌的类固醇激素，它被人们称之为右旋糖类皮质激素。

这种激素有什么作用呢？当人们受到应激（如情绪创伤）和创伤（如大脑受伤）反应时，大脑就会随即引发一连串的生理反应，最后是以这种激素的释放结束，这些激素构成了身体对应激的反应，在大脑需要的地方调动能量、提高心血管活动水平，并且抑制那些在生理危机期间需被抑制的身体反应。

但是，右旋糖类皮质激素是把双刃剑，正如这种激素为我们的应激反应做出有效干预一样，右旋糖类皮质激素也会给我们带来危险。神经学家罗伯特·萨波尔斯基和他的同事论证了这一点，他们证明右旋糖类皮质激素分泌过量会对细胞产生严重的破坏。大脑对右旋糖类皮质激素的刺激最敏感的部位是海马，这是一个研究"记忆"的科学家们熟知的部位，而右旋糖类皮质激素的受体高度集中在海马体内部。

海马体，又称为海马回、海马区、大脑海马。海马体主要负责学习和记忆，日常生活中的短期记忆都储存在海马体中，如果一个记忆片段，比如一个电话号码或者一个人在短时间内被重复提及的话，海马体就会将其转存入大脑皮层，成为永久记忆。

罗伯特·萨波尔斯基及其同事们是在白鼠身上做的实验，他们连续两周在白鼠身上注射右旋糖类皮质激素，发现白鼠海马体有明显退化现象，连续数周在白鼠身上注射右旋糖类皮质激素，造成白鼠大脑海马体内部激素受体永久性损失，而且还严重地破坏了海马体细胞。其他后续实验也反映，连续把白鼠置于应激状态下（如连续电击），会刺激它的大脑不停地释放右旋糖类皮质激素，也会产生类似的破坏效应。

他们随后在灵长类动物身上做了相似的实验，结果它们和小白鼠一样出现了海马体受损的情况。

海马体、右旋糖类皮质激素、应激反应，这三者之间的联系，人类是否和这些实验动物一样适用呢？这是肯定的。

美国医疗机构在对越战老兵的身体检查过程中发现，很多退役老兵出现记忆障碍，长期处于应激状态导致他们的右旋糖类皮质激素分泌旺盛，对海马体造成了一定损伤。这个现象在临床医疗中也有发现，在正常记忆者身上注射同类激素药物，会导致他们的外显记忆短期受损。

一个因为其他疾病采用右旋糖类皮质激素进行治疗一年的患者，会不记得刚刚阅读过的一段文章，他的外显记忆受到了严重的损伤，出现了记忆障碍。但是，他在残缺单词填补这项内隐记忆测试过程中却表现了正常的启动效应。

虽然并不是所有参加战争的军人都表现出了失忆症，但是，医生发现他们在生活中都表现出容易受到异常记忆影响的倾向，这些都是海马功能变异的表现。到这里，我们似乎找到了大脑"主动"失忆的关键所在了。

不过通常在面对重大精神创伤的应激反应时，右旋糖类皮质激素的分泌可不像给小白鼠注射一样了，那种应激反应在瞬间内可能会释放过量的右旋糖类皮质激素，破坏了海马体细胞组织，这也许就是大脑"主动"失忆的真相了。

别让你身边的人"失忆"

通过对弗洛伊德"解离状态"理论的理解，我们知道，"心因性失忆"的病人其实是处于了一种意识的"解离状态"中，不管是"局部性失忆"，还是"选择性失忆""全盘性失忆""连续性失忆"。只是因为他们不愿面对的外部情况各异，而且每个人的人格状态不同，导致了不同的情形。

这些人往往是因为无法接受某些东西，或者是重大的精神打击，或者是难以承受的巨大压力。这些通常情况下都是来自于当事人最亲近的人的离去、背叛、指责、诋毁，再加上一些外来因素的共同作用造成的。

需要注意的是，"心因性失忆"虽然很多是"局部、选择性"的失忆，但是它依然是一种"精神创伤"，它对人的大脑造成的伤害是不可逆转的，如果不经过心理医生的诱导性治疗，可能会导致其他的精神疾病，如人格分裂、梦游症等。

而且，我们知道，很多"心因性失忆"会在某些条件下慢慢恢复记忆的，当他们再次面对不能承受的精神打击的时候，经受打击的他们可能会再次崩溃，而且情况可能会更严重，严重者会出现各种心理障碍。

如果说外来因素的东西是不可控的，身边亲人的人为伤害却是我们可以避免的，所以对待我们最亲的人，我们不应该用恶毒的语言和行动伤害他们，每个人的承受力不同，你的一句恶语，可能会伤害你的亲人终生。

周六上午 10 点钟的时候，刘医生的心理诊室走进来一位男子，左手提着一个装 CT 片的牛皮纸袋，看他的情形，似乎不像是求助的病人，倒像是陪伴病人的家属。果然，随后他出去把一个人带了进来，是一位神情呆滞的年轻女士。

这两个人坐下以后，男子介绍说病人是他的妻子，并开始讲述妻子大月的病情。

大月的老家在江西，从小就性格内向，不爱跟人说话。因家庭困难，小学没有毕业就外出打工。几个月之前，她跟随丈夫来到广州打工，在一个家具厂里做配料工作，其他工友都是经验丰富的老工人，工作熟练，效率高，她常常跟不上别人速度，所以经常受到老板的指责和工友们排挤。

就在昨天，大月因为工作上的事情和一位工友发生了争吵。两个人吵得非常凶，还互相撕扯了起来，对方把大月的脸都抓花了，到现在还能看到几条深深的血痕。昨天下午下班回到家中，丈夫忽然发现大月突然记不起以前的事情了，她不记得父母、丈夫、孩子的模样，要是丈夫走到她跟前她还能认出来，如果走开一会儿，她就很快忘记他的模样。

看到这个情形，这可把大月的老公急坏了，急忙打车到市医院，把她送到医院的急诊科，给她拍了脑部 CT。医院的医生通过 CT 检查，并没有看出明显的脑部异常，后来还是经过这个医生的提醒，来到刘医生的心理门诊求助了。

在和大月交谈中，刘医生发现大月的反应明显有些迟钝，她的神情也显得呆滞恍惚，跟她对话的时候，发现她说话含糊不清，不过还能讲清楚昨天发生的事情，基本上能回答一些简单的算术问题，同时没有幻觉和妄想。不过就像她丈夫所说的那样，她自己不记得家人的模样。

刘医生对她进行了韦氏记忆量表的测查，检测的结果显示，她的记忆是正常的。这可真是太奇怪了！

大月和她的老公表示不理解，不能接受检查结果，认为刘医生的心理评估是儿戏，在骗他们的钱，她明明就不记得家人的模样。大月的丈夫还提出，评估的时候问的都是常见问题，所以才会查不出来。于是，刘医生提出给他们详细地解释检查结果。就在这时候，诊室里出现了戏剧性的一幕，大月开始躺在诊室的地板上又哭又闹，接着大喊大叫，一会儿又哈哈大笑，搞得她老公更是一头雾水。

刘医生向大月丈夫解释了之后，接着对他说："你不用着急，过去体贴地哄哄她就会好的。"在她老公的劝解下，大月很快就平静了。

刘医生随后给大月开了一些帮助记忆恢复的药，向她丈夫讲了一些注意事项，他们就离开了。半个后，大月完全恢复了记忆，她丈夫专门跑到诊室向刘医生道歉，刘医生提出要他多关心、体贴大月，能更有助于大月的恢复。

为什么一次小小的争吵会对大月有如此严重的创伤呢？

大月的失忆是明显的"心因性失忆"，之所以在她身上出现了"心因性失忆"，原因大致有三个方面的因素。

首先，是因为她自身的人格因素，大月属于表演型人格，这从她躺在地上大哭大笑、大吵大闹能看出来，这种人具有人格的不稳定性和表演性。表演型人格的人从某种意义上来讲，更容易出现"心因性失忆"的情况，因为表演型人格的人意识中更容易将这种意识的"抑制"作为自我意识的表达。

其次，是因为她的心理素质比较脆弱，自我防御体系的阈值较低，抵挡不住精神刺激的攻击。人在面对外部消极刺激时的心理承受能力是不同的，在人群中，有一部分人的心理素质极强，有一部分人心理素质极弱，绝大多数人是适中的，也呈现出一个枣核形状。其中一部分心理素质极弱的人，心理防御的阈值就是较低的那部分人，当他们不能承受一时的外部精神刺激的时候，也更容易出现"心因性失忆"。

再次，是因为她周围存在的社会心理压力。大月在工厂里是刚来的新手，工作的熟练程度自然不够，所以她受到了大家的排挤，所以发生了持续性的慢性精神刺激。而之前发生的和工友的剧烈争吵和撕扯是一次急性应激反应，给她原本就偏低的心理防御体系造成了强烈的冲击，从而出现了这种心理问题。

"心因性失忆"是影视剧常用的情节，很多人感觉有点脱离现实，其实它在我们的生活中发生的概率还是较高的，可能因为影响程度的不同，许多人没有意识到而已。不过，"心因性失忆"是因为强烈的内心冲突得不到有效解决，导致了意识解离而出现认知功能的改变，属于急性心因性反应的一种。

俗话说得好，"心病还要心药医"，所以，"心因性失忆"的治疗主要是通过干预性心理治疗来完成。

对"心因性失忆"的干预性心理治疗分为三部分：

首先，指导当事人的家属，给予当事人必要的关心和情感支持。

其次，针对当事人做个别的心理治疗，就大月而言，除言语、药物暗示治疗外，可以尝试催眠治疗。

最后，预防，应在个体记忆恢复后，对之进行认知矫正，重新构建其认知体系，加强心理辅导，增强当事人的心理免疫力。

第二十二章
赌徒为什么口袋空空
——决策障碍

主动跳进的思维陷阱

我们从一个很有力的例子开始，这个例子说明了心理因素是如何影响人们决策的方式。

美国 FBI 测试题这道题，是节选自 FBI 在某一年招募新人时的素质测试题，测试新人的反应能力和智商水平。

1. 有 5 个海盗，抢了 100 颗价值连城的钻石，他们提出一个分配方案。抽签决定出 1~5 号，先由 1 号提出分配的方法，如果得到半数以上（不包括半数）的人支持，就获得通过，否则将被扔进海里喂鱼。这时，由 2 号提出新的方案，如果得到半数以上（不包括半数）的人支持，就获得通过。否则将被扔进海里喂鱼，依此类推。

提示：

（1）每一颗钻石价值都一样。

（2）每一个海盗都能正确判断出当时的形式，并做出正确的判断。

问：如果你是 1 号，你如何在确保最大利益的前提下得到半数以上的支持？

2. 他们为什么这么说有一对情侣在坐巴士到了一个路口时，他们下了车，可是巴士开走没多久后山上滚下来一颗巨石，把巴士整个砸扁了，里面的人都无一幸免，情景非常恐怖。看到这里情侣中男的面无表情地对女的说："早知道我们就不下车了……"女的点头示意……

3. 村子中有 50 个人，每人有一条狗。在这 50 条狗中有病狗（这种病不会传染），于是人们就要找出病狗。每个人可以观察其他的 49 条狗，以判断它们是否生病，只有自己的狗不能看。观察后得到的结果不得交流，也不能通知病狗的主人。主人一旦推算出自己家的是病狗就要枪毙自己的狗，而且每个人只有权力枪毙自己的狗，没有权力打死其他人的狗。第一天、第二天都没有枪响。到了第三天传来一阵枪声，问有几条病狗，如何推算得出？

答案 1. 请注意这个题目的假设及隐含的意义：

（1）5 个海盗，并不重要，可以是 5 个其他人、5 个组织、5 个团体、5 个机构等。则"5 个"可以代表整个人类社会。

（2）100 颗质地相同的钻石。这代表着资源，不同的资源尽管形式很多，但都可以量化成利益：或者是货币形式，或者是其他任何可以交换的形式。假设社会上的所有资源都可以金钱化，那么，社会资源当然就可以确定为 100 等分。

（3）5 个人抓阄排序。人在社会中其实永远不可能平等。但谁更重要、谁更不重要？人类社会初期的排序应该是随机产生的。最早做"领导"的人，也许纯粹出自偶然。但人偏偏要以为是平等的，要民主，结果，5 个人民主的结果就是"抓阄排序、集体表决"。排 1 号的人，纯粹是由于偶然。

（4）最先提出分配方案的是 1 号，但他的分配方案必须经过50% 以上的人同意，这是很民主的。

（5）1 号的方案如果通不过，要被杀掉。这实在是太公平了，1 号的风险太大了！其实一点也不。

（6）关于人性的假设：在这里，贪婪成性是符合人性真实情况的。关于绝顶聪明，社会的组织有若干人组成，每个人都是聪明的，一个组织内的所有人合作，是可以算清楚自己的利益得失。只是，一诺千金是不真实的。因为人性贪婪，但这里，为了解答问题的方便，我们暂且做这个假设。要知道，即使在社会中，任何组织也会遵守事先的承诺，否则，社会秩序就无法维持。

要回答这个问题，一般人肯定会想到，1 号必须先让另外两个人同意，所以，他可以自己得到 32 颗，而给 2 号、3 号各 34 颗。但只要仔细想想，就会发现不可能，2 号和 3 号有积极性让 1 号死，以便自己得到更多。所以，1 号无奈之下，可能只有自己得 0，而给 2 和 3 各 50 颗。但事实证明，这种做法依然不可行。为什么呢？因为我们要先看 4 号和 5 号的反应才行。很显然，如果最后只剩下 4 和 5，这无论 4 提出怎样的方案，5 号都会坚决反对。即使 4 号提出自己要 0，而把 100 颗钻石都给 5，5 也不会答应——因为 5 号愿意看到 4 号死掉。这样，5 号最后顺利得到 100 颗钻石——因此，4 的方案绝对无法获得半数以上通过，如果轮到 4 号分配，4 号只有死，只有死！

所以，4 号绝对不会允许自己来分。他注定是一个弱者中的弱者，他必须同意 3 号的任何方案！或者 1 号、2 号的合理方案。可见，如果 1 号、2 号死掉了，轮到 3 号分，3 号可以说：我自己 100 颗，4 号 5 号 0 颗，同意的请举手！这时候，4 号为了不死，只好举手，而 5 号暴跳如雷地反对，但是没有用。因为 3 个人里面有两个人同意啊，通过率 66.7%，大于 50%！

由此可见，当轮到 3 号分配的时候，他自己 100 颗，4 和 5 都是 0。因此，4 和 5 不会允许轮到 3 来分。如果 2 号能够给 4 和 5 一些利益，他们是会同意的。

当人们面临一项复杂决策时，最佳解决策略是什么？一种普遍被接受的常识性观点认为，努力思考方能做出较好的、令人满意的决策，在面临复杂决策时尤其如此。另一种智慧则告诫人们，在面临复杂决策时，把问题"先放一放"，一段时间之后再做决策。

比如 2 的分配方案是：98，0，1，1，那么，3 的反对无效。4 和 5 都能得到 1，比 3 号来分配的时候只能得到 0 要好得多，所以他们不得不同意。

看来，2 号的最大利益是 98。1 号要收买 2 号，是不可能的。在这种情况下，1 号可以给 4 号和 5 号每人 2 颗，自己收买他们。这样，2 号和 3 号反对是无效的。因此，1 号的一种分配方案是：96，0，0，2，2。

这是不是最佳方案呢？再思考下，1 号也可以不给 4 号和 5 号各 2 个，而只需要 1 个就搞定了 3 号，因为如果轮到 2 号来分配，2 号是可以不给 3 号的，3 号的得益只有 0。所以，能得到 1 个，3 号也该很满意了。所以，最后的解应该是：97，0，1，2，0。

如果再从来。假设 1 号提出了 97，0，1，0，2 的方案，1 号自己赞成，2 和 4 反对——3：2，关键就在于 3 号和 5 号会不会反对。假设 3 号反对，杀掉 1 号，2 号来分配，3 自己只能得到 0。显然，3 号不划算，他不会反对。如果 5 号反对，轮到 2 号、3 号、4 号来分配，5 号自己最多只能得到 1。所以，3 号和 5 号与其各得到 0 和 1，还不如现在的 1 和 2。

正确的答案应该是：1 号分配，依次是：97，0，1，0，2；或者是：97，0，1，2，0。

2. 那两人这样说是因为如果不是他们下车耽误那么点时间，那么车就刚好躲过石头！

答案 3. 第一种推论：A. 假设有一条病狗，病狗的主人会看到其他狗都没有病，那么就知道自己的狗有病，所以第一天晚上就会有枪响。因为没有枪响，说明病狗数大于 1。B. 假设有两条病狗，病狗的主人会看到有一条病狗，因为第一天没有听到枪响，是病狗数大于 1，所以病狗的主人会知道自己的狗是病狗，因而第二天会有枪响。既然第二天也没有枪响，说明病狗数大于 2。由此推理，如果第三天枪响，则有 3 条病狗。

第二种推论 1：如果为 1，第一天那条狗必死，因为狗主人没看到病狗，但病狗存在。

2：若为 2，令病狗主人为 a，b。a 看到一条病狗，b 也看到一条病狗，但 a 看到 b 的病狗没死故知狗数不为 1，而其他人没病狗，所以自己的狗必为病狗，故开枪；而 b 的想法与 a 一样，故也开枪。由此，为 2 时，第一天看后 2 条狗必死。

3：若为 3 条，令狗主人为 a，b，c。a 第一天看到 2 条病狗，若 a 设自己的不是病狗，由推理 2，第二天看时，那 2 条狗没死，故狗数肯定不是 2，而其他人没病狗，所以自己的狗必为病狗，故开枪；而 b 和 c 的想法与 a 一样，故也开枪。由此，为 3 时，第二天看后 3 条狗必死。

4：若为 4 条，令狗主人为 a，b，c，d。a 第一天看到 3 条病狗，若 a 设自己的不是病狗，由推理 3，第三天看时，那 3 条狗没死，故狗数肯定不是 3，而其他人没病狗，所以自己的狗必为病狗，故开枪；而 b 和 c，d 的想法与 a 一样，故也开枪。

由此，为 4 时，第三天看后 4 条狗必死。

5：余下即为递推了，由 n－1 推出 n。答案：n 为 4。第四天看时，狗已死了，但是在第三天死的，故答案是 3 条。

思维陷阱往往以各种方式表现在我们的日常生活中，女生小雨就是典型的案例，小雨说："物理是我最喜欢的一门课了，但随着物理教学内容的逐渐发展与逐步深化，我在物理学习中的障碍也逐渐暴露出来。"而身边的同学、老师、家长都安慰她说："不行就算了，女生本来就不适合学习理科。"

作为一名女性，往往大家的惯性思维是"不适合学习理科"，这也对小雨这样学习理科产生了障碍的形成因素，目前，城市中学在校女生大部分是独生子女，家长对孩子的期望都很高，希望自己的女儿能够走进理想的大学，并且社会上一致认为，只有考上大学才能有出息。而女生一般来说性格文静、内向、脆弱、不爱动，这对学习从外界的判断就产生了"学不好的观念"。小雨从小学到初中都是老师眼里的好学生，班级里的尖子生，到了高中阶段各界"精英"会聚，小雨觉得理科学习起来比较吃力，再加上外界大部分人的惯性思维，她学习成绩也不再名列前茅。

因此，小雨在学习上碰到挫折，便开始怀疑自己的能力、智商，再加上传统观念的影响，总觉得女生比不上男生学习理科聪明，导致她对学习物理的兴趣淡化，甚至产生厌倦和苦恼的心理，从而失去学习的信心。其实，不管小雨还是她身边的人都陷入了思维的陷阱。

小雨在心理上的思维陷阱障碍也许从某种意义上说是超过她在知识方面的障碍，健康的心理对于学习起着极为重要的作用。如果学习始终是心情愉快的、精神振奋的，那么大脑就会处于兴奋状态，智力活动的积极性就会得到充分的调动。

针对小雨这种内向、文静、脆弱、心理承受能力较弱的性格特点，随时了解她们在学习上存在的困难，帮助她们分析原因，指导她制订学习计划和寻觅适合自己的学习方法。消除学习紧张的心理。对她们应多鼓励、少指责，帮助她们解除思想负担，创造和谐轻松的学习环境。

而小雨性格内向，反应较慢，思路不宽，容易失去信心，但在学习上踏实沉着，能静下心来，思考问题比较深，感情内敛细腻，这些优点如果能用到学习理科身上，再进一步提高学习的主动性，敢于发言和请教别人，同样可以在男生专属的理科领域出类拔萃。

在上述基础上还要帮助她正确对待学习上的挫折。就如战场上没有常胜将军一样，学习上不可能没有挫折。爱迪生小学时就被老师误认为低能儿，张广厚因为数学不及格而考不进中学。但是，他们都没有被暂时的失败所吓倒，经过自己不懈努力，最终成了发明大王和数学家。教师以这些实际例子，帮助他们从挫折失败的阴影中解脱出来，同时努力造就他们遇挫不折、坚忍不拔的健康人格。

使他们摆脱心理上障碍，增强正视挫折、战胜困难的勇气。

众多女生在学习理科大多数就沦为学习的失败者，通过平常的固有思维状态和学习状态，造成她们学习障碍、成绩滑坡的主要原因是：许多女生进入中学后，还像初中那样有很强的依赖心理，总是习惯于让老师拉着手走，从心理和思维上都不能离开老师。

女生安分守己善于接受直觉印象形成的感性认识，在学习理科之前就接触了大量的固有思维概念，因此在建立理科学习概念之前，已经有了先入的观念，她们根据自己的直觉印象形成的感性认识，由于缺乏科学的分析，形成的观念中有不少不仅不反映事物的本质，反而会防碍正确概念的接受和建立，成为对正确概念形成和运用的干扰，造成思维的障碍，甚至导致错误的结论。

例如在学习牛顿第一定律之前，很多学生（包括男生）认为"力是运动的原因"，这个观念是违背科学规律的，通过教师的讲解和分析，男生能很快扭转错误的思维，但是女生由于其安分守己的性格特点，就很难建立正确的概念。在教学中就需教师针对此特点，把教学重点放在纠正错误观念上，多举例，从正反两方面来讲解，并且运用实验手段，以便有力地排除错误的观念，让女生从自己狭隘的思维圈子里跳出来。

当然，女学生学习理科的心理障碍和思维障碍的因素很多，一般不会各自独立地表现出来，如果克服和处理不好，不但会影响她们的学业，有的甚至会造成严重后果，因此我们常常陷入到惯性思维里面，应该掌握好思维规律，重视她们的思维能力的培养和提高，这对于提高人生观都有很大的影响。

无意识决策

"无意识选择"在我们生活中随处可见。简单地说，就是尽管观众并不喜欢这种爆米花，但是在影院里，爆米花并不是观众注意的焦点，在消费的过程中，观众并没有积极有意识地去评价产品，因而给他们提供了大桶，他们就多吃一点，提供了小桶，他们就少吃一点。这也反映在消费者的购买过程中是"无意识决策"状态。

无意识并不是心理学所特有的概念，而是为哲学、精神病学、心理病理学、法学、文艺、历史学等学科所共有。它作为心理学概念有着悠久的历史，起初是由哲学家提出来的，如古希腊哲学奠基人柏拉图就曾谈到无意识问题。他从其客观唯心主义出发把无意识看作是"潜在知识"的观念形式，是一般知识的前提，因此知识不是别的，而是回忆。

如成人无意识咬指甲或是压力大，小孩子爱咬指甲，人们可能会认为他不知道咬指甲是不卫生的行为，但是如果大人也咬指甲，这就不是卫不卫生的问题了。最常见的理论之一是人爱咬指甲是因为有压力，人们喜欢通过咬指甲来放松自己，紧张的时候他们会咬指甲，考虑问题的时候他们会咬指甲，这都是人在无意识的情况下做出的举动。

法国研究人员进行了一项测试，以检查什么人爱咬指甲和咬指甲是在什么情境下。研究显示，法国人爱咬指甲大都与他们的工作有关。26% 以上的人称，在考虑与他们工作相关的事情时爱咬指甲。奇怪的是，购物是咬指甲的第二个原因：咬指甲可能代表作抉择的折磨。考虑经济形势和对父母及孩子的关注排为第三。

由于来源于父母强烈的提醒，"咬指甲"这个行为，可能反倒被保留下来，甚至越演越烈，那么慢慢这个行为就成了这个孩子一个固定的情绪的释放和一个关系的再现。惩罚也可以强化，一个孩子因为一件事情被骂被打，这可能是一种强化，这种强化就会让他这个行为变本加厉，这种行为可能延续到成年。

而这种啃咬指甲，是人大脑的一种无意识的决策，有时反映出一种心理情绪，往往与情绪紧张、抑郁、沮丧、自卑感、敌对感等情绪有关。

人的心理活动按有意识和无意识分类，有意识比较容易理解，比如有意识地去看、去听、去注意、去思考、去想象，这是人们在学习生活中无时无刻不存在的心理活动。

人还有一种无意识的心理活动，比如，小时候爸妈常带着你上街玩，总会耐心地教你怎么记住回家的路，你自己也会忙碌地去记住沿途的一些标志性的东西，如电线杆、商店、招牌、十字路口的样子等情况。

可是等到你稍大一点的时候，不论是去学校还是回家，你再也不会边走边用心去记沿途的标志，两条腿仿佛长上了眼睛似的，到了该拐弯时便拐弯，不知不觉就到了学校或家里了。这种不知不觉识别回家或到学校路线的心理学活动，就是一种无意识的心理活动，它的另一个名字就叫"下意识"或"潜意识"。无意识的心理活动普遍存在于我们的日常生活之中。

"无意识"似乎都看成很小的问题，却能实实在在地影响我们的生活，对于人的这种无意识状态而言，"咬指甲"仅仅是小事件，要是到了损害他人的地步就很严重了。

27岁的张某是出租车司机，驾车时候追尾撞上一辆面包车，面包车乘客蒙先生说，因事发突然，车内7名乘客中4人感觉身体不适。出租车上仅司机张某头被撞破。随后，120急救车赶到现场，将受伤人员送往医院。急救车内有一名女护士，与张某等人并排坐着，车行至医院门口时，女护士要求张某出示身份证。

"他完全可以把身份证递给我们传递，但他站起来走到护士身边。"蒙先生说，张某走到女护士身旁突然用手袭击其胸部，女护士连连推挡，旁边男护工上前拉扯，直到救护车到达医院，保安才将张某制住，带到医院急诊科先行治疗，出动四五名保安才制服。

张某头部受伤，在救护车上时已经包扎，到急诊科仍然很不老实。"他在急诊室追着另一个女护士，追得她到处跑。"急诊科护士长周女士说，这给女护士带来很大影响，给男病人打针一度有恐惧感。

目击者蒙先生介绍，民警、保安已经赶到医院，出租车司机张某却追赶着一名女护士，保安把他拦住询问想干什么，他则口吐秽语说"要和护士发生关系"，看似行为失常。

医院保安说，当时出租车司机张某情绪颇为激动，他们出动四五名保安才将其控制住。当张某已经安静下来，头缠着纱布，脸上全是血，身上蓝色衬衫也留有血迹。

民警守在其旁边询问"怎么回事"，他却沉默不语。又继续追问，他又说"头疼"。张某的同事、亲属赶到医院并对民警说：张某平素老实本分，怀疑是出车祸受惊吓所致。医院护士长表示，女护士受欺负，她们在尽力安抚，但也不愿冤枉好人，如果真是车祸中脑部受伤致行为失常，可以谅解。

许多人的意识思维决策都不是经过深思熟虑的，而在相当程度上受到客观环境安排和影响，一些"决策"都没有给予意识的思考，往往会对选择的事物状态产生较大的影响。

在小区内 8 辆汽车一夜之间被人为划花，这其中有奔驰、别克、宝马、雪佛兰等多种车型。当肇事者被抓到后说："自己完全不知情，是在无意识状态下发生的"。该小区刚启用不久的监控摄像头，刚好拍下了划车男子的行为。众多车主在气愤之余，先是查看监控录像欲找肇事者，并马上报警，派出所也很快受理了该案。

车主在监控录像中发现划车男子的行踪后，拷走录像视频，并请人翻拍男子的照片，制作成"寻人启事"在小区内到处张贴。

随后，媒体也相继报道了该事件，小区业主则在业主 Q 群里热议该事件，并"人肉"搜索划车男子，可该男子却一直未现身。因为事发当晚的监控视频有些模糊，该小区物业又专门查看第二天白天的监控录像，终于找到划车男子较为清晰的形象。车主随后将该视频发到业主 Q 群里，请众多业主辨认，却依然无人认识该男子。

就在车主们苦苦寻找划车人时，警官小西终于通过"寻人启事"找到了划车男子"阿硅"。原来，警官小西在经过该小区时看到了"寻人启事"。

划车男子主动联系车主，诚恳道歉并要赔偿各车主损失。原来该男子表示，他因找工作受挫，当晚酒后无意识犯下大错，希望通过道歉和赔偿，能取得众多车主的原谅。

巡警经过江东中路，正巧遇到拖着助力车的小韩。巡警眼神"扫"了小韩和助力车，发现助力车的钥匙孔竟然没有钥匙，这让巡警顿时起了怀疑。当巡警向韩某提出相关问题时，散发着浓浓酒味的韩某，均回答不知道或者不清楚。

经过对助力车的查询，巡警顺利找到了车主胡先生。胡先生说，早在一天前，助力车便借给了自己的朋友。后来，胡先生从朋友处证实，原本停在朋友家楼下的助力车不见了。胡先生和朋友带着车钥匙以及发票凭证赶到了事发地点，向巡防队员们提供证据。

面对真相，小韩依然理直气壮："我不知道怎么回事，以为这辆助力车是我的呢！"实际上，在偷走胡先生的助力车前，韩某早已喝得醉醺醺。他自认为喝酒后去偷车，即使被抓也会因为醉酒无意识而免掉责任的。

以无意识为基本概念的弗洛伊德精神分析（包括新精神分析）学说，它已渗透到文学、哲学、艺术和其他社会科学领域。

当代有关无意识的研究取得了一定的进展，但仍然存在着无意识究竟是怎样一种心理状态这样一个问题。今后科学进一步探索这一问题的战略，是联系着有关脑的一般学说，联系着广阔范围的专门知识领域——从生物调节理论、神经生理学和电生理学直到创造心理学、艺术理论、社会心理学和教育理论跨学科地进行研究。

可见，无意识问题的研究，不仅具有重要的理论意义，而且对于精神病治疗、文艺创作、生产劳动和教育实践也具有广泛的实际应用价值。

动机过盛障碍

近段时间，高中生小城说："我的学习的动力似乎过盛，无时无刻都在学习，害怕自己遗漏了什么。"问他为什么这样，小城说：学得好有人表扬，学得差之前努力就白费了，最近月考，没有考第一名，老师没说什么，但是我心里很难过。又说："现在一定要打败第一名，反正一定要比之前好才行。"

听了小城的话，你有怎么样的想法呢？其实啊，初中的时候我们还小，自制力不够，所以老师抓学习抓得很严。但是，上了高中，一方面知识面扩展了，另一方面我们的自我意识也增强了，有能力制约自已的行为意识、情绪等，但通常有一部分人出现了动机过盛的显现，自我的要求过高，达到了疯狂的地步。

面对学习动机过强，我们要认识和调整不现实的目标，建立正确的认知模式；意识到自己性格上的缺陷，特别针对一些不合理信念，如"我付出了努力，我必须获得成功""别人可以失败，我必须成功"等进行辩论和调整。

那如果我们遇到上面这样的情况，我们要怎么做呢？

我们先来了解动机过盛的主要表现：做什么都很积极；学习动机过强。

出现学习动机过盛的主要原因是：

（1）自我需求感很强。自已能够成功完成某种行为的信念很高，学习的自信心很高，反之，就低。自我效能感会直接影响我们能否正确面对并努力克服学习中的问题和困难，但出于不切实际的努力过程就显得太过了。

（2）错误归因。归因是个体寻求理解导致某种结果的原因的一种心理倾向。可分为：内部、外部、稳定、不稳定、可控、不可控归因。不同归因的同学，对学习成败的理解不同，从而影响到学习动机、学习兴趣和学习态度。

像小城这样学习动机过强的原因，目标设置太高。很多同学不能正确认识自己的学习能力，眼高手低、好高骛远，不经过深思熟虑就草率地给自己定高目标，结果设定了的目标实现起来太困难，或者难以实现。

（3）不恰当的认知模式。很多学生认为"只要我付出了努力，我就一定会成功"，从而把努力和勤奋看成是成功的唯一条件，这是产生过强动机的基础。事实上，任何成功都与自身能力和环境因素有关，努力是成功的必要条件，而非充分条件。正确的认知模式应当是：努力 + 能力 + 环境 = 成功。

（4）外界不适当的强化。社会文化倾向于赞扬发奋者，大多数人更会支持那些动机过强者，称赞他们学习劲头足、刻苦、有志向，并期望他们做得更好，从而对他们进行了不适当的强化，使他们看不到动机过强的危害，等到造成身心困扰时已难以自拔。

小城自身的某些性格特征，如做事过于认真、追求完美、好强、固执等，以及严厉的家庭教育方式和父母期望过高等都是造成动机过强的因素。

因为人人都希望成功。

卖拉面的理想不是做这条街上最好的，想的是做成全国连锁；吃拉面的人里头有人给出主意，说你再多开几家店，我给你做方案，全套 VI 企划，你招募形象代言人，你上电视台做广告——做广告不是为卖面条啊，是为打品牌！这些都渐渐地脱离了最本质的要求，动机变得过盛，人人都在做美梦！

女儿是高中学生，母亲带她刚去看望了已经在上海工作的表姐。母亲说："你也看见了，你表姐的房子是自己买的，120 平米，你知道那得多少钱吗？靠什么？靠奋斗！你现在完全来得及，你得再加把劲儿，拼搏！"女儿深深地点头。

成功的病灶已经催生出种种心理的、生理的疾病，诸如跳楼、早生华发、早衰、抑郁症、妄想狂等，其最大伤害乃是搅乱了全社会的价值观。

有一个幼儿园组织孩子们演木偶剧，所有男孩子的家长都找老师表示要演王子，而王子只有一名。家长们认为，不幸成为配角的孩子们此后的人生中就会产生某种挫伤感，并由此伤害到今后的"成功"。"强人"逻辑早已占据了家长们的大脑，他们任由孩子们在公共场所奔逐打闹，甚至暗许自己的孩子略微欺负别人一下，认为这才是健康的。

在牵狗人都被反复教育要自觉收集好宠物大便的今天，家长们可以任由孩子在便道旁解决排泄问题，他们的理论是告诉孩子"你不能憋屈自己"，以利今后成功。

这都是"成功动机过盛"，不夸张地说几乎每天我们都会遇到那些"有头脑、有想法"的人，却都是些草根得不能再草根的人。他们每天睡梦中醒来就仿佛看见自己飞身当下境况之外，飞黄腾达于平民之上，挖空一切心思和资源，挖空自己的体力和心力，抢占、竞逐、奔命。

如果身边的每一个人都怀揣各种成功动机，那环境将变得十分可怕。可怕并非指这些人可能抢夺走个人发展的机会，而是怕他们会变得面目全非，失掉人味儿。台湾大学校长傅斯年的一句话"一天有21个小时，另有3小时用来思索"。思索什么？思索生意经吗？思索来日股市涨跌？思索下一场商业贿赂的切入点吗？

被忽略的概率因素

钱就是钱。同样是100元，是工资挣来的，还是彩票赢来的，或者路上拣来的，对于人们说，应该是一样的，可是事实却不然。

一般来说，你会把辛辛苦苦挣来的钱存起来舍不得花，而如果是一笔意外之财，可能很快就花掉了。

这证明了人是有限理性的一个方面：钱并不具备完全的替代性，虽说同样是100元，但在消费者的脑袋里，分别为不同来路的钱建立了两个不同的账户，挣来的钱和意外之财是不一样的。这就是芝加哥大学萨勒教授所提出的"心理账户"的概念。

比如说今天晚上你打算和朋友去看一场电影，票价共是100元，但你在找电影票的时候，发现自己丢了100元。你是否还会去看这场电影呢？实验证明，大部分的回答者仍旧会去看电影。可是如果情况调整一下，假设你昨天花了100元钱买了晚上的电影票。在你马上要出发的时候，突然发现你把电影票弄丢了。如果你想要看电影，就必须再花100元钱买两张票，你是否还会去看呢？结果却是，大部分人回答说不去了。

两个价值是一样的东西，上面这两个回答其实是自相矛盾的。不管丢掉的是现金还是电影票，总之是丢失了价值100元的东西，从损失的金钱上看，并没有区别，没有道理丢了现金仍旧去看电影，而丢失了电影票之后就不去看了。原因就在于，在人们的脑海中，把现金和电影票归到了不同的账户中，所以丢失了现金不会影响看电影，所在账户的预算和支出，大部分人仍旧选择去看电影。但是丢了的电影票和后来需要再买的票子都被归入同一个账户，所以看上去就好像要花200元看了一场电影，人们当然觉得这样不划算了。

把不同的钱归入不同的账户，从积极的方面讲，不同账户这一概念可以帮助制订理财计划。比如一家单位的员工，主要收入由工资——用银行卡发放、奖金——现金发放构成，节假日和每季度还有奖金，偶尔炒个股票、邮币卡赚点外快，那么可以把银行卡中的工资转入零存整取账户作为固定储蓄，奖金用于日常开销，季度奖购买保险，剩余部分用于支付人情往来，外快则用来旅游休闲。

由于在心理上事先把这些钱——归入了不同的账户，一般就不会产生挪用的念头。相似的概念还可以帮助政府制定政策。比方说，一个政府现在想通过减少税收的方法刺激消费。它可以有两种做法，一个是减税，直接降低税收水平；另外一种是退税，就是在一段时间后返还纳税人一部分税金。

从金钱数额来看，减收5%的税和返还5%的税是一样的，但是在刺激消费上的作用却大不一样。人们觉得减收的那部分税金是自己本来该得的，是自己挣来的，所以增加消费的动力并不大；但是退还的税金对人们来说就可能如同一笔意外之财，刺激人们增加更多的消费。显然，对政府来说，退税政策比减税政策达到的效果要好得多。

痛苦让人记忆犹新——人人怕风险，人人都是冒险家。面对风险决策，人们是会选择躲避呢，还是勇往直前？让我们来做这样两个实验———一是有两个选择，A是肯定赢1000，B是50%可能性赢2000元，50%可能性什么也得不到。你会选择哪一个呢？大部分人都选择A，这说明人是风险规避的。

二是这样两个选择，A是你肯定损失1000元，B是50%可能性你损失2000元，50%可能性你什么都不损失。结果，大部分人选择B，这说明他们是风险偏好的。

可是，仔细分析一下上面两个问题，你会发现它们是完全一样的。假定你现在先赢了2000元，那么肯定赢1000元，也就是从赢来的2000元钱中肯定损失1000元；50%赢2000元也就是有50%的可能性不损失钱；50%什么也拿不到就相当于50%的可能性损失2000元。

由此不难得出结论：人在面临获得时，往往小心翼翼，不愿冒风险；而在面对损失时，人人都成了冒险家了。这就是卡尼曼"前景理论"的两大"定律"。

"前景理论"的另一重要"定律"是：人们对损失和获得的敏感程度是不同的，损失的痛苦要远远大于获得的快乐。让我们来看一个萨勒曾提出的问题：假设你得了一种病，有万分之一的可能性（低于美国年均车祸的死亡率）会突然死亡，现在有一种药吃了以后可以把死亡的可能性降到零，那么你愿意花多少钱来买这种药呢？

　　那么现在请你再想一下，假定身体很健康，如果说现在医药公司想找一些人测试他们新研制的一种药品，这种药服用后会使你有万分之一的可能性突然死亡，那么你要求医药公司花多少钱来补偿你呢？在实验中，很多人会说愿意出几百块钱来买药，但是即使医药公司花几万块钱，他们也不愿参加试药实验。这其实就是损失规避心理在作怪。得病后治好病是一种相对不敏感的获得，而本身健康的情况下增加死亡的概率对人们来说却是难以接受的损失，显然，人们对损失要求的补偿，要远远高于他们愿意为治病所支付的钱。

　　不过，损失和获得并不是绝对的。人们在面临获得的时候规避风险，而在面临损失的时候偏爱风险，而损失和获得又是相对于参照点而言的，改变人们在评价事物时所使用的观点，可以改变人们对风险的态度。

　　比如有一家公司面临两个投资决策，投资方案A肯定盈利200万，投资方案B有50％的可能性盈利300万，50％的可能盈利100万。这时候，如果公司的盈利目标定得比较低，比方说是100万，那么方案A看起来好像多赚了100万，而B则是要么刚好达到目标，要么多盈利200万。A和B看起来都是获得，这时候员工大多不愿冒风险，倾向于选择方案A；而反之，如果公司的目标定得比较高，比如说300万，那么方案A就像是少赚了100万，而B要么刚好达到目标，要么少赚200万，这时候两个方案都是损失，所以员工反而会抱着冒冒风险说不定可以达到目标的心理，选择有风险的投资方案 B。

可见，老板完全可以通过改变盈利目标来改变员工对待风险的态度。

再来看一个卡尼曼与特沃斯基的著名实验：假定美国正在为预防一种罕见疾病的爆发做准备，预计这种疾病会使 600 人死亡。现在有两种方案，采用 X 方案，可以救 200 人；采用 Y 方案，有三分之一的可能救 600 人，三分之二的可能一个也救不了。显然，救人是一种获得，所以人们不愿冒风险，更愿意选择 X 方案。

现在来看另外一种描述，有两种方案，X 方案会使 400 人死亡，而 Y 方案有 1/3 的可能性无人死亡，有 2/3 的可能性 600 人全部死亡。死亡是一种失去，因此人们更倾向于冒风险，选择方案 Y。

而事实上，两种情况的结果是完全一样的。救活 200 人等于死亡 400 人；1/3 可能救活 600 人等于 1/3 可能一个也没有死亡。可见，不同的表述方式改变的仅仅是参照点——是拿死亡还是救活作参照点，结果就完全不一样了。

归因偏差

归因偏差指的是认知者系统地歪曲了某些本来是正确的信息，有的源于人类认知过程本身固有的局限，有的则是由于人们不同的动机造成的。

归因指人对行为或事件所进行的分析和推论。由于有些行为与事件的原因不明或存在多种原因，这时人们就会自觉不自觉地分析其原因。教师对学生的各种行为及结果都会进行归因，归因决定了教师对学生的态度和行为，从而潜移默化地影响学生。

从前有一位很著名的心理专家，很擅长分析他人的心理，尤其是通过别人的画来作分析。在某一天的时候，他又开始做心理分析的活动，在那个活动中有许多人参加，其中一个是一位修禅的禅师。

那个心理学家像往常一样，让那些人作画，那些人中，有的画了房子，有的画了花草树木，有的画了日月星辰，有的画了人物和动物……而只有那一位禅师，拿着画笔在虚空中挥舞了几下，然后就将笔放了下来。

那个心理学家走到那些人面前，并且根据那些人的画一一做了分析。可是当他走到禅师面前的时候，他看见禅师面前放的依然是一张白纸，于是就问了那个人原因。

心理学家道："咦！我不是叫你画一张画吗？你画好之后，我还帮你分析你的心理活动啊。"

那位禅师回答道："我已经画好了啊，只是你没有看见而已。"

这时只见那位心理学家，望着那个禅师面前的一张白纸，顿时哑口无言。

其实这个故事告诉我们，看问题不可自以为是，不可以自己的看法和观点去随意猜测或评判别人。其实我们很多人，都会犯这个心理学家所犯的错误，总喜欢用自己的标准和看法来衡量别人，殊不知这样做，却是将自己给困住了。

归因分歧是常见于行为实施者与观察者之间的一种归因偏差，即对于同一行为，实施行为的人与旁观者所作的归因是不同的、有分歧的。研究表明，实施行为的人往往强调情境的作用，对自己的行为多强调外部原因，作外归因。而旁观者常常强调并高估实施行为的人自身的、内在的因素。比如学员甲向学员乙借了一条香烟，说好一个月后偿还。但一个月后未如期偿还。学员甲则会强调最近太忙、没时间等外部原因；而学员乙则更可能认为是学员甲生性如此，需时积极，不用则忘，甚至是个私心重、有借不愿还的人。

形成这种偏差主要是双方所站的角度和出发点不同。旁观者往往站在一个理想的角度，从常规的逻辑出发。如认为人就要说到做到，借东西就应该如期偿还，朋友就应该互相帮助等，一旦发现不合常规，就归因于行为实施者的个人因素。而实施行为的人则更多地是从具体情况出发，强调实际行为的特殊情境。如借东西未还是因为太忙、没时间、朋友没及时帮忙是因为有急事走不开等。可见，归因的分歧是造成人与人之间矛盾的一个因素。

人们会把自己的成功归因于内部因素，如自己的能力、自己的努力等。但对失败等则更多地归因于外部因素，如考试没考好，常见的归因是题目太难、时间太紧或打分太严。但观察者却往往从行为者自身去寻找行为的原因，进行内归因。如，你病得很厉害，可是却发现给你看病的医生显得很冷漠。实际上，你恰恰忽略了医生的职业特点，即每天他都在接触大量病人，对各种各样的病人痛苦已经习以为常，而且他的责任在于准确地做出诊断，并不是对你的病表示同情。利己主义归因偏差，所谓利己主义归因偏差是指人们一般对良好的行为或成功归因于自身，而将不良的行为或失败归因于外部情境或他人。比如：学员喜欢将自己受加分奖励归因于自己的努力，而将受到扣分处理归因于老师对自己有偏见甚至学校不公平。

产生这种归因偏差一是情感上的需要。因为成功和良好的行为总是与愉快、自豪的情绪相联系的，而失败和不良行为总是与痛苦、悲哀相联系的。出于情感上的需要，人们倾向于把成功留给自己，让情境或他人把失败带走。二是维护自尊心和良好形象的需要。因为成功能体现并维护自身的价值，可以维护自己的自尊心，也可以给别人留下良好的印象。

其他导致归因偏差的因素。比如"谋事在人，成事在天"就是将成败归因于外在的神秘力量。这种归因在行为实施者虽是多方努力但仍对成功无望时最容易产生。一个有一定社会地位且受公众欢迎的人物，人们习惯对他的行为做出好的归因。而对于一个非常漂亮且讨人喜欢的女孩的过失行为，人们更愿意做出外归因。在"女不如男"的偏见中，人们也常将女性的成功行为归因于运气、机遇等。

归因中的协变性原则被认为是一种符合逻辑模式的归因。但是，有大量的研究证明，人们在对自己的行为进行归因时并不总是按照逻辑来归因，其不符合逻辑的归因表现为利用自我满足的策略来归因。自我满足的策略又由自我夸张和自我保护两种策略组成。在前一种策略下，人们把成功全部归于内部的原因；在后一种策略下，人们把失败全部归于外部的原因。人们自我满足的倾向往往随自我卷入的深浅而不同，自我卷入愈深，自我满足的程度也愈高。人们为什么有自我满足的倾向？人们对自己成功或失败的真正原因虽有正确认识，但为了使别人对自己产生一个良好的印象，他们只好"往自己脸上贴金"，推卸自己的责任。

归因中的自我保护倾向还表现为自我设阻。例如，运动员在参加重大比赛前，对自己是否能取胜没有充分的把握，怕万一比赛失利，遭受他人的耻笑和轻视。为了避免面对这种不愉快的后果，有些运动员可能采取自我设阻的技巧，如赛前故意受伤、故意与队友、家属和教练发生矛盾、冲突，故意忘记带自己习惯用的运动器械（如球拍等）登场，或是制造其他身心不舒适的症状等。这样做的目的是为将来万一比赛失利时留一条后路，归罪于这些因素，从而减少个人对行为后果所应负的责任。如果有这许多困难存在的情况下，依然能获得好的比赛名次，那么就更能显示个人"功力"的不凡。采取这种自我保护策略的人虽然可以不必面对自己缺乏某种优良特质的难题，但却会减少成功的可能性。

人们在归因时具有自我满足倾向的假设是由米勒和罗斯1975年提出来的。但是，研究结果表明，体验到成功的人会把成功归因于诸如努力和能力的内部因素；体验到失败的人当在归因时常有自我保护的倾向，则会把失败归因于某些情境的因素。

在客观地确定成功或失败的条件下，被试倾向于用自我满足的策略来选择归因，但在主观地确定成功或失败的条件下，即被试根据自己所理解的"目标实现的情况"来进行归因，则会把失败同时归于内部的原因和外部的原因，认为一方面是由于自己努力不够，另一方面是裁判不公。只是具有自我满足倾向的人更会把失败归于这两种原因中的外部原因，即认为他们自己没有做出极大的努力是由于某些外部的原因（如裁判不公）所造成的。当被试对自己所理解的成功或失败进行归因时，一般是合乎逻辑地归因的，而不是采用自我满足的策略。

吉尔在 1980 年的一项研究中，要求男女篮球队员在赢了或输了之后说明，成功或失败主要是他们自己运动队的责任还是他们对手的责任。结果表明，运动员把成功归因于自己的运动队，把失败归于别的队，支持了自我满足倾向的假设。

但是，要求运动员说明成功或失败主要在于他们自己（内部的原因），还是在于他们的队友（外部原因）时，结果表明赢队的队员认为，主要责任在于自己队的队友，而输队的队员认为主要责任在于他们自己。吉尔的研究没有支持自我满足倾向的假设。

对上述不同的研究结果，布雷德利曾进行过总结：归因过程不可能单纯是合乎逻辑的或者是不合乎逻辑的。在某种程度上说，每个人都会运用自我满足倾向的策略，差别只在于用得多还是少的问题。归因时，究竟是否采用符合逻辑或不符合逻辑的归因方式，这与个体的自尊心强弱不同有关。

旧时有一位私塾先生，自诩文章高明。他与自己的弟子们一道连续几届参加科举考试，但每次都是弟子们中举，自己却名落孙山。一次，主考大人宴请社会绅士名流，会上谈及此事。主考大人问他这是什么道理，他愤愤然吟诗道："文章不如我，造化不如他。"说罢，扬长而去。

归因偏差，在生活中，每个人都是"科学家"，具有探究事情原因的倾向。而且，在归因时，每个人都有一种自我防御倾向。如果自己成功了，找主观原因，特别是特质方面的原因，诸如能力高什么的；倘若自己失败了，找客观原因，特别是情境方面的原因，诸如运气不好、晚上休息不好、题目范围太广或者考试环境嘈杂等。反过来，对别人则没有这么厚待了，别人成功了，说是客观的情境原因，如机会好云云；倘若别人失败了，则说是主观的特质原因，诸如能力低下、只知道死啃书本之类的。

这种把成功归因于自己而否定自己对失败负有责任的倾向性称为自我服务偏差。

这种归因偏差还存在于如何看待他人对你的反应之中。假如有一份作业急着要交，可你死活都做不出来，就去问学委，他却推诿说现在有点忙，并要你去问别人。

事实证明，尽管当时情况是学委确实很忙，而在这百忙之中能给你一个建议要你去问问别人，也已实属不错。但大多数人却依旧倾向于选择第一种想法，从而给自己带来了不快。这属于归因偏差的一种，即观察者倾向于强调行动者特质的作用，而行动者倾向于强调情境的作用。

除此之外，刺激的显著性也会造成我们的归因偏差，例如，我们通常认为坐飞机比坐火车危险，事实上火车发生事故的频率要比飞机高。那我们为什么还会这么认为呢？究其原因在于飞机发生事故是比较重大的事情，损失较大，因而媒体会大肆报道，使其在我们头脑中留下了深刻的印象。而人们又有一种倾向性，即利用易进入头脑的信息去推论现实事件的可能性。所以，我们会认为坐飞机要比坐火车危险。

换位思考，如何避免这种归因偏差呢？斯托姆斯曾做过一个研究。他让成对的男性被试进行简短的交往谈话，另外两个被试在旁边观察。随后就问这些人，个性品质和情境特点在交谈的行为表现上的重要性如何。结果行为者认为情境特点比较重要，而观察者认为个性品质比较重要。

然后，他又让部分行动者和观察者观看谈话录像。这时，每个行动者看自己就像观察者看他一样。而每个观察者则从行动者的角度来看待这个环境。通过这种情境转换，结果，行动者与观察者的差异大大减少了，更多的行动者进行了内部归因。

在日常生活中，为了避免这种归因偏差，我们可以进行换位思考，站到别人的角度去想一想。知己知彼，将心比心，正所谓"恕"也。

警惕归因偏差，在学校中，教师也主要存在两种归因偏差。一种偏差是教师容易把学生出现的问题归结于学生自身的因素，而不是教师方面的因素。

例如，一位走上工作岗位不久的中学数学教师任课班级的学生成绩不好，他归因于这个班学生能力偏低。调换到另一个班后，这个班学生的学习成绩又明显的下降，他又说是这个班的学生与他作对。

而让班主任对学生的问题行为进行归因时，教师往往是归结于学生的能力、性格和家庭，而很少认为与教师态度和教学方法有什么关系，可是学生们却认为与教师的行为是有关系的。这一类归因偏差的危害在于教师把问题的责任推给了学生，在教育之前就已经放弃了教育者应负的责任。

第二种归因偏差是教师对优秀生和差生的归因不一样。当优秀生做了好事或取得好成绩时，教师往往归结为能力、品质等内部因素；而当差生同样做了好事或取得好成绩时，却往往被教师归结为任务简单、碰上了运气等外部因素；相反，当优秀生出现问题时，教师往往归因于外部因素；而差生出现问题时却被归因于内部因素。

有一位初中生，化学成绩一直不太好，经过努力后他在一次重要的考试中得了全班最高分，可是化学教师却说他是抄了同桌的答案。

这位学生一气之下，再也不听化学课了。

很显然，这一类归因偏差对于差生的发展是极为不利的，他们即使表现出一些好的行为，也难以得到教师的准确评价，倘若表现不佳，则更被看作是不可救药了。归因偏差危害如此之大，所以作为教师，应当了解归因偏差的原因，在进行归因时要慎重了再慎重，考虑了再考虑。

权衡利弊的心理机制

"非典"期间，为了预防感染，单位统一发放了一些中成药给每位职工，要求回家后同家人一道服用。C女士那四岁的儿子尝了一口后说什么也不想喝，药确实很苦。C女士坚持要儿子喝，但儿子就是不肯，她有些生气。但想想儿子太小，强行灌药也不是办法。

于是，她把儿子搂入怀中，轻轻地告诉他："儿子，现在外面流行一种病毒，如果不吃药，有可能会感染，如果感染了，会很难受，到时候就要到医院打针才能治好，如果我们把药喝了，就不会有事了，也就不用打针了。"接下来的一幕让C女士感到非常意外，没想到儿子端起药一口而尽，还告诉她说好喝。C女士的心里有一种莫名的感动。第二天，她如法炮制，很顺利地让儿子喝了药。

这件事让C女士感触很深。她觉得，儿子虽小，但也能听懂道理。她的办法之所以起了效果，还因为C女士了解儿子的心理。儿子自小怕打针，每次到医院打预防针，都要费很大的劲，以至于一说起上医院儿子就会哭闹。她抓住儿子的这种心理，让他自己进行了利弊权衡，如果不吃药，可能眼前会好受一些，但如果生病，打针会更难受，因此，尽管儿子很小，他仍然清楚地选择了对他来说有利的选择。

从这件事可以看出，在生活中其实也应该利用人们天生的权衡利弊的心理来处理事务。这些年，大家都在讲激励，都认为只要想办法正面表扬激励，就会有好的效果。但事实不是这样的。

由于只讲鼓励不讲批评处罚，部分人的心中也就没有权衡之分了，做对了，会获得表杨，做错了，得到的是包容以及再一次的鼓励。

换句话说，这部分人不需要再做"权衡利弊"的选择了，只管做，不管对错。对责任心强、综合素质高的员工来说，自我的严格要求会让他们自觉地严格地要求自己，但对那些责任心不强的人来说，却是多了些放纵不管的意思，因为不需要再权衡比较，如何做效果都是一样的。这样的结果显然与希望是相悖的。如果我们在管理的过程中明确是非标准，表明对待是非的态度，相信人人都会在心底做好利弊权衡，因此也会选择对自己有利的方向，从而在心底自然形成一种力量，约束自己往有利的方向努力。

因此，对待事物中不能容忍的错误，应该予以适当的惩罚，比如，酌情给予经济上的适当处罚，相信会起到惩前毖后的作用。因此，凡事都应从利弊两方面考虑，单讲利或弊会形成两个方向的极端，而综合起来，让人们始终都必须进行利弊权衡，大多数人都会选择对自己有利的一面。

所以，我们宣扬以人为本的思维方式，就应该充分考虑人性的特点，有时适当地处罚也是一种有效的激励，在某些时候，处罚比积极的鼓励更有效。

第二十三章

我本是男儿身，又不是女娇娥
——性别认定障碍

本是男儿身，不是女娇娥

那天早上我一觉睡醒，像平时一样开始洗漱穿衣服，穿着穿着，居然发现胸忽然没有了，不可思议，我摸了一摸，胸前平平的，随着胸再一路看下去，怎么发现自己下面多了一个"小弟弟"，我的那个神啊，我先前可真正的是一个女娃娃，现在却变成了一个男性十足的男人，但是刚刚的那一切都还只是一个开始，我想都没有想过，从今以后，我将会不得不利用这个身体度过一段"男身女心"的光怪陆离的生活。我觉得，在这段日子，我将过得十分奇特。

变成男子的第一天：

幸运的是，变成男人后除了注意我看我的女生比平时还要多一些之外，我的生活和以前没什么变化，当然也不需要我做太多的改变。虽然这么说，但是我却觉得有一个地方还是真真正正的改变了，这也是使我苦恼的地方，那就是上厕所的地方变得不一样了！女厕所的人数从来都比男厕所多，以前女厕所的人很拥挤的时候我还可以趁男厕所没人的时候去男厕所方便一下，但是自从我变成男人身之后，那就千万不能去了，但是话又说回来，我变成男人后还上什么女厕所啊！

第一周：

问题出现后，我发现不好，很不好。哦，说了这么多，我忘了给大家说一个很重要的问题了，那就是我的真身，实际上，我的男真身是个青壮男，名字就是小范。于是，以前做女人时从来没遇到过没想过的一个问题，而且是一个严重的问题出现了，呃，说起来还有些不好意思，那就是我每天早上醒来的时候就会晨勃一次。

也许有人会问，什么是晨勃呢？那就是男性独特的生理时钟，每天清晨 4~7 点的时候，小弟弟就会不自觉地自然勃起，什么都控制不了，意识啊、生理啊、想法什么的都是浮云，总是无意识地就勃起了。唉，现在作为一个男人，这个东西可就比女人每月的"大姨妈"好的起劲多了，每天因为难以忍受，清晨下来被折磨得人不像人鬼不像鬼的，几个星期下来，我的眼睛就出现了几个大大的黑圈。都说熊猫的愿望就是拍一张彩色照片，现在我差不多就可以实现这个愿望了。

第一月：

抑郁了，我要开始抑郁了。我的闺蜜小芹最近中国情诗看多了，忽然向我写了两句诗向我告白，我拿着那句写有"愿得一人心，白首不相离"的纸条，我纠结了，我的心颤抖了。但与此同时，我以前最爱的男人也向我表示：以前为了兄弟你，我可以两肋插刀，但是我为了小芹，我可以插两刀。

我的那个神啊，这个世界再一次变得天旋地转、乾坤颠倒了，我那个悲哀啊，我那个难过啊，现在我真心地想大喊一声："妈妈啊，你可不可以把我重新生一遍"？

咳咳，以上的种种都是我的一个梦，不知是喜是悲的梦。我也文艺范地说一声，梦里不知身是客啊，醒来时惊出了一身虚汗，虽然这只是一个不平凡的梦，当然也是不可能实现的，但是这个梦却引起了我一个深深的思考：从哪里可以看出来自己到底是一个男人？或者是从哪儿可以看出自己是一个女人？女人和男人的特性到底是什么呢?

但是说真的，这个和性唤起模式具体的好像没有什么太大的差别:

对于男人来说，勃起是男人一个很重要的标志，这也是一个男人的尊严之事。而且有的男人还担心自己一旦不勃就变得阳痿了，有些男性还认为，如果自己阳痿了，那就相当于失去了自己的生命。但是对于自己做梦梦到自己是"假男人"的我来说，晨勃是何其的别扭，何其的奇怪，但是我不会因为有它的存在就觉得自己是一个男人，当然，我也不会因为自己的身体对女性有那种性冲动就觉得自己是一个男人。

那要这么严格的说起来，和生理结构有没有很大的关系呢?好像也没有太大的关系，原因:

要知道啊，我做梦的时候，自己可是一个真正的男人，不是一个女人，因为我的生理结构和男人是一模一样的，但是那又有什么用呢? 好像也没什么大的用处，曾经的闺蜜向我示爱，但是我曾经最爱的人要跟我抢女人，要大打出手，并且伤及兄弟情义的时候，我的那个心啊，真的是伤心欲绝，我的内心可是一个女人啊，注意，我的心是个女人! 那个时刻，我的心都碎了……

最后的答案到底是什么呢?

我们先来看看第一个人的答案:

你们好，我是17岁的乔乔。虽然我在生理上是个男性，但是自从我开始懂事了、有记事能力了，我的内心一直就当自己是一个女孩子，所以到初中之前，我都保持着女孩子的面貌，穿女孩子的衣服，说女孩子的话，所以我一直很喜欢做女孩子喜欢的那些事，比如织毛衣啊、刺绣啊、煮饭烧菜等，而且一般的说来，我比一般的女生做得好，我还不喜欢男孩子做的那些事，总感觉男孩子做的事比较粗狂，我不太喜欢。

我的爸爸是船长，他常年不在家，在外面漂泊，所以我和爸爸能够待在一起说话的时间也特别少，剩余的时间都是妈妈、姨妈、姑姑们陪我一起度过的，就像贾宝玉似的，生活在女人堆里，但是没有他命那么好而已，可以说我是从小生活在胭脂堆里的，但是我生活得很开心，发自内心的高兴。虽然有时候我的表哥会嘲笑我，说我从来都没有或者不会参加男人的活动，甚至说我是个"伪娘"，更不要说我会踢足球什么的了，反正男生应该做的我都不会！但是我却觉得不是那么一回事呢，因为我高兴、我乐意这样扮作女孩子！

最重要的是，我的朋友都基本上是女孩子，我和女孩子都比较谈得来，聊天也很开心，她们都愿意把自己的心事给我说，我是她们的闺中密友，她们也是我的闺蜜。但是大约在我12岁的时候，身体的本能让我开始有了性幻想：但是内容不是女人的性幻想，是常常幻想自己是女性的样子来与英俊的男人做爱。随着我的年纪的慢慢增长，和朋友们的性别就分得越来越明显了，不像以前那样融合，大家反而嘲笑和讽刺我的女孩子气，说我是娘娘腔。我在正常的人群中有种鹤立鸡群的感觉，显得特别扎眼，种种的指责让我感到自己无处遁逃。由于受到各种的讽刺和受尽了白眼，终于有一次，我彻彻底底忍受不了这种排挤的痛苦的生活了，我打算离家出走，然后再找地方自杀。但是我还是比较幸运，最后我又被家里人给找了回来，但是我再也不想去上学了，我特别害怕学校里的人的白眼和嘲笑……我觉得自己是一个灵魂被困在男人的身体里面的女人，所以我希望自己能够做变性手术，让自己变成女人，这样我就不用受别人冷眼了。

通过上面所说的乔乔的故事，我们终于可以找到问题的答案了，能够让我们发现自己到底是男人还是女人的东西，不是性唤起模式，也不是所谓的生理模式，说到深层处是一种个人感觉，那就是所谓的性别认定。

像乔乔这样的人，他的生理性别和他的心理性别不一致，通俗的说，就是一个男人的生理性别下包裹着一颗女人的心，包裹着女人的心理性别，这样就会造成性别认定障碍，就是说这个人的灵魂被安错了身体。性别认定障碍还是比较罕见的一种心理，在这里，我们要专程强调一个词语，那就是"罕见"，罕见就是比少见还要少见：有1/3左右的男性发病率会因为地区的不同而不同，但是女性就更少了，就只有1/15至1/10左右。

无处安放的灵魂

2008年，德国顶尖女子撑竿跳运动员伊芙·布施鲍姆在一夜之间登上世界各大报纸的头条。虽然她本身的知名度已经够高了，但她突然震撼世界的原因，却是一场彻底的变性手术。

布施鲍姆接受了完整的变性手术——拿掉了自己的乳房，注射了雄性荷尔蒙睾丸激素，又人工制造了阴茎和睾丸。此后，经历了漫长的官司之后，伊芙·布施鲍姆得以更改名字和性别，变成了一个全然崭新的人——巴里安·布施鲍姆。一夕之间，"她"变成他，迷人的美女摇身化为健美雄壮的大帅哥，实在叫人跌破眼镜。

这之后，有很多人对此提出质疑：为了变性经历9小时手术的痛苦，还要经受漫长的术后体能训练和令人烦扰的官司，这不是自找罪受吗？

面对人们不解的目光，布施鲍姆一句"我是被困在女人躯壳里的男人"或许就能解释他所有的动机。变成一个真正的男人，是布施鲍姆的梦想。他从来不认为自己是女人，所以宁可承受痛苦，也一定要把身体的女性特征抹杀。

他说："很多年以来，我一直认为自己是在一个错误的身体里。那些熟悉我的人他们会知道我的痛苦。我感觉自己像个'生活在女人躯壳里的男人'，这让我痛苦不堪。我不愿意再这样糊涂地将就下去。"

是的，错误的身体、痛苦、糊涂……这些关键词，一再表明，布施鲍姆是一个性别认定障碍者。

性别认定障碍是一个由心理学家和医生所定义的精神医学用语，意思是对自己生物学意义的性别不满意，并且渴望变成相反的性别。简单来说，就是人的性别认知倒错——心理性别和自己身体性别相反。这是一种精神医学上的分类定义，通常是用来解释与变性、跨性别或异性装扮癖相关的情况。而性别认定障碍也最常应用在变性人的医学诊断上。

很难单纯地用"她"或者"他"来形容这些人。他们表现为申述自己愿成为另一性别的愿望，往往发誓是另一性别，希望像另一性别那样地生活或要求他人如此对待，或深信自己具有另一性别的典型感受和反应。

某 A 身体是女性，但是在心里坚决认为自己是男性。A 的性格、思维和行为都体现出男性的特质，在各方面更强势，似乎是天生拥有一种雄性气息。A 宁愿去运动，把自己弄得大汗淋漓浑身脏兮兮，也不愿像别的女孩那样学化妆穿裙子。从外表看起来，除了身体以外，A 真的是浑身上下没有一点点像女人的地方。

与此同时，"身在男营心在女"的人也不在少数。B 说话声音娇小柔媚，行为举止十分女性化，从小就爱玩洋娃娃，对一般男孩子热衷的机器人之类的游戏没有丝毫兴趣，反而渴望穿上漂亮的裙子，把自己打扮得漂漂亮亮。比起充当雄性的保护角色，B 更享受被人宠爱和保护的感觉，他觉得自己是女人，并且也渴望成为真正的女人。

事实上，仅仅是女孩像假小子、男孩有女孩子气并不能算是性别认定障碍——这种变化应该是深远而持久的。性别认定障碍者已经不是"男人婆"和"娘娘腔"那么简单了。他们会在心里大喊：为我去掉"婆／腔"字，我要做真正的"男人／娘娘"！

其实性别认定障碍是一个较广泛的名词，渴望变性更精准贴切的形容词是易性癖。说起易性癖，就不由得想起那部大名鼎鼎的电影《霸王别姬》。程蝶衣自小被做妓女的母亲卖到京戏班学唱青衣，却总是不愿承认自己在戏中是女儿身，会把台词念成"我本是男儿郎，又不是女娇娥"，并因此吃了不少苦头。谁又能想到，他真正念对了"我本是女娇娥，又不是男儿郎"这句话时，他已经深深相信了这句话，陷进了这句话。久而久之，程蝶衣打从心底认定自己是女儿身，混淆了自己的身份，揭开了悲剧的序幕。

身为易性癖者，似乎生来就有种悲剧性。他们的心灵一直受到煎熬——仿佛灵魂无处安放，被锁在一个不合适的躯壳里，不得自由，不被认同。

一般人很难明白：为什么他们会感觉到如此痛苦呢？性别真的有那么重要吗？

首先，我们需要清楚，痛苦、糊涂、坚定、渴望，这些是他们内心世界的关键词。而其中，"痛苦"这个词语，由始至终贯穿着他们的一切。这种痛苦的来源复杂而繁多。例如，违背自己的意愿，不能当自己；人们用有色眼光看他们，不能被身边人认同；难以爱人和被爱……

这样说可能有点抽象，那就让我们来听听一位当事人的讲述：

我从小就知道自己的异常，觉得自己生来就是女子，并且爸妈也知道。但是爸妈完全不能理解我的想法。他们说："我们会尽力阻止这一切发生。"于是，爸妈完全禁止我讨论这方面的话题，不许我接触女孩子喜欢的东西。你知道面对自己喜欢的东西，连看一眼都不可以的心情吗？因为行为举止的异常，男孩子把我当成同性恋，不愿意接近我。我就想，不如豁出去算了。于是我改为穿女装出门，想要当自己。结果别人又把我当成了精神病患者，连亲戚都用有色眼光看我。我连一个朋友都没有。这也不对，那也不对，我永远是别人眼中的怪物。我越来越迷惘：我该怎么办？天地间竟然连我的容身之处都没有！

看到了吧？这就是身为易性癖者的悲哀。他们在成长过程中很容易遭遇到巨大的阻力。他们的生活充满了模凌两可的尴尬——周围人不能理解和认同他们，他们也不能当真正的自己，糊糊涂涂地过着自己的生活，不知道自己该怎么做才对。正常人应该拥有的，对他们来说就是奢望。

这里有另一个典型的案例。

母亲一直想要个女孩，经常给我打扮得像公主一样。上小学时，学校的校服是统一的，不分男女，私底下我还是和平常一样，会有些粉粉花花的衣服。直到上了初中，我被逼穿回男装，但这时我已经习惯并且认定自己是女孩了。我不敢去喜欢什么人，因为怕别人恶心我。这些年来，我不愿责怪母亲，拼命压抑自己的真实想法，就想不计较把日子过了算了。谁知道后来父母不顾我的阻拦安排了亲事。我把我的想法告诉他们，他们认为"娶了媳妇就好了"。我顺从了父母的意思，但婚后仍然无法过正常的性生活，被妻子骂做窝囊废。内疚、自卑、无助缠绕着我，我自杀了好几次，妻子恨我，我也不爱她。

异性癖者往往在家人强大的压力下做了违背自己意愿的决定，但这种决定往往为他们带来毁灭性的灾难，连带酿成一系列的问题。他们更难以爱与被爱，要考虑到所爱的人能否接受自己，身边人能否接受这种恋情等，感情路上一般较常人艰辛数倍。

正如一位变性人所说："性别模糊是我最深的痛。"

但是伴随着这种痛苦的，往往还有强烈的坚定和渴求。异性癖者打从潜意识相信自己心中的性别，并且根深蒂固。尽管他们因与家庭、好友的期望相冲突而苦恼，并受到嘲笑和排斥，并因此需要承受很多的痛苦，但所谓"江山易改，本性难易"，就如同性格一旦形成就很难更改，性别认同也是如此，可不是能轻易抹去的。所以身边人想要改变他们，往往用尽办法也是徒劳。

此外，他们也渴望能变成自己心中的性别，甚至不惜以各种方法去达成自己的愿望。一位名叫林雪乐的马来西亚华裔曾经说过，"他"最大的心愿，就是想通过变性手术，将自己蜕变成一个真真正正的女人，"他"渴望和生命中心爱的男人谈一场轰轰烈烈的爱情，过着美满幸福的家庭生活。

很大一部分的异性癖者不会屈从命运安排，善罢甘休。哪怕是诸如改变衣着这种微小的改变，都能让他们兴奋不已。至于吃药、打针、手术……这些在正常人看来恐惧不已的事情，对他们来说反而是种渴求。他们渴望通过完整而成功的变性手术，使自己成为真正的女人或男人。这是一种飞蛾扑火般的本能，哪怕粉身碎骨。

这似乎是一辈子的斗争。著名变性舞蹈家金星半开玩笑半认真地说："我是全中国最大的行为艺术，我这一生都是在做一个行为艺术。这个行为艺术不是维持一天，而是一直到我死为止。我用我的生命、我的作品来做人，看社会怎么认同我、接受我。"

看吧，他们心中有一团火焰，总是蠢蠢欲动，难以熄灭——尽管前路无比艰难。

他们会说：我们只是找回我们本该有的东西。

性别认定障碍的起源与影响因素

在科学上说，性别认定障碍的起源和影响因素仍然是一个谜团。虽说这个问题到现在来说还没有一个具体的答案，但是并不代表说没有一个合理的猜测，下面，给大家讲几条参考的例子：

我们从父母那里得到的染色体就决定了个体的基因性别在卵子与精子发生碰撞激情并受精的时候就决定了，这是没办法改变的，但是从今以后我们所要发展的性别发育就会受到各种各样的因素的影响，比如周围的朋友、人物啊，接受的事物啊等一系列的。

母亲在怀孕的最初几周之中，性腺和内外部的生殖结构具体的说是没有什么男女性别之分的。但是如果存在着 Y 染色体，母亲肚子里的胎儿的性腺将会分化成为睾丸，那样就会变成一个男人，这就有了男女之分，睾丸分泌睾丸素，也就是雄性激素，然后肚子里的胎儿就会发育出男性的生殖器官；但是如果不存在 Y 染色体，那样性腺就会分化为卵巢，就会变为女孩子，卵巢分泌出雌性性激素，从而胎儿就会发育出女性的生殖器官，男女差异就出来了。

胎儿在发育的一些特定的时期内，胎儿的雄性或者是雌性激素的水平的轻微升高就可能让一个女性胎儿男性化或者让一个男性胎儿女性化，这样就会出现性别认定障碍。像一些孕妇在怀孕期间如果是服用了某种副作用比较大的药物的话，像我们先前说的那种激素的水平还是会出现波动的。

我们上面所说的，就是一些专家或者学者对性别认定障碍生物学因素的猜测。

行为主义门派的代表人物之一，也是世界心理学史上最为著名的心理学家之一——斯金纳，曾经有过下面一段讲演：

大家好，我就是斯金纳，大家不来点掌声吗，谢谢大家的捧场。俗话来说，他方唱罢我来登场，今天我们的故事里没有其他的专家，也没有其他人，现在我就是这里最大的大腕儿，是这里的专家，大家有什么问题就来找我，就像作家来找我的原因就很简单，没错，我来的目的就是想向大家讲一讲我理解的"强化理论"。

大家一定就会问我了，什么叫作强化理论呢？在这里我说的还有我认为的行为之所以发生变化，那就是我们说的强化作用，因此来说，对强化的控制就是对行为的控制！首先我要声明的是，大家所认为的强化是什么词语呢？大家一定会认为，有一个强字就是个贬义词，但是事实上，我这里所说的强化课不单是指奖励，它是个中性词。

所以，我说的强化就可以分为积极强化和消极强化。

什么叫作积极强化呢？所谓积极强化，就是通过呈现愉快刺激来增强反应概率，比如说可以是表扬啊、鼓励啊什么的。

那什么又是消极强化呢？所谓消极强化呢，就是通过消除厌恶刺激来增强反应概率，比如说让人免做家务什么的。

我还是要向大家提醒一个问题，这里的消极强化是很容易让人理解成为惩罚啊，所以这是不对的，这个惩罚不是与消极强化这个分概念相对的，但是这个与整个强化的概念是相对的，这个惩罚可以分化为积极和消极，例如下面所说的这些：

积极惩罚：通过呈现厌恶刺激来降低反应的概率，例如关禁闭。

消极惩罚：通过消除愉快刺激来降低反应概率，如禁吃肯德基。

说到这里，我们大概就可以理解了，这里的强化就是强化反应的概率，但是惩罚却是用来降低反应概率的。

大家用我们这个理论就可以解释一件事了，那就是为什么说世界上最有效的手段可以提高效率，那就是激励，激励可以帮助一个人改变命运，就像是说小孩子为什么都喜欢得到老师的表扬。我小时候就特别喜欢得到老师的小红花。所以我们一定要多多鼓励小孩子。

说激励是一种积极强化的原因是很简单的，那就是激励可以提高人的行为概率。因此，当你不满足手下或者自己搭档的做事速度的时候，沟通的方式就显得特别的重要。做事的时候不能一上来就是劈头盖脸的一顿臭骂，脸拉得特别长，我们可以利用一下语言的艺术，先扬后抑，就是先表扬，然后再批评。

我可以举一个例子，就像老师经常说的，比如说：那个某某某，我觉得你是一个很好的孩子，非常有潜质，而且又聪明，做事有耐心，但是这件事你处理的并没有完全发挥你的潜质，我觉得你还可以做得更好……或者说：嗯，不错，那某某某，这件事你在情感方面做得还不错，但是我感觉你还可以做得更好，还可以发挥你完全的潜质，你还可以这么做……

除了上面所说的这些，我的强化理论中还有大家非常熟悉的"普雷马克原理"，这个常常被家长拿来哄小孩子用的，而且那些小孩子还比较受用。那什么叫作普雷马克原理呢？那就是用高频的活动强化低频的活动，我们还可以说一些例子，比如用孩子喜欢的活动去强化他们参加不喜欢的活动，具体的就是可以这么说："你先把这些青菜吃完，才可以吃一些火腿"，如果一个儿童喜欢看动画片，但是又不喜欢读书，那就可以让他先看一些书之后才准许去看动画片等之类的。

心理性别

上面说了那么多，也不时提到心理性别，大家也许对此有了一定的概念了。心理性别，在心理学上也称之为"性别角色"。

通俗来说，心理性别就是人们心里面对自己是"男人"还是"女人"的一种主观判断。在大多数情况下，生理和心理性别都是男性的人，他们在日常行为中常常担当保护者的角色，更多展现出的是男性的阳刚之气。生理和心理性别都是女性的，则更偏向被保护者的角色，行为也常常展露出女性的阴柔之美。然而，当生理性别和性别认同不相符时，当事人就会产生一种不安的"性别焦虑"，而这种持续的负面情绪正是许多性别认定障碍者接受变性手术的原因之一。

我们用小说《角色无界》中的雪珠来举例。作为主人公之一的雪珠原本是女性，但她并不认同自己的性别。她总觉得自己身体多出来的部分是"耻辱的痕迹"。也许在一般人看来这没什么，但在异性癖者看来，这些不属于自己的器官是如鲠在喉的刺。这种感觉仿佛大美女看到自己脸上有疤一般，怎么看都不顺眼，而且越看越难过，越看越焦虑。

于是恢复心理性别成为他们最大的梦想。就像雪珠说的："我要回归自然，这是本能的召唤。"

估计会有不少人心存疑惑：如果一个人认定自己是女人，那是不是就会喜欢男人？

答案是不一定。有两部比较经典的电影可以作为例子，一部是《双面罗密欧》，一部是《男孩别哭》。

《双面罗密欧》的大概情节是这样的：Lukas从小就认定自己该是男生，她下定决心要在20岁生日那天做变性手术。但在一次派对上，她遇到了帅气迷人的Fabio，但对方是个男同志，只喜欢男人。两人的友情在不断的接触间升华，并萌生出爱意。Lukas内心充满了矛盾，不知道是否该告诉Fabio自己身体的秘密。

从这部电影可以看出，Lukas是属于女变男的典型易性癖，但爱上的却是和自己心理性别相同的男性Fabio。

而另一部电影《男孩别哭》，讲述的是男孩布兰顿来到法奥斯城，短碎的头发，干净的笑容，他凭借其独特的气质大受女性欢迎。然而他却有着不为人知的秘密——俊男本是女儿身。他的真名叫蒂娜，为了给自己崭新的开始而来到这座陌生的城市。他和当地女孩拉娜坠入了情网，还产生了迎娶拉娜的想法。可惜，原本平静的生活被一次交通事故打破。布兰顿被识破女儿身，尽管拉娜接受了这个事实，悲剧还是发生了。得知真相后，好友约翰和汤姆认为布兰顿是变态，竟然强暴了他。对于布兰顿来说，他可是男人，还是只爱女人的男人！怎么能忍受这种痛苦呢？所以这次事件给他带来的心理创伤远远不止强暴。最后，他死在约翰的枪下，给拉娜留下了永久的遗憾。

这部电影里，布兰顿和刚才说的 Lukas 同属女变男性别认定障碍者，但是所爱的却是和自己心理性别相反的女性拉娜。

两者拥有同样的心理性别，不同的性取向。结论很简单——心理性别不影响性取向。有性别认定障碍的人可能是同性恋，也可能是异性恋，甚至也可以是双性恋或无性恋。

有朋友汗颜了：那到底该怎么看待有性别认定障碍的人？什么生理性别、心理性别……都快把我搞糊涂了！我连该喊"他"还是"她"都不知道呀。

这个，当然最好是以对方心理性别为基准了。身边的朋友们，如果对方心理性别是女，不妨把对方当"姐妹"看，如果心理性别是男的，一句"好哥们"就足够了。

这里有一个大卫的例子可以帮助我们理解：

大卫在 7 岁的时候做包皮环切手术失败，阴茎被灼伤，到最后更是干枯剥落，再也无法使用。父母听从曼尼博士的意见，接受了另一个方式的"补救"办法，那就是把他们生物学上的儿子大卫当作女儿大薇来养。

然而，事与愿违，大卫一直很抗拒被强加来的女性特质，并且对一切感觉到不对劲。尽管后来一度试图妥协，努力过女孩子的生活，但依然徒劳。大卫还是觉得自己真正的想法不是这样，就像是灵魂是被限制在了躯壳里，后来他患上了社交孤僻和抑郁。14 岁那年，他通过心理治疗，决定遵从自己的想法，中止自己所有作为女性的状态。

父母也意识到了这种补救方法是错误的，便开始把大卫的过去以及手术意外等全盘托出。大卫这才找到自己长久以来扭曲、纠结、痛苦的真正原因：原来他生为男人！

这个例子比较特殊，大卫可不是性别认定障碍者，他可是心理性别和生理性别都一样的正常直男啊！虽然因为小时候的意外，父母硬是把他当作女孩子养……可是，大卫的心理性别已经被自己认定是男人了，就算再怎么扭曲和改变，似乎都没有用。

由此可以说明：人的性别认定是由心理性别决定的，通过深层次的潜意识性别角色认知来控制人所有的行为。这可不是靠改变身体结构就能轻易改变的。

所以，请大胆地接受对方的心理性别吧！这是对别人的一种尊重和理解。

父母的懊恼：是他，还是她

资料显示，性别认定障碍通常是在小时候就会出现，但也有在青春期或成人时才出现的可能，并且随着年纪增长而越来越强烈。具有性别认定障碍的孩子在 2 ~ 3 岁时就可以发现。儿童和青少年或成年人对于性身份识别障碍的外在表现是不尽相同的。

一个儿童，如果表现为下列至少 4 项，则说明这个儿童具有性身份认定障碍：（1）反复申述自己想成为另一性别，或坚持认为自己是另一性别，为自己的性别感到痛苦；（2）男孩喜欢换穿女装或耀眼的女性盛装；女孩则坚持一直穿典型男性的服装；（3）在假扮游戏中强烈而坚持地偏爱另一性别的角色，或坚持幻想成为另一性别；（4）强烈地希望参加典型的另一性别的游戏及娱乐；（5）强烈偏爱另一性别的游戏伙伴。具备以上 5 种中的 4 种表现的孩子，家长应该加以留意。

曾在网上看过这样一个故事：

有一年的万圣节，汤姆要求打扮成小姑娘。6 岁生日的时候，他邀请参加自己派对的都是女孩，收到的男性化的礼物他一样都没留，送给了一个小表弟。

刚开始的时候，他妈妈并不觉得有什么不好的，只是个小孩子而已，愿望也当不了真，别的孩子还有想当蝙蝠侠的呢。但是这对父母知道，汤姆的愿望跟别人有些不一样，他说："我想有一头乌黑的长发。"

这对父母说："也可以啊，那天在汽车站见到的一个人，他的头发就很长啊，你也可以做有长发的男孩。"汤姆说："但是我不想做有长发的男孩，我想做长发女孩。"听到这样的话，父母有些担心了。

说到这里，我们已经很容易看到汤姆跟别的小男孩不一样，而是有点像小女孩。其实这种情况是很容易被发现的，特别是在孩子还不大的时候。有些家长其实也注意到了这些情况，但是并没有放在心上，结果就导致日后追悔莫及。

在翻阅了很多相关资料之后，汤姆的妈妈终于认识到了问题的严重性。经过一番考虑，妈妈决定遵从孩子的意愿。此后，汤姆开始过着双重生活：放学回家之后或者周末，就会穿上女孩的衣服。但是这样的情况维持的时间并不长久。有一次，哥哥在泳池边举办派对，汤姆穿着比基尼出现了。

8岁之后，父母就让"马莉"完全取代了男孩汤姆，他们把孩子8岁之前的照片统统销毁。马莉的房间里贴着很多漂亮的墙纸，衣柜里放满了好看的裙子。而今，马莉在快乐地生活着，至于以后的事情，只有以后才知道了。

一旦发现孩子有性别认定障碍的倾向，千万不要蒙混过去或者欺骗自己。这个问题一定要重视并且及早解决。多观察孩子的性格行为，倾听孩子内心的声音。

做出决定前，需要分清楚两点：

1. 这是生理因素、先天性因素造成的还是后天养育方式造成的

人的心理性别和生理性别是有一定概率不同的，到底是怎么中头彩的呢？事实上，性别认定障碍的起源和影响因素在科学上仍然是个谜。但在学者们推测后，总体而言性别认定障碍的发生原因还是可以分为生理性、先天性和后天性三种。

生理性因素来自于身体本身出现的缺陷，任何一个与性别发育有关的生理因素（性染色体、性腺、性激素、生殖器）出了问题，都可能造成性别认定障碍。比如说男性胚胎睾丸的发育不正常，或者睾丸分泌的雄性激素不足，或者雄性激素对下丘脑的刺激不足等。个体的基因性别在卵子与精子发生激情碰撞产生受精的时候，就已经由从父母那里获得的染色体决定了，但是从那以后的性发展会受到很多因素的影响。

先天性因素，是指天生的素质影响，女孩天生具有男孩气质，生性好动、强壮；男孩天生具有女孩气质，性格文静、长相秀气。

而后天性的因素有许多，比较常见的是养育方式出现问题、感情失败以及同性恋倾向。其中，养育方式的问题最为常见。举个例子，林林原本叫琳琳，是女孩子。"她"的父母从小就渴望有个男孩。琳琳出生后，家人就把琳琳当作男孩子来养。这样琳琳长大后习惯性地认定自己是男性也是很正常的。

还有其他一些案例：

小安在高中前性别和性取向都很正常。初中时小安暗恋的女生狠狠伤害了"他"，让"他"再也不信任女性，甚至产生了畏惧心理。而这时，"他"身边的哥们儿一直陪伴和安慰"他"，"他"就慢慢对哥们儿产生强烈的依赖心理。可惜父母没有把小安的异常当回事。到最后，他已经失去男性的本能，变得懦弱而胆小，性格也越来越女性化，凡事只想依赖别人。当小安慢慢爱上身边的哥们儿时，"他"已经意识到自己的心里已经变成了女人，也只想变成女人。

感情失败以及同性恋的身份最终造成小安的性别认定障碍。

如果是生理因素、先天因素或者同性恋因素影响的，父母不应该强制孩子去改变，而是应该尽量接受。如果是由于后天的教养方式不当引起的，父母就要改变教养方式，帮孩子重新树立起信心。如果是因为感情失败引起的，就要积极帮助孩子去改变。

2. 这种情况是暂时的还是永久的

很多喜欢长发或芭蕾舞裙的男孩长大后自视为男人。如果选错了性别，就是为他们带来无谓的痛苦。

而有的孩子，像汤姆这样一直视自己为女孩的，就是深入的、长久的了。假如这对夫妇漠视了孩子的渴求，最终会出现什么后果呢？可以预见，要么汤姆一直压抑自己心里的性别，越来越不快乐，最终很可能出现抑郁症之类的精神问题。要么汤姆正视自己的问题，长大后通过实施变性手术来实现自己的愿望。但是变性之前汤姆所遭受的心灵创伤肯定比"马莉"更多——身边人很难接受这种突然的改变，不被认同以及被压抑的痛苦对他来说可不是件好事。在新闻里，就曾见过一位八旬老翁最终压抑不住自己，瞒着妻子去做了变性手术，夫妻一下子变成"姐妹"。如此一来，真是伤人又伤己。最终绕了一大圈还是要做回自己认同的性别，既造成了自己多年的不快乐，又深深伤害了妻子，何必呢？

认真地做出一个选择吧，否则容易衍生出更多的问题，导致孩子的悲剧！

性别认定障碍与异装癖

大家好，我是小唐，但是我并不小了，今年已经有 35 岁了，是一位电子工程师。既然我已经选择走出来向大家说说我的例子，我也就不藏着掖着了，我要开诚布公地跟大家交代发生在我身上的一切！在这里，请大家不要被我的名字骗了，我不是个女的，我是个堂堂正正的男人。

我有一个奇怪的爱好，那就是，我很喜欢穿女孩子的衣服。而且有一阵子我甚至把自己打扮成女人的模样，然后跑到公共场所转悠。但是我又怕啊，怕自己被熟人看到并且拆穿，你想啊，一个男人穿着女人的衣服，那不是很奇怪吗，特别是让同事看到了，以后传出去还得了啊！于是我只有放弃了这个想法。后来这个不好的习惯被我老婆知道了，因为我所有的衣服都是向她借来穿的。呵呵，但是我的老婆并不像其他人一样那么顽固的，相反，她还挺开朗的。她还建议我就待在家里做这些事就可以了，千万不要去外面冒险，万一被逮着了、被人发现就不好了，被人嘲笑就更不好了。我老婆还帮我瞒着家里其他人。很多年后，家里都还这么相安无事，都是风平浪静的。

最后让我决定改变这个毛病的，是一件让我触动很大的事情，这件事就发生在最近，到底是什么事儿呢，我等一会儿再说，我现在先来说说我染上这个病的经过。

我们家总共有5个孩子，我是那5个孩子中唯一的一个男孩子，就像是贾宝玉一样，是个在香粉堆里长大的孩子。我的父母好像也没好好的考虑过我是个男孩子的事情，我们家的浴室里也经常晾满了女性的内衣。大概在我十几岁的时候，在某一次，我到浴室里洗手，忽然看到那些内衣，我的心忽然跳得很快，想了想，我就偷偷地拿走了其中的一件，然后就躲在里面试穿，我还记得那是一条女性的内裤，我那时的心还跳得很快。这个时候，我的一个姐姐忽然走了进来，她看到了我的举动，脸色变得很红，很尴尬很难堪，最后她很气愤地骂我是"社会渣滓"，她骂完我之后即走了。我知道她的本意是想羞辱我、侮辱我，她觉得我的做法是很可耻的，但是让人想不到的是，一想到她刚刚很难堪的脸色，反而更让我感到无比的性兴奋，然后我就开始自慰，而且穿女性内衣裤的那次是我整个青年时期达到性高潮最强烈的。

虽然我到现在都还不觉得穿女性内衣自慰有什么错误，因为到现在为止这都没有影响我的婚姻，而且我们一起生活都还很和谐，我对我的妻子很好，我的妻子也很喜欢我。

虽然生活得这么美满，我还是不准备放弃的，但是，最近又发生了一件事：开始我本来以为在家穿女装不会有什么大问题的，也很安全，但是现在我不这么想了，有一次当我在屋里像平常那样穿着老婆的内衣，然后沉浸在我的性幻想中的时候，我几岁的女儿忽然闯了进来，幸好我当时的反应比较快，我害怕极了，生怕我的女儿把我当作怪兽，于是就一个打滚儿就钻到了床下，才没有被我的女儿发现，否则我还真不知道该怎么收场呢，后果我还真不敢想象。

那什么叫作异装癖呢？其实这个解释也很简单，上面所说的一系列症状就是异装癖，但是如果真的要给它下一个定义的话，就是异装恋物癖，它是属于恋物癖的一种。异装癖大多是指男人喜欢穿戴异性的衣物或者饰品来产生性幻想、性勃起。异装癖和恋童癖、露阴癖、恋尸癖、恋物癖等，都是一种性欲倒错，变得都不一样。

异装癖（性欲倒错）的主要目的是为了得到性满足，但是性别认定障碍的主要目的却不是性欲方面的，而是另一种方式，那就是希望公开的、完全的用异性的那种方式生活。

异装癖还必须有一个特定的条件，就是那个人必须要是两性人，通俗的说就是阴阳人！

那么，男两性人就是指生理上具有更多的男性特征的两性人，他们身上有发育完全的生殖器官，但是本来属于女性的那一部分生殖器官就发育得不完全。

有完整的女性生殖器官，但只有部分男性生殖器官的人，称为女两性人。男两性人的身体表面正常，生殖器官也没有先天异常；而女两性人一出生就会被认定为某种性别，自身表现的性别混乱并不会影响她们自己认定的性别。这是性别认定障碍和两性人之间的区别。

第二十四章
看不懂的身边人
——人格障碍

无法治愈的"心理癌症"

1998年奥斯卡获奖影片《心灵捕手》讲述了天才少年威尔的故事，这个来自麻省理工学院的清洁工，在数学上有着惊人的天赋，某天随意解答出数学系蓝博教授留下的数学难题，让教授惊喜万分。

但同时，威尔又是一名问题少年，他的人际交往一团糟，几乎与社会隔离，也得不到社会的认同。威尔擅长打架滋事，有明显的暴力倾向，看到儿时欺负他的玩伴会大打出手，从斗殴中找到快感，沉浸于冲动和暴力中无法自控，甚至因此进了少管所，但是他并没觉得这有什么问题。他的论调是"在抛弃我之前，我先抛弃你"！他的心理防线非常牢固，总是依靠过度的自我防御阻止其他人接近，显然，他的行为让自己与这个社会发生了强烈的冲突。

看到威尔的行为，你可能会认为他"脾气不好"，甚至认为他有神经病。其实，威尔的行为绝非简单的脾气不好那么简单，他的冲动、暴力和无法克制不但让别人痛苦，也影响了自己的日常生活和人际关系，可你又不能说他有精神疾病，因为这种行为本身并非病态，只是对社会适应不良，他的一切不正常行为都在自己的随意控制之下。

那么，威尔这种行为中存在的问题在心理学上究竟该如何界定？我们将之称为"人格障碍"。

何谓人格障碍，首先我们先来了解一下，什么是"人格"。人格也称个性，原来主要是指演员在舞台上戴的面具，与中国京剧中的脸谱类似，后来心理学借用这个术语用来说明：在人生的大舞台上，人也会根据社会角色的不同来换面具，这些面具就是人格的外在表现。

生活中，我们经常会被一个人的人格魅力所深深折服，而关于人格的定义，在各个领域有着不同的解释。

商务印书馆现代汉语词典 2005 年修订版中，将人格解释为人的性格、气质、能力等特征的总和，也指个人的道德品质和人作为权利、义务的主体的资格。各个研究取向的心理学家对人格的看法有很大差异，但总的来说，人格是构成一个人的思想、感情及行为的特有综合模式，包含了一个人区别于他人的、稳定而统一的心理品质。

那么既然是"稳定而统一的心理品质"，人格一旦形成，就不会轻易改变，所谓"江山易改，本性难移"大概说的就是这个道理。既然如此，万一一个人人格上出现了问题，那么这个问题也将长时间伴随着他。

这种人格上出现的问题，指人格特征显著偏离正常，使患者形成特有的行为模式，对环境适应不良，常影响其学习、工作和生活。即使自己不会感到痛苦，也会给身边的人带来危害，也就是人格障碍。

人格障碍通常从患者的儿童时期或青春期开始，贯穿他们整个生长过程，甚至会影响他们一生。基于人格的稳定性，从幼儿时开始逐渐形成的人格障碍不是一朝一夕就能形成的，同样，也是很难被改变和治愈的。所以，很多人将人格障碍称为"心理癌症"。

人格障碍的产生可能由于某种遗传因素，比如父母的一方或双方有人格障碍，子女的发病率也会提高，可能由于病理生理上的因素，相比正常人，面对同样的事情，他们不会产生焦虑，不会从中吸取教训，而人格障碍产生的因素更多是由于后天的影响。

我们说，人格障碍一般是产生于患者幼儿时期，这与他们的成长环境脱不开关系。比如，在影片中，威尔有几任继父，每个继父都对他拳打脚踢，这让他感觉被全世界抛弃，陷入一个人的孤独状态。父母是孩子最好的老师，孩子在家会通过观察他人的行为进行学习，而一旦父母不能提供良好的教育，甚至产生家庭暴力，那么就会给孩子的人格形成造成很大的负面影响。

拥有人格障碍的人自己不会感到痛苦，只是会给别人带来痛苦，他们通常对于自己行为和情绪上存在的问题不自知，即使有人提出自己有问题，也会招来他们的"狡辩"，所以有人格障碍的人很少会去治疗。如果你统计一下人格障碍的人群占总人口的比例，得出来的数据也是不准确的，因为很多人格障碍的人群是"潜伏"在正常人中间的，而只有这种人格障碍逐步发展，使他们患上其他心理疾病时，他们才会不得已去接受治疗。

下面我们就来详细介绍一下人格障碍纷繁复杂的类型。

偏执型人格障碍

偏执型人格又叫妄想型人格，指以极其顽固地固执己见为典型特征的一类变态人格，表现为对自己的过分关心，自我评价过高，常把挫折的原因归咎于他人或客观。

提到怀疑论者，你首先想到的是谁？曹操？希特勒？福尔摩斯？包拯？对福尔摩斯和包大人来说，他们办案遵循着怀疑的态度，一切可能的疑点都不能放过；对希特勒来说，似乎所有的人对他来说都是可疑的，随时都会对他不利，所以，宁可把他们都统统杀光。"宁可错杀一百，绝不放过一个"是曹操的座右铭，这从他杀害吕伯奢一家就可以看得出来。

如果说包拯和福尔摩斯的怀疑态度仅仅是出于职业考虑，那么希特勒和曹操，就十分有可能是怀疑论者。他们相信世界是充满危险的，人人会对自己不利，为此，他们宁可在别人伤害自己之前先伤害别人。这就是怀疑论者。

怀疑论者的形成，与他们的童年记忆有着难以切断的联系。弱小的他们试图通过观察从权威者（这个权威者经常是家长、老师等）那里模仿和学习，可掌握着权力的权威者并不想给他们这个机会，甚至在掌权者的压迫下，他们放弃了童年的梦想，做一些违背自己真实愿望的事，甚至走上与自己愿望完全违背的人生道路。对于他们来说，掌权者是非常可怕的，这让他们从小就失去了对权威的信任，可怕的记忆在他们心中留下了长久的阴影，让他们时刻缺乏安全感，从而对他人的动机产生了怀疑。

极度不安的他们需要找到一个强有力的保护者，然而他们没法不对任何人产生怀疑，包括这位刚刚诞生的保护者，于是，他们又一次站到了一个怀疑论者的立场上，对权威提出批判。

一个怀疑论者，总是小心翼翼地生活着，别人无意中看自己一眼都会被怀疑论者认为是别有用心，他们仔细观察着别人的表情，看到同事在窃窃私语，就怀疑是在说自己的坏话，甚至别人一句善意的夸赞，在怀疑论者那里也会成为恶意的嘲讽。

由此不难看出，怀疑论者是敏感和多疑的一群人，而极端的怀疑和敏感，也就构成了偏执型人格障碍的两大特点，它们会对偏执型人格障碍患者的工作和生活带来极大的负面影响。

在工作中，如果我们突然有一个很好的点子，但是在执行这个点子时，我们会从各个方面对这个点子产生怀疑。比如公司要办一场酒会，我们提了一个情景剧表演的想法，将公司的产品融入到情景剧中，但是到执行的时候，我们会开始怀疑，演员的表演是否会让观众感兴趣？采用情景剧的方式是否得当？是否在酒会中演出一场情景剧会十分滑稽？是否大多数人都不同意这个想法，只是在虚伪地应付？

此时，我们已经站在了反对者的角度上，对这个想法提出质疑，然后，我们的行动开始产生了拖延，我们对待所有的工作都抱着怀疑的态度，然后在不断的质疑中，工作没有贯彻下去，时间就这样白白地浪费了。可是我们并没有认为这是自己的责任，反而觉得自己的能力被低估了，看着别人高高在上，工作做得风生水起，我们开始紧张、嫉妒，开始觉得别人的成功不过是靠关系，没什么了不起。

在人际交往中，我们总是在怀疑别人与自己交往的真正目的，不会付出真实感情，我们用怀疑的屏障把自己圈禁起来。在爱情中也是这样，怀疑爱人对自己不忠，不停查看对方的 QQ 聊天记录、MSN 聊天记录、邮箱、日记，企图在其中找到一些对自己不利的蛛丝马迹。对于爱人的满脸笑容，我们怀疑那是装出来的，总是倾向于去发现这笑容背后隐藏着什么不可告人的秘密，试图在对方出手之前先发制人，其实在这背后，恰恰反映的是我们的自卑心理。

偏执型人格障碍患者一方面表现出自以为是的极度自信，另一方面表现出多疑敏感的极度自卑，形成了一种双重人格，这和历史上的曹操达到了完美的契合。身世不明不白，祖父宦官出身，让他的人生蒙上了自卑的阴影，极度的猜疑也显示出他的自卑，从开始时怀疑吕伯奢杀害自己，到后来太尉杨彪与袁绍结亲，怀疑杨彪要对自己不利，从而污蔑杨彪以忤逆罪下狱。而曹操的自信则来源于对部下和妻室的宽容大度，曹操擅长用人，也十分爱才，即使袁绍帐下的文书陈琳将他骂个狗血淋头，他也毫不在乎，反而对其才华大加赞赏。

综上，我们有理由相信曹操是偏执型人格障碍的假设。

我们来看一个案例：

X是富裕家庭长大的孩子，在高中时就喜欢和老师、同学吵架，进入大学后，X在一年的时间里就因为考试不及格而被迫退学，他认为是老师和同学联合起来把他从学校撵走。在后来的工作中，X屡次抱怨老板在监视他，这让他不停地更换工作。

　　X在他25岁的时候不顾家人反对搬到了一个偏远的地方，此时他开始变本加厉地怀疑周围的人想要谋害他。他花了很多时间搜集相关资料，得出了一个荒谬的结论：在小的时候，国家机构的研究人员给自己做了实验，喂他吃药，在他的耳朵里放置了一个能发射微波的装置，并确信这些微波是用来让他日后得上癌症的。然后，他不断给有关部门写信，反映有人要谋害自己。

　　可能有人会将人格障碍的这种猜疑和精神分裂症里的被害妄想混淆起来，而实际上，偏执型人格障碍患者并没有达到妄想的程度，他们只是怀疑，并没有脱离现实，而被害妄想患者可能会把不可能和不真实的事情当真，甚至产生幻觉，失去理智。

　　同样一个问题，比如偏执型人格障碍患者与精神分裂患者都怀疑在他们晚上回家的时候，有人在后面尾随，企图谋害他。那么偏执型人格障碍患者会说，这只是怀疑，而实际情况是，加害人还不敢来谋害他；而精神分裂患者则会离谱又夸张地描绘什么人对自己实施加害，过程是如何的等，而这些，其实仅仅是他的幻觉。

自恋型人格障碍

　　与其他类型的人格障碍相比，这种类型的人格障碍比较容易理解，它对应九型人格中的"享乐主义者"。

　　希腊神话中的美少年那西塞斯爱上了水塘中自己的倒影。有一位仙女埃科深深爱上了那西塞斯，但是那西塞斯只关注自己的美貌，他根本没有听到埃科在呼唤他的名字。伤心的仙女最后化作了一缕回声（英文中 echo 一词的意思就是回音），而那西塞斯最终望着自己的倒影憔悴而死，化作了美丽的水仙花。

自恋型人格障碍的基本特征是对自我价值感的夸大和缺乏对他人的关注。这类人无根据地夸大自己的成就和才干，认为自己应当被视作"特殊人才"，认为自己的想法是独特的，只有特殊人物才能理解。

享乐主义者与那西塞斯很相似，他们有点恋青春狂，希望自己是永远长不大的孩子，他们看上去很阳光，一点儿都不会表现出焦虑。他们总是很乐观，喜欢冒险，他们有很多感兴趣的事情，准备很多很多的计划，他们坚信自己是出类拔萃的，希望享受生活中最美好的一切。然而，他们理想中的世界却无法在现实中呈现，这让他们变得极其主观，甚至产生了自我欺骗，这让他们生活在自己编织的童话世界里，幻想着自己已经成为了梦中的那个人。

好了，让我们来看看享乐主义者的极端呈现——自恋型人格障碍。

屡次征婚，对男方标准一再提高，L 自称，她之所以要求长相、身高，是因为"智商是不可能超过我了，只能用长相和身高去弥补"，从"与北大、清华齐名的也考虑"到"现在国内符合我原先条件的基本上都已经被我淘汰了，所以我现在想要找欧洲的、北美的海归"，甚至连美国总统奥巴马也开始进入了她的视线。

可是回到现实来看，L 的 IQ 真不见得有多高，师范学校中师文凭、教育学院大专文凭，谈过 4 次恋爱，最后都不了了之，在家乡的学校任职期间，与老师和同学们相处都不怎么融洽。为了逃避这种现实，她离开了家乡，到了上海，通过对自己的才能夸大其词，吸引别人的关注，追求无限的成功、荣誉或幻想中的爱情。

实际上，L 并不像她表现的那么自信，反而她的内心是极度自卑、自尊心十分脆弱。别人对她的嘲讽和羞辱，她内心也会感到十分愤怒，但是外表上会表现得很冷淡，像是获得了别人的赞扬一样。

让我们来看看现实生活中并没有这么极端的一个例子：

A在家中排行老大，是家里唯一的男丁，父亲是商人，母亲是家庭主妇。A的脾气不好，经常和父母、妹妹吵架，别人管他也没用。少年时，A一直宣称自己是个非常优秀的学生，而且有运动天赋，女生都对他趋之若鹜，但是实际上并非如此。

上大学后，A开始幻想在高水平的事业上有所成就，他计划进入法学院，然后走上仕途。他在大学认识了自己的第一任妻子，并在妻子毕业工作后继续留在法学院深造，此时他开始幻想自己的成就获得了国际认可，陪妻子和孩子的时间很少。

婚后，A还是经常出去找一夜情，同时抱怨妻子如何让自己失望，并期望自己的第一份收入到手后，能把家里的财政大权夺过来。当这个愿望实现后，他迅速和妻子离了婚。离婚后，他感觉自己彻底自由了，他把所有的钱都花在自己的身上，虽然偶尔去看望一下儿子，但是照顾儿子的事还是交给前妻。他把自己的房间装修得很豪华，并找各种女人玩性游戏，和同一个女人约会不会超过两次。

后来，A娶了一位政治家的女儿，但他的婚姻依旧不幸福，因为他的妻子竟然没有因为能够嫁给他而荣幸，她无权对他提出任何要求！在工作中也一样，A还是延续着之前的幻想，认为其他人都是平庸之辈，只有自己是牛人，并期待着自己获得很高的职位，获得国家嘉奖，变得异常富有。而显然，事实情况并不像他想象的那般如愿。

这就是自恋型人格障碍患者，夸大自己的才能，希望获得别人的关注，对权力、荣誉、成功有着非分的幻想，缺乏同情心，忽略对方的感受，认为自己就应该享有特权，走到哪里都应该成为那里的贵宾，地球就应该围绕着自己转，极度的自我中心主义。

表演型人格障碍

自恋型人格障碍患者依赖于自我评价，他们通常是自卑而内向的，而表演型人格障碍患者则希望得到别人的认同，更多偏向于活泼外向。

表演型人格障碍，亦称"癔病人格障碍""寻求注意型人格""戏剧化人格"。属于人格障碍的类型之一，是以人格不成熟、过度情绪化、行为夸张为特征的人格障碍。

我们先来看看 Q 女士的案例：

Q 女士在大学的时候是文艺部的干事，有表演上的才能，然而这种表演才能经常被 Q 女士运用到舞台下，这让她周围的人看到十分的不舒服，她夸张的动作，就像在舞台上表演话剧一样。Q 女士以奇装异服闻名全校，经常身上裹着浴巾穿着拖鞋到食堂买饭，此时如果在路上遇到熟人，还会声音洪亮地和朋友打招呼，一边摆弄着头发，让朋友看看自己新做的发型如何，当听到夸奖自己时，非常开心，几乎得意忘形，但是如果朋友稍微露出一丝不认同的表情或语气，那么 Q 女士就会极为恼火，甚至和朋友大吵起来。

Q 女士在参加学校的舞会时，不会选择常规的舞步，她热衷于挑选一些幅度大、能引起别人注意的舞种，甚至会伴着古典配乐为现场的舞会参与者献上一场爵士舞，每当这时，她都会成为整个舞会的"主角"，所有的人都在关注着她，这让 Q 女士十分满意。

Q 女士为人十分热情，表情丰富，自认为交际圈很广，而实际上并非如此。大学时期，Q 女士认识了现在的丈夫，并在大学毕业后嫁给了他。

丈夫在某外企任职，经常加班，所以不能经常陪着她，即使回家也会很晚，躺倒在床就匆匆入睡，这让她感到十分孤独寂寞。她试过用情趣内衣来吸引丈夫的注意，也打扮得花枝招展的到丈夫的公司高调送过"爱心午餐"，在那里，她又一次发挥了自己的表演专长，把丈夫的公司当成了自己的舞台，招呼着丈夫的同事们开个party，自然也让自己成了他们议论的焦点。大家碍于面子，会在Q女士每次去公司时对她的着装、发型、爱心午餐等做各种赞美，而私底下却都抱怨着："这女人太做作了，又不是在演戏，装什么装！"

风言风语开始传到了丈夫的耳朵里，他回家以命令的口气警告Q女士，再也不要到公司给他送什么爱心午餐了。这让Q女士的感情十分受挫，她认为从小到大自己都应该是世界的中心，什么时候轮到丈夫以这种语气跟自己说话了。于是，在丈夫又一次加班的晚上，她决定用割腕自杀给丈夫一个警告，并且打电话通知丈夫自己要寻短见的事。当丈夫急急忙忙从公司赶回家，才发现小Q只是割伤了一点表皮，实际上并没有自杀的愿望，她又在演戏了！

从小Q的案例中，我们得出了表演型人格障碍患者的普遍特征，即他们通常活泼好动，性格外向，不甘寂寞，希望成为大家的焦点，得到更多人的关注，为了达到这种受关注的效果，他们通常会采用奇装异服来夺人眼球。他们一般具有表演才能，说话非常有感染力，在平常与人接触时也会像舞台上那样，表情丰富，语气夸张。

表演型人格障碍患者以自我为中心，希望得到别人的赞美，却从来不考虑别人的感受。他们认为热情是自己交友广泛的保证，然而大多数情况下，他们只是一厢情愿。而在人际关系受挫的情况下，他们会采取自杀行为来威胁别人，这种威胁不会伤及自身，也是他们表演的一部分。他们往往暗示性强，很容易受别人和情景的影响，他们的思想浅薄，流于表面，关注的事物、说的话也过于肤浅。

我们再来看看一个案例：

Y是一个36岁的女人，她打扮摩登，穿着紧身裤和高跟鞋，做了一个鸟巢体育馆一样的发型，化着过于浓的妆容。她和女儿、女儿的现任男友住在一起，三人经常吵架，她17岁的女儿因为割腕住院了。

在描述他们吵架的情形时，Y 非常激动，她不停地挥动着双手，让手镯发出响声，抓住自己的胸口，一再强调自己需要有被人关注的感觉，待在家里让她感觉自己缺乏关注。有时她甚至会和女儿的男友调情，借此来炫耀自己的青春靓丽和自己的个人魅力。Y 承认自己是一位不称职的母亲，但是说自己不会和女儿抢同一个男人。

表演型人格又称歇斯底里人格，其最大的特点就是做作、过度表现情绪、以自我为中心、希望得到别人的注意。表演型人格障碍在女性当中分布较为广泛，多为中青年女性，以 25 岁以下女性为主，即使是男性表演型人格障碍患者，也有 15% 的比例中有显著的女子气。

表演型人格障碍产生的原因与早期家庭教育有关，过分的溺爱导致他们心理年龄与生理年龄不符，心理发展滞后。弗洛伊德认为，这一障碍的发生是因为没有顺利度过口唇期和恋母情节期。其中，口唇期是指婴儿出生到 18 个月时，即发展的心理性欲阶段。

边缘型人格障碍

我们先来做个测试：

诚实地回答以下问题，就能帮你判断是否需要咨询心理专家。

1. 我经常因为父母（爱人、儿女、朋友）的言行，觉得自己被抛弃了。

2. 努力不被其他人抛弃，甚至不惜疯狂（如哭闹、自虐等）。

3. 刚开始认识的朋友都很单纯，日子久了却觉得他们无法接受我。

4. 经常感到无法忍受的孤独。

5. 情绪极易波动，稳定的情绪不会持续几小时。

6. 无法控制暴怒情绪，容易与人产生口角或肢体冲突。

7. 一再用自残行为来获取解脱或快感。

8. 经常以自杀的姿态威胁或要求帮助。

9. 自我形象、性别取向、长期目标或职业选择、喜好交往的朋友类型、价值偏好中至少有两项定义不明确。

10. 长期感到空虚和无聊。

11. 自卑，经常感到失望、无助和无力。

12. 对新事物往往是抗拒的、悲观的。

13. 固执。

14. 目中无人。

15. 与权威人物交往困难。

16. 对批评过度敏感，容易感到被轻视和忽略。

17. 有讨好别人的历史。

18. 自责。

19. 过度警惕，对周边不安全因素过度敏感。

20. 易发生无理由的恐惧和迷惑。

以上是一个边缘型人格障碍的自我测试，1 ~ 10 题为边缘型人格障碍的总体特征；11 ~ 15 题为任性型边缘型人格障碍的亚型特征；16 ~ 20 题为自我毁灭性边缘型人格障碍的亚型特征。

如果你对某一项回答"是"，你应该为自己担心了。如果回答中有两个"是"，建议立即咨询心理专家。

边缘型人格障碍是一种较严重的人格障碍，介于神经症和精神病之间的临界状态，以反复无常的心境和不稳定的行为为主要特征。

其中，神经症又叫神经官能症，病因一般与心理压力和性格特征有一定关系，主要表现为烦恼、紧张、焦虑、恐惧、强迫症和疑病症状等，病人多有求知欲望。精神病是指人的高级神经活动失调，认知、情感、意志、行为互动等方面发生各种各样的障碍，患者多数不承认有病而拒绝治疗。

顾名思义，"边缘"也就是濒临精神病的一种"濒危"状态，我们从下面这个案例中具体来看：

小 C 是家中的独子，以前是一个听话乖巧的好孩子，在他七八岁那年，家里发生了很大的变故，他的母亲杀死了他的父亲，事情闹得沸沸扬扬，后来母亲也坐了牢，C 交由爷爷奶奶抚养。然而爷爷奶奶年事已高，对小 C 一直缺乏教育和看管，因为小 C 母亲的原因，他们有时会将对他母亲的仇恨转嫁到小 C 身上，经常对他产生埋怨，这让小 C 形成了内向孤僻的性格。

17 岁时，小 C 的舅舅托关系让他入了伍，但是部队条件十分艰苦，小 C 也因为表现不好、经常违反部队规定，经常受到领导的批评，而此时小 C 的女友，因为忍受不了小 C 入伍后自己长期的寂寞和无聊，选择了抛弃小 C，去寻找新的生活。小 C 感到十分痛苦，但是因为自己也没什么朋友，这种痛苦又无处诉说，只好深深地埋在心里。渐渐地，他开始情绪不稳定起来，一点小事都会焦虑和愤怒，这种愤怒是无法控制的，于是，他开始在部队打架斗殴，可这也缓解不了他的焦虑。小 C 感觉被全世界抛弃了，感到了无法忍受的孤独，终于在因打架被部队开除后，他选择了自杀。虽然最后自杀未遂，但小 C 在之后屡次出现自残和自杀的情况。

小 C 是典型的边缘型人格障碍患者，家庭的原因让他从小人格上就发生了变化，人际关系紧张，让他十分的孤独和无助、焦虑和情绪不稳定，经常会有不可抑制的愤怒，又让他无处发泄，产生了自残和自杀的自伤身体行为。

边缘型人格障碍患者通常会缺乏自我目标和自我价值感，对"我是谁""我是怎样的人""我要到哪里去"缺乏思考，有长期的自我身份认同紊乱。患者经常会产生强烈的焦虑，尤其是分离焦虑，这与他们童年时期遭受父母抛弃、父母离异、童年创伤等有关。他们对分离十分敏感，害怕被抛弃，一旦必须承受分离，就会变得孤独和空虚，甚至用伤害自己身体的行为取得对方的同情，以避免被抛弃。患者中有 50%~70% 有过冲动型的自残、自杀行为，8%~10% 的人自杀成功。

让我们来看看 M 的故事。

27 岁之前，M 在学习和工作中取得了很好的成绩。在 M 大二的时候，她的一个同学的自杀，让她也产生了自杀的念头，虽然她和这个同学并不是十分相熟，她也不知道为什么会突然想要自杀。

之后，她变本加厉地抑郁起来，虽然婚后家庭和睦，但 M 的丈夫总会抱怨她爱发脾气，随着病情越来越严重，M 甚至因为跟丈夫吵架和工作不顺心，有过几次自残和自杀的经历。绝望的她大声怒吼着："我要死给你们看！" 她迫切地想要终结痛苦，这让她丧失了理智，情绪处于分离状态，一切割伤或烧伤自己的行为，让她看起来像是进入了一种 "自动化" 的模式。为了吸引医生的注意，她会把灰尘弄进烧伤的腿的伤口中，然后让医生给自己做修复手术，但是在事后回忆时，她几乎记不起当时具体是如何执行的。

据调查，在精神科门诊病人中，边缘型人格障碍患者占据 10% 的比例，他们有 20% ~ 25% 住院，且患病者大多都是女性，男女比例大概是 1：3，而由于患者通常会采取自残或自杀的极端行为，他们中有 10% 的患者会自杀死亡。

强迫型人格障碍

在出门后，总要回来检查一下门有没有锁；睡觉前总要上个厕所，不去的话会浑身不舒服，而且上床后两只鞋子必须鞋尖朝外，整整齐齐地放在床旁边；镜子必须摆放在它原来被安置的那个地方，如果有人挪动了它，我们会不自在，厉声喝道："别动我的镜子"；必须从每天熟悉的那条路走回家，任何尝试换种方式的路线都是行不通的；被子必须叠成方块状，万一有人过于勤劳地帮我们把被子叠成了长条状，我们会责备他们："你太自以为是了，我就习惯叠方块！" ……

我们的生活中布满了强迫症的各种痕迹，尤其在压力大、精神十分紧张的时候。可是我们却并没有患上强迫症，当压力消失的时候，我们的这种强迫症的症状也会随之缓解。药物对我们来说不起作用，我们也不需要它们来让自己变得放松下来。

虽然有可能发展成为强迫症，但至少我们现在还不是强迫型人格障碍患者。

强迫型人格要求严格和完美，容易把冲突理智化，具有强烈的自制心理和自控行为。这类人在平时有不安全感，对自我过分克制，过分注意自己的行为是否正确、举止是否适当，因此表现得特别死板、缺乏灵活性。

来看一个案例：

F是某开发商营销部的一名经理，是一个让人羡慕的社会精英，有房有车，标准的现代化剩女。F凭借其追求完美、对工作认真负责的态度赢得了公司上层的赏识，在与广告公司和代理公司对接工作的时候，这一点十分明显地表现了出来。在与代理公司沟通时，对方发过来的所有PPT都要经过F的仔细检查，确保从第一页到最后一页专业上的错误不出现，连错别字都不能有。因此当代理公司的PPT发给了公司的几个相关领导之后，F总是那个找出PPT错误之处最多的人。

然而，过分的仔细和认真让F的工作总是发生拖延，如果检查完一遍，关掉PPT之后，她又会产生犹豫和怀疑，不会哪里又出错了吧？不行，还得再检查一遍，而上司则会一遍遍催促她，问她看完了没有，有什么问题。而她总是看完一遍又一遍后才迟迟做出解答。而对于自己的工作，即使按时上交，并且做得十分不错，也无法让F觉得安心和满足，相反，她会感觉特别后悔，觉得如果再给一些时间，自己应该做得更好。

在与广告公司沟通工作时，F明确要求广告公司设计制作的所有宣传物品都必须严格按照公司的制度，色调不能变，语言风格也不能变，这让每一种宣传物品看起来都中规中矩，当然，创新性就少了。私底下，合作的广告公司同事总是会抱怨F："能不能有点品位，稍微有突破性的东西都接受不了，真是老古板，难怪嫁不出去！"

这样看来，追求完美、对工作认真负责，有时也会给F带来一定的负面作用，因为它们的另一面，就是对所做的事考虑太多，总是怀疑哪里出了问题，对于一件事只有具备百分百的把握才会去做，如果没有把握，那就会有一种不安全感，让自己莫名的紧张和焦虑起来。

可以说，F几乎没有什么兴趣爱好，朋友也很少，她总说没时间和朋友交往。F准时上班，既不提前，也不延后，时间观念非常强。她也要求自己的手下要有时间观念，对于下属迟到的问题会非常在意，对应的惩罚措施也非常严厉。

F的家里放了很多旧的和没用的东西，但是她总不愿意扔掉它们。F基本上不上微博，不进天涯，现在流行的微信更是不会接触，只有QQ时刻在线，是为了和客户沟通工作。F对新事物的接受特别慢，因为它们是F不熟悉的领域，让她很难适应，甚至会面对新鲜事物而不知所措。在外人看来，这让她给人一种刻板、乏味的感觉。

我们的主人公F几乎符合了强迫型人格障碍患者的所有标准：追求完美、极度负责、关注细节、循规蹈矩、强加意识于人、优柔寡断、刻板教条……

强迫型人格障碍患者做什么事都是安全第一，极度认真仔细，容易纠结细节。"不怕一万，就怕万一"是他们的座右铭，容易产生焦虑的情绪，尤其当工作马上就要提交了，可心里还是过不去这个坎儿，感觉还是应该再检查一遍，可心里明明又十分着急，于是，他们只能牺牲效率，在焦虑的心情中继续做着他们认为很有必要的纠正。

他们的完美主义有时候让自己处于顺境中，工作得到认可和赞许，这时患者会感觉非常满意和骄傲，然而万一处于逆境，因工作出现问题而遭受批评，那么他们会失去自控能力，使完美主义停留在纯粹的观念上，产生思维反刍和自我折磨。由于他们在工作中对自己和别人都很严格，所以容易招人怨恨。

强迫型人格障碍患者具有一种典型的面具人格，他们的外在表现看起来都是令人满意的，他们勤奋、负责、认真、准时、节俭、整洁，可是他们时刻迫使自己必须保持这种外在形象，所以，一旦这种形象发生了改变，会令他们十分紧张。

患者通常会感到外面的世界是不确定的，难以掌握，抓不住规律，所以，他们要制定各种清规戒律来给自己定型，而自己也必须拘泥于这些规矩，同时也要求别人遵守，如果这个规矩被打破，那么他们会感到十分不安，比如系鞋带的时候必须是哪一种样式，睡觉必须头朝哪边，这在他们而言都是不可越矩的。他们通常都十分吝啬，喜欢储蓄和囤积一些看上去已经没有什么价值的东西。

强迫型人格障碍一般形成于幼年时期，与家庭教育和生活经历直接相关。当然，幼年时遭受的刺激、挫折，也可能成为这种人格障碍形成的原因，此外，还有遗传因素。

分裂型人格障碍

还记得电影《美丽心灵》里那位天才数学家纳什吗？虽然拥有出众的直觉，但是他被一种精神疾病深深地困扰着，在他的幻想中，自称来自美国国防部的威廉－帕彻邀请他参加一个绝密的任务，破解敌人的密码，同时出现在幻觉中的，还有纳什的朋友查尔斯和查尔斯可爱的小侄女。经诊断，纳什得了精神分裂症。

这一节我们要讲述的是分裂型人格障碍。

分裂型人格障碍是一种以观念、外貌和行为奇特以及人际关系有明显缺陷，且情感冷淡为主要特点的人格障碍。

精神分裂症、分裂型人格障碍、人格分裂，它们都有着"分裂"这两个字，因此对缺少心理学知识的普通人来说，极易混淆。

实际上，精神分裂症是一种精神疾病，表现为感知、思维、情感、意志行为等方面的障碍，常伴有严重的幻觉体验。人格分裂又称"解离症／间歇性人格分裂""分裂性身份识别障碍"，分为心因性失忆症和多重人格症，前者是因为强烈的刺激而出现的选择性记忆遗忘，后者是一个人同时具有多重人格，有时甚至多达24种。

分裂型人格障碍患者中有一部分容易发展成精神分裂症，这是一种人格上出现的问题，表现为观念、行为、人际关系上的缺陷，他们通常在情感上都比较冷淡，个性古怪，严肃而保守，不希望与人接触，希望把自己藏起来，沉默而孤独。

其实，我们将很多科学家、艺术家、哲学家与分裂型人格障碍的症状相对比，发现他们的人格特征很多都与分裂型人格障碍相符。比如，一位著名的数学家在科研领域取得了举世瞩目的成绩，却是一个人格障碍患者。他喜欢把自己关在小房间里看书，解决数学难题，几乎不和外界交往，爱好也通常是阅读、思考之类的安静活动；结婚很晚，由于长期离群索居，很多生活上的基本常识他都不知道，比如如何置办家具、如何购买生活用品等。他把所有的精力都放在工作上，看起来行为古怪，对别人态度十分冷漠，对外部环境的态度是"眼不见为净"。

我们再来看看小U的例子：

小U去年已经大学毕业，走上工作岗位。在小U上学的时候，是一个十分内向孤僻的小女孩。她从不主动和同学说话，尤其是异性，一旦必须和他们说话，她就会脸红、耳朵红、脖子红。

在小U上高一和大一时，第一次进入宿舍后，面对正在谈笑风生的舍友，都不主动和她们打招呼，只是自己拿一本书爬到上铺，安静地看书。舍友们以为她只是因为第一次见面害羞而已，可后来，小U还是几乎不和她们说话，态度十分冷淡。小U脾气十分古怪，她会自己躺在床上看着天花板，同学叫她她也不回应，有时还会痴痴地傻笑。

白天在教学楼里上课时，除了必要的上厕所和体育课外，小U一般都是坐在座位上，自己一个人安静地待着，有时看书，经常也会做做白日梦，幻想自己成为言情小说中的女主角，或正在舞台上大声歌唱。

作为一个小女孩，她的衣服和床单脏了也几乎不洗，打扮也十分保守，同学们在她旁边说笑话的时候，小U也总是笑不出来，看起来笑点很高，于是她在同学心目中的形象又多了一条：不懂幽默。

上了大学后，同学们都去参加学校的社团，但是小U觉得那些社团都提不起自己的兴趣。小U的爱好从看书变成了看电影，由一个人在座位上安静看书变成了一个人在宿舍里安静看电影，而且她迷上了恐怖电影，整天自言自语似的念叨着什么，变得十分神经质，而且迷信起来。

有一次，她向学校请假，理由是要去一座以佛教闻名的山上"还愿"，回来后，在宿舍里摆了一排佛像，日日供着，每天还得拜一拜，口中念念有词。她坚信世界上有某种不为人所知的客观神秘力量存在，而且总感到他们在向自己传达着什么，这让同学们感到十分害怕。

因为自己的安静性格，小U选择了不会经常与外人接触的网络编辑工作，每天只需要一定的工作量即可，和同事也不说话，甚至因为工作性质比以前话更少了。领导经常因为她没有和同事搞好关系而批评她，而小U却怀疑领导之所以批评她是因为同事向上级打小报告了。小U虽然感觉很痛苦，但并未意识到自己存在的问题。

小U是典型的分裂型人格障碍患者，对人冷淡，不好交际，古怪而多疑。

回避型人格障碍

回避型人格障碍与分裂型人格障碍一样，都有着糟糕的社交关系。后者是对人态度冷淡、孤僻、不主动，没有与人交往的欲望；前者则是有交往的欲望，但是出于自卑心理，害怕应对来自社交的挑战。它们又不同于社交恐惧症，仅仅是对社交或公开场合感到强烈的恐惧和忧虑，害怕见人。

回避型人格又叫逃避型人格，其最大特点是行为退缩、心理自卑，面对挑战多采取回避态度或无能应付。

让我们来看看小 R 的例子：

小 R 其实从小到大学习成绩都很好，外形也很漂亮，只是记忆力不太好，经常忘事，而且反应也很迟钝，所以小 R 渐渐地形成了一种自卑心理。尤其在她小学五年级的时候，小 R 作为班长，不得不代表学校参加镇上举办的诗文素养比赛，这让小 R 十分害怕，认为以自己的记忆力绝对无法取得好成绩，可是想逃避又逃避不了，这让她在准备比赛前每天都战战兢兢。果然在比赛中，由于紧张，小 R 大脑一片空白，这直接导致小 R 只取得了全镇倒数第二的糟糕成绩。

可怜的小 R 心里十分难过，而比赛结果也让她的班主任十分没面子。于是，班主任当着全班同学的面狠狠地揍了她一顿，那是小 R 这辈子挨过的最严重的一次打，到现在还记忆深刻。班主任 Z 扯着她的头发把她推到了教室后面，狠狠地掐着她的脖子，然后把她踹倒，再掐着脖子拽起来，就这样重复着暴力的动作，而这一切，都被同学们看在眼里。作为一个小女孩，小 R 感到丢脸极了，从此以后，她也更加自卑起来。

这种自卑的心理从学习、工作、社交和恋爱各个方面影响到了她。前面讲到，小 R 小时候学习成绩其实很好，可因为日益强烈的自卑心理，她的成绩逐渐受到了影响，不敢再参加任何竞赛，每一次考试对她来说都是一次无法逾越的鸿沟，于是她开始经常逃学，内心里希望能通过逃学躲过这一关。面对来自四面八方质疑和批评的眼光，小 R 只有一个人躲在被窝里哭。

勉强毕业的小 R 因为害怕以自己的能力无法在一线城市生存，拒绝了北京的面试机会，安心在家乡做了一个小文员。社会上的事和学校是完全不一样的，小 R 必须从头学起，这让她感到十分焦虑。不敢在众人面前讲话，怕惹出笑话，怕到陌生的部门办事，怕领导突然交给她一份从来没做过的工作，这些工作的难度在她心里被无限制的夸大，让她感觉每一个工作都是十分可怕的冒险，无形的压力导致小 R 的头发白了一大片。

由于不敢面对挑战，小 R 甚至不想看到明天的太阳，害怕明天到来后，又有一件又一件始料未及的差事要交给自己做，所以她经常熬夜，因为一旦睡了一觉起来，就要去面对。万一事情做不好，领导会极尽讽刺挖苦，这会让小 R 的自尊心受到严重的伤害。

自卑的心理让小 R 不敢和别人说话，如果公司搞聚餐的话她也会尽量回避，这让她不仅没有朋友，和公司同事的关系也很疏远。到了谈恋爱的年纪，可小 R 却没有勇气面对爱情：我长得不好看，性格不好，不会说话，别人怎么会看得上我呢？所以即使偶尔有人追求小 R，约她出来吃个饭，小 R 也会以爽约结果掉别人对她的好感。

前几天，小 R 的公司倒闭了，失业后的小 R 到处投简历，可没有一家公司愿意接受她，这让本来就脆弱的小 R 彻底被击垮了，不敢回家，怕家人嘲笑自己，可是又没有朋友能收留自己，无处可去的她流落到外省成了乞丐，每天靠乞讨度日。寒冷的冬日，看着街上衣着光鲜的行人，小 R 只有瑟缩在墙角，独自流泪。

不得不说，小 R 的故事是一个悲剧，一种自卑心理造成的悲剧。对回避型人格障碍患者来说，一个小小的挫折在他们那里都会被无限放大，让他们感觉自己受到了很深的伤害。他们害怕社交场合，害怕工作带来的挑战，如果给他们布置一项并未接触过的任务，他们首先想到的是退缩；如果不得不面对，那么他们就会采取尽可能的拖延战术。

拖延，又让我们想到了"拖延症"。拖延症，指的是非必要、后果有害的推迟行为，也就是"明日复明日"，到了截止日期才着急。回避型人格障碍患者经常会因为害怕面对挑战而产生拖延行为。

虽然缺乏自信不是导致拖延行为出现的唯一原因，但也是让拖延得以进行的重要原因之一。很多回避型人格障碍患者都同时患有拖延症，拖延现象已经成为心理学家研究的一个重要课题。其实，导致回避型人格出现的主要原因就是自卑心理，这种自卑心理的出现一般由于患者幼年时期的无能而产生的不胜任和痛苦的感觉。

家长在孩子幼年的时候不要拿孩子的短处和别的孩子的长处比，长期的比较会让他们更加低估自己，产生消极的自我暗示，对挫折的耐受性变低。多发掘孩子的优点会让孩子变得自信起来，多鼓励孩子到外面走走，与同龄的朋友交往和接触。由于人格一旦形成就很难改变，所以，要从根源上阻断回避型人格的形成。

依赖型人格障碍

依赖型人格对亲近与归属有过分的渴求，这种渴求是强迫的、盲目的、非理性的，与真实的感情无关。

让我们来看看 T 一家的事例：

T 是一个精明的富商，经营着一家不大不小的工厂，由于 T 的儿子 Y 是家族的下一代中唯一的一个男丁，所以一家人对 Y 都十分溺爱。尤其是 T 的妻子对儿子更是有求必应，甚至为了让 Y 得到良好的启蒙教育，她自己开了一家幼儿园，并亲自担任园长。

Y 的人生也由母亲规划得十分详细和完整，包括大学在哪个城市，以后要选择什么职业等，而 Y 也理所当然地认为母亲比自己优秀，给自己选择的道路一定是对的，母亲作的决定都是可行的，对母亲的意见从来都是随声附和、坚决执行。另外，母亲对 Y 的生活细节上也是照顾得非常周到，以至于儿子 18 岁上大学前都没有出过生活的那座小城，衣服不会洗，被子也不会叠。

开始的时候，T 的妻子只委托 H 大学所在城市的亲戚帮忙照看儿子，可后来发现，儿子完全没有独立能力，从未过过集体生活的 Y 显得十分不适应，衣服不会洗，臭袜子堆积如山，半夜上自习回来没人给买吃的，只能饿着肚子，晚上睡不着觉。

过惯了"衣来伸手，饭来张口"的生活，Y 怎能受得了这种苦日子？于是一个电话打过去，妈妈赶紧过来陪读。可此时 T 的工厂出现了问题，急召妻子回去一同协助解决，妻子在急忙赶回家乡小城的路上不幸遭遇车祸，从此，Y 的依赖者消失了。在母亲的葬礼上，Y 一遍一遍地哀嚎着："你走了我怎么办！你走了我怎么办啊！"

T 的妻子去世后，T 迅速娶了第二任妻子，并顺利产下一子。老来得子，T 自然对小儿子格外宠爱，相对的，对大儿子的关注就少了些。于是，失去了依赖者的 Y 感觉自己的世界要崩塌了，经常感到孤独和无助，每天晚上都会做着同样的噩梦，梦见爸爸把自己抛弃了，他和现在的妻子、儿子过着奢侈的生活，他试着想要走进以前的家门，可那个女人"砰"一下把门关上了，关门的一刹那，还向 Y 露出了可怕的奸笑……

Y 从梦中惊醒，深深地感叹着"妈妈走了，爸爸不要我了，我好可怜！"同时，由于在大学里很难适应，又没有什么朋友，生活上无法做到独立，遇到要做重要决定的时候，也没人为自己出谋划策了，这让 Y 感到十分惶恐，他意识到自己再也不能这样下去了！他要找回爸爸妈妈的爱！

大学放暑假的时候，Y 回到家中，虽然并未出现他梦中的场景，但是 Y 感到父亲对自己再也不像从前那般宠爱了，另一个女人和她的儿子取代了他和妈妈的位置！这是他不能容忍的。于是，Y 和家人发生了激烈的争吵，在冲动之下，他杀死了对自己来说几乎是敌人的那个女人和她的儿子。

对 Y 来说，失去了可以依赖的肩膀，便失去了人生的支柱，他的世界便会完全崩塌，这也是依赖型人格患者最害怕遇到的情况，此时他们通常首先想到的是自己以后该怎么办，而不会关注到别人。依赖型人格障碍患者依靠别人给自己传递力量、制订计划、照顾生活起居，他们总是害怕被抛弃，极度渴望着别人的爱，却很少将自己的爱分摊出去，希望他人为自己承担责任，以别人的意见为意见，自己很难对他人的看法提出异议。

在依赖型人格障碍患者心中，从小父母就是他们的保护神，他们能为自己做到任何事情，他们能安排自己的人生，有他们在，自己只要选择服从，就会绝对安全。这让他们牺牲了自己的兴趣、爱好、人生观，也失去了自信心，他们看自己什么样子自己就是什么样子，他们越来越懒惰，越来越无法承担责任。于是，当患者终于踏入社会，需要真正实现独立的时候，他们的生存能力是微乎其微的。

在生活上，他们无法照顾自己，在工作上更是。长期的依赖让他们的自主性和创造性大打折扣，除非是一项不用独立思考的工作，否则他们又会将作决定的权力转交给其他人。也可以认为，对依赖型人格障碍患者来说，任何人都可以为自己作决定，只要不依靠自己就行，反正按照他们作的决定执行就可以了。

第二十五章
戒不了的依赖
——物质成瘾

控制不住的欲望

自从有了人类社会之后，成瘾问题就一直和人类的生活如影随形，人的每一种行为都可以越轨以致成瘾，成瘾是一种反复发作的脑疾病，属于失控症。

随着社会的不断发展，成瘾患者的数量也在高速增长，甚至已经有成为 21 世纪的一种来势凶猛的流行病、一种新的社会病、一种泛滥成灾的公害的趋势。

成瘾除了和精神活性物质有关，和吃喝有关，还可能跟生活或者心理有关，比如一个人对自己所处的生活环境不满，或者他遭受了难以忍受的心理冲突的时候，就需要找一个渠道来发泄。有时候，他会把目光放到上网、性活动、工作、体育运动、娱乐游戏等活动的上面，以此来转移自己的注意力，麻醉自己。但是如果这些活动超过一个限度，就会上瘾。并且可以有多项成瘾，也可有物质性与非物质性联合成瘾。

物质成瘾又称精神活性物质：是指能够影响人的心境、情绪、行为，改变意识状态。并可导致依赖作用之类化学物质；人们使用这些物质的目的在于取得或保持某些特殊心理和生理状态。

随着经济的不断发展和社会的不断进步，精神病学也不能故步自封，而是应该与时俱进。比如说，在手机出现之前，是没有"手机依赖综合征"的，但是随着手机的不断普及，已经有越来越多的人发现，自己一离开手机就很难受，甚至经常幻听到自己的手机铃声在响，这都属于"手机依赖综合征"。另外，同性恋逐渐被公众认可，易性癖手术走向成熟，网瘾等患者也在不断增多……所以，精神病学也应该有所创新了。

再说回到物质成瘾，说到物质成瘾，就不得不提到一部电影——《梦之安魂曲》。人之所以会感到痛苦，是因为追求了自己不该追求的东西。我们在追求欢乐的过程中总是容易顾此失彼：不是忽略了精神的存在去追求肉体的满足，就是忽略了肉体的存在去追求精神的满足。而当精神和肉体冲突的时候，人就会不安定，就会痛苦。而《梦之安魂曲》这部影片，就将人们在追求肉体欢娱的时候忽视肉体安危而酿成的苦果——成瘾，活生生地展现在了我们面前。

90多年前，鲁迅在中国思考着春夏秋冬的关系。他不像雪莱那么乐观，不相信"冬天来了，春天还会远吗？"达伦·阿罗诺夫斯基在自己的电影《梦之安魂曲》中也在思考着同样的问题。

这部电影由夏、秋、冬三个乐章组成，凭借一段反复出现的主旋律，将这三个乐章连在了一起。在夏天来临的时候，我们看到的是美好的希望。因为夏季有着丰沛的雨水，有着炽热的阳光，这一切都好像是在说，即将到来的秋天将会是一个丰收的季节。

影片中的男女主角是一对恋人，哈瑞和玛丽安，除此之外，还有一个重要人物，她就是哈瑞的母亲莎拉。

在剧中，哈瑞母亲莎拉的一袭红色的长裙就像夏日带给人的感觉，充满了希望，还能迷倒众生。事实也确实如此。莎拉钟爱一个电视节目，她为了上电视而开始减肥，并且取得了不错的效果。

哈瑞和玛丽安有一个共同的梦想，就是在小镇中经营一个小本生意，两人携手相伴一生。但是现实中哈瑞和玛丽安都是瘾君子，他们无力抵御毒瘾，这让他们时时生活在贫穷和黑暗之中。其实，撇开哈瑞贩卖毒品的事实不谈，他的生意使得他可以有足够的钱来让他生命中最重要的两个女人——女友和母亲展露笑颜。他用自己赚到的钱给母亲买了奢侈的家庭影院，让她看自己钟爱的电视节目，这让莎拉看到了儿子的希望，也让哈瑞的女友玛丽安开始认真地计划开设自己的服装店。

在阳光的照耀下，所有人都是快乐的，都充满了对未来的憧憬，但是憧憬，也只能停留在憧憬的阶段。有一天，这位母亲幸运地接到了自己钟爱的电视节目组打来的电话，让她去参加现场演播。这个消息让她欣喜不已。但是，当她拿出自己那一袭红色的长裙的时候，她发现自己再也穿不进去了，再也无法重现当年那迷倒众生的样子，她的希望破灭了。原本预期的丰收并没有到来，取而代之的则是迷茫和苦涩的果实。这时候，用减肥药减肥的念头就不可抑制地出现在了莎拉的脑海里，她开始疯狂地吞食减肥药，逐渐精神失常，走上了不归路。

在这部影片里并没有春天，但是对于剧中人来说，每个人对春天都有着不同的感悟。对于母亲莎拉来说，春天就是哈瑞的高中结业典礼，她穿着一袭红色长裙，绽放出迷倒众生的微笑。对于玛丽安来说，春天就是哈瑞，因为是哈瑞让她"重新活得像一个人"，对于哈瑞来说，春天是一片海洋，有一个穿红裙的女人站在海风中，她的头发被风吹起。对于 Tappy 来说，春天就是小时候母亲的怀抱。

为了换取毒品，哈瑞会一次又一次地把母亲的电视机偷出来卖掉，而母亲为了看到自己钟爱的节目，会一次又一次地把被儿子卖掉的电视机重新买回来。莎拉深深地爱着自己的儿子，所以当当铺老板跟她说"你应该让警察管一管你那个老是典当你电视机的儿子"的时候，她会笑着说："不行，他可是我唯一的儿子。"

但是，爱并不能代表一切，莎拉的滥用药物让她被送进了医院，Tappy 被捕，他们耗费了所有的积蓄才把他保释出来。哈瑞失去了一条手臂，由此也丧失了他之前存在的基础——海洛因。玛丽安向医生出卖肉体换取毒资，他们又陷入了曾经的饥饿当中，对毒品的饥饿，对意义的饥饿。他们曾经想过换一个地方继续播种，但是冬天却毫不留情地到来了。

最后，从截肢手术中清醒过来的哈瑞又看到了那片大海，却看不到那红衣女子了。哈瑞在清醒与梦幻之间所发出的对玛丽安最后的呼唤，成了影片结尾一首动人的哀歌。它因为春天的消失而唱，因为爱的死亡而响，成为了美丽梦境最终的安魂曲。

现在，很多人会选择这一类的药物来对抗抑郁或者由过量工作造成的慢性疲劳，有的人的使用动机很简单，就是要提升自己的信心，让自己精力更加充沛。但是，如果摄入的安非他命过多，会引起中毒，主要症状有：激动、警觉、幻觉和冲动。在这所有的症状中，幻觉的杀伤力是最大的，因为在使用者看来，此时其他人和物体的移动都是夸张和扭曲的。使用者很可能会幻听到可怕的声音，会听到别人在中伤自己，会看到自己全身都是伤口，会感到有东西在自己身上爬……这其中，有一部分人可以意识到这些只是幻觉，但是还有人的幻觉会非常严重，以致丧失了对现实的所有判断能力，去攻击别人，甚至还有人会发展成精神分裂。

来看一下张凯的案例。

在经历了两个多月对别人和商业伙伴的质疑之后，已界不惑之年的心神不定的张凯接受了精神病治疗。在和别人交往的时候，他总是喜欢片面地理解甚至扭曲别人的话，而且说话的时候总是咄咄逼人，火药味十足。就是由于他说话的口气不善，有很多看起来把握十足的生意也跑掉了。后来，有一天晚上他拿着菜刀猛砍大门，因为他听到一些响动，坚信有歹徒要进来杀死自己。

那么，张凯是为什么变成这样的呢？两年前，张凯因为白天突然陷入睡眠和肌肉张力丧失，被医生诊断为患了发作性嗜睡。为了治疗这种病，他开始服用一种安非他命的兴奋剂。这种药效果很明显，很快他的嗜睡就不怎么发作了，他又可以全身心地投入到工作中了。但是没过多久，张凯就觉得工作越来越多，自己无力招架，所以擅自做主，加大了服用剂量，好让自己随时随地都能保持兴奋。但是他并不知道，当过度地依靠安非他命的时候，他已经离疯狂越来越近……

安非他命就是我们要说的一种成瘾物质，下面来说一种物质障碍，也就是中毒。

所谓"是药三分毒"。这些能够成瘾的物质也不例外，大家知道的最多的当属海洛因了，而我们身边比较常见的就属于抽烟上瘾的人。物质中毒的时候，人最明显的症状有：感知觉有所变化，会看到或者听到一些奇怪的东西；判断能力下降或者丧失，无法正常思考；注意力不集中，容易分神；无法像平时一样控制自己的身体，行动缓慢，反应迟钝；更加嗜睡，或者失眠。

在摄入成瘾物质后不久就会中毒，而且中毒程度和摄入量成正比。当成瘾物质在人体血液或者组织中的含量有所下降的时候，中毒症状才会减轻。但是有时候，当体内已经没有成瘾物质的时候，这种中毒的症状也还会持续一段时间，短则几小时，长则几天。

由于服用的物质的种类、剂量和摄入时间不同，中毒的症状也会有所不同，另外，使用者的耐受性也会影响到中毒的症状。耐受性可以这么解释：抽烟的人在最开始的时候可能每天只抽一两根，但是随着烟瘾的不断加深，可能会每天抽到二十多根，但是如果一开始就抽二十多根，他有可能吃不消，甚至会生病；失眠的人第一次服用安定片的时候，也许一两片就能有效果，但是过了一段时间之后，他们也许一下服用之前几倍的药量也睡不着。这两个例子都可以说明他们的耐受性提高了。当一个人对某种物质的耐受性很高的时候，就算他的血液中有很多这样的物质，也不会感受到它的作用了。比如那些对酒精耐受性高的人，就算他血液中的酒精含量已经超过了酒精中毒的法定标准，却看不出有什么中毒的迹象。

另外，中毒还分为急性中毒和慢性中毒，这两个还是有区别的。比如当人们急性可卡因中毒的时候，他们可能表现得非常友善，但是服用一段时间、发展成慢性中毒之后，他们可能会没有之前那么友善，甚至会有些冷淡了。

还有非常奇怪的一点，有时候人们对成瘾物质的预期也会对症状有所影响。如果人们预期大麻会让自己变得放松，那么他们就会觉得放松；如果他们预期大麻会引起焦虑，那么他们就会变得焦虑。M 的例子就能很好地说明这一点。

一个下着雪的冬天，一位医生正在睡梦之中，这时他接到了自己一位老朋友的电话，说自己的妻子 M 刚刚吸食了大麻，行为有些怪诞，希望医生能赶紧过来。

这位医生到他家的时候，发现 M 正躺在沙发上，性子有些暴躁。她说："我身体太虚弱了，站不起来。我有点头晕、心慌，我能感觉到我的血液在加速流动，我要喝水！"最后，她一口咬定大麻里有毒。

M 今年三十多岁，生育了三个孩子。在她看来，她是一个非常有控制力的人，做事也很有条理。她之所以会跟大麻有所关联，是因为她的邻居种了一些高品质大麻。因为她看到别人在吸食大麻，所以她想亲自体验一下这个东西，并了解为什么大家会对此痴迷。

据她的丈夫描述，她一下吸了四五口，然后开始嚎啕大哭："我不舒服，我无法站立！"她的丈夫和家人开始安抚她，想让她平静下来，却没想到大家越是安抚她，她就越觉得自己有问题。

经过医生的检查，她吸食大麻后唯一的不正常反应就是心跳加快、瞳孔放大。医生跟她说："你一点儿事情都没有，不过是有些醉了，休息一下就没事了。"M听了医生的话，回去睡觉了。睡了两天之后，她觉得有点头晕，身体虚弱，但是不像之前那么焦虑了。过了几天，她终于恢复了正常，并发誓再也不吸食大麻了。

　　除了上面提到的对成瘾物质的预期，使用环境也会对症状有所影响。比如，如果人们在聚会的时候喝下很多酒精饮料，可能会变得亢奋，大声喧哗，但是如果独自在家里喝下同样多的酒精饮料，很可能会变得"举杯浇愁愁更愁"。

　　到了这里，第一种成瘾物质就说完了，下面来看第二种成瘾物质：可卡因。

　　可卡因是从古柯中提取出来的一种白色粉末状物质，是我们所知道的最容易上瘾的一种物质。它进入人体的方式有两种，一种是鼻吸，或者可以溶解在水中，然后静脉注射。这两种方式的不同之处就在于前者可以快速作用于大脑。

　　刚刚吸食可卡因的时候，会产生一种强烈的欢快感，之后，就会体验到一种成就感，这种成就感可是从来没有过的。有了这种感觉，之前所有的不足都被弥补了，之前所有没有被满足的自尊都被满足了。与平日相比，吸食可卡因之后会变得精力更加充沛，竞争力和创造性也大大提高，觉得自己比以往任何时候都要优秀，都容易被社会认可。这时候，使用者并没有自己在吸毒的感觉，反而觉得自己已经实现了自己的梦想，成了自己想要变成的那种人。

　　如果吸食可卡因过量，可能会导致冲动、心神不安、性欲过度等，进而恐慌和妄想。在停止使用之后，使用者之前的所有快感都消失了，只剩下疲劳的感觉，还会觉得抑郁，需要长时间的睡眠。

　　除了这些，可卡因成瘾者经常会出现一种叫"蚁走感"的症状，也就是说，他们会感到有很多昆虫在自己身体表面上下爬行。

这时候，出现这种感觉的人就会选择用刀子割开自己的身体，因为他们会觉得血液流出来的时候可以把自己体内那"被困的昆虫"也释放出去。

那么，可卡因为什么会成为最容易上瘾的一种物质呢？这是因为它对大脑中枢有非常迅速和强烈的激励作用，就跟"打了鸡血"一样。L的故事就可以很好地说明这一点。

L是一位公司经理，收入不菲，现年35岁。现在，他变得非常神经质，动不动就要发脾气。由于他现在的很多行为已经失控，在妻子的坚持下，他去看了心理医生。在过去的一段时间里，L几乎已经不去上班了，他每天都待在家里，使用可卡因。有时候他也想要戒掉这个毛病，但是他尝试了几次都失败了，因为他对毒品的渴求已经远远地超过了他戒除毒品的欲望。据他的妻子说，仅仅去年一年，他就在可卡因上花了10万块。他的妻子说："他现在都不去上班，对我和孩子一点儿兴趣都没有，连他之前最喜欢的音乐都放弃了，他现在把所有的时间都用于吸毒了。"

其实L刚和妻子结婚的时候是不沾染毒品的。他刚工作的时候经济条件不是很好，所以一直在努力打拼。后来他开始创业，并收获颇丰。他买了两部豪车，全家搬到了郊区一栋非常昂贵的房子里，里面还有游泳池。这个时候的L几乎说是要风得风要雨得雨，生活中好像没有什么欠缺的了。在常人看来，这应该是一件非常喜悦的事情，但是他却觉得有些孤单，甚至有些痛苦。一个偶然的机会，他接触到了可卡因，这种孤单和痛苦马上烟消云散："我不再抑郁了，我尽可能经常使用可卡因，这样我的感觉就变得很好。但是有一个问题，我得一直这么做才行。可卡因的效果非常短暂，价钱又比较昂贵，但是我并不在意。当那短暂的作用消失之后，我又会陷入痛苦和沮丧，这种感觉比我没使用可卡因之前更加强烈，所以，我要尽可能地多服食可卡因。"

要知道，可卡因的半衰期很短，也就是它在人体内很快就会被消除，那它的作用自然也就消失了。也就是说，可卡因成瘾者为了让自己长期保持兴奋状态，就得持续使用这种物质。另外，前面已经提到过的耐受性在这里也同样适用。随着可卡因的使用，最开始的剂量已经无法让成瘾者感受到那种快感了，他们只有不断加大剂量，才能体验到兴奋状态。有些使用者为了满足自己的欲望，不惜铤而走险，去偷窃、去抢劫、去卖淫，还有人甚至会卖儿卖女，只是为了获得毒资，去满足自己的感受。

戒断反应

戒断反应其实就是指停止使用药物或减少使用剂量，或使用拮抗剂占据受体后出现的特殊的心理生理症状群。其机制是由于长期用药后，突然停药引起的适应性的反弹。为了更好地理解戒断反应，大家可以回想一下自己调整生物钟的过程。比如原本早睡早起的人为了工作需要不得不晚睡晚起，甚至白天睡觉晚上上班。在刚开始调整的时候，那种滋味真不好受，好像怀里揣了个什么东西，说不出的难受。那么，什么是物质戒断呢？以我们非常熟悉的戒烟为例，如果一个吸烟者停止了尼古丁的摄入，就会变得烦躁不安、失眠、食欲增强，甚至会出现血压升高、心律不齐的症状，这让戒烟者感到非常痛苦。如果意志力不够坚定，很有可能会就此放弃，所以戒烟还是有一定难度的。

不同药物所致戒断症状因其药理特性的不同而不同，一般表现为与所使用药物的药理作用相反的症状。但是，并不是所有的戒断都会被当成障碍。只有当戒断症状导致了显著的精神痛苦，或者严重损害了日常生活功能的时候，才能算得上是物质障碍。比如，虽然戒断咖啡因会导致头疼、紧张等症状，会让很多人对此烦恼不已，但是它一般还没有达到损害日常生活功能的地步，也不会造成心理痛苦，所以也就算不上物质障碍了。

小张今年 25 岁，出生在一个工人家庭。从小母亲就很宠爱他，不管他提出什么要求，母亲都会尽量满足。但是在父亲看来，棍棒底下才能出孝子，所以一旦小张有什么过错，马上就会对他棍棒相加。在教育小张的问题上，父母经常会出现分歧，并因此大吵一架。由于小张的父母感情不和，家庭关系恶劣直接影响到了他的成长，使他的性格变得非常的扭曲、非常的顽固、遇事容易躲避，自私，总是以自我为中心。在读中学的时候，因为过于贪玩，导致学习成绩总是处于后几名，他父亲也经常因此责罚他。小张因为不堪忍受这种责罚而开始了逃学，因此认识了一些社会上的闲散无业游民，以此来寻求一种温暖。由于受到这些的不良影响，开始吸毒，一点点地陷进去，无法自拔。他的父母两次把他送到戒毒所去戒毒，而他的两任女友也因此与他分手了。

　　从小张吸毒起，他的父母觉得非常痛苦、无助还有种深深的自责，才认识到因为自己的教育方法欠妥而使自己的孩子一直逃避在外，才误入歧途。迫于无奈，又一次跟戒毒中心联系让他强制戒毒。

　　当一个已经有依赖性的个体不再摄入药物时，就会显现出戒断的症状。由于所使用的阿片类物质的剂量，对于中枢神经系统作用的程度以及使用时间的长短用途，停药的速度等的不同，所有戒断症状的反应程度也不同。短效的药物，像吗啡之类的一般在停药后 8~12 小时出现，最高峰在 48~72 小时，持续 7~10 天。长效药物，如美沙酮戒断症状出现在 1~3 天，表现与短效药物相似，最高峰在 3~8 天，症状持续数周。

　　苯丙胺：苯丙胺、右旋苯丙胺、甲基苯丙胺、哌唑甲脂（利他灵）与苯甲吗啉。

　　大麻：大麻制剂，例如大麻和印度大麻。

　　挥发性化合物：丙酮，四氯化碳和其他溶媒，例如"嗅胶"。

　　阿片类：阿片、吗啡、海洛因、美沙酮、哌替啶等。

苯二氮卓类：乙醇、巴比妥类及其他催眠药和镇静药。

烟碱：烟草、鼻烟。

致幻剂：LSD、麦司卡林（墨仙碱）和裸盖菇素（西洛斯宾）。

以上7类能够产生依赖性的药物，阿片类的药物依赖最为流行，同时危害也是最大的，它不仅会对病人的身体损害非常严重，还会导致很多的社会问题，比如说犯罪。

典型的戒断症状目前分为两大类：客观体征，比如说血压升高、体温升高、鸡皮疙瘩、脉搏增加、瞳孔扩大、腹痛、不安、流涕、震颤、腹泻、呕吐、失眠等；主观症状，如恶心、骨头疼痛、肌肉疼痛、无力、疲乏、喷嚏、食欲差、发冷、发热、渴求药物等。

每一个阶段的症状都会因为又一次的吸入阿片剂而很快就消失，尽管戒断症状并不会对生命造成威胁，也不比重流感还严重，但是这个过程中所产生的焦虑的心理反应会让人无法停止继续使用。

滥用成瘾

物质滥用成瘾又被叫作有害使用，是一种无法良好适应的方式，反复使用药物会导致非常明显的不良后果，像无法完成一些重要的工作、学业，损害了躯体、心理健康，法律上的问题等。这里所说的滥用强调的是恶劣的后果，滥用者没有明显的耐受性增加或戒断症状；反之则是物质依赖。

可能你会认为你不滥用药物也不吸毒，跟你没有任何关系。但是在日常生活中，我们身边的人中总会有人由于对某种东西（如镇痛药、安眠药、烟酒、药物、海洛因等）或行为（沉溺网络、偷窃、性爱、赌博、购物、恋物等）上瘾，而造成了使家庭很痛苦的事情甚至是悲剧。

下面就来说说第三个成瘾物质：LSD。

"在我服用LSD之后，我能记起的最显著的症状就是，眩晕、运动神经局部麻痹，头和四肢好像灌了铅一样沉重。有时候，我觉得自己就是个旁观者，看到自己跟疯了一样大喊大叫、语无伦次，感到自己有些灵魂出窍。"

这里提到的 LSD 是一种致幻剂，可能大家对此并不是很熟悉，那另一种致幻剂大家应该都听说过——摇头丸。服用 LSD 之后的心理反应主要是感觉能力大为增强，与之伴随的是极度扭曲的空间知觉。另外，服用 LSD 过量后，会产生严重的负面心理反应，比如偏执、暴力或者自杀性行为。对于有的人来说，致幻剂会引发非常严重的焦虑和幻觉，让他们精神错乱。

事实上，"成瘾"只是一个表面现象，这个现象后面所显示的是患者的心理出现了问题，而产生这种问题一般是因为家庭和社会所导致的。想要彻底的摆脱成瘾是一件很难的事情。国内的治疗也并不都是可行的，因此出现了"手术戒毒""电击治疗网瘾""纳曲酮皮下埋植治疗毒瘾"等闹剧，先后被卫生部紧急叫停，许多的医护人员也感到很无奈，患者和家属更是不知道该怎么办了。

俗话说"是药三分毒"，药物中多少会存在一些不利于人体健康的成分。专家表示，在生活中常见的一些药物，若是滥用不仅会对身体造成损害，还可能造成成瘾等问题。

说完了第三种成瘾物质，再来说说第三种物质障碍：滥用。那什么样的情况才算物质滥用呢？

王兵从 12 岁时就滥用止咳药水，每天少的时候要喝七八瓶，多的时候要喝二十多瓶，按照每瓶 120 毫升的标准来算，平均一天至少喝掉 1000 毫升止咳水。在长达 8 年的滥用药水之后，今年他终于来到医院进行戒瘾治疗。医生发现，王兵在对药物产生依赖的期间，出现了非常严重的骨质疏松、记忆力明显下降、幻觉和妄想精神障碍等症状。

在并非为了治病的条件下反复、大量使用那些具有依赖特性或依赖性潜力的药物，并为体验这种药物所能够产生的某种特殊的精神效应，从而导致了精神的依赖性和身体依赖性，就构成"药物滥用"。

滥用物质的诊断标准为：以不适当的方法使用某种物质而引起的临床上的对身心的损害或危险，出现以下三点症状并会持续12个月：

（1）由于周期性服用药物而造成无法工作、学习或承担家庭的主要任务。比如，与使用物质有关的连续迟到或很差的工作业绩，上学迟到或被学校除名、辍学，无法照管孩子和完成家务。

遇到危险的情境下还是会使用该物质。例如，驾驶和操纵机器时由于服用药物而受伤。总会出现跟使用药物有关联的法律问题，比如，由于服用这种药物后而产生的无法控制的违法行为而入狱，没有资金购买药物而去盗窃等行为。

（2）症状不符合物质依赖的诊断标准。

所有滥用的药物——大麻、古柯碱、尼古丁、酒精、海洛因，其他二十多种已知药物——都会对多巴胺系统造成影响。一些人从出生开始就有滥用这些药物的倾向。滥用的药物分为三阶段对大脑产生作用：第一个阶段作用于人的前脑，会对感知产生影响；而后，这些刺激会散发到大脑的各个重要部位的神经纤维里——人类和爬虫类都会有这些部位；最后，它们会把兴奋的信号告诉大脑的其他部位，一般情况是影响多巴胺系统。比如古柯碱，它的作用也许是不让多巴胺回收，就会有大量多巴胺在我们的大脑中飘荡；吗啡的作用是加快多巴胺的分泌。别的神经传导物质也会被其影响；酒精会影响血清素，有许多药物都会提高脑啡肽。

但是，大脑会自我调节，使刺激信号能够稳定：要是将大脑泡在多巴胺里，大脑就会对多巴胺产生抵抗，这样多巴胺要很多才能引发反应。

如果不是多巴胺受体的数量大量的增加，就是现在存在的多巴胺受体敏感度降低。上瘾者之所以会对滥用药物的需求量一点点增加就是这个原因，而且也是那些停止服用依赖药物的人，在慢慢复原时会觉得无力、闹心和忧郁的原因——他们的大脑在正常状态下所产生的多巴胺的含量，无法跟上被药物改造了的大脑所而产生的含量。大脑被再度调整过后，那种戒断症状才能消失。很多人都是如果长期使用成瘾的药就会上瘾。有三分之一抽过烟的人会依赖尼古丁；约四分之一用过海洛因的人会上瘾；约 1/6 喝过酒的人会依赖酒精所产生的快感。服用药物的方法决定了对这种药物产生依赖的快慢。所有的方式中，最快的中毒方式是注射，然后是鼻吸入，最慢的是口服。

当然，每种药物中毒的速度也都不相同，从速度上也能看出这种药物的副作用会有多大。"谁会产生使用药物的动机，这个问题没有一定的答案。"哥伦比亚大学毒品戒治与研究部的主管大卫·麦克道尔说："要看在什么地方和什么社会状态而定。但下面的结果就没有一点定数了，有人只用了一次之后依然会好好地生活，以后都不会再试的；还有的人用一次之后就会上瘾，一生都无法戒断。"

依赖成瘾

接下来，讲一下第四个成瘾物质：大麻。大麻在前面的例子里也出现过，吸食大麻可以改变人们对世界的感知。当别的中毒症状还能保持正常的认知的时候，大麻中毒者早就"飞升"到另一个世界了。

这个时候，患者会觉得正常的感知非常可笑，有时候，他们会似梦似醒，感到时间好像已经止步不前。他们经常会描述很多夸张的感觉体验，或者描述某种音乐的微妙之处。不过，不同的患者对于大麻的反应是不同的，比如前文提到的 M，她只是感到焦虑，而有的人会感到情绪高涨。如果摄入的大麻剂量不大，可能只是会带来一些良好的感觉。但是如果服用过量，可能会导致幻觉和眩晕。

讲完这第四个成瘾物质，再来说说第四种物质障碍：依赖。

物质依赖是一组认知、行为和生理症状群。

传统上将物质依赖分为躯体依赖和心理依赖。躯体依赖也叫作生理依赖，是因为总是服用同一种药物所引起的一种病态的适应，表现的症状为耐受性增加和戒断症状。心理依赖又叫作精神依赖，它会让使用者会有种非常愉快满足的或很欣快的幻觉，让使用者为了再次获得这种感觉而经常使用这种药物。

有人认为，发生物质依赖者，其人格往往有缺陷，称为"成瘾人格"。通常认为有三种人格缺陷者易产生物质依赖，即变态人格、孤独人格和依赖性人格。

王强出生在一个大城市的郊区中，他是家中最小。他在读书时非常的受欢迎。跟他的其他朋友一样，仅仅十几岁时王强就已经吸烟并在晚上跟一帮朋友在路边的大排档喝酒。但跟别人不一样的是，王强每次喝酒都要喝醉为止。他还沾染了许多别的毒品，包括海洛因、可卡因、安非他命等。

高中毕业之后，王强在当地就读于一所普通的大学，但是仅仅读了一个学期，由于挂科太多而辍学。他总是挂科是因为总是旷课。并不是他的智商不行，而是晚上他总有各种各样的活动，因而第二天起不来而不能准时上学。他的情绪波动也是很大的，总是感到不高兴。

王强的家人知道他有时候会酗酒，但是他们根本就不知道王强还服用毒品。王强因为家人对他滥用药物的怀疑而很生气。王强还会偷拿家里的钱，有一次他还将家中的音响给拿走了，可是家里就算怀疑王强也不敢跟他说。

王强换了很多次工作，但是都没有做长过。每次他找到工作的时候，他的家人再一次相信他肯好好做人了，他会一点点地好起来的。但事实却是，王强从未有在同一个工作岗位上连续工作几个月的时候。他把挣的所有的钱都买毒品了。他也总是因为不去上班或者不好好工作而被开除。

在他 30 岁生日那天，王强突然跟大家说他要重新做人，他需要帮助，他想到一家酒精戒断中心接受治疗。他的家人也为王强这个决定而感到高兴并愿意帮助他，也没有人质疑他所要的几千元的治疗费用。此后的几周时间里，王强突然就消失了，家人都以为他去接受治疗了。然而某天一通来自警局的电话让大家一下子惊慌了。王强在一幢废弃的建筑物里睡着时被发现了，被发现时他极度的兴奋。尽管大家不知道到底是怎么回事，但是大家都明白一件事，王强用那些钱全都买了毒品去跟他的狐朋狗友狂欢去了。

王强的做法让他的家人都讨厌他。就算他还是在家里住，他的家人也不再把他当作家庭的一分子了。后来，王强好像开始慢慢变好了，并且在同一个加油站干了差不多两年。他开始对加油站站长和他的儿子很友好，而且总是和他们一起去玩。但是，在没有一点征兆下，王强又开始喝酒并且吸毒，他由于在加油站偷窃而被捕。

为什么王强染上毒瘾但是他周围的人却没有呢？

在我们所处的社会中，适当地服用特定的精神药物被认为是正常的并且是恰当的行为，像咖啡或酒精。而在这个连续体的末端，对某种物质过于依赖而产生的种种问题，就被认为是非正常的。

但是，在这个连续体哪一点上药物的使用是不合适的呢？我们在应用这些药物的时候又应注意什么呢？这些难题给精神健康专家带来了极大的挑战，界定和诊断的标准也不断变化着。

药物使用行为的许多关键因素目前还没有定论，而且人们对于药物的看法本身就是非常矛盾的。例如，我们认为尼古丁是一个能让人高度成瘾的物质，但是我们却不认为香烟是一种成瘾药物。酒精是引起药物依赖的典型物质，但是大部分人一辈子都喝酒却不依赖它。

物质依赖的诊断标准：

以不适当的形式使用物质导致临床上明显的损伤或危险（或更多）并持续 12 个月：

（1）耐药性，可由以下任何一条来定义：

持续服用相同量的物质效果明显降低；

需要显著增加物质的剂量来达到毒瘾或所期望的效果。

（2）戒断，可由以下任何一条来定义：

服用同样（或相关）的物质可以减轻或避免戒断症状；

对这种物质有明显的戒断综合征。

（3）花大量时间来获得物质（看不同的医生或走很远的路）、使用物质（连续抽烟）或从物质使用中恢复过来。

（4）服用大剂量的药物或者超出预期很长时间。

（5）由于使用物质，取消或减少重要的社交、职业和娱乐活动。

（6）有持续的愿望或用无效的努力来减轻或控制物质的使用。

（7）即使知道物质可能引起或恶化持续周期性的生理和心理问题，仍继续使用（例如，不顾可卡因可导致抑郁而继续使用，不顾酗酒可导致道德败坏而继续饮用）。

曾经有一段时间在某些地区开始流行滥用止咳露，许多人都因此受到伤害，使用者刚服用的时候被"这不是毒品"而引诱，但是实际上他们的身心所受到的损害是相当大的。

你能合理地服用药物而不是滥用它们吗？你能即使滥用药物之后也不产生依赖吗？要得到答案，我们首先要对物质使用、物质中毒、物质滥用和物质依赖等名词进行了解。物质这一"术语"指的是人们为了改变心境或行为而摄入的化合物。虽然你立刻想到是可卡因、海洛因之类的毒品，但是这个定义同时也指一些合法的物质，如酒精、巧克力、尼古丁、咖啡因、饮料。这些看似很安全的东西如果滥用，会使人的心境和行为被蛊惑，它们会让人上瘾，而且这些东西造成的健康问题和死亡率要比那些违禁物品和药物造成的健康问题和死亡率的总和多得多。

至此，4种成瘾物质——安非他命、可卡因、LSD、大麻，和四种物质障碍——中毒、戒断、滥用和依赖就已经都讲完了。接下来，会进入本章的高潮阶段——物质成瘾的原因，为了便于理解，只选取一种和我们生活关系比较紧密的酗酒来进行讲解。

酗酒的动机

酒是在现代社会交往中必不可少的一个重要物质，因为它能够使人感受到一种极其特殊的体验境界——醉。换句话说，如果酒不存在，那么这种独特的人生境界也就不存在了。

大量地饮酒大多会出现头痛、乏力或沮丧，有的时候还会消化不良。长时间大量饮酒很可能会降低知觉的敏感度，严重的会导致精神失常或者是生理病痛，如肝硬化，饮酒过度之人的寿命通常也不会太长。长时间酗酒的戒断症状包括可致命的震颤谵妄症。

美国人有90%会在他们生命中的某一年龄段里喝酒饮酒。在美国，5%的女性和10%的男性都过于依赖酒精而产生了酒瘾——这就说明，要是他们开始决定戒酒的话，就会出现心跳过快、震颤谵妄和烦躁的症状。

酗酒千百年来一直给人带来轻松和刺激，又有可能成为一种自我毁灭的武器。酗酒者们全然不顾亲人的感受，以自我毒害的方式毁灭着自己。所以在这里，又可以把酗酒定义为一种自杀，一种慢性自杀，一种自我毁灭。

格温·卡明斯是一个非常有成就的女性作家，她每天都去舞厅或者酒吧，而且还会经常参加很多的聚合。每次在这种场合时她都要喝得烂醉如泥，都要惹出各种各样的麻烦。这回，格温又在姐姐隆重的婚礼上喝得酩酊大醉，她不仅把婚礼蛋糕给打翻了，还驾车出去去蛋糕店买蛋糕，因此搅得一团乱。也因为这次事件，她被强行送到治疗中心去戒酒。

在她刚接受治疗的前几天，格温想尽各种办法破坏严厉的院规，但康耐尔医生还是一点点地攻破了她一直以来很难攻破的心理防线，强迫她重新审视一个真实的自己。在奥利佛、安德利、伯比、罗珊娜，特别是英俊的艾迪等其他病友的支持下，格温一点点地改变她原来浑浑噩噩的生活状态，开始去找寻一个真实的自我。

很多酗酒者解释说，自己过度饮酒的原因是因为自己在生活中所遇到的烦恼和困难太多了，然而这只是他们的一种借口而已。事实上，酗酒者连他们自己都不知道他们为何会酗酒。他们唯一能做的就是被身体中那种可怕的力量驱使着来用酒精找寻一种快感，靠酒精对自己进行麻痹。想依赖酒精的作用来忘记自己的痛苦，就像那些可怜的野兽不小心食用了毒药或者让火烧伤的时候，无奈下只能冲进海中而淹死一样，想要逃避一种死亡，但却以另一种死亡结束。

什么是酗酒？首先要弄明白酗酒到底是什么样的饮酒模式。饮酒模式分为许多种。首先，按照饮酒的社会形式来划分，可以把饮酒分为社会性饮酒和个人性饮酒。社会性饮酒指的是在社交场合所进行的、众人共同参与的饮酒模式。个人性饮酒指以个人或家庭为单位而进行的饮酒模式。

其次，按照饮酒的社会功能来看，我们又可以把饮酒给划分成仪式性饮酒、交际性饮酒、逃避性饮酒和习惯性饮酒等。仪式性饮酒一般情况下都是在特定场合下发生的。在这里，饮酒自身会构成的仪式（如庆祝仪式、生日仪式、欢迎仪式、婚礼仪式等）的一个行为（如"交杯酒""干杯"），也是使仪式和庆典进行得更好的"润滑油"。

交际性饮酒指除了仪式活动，以交际为目的而进行的饮酒模式。这种交际一般来说是一种很多人在一起狂欢。在这里，饮酒有一种唤起人们兴奋的功能，并能够提高人们对于交谈和一起活动的兴趣。逃避性饮酒指的是想要躲避因受到挫折或者打击（如失恋、失业、破产、与人相处不愉快、病重等）而引起的痛苦、无助、沮丧、孤独和不安而进行的饮酒模式。

习惯性饮酒则是指饮酒是因为这个地方有这样的风俗、家族中有这样的传统或者个人的行为习惯而行成的饮酒模式。

再次，按照饮酒的量来看，饮酒还分为节制性饮酒和过量性饮酒两种模式。最后，按照饮酒的经常程度，饮酒还能够划分成经常性饮酒和偶然性饮酒两种情况。

综上所述，所谓酗酒，一般来说指的是个人性的、想要"逃避"某件事而为的总是过度的饮酒。也可以说，它是结合了4种饮酒模式的综合模式：个人性饮酒、逃避性饮酒、经常性饮酒和过量饮酒。

过度饮酒对人身体的损害，有大量的医学证明是真实存在的。比如，肝硬化、酒精肝、急慢性胰脏炎，甚至引起后天性的糖尿病、心肌纤维化、急慢性糜烂性胃炎、慢性肠炎、胆囊炎等。酗酒不只是危害到自己的身体健康，而且严重的时候会导致社会问题（偷窃、杀人、虐待配偶和子女等）发生率增加、自杀率上升，等等。据有关调查显示，酗酒者自己是知道会产生怎样严重的后果的，但是，他们无法从这种嗜好中走出来。为什么会发生这种情况呢？

就酗酒的动机和原因来看，国外的学者已经做了很多的研究，同时也提出了非常多的理论。"遗传论"认为，酗酒行为受先天的遗传基因影响。比如说，在研究被收养子女的案例中，生父如果是酗酒者，养子成为酗酒者的概率就更大了，就算他们的养父母从来不酗酒。而那些生来就对酒精过敏的人，就很难成为酗酒者。

"学习论"则认为，酗酒是在成长的过程中一点点积累起来的。

"缓解紧张论"表示，酗酒者会依靠饮酒过度产生的欣快的醉感以此消除内心的紧张和焦虑等情绪。

但是慢慢地酗酒者要提高饮酒量才能够找到那种欢快的感觉，酗酒者只能是增加饮酒量来使自己能够找到这种感觉。

"能力幻想论"表示，酗酒者之所以饮酒是因为这些人过于自卑，他们要依靠酒精的力量来使自己产生一种幻觉（如性能力、气魄、胆识、对他人的支配等）。

这些理论都是有道理的，但是，这些又都没有解释出来酗酒与社会到底是什么样的关系。仅仅从社会学角度来看，酗酒可以说是某种社会状态的反映。例如，社会节奏、社会腐败、社会压抑、社会不公、社会竞争、社会灾难，都能在酗酒的频率上反映出来。这又是为什么呢？那是因为这些社会状态会使社会矛盾愈演愈烈，社会矛盾就一定造成某些人遇到的困难，而酗酒也就是个人不满意现实状态、寻求解脱的一种方式。

从社会竞争的角度来说，由于我们逐步进入市场社会，导致竞争日益严酷，人们所会遇到的事业和生活上的打击和挫折的可能性也越来越大，所有的人都处在这种无法避免又很难抵抗的压力中，很容易就会让人产生沮丧、不安、孤独与无助等感觉。而对于这样的社会环境，人们所采取的态度也是不同的。

一些人勇敢地面对这种挑战，敢于对抗压力，用积极的态度来面对，就算是在遇到困难、痛苦和挫败，也一点儿都不害怕，敢于进取。但是，另一些人在遇到这种痛苦的状态时，就选择了用"逃避"来面对。一旦他们受到挫折和痛苦，便失去信心、不思进取，用酒精来麻醉自己，养成了酗酒的习惯。

第二十六章
不说谎我心里难受
——说谎癖

乐此不疲，不分真假

大家都明白，说谎并不是一件好事。可是，有些时候迫使我们不得不向他人撒谎，这种情况下，就是善意的谎言。

比方说，当有人被告知得了绝症时，为了避免病人过于伤心，我们通常会选择用说谎的方式隐瞒他的病情。但如果无缘无故地去欺骗别人，或者说谎的次数太多、十分频繁，为了说谎而说谎，以至于对那些被谎言欺骗的人甚至对说谎者自身造成某种危害时，这样的说谎就属于一种病态的表现了。

不善于说谎的人一旦说谎，内心就会陷入无比的自责之中，苦苦地煎熬着。与此相反的是，一些人却很热衷说谎，不以说谎为耻，反以说谎为荣，也就是人们所说的睁着眼睛说瞎话。他们说谎的时候，眼不眨、心不跳、脸不红，假话当真话说，而且是张口就来。

长相漂亮且身材火辣，是每个女性都向往的。大家都认为，这样的女性应该是男孩子愿意交往的对象，身边一定不缺乏追求者。可是，25岁年轻漂亮的小冉却很苦恼，她的身边没有追求者，甚至连知心的朋友都没有，她感到十分孤独，原来就是因为她经常说谎，而且是不分地点、不分对象。

结识到新朋友时，她总是介绍自己是"出身于高级知识分子家庭"，再结识新的朋友时，她又说"自己正在负责一个大项目能挣很多钱"，有时还会说自己是"做模特的，一个月收入上万元"。这样的谎话说多了，自己难免就忘记跟谁说过怎么样的话，话说多了很容易露馅。大家一开始结识她的时候，都觉得她这个人很真诚，甚至有点羡慕她的出身，可是慢慢地相处下来，发现小冉经常说话前后不搭、漏洞百出。大家这才明白，原来小冉是一个爱撒谎的人，一点也不诚实，渐渐地疏远了她。

谎言终归是谎言，总会被戳穿的。而说谎的人为了不让谎言被揭穿，只好一个谎言接着一个谎言地说，直到连自己都深信不疑的时候，谎言就成了真话。这样的人通常是患了说谎癖，他们只要不说谎心里就很难受。

说谎癖，心理学上也称极端说谎者，是一种病态心理的表现。"说谎癖"者完全不能控制自己的说谎行为，甚至成了一种自然而然的行为，并以此作为一种心理乐趣，成为一种心理强迫性的疾病。

从外表看，患有说谎癖的人跟正常人没有区别，可是，他们的语言经不起推敲、不堪一击。患有说谎癖的人将说谎视为一种习惯，他们抑制不了地说谎，为自己及别人带来许多痛苦，弄巧成拙的行为也使他们自己的生活更加复杂。

小陈自己透露，外表帅气且性格开朗的他，二十多年来，几乎一直生活在说谎当中，相信很多人听到这样的话都会感到大吃一惊。

"我也知道说谎不好，但是，嘴上却抑制不住地说谎，而且哪怕是没有利害关系的日常对话，我也会忍不住编个小谎话，以满足自己内心的需要。如果有人问我今天干什么了，我明明是跟朋友去逛街了，但是我却会说今天一天都在家里看书。我似乎对说出真相感到很莫名的恐惧，虽然每次话一出口我就很后悔、很内疚，但还是控制不了自己，正是因为这样，我才会每天都活在内心挣扎中。"

说谎成瘾的人都会有这样的一种行为模式：即使在不需要说谎的情况下仍然有意、或习惯、或自然地说谎，有时候是为了中伤别人，有时候是为了吸引别人的关注。小陈就是这样的人，说谎已经成瘾，不说谎他心里难受。

说谎就像吸毒，一旦上瘾就很难戒除。即使他的内心里强烈告诫自己不要说谎了，但是，说谎给自己带来的快感远远大于说谎带来的内疚。

说谎者最拿手的就是制造谎言、捏造事实、颠倒是非。他们说谎大多既不是为了攻击，也不是为了取悦他人，当看到有人相信了他的谎言时，他便沾沾自喜，内心得到了无比的满足，对他来说，说谎已然变成了生活中不可缺少的一部分。说谎的后果虽然十分容易被人揭穿，但是他仍然对此不以为然、乐此不疲。

一个人说谎次数多了便失去了诚信，如果这个人掌握着比较大的权力，就可能祸国殃民。

大家都知道"狼来了"的故事吧，放羊的孩子第一次说谎后觉得很好玩，看到那么多人受到愚弄，心里有了一种满足感，便有了第二次、第三次的说谎，直至人们再也不相信他。

说谎者可以骗人一次两次，不可能长久骗人，不可能不受到惩罚，最终必然为自己的行为付出惨痛的代价。放羊的孩子第三次说谎后，人们已经不相信他了。结果，狼真的来了，叫天天不应，叫地地不灵，最后，惨死在狼口之下。

中国历史上有一个与"狼来了"异曲同工的真实故事，那就是"烽火戏诸侯的故事"。话说西周末年，周幽王为博褒妃一笑，不顾众臣反对，竟数次戏弄诸侯。诸侯被戏弄自然会懊恼不已，于是，幽王从此便失信于诸侯。

最后，当边关真的告急之时，他点燃烽火却再也没人赶来救他了！不久，便死于刀下，亡了西周。

说谎不是好事，那些乐此不疲地说谎者，要尽早矫正自己的心态。

强迫幻想症

现实中的美好太难抓住，总在幻想着以后的生活会多么的美好，内心就会得到很大的满足。积极的幻想，如理想，对人能起到鼓舞的作用。没有现实根据，不能实现的幻想是消极的，是空想。

生活中就是不乏这样喜欢幻想的人。每个人都喜欢幻想，女人如此，男人亦如此。没有幻想过，哪知道幻想的美妙呀。幻想真是一件淋漓痛快的事儿，体验过的人都知道。幻想中没有了现实中的不满，一切皆是世间的美好。

小陈今年快30岁了，有一份相当稳定的工作，周围的朋友都很羡慕他。可是，小陈却不很满意，总想自己会干出一番惊天动地的大事情来。没事的时候，总是爱想东想西。今天幻想自己开个公司，没准就能上市；明天就幻想自己成为一个身家数亿的总裁；这么干肯定能够成功，就连比尔·盖茨都比不上他；有时一整天都在考虑一些乱七八糟的事情……

小陈有一大堆的想法，可是这些想法全部都是脱离现实的，幻想鲤鱼跳龙门可以一举成功。他经常被自己的幻想弄得兴奋不已，有时又会因此消极、忧虑，顿时觉得生活毫无兴趣，缺乏激情和乐趣。

小陈热衷于幻想，并且能够在幻想中认识到自己的不足，从而消极一时。谁没有梦想呢，但是梦想并不代表着幻想，梦想要靠自己的努力才能实现，而幻想却是没有经过实践的空想。

幻想归幻想，千万不要和现实混淆。如果把幻想当成现实，那真是幻想与现实分不清楚。

一个人每天都会买彩票，整天幻想自己中了头等奖，心情自然高兴万分。他便到处跟别人讲，他自己中了500万的大奖。

这一消息就像爆炸新闻一样，在他的亲朋好友间迅速传开。500万可不是个小数目啊，他成了一块抢手的肉，但凡跟他能攀上一点关系的人，都来他这里蹭吃蹭喝，还妄想从他这里借点钱。就这样，要请吃饭的人来了，要借钱的人来了，要账的人也来了……

人少他还能应付得起，人一多，他可就无力回天了。每天出门都尽量躲着人群走，生怕碰见熟人；天天在家都不安生，不是这个上门就是那个上门。不请人吃饭，大家就说他富了瞧不起人了；不借钱，大家就说他不够义气、铁公鸡。

他不得不向大家解释，中奖的消息是他编的，根本就没有这回事，可是，大家以为他这是在给自己找借口。结果，弄到朋友疏远、众亲叛离的地步，事情不告而终。

有些人由于不满意自己的生活，便强迫自己幻想，并喜欢把幻想的事情当成现实中真实的事情，并通过说谎的方式，希望大家认为他所说的话是真实可信的，便会在别人面前有意地编造一些幻想性的故事，以一种很神奇的经历来让对方相信。

强迫幻想症，是强迫性神经症的一种，表现为反复而持久的观念、思想、印象或冲动念头。患有强迫幻想症的人能够认识到幻想是不必要的，但却不能以主观意志加以控制。

林影生活在一个不和睦的家庭里，爸爸妈妈在她很小的时候就离异了，她一直跟母亲生活。离异后，家里的生活条件一直不好，林影想要很多东西，可是妈妈却没有能力给她买，林影一直都很自卑。

不完美的家庭一直影响着林影的性格，她变得越来越孤僻，跟母亲的关系也不是很好。她周围的朋友也是少之又少，而且养成了说大话的习惯。

在家里，只要母亲一指责她，她就很生气，大声地反驳母亲，

　重口味心理学大全

并声称自己一点错也没有，没有任何缺点，也从来没有做过错事，是一个完美的人，这是她一直强调的一点。

在工作中，林影便跟同事吹嘘自己从小养尊处优，蜜罐里泡大的，什么活都没干过；很多人抢着为她介绍好工作，经常有人要请她吃饭，甚至她连请她吃饭的人都不认识；她有很多追求者，走到哪儿都受欢迎，同事都喜欢她，领导也欣赏她，经常请她吃饭……林影这样说也就摆出了一副大小姐的样子，真的就有人相信她了。

而实际情况正好相反，她出身贫寒，吃过很多苦；几乎没有异性追求者，和单位同事关系也很冷淡，更没有引起过领导的重视……

林影的童年很不幸，也正是因为对自己的童年以及现在生活的不满，她才开始幻想与实际情况不相同的生活。她幻想自己是一位公主，便信以为真，把幻想中的生活当成了她自己现在的生活。林影与别人谈话时，无论与母亲谈话，还是与其他人交谈，都把自己当成了一个拥有幸福生活的公主。所以，她才会一直强调自己没有任何缺点，是一个很完美的人，有众多的追求者等。

林影不得不强迫自己幻想这些美好的生活，因为她对自己的生活很不满意，以致于一想到现实中的自己就无法接受，所以，谎言一个接一个，从来不会间断。这种人多为幻想性谎语癖。

强迫幻想的人，是因为他的思维和理解力还不够强，很容易将幻想和现实混淆。这样的人不觉得自己是在说谎，而是把想象的情节当成了现实，以自己为主角，编造一系列的故事情节，并在大脑中一幕又一幕地排演，以满足在现实中达不到的要求，这是病态说谎的一种极端表现形式。

幻想性谎言是事实与虚构交织在一起，两者交织而成的产物，从表面上看，语言合情合理，平常人很难区分哪一部分是事实，哪一部分是虚构幻想出来的，甚至连说谎者本人也很难分辨。

幻想性谎言也可能是他把自己的愿景施加到某件事情上，把本来不可能出现的事情说得跟真的一样，如果不深究真的很难区分。

强迫幻想的人往往缺乏安全感，说谎就是下意识地保护自己，隐藏自己的想法，不希望被别人察觉。究其原因，是由于其人格发展不成熟造成的，性格和思维都充斥着只能说好、不能说坏的被其幻想美化了的现实，对自己缺乏批判力。

现实是无法改变的，只能改变自己，幻想不是解决方法。停下幻想的脚步，直面你的生活。

再完美的谎言也有漏洞

谎言是经过说谎者深思熟虑后说出来的话，逻辑与情节算得上是很清楚了。可是，谎言是什么？就是有违于事实的伪事实，无论谎言出自谁之口，是政客、银行家、房地产经纪人，亦或是新闻记者，都不可能把谎言讲得像真话一样，能经得起大家的推敲。

既然谎言不可能代替真话，为什么人们还要撒谎呢？有时，我们明明清楚事情的真相，却为了一己私利，欺骗别人，也欺骗自己。

直接的谎言，也被称为歪曲事实，谎言传递的信息与事实恰恰相反，是最误导人的。说谎者不想让别人知道事实的真相，或否认已经发生了的事情。

比如，一名有罪的犯罪嫌疑人否认自己与案件有任何牵连就是直接的谎言。

应聘工作的人在面谈的时候声称自己做现在的工作很愉快，只是想在同一个工作上工作多年后换一个，而实际情况是他们是被解雇的，那么他们的谎言就是直接的谎言。

夸大的谎言，是指传递的信息超出了事实或者事实被夸大描述。

比如，罪犯可能在接受警察询问承认罪行时，过分渲染他们的懊悔，而实际上，被释放之后，他还有可能继续以前的犯罪行为。

在应聘面试时，面对面试官时人们表现得肯定会比实际更适合这一工作，而实际上，他只是想把这个工作当成暂时养家糊口的饭碗，一旦有新的机会，他可能随时跳槽。

技巧的谎言，是指那些用来误导他人的字面上的事实，或者通过规避问题或省略细节来隐瞒信息。

比如，有人邀请你去参加他的画展，如果你不喜欢其中一幅画，你可以说如果在画中使用明亮的颜色会更好，以此来隐藏你的真正意见。

并非所有的谎言都是错误的，谎言也有善恶之分。不管出于什么原因，只要你说了第一个谎，担心谎言被揭穿，你早晚都必须用另外一个谎言来自圆其说，而那意味着更多谎话将相继出现，你永远都要跟谎言为伍，所以维持谎言需要高成本的代价。

追根溯源，推下谎言陷阱的，其实就是说谎者自己。为了掩盖事实，你只能一个谎言接着一个谎言地说，这就是所谓的"撒谎雪球效应"。

撒谎雪球效应，是因为对撒谎这件事很习惯，或者是在内心形成了一定的条件反射。在这种情况下，你自己会在心理上刺激自己，每次撒谎后，你都认为这是最后一次撒谎，于是，抱着这种想法，努力地坚持下去，结果谎言越来越多。

谎言其实是最容易破碎的东西。每多说一次谎，说谎者所承受的心理负担就越重，风险日益增大，后果也日益严重。

有这样的一对夫妻，男人经常对女人撒谎，可是，女人却全然不知，依旧生活在男人为她编织的梦幻生活里。

男人说自己有车有房，女人觉得这个男人是有车有房的；男人说自己身价上亿，女人觉得男人的钱多得数不清；男人说很爱女人，女人不好意思地笑了笑，依偎在男人的怀里，以为自己是世界上最幸福的女人……

男人有很多应酬，总是在外面吃完饭再回家，女人觉得男人很辛苦。有一天，男人喝得酩酊大醉回到家里，女人赶紧上前扶住他，没想到男人一把搂住女人，嘴里叫了一声其他女人的名字。女人瞬间冰化了。男人有很多女人，她只不过是男人众多女人中的一个，要不是男人喝醉了酒，自己把话说出来，至今她还被蒙在鼓里。

谎言就是一团火，纸里是很难包住一团火的，真相永远会大白于天下。

也就是说，任何看似天衣无缝、编织完美的谎言总是有它的漏洞，而这些漏洞是因为说谎者的心理负担引起的，这些破绽又必然呈现在具体的细节之中。一些小细节就可以说明一个人在说谎。仔细观察跟你对话的人，就可以分辨出来他是不是在跟你说谎。

细节之一：说话常会忘"我"

谎话就是谎话，永远不可能成为真话。无论多么会说谎的人，在说谎时都会感到一丝不舒服，他们会本能地把自己从所说的谎言中剔除出去。

比如，聚会时他迟到了，当朋友问他为什么迟到时，他可能会撒谎说"车坏了"。请注意，他说的是"车坏了"，而不是"我的车坏了"。"车坏了"本身就是一个谎言，他不想把自己扯到这个谎言中去，所以才省去了"我"。

细节之二：不提及他人的姓名

当有人向你陈述一件事情时，而实际上他是在撒谎，这时，他就会避免去提及谎言中人物的姓名。说谎人很清楚，如果把在主题中被牵扯到的人名说出来，就是真的撒谎了，他之所以采取这种方法，是想让自己明白自己说的是真话，而不是谎话。

一个著名的例子，美国总统克林顿在向全国讲话时，拒绝使用"莫妮卡"，而是"我跟那个女人没有发生性关系"。如果克林顿说"我跟莫妮卡没有发生性关系",那么他说这句话的时候,实际上心里是没有底的。

细节三:从不否认自己

说谎者在说谎之前就已经在头脑中把假定情景中的一切想好了,就像彩排过很多遍似的,很难会在熟练的基础上出错。所以,他在陈述一件事情时是不会否定自己的,他会一气呵成,把这件事情说完,他绝不会说"等一下,我说错了"之类的话。不过,正是因为他在陈述时不愿承认他有错,反而暴露了他正在说谎。

当问一个人昨晚都干了些什么时,一般人在叙述时难免会出现大脑短路的情况:"我回家,然后看电视。哦,不是,我想起来了,我先给我妈打了个电话,然后才开始看电视的。"但是,说谎者却不一样,他肯定把这一幕都设想好了,或者,他绝对不会否定自己说过的,另外找一种说法。

细节四:指天为誓

当你怀疑对方时,如果你开玩笑似的对他说:"我才不相信你说的话,你发誓我才信。"而对方却回应你说:"干吗那么无聊""我说的是真的,你为什么叫我发誓"等不想发誓的语气,那八成是确有其事,不然反应何必那么激烈呢?

这个方法很古老,却很有效。但是,也有的人动不动就指天为誓,好像发誓对他来说算不得什么,是无关自己的事。这样的人也很值得怀疑。

细节之五:回忆就像昨天发生过似的

由于记忆曲线的存在,要想记住所有的事情是不可能的,更不用说某个时间段里事情的所有细节。

通常,人们在回忆起以前某件事情的细节时,记忆会被反复搜索,人们也会反复纠正自己的言语,思绪被一点点理顺。所以,人们难免会复述得磕磕巴巴。但是,说谎者在陈述时是不会犯这样的错误的。

小动作暴露了你在说谎

"你看看我，像是说谎吗？"我们在电视里或者生活中经常听到有人这么说，貌似别人这么一说，我们就真的会相信他说的是真的。看到对方真挚的眼神，好像没有办法不相信他说的是真的。

可是对于那种说谎老油条来说，没有什么是不可能的。一个经常说谎的人，已经能够很好地掩饰自己的感情和声音了。通过调节自己的表情，做到能够不让别人发现他在说谎，其实是一件很容易的事情。

心理学家曾经做过一个实验，如何才能够正确识别一个人是不是在说谎。

他们让一个人说谎，并拍下了这个人正在说谎的一组照片，这一组照片分三张，分别是说谎人的头部、颈部以下和全身。然后，心理学家把这些照片拿给不知情的人看，让人们猜哪个人在说谎，其实，这些照片都是拍摄的同一个人。大家的回答如下：

（1）看到说谎人的头部照片，大家都认为照片上的人是一个热情开朗、正直友好、富有人情味的好人，并给予了照片上这个人极大的好评。

（2）看到说谎人的颈部以下照片，大家都认为照片上的人是一个有心计、神经质、不可信、令人担忧的人，大家对照片上的人印象都不好，猜想他可能是一个爱说谎的人。

（3）看到说谎人的全身照之后，大家给予了整体性的评价，认为照片上的人是一个有活力、思维敏捷且很机敏的人。也就是说这个人很可能会随时说谎，也可能不撒谎，这个人的感情变化不易于被别人察觉。

从这个实验当中我们可以看出，大家只有从颈部以下的照片上得出的结论才是最正确的，无论是从一个人的面部还是从全身整体来看，都很难区分一个人是不是在说谎。尤其是当大家看到面部的照片时，完全颠覆了照片上的人原本的性格，大家都被巧妙地拖进了说谎人的圈套之中。

因此，心理学家得到一个结论：一个人的本来面目在其身体下半部分最容易显露，尤其是脚部，接着是手部，而脸上最难看出。

当有人再向你说"你看着我，我怎么会跟你撒谎呢"，你就要掂量掂量说话之人了，他究竟有没有撒谎是很难从他的面部看出的，如果他一再强调你要好好地盯着他，他一定是对自己的表情很自信，让你无法从中获取到任何他撒谎的信息。

在说谎的过程中，说谎人可以很好地控制自己的言语，但是，往往不能有效地控制自己的非语言行为。

由于人类的进化，我们不再靠动作语言来传递信息，而是在使用语言文字方面比行为语言更加熟练，而且熟能生巧。当我们陈述一件事情的时候，会倾向于语言文字的描述。这也就是为什么我们很难在语言上分辩出一个人是不是在说谎的原因。

假设一名海关官员在机场问一名海洛因走私者，他的手提箱里有什么东西。对于这位男子而言，可以很容易地在谈话中不提到海洛因，但是对他而言，保持正常的举止，以免在与海关人员的交谈中引起对方的怀疑则可能更困难一些。对学生而言，告诉监考人员掉在地上的课堂笔记不是他的也不会很困难，但是保持镇静对他就比较困难。

所谓的非语言行为，指的就是一个人的动作、表情。当一个人撒谎或拥有某种秘密而不想让你知晓时，内心多多少少都会陷入良心的谴责而不安，最易显露其内心的地方则是一般人最不注意的身体下半部分。

从心理学上讲，一个人的情绪和动作之间是存在着某种自动连接关系的，但是，情绪和语言之间并没有自动连接关系，所以，一个人的语言和动作才会出现不一致的情况。

情绪控制是指控制自己对各种认识对象的一种内心感受或态度，是一种管理情感交流和非言语表达的能力，也就是隐藏真实感情的能力。

比如，当一个人感到害怕的时候，身体本能地向后躲，试图避开让他害怕的事物，这时，脸上的表情动作也会变得扭曲。然而，这个人并不会因为自己害怕的缘故自动说某些话，而是为了不向其他人暴露自己内心的恐惧，设法采用某种方法来控制非言语行为与恐惧自动连接，而不需要担心言语行为，还有可能说一些"我不害怕"之类的话。

细节一：摸鼻子

美国芝加哥的嗅觉与味觉治疗与研究基金会的科学家发现，当一个人撒谎时，身体会释放一种名为儿茶酚胺的化学物质，这种物质会引起鼻腔内部的细胞肿胀，导致鼻腔很不舒服。

科学家们还揭示当一个人撒谎时，血压会不自主地上升。由于血压升高，从而引发鼻腔的神经末梢传送出刺痒的感觉。这时，人们只能频繁地用手摩擦鼻腔，舒缓鼻子不舒服的症状。

当一个人说谎时，鼻子会因为充血膨胀几毫米，不过肉眼是很难分辨出来的。此时，说谎者往往会用手摸鼻子，这无疑是最明显的说谎信号。

触摸鼻子的手势一般是用手在鼻子的下沿很快地摩擦几下，有时甚至只是略微轻触。和遮住嘴巴一样，说话者触摸鼻子意味着他在掩饰自己的谎话，聆听者做这个手势则说明他对说话者的话语表示怀疑。

不过，我们必须牢记一点，触摸鼻子的手势需要结合其他的身体语言来进行解读，有时候人们做出这个动作只是因为花粉过敏或触摸鼻子的手势者感冒。

单纯的鼻子发痒往往只会引发人们反复摩擦鼻子这个单一的

手势，而和人们整个对话的内容、频率和节奏没有任何联系。

细节二：眼球转动

大家常说的"说谎的人不敢看对方的眼睛"，并不是完全正确的，相反，一个高明的说谎者会加倍专注地盯着你的眼睛，并且瞳孔扩张。所以，请不要相信别人的眼睛。

通常，当一个人撒谎时，眼球会向右上方转。当他们真的在回忆某事，眼球则会向左上方转。

细节三：不对称地笑

发自内心的笑是均匀的，脸部两边是对称的，并且在鼻子、嘴角和眼睛周围会产生笑纹，且真正的笑来得快，消失得慢。

伪装的笑容会有些轻微的不均匀，眼部的肌肉没有被调动，不会产生笑纹，假笑来得相对也会较慢。

细节四：频繁触摸自己

人类在撒谎的时候，回答问题会变得更加简短，而且还伴有下意识地抚摸身体某一部位等细微动作。就像黑猩猩在压抑时会更多地梳妆打扮自己一样，会把心思放到自己的身上，以减少不良情绪。

所以，人们越是想掩饰自己，越是会因多种身体动作的变化而暴露无遗。

闭上说谎的嘴

一般人平均一天说两次谎，说谎的内容通常与情感、感觉有关，包括观点、感受、对人事物的评价。可见说谎行为如此普遍，如此根深蒂固。

据国外的研究显示，一个 12 岁的儿童就已经完全具备了和成人一样的能力来控制他们的语言和外在的行为表现，以掩饰自己的真实感觉。也就是说，一旦人的心理机智发育得足够成熟，就有可能通过说谎来欺骗对方。

人们说谎有几个理由：

（1）给别人制造积极的印象或保护他们自己免于尴尬或被拒绝。

一个男孩跟他的朋友说，有一个女孩一直在迷恋自己，他都要愁死了。而实际情况不是这样。男孩所说的那个女孩根本不存在，而是他暗恋对象的一个幻影。他怕朋友觉得他没有出息，连个女孩都搞不定，觉得很没面子，才不敢对他的朋友说实话。

（2）为了要获得利益。

面谈的时候，面试官问应聘者期望的薪酬，应聘者可能会夸大他们现在的收入，以确保他们下个工作的收入更高。

（3）为了避免惩罚。

孩子打破了所有的水杯，为了避免惩罚，孩子很害怕把实情告诉父母，他可能会把责任推到这里的猫身上，从而向父母撒谎。

到现在为止，提到的说谎都是自我导向的，是为了让自己显得更好或者得到个人利益，人们说的一半谎言都是自我导向的。相当多的他人导向谎言是说给那些说谎者认为关系较近的人。

（4）使他人显得更好或为了另一个人的利益。

一个学生告诉老师她的朋友病了，虽然她知道她的朋友并没有生病，只是偷懒不想来学校罢了。

（5）为了社会关系。

如果人们在所有的时候都告诉他人事实，交谈可能会变得愚蠢和粗鲁无礼，社会交往也容易变得混乱。

为了维持和同事的适当关系，当他们邀请你吃午餐吃，你很不想去。这时，你说自己很忙碌会比较好，而不是说你不喜欢他们，才不愿意和他们一起外出吃午餐。因此，做一些欺骗但恭维的评价可能有益于彼此的关系。

说谎的人可能会蒙混过关一段时间，但是，却欺骗不了更长的时间；说谎可能会欺骗一部分人，并且只能是相信你的人，不可能欺骗所有的人。也就是说，说谎绝不可能在所有时间里欺骗所有的人。

每个人都有察觉到其他人心理状态的能力，包括他人的知觉、意图和想法。在日常认知中，人们总是论及他人的心理状态，推知他人的意图和观念，并通过推测心理状态而预测人们的行为，这也就为说谎提供了可能。

反设认知指一种学习策略，指当一个人了解到自己的思想模式之时，会通过控制自己的思想模式，从而达至效果的学习方法。

小 E 知道小 C 的性格不像是平时看到的那样的性格，其实小 C 还有另外一种鲜为人知的性格，只是很少显露出来。恰巧这一点被小 E 知道了，小 E 便利用这一认识去组织自己的谎言，去欺骗小 C，而且能够保证小 C 信以为真，轻而易举地撒了个谎。

很多人认为说谎不必承担责任。

一位学校的老师说，她班上有一个 6 岁的小女孩，这个小女孩就很爱撒谎。

有一天，老师对这个小女孩说："我看见你敲另一个女孩的头。"

小女孩说："不，我没有。"并且很坚决。

老师接着说："我看见你敲了。"事实上，这个小女孩真的敲了另一个女孩的头。

小女孩还是说："不，我没有。"

但是，老师并不想就此结束，仍然坚持道："可是我看到了。"

忽然，小女孩换了另外一种口气，说道："是她逼我这么做的，要不然，我绝对不会打人的。"

这是一个极好的例子，展示了人如何从说谎转向为自己的说谎寻找借口，而且不流露一丝悔意。人们想撒谎，总是能为撒谎找到理由。

有些谎言简单直接，我们可以毫不犹豫地称之为谎言。小女孩就是在撒谎，可是，她却说自己没有撒谎，这就是谎言。

如果换作你是一位老师，你可能会毫不介意这件事，以为这么小的孩子说一句谎话没什么坏处，便对小女孩的行为得过且过。小女孩很可能会打第二个人、第三个人……还会向你、亲人、朋友继续撒谎。

撒谎者也为了赢得暂时的安全感，而最终将导致自己长时间生活在恐慌、焦虑和自责之中。而谎言经常被揭穿是因为时间和事实可以洗白一切谎言。

虽然谎言经常被揭穿，但新的谎言又炮制出来，谎言生存之本：如果一切真实了，人就很难有勇气活下去。于是人们总是循环在谎言的不断被揭穿、新的谎言又不断被制造的过程中痛苦挣扎。

谎言是有危害的，每个人必须了解它的危害。

因为在说谎的过程中，为了圆一个谎言，可能要编出无数个谎言来支持它，这对于心理健康是极为不利的。

说谎不但会使一个人的内心感到不安，而且还会使人的整个循环系统受到影响，造成血压不稳、呼吸与心率减慢、情绪低落、办事效率低等现象。长期下去，能诱发某些精神疾病或导致神经性呕吐、胃溃疡等。

面对说谎的高昂成本，在频频地喊"狼来了"的时候，大家还是应该多想想最后的结果，谎言是圆不了的，最后是趁早收手，不要浪费多余的精力。

在面对谎言时，我们要具备理性的思考和独立分析判断的能力，这样才能避免被谎言所伤害。在生活中面对习惯性的说谎者，我们只能选择远离。毕竟一个你无法信任的人，也就不是值得你交往的人。

谎言并不是毒药，并不是任何时间都要戒除谎言。有时，人们的关系是需要谎言来稀释的。

在莉莉的家中，母亲是这个家庭中最想有权势的人。

母亲经常和父亲冷战，实际上，他们都想成为家里的一把手。他们很多时候都是沉默不语，但是，意图十分明显。可是，这个事实大家谁都不想说破，似乎一说破，家里的矛盾就会被瞬时激发出来。

　　母亲之所以想成为家庭中最有权势的人，是因为受到了自己妈妈的影响，她不想成为自己母亲那样的人，跟所有的人争吵，她想成为一个说话很有力度的人。

　　父亲之所以想成为家庭中最有权势的人，是因为他的母亲抛弃了他，被抛弃的滋味很不好受，所以，他想成为家里的中心人物，大家都爱他并且拥护他。

　　当莉莉知道了这件事后，她来到父亲面前，对父亲说："你很爱妈妈，是么？"

　　父亲当然同意莉莉的说法。

　　莉莉接着说："你知道妈妈最想要什么吗？"

　　爸爸一脸茫然，摇了摇头，说道："不知道。"

　　"其实，就是你的爱。"莉莉说，"只要你爱她，她就不会有那么多的不安全感。"

　　父亲听完莉莉的话就明白了，家人需要的是信任，所以，他主动把家庭的大事小事都交给莉莉的母亲。而莉莉的母亲对这一切都表示很不可思议，她没想到自己的丈夫竟然能这样了解她。